M.C. Diamond / A. B. Scheibel / L. M. Elson

# NEUROANATOMIE-MALATLAS

Arcis Verlag

Die Deutsche Bibliothek – CIP-Einheitsaufnahme

**Diamond, Marian C.:**
Neuroanatomie-Malatlas / M. C. Diamond ; A. B. Scheibel ;
L. M. Elson. [Aus dem Engl. übers. und textlich überarb. von
Brigitte Schneider]. – Dt. Ausg. – München : Arcis-Verl., 1993
ISBN 3-89075-062-1
NE: Scheibel, Arnold B.:; Elson, Lawrence M.:


Aus dem Englischen übersetzt und textlich überarbeitet von Dr. med. Brigitte Schneider
Wissenschaftliche Beratung: Dr. med. Axel Piepgras

ISBN 3-89075-062-1

# Inhaltsverzeichnis

## Kapitel 4:
## Das Rückenmark



## Kapitel 5:
## Das Gehirn

## Kapitel 6: Hirnnerven

# Vorwort

Die Anatomie des Nervensystems mit dem Gehirn als zentralem Organ ist ein besonders komplexes und diffiziles Gebiet der Medizin. Der vorliegende NEUROANATOMIE-MALATLAS informiert in neun Kapiteln über alle wesentlichen Strukturen und funktionellen Zusammenhänge des Nervensystems. Die einzelnen Kapitel enthalten fortlaufend numerierte Tafeln, wobei die jeweilige Textseite und die korrespondierende Bildtafel eine Einheit darstellen. Ausdrücklich betonen möchten wir, daß – mit wenigen Ausnahmen – auf die Einbeziehung biochemischer oder pathophysiologischer Vorgänge bewußt verzichtet wurde, um insbesondere Anfänger auf dem Gebiet der Neuroanatomie nicht durch zusätzliche Ausweitung der ohnehin komplexen Materie zu überfordern.

Der zentrale Aspekt in der Konzeption dieses Lehrbuches heißt »malend lernen«. Malen ist, wie die moderne Lernforschung weiß, eine der effektivsten – und gleichzeitig angenehmsten – Lernmethoden, weil sie sich das bei vielen Menschen besonders ausgeprägte visuelle Gedächtnis zunutze macht. Neue Begriffe und ihre zugehörigen anatomischen Strukturen prägen sich durch die aktive Bearbeitung mit Farbstiften schneller und dauerhafter ein als durch passives Lesen oder stures Auswendiglernen. Zudem entwickelt sich mit Hilfe der koordinierten Farbgebung ein Gefühl für Formen, Proportionen, strukturelle und funktionelle Zusammenhänge, was mit kaum einer anderen Lernmethode ähnlich effektiv – und kurzweilig – erreicht werden kann. Der Erfolg der bereits erschienenen, nach dem gleichen Konzept erstellten Malatlanten zur Anatomie und zur Physiologie gibt uns Recht.

Aufgrund des wohldurchdachten Konzeptes und der übersichtlichen Gliederung ist dieses Lehrbuch für eine Vielzahl von Interessenten mit unterschiedlicher Zielsetzung und aus diversen Berufsgruppen geeignet:

- Studierende der Medizin bzw. Angehörige von Fachrichtungen innerhalb der Medizin, die ein fundiertes Spezialwissen der Neuroanatomie erfordern (z.B. Neurologen und Neurochirurgen). Diese werden individuell entscheiden, ob sie das Buch konsequent von Anfang bis Ende durcharbeiten oder einzelne Tafeln oder Kapitel zum besseren Verständnis und zur Vertiefung vorhandenen Wissens auswählen wollen.
- Auszubildende oder Angehörige medizinisch orientierter Berufsgruppen (z. B. Pflegekräfte, PhysiotherapeutInnen, Praxishilfspersonal, ChiropraktikerInnen usw.). Sie verfügen über unterschiedliche fachliche Vor- oder Zusatzausbildungen oder vorgegebene Lehrpläne und Lernziele. Hier kann es sinnvoll sein, das bereits erworbene bzw. geforderte Wissen durch gezielte Auswahl entsprechender Themenkreise zu erweitern oder zu festigen. Auszubildende können sicherlich auch bei ihren Lehrkräften Rat über die für sie optimale Nutzung dieses Lehrbuches einholen.
- Autodidakten ohne spezielle Vorkenntnisse empfehlen wir, das Buch von Anfang an Tafel für Tafel konsequent durchzuarbeiten. Ein wahlloses Herausgreifen einzelner Tafeln ist nicht anzuraten, da sich ein verfrühtes Angehen schwieriger Sachverhalte demotivierend auf den Lerneifer des Einzelnen auswirken könnte.

Ehe Sie Ihr Studium der Neuroanatomie mit Hilfe dieses Lehrbuches beginnen, empfehlen wir, die »Hinweise zur Arbeit mit diesem Buch« aufmerksam zu lesen und bei Bedarf immer wieder nachzuschlagen. Die Erfahrung zeigt, daß die korrekte Umsetzung der Malhinweise und der Umgang mit den Symbolen eine nur relativ kurze Einarbeitungsphase erfordert und danach die Freude am »Lernen durch Malen« mit zunehmender Mal-Routine exponentiell ansteigt.

# Hinweise zur Arbeit mit diesem Buch

## Das Konzept

Das Buch ist in neun Kapitel aufgeteilt. Innerhalb der Kapitel sind die Tafeln durchlaufend numeriert (z. B. 1–1; 1–2 usw.).

Jede Doppelseite dieses Buches bildet thematisch eine Einheit. Die rechte Seite zeigt jeweils eine Bildtafel mit Abbildungen und deren Eigennamen, korrespondierend dazu vermittelt die linke Seite den erläuternden Text und enthält Hinweise zum Anmalen der Abbildungen. Die jeweiligen Schlüsselbegriffe, die Sie auch auf der korrespondierenden Bildtafel wiederfinden, werden *kursiv* gedruckt.
Den auf den Bildtafeln aufgelisteten Eigennamen ist jeweils ein Kennbuchstabe als Fußnote beigefügt. Manchmal wird diesen Kennbuchstaben eine (hochgestellte) Kennziffer zugeordnet. Meist sind die Eigennamen in der alphabetischen Reihenfolge ihrer Fußnoten angeordnet (beginnend mit A). Die die jeweiligen Eigennamen illustrierenden Strukturen erhalten die gleichen Kennbuchstaben und Kennziffern.
Durch gleichfarbiges Anmalen von Eigenname und zugehöriger Abbildung wird deren Zusammengehörigkeit auf den ersten Blick vermittelt. Je mehr Eigennamen samt ihrer optisch dargestellten Strukturen angemalt werden, desto deutlicher wird das Zusammenspiel dieser einzelnen Komponenten. Der so erzielte visuelle Überblick schafft optimale Voraussetzungen zum schnellen Verständnis der schriftlichen Erläuterungen auf der Textseite.

Zum Anmalen eignen sich normale Buntstifte am besten (Wachsmalkreiden sind zu grob und verschmieren leicht. Filzstifte scheinen auf der nächsten Seite durch).

Für einen maximalen Lernerfolg, sollten die Tafeln eines jeden Themenkreises in der angegebenen Reihenfolge bearbeitet werden, da die ersten Tafeln jeweils die einfacheren, grundlegenden Begriffe einer thematischen Einheit beschreiben. Von Tafel zu Tafel werden die Begriffe und Strukturen dann detailliert.

## Hinweise zum Anmalen der Bildtafeln

Verschaffen Sie sich zunächst bei jeder neuen Tafel einen orientierenden Gesamteindruck über die Abbildungen sowie die Anordnung der Eigennamen. Zählen Sie die Anzahl der Kennbuchstaben als Anhaltspunkt für die Anzahl der benötigten Farben und treffen Sie eine Farbauswahl. Lesen Sie die fettgedruckten Malhinweise auf der Textseite als weitere Hilfe zur Farbauswahl: Manchmal werden verwandte Strukturen mit derselben Farbe in unterschiedlicher Schattierung angemalt, manchmal ist ein starker Farbkontrast vorzuziehen. Je mehr Aufmerksamkeit Sie der richtigen Farbauswahl widmen, desto höher wird der Informationsgehalt der vollständig angemalten Bildtafel! Malen Sie zuerst den Namen und dann die zugehörige Struktur in der gleichen Farbe an.
Lesen Sie den Text zunächst nur orientierend. Erst nach dem hinweisgerechten Anmalen der Bildtafel sollten Sie, unter dem Eindruck der hierdurch gewonnenen Information, den Text aufmerksam studieren.

Bei manchen Bildtafeln ist u. U. eine größere Anzahl Farben vonnöten, als Sie zur Verfügung haben. Sollten Sie aber eine Farbe zwei- oder dreimal verwenden müssen, so achten Sie darauf, dies bei möglichst unterschiedlichen, räumlich gut getrennten Bereichen einer Abbildung zu tun, um etwaige Verwechslungen auszuschließen. Hilfreich ist in solchen Fällen, die gleiche Farbe in unterschiedlichen Mustern (z. B. Punkte, Striche etc.) einzusetzen.

Auf manchen Bildtafeln sollen bestimmte Strukturen dieselbe Farbe erhalten, die ihr auf vorhergehenden Tafeln bereits zugeordnet wurde (z. B. Kapitel 3). Hier empfiehlt es sich, zuerst deren Namen und Struktur mit der entsprechenden Farbe anzumalen. So verhindern Sie, daß diese spezielle Farbe, die bereits eine bestimmte Struktur charakterisierte, für einen anderen Begriff verwendet wird.

Schlagen Sie nun eine beliebige Bildtafel des Buches auf und prägen Sie sich folgende Einzelheiten ein:
Diejenigen Bereiche innerhalb einer Abbildung, die angemalt werden sollen, werden durch durchgehende, dickgedruckte Linien begrenzt und ein jedes dieser Gebiete ist mittels einer (dünnen) Führungslinie mit seinem Kennbuchstaben verbunden.
Innerhalb solcher anzumalender Bezirke finden Sie bisweilen ein bzw. zwei dünngedruckte punktierte Linien. Dies bedeutet, daß eine reale Trennung an dieser Stelle nicht sicher existiert bzw. nicht sichtbar ist.
Dünngedruckte durchgehende Linien innerhalb dickgedruckter Begrenzungen repräsentieren Hintergrund, feste Gewebssubstanz oder eine bestimmte Form der Struktur. Sie sollen bis zu ihren jeweiligen dicken Begrenzungslinien übermalt werden.
Eine dünngedruckte durchgehende Linie außerhalb dicker Begrenzungslinien sollte nicht angemalt werden und ist mit dem entsprechenden Zeichen (÷) markiert.

Jedes Wort in Outline-Schrift, dem ein Kennbuchstabe folgt, sollte angemalt werden. Die Überschrift einer jeden Bildtafel wird **schwarz** angemalt.
Begriffe, die aus organisatorischen Gründen eingesetzt werden, sind durch das Symbol (•) markiert und sollen **grau** angemalt werden.
Ein outline-gedrucktes Wort, dem ein Kennbuchstabe und eine Klammer folgen, z. B. A ( ), wird nicht durch eine einzelne Struktur repräsentiert, sondern ist aus verschiedenen Teilen zusammengesetzt, deren Eigenna-

men getrennt aufgelistet sind und alle denselben Kennbuchstaben (z. B. A), aber unterschiedliche (hochgestellte) Kennziffern ( z. B. $A^1$; $A^2$; usw.) haben. Ein derartiger Begriff kann in den Teilbereichen verschiedenfarbig angemalt werden.

Wenn eine Struktur innerhalb einer Bildtafel doppelt vorkommt (z. B. rechte und linke Hälfte) oder geteilt dargestellt ist (z. B. Aufzweigungen, serielle oder segmentierte Anteile), wird häufig nur einmal ihr Kennbuchstabe auftauchen. Wenn Sie also auf eine dick umgrenzte Struktur ohne Kennbuchstaben stoßen, so suchen Sie deren komplementären Anteil vor, unter, über oder neben dieser, um den dazugehörigen Kennbuchstaben zu identifizieren.

**Symbole und ihre Bedeutung**

(•) = schwarze Farbe, (★) = graue Farbe, (÷) = nicht anmalen

A() = Kennbuchstabe, der signalisiert, daß sich die Struktur aus mehreren Anteilen zusammensetzt, deren aufgelistete Eigennamen alle den gleichen Kennbuchstaben, aber unterschiedliche (hochgestellte) Kennziffern haben.

Der Oberbegriff A() kann einfarbig oder mit allen Farben der Einzelbestandteile angemalt werden. In der Abbildung selbst sind nur die einzelnen Anteile beschriftet.

$A^1$,$A^2$,etc. = identischer Kennbuchstabe mit unterschiedlichen Kennziffern: entsprechen unterschiedlichen Anteilen derselben Struktur, die in so engem Zusammenhang stehen, daß sie in derselben Farbe oder in unterschiedlichen Schattierungen derselben Farbe angemalt werden sollten.

N.D. = nicht dargestellt.

Generell sollten größere Bezirke innerhalb einer Abbildung mit hellen Farben angemalt werden, für kleine(re) Areale sollten dunkle Farben verwendet werden.
Setzen sie sehr dunkle Farben zurückhaltend ein: feine Details oder auch Kennbuchstaben innerhalb einer Abbildung könnten sonst unkenntlich werden!

Manche Begriffe haben zwei Kennbuchstaben (z. B. A + D). Dies weist Sie darauf hin, daß es sich um zwei übereinander liegende Strukturen handelt. Sie sollten dann entweder zwei sehr helle Farben verwenden oder in derselben Farbe ein Muster (z.B. Punkte und Striche) übereinander legen.

# Kapitel 1: Einführung

**Tafel 1–1 bis 1–6**

# 1–1
# DAS GEHIRN DES MENSCHEN – EINFÜHRUNG

Unser Gehirn entwickelte sich im Laufe der Evolution in Millionen von Jahren als Produkt von Erbanlagen und Umwelteinflüssen zur differenziertesten und komplexesten Protoplasmamasse der Erde, wenn nicht gar unseres ganzen Sonnensystems.
Unser Wissen um das tatsächliche Potential dieser Zellmasse ist immer noch kaum mehr als Stückwerk. Die Fähigkeiten und Leistungen menschlicher Hirnzellen sind einzigartig im Vergleich mit allen anderen uns bekannten Zellen. Kein anderes Lebewesen verfügt über ähnliche geistes- und naturwissenschaftliche oder kreativ-künstlerische Fähigkeiten, wie sie dem Menschen innewohnen.

Die vielleicht bedeutendste der vielfältigen Begabungen des Gehirns ist die Fähigkeit zu Phantasien und Visionen. In unserer Phantasie können wir uns ein Lichtjahre entferntes Universum vorstellen oder einen Mikrokosmos, den sensorisch zu erfassen außerhalb unserer Möglichkeiten liegt, weil er sich vollkommen von unserer realen Umwelt, die wir sehen, hören, fühlen und riechen können, unterscheidet.

Eine andere bedeutende Eigenschaft des Gehirns ist seine Fähigkeit, sich unterschiedlichen Umweltbedingungen anzupassen – Vorgänge, die durch meßbare chemische Reaktionen und nachweisbare strukturelle Veränderungen objektivierbar sind. So reagiert das Gehirn auf neue Anforderungen, Denk- und Lernprozesse z.B. mit dem Auf- und Einbau zusätzlicher Hirnzellverbindungen. Andererseits versetzt uns das Gehirn in die Lage, aktiv Einfluß auf unsere Umwelt zu nehmen – die daraus resultierenden Vor- und Nachteile müssen wir gleichermaßen tragen.

Das Gehirn eines jeden Individuums ist absolut unverwechselbar und einmalig. Jedes andere Organ unseres Körpers könnte theoretisch einem anderen Menschen transplantiert werden, ohne daß sich dessen Individualität und Persönlichkeit dadurch verändern würde. Für das Gehirn trifft dies nicht zu: Eine Gehirntransplantation wäre gleichbedeutend mit einer Transplantation der Persönlichkeit, denn »Gehirn« ist nichts anderes als ein Synonym für »Persönlichkeit«. Allerdings kann das Gehirn die ihm innewohnenden Fähigkeiten nicht autonom ausüben und ausnützen, es ist Teil der Einheit des menschlichen Körpers. Gehirn und Körper sind einander unverzichtbare Partner. Die Funktionstüchtigkeit des Gehirns hängt untrennbar ab von der Funktionstüchtigkeit des Körpers: Herz, Leber, Nieren, Immunsystem etc. stellen die lebenswichtigen »Wasserträger« des Gehirns dar.

**Malen Sie die Erdkugel (A) in der linken oberen Ecke der Bildtafel und den zugehörigen Begriff ‚Außenwelt' an. Kolorieren Sie sodann den Begriff ‚geistige Welt' grau (⋆).**

Die *Außenwelt* (A), symbolisiert durch den Erdball, entspricht unserer real existierenden Umgebung, die wir mit den Sinnesorganen wahrnehmen. Diese Umgebungseindrücke werden dem Gehirn weitervermittelt.
Das Gehirn selbst hingegen konstruiert unsere *geistige Welt*. Dieses unaufhörliche Zusammenspiel von Aktion und Reaktion der beiden Welten gewährleistet unser Überleben. Vorstellungen und Ideen, die der »geistigen Welt« des Gehirns entspringen, werden in die real existierende »Außenwelt« integriert und erlangen so ebenfalls Realität. Derartige Vorgänge finden in den beiden Hälften unseres Gehirns, den Hemisphären, statt.

**Malen Sie die einzelnen Lappen (B–E) der dargestellten Hemisphäre an sowie deren zugehörige Eigennamen und Aktivitätsmerkmale.**

Die Oberfläche einer Hemisphäre ist in Seitenansicht dargestellt. Jede der beiden Hemisphären ist jeweils in Hirnlappen (lat. lobus, pl. lobi) unterteilt, von denen jeder charakteristische Kapazitätsmerkmale aufweist. Im *Stirnlappen, Lobus frontalis* (B), werden Zukunftspläne geschmiedet (hier durch die Eroberung des Weltraums symbolisiert). Die Fähigkeit, genußvoll Musik hören zu können, ist eine Funktion des *Schläfenlappens, Lobus temporalis* (C). Im *Hinterhauptslappen, Lobus occipitalis* (D), sind visuelle Fähigkeiten verankert, wie sie z.B. zur Konstruktion architektonischer Bauwerke unerläßlich sind. Das logisch-mathematische Denkvermögen als vielleicht abstrakteste aller neuralen Funktionen entstammt teilweise dem *Scheitellappen, Lobus parietalis* (E).

# DAS GEHIRN DES MENSCHEN – EINFÜHRUNG

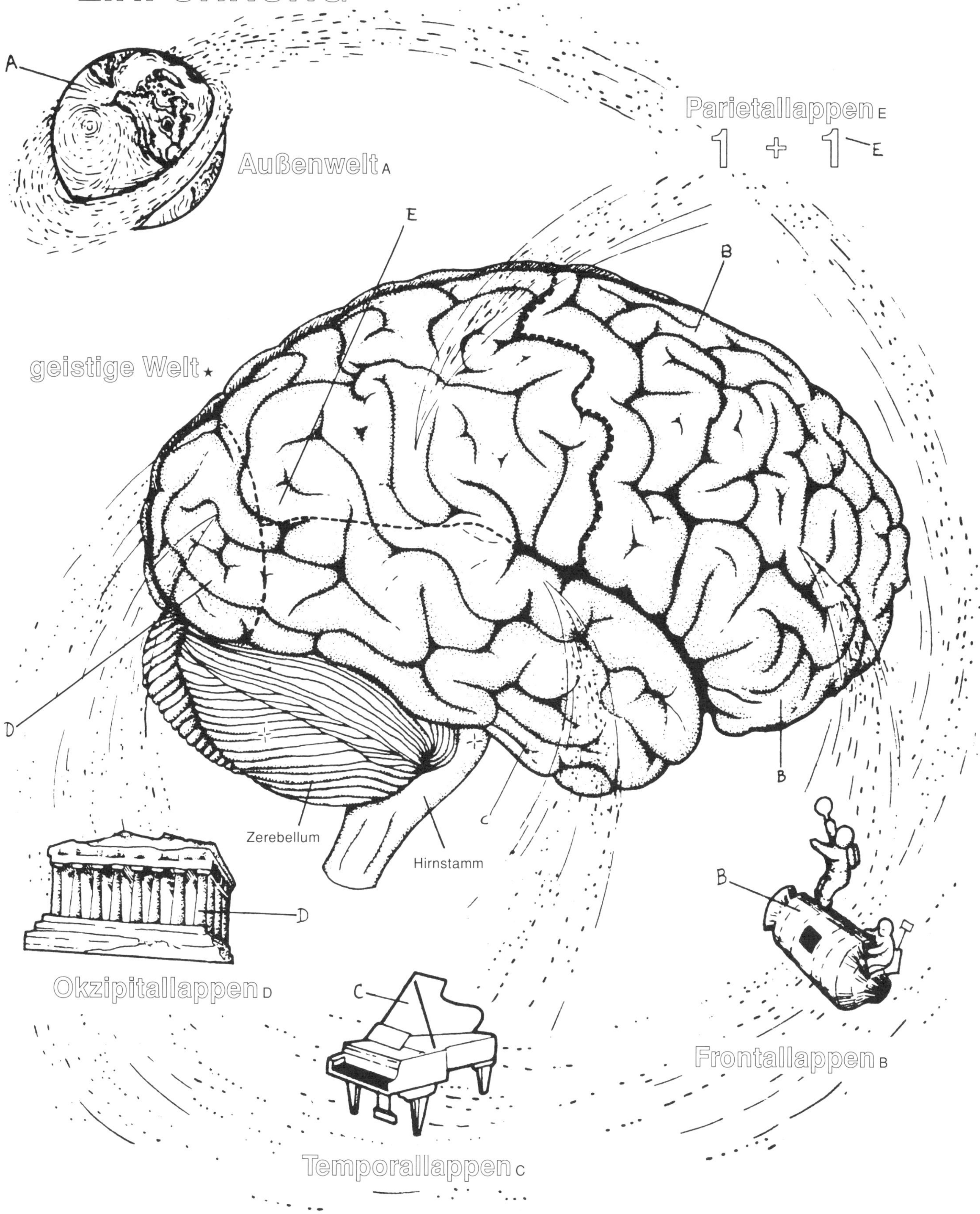

# 1–2 DIE HIRNSTRUKTUR – EINFÜHRUNG I

Diese Tafel erläutert Funktionsbereiche und deren strukturelle Begrenzungen von Teilen der Hemisphären, die dem Vorderhirn (Prosenzephalon) zugeordnet werden und von solchen, die wichtige Anteile des Rautenhirns (Rhombenzephalon) darstellen (detailliertere Darstellung s. Kapitel 5).

**Verwenden Sie für die Begriffe und Strukturen B–E dieselben Farben wie auf Tafel 1–1. Malen Sie den Oberbegriff ‚Vorderhirn' und die zugehörigen Unterbegriffe und Strukturen A–D an. Für Strukturen mit identischem Kennbuchstaben, aber unterschiedlichen Kennziffern verwenden Sie unterschiedliche Schattierungen einer Farbe. Um das Anmalen zu erleichtern, sind die Fissuren (A, G) sowie der Sulcus (F) etwas vergrößert dargestellt.**

Die rechte und die linke Hemisphäre sind durch eine tiefe Furche, die *Fissura longitudinalis* (A) voneinander getrennt. Andere derartige Furchen (Fissuren oder Sulci) unterteilen jede Hemisphäre in ihre einzelnen Lappen. Der *Sulcus centralis*, auch *Fissura Rolandii* genannt (F), verläuft vom Scheitelpunkt der Hemisphären aus vorwärts-abwärts bis etwa zur Mitte zwischen Vorder- und Hinterpol der Hemisphären. Der *Sulcus lateralis*, auch *Fissura Sylvii* genannt (G), verläuft nach rückwärts-aufwärts und imponiert als tiefe Furche zwischen Temporallappen und Parietallappen.

Vor dem Sulcus centralis liegt der *Frontallappen* (B), der ungefähr ein Drittel der gesamten Hemisphärenoberfläche beansprucht. In einem großen Bereich des Frontallappens finden Vorgänge statt wie Vorausplanen und -denken, sind intellektuelle Fähigkeiten (z.B. Konzentration, Initiative und Zielstrebigkeit) verankert. Der untere Bereich insbesondere des linken Frontallappens ist Sitz der *motorischen Sprachregion* (Brocasches Feld) ($B^1$). Unmittelbar vor dem Sulcus centralis liegt ein schmaler Streifen des Frontallappens, der insbesondere die Motorik des Körpers koordiniert (*Präzentralregion*) ($B^2$). Eine Verletzung dieser Region zieht eine Lähmung auf der kontralateralen Körperseite nach sich.
Ventral des Sulcus lateralis liegt der *Temporallappen* (C), der das primäre und sekundäre Hörzentrum beherbergt. Die Temporallappenrinde spielt eine Rolle bei Gedächtnisprozessen. Bestimmte Bereiche des Temporallappens sind mitverantwortlich für die Integration verschiedener sensorischer Funktionen wie Hören, Sehen oder Berührung.
Hinter dem Sulcus centralis liegt der *Parietallappen* (E), dessen genaue Begrenzungen schwierig zu definieren sind. Nervenimpulse, die durch Schmerz, Temperatur, Berührung oder Druck ausgelöst werden, erreichen ein Gebiet des Parietallappens direkt hinter dem Sulcus centralis, die *postzentrale Region* ($E^1$). Strukturelle Veränderungen in unteren Teilen des Lobus parietalis verursachen Leseschwierigkeiten. Die Reizung bestimmter Gebiete dieses Lappens bei einem wachen Menschen provoziert Geschmackssensationen.
Der *Okzipitallappen* (D) liegt hinter dem Parietal- und Temporallappen und ist in seinen Begrenzungen innerhalb der Abbildung durch gestrichelte Linien dargestellt: Eine Linie verläuft zwischen oberem (Fissur) und unterem (Kerbe) Begrenzungspunkt, eine weitere Linie vom Ende der Fissura lateralis bis zum Schnittpunkt mit der Erstgenannten markiert die seitliche Begrenzung des Okzipitallappens. Im Okzipitallappen findet die Verarbeitung visueller Informationen statt, so daß eine Schädigung dieses Bereichs partielle oder komplette Blindheit verursacht.

**Malen Sie den Oberbegriff ‚Rautenhirn', die Unterbegriffe H, I, J und die zugehörigen Strukturen an.**

Der tiefstgelegene Teil des Rautenhirns (Rhombenzephalon), die *Medulla oblongata* (J), stellt die Verlängerung des Rückenmarks kopfwärts dar. Diese nur ca. 2,5 cm lange Struktur kontrolliert so lebenswichtige Funktionen wie Atmung und Herzfrequenz. Direkt oberhalb der Medulla liegt der *Pons (Brücke)* (H), der eine »Relaisstation« zwischen *Hemisphären (Großhirnhälften)* und *Zerebellum (Kleinhirn)* darstellt. Das Kleinhirn unterscheidet sich optisch eindeutig vom darüberliegenden Großhirn durch die viel feinere Fältelung seiner Oberfläche. Das Zerebellum reguliert die Koordination der Muskulatur und das Gleichgewicht, z.B. beim Gehen oder Schreiben.

# DIE HIRNSTRUKTUR – EINFÜHRUNG I

Vorderhirn ★
Fissura longitudinalis A
Sulcus centralis F
Fissura lateralis G
Frontallappen B
Sprachregion B¹
Präzentralregion B²
Temporallappen C
Parietallappen E
postzentrale Region E¹
Okzipitallappen D

Rautenhirn ★
Pons H
Zerebellum I
Medulla oblongata J

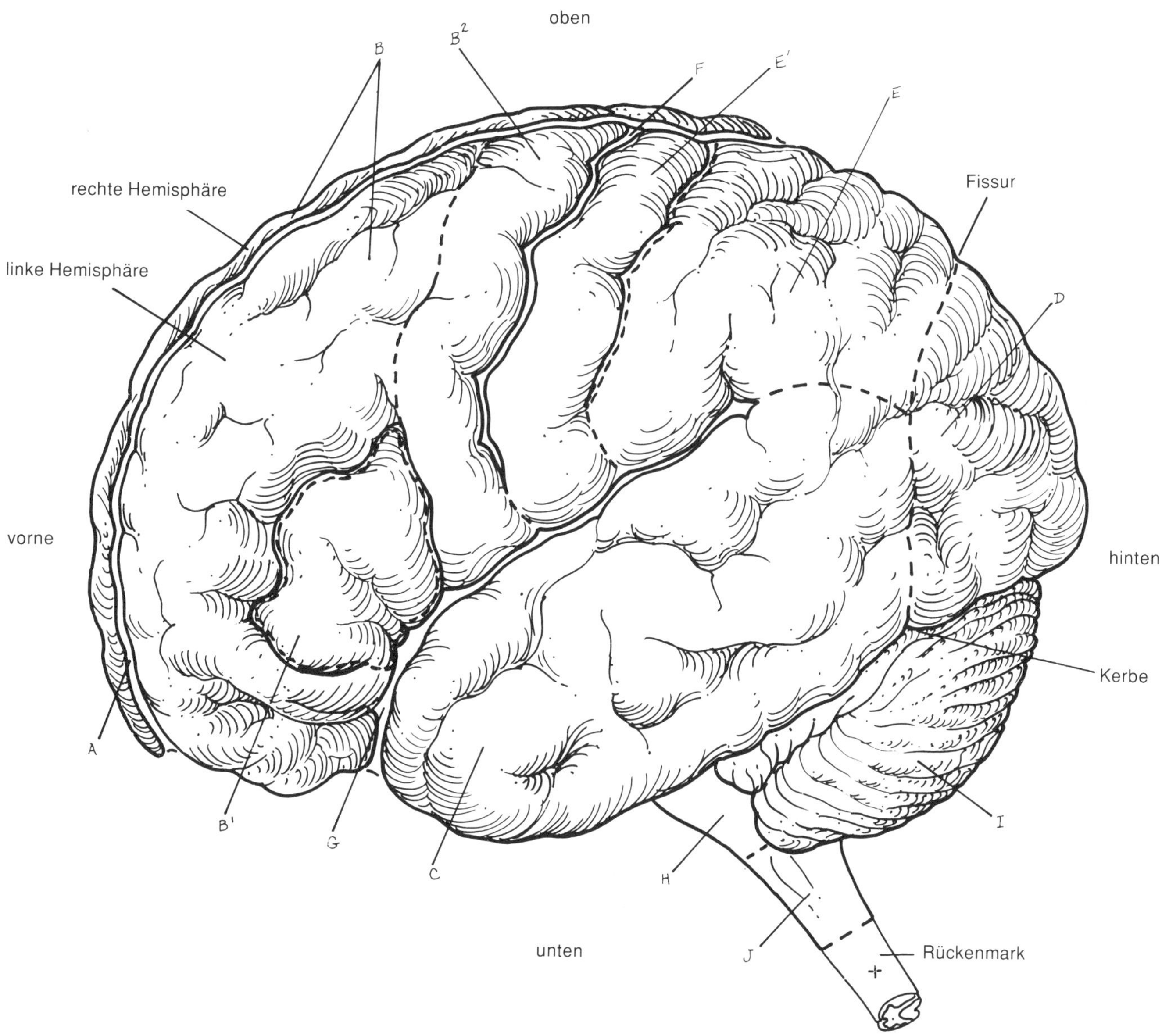

# 1–3
# DIE HIRNSTRUKTUR – EINFÜHRUNG II

Die Tafel zeigt eine mediale Seitenansicht einer Großhirnhälfte (Hemisphäre) und deren Zusammenhang mit anderen Teilen des Gehirns.

**Verwenden Sie für B, C, D, E, H, I und J dieselben Farben wie auf den vorhergehenden Tafeln. Kolorieren Sie den Oberbegriff ‚Hemisphäre', die Begriffe B–F und deren zugehörige Strukturen in den beiden oberen Abbildungen.**

Jede der beiden Hemisphären besteht aus jeweils 4 Lappen, die Sie in einer Seitenansicht des Gehirns bereits angemalt haben. In der Abbildung links oben wurde die linke Hemisphäre vollständig entfernt, so daß Sie jetzt freien Blick auf die mediale Außenansicht der rechten Hemisphäre haben. Von vorne nach hinten sehen Sie die mediale Oberfläche *des Frontal-* (B), *Temporal-* (C), *Parietal-* (E) und *Okzipitallappens* (D) (jeweils mit Übergang in die seitliche Außenansicht) sowie die Anteile des *limbischen Systems* (A), die »kragenförmig« rund um die Grenzfläche zwischen Hemisphären und Hirnstamm angeordnet sind. Das limbische System ist kein Hirnlappen im engeren anatomischen Sinn, sondern besteht aus einer Vielzahl funktionell eng verknüpfter Kerne und Rindenbezirke. Einige wichtige Funktionen des Frontal-, Temporal-, Parietal- und Okzipitallappens wurden bereits in den Tafeln 1–1 und 1–2 dargestellt. Das limbische System ist u.a. an der Steuerung sexueller und emotionaler Verhaltensweisen sowie an Gedächtnisleistungen beteiligt.

Unterhalb der Hemisphärenoberfläche befinden sich zahlreiche Faserbündel (nicht dargestellt), die Nervenimpulse in unterschiedliche Regionen weiterleiten und große Zellverbände, die sich zu Kernkomplexen (Basalganglien) an der Basis der Hemisphären formieren. Hauptfunktion dieser *Basalganglien* (F) (sing.: Ganglion) scheint die Programmierung und Ausführung motorischer Aktivitäten (Bewegungen) zu sein. Erkrankungen der Basalganglien manifestieren sich in Symptomen wie z.B. Tremor (Zittern), Rigor (Muskelstarre), Bradykinesien (langsame Bewegungsmuster) und Hyperkinesien (hastige, unkontrollierte Bewegungsmuster).

**Malen Sie den Oberbegriff ‚Oberer Hirnstamm', die Begriffe G–I und die zugehörigen Strukturen an.**

Die Hauptanteile des Hirnstammes, der in die konkav geformte Basis der Hemisphären eingebettet ist, sind: *Thalamus* (G), *Hypothalamus* (K), (griech. hypo-: unter), das *Corpus pineale* oder *Epiphyse* (L), auch *Zirbeldrüse* genannt. Der Thalamus erfüllt die Funktion eines »sensorischen Tores« zu den Großhirnhälften. Alle Sinneseindrücke – mit Ausnahme von Geruchswahrnehmungen – werden zunächst im Thalamus »aufgehalten«, ehe sie Zugang zu den Hemisphären erhalten. Als vergleichsweise kleiner Hirnteil erfüllt der Hypothalamus eine bemerkenswerte Vielfalt an Funktionen:

- Er kontrolliert das viszerale Nervensystem, welches die Kontraktion von Muskelfasern und die Drüsensekretion innerer Organe stimuliert.
- Er reguliert Appetit, Durst und Körpertemperatur.
- Er kontrolliert die Hormonsekretion der *Hypophyse (Glandula pituitaria)* und beeinflußt dadurch auch die Sekretion vieler endokriner Drüsen unseres Körpers.

Das kleine *Corpus pineale (Zirbeldrüse)* übt die Funktion eines »biologischen Weckers« aus: Es reguliert wahrscheinlich körpereigene (endogene) Rhythmen.

**Malen Sie die verbliebenen Begriffe M–N und deren zugehörige Strukturen an.**

Der mittlere Bereich des Hirnstamms, das *Mittelhirn (Mesencephalon)* (M) kontrolliert z.T. automatische (Reflex-) Muster des visuellen und auditorischen Systems. Tiefer gelegene Hirnstammbereiche überwachen andere wichtige Bewegungsmuster. Der untere Hirnstamm ist Teil des Rautenhirns und besteht aus *Medulla oblongata* (G) und *Pons* (H), die auf Tafel 1–2 dargestellt wurden, ebenso wie das *Zerebellum* (I) als weiterer Teil des Rautenhirns.

Das *Rückenmark* (N) als Fortsetzung der Medulla nach unten (kaudalwärts) verläuft gut geschützt im Rückenmarkskanal der *Wirbelsäule (Columna vertebralis)*. Es besteht sowohl aus aufsteigenden (überwiegend sensorischen) als auch absteigenden (überwiegend motorischen) Bahnen, die nervale Impulse zum bzw. aus dem Gehirn weiterleiten. Als primitivster Anteil des menschlichen Nervensystems empfängt das Rückenmark sensorische Informationen aus dem gesamten Körper – mit Ausnahme des Gesichtes – und schickt Kommandos zur Ausführung muskulärer Aktivitäten in die Peripherie.

# DIE HIRNSTRUKTUR – EINFÜHRUNG II

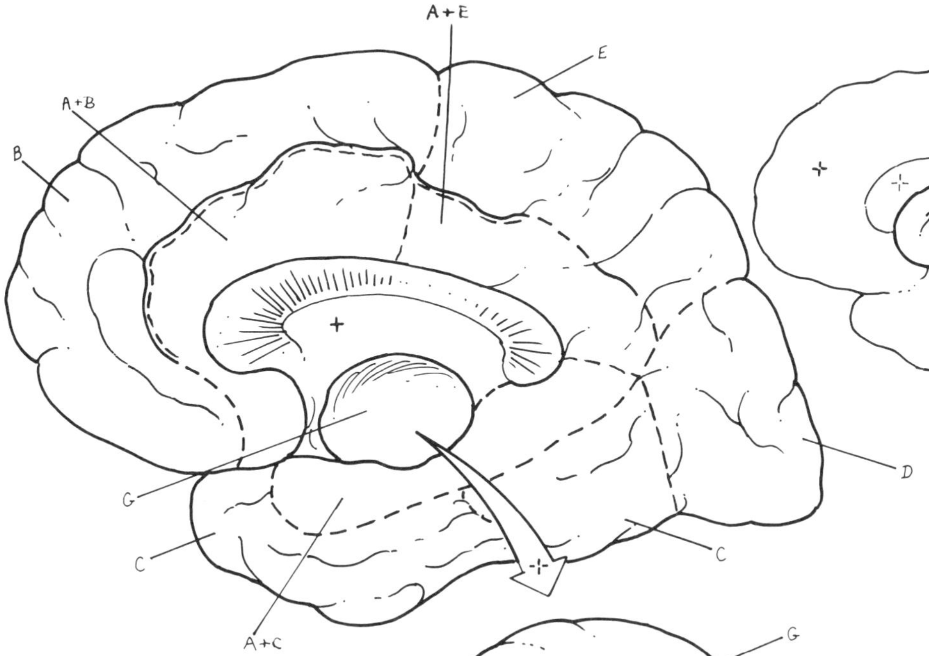


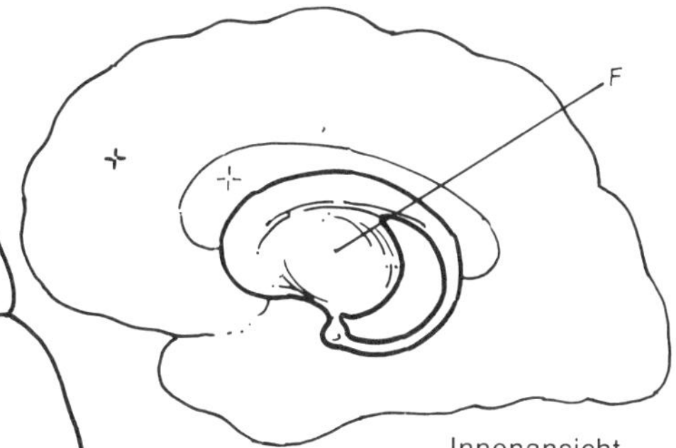


Innenansicht

Hemisphäre ★
Frontallappen B
Temporallappen C
Parietallappen E
Okzipitallappen D
Limbisches System A
Basalganglien F

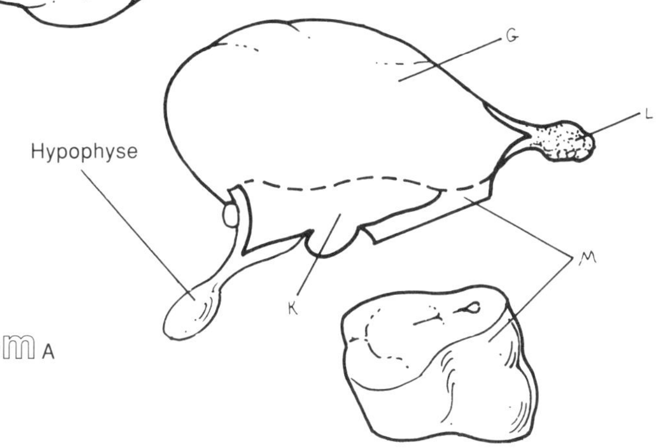


oberer Hirnstamm ★
Thalamus G
Hypothalamus K
Epiphyse L

mittlerer Hirnstamm ★
Mittelhirn M

unterer Hirnstamm ★
Pons H
Medulla oblongata J
Zerebellum I
Rückenmark N

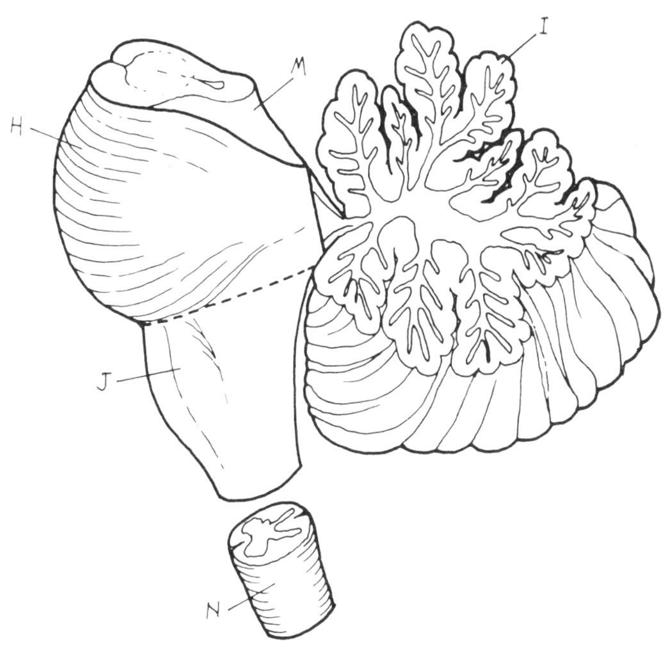

# 1–4
# DAS NERVENSYSTEM – GLIEDERUNG

Unser Nervensystem (NS) besteht aus folgenden Anteilen:
- dem zentralen Nervensystem (ZNS),
- dem peripheren Nervensystem (PNS),
- dem vegetativen oder viszeralen (VNS) bzw. autonomen (ANS) Nervensystem.

**Malen Sie die Begriffe A–C und deren zugehörige Strukturen in deutlich kontrastierenden Farben an.**

Die »Bausteine« des *zentralen Nervensystems (ZNS)* sind das *Gehirn* ($A^1$) und das *Rückenmark* ($A^2$), die beide für neurale Funktionsabläufe von entscheidender Bedeutung sind. Ihre geschützte Lage im knöchernen Schädel bzw. Wirbelkanal erschwert eine Verletzung dieser wichtigen und empfindlichen Strukturen von außen. Die beiden Hemisphären sind zwar die größten Strukturen des Gehirns, stellen aber dennoch nur einen Teil des Gesamtorgans dar. Die Hemisphären sind auf andere Komponenten des Nervensystems angewiesen, die ihnen einerseits Informationen vermitteln und andererseits helfen, ihre Befehle zu realisieren oder den peripheren Erfordernissen entsprechend zu modifizieren.

Durch das Foramen magnum (lat. foramen: Loch; magnus: groß) (hier nicht dargestellt, s. Tafel 6–2) im Bereich der knöchernen Schädelbasis, tritt das Rückenmark in den knöchernen Schädel ein und steht nun in unmittelbarer Verbindung mit dem Gehirn. Die detaillierte Darstellung des Gehirns ist Gegenstand von Kapitel 5, das Rückenmark sowie die Darstellung von Nervenbahnen, die sowohl das Gehirn als auch das Rückenmark durchziehen, sind Thema von Kapitel 4.

Das *periphere Nervensystem (PNS)* besteht aus *kranialen* ($B^1$) und *spinalen* ($B^2$) *Nerven*, deren Komponenten jeweils außerhalb des ZNS lokalisiert sind. Mit Ausnahme der beiden ersten haben alle 12 paarig angelegten Hirnnerven ihren Ursprung im Bereich des Hirnstamms (die Abbildung zeigt nur drei Beispiele). Die Funktion dieser Hirnnerven beschränkt sich weitgehend auf den Kopf und wird in Kapitel 6 ausführlich dargestellt.

Die 31 paarig angelegten Spinalnerven (von denen ebenfalls nur einige wenige dargestellt sind) entspringen im Rückenmark und bestehen wie die Hirnnerven aus Konglomeraten von Nervenzellen, die sensorische und/oder motorische Impulse weiterleiten. Die Spinalnerven (Hauptthema von Kapitel 5) sind für den ganzen Körper zuständig, mit Ausnahme des Kopfbereichs, der von den Hirnnerven versorgt wird.

Das *viszerale (VNS)* oder *autonome (ANS) Nervensystem* (C) ist zuständig für die motorische Innervation (nervale Versorgung) des Herzens und der Drüsen und glatten Muskulatur von Hohlorganen (z.B. Harnblase, Magen) sowie für die sensorische Innervation innerer Organe (Viszera). Zu den inneren Organen zählen solche des Brust-, Bauch- und Beckenraums und gewisse Strukturen im Kopf- und Nackenbereich ebenso wie Blutgefäße, Schweißdrüsen und die feinen Haarbalgmuskeln der Haut. Zum VNS gehören bestimmte Bereiche des Gehirns und des Rückenmarks und einige Hirn- und Spinalnervenpaare. Es weist aber auch hochspezialisierte eigene Anteile auf. Die Abbildung zeigt eine Kette von Nervenzellen des VNS, die im Thorax-, Abdominal- und Beckenbereich lokalisiert sind und mit dem Rückenmark mittels spezifischer Hirnnervenstrukturen kommunizieren. Impulse dieser motorischen Nervenzellen des VNS werden an viszerale Organe weitergeleitet. Die motorische Komponente des VNS wird in Kapitel 8 behandelt. Die sensorische Komponente des VNS ist diffuser angelegt und kann strukturell nicht eindeutig von sensorischen Axonen somatischer Strukturen (im Bereich von Muskulatur, Skelett und Haut) abgegrenzt werden. Im Inhaltsverzeichnis finden sie unter dem Stichwort VNS eine Liste sämtlicher Tafeln, die die sensorischen und motorischen Komponenten des VNS darlegen.

Es muß ausdrücklich betont werden, daß alle drei Bereiche des Nervensystems in ständiger gegenseitiger Wechselwirkung (Interaktion) stehen. Die getrennte Darstellung der einzelnen Teilbereiche des Nervensystems dient lediglich dazu, deren jeweilige spezifische Charakteristika verständlich zu machen.

# Das Nervensystem – Gliederung

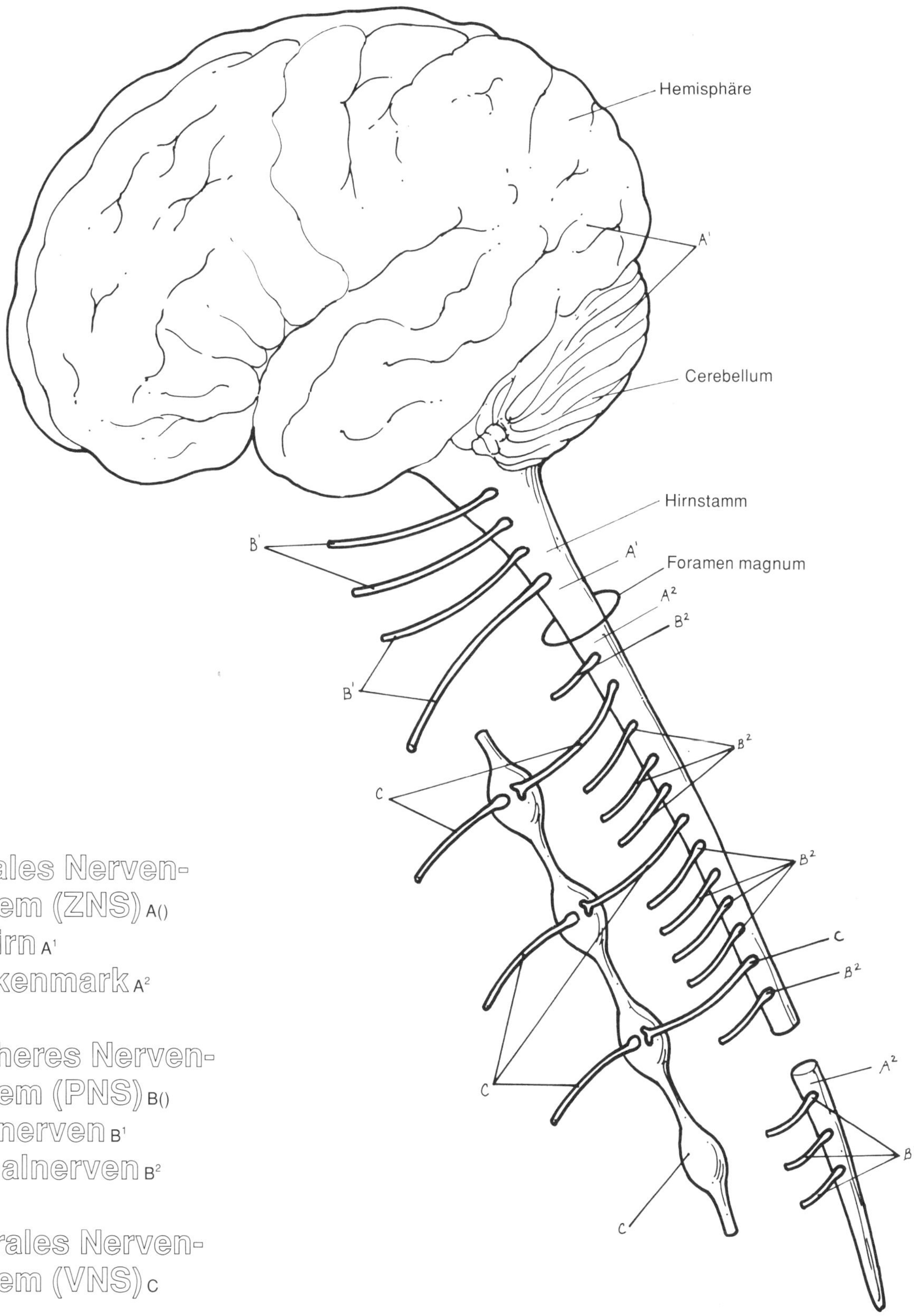


zentrales Nervensystem (ZNS) A()
Gehirn A¹
Rückenmark A²

peripheres Nervensystem (PNS) B()
Hirnnerven B¹
Spinalnerven B²

viszerales Nervensystem (VNS) C

# 1–5
# TERMINOLOGIE VON LAGE UND RICHTUNG

Das Gehirn ist nach Form und Funktionsweise ein kompliziertes Organ. Eine Reihe spezieller Ausdrücke (lat. termini) zur Positions- und Richtungsbeschreibung erleichtern das Verständnis der bisweilen sehr komplizierten Strukturen und Vorgänge. Diese Ausdrücke finden universelle Anwendung in den Bereichen Anatomie, Medizin und Biologie und sollten deshalb zu Beginn des Studiums gelernt werden, weil es dann leichter fällt, präzise Beschreibungen sowohl zu verstehen als auch zu verfassen. Zunächst werden Lage- und Richtungsbezeichnungen am Beispiel eines stehenden Vierfüßlers (Pferd) erläutert, sodann die gleichen Termini in Relation zum aufrecht stehenden »Zweifüßler Mensch«.

**Kolorieren Sie den Oberbegriff ‚Vierfüßler', die Begriffe ‚Kopfende, Schwanzende, Rücken und Bauch', die Begriffe A–D und die Pfeile in der zugehörigen Abbildung rechts oben.**

Bei einem vierfüßigen Lebewesen (z.B. einem Pferd) in stehender Haltung basieren die anatomischen Fachausdrücke zur Richtungs- oder Lagebeschreibung auf folgenden vier Referenzpunkten:
Kopf – vorne,
Schwanz – hinten,
Rücken – oben,
Bauch – unten.
Die klassische Terminologie zur Richtungs- und Lagebeschreibung entstammt der griechischen und lateinischen Sprache.
Die entsprechenden Fachausdrücke lauten für:

- Kopfende, vorderes Ende: *kranial* (A); (lat. cranium: Schädel) oder *rostral* (lat. rostrum: Schnabel, Mund) oder *anterior* (lat. vorne);
- Schwanzende, hinteres Ende: *kaudal* (B); (lat. cauda: Schwanz) oder *posterior* (lat. hinten);
- Rücken des Tieres: *dorsal* (C); (lat. dorsum: Rücken);
- Bauch des Tieres: *ventral* (D); (lat. venter: Bauch).

**Malen Sie den Oberbegriff ‚Zweifüßler', die Begriffe $A^1$–$D^1$ und die zugehörigen Pfeile in der Abbildung von Gehirn und Rückenmark an. Kolorieren Sie anschließend die Begriffe E–J und deren zugehörige Pfeile in der Abbildung links unten.**

Mit der Entwicklung der aufrechten (zweifüßigen) Körperhaltung beim Menschen wurde auch die Lage dieser vier Basis-Referenzpunkte zur Beschreibung der Körperlage im dreidimensionalen Raum um 90° gedreht. Entsprechend ist beim aufrecht stehenden Menschen das vordere Ende die Bauchseite, das hintere Ende der Rücken.

Das Kopfende wird zum oberen Ende, ist also *kranial* ($A^1$) oder *superior* ($A^2$) (lat. oben) gelegen. Auf einige Bereiche des Gehirns (nicht jedoch des Hirnstamms oder Rückenmarks) wird der Terminus *dorsal* ($C^1$) für oben gelegen verwendet.

Das Schwanzende wird zum unteren Ende, liegt also *inferior* ($B^2$) (lat. unten) oder *kaudal* ($B^1$). Der Ausdruck *kaudal* wird auch in Verbindung mit dem Hirnstamm oder Rückenmark verwendet, nicht jedoch in bezug auf das Gehirn. Für einige Bereiche des Gehirns (nicht jedoch des Hirnstamms oder Rückenmarks) beschreibt der Terminus *ventral* ($D^1$) eine tiefere Lage.
*Posterior* ($B^3$) beschreibt die Rückseite von Gehirn und Rückenmark. In bezug auf Hirnstamm, Rückenmark und den Körper als Ganzes wird als Synonym für *posterior* auch *dorsal* ($C^1$) verwendet. Obwohl beide Begriffe in der deskriptiven Anatomie Anwendung finden, wird im allgemeinen *posterior* bevorzugt.
*Anterior* ($A^4$) oder *rostral* ($A^3$) beschreiben die Vorderseite von Gehirn und Rückenmark. In bezug auf Hirnstamm und Rückenmark sowie den ganzen Körper wird als Synonym für *anterior* der Ausdruck *ventral* ($D^1$) verwendet, jedoch wird in der deskriptiven Anatomie *anterior* bevorzugt.

Anhand der Abbildung des Menschen werden einige weitere richtungs- bzw. lagebeschreibende Termini erklärt:

- Eine Struktur, die auf derselben Seite liegt wie ein Referenzpunkt, bezeichnet man als *ipsilateral* (E) (lat. ipse: selbst).
- Liegt die Struktur auf der entgegengesetzten Seite des Referenzpunktes, so ist dies *kontralateral* (F) (lat. contra: gegen). Beispielsweise wird eine Bewegung Ihrer linken Hand von Ihrer kontralateralen (also rechten) Hemisphäre initiiert.

Beim Vergleich zweier Strukturen wird diejenige, die näher an einer (gedachten) Mittellinie liegt als *medial* (G), die andere entsprechend als *lateral* (H), also seitlicher gelegen, bezeichnet. So liegt z.B. der wichtige Lemniscus medialis der Wirbelsäule und des Hirnstamms näher an deren Mittellinie als der (seitlicher gelegene) Lemniscus lateralis.

Die Termini *proximal* (I) und *distal* (J) beziehen sich auf den relativen Abstand einer Struktur von einem Referenzpunkt. Proximal heißt näher zu diesem gelegen, distal hingegen vergleichsweise weiter vom Referenzpunkt entfernt. Der Nervus radialis des Armes wird z.B. leichter proximal des Ellbogens geschädigt als distal davon.

# TERMINOLOGIE VON LAGE UND RICHTUNG

## Vierfüßler.

Kopfende ★
anterior/rostral/
kranial A

Schwanzende ★
posterior/kaudal B

Rücken ★ Bauch ★
dorsal C ventral D

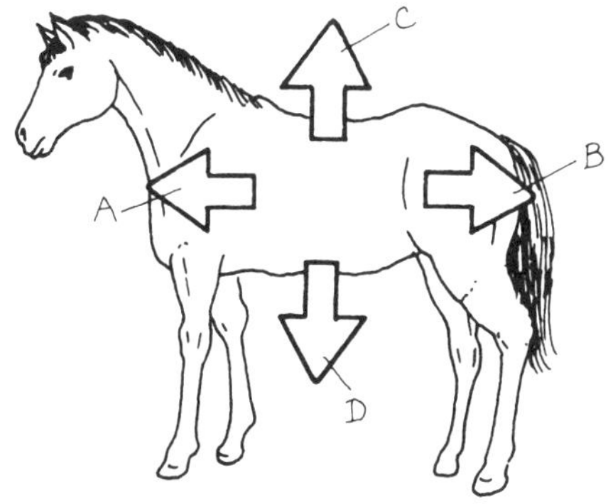


Vierfüßler.

## Zweifüßler.

kranial $A^1$/
superior $A^2$/
dorsal $C^1$/
rostral $A^3$

anterior $A^4$

inferior $B^2$/
ventral $D^1$

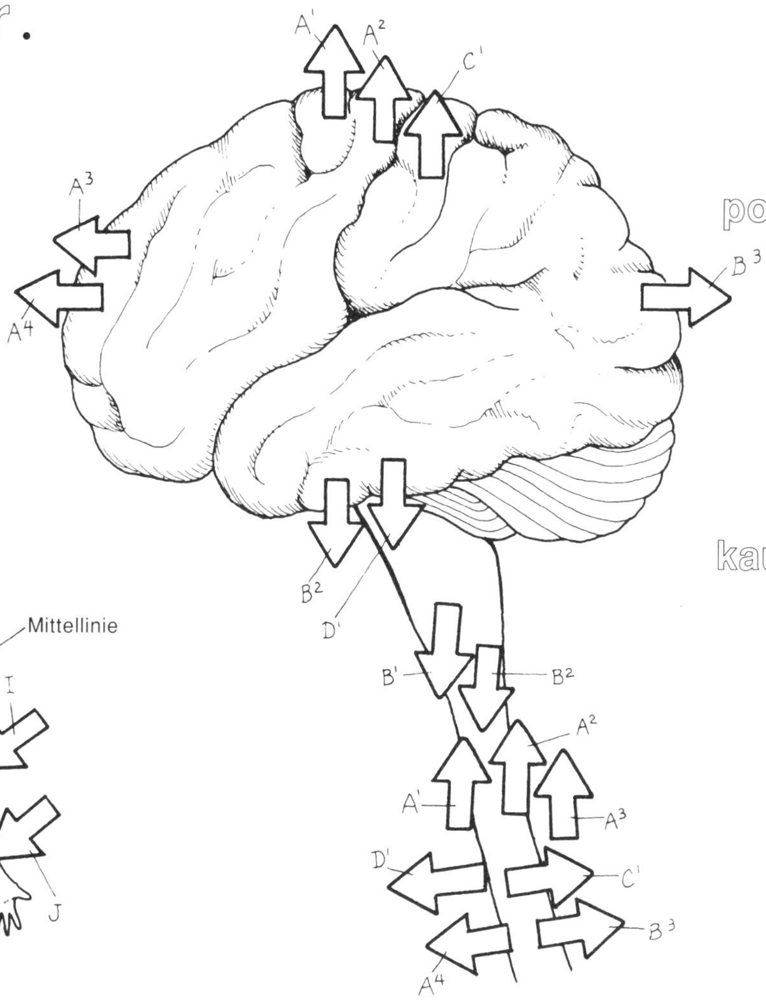


posterior $B^3$

kaudal $B^1$

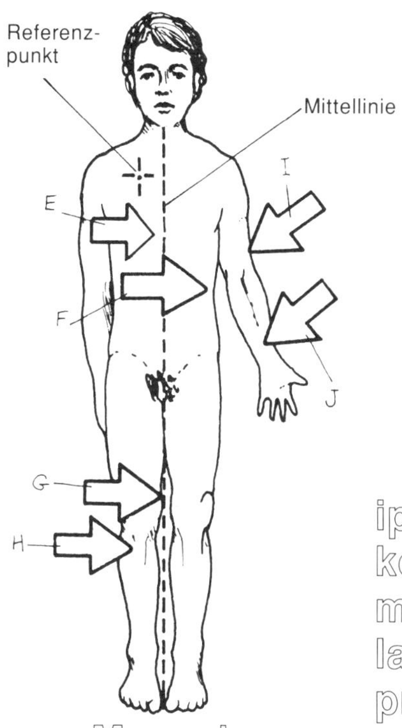


Mensch.

ipsilateral E
kontralateral F
medial G
lateral H
proximal I
distal J

# 1–6
# SCHNITTEBENEN UND GRÖSSENORDNUNGEN

Seit mehr als 100 Jahren werden in verschiedenen, genau festgelegten Richtungen Schnitte durch die Hirnsubstanz gelegt. Das sorgfältige Studium der so entstehenden Schnittflächen war und ist für die Erforschung des ZNS von zentraler Bedeutung. Die Kenntnis der verschiedenen Schnittführungen ist wichtig, weil sie den Zugang zu nicht oberflächlich gelegenen Strukturen und damit deren Studium erst ermöglichen.

**Malen Sie den Oberbegriff ‚Schnittebenen', die Begriffe A–E und deren zugehörige Strukturen in den drei oberen Abbildungen an.**

Die *mediane Schnittebene* (A) teilt eine Struktur (in diesem Fall das Gehirn) entlang deren mittlerer Längsachse in eine rechte und linke Hälfte. *Medianschnitte* verschaffen Zugang zu mittelliniennahen Strukturen (s. Tafel 1–3).

Eine *sagittale Schnittebene* (B) (lat. sagitta: Pfeil) verläuft in der Längsachse parallel zur Medianebene (s. Tafeln 5–41 bis 5–44).

Die *transversale Schnittebene* (C) unterteilt eine Struktur senkrecht zu deren Längsachse (s. Tafeln 5–35 bis 5–40). Einen *Transversalschnitt* durch das Rückenmark bezeichnet man auch als *Querschnitt* (D).

Die *horizontale Schnittebene* (E) verläuft senkrecht zur Transversal- und Sagittalebene und parallel zum Erdhorizont (s. Tafeln 5–45 bis 5–48).

**Malen Sie den Oberbegriff ‚Größenordnungen' an, die Begriffe F–J und die zugehörigen vertikalen Balken und Abkürzungen in der unteren Abbildung. Verwenden Sie helle, gut kontrastierende Farben. Beachten Sie die unterschiedlichen Durchmesser der Strukturen, die am Oberrand des Diagramms aufgelistet sind.**

Alle quantitativen Beschreibungen von Strukturen des ZNS (z.B. Größe, Volumen, Gewicht) werden in Einheiten des metrischen Maßsystems angegeben. Länge und Größe von Strukturen und ihr Abstand voneinander sind wichtige Aspekte jeder deskriptiven Wissenschaft. Basiseinheit der linearen Messung im metrischen System ist der *Meter* (m) (F). Die verschiedenen Einheiten dieses Systems differieren jeweils um ein Vielfaches von Zehn. Ein *Dezimeter (dm)* ist also 1/10 Meter, ein *Zentimeter (cm; $10^{-2}$m)* ist 1/100 Meter und ein *Millimeter (mm; $10^{-3}$m)* (G) entspricht 1/1000 Meter.

Auf dem Gebiet der Zellbiologie bewegt sich die Größenordnung von Strukturen im Bereich von 1/1000 Millimeter, genannt *Mikrometer* ($\mu$m, $10^{-6}$m) (H) oder sogar von 1/1000 000 Millimeter, genannt *Nanometer (nm; $10^{-9}$m)* (I). Die nächstkleinere Größenordnung ist das *Ångström (Å; $10^{-10}$m)* (J), das einem zehnmillionstel Millimeter entspricht. Das Ångström wurde nach dem schwedischen Physiker Anders J. Ångström benannt, wird heute aber nur noch selten verwendet.

Wenn Sie im Laufe des Studiums dieses Buches auf Größenangaben stoßen, können Sie sich anhand dieser Tafel immer wieder an den Beispielen unterschiedlicher Dimensionen von Strukturen orientieren.

# SCHNITTEBENEN UND GRÖSSENORDNUNGEN

**Schnittebenen** .
median/Mittellinie A
sagittal B
transversal C
Querschnitt D
horizontal E

**Größenordnungen** .
Meter F
Millimeter G
Mikrometer H
Nanometer I
Ångström J

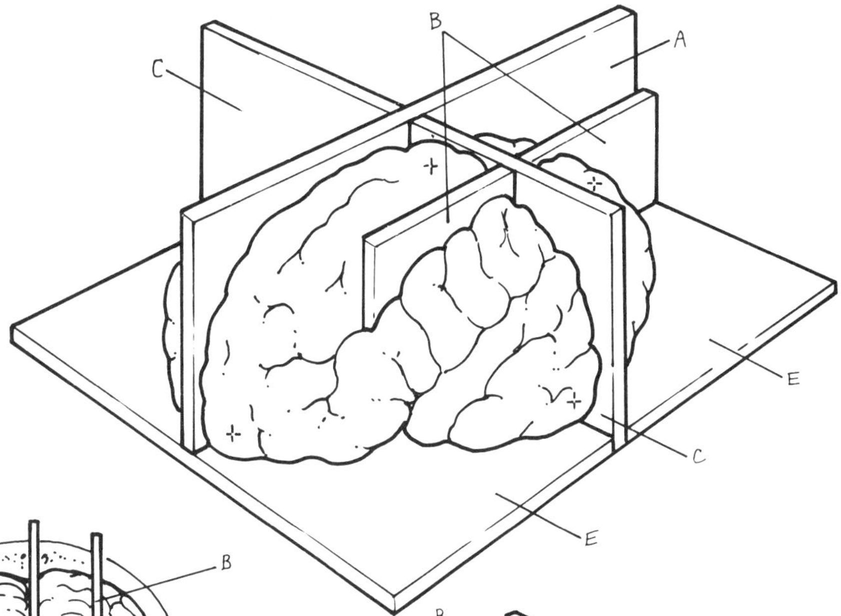


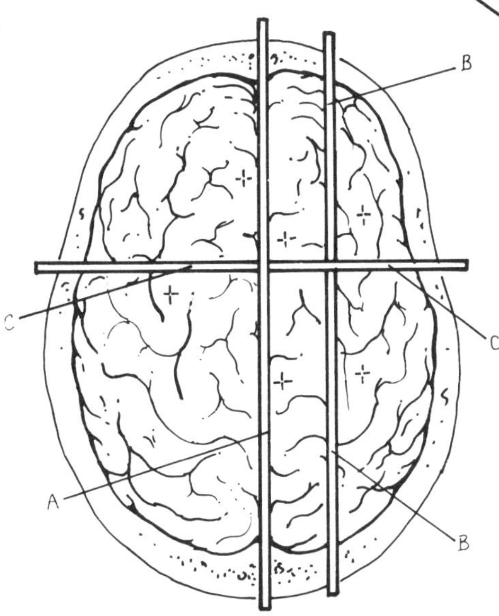


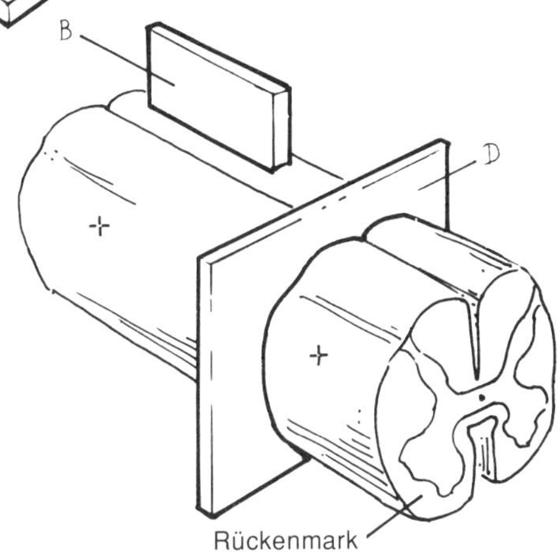


Durchmesser:

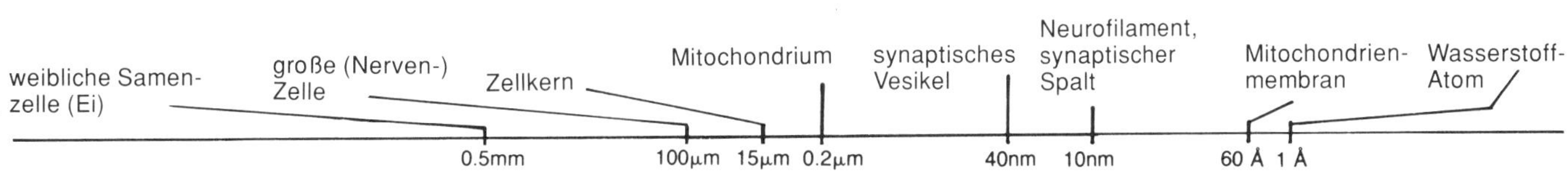


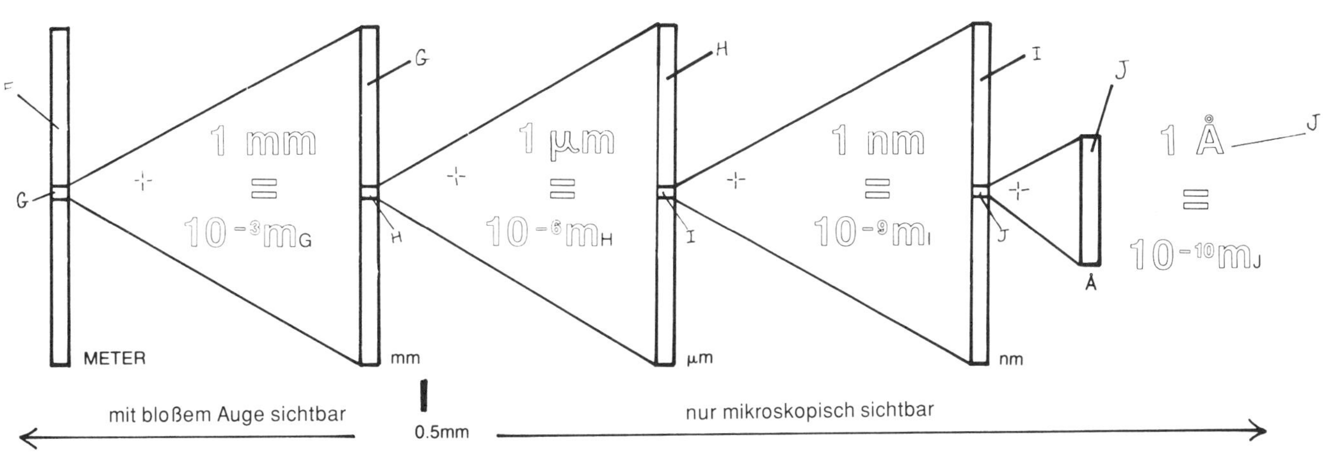

# Kapitel 2: Grundbegriffe und -strukturen des Nervensystems

Tafel 2–1 bis 2–12

# 2–1
# DAS NEURON

Das Neuron (Nervenzelle) ist die elementare informationsverarbeitende Einheit des Nervensystems. Milliarden solcher Neurone, die über unzählige Zwischenzellverbindungen in ein funktionelles Mosaik integriert sind, ermöglichen die Wahrnehmung und Deutung sensorischer Reize (Empfindung), die Speicherung von Erfahrungen (Gedächtnis) und die Realisierung von Reaktionen (Verhalten).

**Malen Sie die Oberbegriffe ‚Neuron und Fortsätze' an, die Begriffe A–E⁴ und die zugehörigen Strukturen in der (kleineren) oberen Abbildung. Kolorieren Sie dann die entsprechenden Bereiche im stark vergrößert dargestellten Neuron. Der Nucleus (B) wird durch die Wand des Zellkörpers hindurch betrachtet und sollte deshalb in den Farben von A und B angemalt werden (z.B. zweifarbig schraffiert oder gestrichelt). Verwenden Sie für E–E⁴ unterschiedliche Schattierungen derselben Farbe.**

Das Neuron besteht aus einem *Zellkörper (Perikaryon)* (A) mit seinem *Zellkern (Nucleus)* (B), einer Reihe kleinerer *Fortsätze (Dendriten)* (C) und einem *Hauptfortsatz (Axon oder Neurit)* (E). Je nach der Anzahl der Fortsätze unterscheidet man unipolare, bipolare oder (wie hier dargestellt) multipolare Neurone.

Die Dendriten wachsen wie Äste eines Baumes aus dem Zellkörper und dienen der Vergrößerung der Zelloberfläche und damit der Zunahme möglicher Kontaktstellen zu anderen Neuronen. Um überleben zu können, sind Dendriten auf den Zellkörper angewiesen. Er gewährleistet Ernährung, DNS-vermitteltes Wachstum und Reparaturmechanismen. Die Länge der Dendriten variiert zwischen wenigen Mikrometern und einigen Millimetern. Wie Radioantennen empfangen sie eintreffende (afferente) Informationen anderer Neurone oder sensorischer Rezeptoren. Sie nehmen eintreffende Impulse entweder direkt über ihre Oberflächenmembran auf oder über winzige Membranausbuchtungen, die *Dendritendornen* (D). Die afferente Information erreicht den Zellkörper in Form transmembranöser elektrischer Ladungsverschiebungen (s. Tafel 2–7).

Das Neuron stellt eine höchst flexible Einheit dar, die, insbesondere im Bereich des Dendritenbaumes, zu mannigfachen Wachstums- und Umformungsvorgängen fähig ist. Am wandlungsfähigsten sind die dendritischen Dornfortsätze: Sie buchten sich aus der Zellmembran vor, wachsen, verändern Form und Größe und verschwinden wieder – je nach den Erfordernissen der zu verarbeitenden Information.

Mit wenigen Ausnahmen verfügen alle Nervenzellen über einen Hauptfortsatz *(Axon oder Neurit)*, über den Impulse aus der Nervenzelle weitergeleitet werden. Das Axon erhebt sich aus dem Zellkörper in Form einer konischen Ausbuchtung, dem *Axonhügel* (E¹). Der weitere Axonverlauf hängt ab von der Art des Mutterneurons und des zu erreichenden Zielorgans. Manche Axone sind sehr kurz (100 µm oder weniger), andere sehr lang (bis zu 1 m). Axone sind von einer *Zellscheide* (F) umgeben: Im PNS besteht diese aus Schwannschen Zellen, im ZNS aus Oligodendrozyten. Enthält diese Scheide die lipoproteinhaltige Substanz *Myelin,* so heißt sie *Markscheide* (F).

Die meisten Axone verfügen über Seitenäste, die *Axonkollateralen* (E²), die eine simultane Informationsvermittlung an verschiedene Bereiche des Nervensystems ermöglichen. Mit Erreichen ihres Zielorgans verzweigen sich Axon und Kollateralen in eine Vielzahl kleiner *Terminaläste (Telodendron)* (E³). Deren äußerste Spitzen, die *synaptischen Terminalen* (E⁴), leiten Nervenimpulse von einem Neuron zum nächsten weiter und stellen so eines der wichtigsten Kommunikationssysteme des Nervensystems dar. Diejenige Stelle am Zielneuron oder einer anderen Zielzelle (z.B. einer Muskelzelle), auf die die Axonterminale auftrifft, stellt eine der wichtigsten anatomischen und funktionellen Einheiten des gesamten Nervensystems dar: die Synapse (s. Tafel 2–4 und 2–5).

**Kolorieren Sie den Oberbegriff ‚Dendritenbaum', die Begriffe G–K und die zugehörigen Strukturen im oberen Neuron.**

Die einzelnen Bezirke eines Dendriten können mittels seines sequentiellen Aufbaus identifiziert werden. In der vorliegenden Abbildung ist der erste Teil oder Schaft des Dendriten (unmittelbar nach Austritt aus dem Zellkörper) das *Segment 1. Ordnung* (G). Aus der *ersten Verzweigungsstelle (Bifurkation)* (H) entstehen *Segmente 2. Ordnung.* Die *zweite Bifurkation* (J) bringt *Segmente 3. Ordnung* (K) hervor usw. Während es an Segmenten 1. Ordnung und an den sehr kleinen (periphersten) Segmenten kaum dendritische Dornen gibt, sind diese an Dendriten 2. oder 3. Ordnung zahlreich vorhanden.

# NEURON

Neuron ★
Zellkörper A
Nucleus B
Fortsätze ★
Dendriten C
Dendritendornen D

Axon E
Axonhügel E¹
Axonkollaterale E²
Terminalast E³
synaptische Terminale E⁴
Scheide F

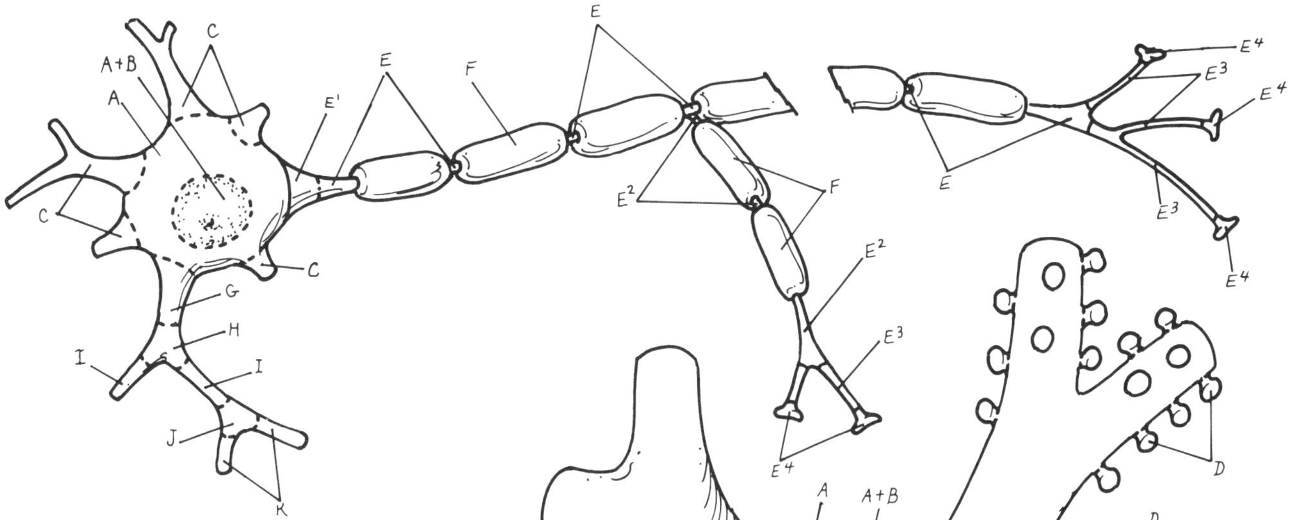


Dendritenbaum ★
Segment 1. Ordnung G
erste Bifurkation H
Segment 2. Ordnung I
zweite Bifurkation J
Segment 3. Ordnung K

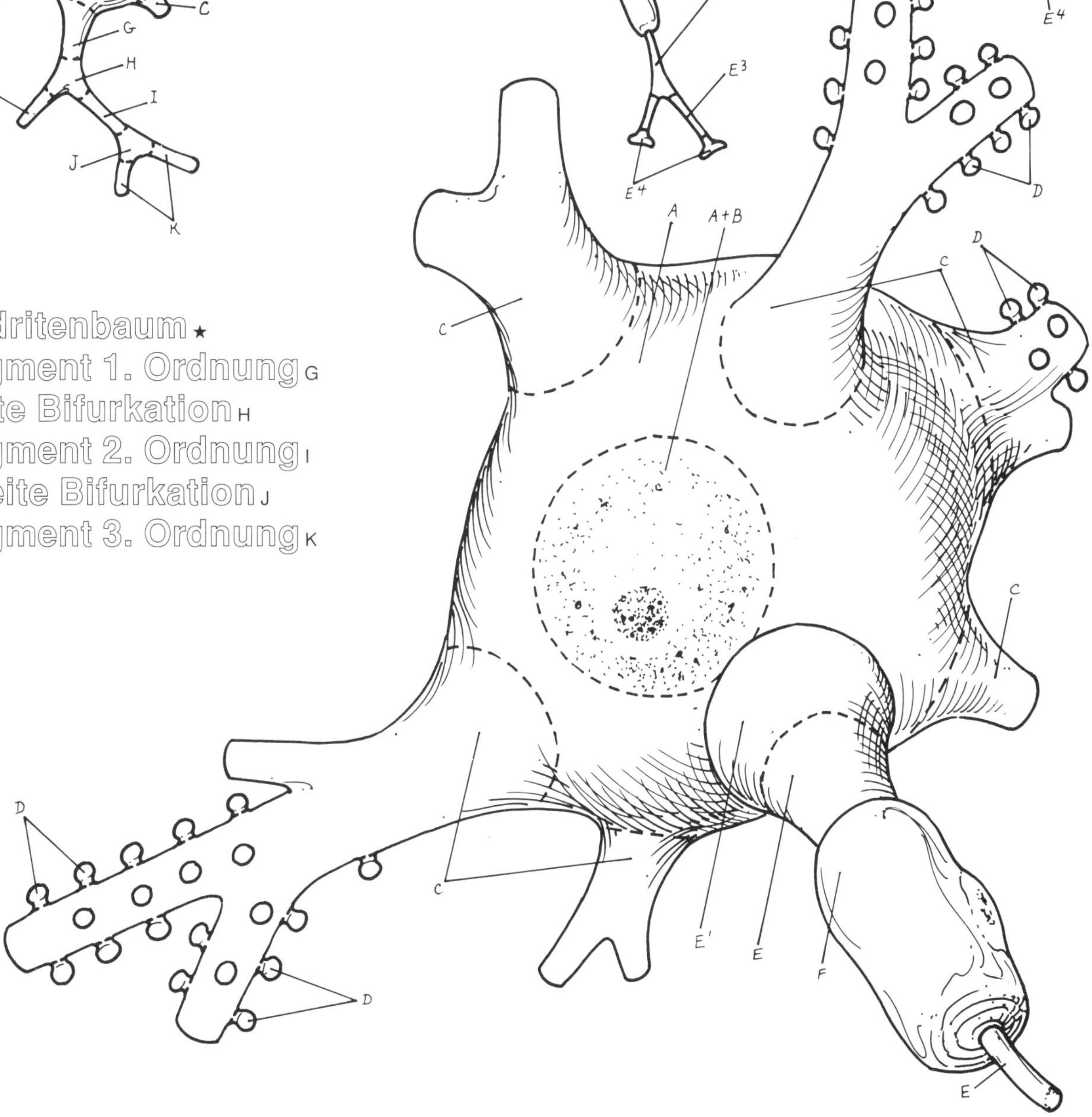

# 2–2
# HISTOLOGIE DES NEURONS

Diese Tafel macht Sie mit der Histologie, also der geweblichen Feinstruktur des Neurons vertraut, die nur elektronenmikroskopisch darstellbar ist. Das integrative Ineinandergreifen der einzelnen Zellbestandteile ermöglicht die Entstehung und Weiterleitung von Nervenreizen als elementare Charakteristika nervaler Aktivität.

**Verwenden Sie für die Begriffe A und B und die zugehörigen Strukturen dieselben Farben wie auf Tafel 2–1. Malen Sie den Oberbegriff ‚Neuron' an sowie die Begriffe A–B³ und die zugehörigen Strukturen in der großen Abbildung.**

Das Neuron ist von einer dreischichtigen, flexiblen, lipoproteinhaltigen *Zellmembran* (A) umgeben. Über diese Membran können Neurotransmitter und andere für die Zellfunktion wichtige Substanzen aufgenommen bzw. abgegeben werden. Das Zellinnere ist gefüllt mit einer gelartigen Masse, dem Zytoplasma, in das der *Zellkern (Nucleus, Karyon)* und andere kleine Strukturen *(Organellen)* eingebettet sind.
Der *Nucleus* (B), das »Administrationszentrum« der Zelle, ist von einer porösen *Kernmembran* (B¹) umhüllt. Diese Poren stellen einen Kommunikationsweg zwischen *Kerninnerem* und *Zellinnerem (Zytoplasma)* dar.
Das Kerninnere besteht aus dem stark chromatin-(DNS-)haltigen *Nucleoplasma (Karyoplasma)* (B²) und ist damit Sitz der Erbanlagen, die die Funktion einer jeden Zelle bestimmen. Dieses Chromatin (nicht dargestellt) kann über die Poren der Kernmembran zu anderen Zellorganellen vordringen und dort bei der Synthese von Strukturproteinen mitwirken. Neuronenkerne sind vergleichsweise groß. Dies ist wahrscheinlich bedingt durch die erhebliche Stoffwechselbelastung, die an die Bereitstellung der großen Proteinmengen für die Zellmembran mit all ihren Fortsätzen geknüpft ist. Der *Nucleolus* (B³) ist eine im Nucleus eingebettete, aus Proteinen und Ribonukleinsäure (RNS) bestehende Struktur, die wesentlich an der Synthese von Ribosomen beteiligt ist. Aktive Neurone können mehrere Nucleoli enthalten.

In der Regel liegt der Zellkern in der Zellmitte. In einigen Zellarten ist er bisweilen auch exzentrisch lokalisiert. In einer geschädigten Nervenzelle wandert der Nucleus häufig an die Zellperipherie, ein Befund, der Pathologen auf eine Schädigung oder Zerstörung von Nervengewebe hinweisen kann.

**Malen Sie den Oberbegriff ‚Zytoplasma' an, sodann die Begriffe C–E und die zugehörigen Strukturen in der großen Abbildung.**

Das Zytoplasma eines Neurons enthält im wesentlichen die gleichen Organellen wie das anderer Zellarten. *Mitochondrien* (C), zuständig für die Zellatmung und Energieversorgung, sind über das ganze Neuron verteilt, besonders reichlich im Zellkörper und in den synaptischen Terminalen (s. Tafel 2–4).
Das *endoplasmatische Retikulum (ER, Nissl-Substanz, Nissl-Schollen)* (D) besteht aus einem membranösen Lamellensystem, das flache, miteinander kommunizierende Spalträume (Zisternen) umschließt, und ist im Zellkörper und im Schaft von Dendriten lokalisiert. An der Außenseite der Membranen sitzende Granula *(Ribosomen)* des *rauhen (granulären) ER* haben eine wichtige Funktion bei der Proteinsynthese. Fehlen derartige Granula, spricht man vom *glatten ER*.
Der *Golgi-Apparat* (E) besteht aus hintereinandergelagerten, konvex-konkav gefalteten Doppelmembransäckchen (Diktyosomen). Über die konkaven Membranseiten können proteinhaltige Vesikel aus dem ER aufgenommen, über die konvexen Membranbezirke sog. Golgi-Vesikel abgegeben werden.

**Malen Sie den Begriff F und die zugehörige Struktur in der großen Abbildung an. Kolorieren Sie dann den Oberbegriff ‚intrazellulärer Transport', die Begriffe G und H und die zugehörigen Strukturen in der unteren (kleineren) Abbildung. Der Begriff ‚Neurofilament' und die zugehörige Struktur werden nicht angemalt.**

Neu synthetisiertes Protein gelangt über axoplasmatische bzw. dendroplasmatische Transportmechanismen bis in die entferntesten Bereiche von Axon und Dendriten. Für flüssige und solide Bestandteile des Neurons wurde eine große Spannbreite der Transportgeschwindigkeit beschrieben: Sie reicht von 1-10 mm/Tag bis zu 100-400 mm/Tag. Höhere Transportgeschwindigkeiten scheinen vom Vorhandensein langer, röhrenförmiger Filamente, der *Mikrotubuli* (F), und der *Neurofilamente* (F¹) abzuhängen. Diese Strukturen werden im Zellkörper synthetisiert und dienen als Zytoskelett der Zellstabilisierung. Intrazelluläre Transportvorgänge verlaufen in zwei Richtungen: Als *somatofugaler Transport* (G) aus der Zelle heraus und als *somatopetaler Transport* (H) in die Zelle hinein. Der Mechanismus dieser plasmatischen Transportvorgänge ist noch nicht völlig geklärt.

Viele Neuronen enthalten unterschiedliche Pigmente (nicht dargestellt), z.B. den Fett-Eiweiß-Komplex Lipofuszin, der mit steigendem Lebensalter kumuliert oder das schwarze Pigment Melanin, das in Neuronen bestimmter Hirnbereiche vorkommt.

# HISTOLOGIE DES NEURONS

Neuron ★
- Zellmembran A
- Nucleus B()
  - Kernmembran B¹
  - Nucleoplasma B²
  - Nucleolus B³

Zytoplasma ★
- Mitochondrien C
- endoplasmatisches Retikulum (ER) D
- Golgi-Apparat E
- Mikrotubulus F
- Neurofilament F¹+

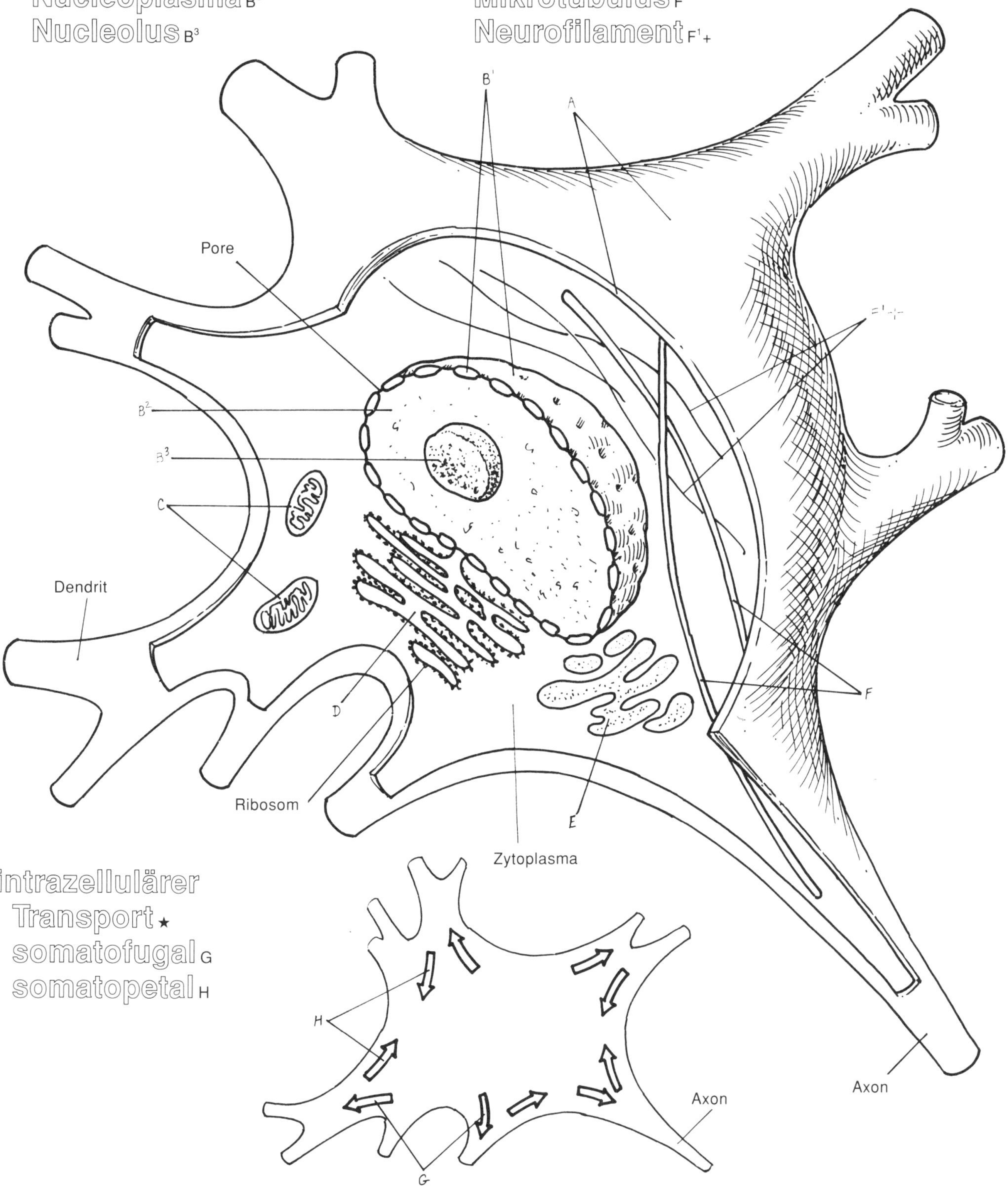


intrazellulärer Transport ★
- somatofugal G
- somatopetal H

# 2–3
# NEURONEN-KLASSIFIKATION

Jeder Teil des Nervensystems ist histologisch charakterisiert durch Größe, Form und Anordnung der Neuronen, aus denen er besteht. Obwohl Neurone viele Strukturen gemeinsam haben, variiert ihre äußere Form erheblich. Innerhalb dieser Formenvielfalt werden Neurone anhand ihres Aufbaus, ihrer Funktion und der Art ihres Neurotransmitters eingeteilt.
Häufig werden Neurone zu größeren Zellgruppen oder Zellmassen zusammengefaßt. Derartige Neuronengruppen heißen, wenn sie im ZNS lokalisiert sind, *Nuclei* (sing. nucleus; lat. Kern). Nuclei haben keine Bindegewebskapsel.
Liegen solche Zellgruppen im PNS, so sind sie meist von einer Bindegewebskapsel umgeben und heißen dann *Ganglien* (sing. ganglion).
Im ZNS bilden Neuronenmassen und Neuroglia den größten Anteil der grauen Substanz von Gehirn und Rükkenmark.
Auch lange Nervenfasern oder Axone sind häufig in Gruppen angeordnet. Im Bereich des ZNS liegende Axonbündel heißen Tractus (sing. tractus, lat. Bahn) und vermitteln jeweils genau definierte Informationen oder Signale für motorische Aktivitäten. Diese Tractus bilden die weiße Substanz des ZNS.
Liegen Axonbündel im PNS, heißen sie *Nerven* (lat. nervus; pl. nervi). Sie vermitteln dem ZNS Informationen aus der Peripherie und leiten Aktivitätsimpulse an Muskeln und Drüsen weiter.

**Malen Sie den Oberbegriff ‚Zellstruktur' an, sodann die Begriffe A–C² und die zugehörigen Strukturen und Pfeile.**

Anhand der Anzahl ihrer Fortsätze lassen sich Neurone auch strukturell klassifizieren. Neurone ohne oder mit nur einem Fortsatz findet man im embryonalen Nervengewebe (s. Tafel 3–3). Sie heißen *apolare* oder *unipolare* Neurone (nicht dargestellt).

Neurone mit zwei Fortsätzen, die aber miteinander verschmolzen sind, heißen *pseudounipolar* (A), (griech. pseudo: falsch). Sie sind überwiegend auf Gruppen sensorischer Neurone (Ganglien) außerhalb des ZNS beschränkt. Bei diesen Neuronen entspringt ein einzelner kurzer Fortsatz aus dem Zellkörper, der sich sodann aufteilt in einen zentralen Fortsatz, der Impulse zum Rükkenmark weiterleitet und in einen peripheren Fortsatz, der Impulse dem Zellkörper weitervermittelt. Reize, die entlang des peripheren Fortsatzes laufen, passieren wahrscheinlich erst den Zellkörper, ehe sie in den zentralen Fortsatz Eingang finden. Periphere und zentrale Fortsätze sowie der gemeinsame Stamm der pseudounipolaren Neuronen sind nach Struktur und Funktion Axone.

*Bipolare Neurone* (B) haben zwei Fortsätze, meist einen Dendriten und ein Axon, bisweilen auch zwei Dendriten. Bipolare Neurone finden sich z.B. in den Ganglien des VIII. Hirnnerven, in der Netzhaut und der Riechschleimhaut der Nase.
*Multipolare Neurone* (C) weisen ein Axon und zwei oder mehrere Dendriten auf und stellen die häufigste Neuronenart des Nervensystems dar.
*Golgi-Zellen Typ I* (C¹) sind multipolare Zellen, deren Axone sich bis zum Erreichen des Zielorgans über beachtliche Entfernungen erstrecken. Man findet sie im gesamten Nervensystem, z.B. als Pyramidenzellen in der Großhirnrinde, als Purkinjezellen im Kleinhirn und als Vorderhornzellen im Rückenmark. Multipolare Neurone mit kurzen Axonen, die bereits unweit ihres Ursprungszellkörpers enden, heißen *Golgi-Zellen Typ II* (C²). Sie sind als Sternzellen und als granulierte Zellen in der Großhirnrinde lokalisiert. Von allen Neuronen verfügen die multipolaren Nervenzellen über die reichste Formen- und Größenvielfalt.

**Malen Sie den Oberbegriff ‚Zellfunktion' an, sodann die Begriffe D, E und F und die zugehörigen Pfeile.**

Entsprechend ihrer Funktion lassen sich Neurone als sensorisch, als motorisch oder als Interneurone klassifizieren.
*Sensorische Neurone* (D) leiten Sinneseindrücke (z.B. visueller, auditorischer, perzeptiver oder nozizeptiver Art) von peripheren Rezeptoren zum Gehirn und Rükkenmark weiter. Sie stellen die sensorische (afferente) Komponente von Hirn- und Spinalnerven dar. Ihre Zellkörper bilden den größten Teil der spinalen (Hinterwurzel) und zerebralen Ganglien. Sensorische Neurone sind typischerweise pseudounipolar oder bipolar.
*Motorische Neurone (Motoneurone)* (E) leiten Impulse aus dem Gehirn und Rückenmark zu den Effektororganen (Muskeln und Drüsen) und bewirken dadurch die Kontraktion von Muskelfasern oder die Sekretion aus Drüsenzellen. Sie werden häufig auch als »niedere« Motoneurone bezeichnet.
*Interneurone* (F) sind Neurone, deren Zellkörper und Fortsätze sich ausschließlich im ZNS befinden. Sie haben also keinen direkten Kontakt mit peripheren Strukturen (Rezeptoren oder Effektoren). Eine wichtige Gruppe von Interneuronen, deren Axone an Motoneuronen im Hirnstamm und Rückenmark enden, bezeichnet man als »höhere« Motoneurone. Interneurone sind verantwortlich für Modifizierung, Koordination, Integration, Bahnung und Hemmung, alles Vorgänge, die für das Zusammenspiel von sensorischem Input und motorischem Output große Bedeutung haben. Interneurone sind in der Regel multipolare Zellen.

# NEURONEN-KLASSIFIKATION

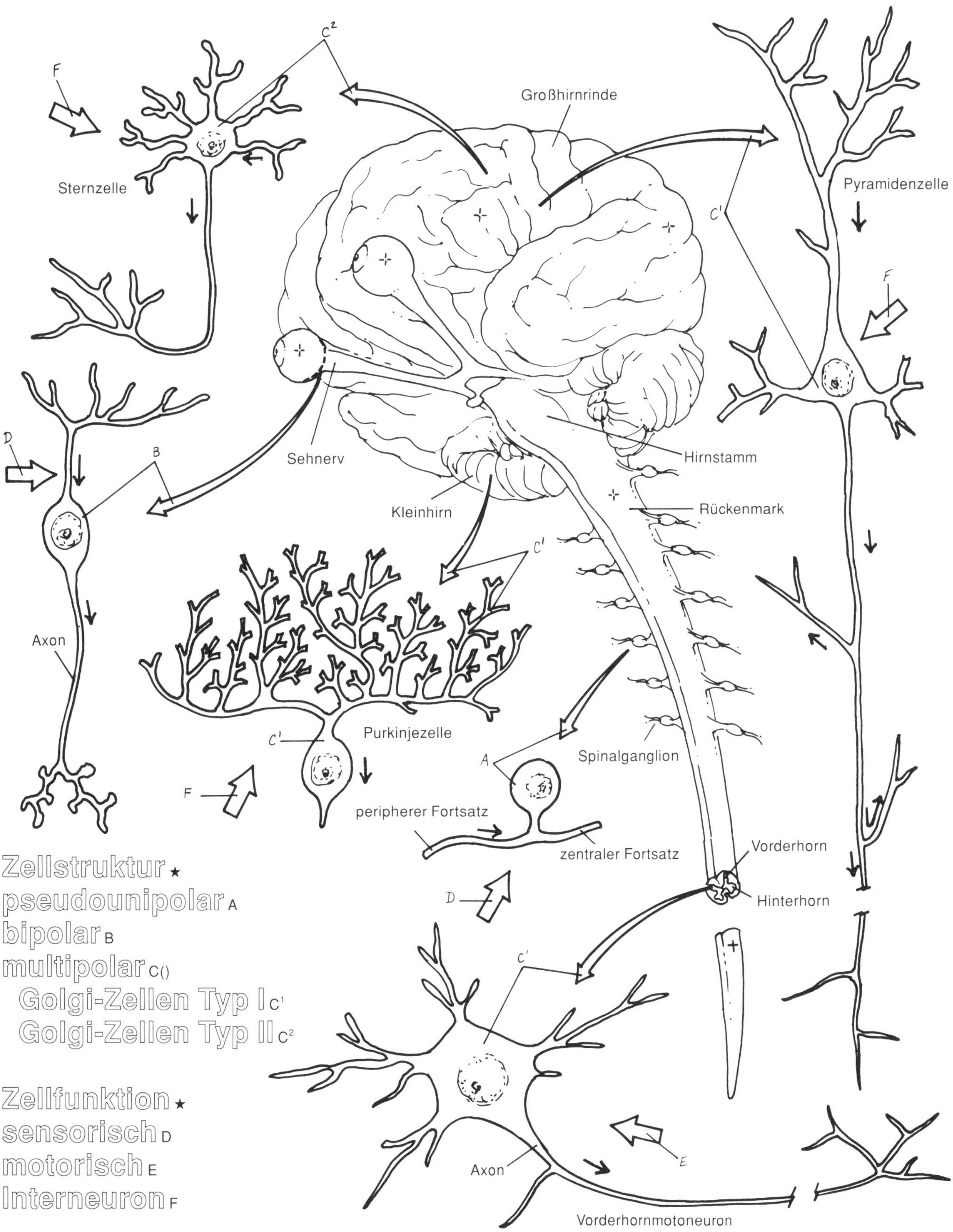


Zellstruktur ★
pseudounipolar A
bipolar B
multipolar C()
  Golgi-Zellen Typ I C¹
  Golgi-Zellen Typ II C²

Zellfunktion ★
sensorisch D
motorisch E
Interneuron F

# 2–4
# DIE SYNAPSE – STRUKTUR UND FORMEN

Eine wesentliche Aufgabe des Neurons ist seine interzelluläre Mittlerfunktion, eine solche des Nervensystems ist es, empfangene Impulse in Reaktionen umzusetzen. Die interneuronalen Kontaktstellen, die zur Erfüllung dieser Aufgaben nötig sind, heißen *Synapsen* (A). Die Kenntnis der strukturellen Feinheiten dieser interneuronalen Kommunikationsstellen ist von entscheidender Bedeutung zum Verständnis der Hirnfunktion.

**Kolorieren Sie die Begriffe A–C¹ und die zugehörigen Strukturen in der Abbildung links oben. Der Begriff ‚synaptischer Spalt' und die zugehörige Struktur (F) werden nicht angemalt.**

Jede Synapse besteht aus bestimmten Teilen jeweils zweier Neuronen: der *präsynaptischen Terminale* (B) (lat. prae: vor) des einen Neurons, die einen Impuls an die Synapse weiterleitet und der *postsynaptischen Membran* (F) (lat. post: nach) eines anderen Neurons, die den Impuls an der Synapse empfängt. Der Impuls muß hierbei eine ca. 20 nm schmale Lücke überwinden, den *synaptischen Spalt* (E), der präsynaptische Terminale und postsynaptische Membran voneinander trennt. Die Weiterleitung von Impulsen ist an das Vorhandensein einer chemischen Träger- oder Mediatorsubstanz gebunden, die man *Neurotransmitter* (D¹) nennt. Derartige Synapsen, die durch die Freisetzung von Neurotransmittern aus der präsynaptischen Terminale charakterisiert sind, repräsentieren den häufigsten Rezeptortyp bei Säugetieren und heißen chemische Synapsen.
Unter dem Elektronenmikroskop werden kleine, bläschenförmige *synaptische Vesikel* (D) in den präsynaptischen Terminalen sichtbar, die als Speicher für die Neurotransmitter dienen. Der Durchmesser dieser Vesikel variiert zwischen 20 und 120 nm, ihre Form kann sphärisch oder elliptisch sein, ihre Kerngebiete können dunkel oder hell gekörnt sein. Spezifische Neurotransmitter können u.U. an Vesikel einer bestimmten Form und Größe gebunden sein. Die Energie, die die Freisetzung eines Neurotransmitters erfordert, wird von den *Mitochondrien* (C) der präsynaptischen Terminale bereitgestellt. Mitochondrien befinden sich aber auch im *postsynaptischen Bereich* (C¹).
Die Bindung eines Neurotransmitters an Rezeptoren der postsynaptischen Membran verursacht Permeabilitätsveränderungen an dieser Membran. Je nach Art des Neurotransmitters und des postsynaptischen Rezeptors entstehen dadurch exzitatorische (erregende, lat. excitare) oder inhibitorische (hemmende, lat. inhibere) Effekte.

**Kolorieren Sie den Oberbegriff ‚neuronale Elemente der synaptischen Übertragung', die Begriffe G–I und die zugehörigen Strukturen, einschließlich F¹ in der großen Darstellung des Neurons. Malen Sie anschließend den Oberbegriff ‚chemische Synapse' an und die Begriffe J–R. Fahren Sie nun mit dem Anmalen des groß abgebildeten Neurons fort. Beginnen Sie mit der Typ I-Synapse (J) samt ihren Pfeilen und Anteilen bei ca. 10 Uhr, fahren Sie im Uhrzeigersinn fort und malen Sie jeden Synapsentyp samt zugehörigen Pfeilen und Anteilen an. Nur die elektrotonische Synapse (S) bleibt (noch) ohne Farbe. Müssen Sie eine Farbe doppelt verwenden, so tun Sie dies in ausreichendem Abstand, um späteren Verwechslungen von Strukturen vorzubeugen.**

Chemische Synapsen werden üblicherweise anhand der neuronalen Elemente beschrieben, aus denen sie sich zusammensetzen. Es sind dies: *Axon* (G), *Dendrit* (H), *dendritischer Dornfortsatz* (H¹) und *Zellkörper (Soma)* (I). Sie kommen in symmetrischer (*Typ I*) (J) oder asymmetrischer (*Typ II*) (K) Form vor. Asymmetrische Synapsen sind charakterisiert durch eine unterschiedliche Dichte (und Dicke) der prä- und postsynaptischen Membranen, wobei die *präsynaptische Verdichtungszone* (F¹) dicker ist. Diese Verdichtungszone besteht aus Proteinen, die in die postsynaptische Membran eingelagert sind und möglicherweise mit postsynaptischen Rezeptoren in Verbindung stehen.
Bei den symmetrisch aufgebauten Synapsen weisen die einander gegenüberliegenden prä- und postsynaptischen Membranen die gleiche Dichte (und Dicke) auf.
Betrachten Sie nun die große Abbildung von der oberen Bildmitte aus im Uhrzeigersinn. Synapsen können aus unterschiedlichen Bereichen zweier Neurone zusammengesetzt sein: aus Axon und Soma (*axosomatische Synapse*) (L), aus Axon und Dendrit (*axodendritische Synapse*) (M), aus Axon und dendritischem Dornfortsatz (*axospinodendritisch*) (N), aus Axon und Axon (*axoaxonale Synapse*) (O), aus Dendrit und Dendrit (*dendrodendritische Synapse*) (P) und aus Soma und Soma (*somatosomatische Synapse*) (Q). Komplexere Kombinationen aus mehreren solcher Elemente heißen *Glomeruli* (R) (sing. gomerulus, lat. Knäuel). Sie sind häufig von einer Neurogliaschicht umgeben.

**Malen Sie den Begriff ‚elektrotonische Synapse' (S) und die zugehörigen Strukturen in der kleinen unteren Abbildung an.**

Ein weiterer wichtiger Synapsentyp wurde zunächst nur bei Invertebraten (wirbellosen Lebewesen) beschrieben, nunmehr aber in zunehmender Häufigkeit auch bei Vertebraten identifiziert: die *elektrotonische Synapse* (S). Bei diesem Synapsentyp sind prä- und postsynaptische Fortsätze durchgängig, so daß ein Stimulus auf direktem Weg – also ohne Neurotransmitterbedarf – von einer Zelle zur anderen gelangen kann.

# DIE SYNAPSE – STRUKTUR UND FORMEN

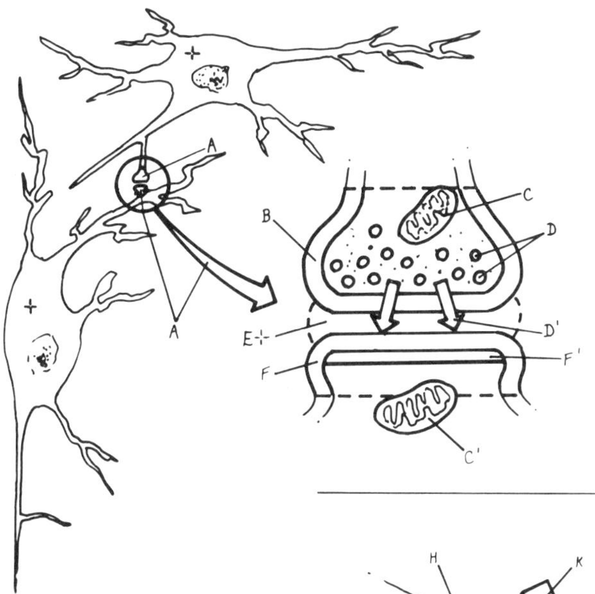


Synapsenaufbau A
präsynaptische Terminale B
Mitochondrium C
synaptisches Vesikel D
Neurotransmitter D'
synaptischer Spalt E+
postsynaptische Membran F
postsynaptische Verdichtungszone F'
Mitochondrium C'

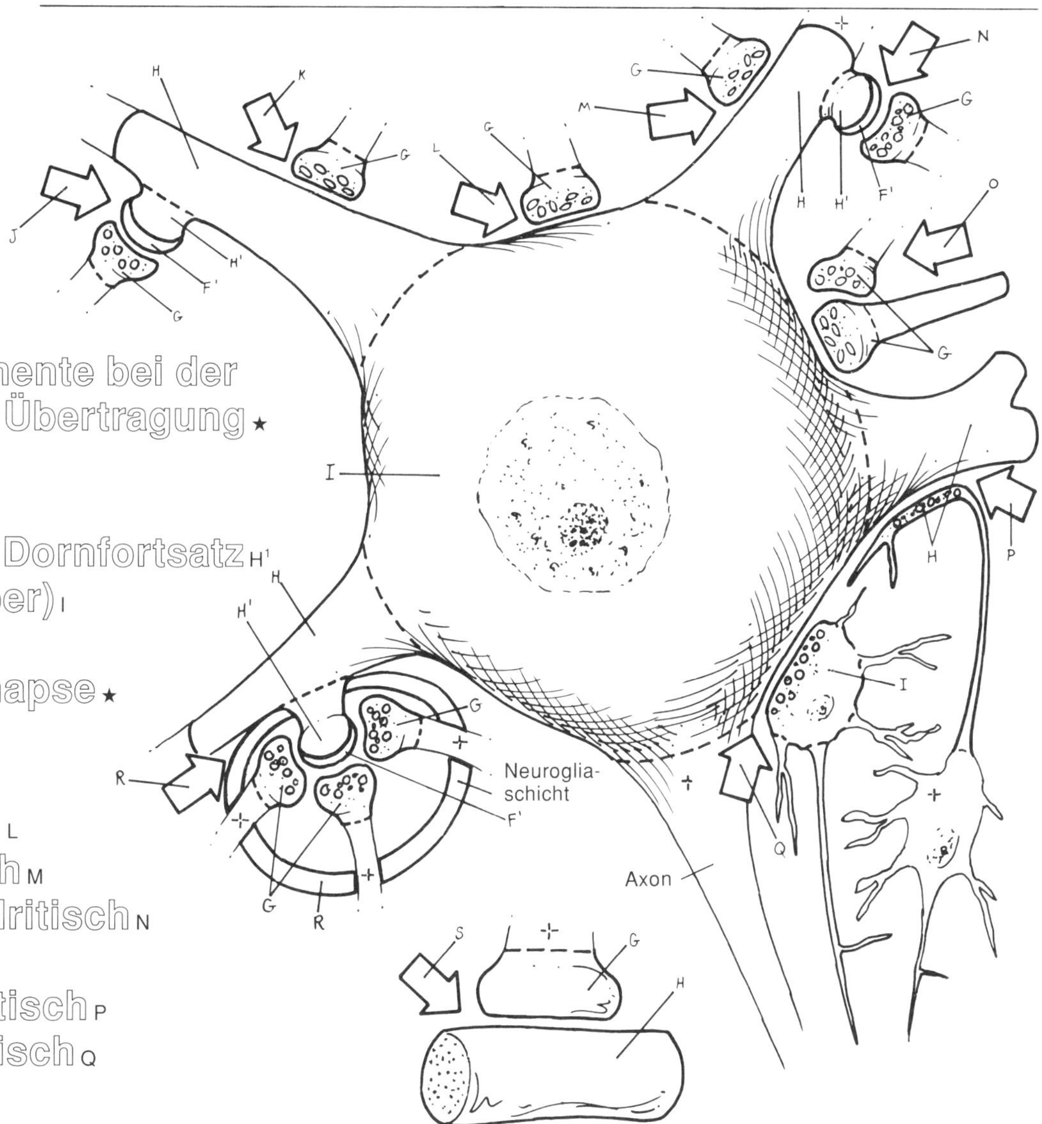


neuronale Elemente bei der synaptischen Übertragung ★
Axon G
Dendrit H
dendritischer Dornfortsatz H'
Soma (Zellkörper) I

chemische Synapse ★
Typ I J
Typ II K
axosomatisch L
axodendritisch M
axospinodendritisch N
axoaxonal O
dendrodendritisch P
somatosomatisch Q
Glomerulus R
elektrotonische Synapse S

# 2–5
# DIE SYNAPSE – STRUKTURELLE UND FUNKTIONELLE DYNAMIK

Im Laufe der vergangenen drei Jahrzehnte wurden Feinstruktur und Funktionsweisen von Synapsen zunehmend entschlüsselt: Sie übertragen Informationen, synthetisieren Neurotransmitter und setzen sie frei; sie reinkorporieren Abbauprodukte (Fragmente) ihrer Neurotransmitter und resynthetisieren diese zu neuerlichem Gebrauch.

**Malen Sie den Oberbegriff ‚präsynaptische Terminale' und die Begriffe A–I und C[1] an, sodann die zugehörigen Strukturen in der großen Abbildung.**

Einige *Neurotransmitter* (C) (z.B. Peptide) werden im Zellkörper gebildet und anschließend in *Vesikel* (B) aufgenommen. Diese transmitterhaltigen Vesikel wandern entlang des Axons, vielleicht auch entlang der *Neurotubuli* (A), mittels axoplasmatischem Fluß, zur präsynaptischen Terminale, wo sie nunmehr *synaptische Vesikel* (B[1]) heißen.
Eine alternative Möglichkeit besteht in der Synthese der Transmittersubstanz (z.B. Azetylcholin) aus Vorläufersubstanzen in unmittelbarer Nachbarschaft zur präsynaptischen Terminale. In beiden Fällen hängt die Funktionstüchtigkeit der synaptischen Vesikel entscheidend von ihrer engen Nachbarschaft zur *präsynaptischen Membran* (F) ab.
Erreicht ein Impuls die präsynaptische Terminale, so geht dies einher mit dem Einstrom von *Kalzium-Ionen* (*$Ca^{2+}$*) (D) aus der das Neuron umgebenden Gewebsflüssigkeit in das neuronale Zytoplasma. $Ca^{2+}$-Ionen, die die Zellmembran durchdrungen haben, binden im Neuron an ein Carriermolekül, *Calmodulin* (E). Diese $Ca^{2+}$-Ionen erleichtern die Bewegung synaptischer Vesikel in Richtung der präsynaptischen Membran. Dort angekommen, geht die Membran eines jeden Vesikels eine *Fusion* (G) mit der präsynaptischen Membran ein, auf die unmittelbar der schnelle Ausstoß *(Exozytose)* (H) (griech. exo-: außerhalb, cyt-: Zelle) von *Neurotransmitter* (C[1]) aus dem Vesikel in den *synaptischen Spalt* (I) folgt. Neuere Untersuchungsergebnisse weisen darauf hin, daß Azetylcholin auch in freier Form im Zytoplasma der präsynaptischen Terminale vorkommt.

**Kolorieren Sie den Begriff J, den Oberbegriff ‚postsynaptische Struktur', die Begriffe K–N und die zugehörigen Strukturen einschließlich der Abbildung unten rechts, einer vergrößerten Darstellung der postsynaptischen Membran mit zugehörigen Rezeptormolekülen (L) und ionenspezifischem Kanal (L[1]).**

Der in den synaptischen Spalt freigesetzte Neurotransmitter interagiert unmittelbar mit den *Rezeptormolekülen* (L) in der *postsynaptischen Membran* (K). Durch diese Interaktion werden mit hoher Wahrscheinlichkeit ionenspezifische Kanäle (L[1]) in der Membran geöffnet. Dies ermöglicht einen elektrischen Strom in Form geladener Ionen durch die postsynaptische Membran, der wiederum den elektrochemischen Ladungszustand in unmittelbarer Umgebung der geöffneten Kanäle beeinflußt. Auf diese Weise kann die elektrische Erregbarkeit solcher winziger Membranabschnitte zu- oder abnehmen und zwar durch elektrische De- oder Hyperpolarisation (s. Tafel 2–8).
Derartige elektrische Ladungsverschiebungen in der postsynaptischen Membran beeinflussen das Membranpotential des Neurons, was letztlich einen Nervenimpuls auslösen kann.
Nach Freisetzung des Neurotransmitters in den synaptischen Spalt wird er, manchmal schnell, durch spezifische Enzyme inaktiviert (abgebaut). Die hierbei entstehenden *Neurotransmitterfragmente* (J) werden entweder mit dem Blutstrom abtransportiert oder durch *Endozytose* (M) (griech. endo-: innerhalb) in ein von der präsynaptischen Membran neugebildetes Vesikel reinkorporiert. Eine solche Struktur heißt *granuliertes Vesikel* (N) und unterscheidet sich im Aussehen etwas vom synaptischen Vesikel.
Nach Endozytose der Fragmente werden aus diesen schließlich wieder voll funktionsfähige Neurotransmitter resynthetisiert.
Im Falle aminhaltiger Transmitter (z.B. Noradrenalin) wird der Neurotransmitter im synaptischen Spalt nicht in Fragmente gespalten, sondern als komplettes Molekül durch die präsynaptische Membran in die präsynaptische Terminale wiederaufgenommen.

**Malen Sie den Begriff O und die zugehörigen Strukturen in der Abbildung links unten an.**

Die Ultrastruktur der prä- und postsynaptischen Membran ist bisher erst unvollständig erforscht. Viele Wissenschaftler glauben, daß die präsynaptische Membran mit einem *präsynaptischen Netzwerk* (O) assoziiert ist, das aus Filamenten unterschiedlichen Kalibers besteht, die in fast kristalliner Regelmäßigkeit angeordnet sind. Dieses Netz könnte die Funktion eines Wegweisers für die Vesikel auf deren Weg zum Fusionspunkt mit der präsynaptischen Membran haben.

# DIE SYNAPSE – STRUKTURELLE UND FUNKTIONELLE DYNAMIK

präsynaptische Terminale ★
- Neurotubulus A
- Vesikel B
- synaptisches Vesikel B'
- Neurotransmitter C
- Kalzium-Ionen ($Ca^{2+}$) D
- Calmodulin E
- präsynaptische Membran F
- Fusion G
- Exozytose H

synaptischer Spalt I
- freier Neurotransmitter C'
- Neurotransmitterfragment J

postsynaptische Struktur ★
postsynaptische Membran K
Rezeptormolekül L
ionenspezifischer
- Kanal (offen) L'

Endozytose M
granuliertes
- Vesikel N

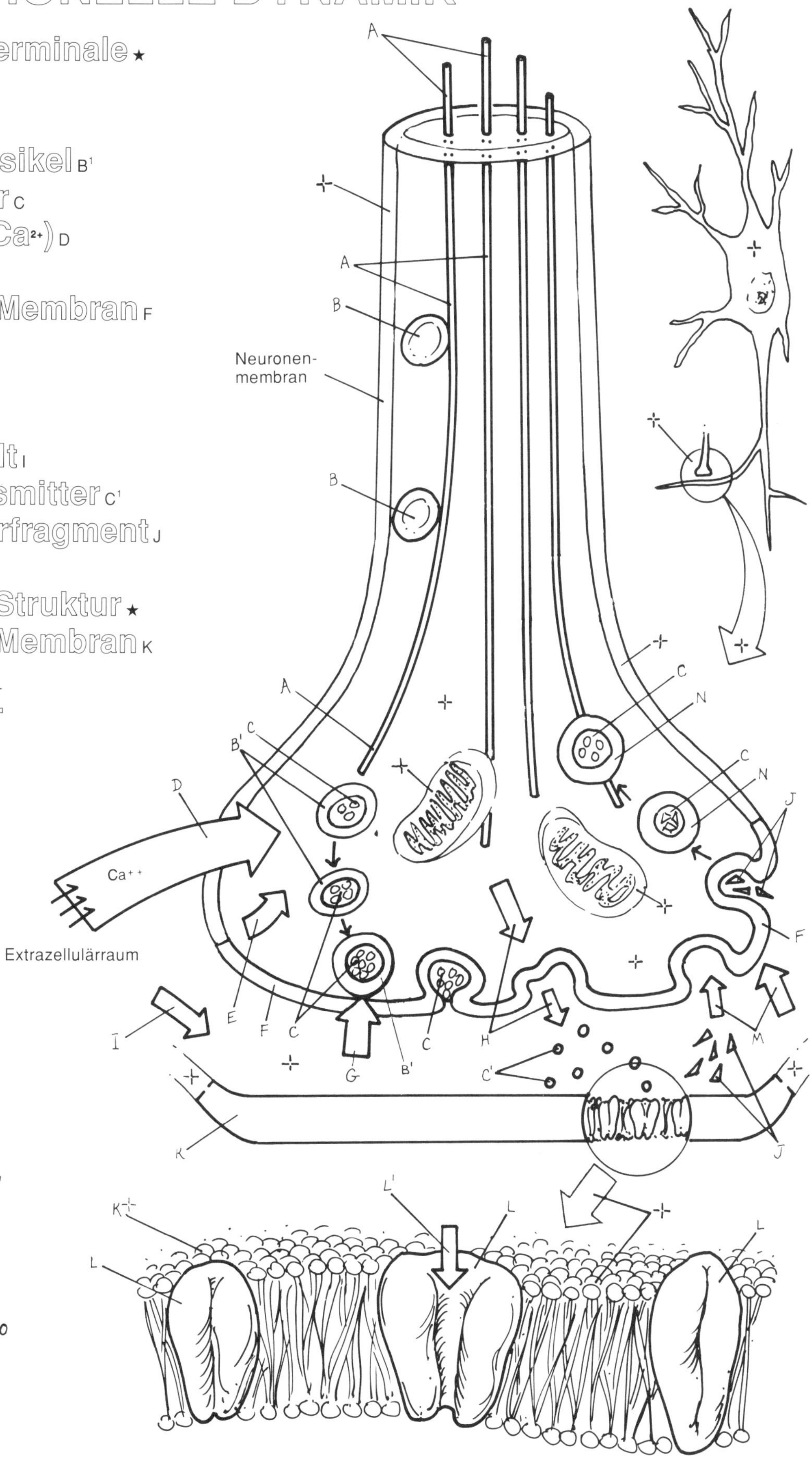


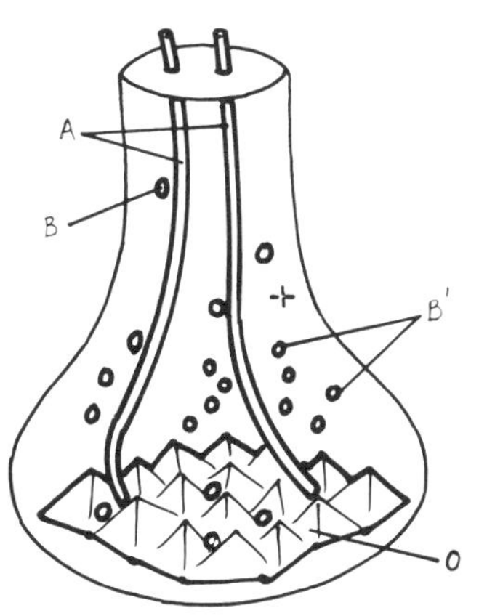

präsynaptisches
- Netz O

# 2–6
# NEUROGLIA

Die Funktionstüchtigkeit von Neuronen hängt nicht zuletzt von einer Zellpopulation ab, die unter dem Begriff *Neuroglia* zusammengefaßt wird (griech. neuro-: Nerv-; lat. glia: Leim). Gebildet wird die Neuroglia von verschiedenen Gliazelltypen. Im ZNS bilden *Astrozyten* (C–C²) die *Makroglia, Hortega-Zellen* die *Mikroglia* und *Oligodendrozyten* (E–E³) die *Oligodendroglia.* Auch das *Ependym* ist im weiteren Sinne der Neuroglia des ZNS zuzurechnen. Im PNS findet man Neuroglia in Form der *Satelliten-(Mantel-)zellen* peripherer Ganglien und der *Schwann-Zellen* der Schwann-Scheiden (zur Entwicklung der Neuroglia s. Tafel 3–4 und 3–11).

Im Gegensatz zu den meisten Nervenzellen sind Gliazellen auch in der Postnatalphase (also nach der Geburt) noch vermehrungsfähig. Sie repräsentieren z.B. den überwiegenden Gewebsanteil schnell wachsender Hirntumore.

Neurogliazellen bilden untereinander keine Synapsen aus. Obwohl sie an langsamen elektrischen Flußphänomenen beteiligt sind, sind sie nicht in der Lage, Impulse weiterzuleiten.

**Malen Sie den Oberbegriff ‚zentrales Nervensystem' (A★) und die Begriffe ‚Gehirn und Rückenmark' grau an, den Oberbegriff ‚Blutgefäß' (B) und die zugehörige Struktur rot. Auch die Neurone und Axone in der Mitte der Abbildung (ohne Textzuordnung) erhalten die Farbe Grau. Kolorieren Sie dann den Oberbegriff ‚Makroglia', die Begriffe C–E³ und die zugehörigen Strukturen. Verwenden Sie unterschiedliche Schattierungen derselben Farbe für Strukturen mit identischem Kennbuchstaben aber unterschiedlichen Kennziffern.**

Astrozyten (griech. astro-: Stern) repräsentieren den häufigsten Gliazelltyp im *ZNS* (A★) und kommen in zweierlei Form vor: *Protoplasmatische Astrozyten* (C¹) findet man vorrangig in der unmyelinisierten grauen Hirnsubstanz. Sie sind charakterisiert durch zahlreiche, sich stark verzweigende Fortsätze. Im Falle einer Verletzung von Hirngewebe kommt es zur Narbenbildung. *Fibrilläre Astrozyten* (C²) liegen vorwiegend in der weißen Hirnsubstanz und verfügen über lange, dünne, kaum verzweigte Fortsätze. Beide Zelltypen sind größer als Oligodendrozyten.

Manche Astrozytenfortsätze verbreitern sich an ihren Enden und bilden so an der Oberfläche von *Blutgefäßen* (B) *kapilläre Gefäßfüßchen* (D), an Dendriten *dendritische Haftstellen* (D¹) und an der Pia mater (innerste Schicht der Hirn- und Rückenmarkshaut) *Pia-Haftstellen* (D²).

Kapilläre Gefäßfüßchen sind wahrscheinlich am Stoffaustausch zwischen Blutgefäßen (Kapillaren) und Neuronen beteiligt. Dendritische Haftstellen unterstützen wahrscheinlich Stoffwechselvorgänge in der Neuronenmembran. Pia-Haftstellen formieren sich zu einem dichten funktionellen Stützgerüst, zur sogenannten *Glia-Grenzmembran* (Membrana gliae limitans superficialis).

*Oligodendrozyten* (griech. oligo-: wenig; dendro: Baum) sind kleiner als Astrozyten und verfügen über weniger und kaum verzweigte Fortsätze. Als *Satellitenzellen* (E¹) liegen sie in der grauen Substanz in unmittelbarer Nachbarschaft zur Nervenzellmembran. In der weißen Substanz sind sie als *interfaszikuläre Zellen* (E²) (lat. inter: zwischen; fasciculus: kleines Bündel) und gelten hier als Myelinscheidenbildner.

Die *Schwannzellen* (J) des PNS unterscheiden sich von den Oligodendrozyten des ZNS lediglich dadurch, daß erstere nur jeweils eine Nervenfaser myelinisieren können, letztere hingegen mehrere Nervenfasern gleichzeitig. Bisweilen bilden Oligodendrozyten als *vaskuläre Oligodendrozyten* (E³) Haftstellen an Kapillaren aus.

**Malen Sie die Begriffe F und G und die zugehörigen Strukturen an.**

Die vergleichsweise kleineren *Mikrogliazellen* (F) haben im Ruhezustand einen kleinen, länglichen chromatinhaltigen Kern und einen schmalen Zytoplasmasaum. Werden sie hingegen durch Anwesenheit von Fremdkörpern oder verletztem Gewebe aktiviert, so phagozytieren sie diese (Abräumzellen) und schwellen dadurch kugelförmig an (Körnchen- oder Gitterzellen). Die Mikroglia gehört somit wahrscheinlich (wie die Monozyten) zum Abwehrsystem des Menschen.

*Ependymale Gliazellen* (G) kleiden die Hohlräume von Gehirn (Ventrikel) und Rückenmark (Spinalkanal) aus (s. Tafel 3–4). Pituizyten heißen die Gliazellen der Neurohypophyse (Hypophysenhinterlappen).

**Malen Sie den Oberbegriff ‚peripheres Nervensystem' (H★) und dessen repräsentative Strukturen (Spinalnerv und Spinalwurzel) grau an. Kolorieren Sie anschließend die Begriffe I und J und die zugehörigen Strukturen in der vergrößerten Abbildung des Spinalganglions.**

Die Neuroglia des *PNS* (H★) besteht aus den *Satellitenzellen* (I), die die Nervenzellkörper der Spinalganglien umgeben und den *Schwann-Zellen* (J), die die Markscheide peripherer Axone bilden.

Satellitenzellen und Makrogliazellen erfüllen ähnliche Aufgaben hinsichtlich Stützfunktion und Stoffaustausch. Schwann-Zellen sind für die Regenerationsfähigkeit von Nerven von großer Bedeutung (s. Tafel 7–6).

# Neuroglia

zentrales
Nervensystem A★
Blutgefäß B

Makroglia ★
Astrozyt C()
protoplasmatischer A. C[1]
fibrillärer A. C[2]
kapilläre Endfüßchen D
dendritische Haftstelle D[1]
Pia-Haftstelle D[2]

Oligodendrozyt E()
Satellitenzelle E[1]
interfaszikuläre Zelle E[2]
vaskulärer
Oligodendrozyt E[3]
Mikroglia F
ependymale Glia G

peripheres
Nervensystem H★
Satellitenzelle I
Schwann-Zelle J

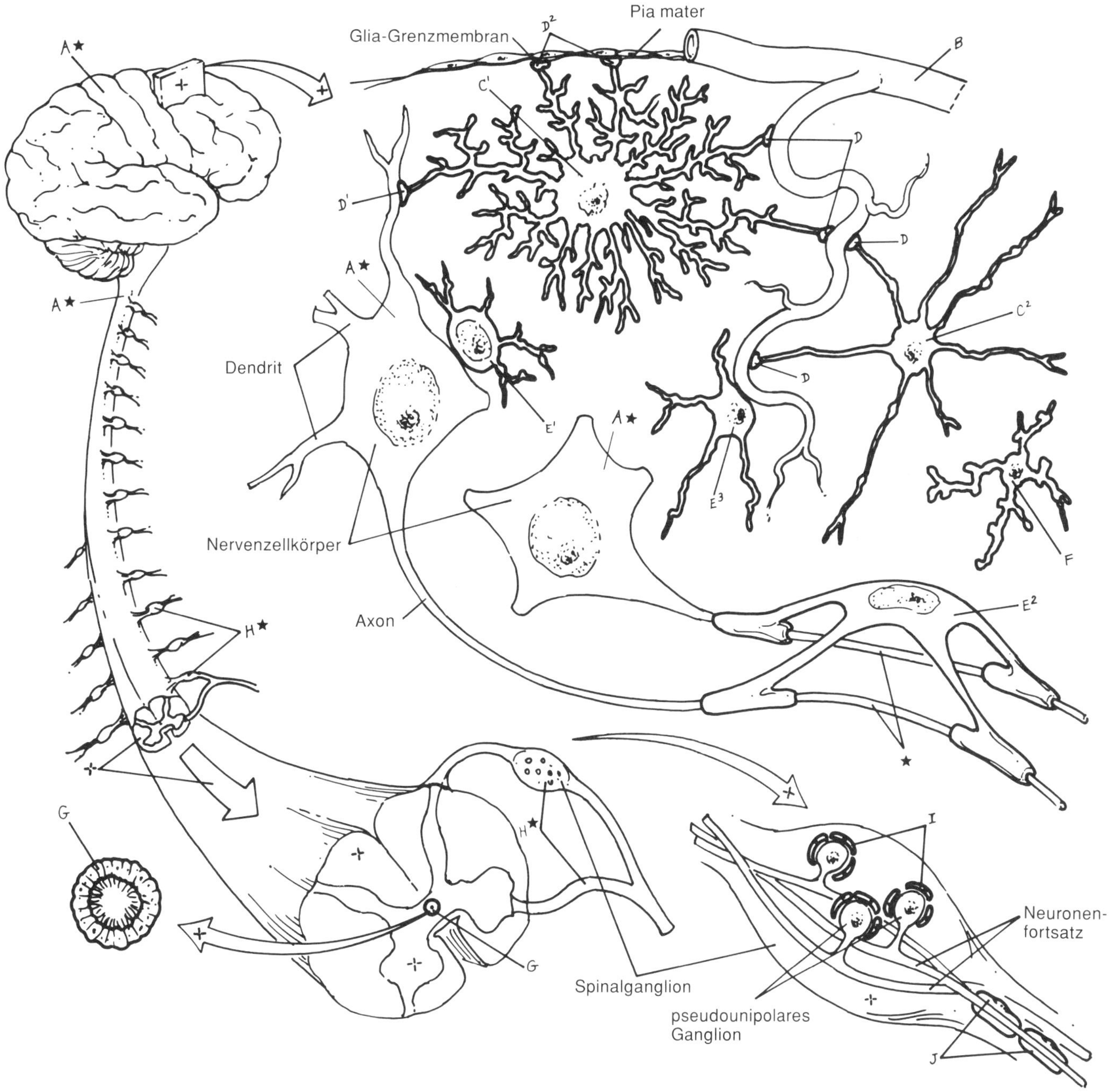

# 2–7
# MEMBRANPOTENTIAL

Der menschliche Körper besteht zu 60 % aus Wasser, in dem verschiedene Salze gelöst sind. Salze in Lösung dissoziieren in Atome mit unterschiedlicher elektrischer Ladung: Ionen oder Elektrolyte.

In Abhängigkeit von der molekularen Feinstruktur einer Membran stellt diese eine Barriere für bestimmte Ionen beim Fluß durch die jeweilige Membran dar. Daraus resultiert eine unterschiedliche Verteilung ionischer Ladungen auf beiden Seiten der Zellmembran. Es entsteht also ein Potentialgradient, kurz »Potential« genannt, über der Zellmembran.

An allen Zellmembranen ist ein relativ stabiles *Ruhepotential* (A) zwischen Zellinnerem und Zelläußerem nachweisbar. Die Membranen insbesondere von Nerven- und Muskelzellen sind relativ leicht erregbar. Als Reaktion auf einen Reiz vollziehen sich am Membranpotential dieser Zellen eine Reihe schneller Veränderungen, die in einem Aktionspotential gipfeln, das dann seinerseits einen Nervenimpuls auslöst (s. Tafel 2–8).

Die Bildtafel zeigt zwei Längsschnitte durch ein Axon, an deren rechter Seite jeweils ein Oszilloskop dargestellt ist mit zwei Ableitungselektroden, die die Spannung innerhalb und außerhalb der Zelle messen. Diese Spannungswerte werden in Tausendstel Volt (Millivolt; mV) als horizontale Balken auf der (links am Gerät befindlichen) Meßskala registriert. Auf dem Oszilloskop-Schirm spiegelt sich jede Potentialänderung in einer dynamischen, die Ausschlagshöhe rasch wechselnden Linie wider.

**Malen Sie die Begriffe und deren zugehörige Strukturen in der zweiteiligen oberen Abbildung an. Verwenden Sie helle Farben für C und F. Malen Sie die positiven und negativen Ladungen mit Farben Ihrer Wahl an. Lesen Sie den nächsten Textabschnitt, ehe Sie mit dem Anmalen beginnen.**

Das Membranpotential entsteht durch eine selektive Permeabilität der *Zellmembran* (B) für bestimmte Ionen des *Extrazellulärraums* (C) und des *Intrazellulärraums* (F). Im Ruhezustand ist die Zellmembran weitgehend *impermeabel* (undurchlässig) ($D^1$; $G^1$) für *Natrium-Ionen* (*$Na^+$*) (D) und *Proteine* (*$Pr^-$*) (G). Erstere sind außerhalb, letztere innerhalb der Zelle am höchsten konzentriert.

Für *Chlorid-Ionen* (*$Cl^-$*) (E) und *Kalium-Ionen* (*$K^+$*) (H) hingegen ist die Zellmembran im Ruhezustand gut permeabel (durchlässig) ($E^1$; $H^1$), wobei $Cl^-$-Ionen extrazellulär und $K^+$-Ionen intrazellulär am höchsten konzentriert sind.

Als Ergebnis dieser selektiven Membranpermeabilität und des vorliegenden Konzentrationsgradienten für Kalium-Ionen resultiert in Ruhe ein passiver $K^+$-Strom in Richtung des Konzentrationsgradienten, also aus dem Zellinneren in den Extrazellulärraum. Dieser Netto-Strom von $K^+$ hält ein Ruhepotential über der Zellmembran von -70 mV aufrecht, wobei intrazellulär die Negativladung (-), im Extrazellulärraum hingegen die Positivladung (+) überwiegt. Die Energie dieses Ruhepotentials wird für die Entstehung eines jeden Nervenimpulses benötigt.

**Malen Sie den Oberbegriff ‚Aktionspotential', die Begriffe in der unteren Hälfte der Bildtafel und die zugehörigen Strukturen in der unteren Abbildung an. Beginnen Sie mit der Depolarisationsphase (D–$H^1$) in der linken Hälfte des unteren Axonsegments, kolorieren Sie dabei die äußere Begrenzung (I) zuerst. Fahren Sie fort mit der Repolarisationsphase (J–$H^2$) und der Hyperpolarisationsphase (K) in der rechten Hälfte des Axonsegments, wobei Sie wieder zuerst die Außengrenze anmalen. Verwenden Sie für die positiven und negativen Ladungen Farben Ihrer Wahl, für die Zellmembran und die Zellkompartimente hingegen dieselben Farben wie auf der linken Bildhälfte. Abschließend kolorieren Sie das Oszilloskop.**

Ein entsprechender Reiz zieht eine plötzliche *Permeabilitätserhöhung* ($D^2$) der Zellmembran für Natrium-Ionen nach sich: Transmembranöse $Na^+$-Kanäle öffnen sich, $Na^+$-Ionen fließen rasch ins Zellinnere, was zu einer ebenso raschen Erhöhung des Membranpotentials von -70 mV auf +35 mV führt. Diese Umkehr der Polarität (von negativ zu positiv) an der Membran heißt *Depolarisation* (I) und wird begleitet von einer Umkehr der elektrischen Ladungsverhältnisse auf beiden Seiten der Zellmembran.

Nach 0,8 ms (Millisekunden) schließen sich die Natrium-Kanäle. Gleichzeitig öffnen sich zusätzliche $K^+$-Kanäle, die *Kalium-Permeabilität* ($H^1$) der Membran steigt und intrazelluläre $K^+$-Ionen fließen in den Extrazellulärraum. Dieser Ionenstrom führt zur Restitution des Membranpotentials auf seinen Ausgangswert von -70 mV, ein Vorgang, der *Repolarisation* (J) heißt.

In einer kurzen *Hyperpolarisationsphase* (K) schießt das Membranpotential über den Wert des Ruhepotentials hinaus, nimmt also kurzfristig höhere Negativwerte an. Unterstützt wird dieser »Wiederherstellungsprozeß« des Ruhezustandes durch *Natrium- und Kalium-Pumpen* ($D^3$; $H^2$), die $Na^+$ aus der Zelle heraus- bzw. $K^+$ in die Zelle hineintransportieren. Diese Pumpen befördern ihre entsprechenden Ionen in einem aktiven, energieverbrauchenden und durch Enzyme vermittelten Prozeß entgegen dem jeweiligen Konzentrationsgradienten durch die Zellmembran, bis das Ruhepotential von -70 mV wiederhergestellt ist.

# MEMBRANPOTENTIAL

Ruhepotential A
Zellmembran B
Extrazellulärraum C
Natrium-Ionen ($Na^+$) D/
Impermeabilität D'
Chlorid-Ionen ($Cl^-$) E/
Permeabilität E'
Positivladung (+)

Intrazellulärraum F
Proteine ($Pr^-$) G/
Impermeabilität G'
Kalium-Ionen ($K^+$) H/
Permeabilität H'
Negativladung (-)

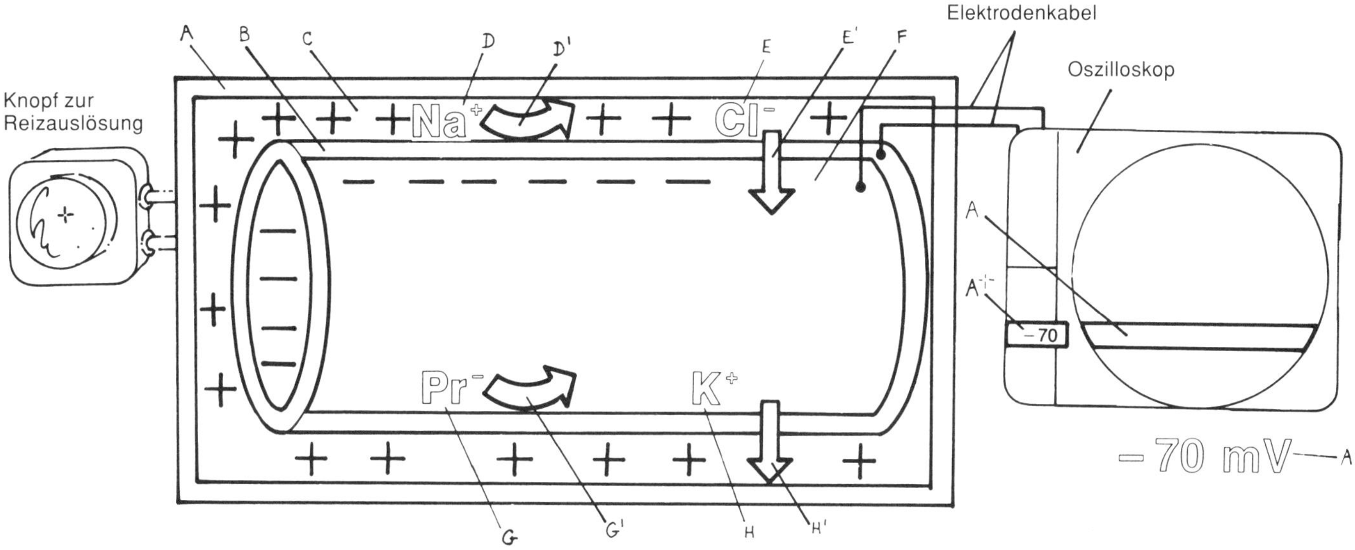


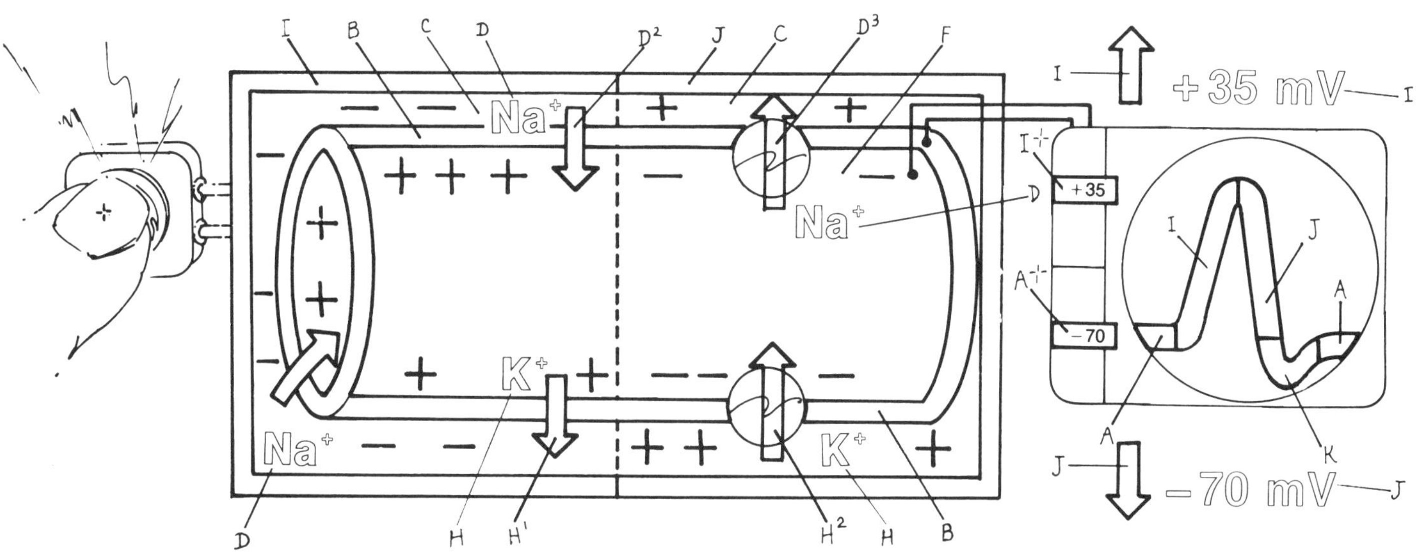


Aktionspotential ★
Depolarisationsphase I
$Na^+$ D/Permeabilität D²
$K^+$ H/Permeabilität H'

Repolarisationsphase J
$Na^+$-Pumpe D³
$K^+$-Pumpe H²
Hyperpolarisationsphase K

# 2–8

# NERVENIMPULS UND SALTATORISCHE LEITUNG

Mit der Auslösung eines Aktionspotentials an der Zellmembran ist die Aufgabe der Nervenzelle keineswegs erfüllt. Vielmehr muß dieses Potential über die gesamte Ausdehnung der Neuronenmembran weitergeleitet werden. Ist die Membran z.B. Teil eines langen Axons, so muß das Aktionspotential über Distanzen bis zu einem Meter fortgeleitet werden.

**Malen Sie die Begriffe in der oberen Hälfte der Bildtafel sowie die zugehörigen Strukturen in der oberen Abbildung an. Verwenden Sie dieselben Farben wie auf Tafel 2–7 für die Strukturen A, B, I, J und die elektrischen Ladungen. Gehen Sie von links nach rechts vor, beginnend mit der Region A in der Abbildung. Kolorieren Sie dabei nacheinander alle Strukturen in jedem Bereich unterschiedlicher elektrischer Aktivität (A, I, J und wieder A). Die gestrichelt eingezeichneten elektrischen Ladungen bleiben nur kurzfristig für den Zeitraum der Refraktärphase (E) bestehen. Malen Sie nach dem Bereich I in der Abbildung den Nervenimpuls (D) an. Lesen Sie zur besseren Orientierung den Text, ehe Sie sich der unteren Abbildung zuwenden.**

Die Fortleitung des Nervenimpulses entlang der *Zellmembran* (B) bedarf einer Serie jeweils genau lokalisierter elektrischer Ladungsverschiebungen, wobei eine jede von der unmittelbar vorhergehenden getriggert wird. Die *Depolarisation* (I) eines bestimmten Membranabschnitts verursacht einen Ionenaustausch im direkt angrenzenden Membranbereich (Bereich A triggert den Ionenaustausch im Bereich I der Abbildung). Überschreitet die so getriggerte Depolarisation im Abschnitt I eine bestimmte Reizschwelle, entsteht ein Aktionspotential.

Die Übertragung der Depolarisation wird erzeugt durch einen kurzzeitigen *Ionenstrom* (C) *positiv geladener Ionen (+)* in einen Bereich *negativer Ladung (-)* (dargestellt durch die intrazellulären Pfeile) und durch das Überschwappen extrazellulärer positiver Ionen in den depolarisierten Bereich (symbolisiert durch die extrazellulären Pfeile). Dieser elektrische Strom breitet sich dann über die gesamte Länge des Axons aus, wobei er den Weg des geringsten Widerstandes sucht: Je geringer der Membranwiderstand, desto weiter kann sich der Strom im Axonverlauf fortsetzen. Es entsteht ein sich eigenständig fortpflanzender *Nervenimpuls* (D), der ohne Energie- oder Geschwindigkeitsverlust die Zellmembran in ihrer gesamten Ausdehnung erfaßt.

Theoretisch könnte sich ein Nervenimpuls in beide Richtungen eines Axons ausbreiten. In der Realität ist dies jedoch nicht der Fall. Auf die Depolarisationsphase im Membranbereich I folgt nämlich die *Repolarisationsphase* (J). In diesem Stadium des Erregungsablaufs kann die Zellmembran nicht auf einen neuerlichen Reiz reagieren; sie befindet sich in der *Refraktärphase* (E). Solche Refraktärphasen sind auch dafür verantwortlich, daß kein Axon eine bestimmte maximale Fortleitungsrate überschreiten kann. Nach der Refraktärphase stellt sich an der Zellmembran das *Ruhepotential* wieder ein (Bereich A am linken Rand der Abbildung).

**Malen Sie den Oberbegriff und die Begriffe F und G in der unteren Hälfte der Bildtafel an. Kolorieren Sie in der unteren Abbildung die Myelinscheide (F), die das Axon umgibt und die Pfeile, die in die Lücken zwischen den Myelinscheidenabschnitten weisen (Ranviersche Schnürringe) (G). Malen Sie anschließend die positiven Ladungen im Extrazellulärraum an und die extrazellulären Pfeile (C), die den kurzfristigen Strom positiver Ionen in den Bereich negativer Ladung symbolisieren. Fahren Sie fort mit den intrazellulären positiven Ladungen, dem intrazellulären Ladungsaustausch (Pfeile C) und den intrazellulären negativen Ladungen. Malen Sie abschließend den Richtungspfeil D an, der die Impulsfortleitung symbolisiert.**

Axone im PNS mit einem Durchmesser von über 1 mm werden von einer lipoproteinreichen Membran umhüllt, der *Myelin-* oder *Markscheide* (F). Diese Myelinscheiden werden von den Schwann-Zellen (nicht dargestellt) gebildet und werden jeweils zwischen zwei Schwann-Zellen unterbrochen. Die so entstehenden Lücken in den Markscheiden heißen *Ranviersche Schnürringe* (G). Diese hüllenlosen, bloßliegenden Axonabschnitte sind die bevorzugten Stellen zur Impulserzeugung und -fortleitung. Myelin als fettreiche Substanz behindert hingegen den Ionenstrom, und im darunterliegenden Axonmembranabschnitt ist die Zahl der $Na^+$-Kanäle begrenzt. Im myelinfreien Bereich der Ranvierschen Schnürringe hingegen findet man die dichteste Konzentration von $Na^+$-Kanälen in der gesamten Neuronenmembran. Ranviersche Schnürringe gibt es auch im ZNS:

In einem myelinisierten Axon »springt« das Aktionspotential im wörtlichen Sinne von einem Ranvierring zum nächsten (*saltatorische Leitung*; lat. saltare: springen). Die Myelinscheide verhindert einen Rückstrom elektrischer Ladung, ehe diese zum nächsten Ranvierring »vorwärts« befördert wird. Je größer der Abstand zwischen zwei Schnürringen, desto höher ist die Nervenleitgeschwindigkeit. Generell gilt: Je größer der Axondurchmesser, desto höher die Nervenleitgeschwindigkeit. In dicken, myelinisierten sensorischen und motorischen Nervenfasern kann sie bis zu 100 m/s betragen, in sehr dünnen, myelinlosen Axonen, werden immerhin noch Geschwindigkeiten von 3 m/s erreicht.

In nichtmyelinisierten Axonen ohne Ranvier-Schnürringe und entsprechend ohne saltatorische Leitung ist die Nervenleitgeschwindigkeit deutlich langsamer.

# NERVENIMPULS UND SALTATORISCHE LEITUNG

Zellmembran B
Ruhepotential A
pos./neg. Ladungen +, -
Depolarisation I
kurzfristiger
Ionenstrom C
pos./neg. Ladungen +, -
Nervenimpuls D

Repolarisation J
Refraktärphase E
pos./neg. Ladungen +, -
Ruhepotential A
pos./neg. Ladungen +, -

Depolarisationsbeginn ★

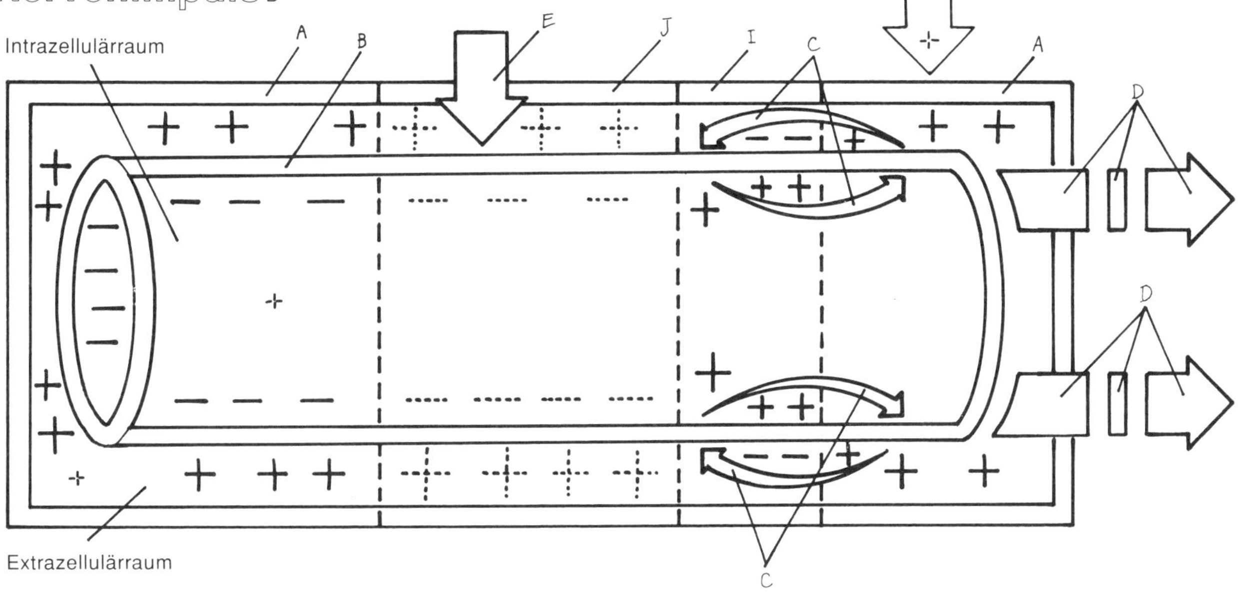


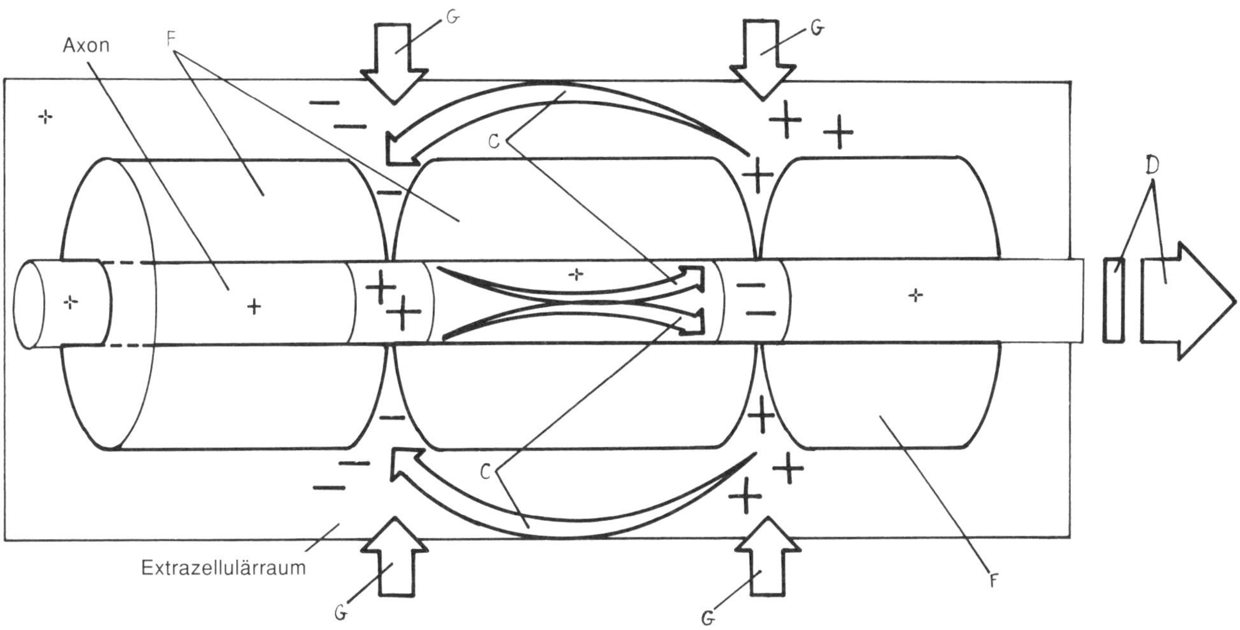


saltatorische Leitung ★
Ranvierscher Schnürring G
Myelinscheide F

# 2–9 SENSORISCHE REZEPTOREN DER HAUT

Unaufhörlich empfängt unser Körper Sinneseindrücke aus der Umgebung. Diese werden von spezialisierten Nervenendigungen sensorischer Neurone, den *Rezeptoren*, aufgenommen und dem Rückenmark oder – im Falle der Hirnnerven – dem Gehirn weitervermittelt, wo die Sinneseindrücke verarbeitet und gegebenenfalls im Sinne einer Reaktion »beantwortet« werden.

Hautrezeptoren nehmen unterschiedliche Sinnesqualitäten wahr, z. B. Berührung (taktiles Empfindungsvermögen), Temperatur, Druck oder Schmerz.

Rezeptoren fungieren im wesentlichen als »Transformatoren«: Sie empfangen einen energiegeladenen Reiz und transformieren dessen Energie in eine andere Form. Im Falle von Hautrezeptoren z. B. werden diese durch mechanische Energie in ihrer Lage oder Form verändert (Mechanorezeptoren), wodurch die mechanische Energie in elektrochemische Energie transformiert wird, so daß schließlich ein Nervenimpuls entstehen kann.

Es gibt viele verschiedene Rezeptortypen. Die meistverwendete Klassifikation (eingeführt von SHERRINGTON 1906) unterteilt die Rezeptoren entsprechend ihrer Lage im Körper: *Exterozeptoren* empfangen Reize an der Körperoberfläche, *Propriozeptoren* solche aus Muskeln, Sehnen und Gelenken (s. Tafel 2–10) und *Interozeptoren* erhalten Reize von inneren Organoberflächen, z. B. von Hohlorganen oder Blutgefäßen.

Exterozeptoren werden ferner klassifiziert anhand der Stimuli, auf die sie reagieren (z. B. Berührung, Druck) und anhand der Rezeptorstruktur (z. B. mit oder ohne Bindegewebskapsel).

**Malen Sie den Oberbegriff ‚Haut (A ★) und kapilläre Exterozeptoren' an sowie die Begriffe B–E[1] und deren zugehörige Strukturen. Kolorieren Sie die Begriffe H und I und die mit den Rezeptoren assoziierten Strukturen B, C und D. Malen Sie anschließend den Oberbegriff ‚Reizquellen' an sowie die Begriffe J, K und L und deren zugehörige Pfeile.**

Kapilläre Nervenendigungen liegen als *freie, verzweigte Fasern* (B) in der *Epithelschicht der Haut* (A★), umhüllen als *perifollikuläre Fasern* (C) die Haarfollikel oder bilden flache Scheiben *(Merkel-Tastscheiben)* (D), die *modifizierten Epithelzellen* (E) anliegen. Freie Nervenendigungen stellen den einfachsten Rezeptortyp dar. Sobald das *Mutteraxon* (H) die Epithelschicht erreicht, verliert es seine *Myelinscheide* (I) und bildet zahlreiche Verästelungen aus, die sich durch die gesamte Epithelschicht verzweigen. Freie Nervenendigungen reagieren sensibel auf *Berührungs-* (J), *Temperatur-* (K) und *Schmerzreize* (L).

Für die taktile Sensibilität (Berührungsempfindlichkeit) der Haare sind fadenförmige perifollikuläre Nervenendigungen verantwortlich (lat. peri-: drumherum; folliculus: Säckchen). Ein Mutteraxon kann bis zu 100 Verzweigungen bilden und dann ebensoviele Haare innervieren.

Ein anderer Rezeptortyp besteht aus scheibenartig abgeflachten Nervenendigungen (Merkel-Tastscheiben), die jeweils einer Epithelzelle anliegen. In der Nähe dieser Tastscheiben liegen *Vesikel* ($E^1$) in der Epithelzelle, die möglicherweise auf leichten Druck oder Berührung einen Transmitter freisetzen, der die Merkel-Tastscheiben stimuliert.

**Malen Sie zunächst den Oberbegriff ‚kapselhaltige Exterozeptoren' an und die zugehörigen Axone und Markscheiden, danach die Begriffe M und N und die zugehörigen Pfeile.**

Zahlreiche Nervenendigungen sind von einer Bindegewebskapsel umgeben. Zwei typische Vertreter dieser Rezeptorgruppe sind die *Meissner-Tastkörperchen* (F) und die *Pacini-Körperchen* (G). Meissner-Tastkörperchen kommen in haarlosen Hautarealen vor. Am dichtesten ist ihre Verteilung in der Epithelzellschicht der Fingerspitzen, der Handflächen und Fußsohlen, der Brustwarzen und des äußeren Genitale. Sie bestehen aus einer lamellenartig geschichteten Bindegewebskapsel, in deren Zentrum die myelinfreie Nervenendigung liegt. An der Stelle nämlich, wo das Axon in die Bindegewebskapsel eintritt, endet seine Myelinscheide. Meissner-Tastkörperchen reagieren besonders sensibel auf mechanische Scherkräfte, die auf die Haut einwirken und sie sind wichtig für die Zwei-Punkt-Diskrimination. Pacini-Körperchen sind die größten und meistverbreiteten kapselhaltigen Rezeptoren. Bei einem Durchmesser von 1-2 mm sind sie mit bloßem Auge sichtbar. Die zwiebelschalenartig angeordneten einzelnen Lamellen der Bindegewebskapsel sind durch eine klare Flüssigkeit und winzige Blutgefäße voneinander getrennt. Gesichert ist, daß Pacini-Körperchen auf *Druck* (M) reagieren, wahrscheinlich aber auch auf *Vibrationsreize* (N) im Bereich der oberen und unteren Extremitäten.

# SENSORISCHE REZEPTOREN DER HAUT

Haut A ★
kapsellose
Exterozeptoren ★
freie Nervenendigungen B
perifollikuläre Fasern C
Merkel-Tastscheiben D
modifizierte Epithelzelle E
Vesikel E'

kapselhaltige
Exterozeptoren ★
Meissner-Tastkörperchen F
Pacini-Körperchen G
Axon H
Schwann-Zelle/Schwann-Scheide I

Reizqualitäten ★
Berührung J
Temperatur K
Schmerz L
Druck M
Vibration N

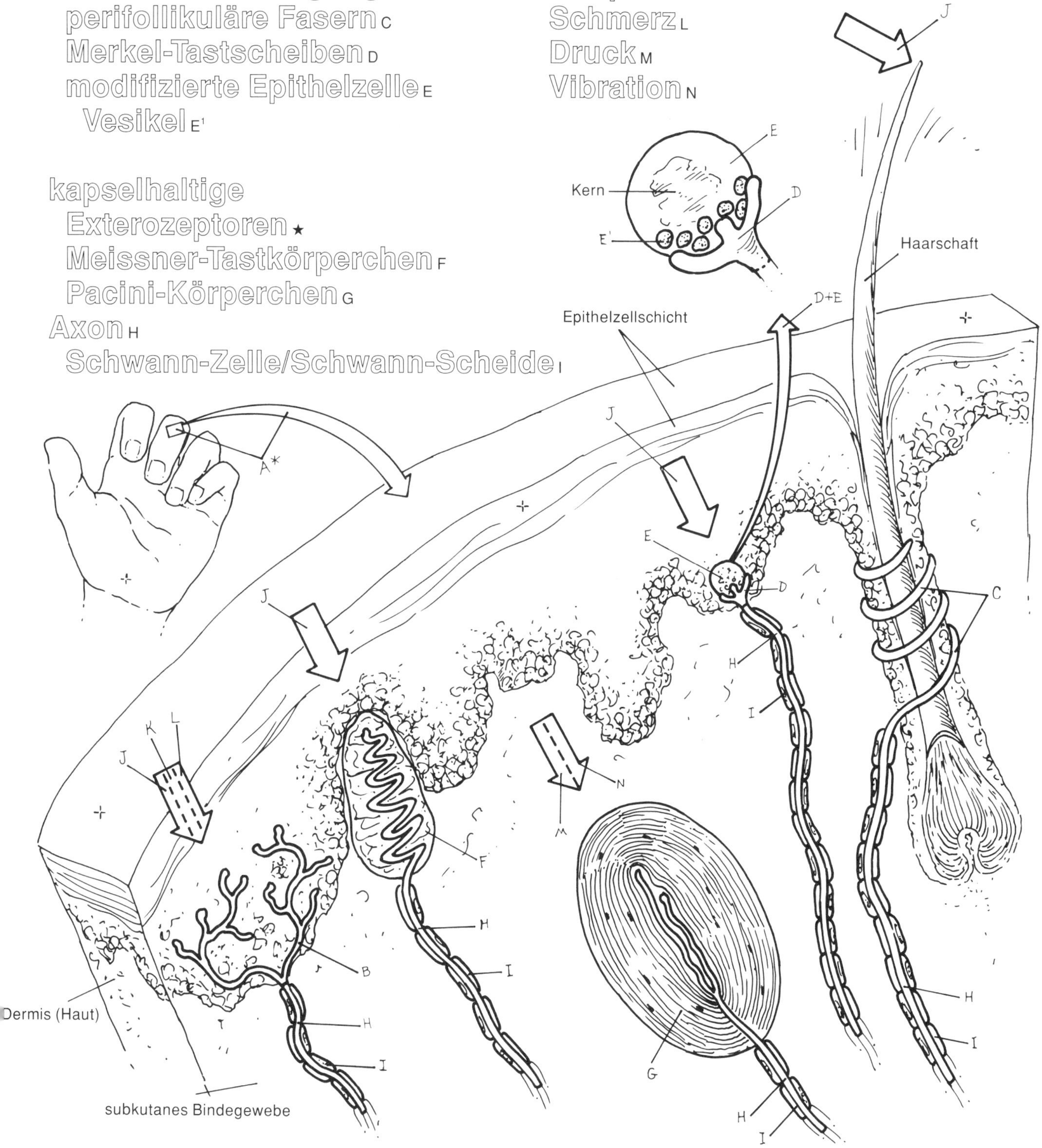

# 2–10
# DEHNUNGSREZEPTOREN

Spezielle Rezeptoren in Muskeln, Sehnen, Ligamenten (Bändern) und Gelenken liefern Informationen über Muskel- und Gelenkbewegungen und Positionswechsel. Solche kapselhaltige Propriozeptoren sind die *Muskelspindeln* (A) und die *Sehnenrezeptoren (Golgi-Organe)* (J). Ihr adäquater Reiz ist die Dehnung derjenigen Muskeln bzw. Sehnen, in denen sie lokalisiert sind. Impulse dieser Rezeptoren werden via Spinalnerven oder Hirnnerven in verschiedene Bereiche des ZNS weitergeleitet (z. B. ins Zerebellum), wo dann die Koordination der Muskelaktivität in Bewegungsabläufe erfolgt.

**Malen Sie die Begriffe A–D an sowie den Oberbegriff Intrafusalfaser und die zugehörigen Strukturen in den beiden rechten Abbildungen. Treffen Sie, bevor Sie beginnen, eine sorgfältige Farbauswahl.**

Muskelspindeln sind in der Extremitätenmuskulatur, insbesondere in den kleinen Hand- und Fußmuskeln sehr zahlreich vorhanden. Diese länglichen, schlanken, von einer *Bindegewebskapsel* (B) umgebenen Rezeptoren sind ca. 2-4 mm lang und sind über alle kontraktilen Muskelelemente verstreut. Muskelspindeln liegen parallel zu den sie umgebenden Skelettmuskelfasern und sind mit ihren beiden Enden in der Bindegewebsscheide (nicht dargestellt) des Skelettmuskels verankert. Der reichliche Flüssigkeitsgehalt des zentralen Anteils der Muskelspindel verleiht ihr das »spindelförmige«, im Mittelteil bauchig aufgetriebene Aussehen. Jede Muskelspindel enthält ca. 2-12 dünne, quergestreifte Muskelfasern, die *Intrafusalfasern* (lat. intra: innerhalb; fusus: Spindel). Sie unterscheiden sich von den weit zahlreicheren extrafusalen (also außerhalb der Spindeln gelegenen) quergestreiften Skelettmuskelfasern: Sie sind dünner und ihre Kontraktionen üben nur auf die Muskelspindel selbst eine Spannung aus. Anders als Extrafusalfasern tragen sie nicht zu Gelenkbewegungen bei.
Es gibt zwei Arten von Intrafusalfasern: die *Kernhaufenfasern (Kernsackfasern)* (C) und die *Kernkettenfasern* (D). Kernhaufenfasern sind relativ groß, ihr sackförmig erweiterter Mittelteil ist von Zellkernen angefüllt; sie reichen über die beiden Enden der *Bindegewebskapsel* (C) hinaus und kontrahieren vergleichsweise langsam. Kernkettenfasern enthalten jeweils nur eine einzige Zellkernreihe und sind im Bereich von deren oberem bzw. unterem Ende – aber noch innerhalb der Bindegewebskapsel – an Kernhaufenfasern angeheftet.

**Malen Sie den Oberbegriff ‚Innervationsmuster', die Begriffe E–H[1] und deren zugehörige Axone und Nervenendigungen an. Beachten Sie, daß das Alpha-Motoneuron (I+) nicht angemalt wird.**

Muskelspindeln werden sowohl von sensorischen als auch von motorischen Neuronen innerviert.

Sensorische Axone existieren in zweierlei Form:
1. Als dicke, myelinisierte Fasern (Ia-Fasern oder *primäre Muskelspindelafferenzen*) (E), die nach Eintritt in die Muskelspindeln an den Kernhaufen- und Kernkettenfasern enden, die sie mit ihren *anulospiralen Endigungen* (E[1]) spiralförmig umgeben.
2. Als dünnere, unmyelinisierte Axone (Gruppe II-Fasern oder *sekundäre Muskelspindelafferenzen*) (F), die überwiegend an Kernkettenfasern mit blütendoldenartigen *Flowerspray-Endigungen* (F[1]) ansetzen. Die sensorischen Endigungen dieser Axone reagieren ausschließlich auf Dehnung (Verlängerung) der Intrafusalfasern, die dann entsteht, wenn der Extrafusalmuskel gedehnt wird (z. B. bei Dehnungsbewegungen oder -übungen).
Die motorischen Axone der Muskelspindeln sind spezialisierte, relativ dünne myelinisierte Fasern *(Gamma-Fasern oder -Efferenzen)* (G), im Gegensatz zu den dickeren Alpha-Motoneuronen (I) der Extrafusalfasern.
Gamma-Fasern haben zwei Arten von Endigungen: Entweder ein Bündel sehr dünner Filamente *(Schwanzfasern)* (G[1]), die sowohl Kernhaufenfasern als auch Kernkettenfasern innervieren oder scheibenförmig ausgebildete *Endplatten* (G[2]), die jeweils an den beiden Enden von Kernhaufenfasern lokalisiert sind.
Darüber hinaus innervieren bestimmte *motorische Axone (Beta-Efferenzen)* (H) über sogenannte *Beta-Endplatten* (H[1]) die Kernhaufenfasern unmittelbar nach deren Austritt aus der Bindegewebskapsel.
Gamma-Fasern verursachen die Kontraktion von Intrafusalfasern als Antwort auf unwillkürliche Befehle aus dem ZNS. Daraus resultiert schließlich die Restitution der Sensibilität afferenter Nervenendigungen für eine Dehnung der extrafusalen Muskelfasern und der Muskelspindeln (s. Tafel 4–11 und 4–12).

**Malen Sie die Oberbegriffe und Begriffe (J–O) an, die sich auf den Sehnenrezeptor beziehen, sowie die zugehörigen Strukturen in der linken Abbildung.**

*Sehnenrezeptoren (Golgi-Organe)* (J) sind kapselhaltige Rezeptoren, die in den allermeisten (wahrscheinlich in allen) *Sehnen* (N) vorkommen. Sehnen sind die nichtkontraktilen Enden von *Muskeln* (O). Sie bestehen aus Bündeln oder Schichten von Bindegewebs-(Kollagen-) Fasern, die an Knochen (oder an der Knochenhaut) oder an anderen Sehnen verankert sind. Die Kapsel der Sehnenrezeptoren besteht aus aneinanderliegenden *Zellschichten* (K). Die Rezeptoren selbst setzen sich zusammen aus miteinander verdrillten Flechten dünner Kollagenfasern, den *Fibrillen* (L), die ihrerseits mit Gruppen von *Ib-Afferenzen* (M) verflochten sind.
Eine Längenänderung (Dehnung) eines Muskels erzeugt eine Spannung in dessen zugehörigen Sehnen. Diese wiederum bewirkt eine Dehnung und Straffung der verdrillten Fibrillen, so daß die darin eingeflochtenen Axone ausreichend zur Erzeugung eines Aktionspotentials stimuliert werden.

# DEHNUNGSREZEPTOREN

Muskelspindel A
Bindegewebskapsel B
Intrafusalfaser ★
Kernhaufenfaser C
Kernkettenfaser D
Innervationsmuster ★
primär afferentes Axon E
anulospirale Endigung E'
sekundär afferentes Axon F
Flowerspray-Endigung F'
gamma-efferentes Axon G
Schwanzfaser G'
Endplatte G²
beta-efferentes Axon H
beta-Endplatte H'
alpha-motorisches Axon I+

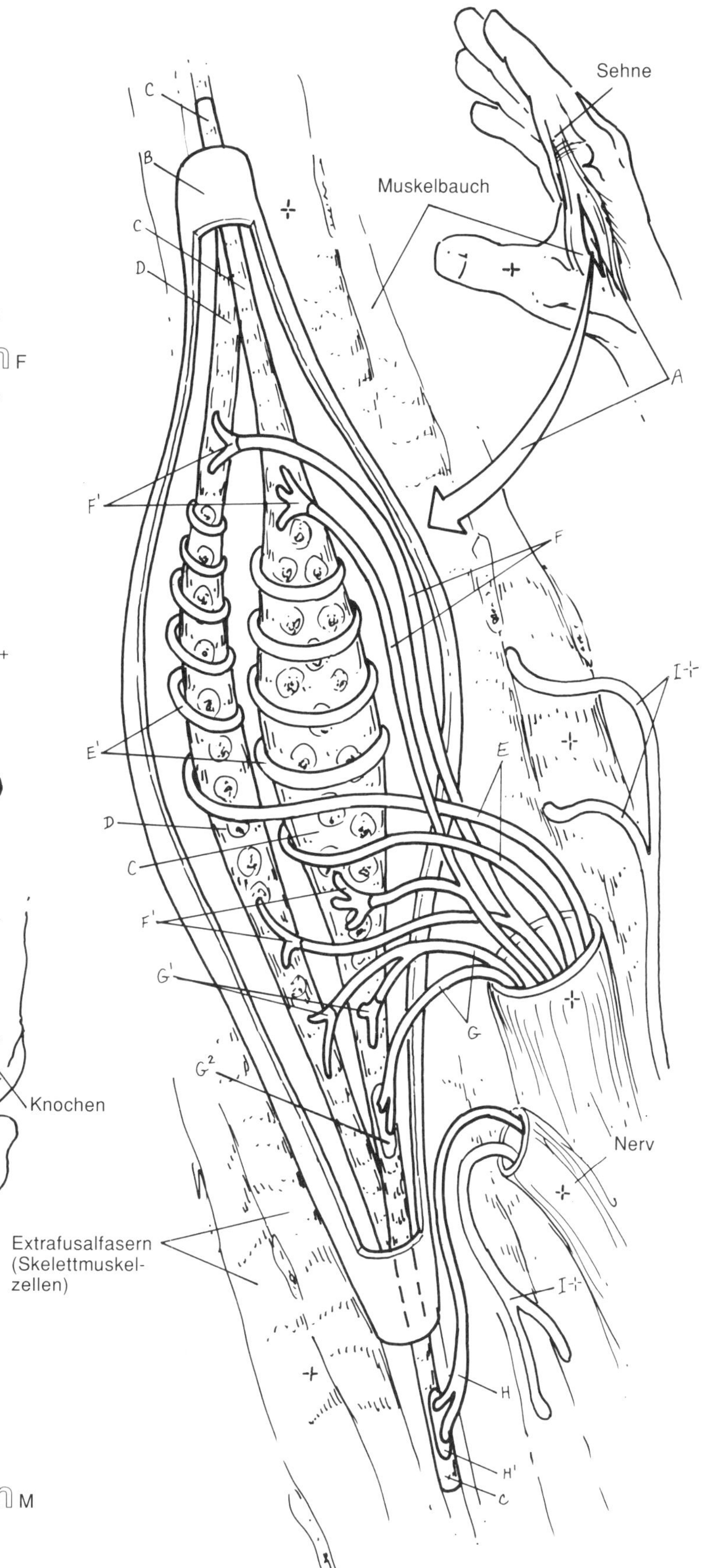


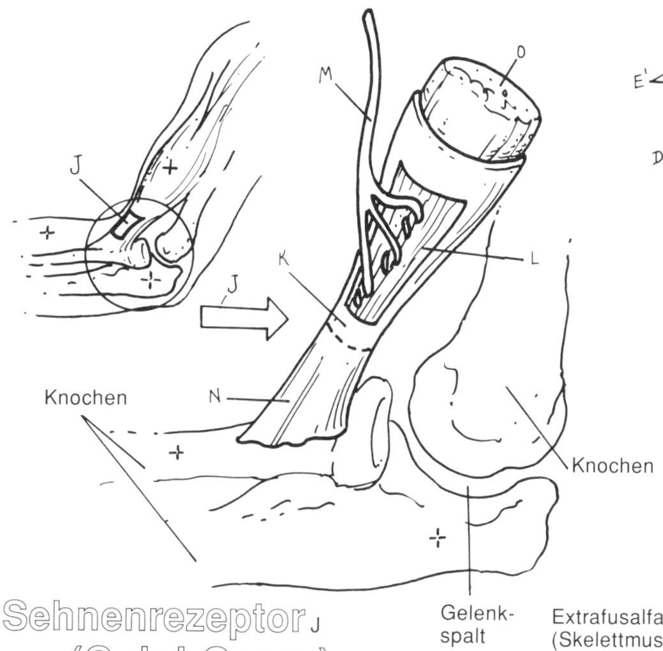


Sehnenrezeptor J
(Golgi-Organ)
Kapsel ★
Zellschicht K
Rezeptor ★
Kollagen-Fibrille L
Gruppe Ib-afferentes Axon M
Sehne N
Muskelfaser O

# 2–11
# MUSKELSPINDEL UND SEHNENORGAN

Struktur und Innervationsmuster von *Muskelspindeln* (C) und *Sehnen-* oder *Golgi-Organen* (D) wurden auf Tafel 2–10 vorgestellt, so daß deren vorangehende Bearbeitung das Verständnis dieser Tafel wesentlich erleichtert.

Die Abbildungen zeigen sechs unterschiedliche Aktivitätszustände von Muskelspindel und Sehnenorgan. Obwohl in jeder Abbildung jeweils alle afferenten und efferenten Axone dargestellt sind, sollen immer nur diejenigen angemalt werden, die an der jeweiligen Muskelzustandsänderung beteiligt sind.

**Malen Sie die Begriffe A–D und die zugehörigen Strukturen (mit Ausnahme von $C^1$ und $C^2$) in der obersten rechten Abbildung an, und anschließend die gleichen Strukturen (inklusive $C^1$ und $C^2$) in den Abbildungen 1–6. Beachten Sie die unterschiedliche Form des extrafusalen Muskels: länglich-schlank in gedehntem bzw. bauchig-dick in kontrahiertem Zustand. Dem entspricht die entweder länglich-angespannte bzw. rundlich-relaxierte Form der Muskelspindel. Für Strukturen mit identischem Kennbuchstaben aber unterschiedlichen Kennziffern sollten verschiedene Schattierungen derselben Farbe verwendet werden. Malen Sie nun die Begriffe E–I und die zugehörigen Axone in den Abbildungen 1–6 an. Strukturen mit dem Symbol (-:-) sollen nicht angemalt werden.**

Im Zustand der Kontraktion (Abb. 1) haben sich *extrafusale Muskelfasern* (A) unter dem Einfluß von Alpha-Motoneuronen *(alpha-efferentes Axon)* (H) verkürzt. Die Muskelkontraktion spannt die *Sehne* (B) an, so daß der an diese angeheftete Knochen bewegt wird. Gleichzeitig aber führt die Kontraktion extrafusaler Muskelfasern zur Entspannung der zugehörigen Muskelspindeln. Dadurch erlischt der adäquate Reiz zur Aktivierung der afferenten Nervenendigungen an den intrafusalen Muskelfasern und die *afferenten Axone* (E und F) der Muskelspindeln entsenden keine Impulse. Gleichzeitig wird jedoch das in der Sehne liegende Sehnenorgan gedehnt und leitet Impulse im afferenten *Sehnenaxon* (G) zum Rückenmark.

Wird ein Muskel gedehnt und anschließend kontrahiert (Abb. 2), so herrschen die gleichen Bedingungen wie in der eben beschriebenen Situation. Während der Dehnungsphase steht die Muskelspindel unter Spannung und die afferenten Nervenendigungen senden Impulse aus (nicht dargestellt). Sobald jedoch das alpha-efferente Axon Impulse abgibt, kontrahieren sich die extrafusalen Muskelfasern, entspannen dadurch die Muskelspindeln und die afferenten Nervenendigungen geben keine Impulse ab. Das Sehnenorgan hingegen wird in beiden Fällen stimuliert, da die zugehörige Sehne sowohl bei Dehnung als auch bei Kontraktion des Muskels unter Spannung steht.

Im Falle einer gleichmäßigen, *konstanten Dehnung* (Abb. 3) des *extrafusalen Muskels* ($A^2$) wird auch die Muskelspindel gedehnt und sowohl primäre als auch sekundäre Nervenendigungen senden Impulse aus. Untersuchungen zeigten, daß unter konstanter Dehnung die Impulsrate der sekundären afferenten Axone höher ist als die der primären anulospiralen Afferenzen. Dies könnte bedeuten, daß die *Kernkettenfasern* ($C^2$) sensibler auf das Ausmaß von Längenänderungen reagieren als auf die Geschwindigkeit, mit der diese erfolgen. Unter statischer Dehnung geben die Sehnenorgane unverändert Impulse ab, nicht jedoch die efferenten Axone.

Unter einer variierenden (dynamischen) Dehnung (Längenänderung) (Abb. 4) ist die Impulsrate der primären Afferenzen höher als die der sekundären Axone. Tatsächlich ändert sich die Impulsrate während unterschiedlicher Dehnungsgrade kaum. Dies könnte bedeuten, daß die *Kernhaufenfasern* ($C^1$) sensibler auf die Geschwindigkeit des Dehnungsvorganges reagieren als die Kernkettenfasern, die ausschließlich auf die Längenänderung als solches zu reagieren scheinen. Um dies optisch zu verdeutlichen, wird das *sekundäre afferente Axon* (F) in Abb. 4 nicht angemalt. Alternativ können Sie es auch mit einer sehr hellen Farbe anmalen und so zum Ausdruck bringen, daß dieses Axon zwar aktiviert ist, aber keine Informationen über dynamische Längenänderungen vermittelt. Besonders hervorzuheben ist die Fähigkeit des ZNS, die Sensibilität von Muskelspindeln an Längenänderungen extrafusaler Muskelfasern anzupassen, so daß kontinuierlich eine Rückmeldung über Aktivitäts- und Positionsmuster der Muskulatur erfolgt. Dies geschieht über gamma-efferente Neurone. Ist die Muskelspindel gedehnt, so entsenden die afferenten Nervenendigungen Impulse, und dem ZNS werden Informationen sowohl über primäre und sekundäre afferente Axone als auch vom afferenten Sehnenaxon (s. Tafel 4–7 und 4–8) übermittelt.

Während aufeinanderfolgender Dehnungs- und Kontraktionsphasen geben die *Gamma-Efferenzen* (I) Impulse ab, stimulieren die Kontraktion der Intrafusalfasern, wodurch die Spindel gestrafft wird und die Sensibilität für sich ändernde Bedingungen zunimmt (s. Tafel 4–12). Wahrscheinlich geben Gamma-Efferenzen nicht nur während der Muskeldehnung Impulse ab, sondern auch während der Kontraktionsphasen (Abb. 6), so daß dem ZNS kontinuierlich Informationen über den aktuellen Status muskulärer Aktivität vermittelt wird.

# MUSKELSPINDEL UND SEHNENORGAN

extrafusaler Muskel A()
 kontrahierter (aktiver) Zustand A¹
 gedehnter (passiver) Zustand A²
Sehne B
Muskelspindel C
 Kernhaufenfaser C¹
 Kernkettenfaser C²
Sehnenorgan D
 primär afferentes Axon E

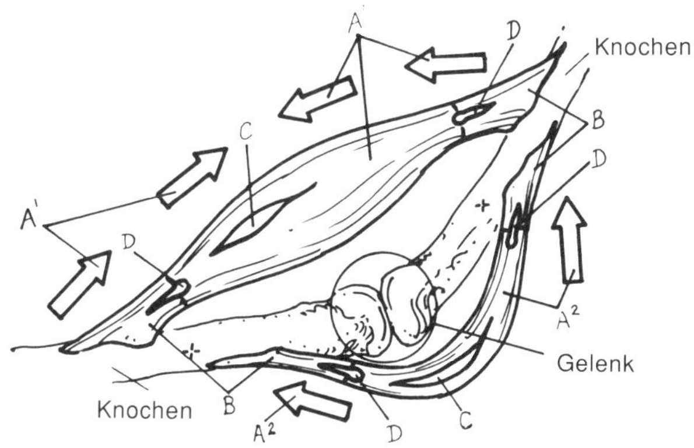


sekundär afferentes Axon F
afferentes Sehnenaxon G
alpha-efferentes Axon H
gamma-efferentes Axon I

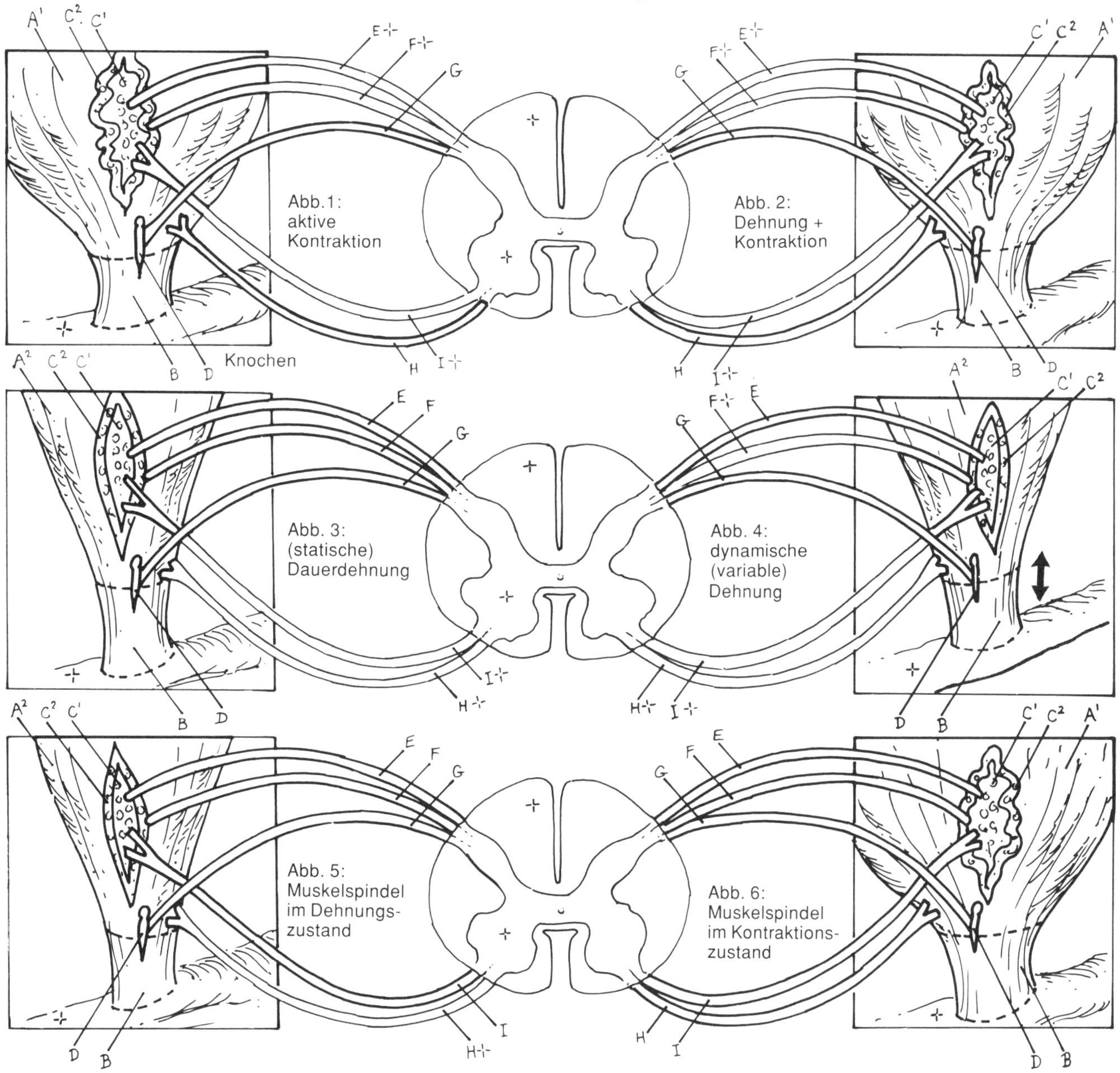

# 2–12
# NEUROMUSKULÄRE SYNAPSEN ALS EFFEKTORORGANE

Eine Muskelkontraktion erfolgt erst als Antwort auf bestimmte Stimuli. Im Falle der Skelettmuskulatur stellt diesen adäquaten Reiz ein Neurotransmitter (Azetylcholin) dar, den Nervenendigungen freisetzen. Die – nur unter dem Mikroskop sichtbare – Kontaktstelle zwischen Muskel und Nerven heißt *neuromuskuläre oder myoneuronale Synapse (motorische Endplatte).* Außer in der Skelettmuskulatur gibt es solche Synapsen auch in der glatten Muskulatur innerer Organe, wo sie allerdings weniger komplex strukturiert sind. Neuromuskuläre Synapsen im (quergestreiften) Herzmuskel scheinen denen im glatten Muskel zu gleichen.

**Malen Sie die Begriffe A–E und die zugehörigen Strukturen in den beiden oberen Abbildungen an. Verwenden Sie unterschiedliche Schattierungen derselben Farbe für Strukturen mit identischem Kennbuchstaben aber unterschiedlichen Kennziffern.**

Die oberste Abbildung zeigt einen *Skelettmuskel* (A) am Oberarm und dessen Reizquelle, einen *motorischen Nerven* (B). Die mittlere Abbildung stellt einen Ast dieses motorischen Nerven dar, der ein *Axon* ($B^1$) abgibt, das von *Myelin* (C) und einer *Schwann-Zelle* (D) umhüllt ist. Dieses Axon teilt sich seinerseits in *Äste* ($B^2$) auf, die jeweils *neuromuskuläre Synapsen* (E) mit *Muskelzellen* oder *-fasern* ($A^1$) bilden. Die Anzahl der Muskelfasern, die von einem Axon und dessen Ästen innerviert werden, schwankt zwischen vier (im Bereich der Augenmuskulatur, die den Augapfel bewegt) bis zu mehreren Hundert (z.B. im Musculus glutaeus maximus des Gesäßes). Ein Motoneuron und die von ihm innervierten Muskelfasern bilden eine *motorische Einheit.*

**Malen Sie die Begriffe $B^3$–G und die zugehörigen Strukturen in der unteren Abbildung an.**

Jeder Axonast endet unter Ausbildung einer sackförmigen Ausbuchtung, der *Axon-Terminale* ($B^3$) an einer Muskelfaser. Die kreisförmige Abbildung entspricht einer elektronenmikroskopischen Darstellung einer Axon-Terminale, die in unmittelbarer Nachbarschaft zu einem speziellen Bereich der Muskelzellmembran liegt, der sogenannten motorischen Endplatte.

Ehe der Axonast diese motorische Endplatte erreicht, verliert er seine Myelinscheide, bleibt jedoch von seiner Schwann-Zelle umhüllt, die sich soweit ausdehnt, daß sie auch die myoneuronale Synapse abdeckt. In der starken Vergrößerung wird sichtbar, daß die Axonterminale nicht in die Muskelfaser eintritt, sondern in einer Rille derselben zu liegen kommt und sich dort an die Muskelzellmembran (*Sarkolemm*) ($A^3$) (griech. sarco: Fleisch; lemma: Schale) anschmiegt.

**Malen Sie den Oberbegriff ‚motorische Endplatte' an, die Begriffe $A^2$–$A^5$ und $F^1$ sowie die zugehörigen Strukturen in der unteren Abbildung. Der Begriff ‚synaptischer Spalt' (H+) und die zugehörige Struktur bleiben unkoloriert.**

Die *präsynaptische Membran* ($B^5$) der Axonterminale ist eine Ausbuchtung der *Zellmembran* ($B^4$) und ist vom Sarkolemm der Muskelfasern durch eine 20-60 nm breite Lücke, den *synaptischen Spalt* (H) getrennt. Das Sarkolemm, das dem synaptischen Spalt gegenüberliegt, weist zahlreiche Fältelungen auf, den *neuronalen Faltenapparat* ($H^3$), der in das Muskelzellzytoplasma (*Sarkoplasma*) ($A^4$) hineinragt. Auf dem Sarkolemm dieses Faltenapparates befinden sich *Rezeptorbindungsstellen* (I) für den Neurotransmitter der Skelettmuskulatur, das *Azetylcholin.* Der Neurotransmitter wird aus den *synaptischen Vesikeln* (G) der Axonterminale freigesetzt und durch die präsynaptische Membran in den synaptischen Spalt abgegeben, von wo aus er die Rezeptorbindungsstellen aktivieren kann. Der Neurotransmitter induziert an diesen Bindungsstellen eine erhöhte Membranpermeabilität für Natrium-Ionen, die in eine Depolarisation der Muskelfaser mit nachfolgender Kontraktion mündet. Das im synaptischen Spalt verbleibende Azetylcholin wird durch das Enzym Azetylcholinesterase rasch inaktiviert. Der Cholin-Anteil wird in die Axon-Terminale reabsorbiert und zur Neusynthese von Neurotransmitter verwendet. Die Energie, die für diese Vorgänge erforderlich ist, wird von den *Mitochondrien* (F; $F^1$) bereitgestellt.

Erkrankungen, die mit einer Muskelschwäche einhergehen, haben ihre Ursache häufig in Störungen der Neurotransmitterfreisetzung oder -wiederaufnahme oder in Defekten des Transmittermetabolismus.

# NEUROMUSKULÄRE SYNAPSEN ALS EFFEKTORORGANE

Skelettmuskel A
Muskelzelle $A^1$

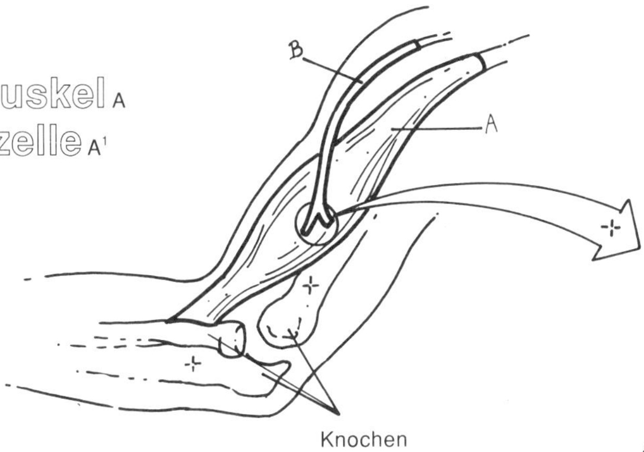


motorischer Nerv B
Axon $B^1$
Myelinscheide C
Schwann-Zelle D
Axon-Ast $B^2$
neuromuskuläre Synapse E

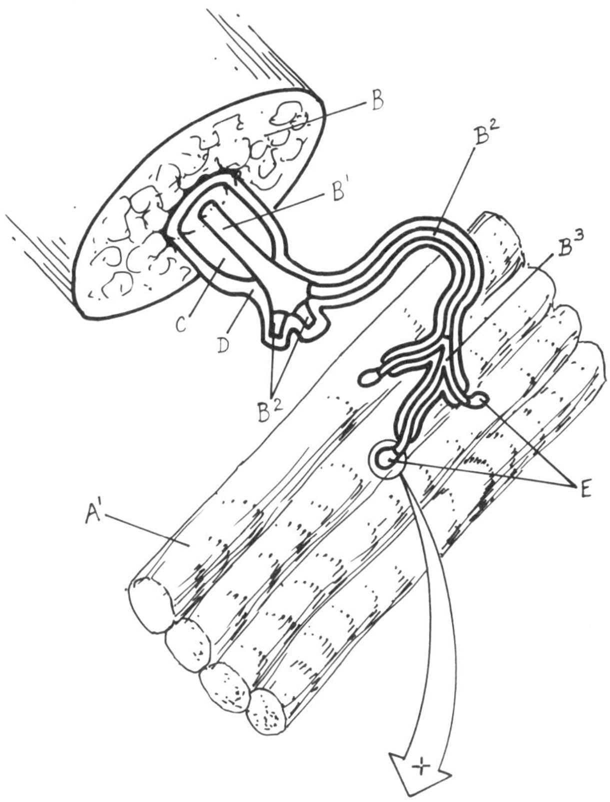


Axonterminale $B^3$
Zellmembran $B^4$/präsynaptische Membran $B^5$
Mitochondrium F
synaptisches Vesikel G

synaptischer Spalt H+

motorische Endplatte ★
Sarkolemm $A^2$
neuronaler Faltenapparat $A^3$
Rezeptor-bindungsstelle I
Sarkoplasma $A^4$
Mitochondrium $F^1$
Muskelzellkern $A^5$

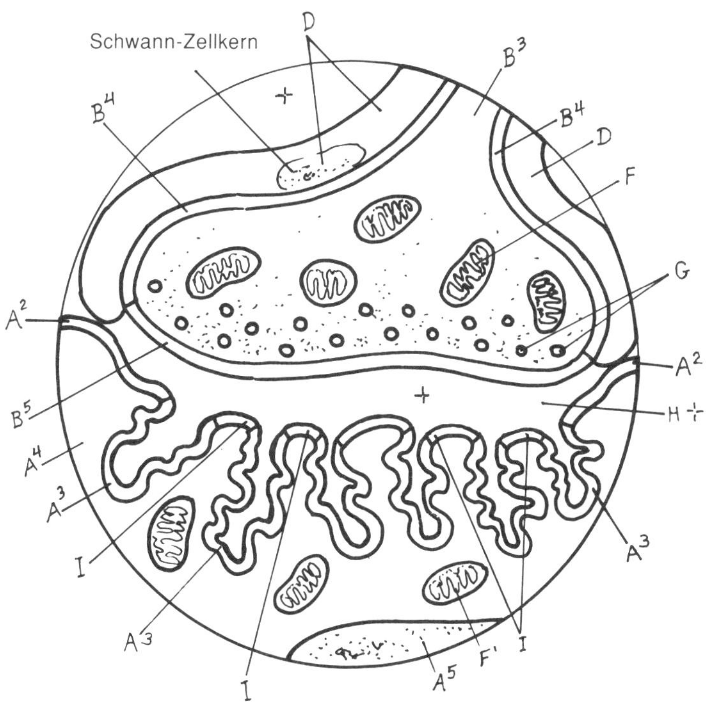

# Kapitel 3: Frühe Entwicklungsstufen des Zentralnervensystems

Tafel 3–1 bis 3–12

# 3–1
# ZEUGUNG UND FRÜHE EMBRYONALENTWICKLUNG

Zum besseren Verständnis von Wachstum und Reifung des Nervensystems sind Kenntnisse über Zeugung und erste Entwicklungsstufen menschlichen Lebens hilfreich.

**Malen Sie die Begriffe A–F¹ und deren zugehörige Strukturen an. Verwenden Sie für A und E helle Pastellfarben. Die Keimzellen (B), ihre Follikel (C, C¹) und das Corpus luteum (C³) werden nicht angemalt.**

Ort der Entstehung menschlichen Lebens sind die weiblichen Fortpflanzungsorgane.
Die mandelförmigen *Eierstöcke (Ovarien, sing. Ovar)* (A) liegen, an Bändern (Ligamenten) befestigt, im kleinen Becken. Hier findet die Entwicklung der *Keimzelle* (B) zum befruchtungsfähigen Ei (Ovum) statt. Zum Zeitpunkt der Geburt enthalten die Eierstöcke mehrere hunderttausend Keimzellen, von denen aber nur wenige Hundert im Laufe der fortpflanzungsfähigen Lebensphase einer Frau (Dauer ca. 35-45 Jahre) bis zum befruchtungsfähigen Stadium heranreifen. In mehreren Schritten entwickeln sich die Zellen, die die Keimzelle umgeben, vom Primär- zum Sekundär- und schließlich zum *Tertiärfollikel* (C) (lat. folliculus: Bläschen). In der Follikelhöhle ist die Keimzelle von einer Flüssigkeit, dem Liquor folliculi, umspült. Endstufe dieser Reifungsvorgänge ist der *sprungreife Follikel (Graafscher Follikel)* (C¹). Der ca. 1,5-2 cm große Graafsche Follikel wandert an die Oberfläche des Ovars und setzt die Keimzelle frei, die umhüllt ist von der Zona pellucida (nicht dargestellt) und einer Schicht aus *Follikelzellen* (C²). Dieser Vorgang aus Follikelsprung und nachfolgender Eiabgabe heißt *Ovulation* (D). Der zurückbleibende Ovarialfollikel differenziert sich zum *Corpus luteum (Gelbkörper)* (C³) und sezerniert als solches Hormone, die das Ei eine gewisse Zeit befruchtungsfähig halten.
Das Ovar wird von fingerförmigen Ausläufern (Fimbrien) des *Eileiters (Tuba uterina)* (E) umfaßt, in den die Fimbrien trichterförmig münden. Durch rhythmische Fimbrienbewegungen wird die aus dem Follikel freigesetzte Eizelle in diesen Tubentrichter transportiert. Durch Kontraktionen der glatten Muskulatur der Tubenwand (nicht dargestellt) und unterstützt durch einen Flüssigkeitsstrom entlang der haarfeinen Zilien, die die innere Oberfläche des Eileiters auskleiden, wird die Eizelle mitsamt ihrer Hüllen durch den Eileiter in Richtung *Uterus (Gebärmutter)* (I) befördert.

Kommt es zu einer *Befruchtung (Fertilisation)* (F), dringt also eine *Samenzelle (Spermium)* (F¹) in die Eizelle ein, so findet dieser Vorgang meist in der sogenannten Ampulle des Eileiters statt. Diese Vereinigung von Samen- und Eizelle ist gleichbedeutend mit der Vereinigung des väterlichen mit dem mütterlichen Erbmaterial (Gene) und somit das Schlüsselereignis in der nun einsetzenden Entwicklung eines neues Individuums.

**Malen Sie die Begriffe G–N sowie deren zugehörige Strukturen an. Verwenden Sie hierbei für die Embryos (G–G²) unterschiedliche Schattierungen derselben Farbe und für I einen hellen Farbton.**

Das befruchtete Ei teilt sich in den ersten 24-30 Stunden nach der Fertilisation in zwei Tochterzellen (*Blastomere*), die den *2-Zell-Embryo* (G) darstellen. Nach 40-50 Stunden entsteht aus diesem durch neuerliche Zellteilung der *4-Zell-Embryo* (G¹), der sich nach ca. 60 Stunden zum *8-Zell-Embryo* (G²) teilt. Durch weitere Zellteilungen entsteht so ca. 72 Stunden nach der Befruchtung eine solide, kugelige multizelluläre Blastomeransammlung, die *Morula* (16-Zellen-Stadium, »Maulbeere«) (H). Die durch wiederholte Zellteilung erfolgte Zunahme der Zellzahl geht nicht mit einem nennenswerten Zellwachstum einher.
Wenn das 32-Zell-Stadium erreicht ist, bildet der Blastomerhaufen einen zentralen Hohlraum aus und heißt nun *Blastozyste* (J), deren äußere Zellschicht den *Trophoblast* (N) bildet. Aus dem engen Kontakt von Trophoblast mit Schleimhaut und Blutgefäßen des Uterus entsteht die *Plazenta (Mutterkuchen)*, die für die Versorgung des heranwachsenden Embryos mit Sauerstoff und Nährstoffen von zentraler Bedeutung ist. Im Inneren der Zyste ist an einem Pol eine Zellmasse angeheftet, die *Embryoblast* (K) heißt. In seiner weiteren Entwicklung flacht sich der Embryoblast scheibenförmig ab und besteht dann im wesentlichen aus zwei Schichten: Dem zukünftigen *Ektoderm*, auch *Epiblast* genannt (L), und dem zukünftigen *Entoderm*, auch *Hypoblast* genannt (M). Aus dem Ektoderm entstehen in der weiteren Embryonalentwicklung die Epidermis (Oberhaut), die Hautanhangsgebilde und das Nervensystem.
Außerdem entstammt auch die später gebildete dritte Keimschicht, das *Mesoderm*, dem Ektoderm (s. Tafel 3–2).

# ZEUGUNG UND FRÜHE EMBRYONALENTWICKLUNG

Ovar A
reifende Keimzelle B
reifender Follikel C
sprungreifer Follikel $C^1$/
Follikelzelle $C^2$
Corpus luteum $C^3$
Ovulation D

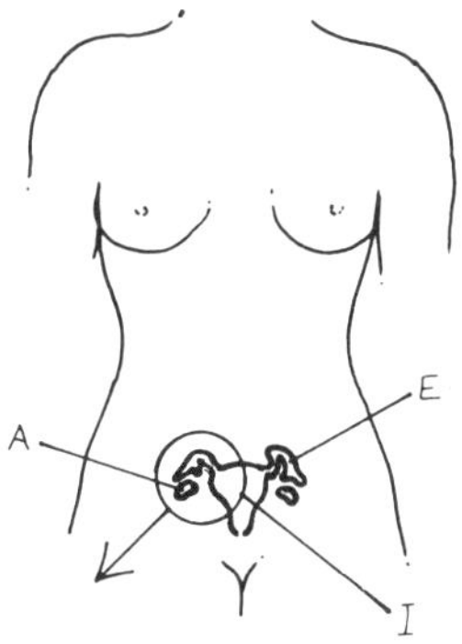

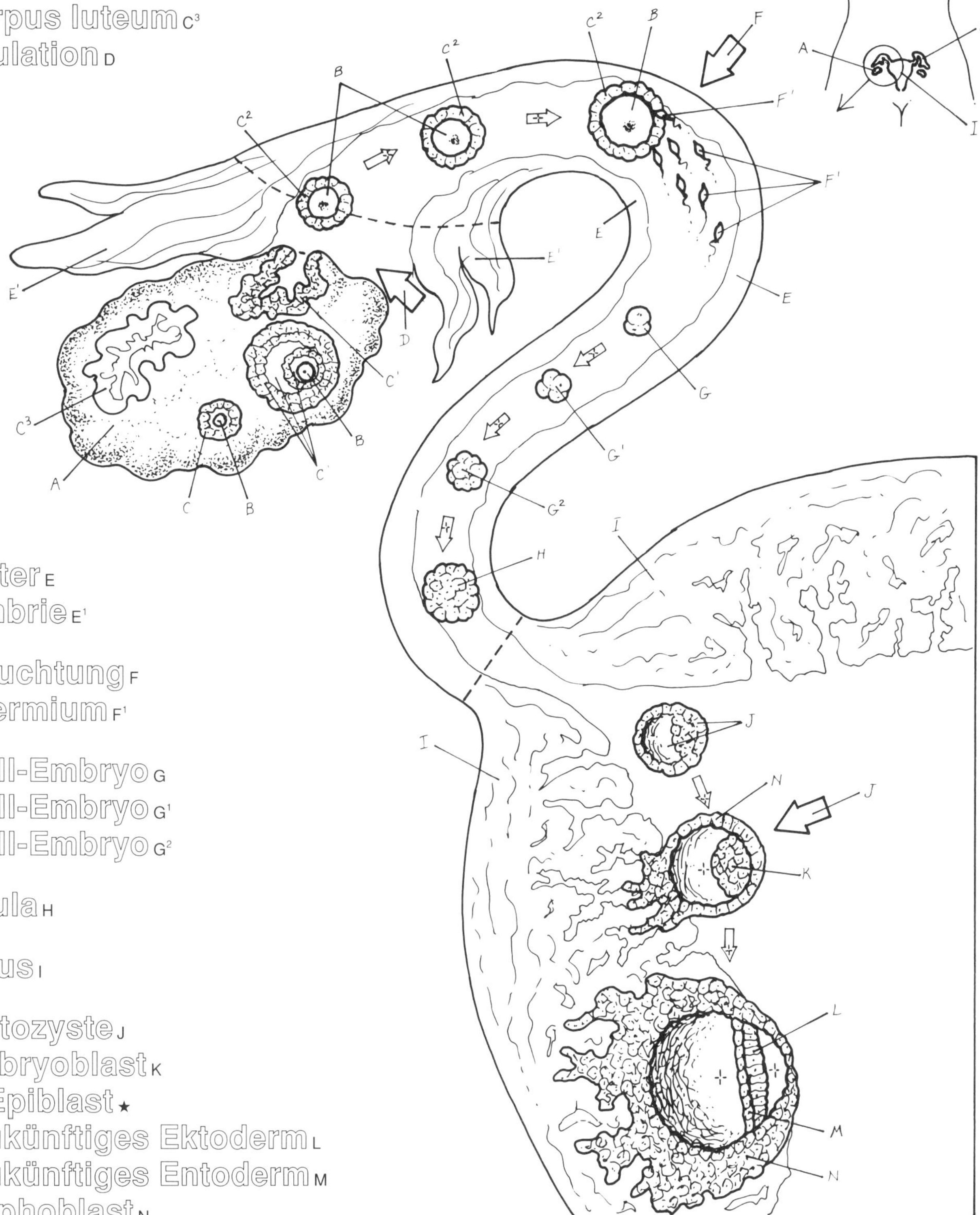

Eileiter E
Fimbrie $E^1$

Befruchtung F
Spermium $F^1$

2-Zell-Embryo G
4-Zell-Embryo $G^1$
8-Zell-Embryo $G^2$

Morula H

Uterus I

Blastozyste J
Embryoblast K
Epiblast ★
zukünftiges Ektoderm L
zukünftiges Entoderm M
Trophoblast N

# 3–2
# ENTSTEHUNG DES NEURALROHRES

Die Differenzierung des Epiblasten in zunächst zwei und schließlich drei Keimschichten – Ektoderm, Mesoderm und Entoderm – ist ein erster Schritt in der Entwicklung unseres Körpers.

**Verwenden Sie für die Strukturen L und M dieselben Farben wie auf Tafel 3–1. Der Kennbuchstabe N wird auf dieser Tafel nicht verwendet. Malen Sie den Oberbegriff ‚Epiblast', die Begriffe L–O und die zugehörigen Strukturen in den Abbildungen 1–6 an. Malen Sie anschließend den Oberbegriff ‚mesodermale Differenzierung', die Begriffe $O^1$ und $O^2$ sowie die zugehörigen Strukturen in den entsprechenden Abbildungen an. Verwenden Sie unterschiedliche Schattierungen derselben Farbe für Strukturen mit identischem Kennbuchstaben aber unterschiedlichen Kennziffern.**

Aus der inneren Zellmasse, dem Epiblasten, gehen zwei Keimschichten hervor: Das zukünftige *Ektoderm* (L) und das zukünftige *Entoderm* (M). Aus der Unterseite des Ektoderms spalten sich neu differenzierte Zellen ab und bilden die dritte Keimschicht, das *Mesoderm* (O). Bestimmte Mesodermzellen bilden sodann ein seilartiges, mittelständiges *primitives Achsenskelett* ($O^1$), während andere sich seitlich zu sogenannten *Somiten (Ursegmenten)* ($O^2$), den Vorläufern von Muskeln und Knochen, formieren. In einem späteren Entwicklungsstadium wird das Achsenskelett zum Nucleus pulposus, dem zentralen Anteil der Bandscheiben (nicht dargestellt).
Beim ca. 16 Tage alten Embryo scheint das Achsenskelett das darüberliegende einschichtige Ektoderm zu einem Strukturwandel zu stimulieren: Es entsteht eine Platte aus vielschichtig angeordneten, neu differenzierten Zellen, die *Neuralplatte* (A) (Abb. 2). Diese neurale Ektodermplatte stellt den Ursprungsort des gesamten Nervensystems dar.

**Malen Sie den Oberbegriff ‚neurale Ektodermdifferenzierung', die Begriffe A–F und die zugehörigen Strukturen in den Abbildungen 1–6 an. Wählen Sie die Farben für die Strukturen E und F sorgfältig aus, da sie für dieselben Strukturen auf den folgenden Tafeln verwendet werden sollen.**

Die Entstehung des Neuralrohres wird eingeleitet durch eine mittelständige Einbuchtung der *Neuralplatte* (A) (Abb. 2) die dann die *Neuralrinne* ($B^1$) darstellt (Abb. 3 und 4). Durch Vertiefung der Neuralrinne entstehen die sie flankierenden *Neuralwülste* ($B^2$). Nimmt die Vertiefung noch weiter zu (Abb. 4), kommt es schließlich zur völligen Überdachung der Neuralrinne und damit zur Entstehung des *Neuralrohres* (E) (Abb. 5), das vom darüberliegenden Ektoderm abgelöst ist und sich ins Körperinnere verlagert. So entsteht das *Lumen* (F), der innere Hohlraum des Neuralrohres (Abb. 5).
Während der Ausbildung des Neuralrohres spalten sich von den Neuralwülsten Zellen ab und differenzieren sich am Übergang zwischen neu entstehendem Neuralrohr und darüberliegendem Ektoderm zu einer ungleichmäßig dünnen Zellschicht (Abb. 5), der *Neuralleiste* (C) (s. Tafel 3–5).
Der *anteriore* und *posteriore Neuroporus* (D, $D^1$) (Abb. 6) sind vorübergehende Öffnungen an den Enden des noch unvollständigen Neuralrohres. Sie kommen zustande, weil der Überdachungsprozeß der Neuralrinne vom Zentrum des Epiblasten seinen Ausgang nimmt und dann – wie zwei Reißverschlüsse, die in entgegengesetzte Richtungen geschlossen werden – in anteriore und posteriore Richtung fortschreitet, bis schließlich auch die Neuroporen verschlossen werden. Ein unvollständiger oder fehlender Verschluß der Neuroporen führt zu Mißbildungen des Nervensystems: Ein offen gebliebener anteriorer Neuroporus zieht eine Anenzephalie (fehlende Ausbildung bzw. Degeneration wesentlicher Hirnteile) nach sich, ein Zustand, der mit dem Leben nicht vereinbar ist (nicht dargestellt). Unvollständiger Verschluß des posterioren Neuroporus kann eine Vielzahl struktureller Fehlbildungen zur Folge haben (nicht dargestellt): Das Fehlen (Amyelie) bzw. Bloßliegen (Spina bifida) des unteren Rückenmarkabschnitts oder die Entstehung der zwar harmloseren, aber oft schmerzhaften Pilonidalzysten über dem Steißbein.

# ENTSTEHUNG DES NEURALROHRES

**Epiblast** ★
- zukünftiges Ektoderm L
- Ektoderm L¹
- zukünftiges Entoderm M
- Entoderm M¹
- Mesoderm O

**mesodermale Differenzierung** ★
- Achsenskelett O¹
- Somit O²

**Neurale Ektoderm-differenzierung** ★
- Neuralplatte A
- Neuralrohr i. d. Entstehung B
  - Neuralrinne B¹
  - Neuralwulst B²
  - Neuralleiste B²
- ant. D/post. Neuroporus D¹
  - Neuralrohr E
  - Lumen F

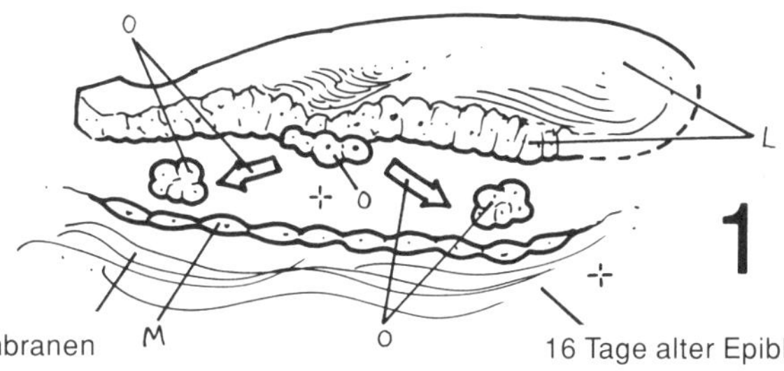


1

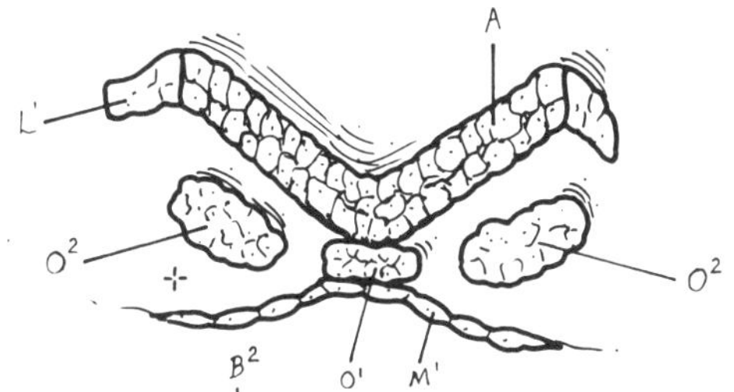

2

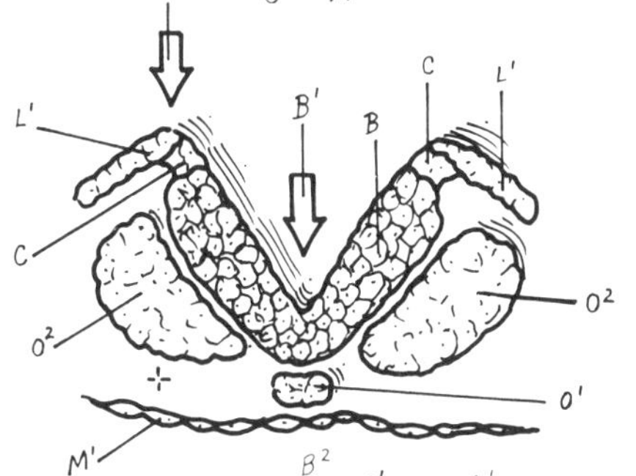

3

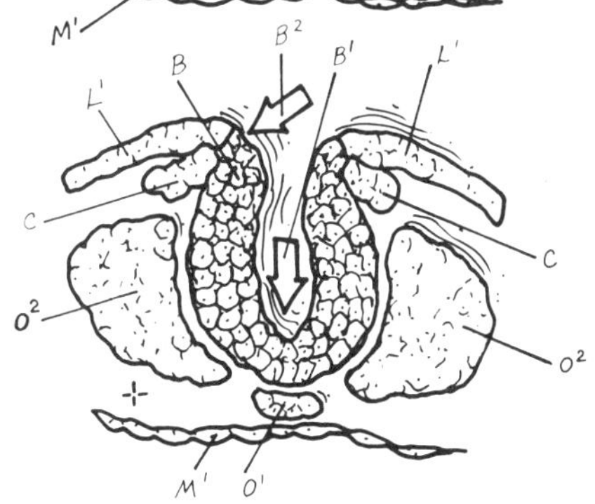

4

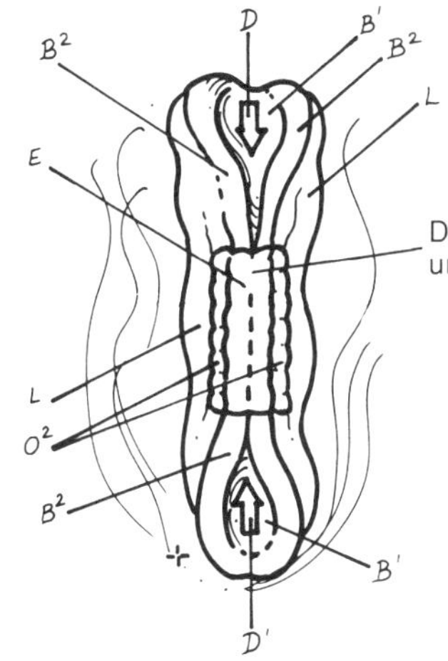


6

Dorsalansicht eines 22 Tage alten Embryos

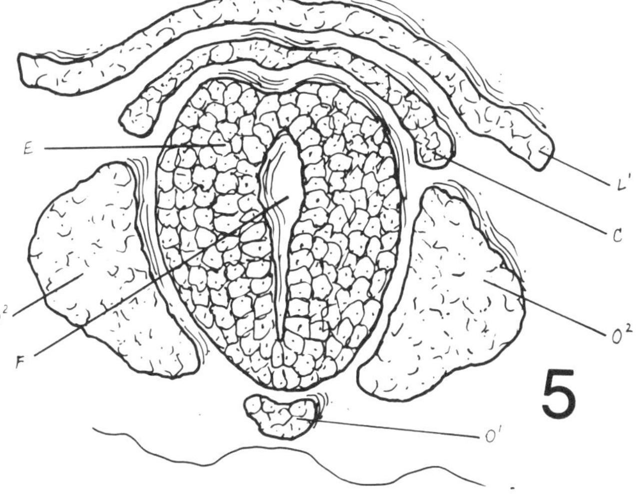

5

# 3–3
# URSPRUNG DER NEURONEN

Alle Zellen des Gehirns und des Rückenmarks (zentrales Nervensystem, ZNS) entstammen Zellen des *Neuralrohres* (E). Die Zellen des neuralen Ektoderms, aus denen das Neuralrohr besteht, heißen *Neuroepithelzellen* (A). Durch mitotische Teilungen produzieren sie über 100 Milliarden Neuronen sowie die Neuroglia des ZNS. Mit wenigen Ausnahmen findet eine Neubildung von Neuronen nach der Geburt nicht mehr statt. Auf dieser und den folgenden Tafeln geschah die Zuordnung der Kennziffern mit dem Ziel, die strukturelle Kontinuität in allen Entwicklungsphasen des Nervensystems zu verdeutlichen. Dementsprechend haben Strukturen, die auf mindestens zwei Tafeln vorkommen, stets denselben Kennbuchstaben und sollten immer in der gleichen Farbe angemalt werden.

**Verwenden Sie für E und F dieselben Farben wie auf Tafel 3–2. Malen Sie die Liste der Begriffe E–E$^1$ und – soweit vorhanden – die zugehörigen Strukturen in der Abbildung oben rechts, in der linken Hälfte des Neuralrohrquerschnittes und in der linken Hälfte der mittleren Abbildung an. Kolorieren Sie anschließend den Oberbegriff ‚Neuroblast' (G) und die zugehörige Struktur in der linken Hälfte der mittleren Abbildung.**

Das *Neuroepithel* (A) des Neuralrohres bei einem 23 Tage alten Embryo liegt zwischen dessen *Lumen* (F) und *äußerer Grenzmembran* (E$^1$). Zu diesem Zeitpunkt wechselt die Aktivität der Neuroepithelzellen zwischen Zellteilung, also Mitose (*mitotische Zelle*) (A$^1$), und Synthese des genetischen Materials DNS (Desoxy-Ribonuklein-Säure) (*DNS-synthetisierende Zelle*) (A$^2$). Nach der Teilung einer Neuroepithelzelle wandert der Zellkern jeder neugebildeten Tochterzelle vom Lumen des Neuralrohres zu dessen äußerer Grenzmembran (*Kernwanderung*) (B). Nun vollzieht sich im Zellkern die Synthese des genetischen Erbmaterials. Ist diese DNS-Synthese abgeschlossen, wandert der Zellkern in seiner Zelle wieder rückwärts in Richtung Neuralrohrlumen, und die Zelle tritt ihrerseits in einen Mitosezyklus ein. Ein solcher Kernwanderungszyklus nimmt ca. 5-24 Stunden in Anspruch. Ist die Phase der Zellteilung und DNS-Synthese abgeschlossen, beginnt die Differenzierung der Neuroepithelzellen in *Neuroblasten* (G). Ungefähr 35 Tage nach der Zeugung lösen diese Neuroblasten ihre Verbindung zur Lumenseite des Neuralrohres auf und bewegen sich von dieser weg.

**Malen Sie nun die Strukturen in der rechten Hälfte des Neuralrohrquerschnittes an sowie diejenigen in der rechten Hälfte der mittleren Abbildung. Anschließend kolorieren Sie den Oberbegriff ‚Neuron' und dessen zugehörige Abbildung.**

Der Durchmesser der Neuroepithelzellschicht reduziert sich in dem Maß, wie zunehmend mehr Neuroblasten vom Lumen des Neuralrohres abwandern, um sich zu einer neuen, peripherer gelegenen *Deckzellschicht* (C) zu formieren, aus der später die graue Substanz von Gehirn und Rückenmark entsteht. Diese setzt sich überwiegend aus Zellkernen und Dendriten zusammen. In der Deckschicht reifen die Neuroblasten zu *Neuronen* (H) heran. Im Laufe ihres Reifungsprozesses bilden die Neuronen Axone aus. Durch Längenwachstum und Wanderung in Richtung äußere Grenzmembran bilden die Axone schließlich die äußerste *Grenzschicht* (D) des Neuralrohres. Diese Grenzschicht wird später zur weißen Substanz von Gehirn und Rückenmark. Der Ausdruck »weiße Substanz« beschreibt ihr äußeres Erscheinungsbild: Ihre Axone sind größtenteils von einem weißen, fetthaltigen Material, dem Myelin (nicht dargestellt) umhüllt.
Ein weiterer Ursprungsort der Neuronen sind die Zellen der Neuralleiste (s. Tafel 3–5).

# URSPRUNG DER NEURONEN

Neuralrohr E
Lumen F
Neuroepithelzellschicht A
mitotische Zelle A'
DNS-synthetisierende Zelle A²
Kernwanderung B
Deckschicht C
Grenzschicht D
äußere Grenzmembran E'

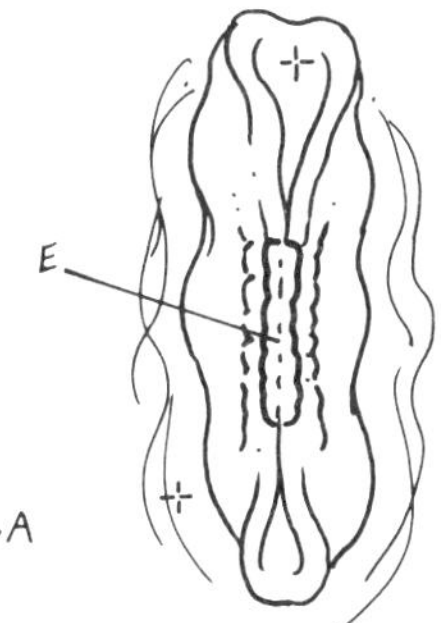


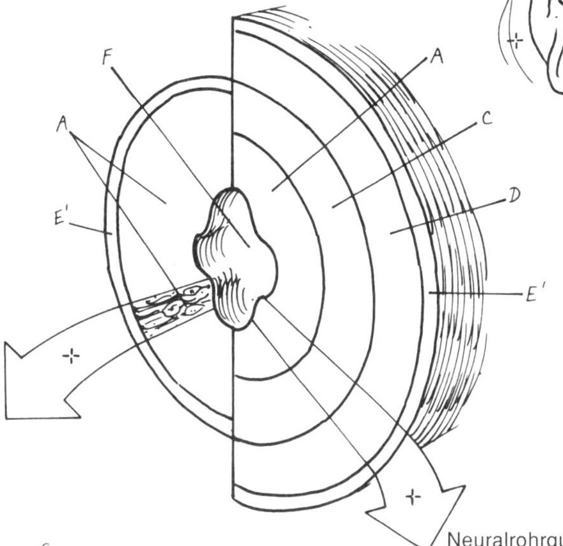


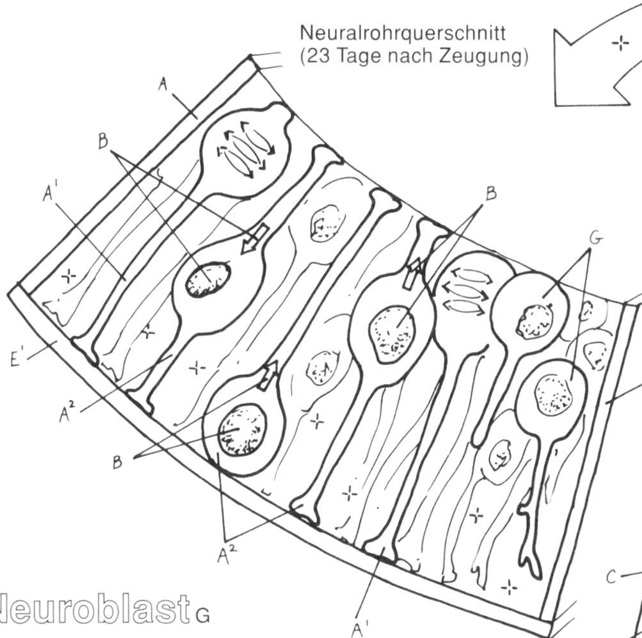


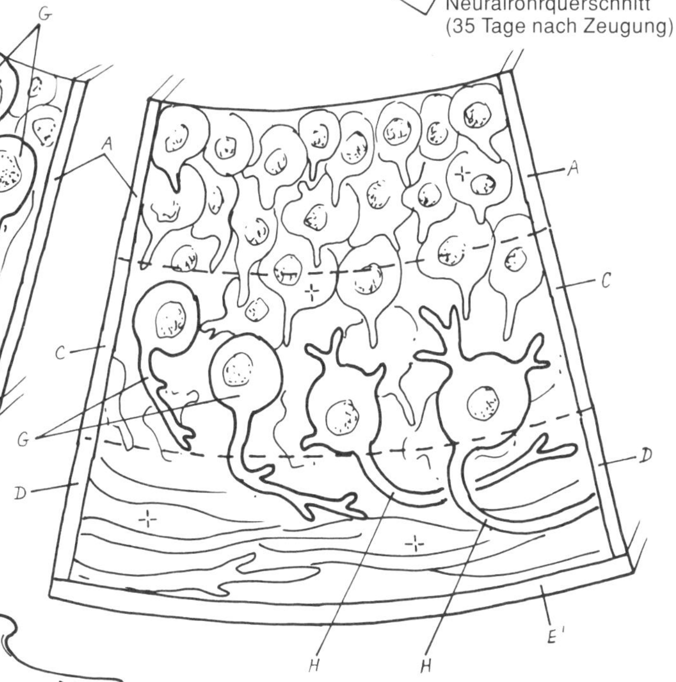


Neuroblast G

Neuron H

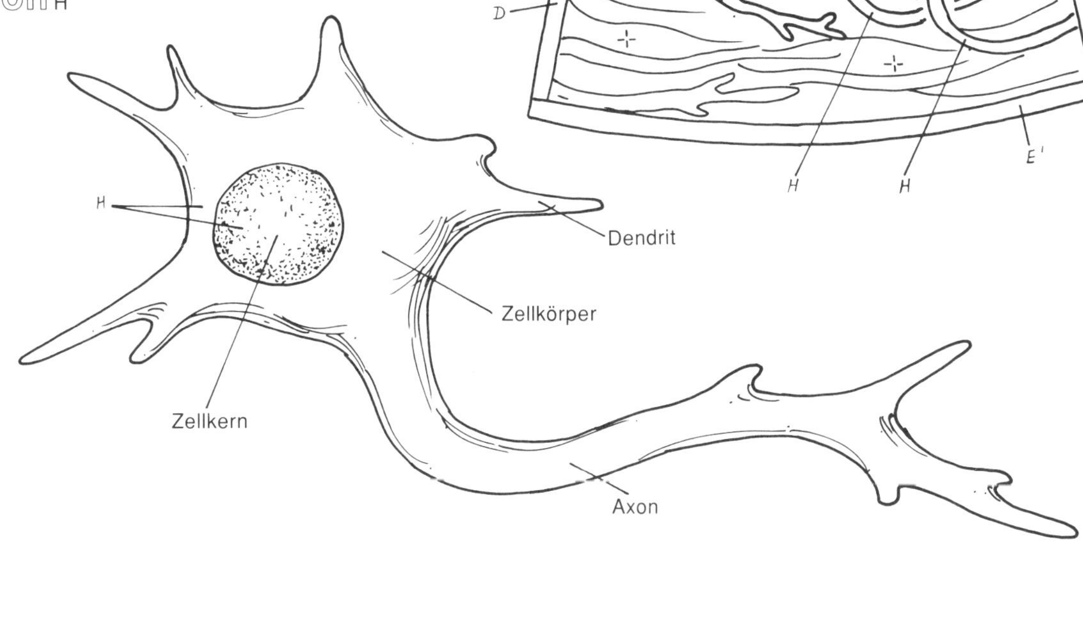

# 3–4
# URSPRUNG DER NEUROGLIA

Die Neuroglia ist ein wesentlicher Bestandteil des Zentralnervensystems und ihre Zellzahl übersteigt wahrscheinlich diejenige der geläufigeren Neuronen. Die Gliazellen differenzieren sich aus den Neuroepithelzellen des in Entstehung begriffenen Neuralrohrs. (Zur Entstehung der Satellitenzellen und Schwann-Zellen des peripheren Nervensystems s. Tafel 3–5). Die Mikroglia (nicht dargestellt) entstammt dem Mesoderm und wandert wahrscheinlich in das ausreifende Neuralrohr, um dort eine phagozytotische (Abräum-) Funktion auszuüben.

**Verwenden Sie für die Begriffe E–E[1] und deren zugehörige Strukturen dieselben Farben wie auf Tafel 3–3. Beginnen Sie wieder mit der kleinen Abbildung oben rechts und der linken Hälfte des darunter dargestellten Neuralrohrquerschnitts. Fahren Sie fort mit dem linken und mittleren Bereich der drei Ausschnittsvergößerungen in der Bildmitte. Kolorieren Sie anschließend den Oberbegriff ‚Neuroglia', die Begriffe H–H[1] und deren zugehörige Strukturen in der mittleren Ausschnittvergrößerung.**

Bei einem 23 Tage alten Embryo kann man Neurogliazellen nicht von Neuronen unterscheiden. Beide entstammen der *Neuroepithelschicht* (A) des *Neuralrohres* (E). In ihrer weiteren Entwicklung durchlaufen Gliazellen und Neuronen jeweils den gleichen Zyklus: *Mitotische Zelle* (A[1]) – *DNS-synthetisierende Zelle* (A[2]) – *Kernwanderung* (B). Allerdings kann diese Phase zyklisch wechselnder Zellveränderungen bei den Gliazellen länger dauern als bei den Neuronen.
Ungefähr zu dem Zeitpunkt, an dem die neu entstandenen Neuroblasten sich zur *Deckschicht* (C) formieren, dehnen sich primitive Gliazellen *(Glioblasten)* (H) der Länge nach aus, um sich dem dicker werdenden Neuralrohr anzupassen. So behalten sie ihren Kontakt zum *Lumen* (F) und zur *äußeren Grenzmembran* (E[1]) des Neuralrohrs. Die meisten dieser Zellen wachsen sich zu *strahlenförmigen (radiären) Glioblasten* (H[1]) aus, die wie die Speichen eines Rades rund um das Neuralrohr angeordnet sind. In dieser Anordnung dienen sie wahrscheinlich als »Leitschienen« für Neuroblasten, die vom Lumen in Richtung Grenzmembran des sich entwickelnden Neuralrohres wandern, um sich dort zur *Deck- und Grenzschicht* (D) zu formieren (s. Tafel 3–3).

**Malen Sie nun die rechte Hälfte des Neuralrohrquerschnitts an. Beachten Sie, daß nunmehr die innerste Zellschicht ependymalen (G) und nicht mehr neuroepithelialen (A) Ursprungs ist, wie noch auf Tafel 3–3. Hier verfolgen wir die Entwicklung von Gliazellen im Ependym als innerstem Bereich des Neuroepithels des primitiven Neuralrohrs. Tafel 3–3 hingegen behandelte die neuronale Entwicklung des gesamten Neuroepithels. Malen Sie die Begriffe G[1], I, J und K und deren zugehörige Strukturen in der rechten Ausschnittvergrößerung an und abschließend die einzelnen Zellformen der Neuroglia (untere Abbildungsreihe).**

Im Laufe ihres weiteren Reifungsprozesses verlieren die radiären Glioblasten ihren Kontakt zur Lumenoberfläche und Grenzmembran des Neuralrohrs. Eine kleine Anzahl Glioblasten allerdings behält ihren Kontakt zum Lumen und entwickelt sich zu *Ependymzellen* (G[1]). Diese Zellen kleiden als einschichtiges *Ependym* (G) das Lumen des Rückenmarkskanals und der Hirnventrikel aus. Die überwiegende Mehrheit der Glioblasten formiert sich in der an Umfang zunehmenden Deckschicht zu monopolaren oder bipolaren Zellen. Diese differenzieren sich bald zur reifen Neuroglia, die sich aus *protoplasmatischen* (I) bzw. *fibrillären Astrozyten* (J) und *Oligodendrozyten* (K) zusammensetzt.

# URSPRUNG DER NEUROGLIA

Neuralrohr E
Lumen F
Neuroepithelschicht A
mitotische Zelle A'
DNS-synthetisierende Zelle A²
Kernwanderung B
Ependym G
Deckschicht C
Grenzschicht D
äußere Grenzmembran E'

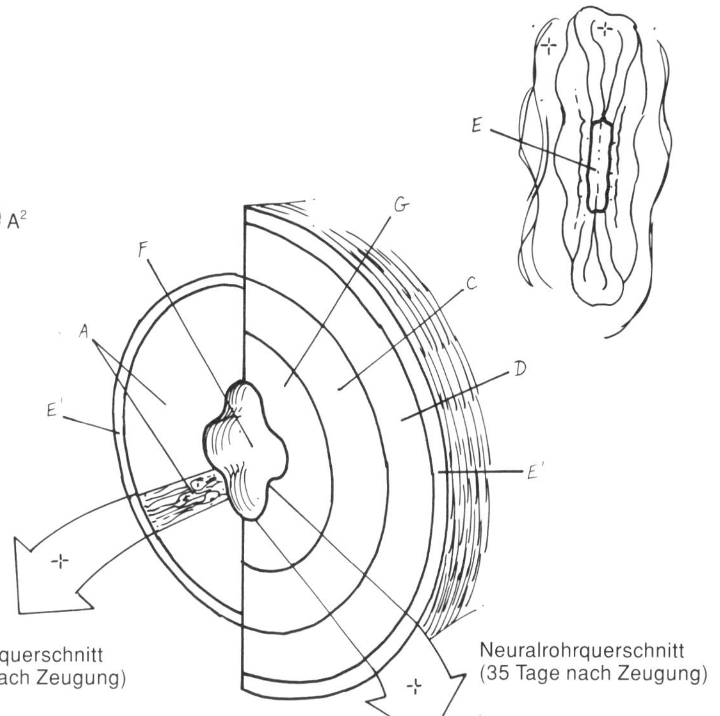


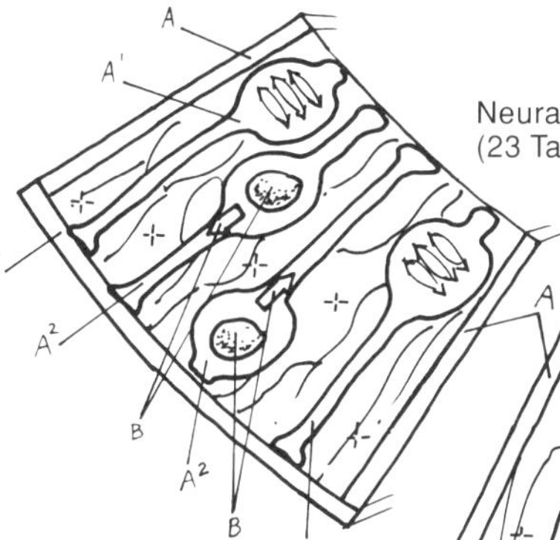

Neuroglia ★
Ependymzelle G'
Glioblast H
radiärer Glioblast H'
protoplasmatischer Astrozyt I
fibrillärer Astrozyt J
Oligodendrozyt K

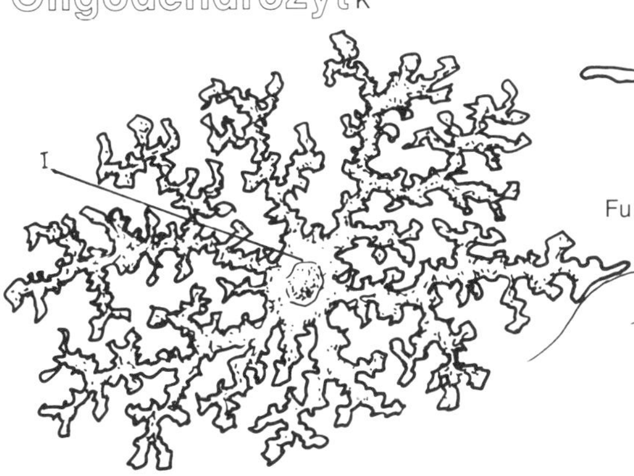

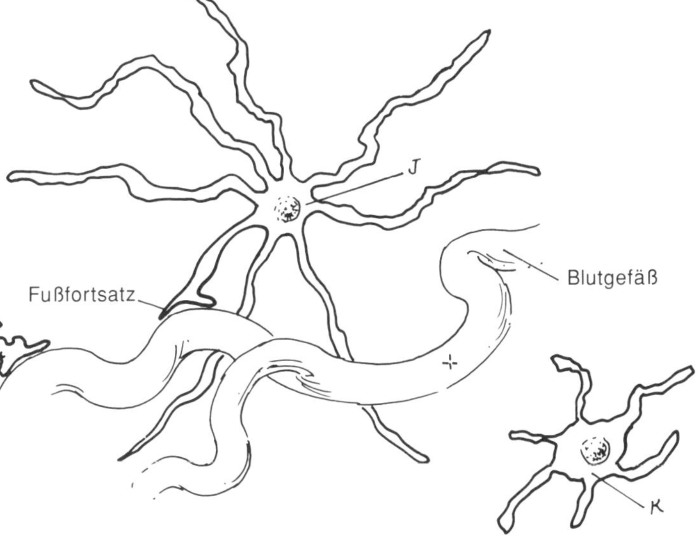

# 3–5
# DIE NEURALLEISTE UND IHRE ABKÖMMLINGE

Die Zellen der *Neuralleiste* (A) (s. Tafel 3–2) wandern in verschiedene Bereiche des Körpers, wobei sie ihre Form verändern und schließlich das ihrer jeweiligen speziellen Funktion gemäße Reifestadium erreichen.

**Malen Sie die Begriffe A und A$^1$ an sowie deren zugehörige Strukturen und Pfeile in der kleinen oberen Abbildung. Anschließend kolorieren Sie den Oberbegriff ‚Abkömmlinge der Neuralleiste', die Begriffe B–C und deren zugehörige Strukturen in den beiden mittleren Abbildungen.**

Viele Neuralleistenzellen beginnen bereits früh mit einer Wanderbewegung aus der Zellschicht in unmittelbarer Nachbarschaft zum Neuralrohr. Andere Zellgruppen verbleiben – perlschnurartig angeordnet – zu beiden Seiten des Neuralrohrs, und zwar im Bereich zwischen zukünftigem Mittelhirn und distalem Ende des künftigen Rükkenmarks. Diese Zellgruppen heißen *kraniale* oder *spinale Ganglien* (B) (sing.: Ganglion) oder auch *Hinterwurzelganglien* und entwickeln sich später größtenteils zu *Zellkörpern* (B$^2$) künftiger *sensorischer Neurone* (B$^1$) der Hirn- und Spinalnerven. Dies sind pseudounipolare Neurone (s. Tafel 2–3), aus deren Zellkörpern sich zentrale Fortsätze bis in das Neuralrohr ausdehnen und deren periphere Fortsätze sich bis zu sensorischen Rezeptoren erstrecken. Die untere der beiden mittleren Abbildungen zeigt nur ein einziges Neuron des Nerven und dessen sensorischer Wurzel. In Wirklichkeit enthält jede Wurzel tausende sensorische Neurone. Weitere Abkömmlinge der Neuralleiste umgeben als *Satellitenzellen* (C) die Zellkörper sensorischer Neurone. Sie stellen eine Art Neuroglia dar, die Zellstruktur und -stoffwechsel der Neurone unterstützt.

**Malen Sie die Begriffe D–D$^3$ an. Beginnen Sie in der oberen mittleren Abbildung mit D$^1$ und den zugeordneten Pfeilen A$^1$, fahren Sie fort mit D$^2$ und den zugeordneten Pfeilen A$^1$ und kolorieren Sie schließlich D$^3$ im Umfeld des Urdarms. Abschließend malen Sie in der unteren mittleren Abbildung die D$^1$- und D$^2$-Zellen der sympathischen Ganglienkette und des Nervus splanchnicus und solche im Umfeld der Arterie an.**

Zellen der Neuralleiste und der anterior gelegenen grauen Substanz des Neuralrohres bilden eine Kette von Motoneuronen, deren multipolare Zellkörper zu beiden Seiten des künftigen Rückenmarks in perlschnurartige Stränge zusammengefaßt werden, die vor den Spinalganglien liegen und *paravertebrale (sympathische) Ganglien* (D$^1$) heißen (griech. para-: neben).

Nach und nach wird sich die Wirbelsäule ausbilden (nicht dargestellt) und als knöcherne Hülle für das Rükkenmark und die Spinalnervenwurzeln fungieren. Gleichzeitig trennt sie diese Strukturen von den paravertebralen Ganglien, die dann zu beiden Seiten der Wirbelsäule verlaufen.
Einige Zellen der Neuralleiste wandern von der Paravertebralregion bis zur Aorta abdominalis (Hauptschlagader des Bauchraums), die unmittelbar ventral, also vor der Wirbelsäule liegt. Diese Zellen bilden sich um zu Gruppen multipolarer Zellen, den *prävertebralen (sympathischen) Ganglien* (D$^2$) (untere mittlere Abb.), die die verschiedenen Äste der Aorta umgeben.
Andere Zellen wandern aus der Neuralleiste in die Wände von Organen des Bauch- und Beckenraumes und formieren sich dort zu Gruppen multipolarer Motoneurone, den *intramuralen (parasympathischen) Ganglien* (D$^3$) (obere mittlere Abb.; lat. intra-: innerhalb; murus: Mauer, Wand). Auch im Kopfbereich bilden Neuralleistenzellen parasympathische Ganglien (nicht dargestellt). Die Neurone dieser Ganglien sind über Synapsen mit Motoneuronen in bestimmten Bereichen von Gehirn und Rückenmark verbunden und innervieren so die glatte Muskulatur und bestimmte Drüsen unseres Körpers.

**Malen Sie die Begriffe E und F an. Kolorieren Sie die Zelle E seitlich des Neuralrohrs in der oberen mittleren Abbildung, anschließend ihre reifen Abkömmlinge (E) im Spinalnerven (untere mittlere Abbildung). Malen Sie nun die Zellen F und die zugehörigen Pfeile A$^1$ in der oberen mittleren Abbildung sowie ihre reifen Abkömmlinge (F) in der umrahmten Abbildung unten links an.**

*Schwann-Zellen* (E) sind eine Art Gliazellen, welche die sich im gesamten Körper ausbreitenden Axone begleiten und jedes einzelne von ihnen mit einer Schutzschicht umgeben. Die meisten Schwann-Zellen differenzieren sich aus Zellen der Neuralleiste. Einige entwickeln sich aus dem Neuralrohr via motorische Spinalnervenwurzeln. Schwann-Zellen bilden Myelinscheiden um bestimmte Axone des peripheren Nervensystems.
Einige Zellen der Neuralleiste wandern in lateraler Richtung von den *prävertebralen (sympathischen) Ganglien* (D$^3$) weg und dringen in die Rinde (lat.: cortex) der in Entstehung begriffenen Nebenniere ein. Sie differenzieren sich später zu den Zellen des *Nebennierenmarks* (F) und sind für die Funktion dieser Drüse von zentraler Bedeutung, da sie so wichtige Substanzen wie Adrenalin, Noradrenalin und Dopamin sezernieren.

# DIE NEURALLEISTE UND IHRE ABKÖMMLINGE

Neuralleistenzelle A
Migrationsrichtung A'

Abkömmlinge der Neuralleiste ★
Spinalganglion B
sensorisches Neuron B'
Zellkörper B²
Satellitenzelle C
ZNS-Ganglien D()
paravertebr. (symp.) Ganglion D'
prävertebr. (symp.) Ganglion D²
intramurales (parasymp.) Ganglion D³
Schwann-Zelle E
Nebennierenmark F

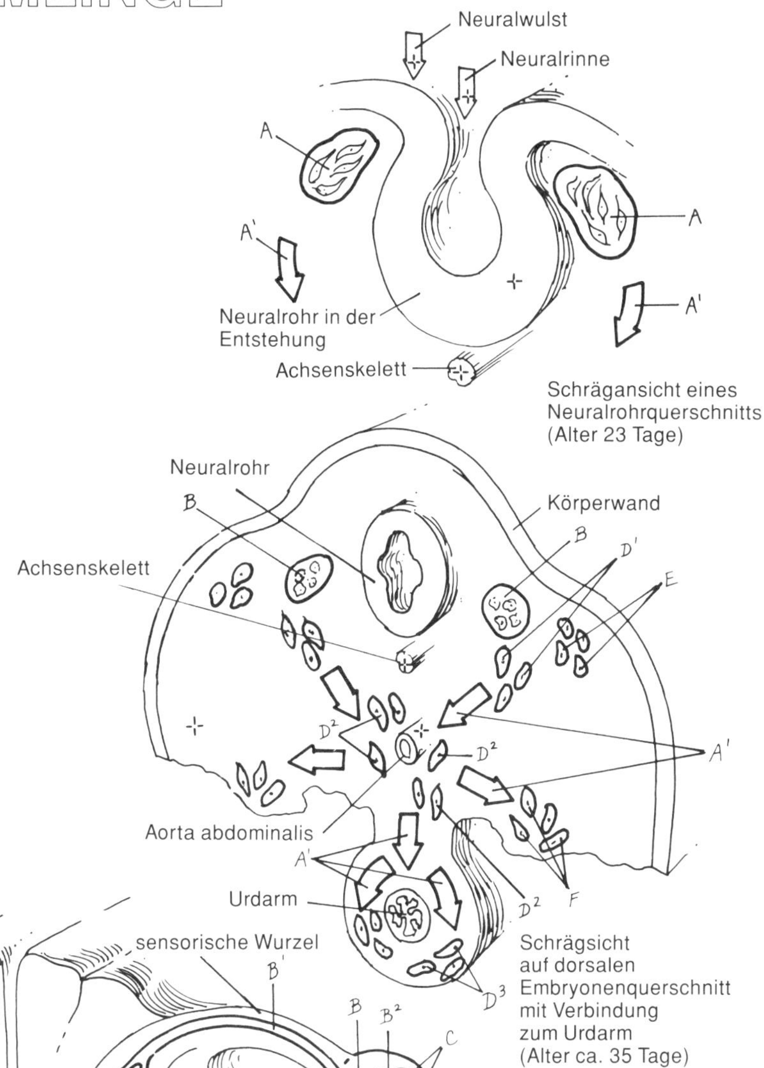


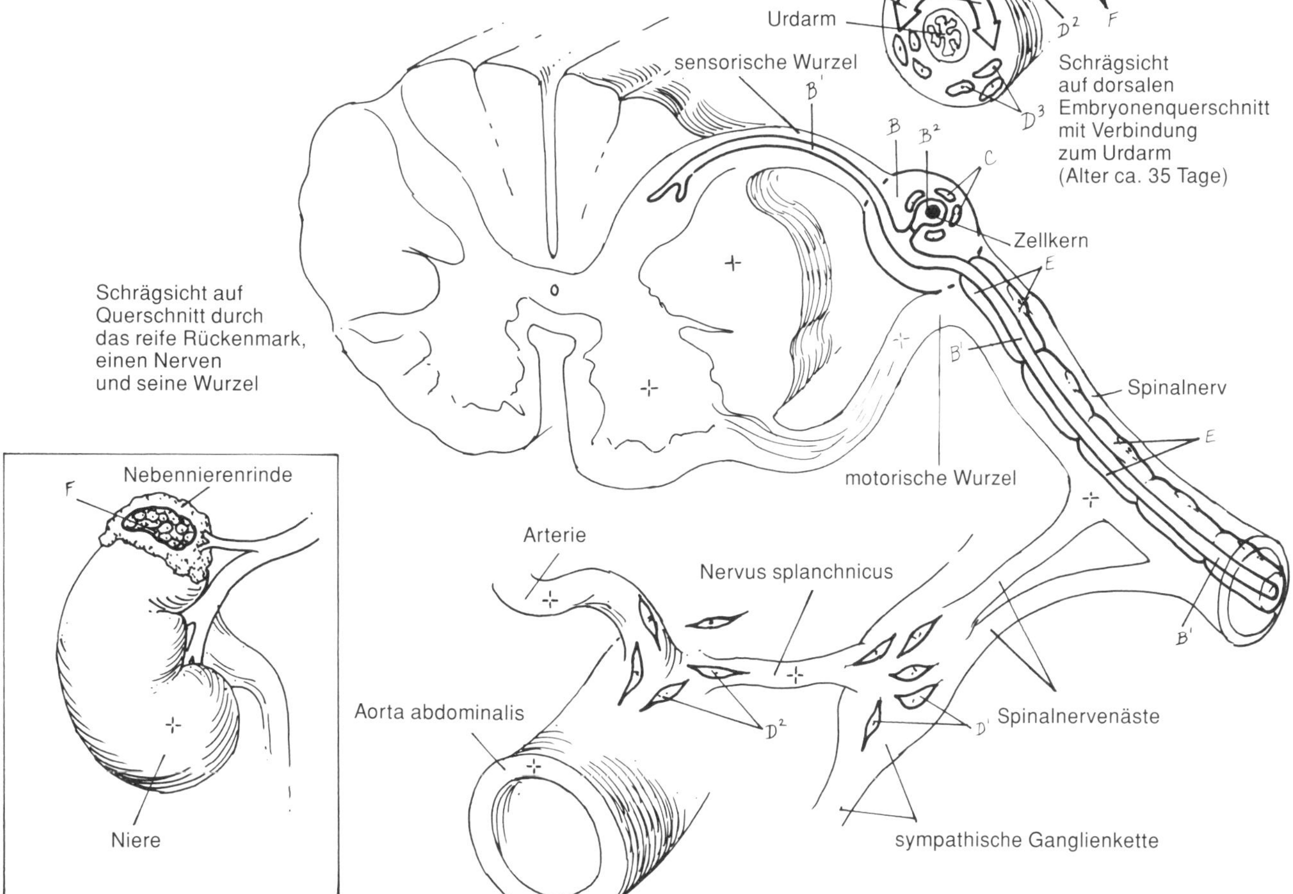

# 3–6
# ENTSTEHUNG DES RÜCKENMARKS

Die kontinuierliche Modifizierung im Erscheinungsbild des Neuralrohres führt schließlich zur Entstehung von Gehirn und Rückenmark. In den meisten Bereichen des Neuralrohres verläuft die Differenzierung nach einem weitgehend identischen Muster, so daß dieses zur Erklärung der Entstehung neuer Strukturen herangezogen werden kann.

**Verwenden Sie für D, E, F und G dieselben Farben wie auf Tafel 3–4. Malen Sie die Begriffe E, F, G, A an, den Oberbegriff ‚Deckschicht', die Begriffe B–D sowie deren zugehörige Strukturen in den beiden oberen Abbildungen.**

Der große innere Hohlraum des Neuralrohres, das *Lumen* (F), ist von einer *Ependymschicht* (G) ausgekleidet und weist auf beiden Seiten eine Furche auf, den *Sulcus limitans* (A). Dieser trennt die posterior gelegene *Flügelplatte* (B) der Deckschicht von der mehr anterior gelegenen *Grundplatte* (C). Der Sulcus limitans erstreckt sich vom kaudalen Rückenmark bis in Höhe des Mittelhirns. Oberhalb dieses Bereichs ist er nicht mehr sicher nachweisbar.
Die Deckschicht setzt sich aus primitiven Neuronen und Neuroglia zusammen, die aus dem Neuroepithel abgewandert sind (s. Tafel 3–3 und 3–4). Die Neuronen der Flügelplatte gelten als Vermittler afferenter (sensorischer) Impulse, die von peripheren Rezeptoren aus zu Gehirn und Rückenmark weitergeleitet werden. Die Neurone der Grundplatte gelten als Vermittler efferenter (motorischer) Impulse, die vom Gehirn und Rückenmark zu Muskeln und Drüsen der Körperperipherie weitervermittelt werden.
Die *Boden-* (H) und *Deckplatten* (I) bestehen ausschließlich aus Neuroglia.
Die *Grenzschicht* (D) entsteht aus Neuronenfortsätzen, die aus Neuronen der Deckschicht herauswachsen und sich in beide Richtungen entlang des künftigen Rückenmarks ausdehnen (s. Tafel 3–3 und 3–4).

**Malen Sie die Begriffe $E^1$–$G^1$ an, den Oberbegriff ‚graue Substanz', die Begriffe $B^1$–K sowie deren zugehörige Strukturen und Pfeile in den beiden unteren Abbildungen. Verwenden Sie unterschiedliche Schattierungen derselben Farbe für Strukturen mit identischem Kennbuchstaben aber unterschiedlichen Kennziffern.**

Der *Zentralkanal* ($F^1$) des *Rückenmarks* ($E^1$) ist im Verhältnis zum ihn umgebenden Gewebe deutlich kleiner im Durchmesser als das Lumen des Neuralrohrs, aber auch er ist von *Ependym* ($G^1$) ausgekleidet.
Die posterior gelegene Flügelplatte wird im Rückenmark zu Neuronensäulen umgeformt, die, symmetrisch angelegt, kontinuierlich über die gesamte Länge des Rückenmarks verlaufen. Im Querschnitt imponiert jede dieser Zellsäulen wie die Gestalt eines Horns, weshalb sie auch so genannt wird: *posteriores (dorsales) Horn (Hinterhorn)* ($B^1$). Hier findet die afferente Informationsverarbeitung statt.
Die Grundplatte wird zum *anterioren (ventralen) Horn (Vorderhorn)* ($C^1$) und zum *lateralen Horn (Seitenhorn)* ($C^2$) umgeformt. Außerdem geht aus ihnen die zwischen Vorderhorn und Hinterhorn liegende *Substantia intermedia* ($C^3$) hervor. Die Vorderhörner sind für die Verarbeitung und Weiterleitung somatoefferenter Informationen zuständig, also für die motorische Innervation der Skelettmuskulatur. Sie variieren in verschiedenen Abschnitten des Rückenmarks in Form und Größe. Die Seitenhörner sind auf die thorakalen und lumbalen Rückenmarksegmente, also auf den Brust- und Lendenbereich, begrenzt und sind am viszeralen Nervensystem beteiligt. Die Zellen der Seitenhörner sind viszerale, efferente Neurone und für die motorische Innervation von glatter Muskulatur und Drüsen zuständig.
Die graue Substantia intermedia erstreckt sich auf das gesamte Rückenmark und ist charakterisiert durch unmyelinisierte Axone, die von einer Seite des Rückenmarks auf die andere kreuzen.
Die Grenzschicht des Neuralrohres wird zur *weißen Substanz* ($D^1$) des Rückenmarks und der meisten Areale des Gehirns. Die posterior gelegene weiße Substanz des Rückenmarks wird durch die *Fissura posterior* (J) in zwei symmetrische Hälften geteilt. Die Fissur besteht aus Gliazellen und Bindegewebe der Pia mater, einer der Hirn- und Rückenmarkshäute. Die anterior gelegene weiße Substanz wird durch die *Fissura anterior* (K) ebenfalls in zwei symmetrische Hälften geteilt. Im zentrumsnahen Bereich allerdings stellt die *Commissura alba* ($D^2$), bestehend aus wechselseitig kreuzenden myelinisierten Axonen, eine Verbindung zwischen den beiden Rückenmarkshälften dar.
Die Fissura anterior im Bereich der Halswirbelsäule beherbergt die Arteria spinalis anterior (nicht dargestellt, s. Tafel 9–13).

# ENTSTEHUNG DES RÜCKENMARKS

zukünftiges Rückenmark E
- Lumen F
- Ependym G
- Sulcus limitans A
- Deckschicht ★
  - Flügelplatte B
  - Grundplatte C
  - Bodenplatte H
  - Deckplatte I
- Grenzschicht D

Rückenmark $E^1$
- Zentralkanal $F^1$
- Ependym $G^1$
- graue Substanz ★
  - Hinterhorn $B^1$
  - Vorderhorn $C^1$
  - Seitenhorn $C^2$
  - Substantia intermedia $C^3$
- weiße Substanz $D^1$
  - Commissura alba $D^2$

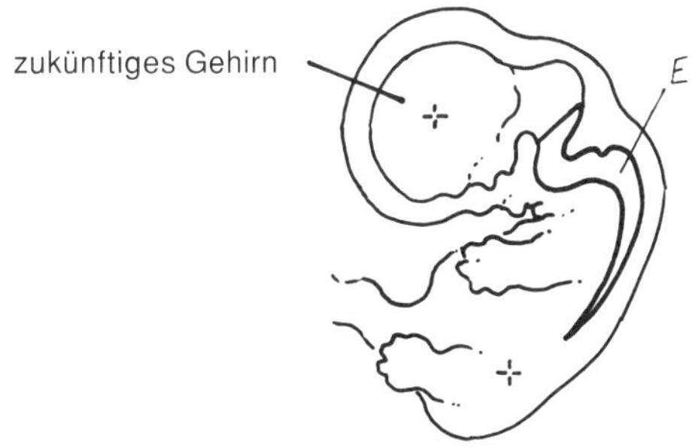


(Alter ca. 35 Tage)

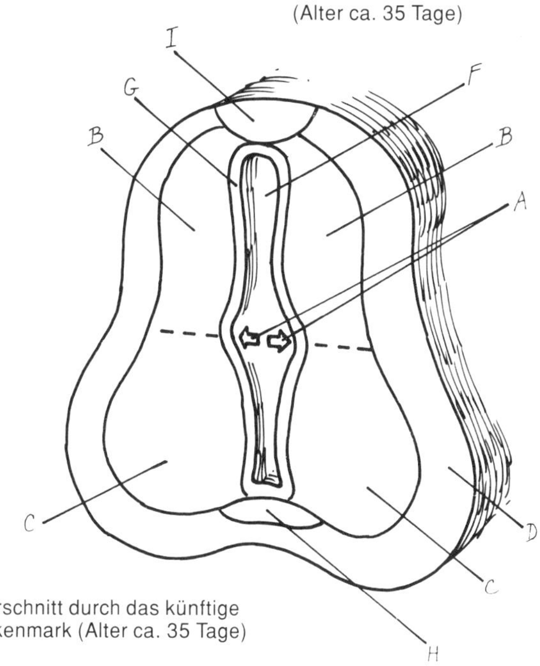


Querschnitt durch das künftige Rückenmark (Alter ca. 35 Tage)

Seitenansicht eines 7 Monate alten Embryos

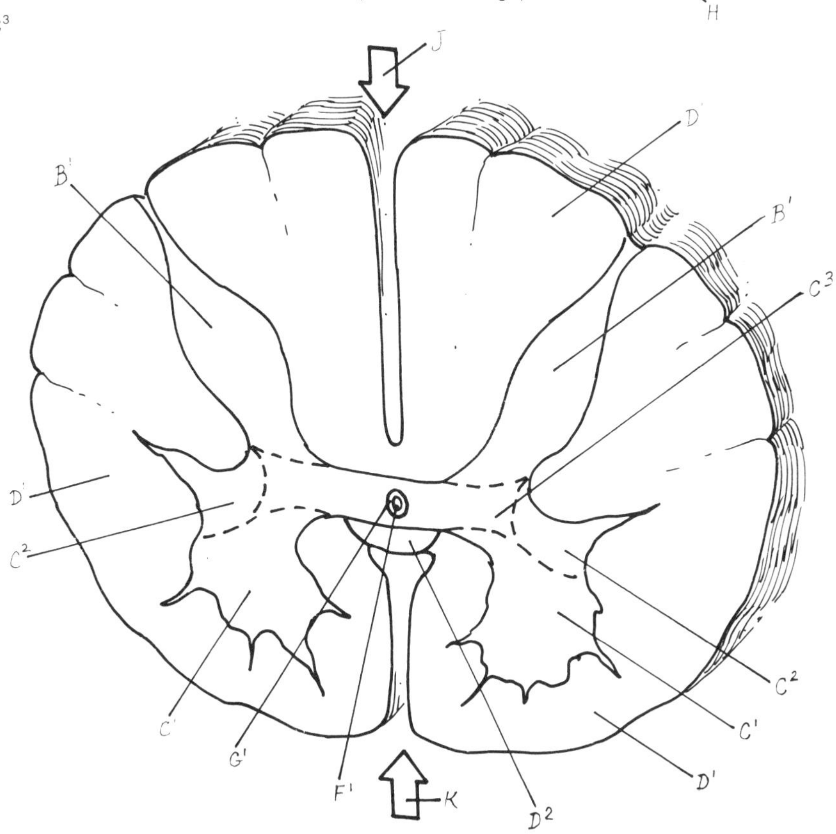


Rückenmarkquerschnitt (Alter ca. 7 Monate)

Fissura posterior J
Fissura anterior K

# 3–7
# ENTSTEHUNG DES GEHIRNS

Kontinuierliche Reifungsprozesse lassen im kranialen Drittel des Neuralrohres das *zukünftige Gehirn* (E) entstehen. Im Unterschied zum relativ gleichmäßigen Wachstum von Flügel- und Grundplatten im Rückenmark, weisen die Abkömmlinge der Flügelplatte des Gehirns ein beträchtliches Wachstum auf, während dies bei den mit motorischen Funktionen verknüpften Abkömmlingen der Grundplatte nicht der Fall ist. Die beiden Großhirnhälften (Hemisphären), die ca. 80-90 % der gesamten Hirnmasse ausmachen, sind ausschließlich sensorischen Ursprungs.

**Verwenden Sie für D, D', E und F dieselben Farben wie auf Tafel 3–2. Malen Sie die Begriffe E, D und D' und deren zugehörige Strukturen in Abb. 1 an. Kolorieren Sie den Begriff F und dessen zugehörigen Hohlraum in den Abbildungen 1 bis 5. Verwenden Sie vorläufig nur eine Farbe für alle Hohlraumbereiche des Gehirns.**

Im Alter von ca. 3 Wochen entstehen in der Längsachse des Neuralrohres eine Reihe von Ausbuchtungen. Das *Lumen* (F) des Rohres ist noch offen, so daß an den beiden Enden der *anteriore* (D) bzw. *posteriore Neuroporus* (D') sichtbar sind (Abb. 1). Am Ende der 4. Woche erst ist das Rohr völlig verschlossen. Das Wachstum des zukünftigen Gehirns wird bis zu einem gewissen Grad durch die Veränderung der Hohlräume des Gehirns (Ventrikel) widergespiegelt (Abb. 1 bis 5).

**Malen Sie den Oberbegriff ‚Gehirn', die Begriffe für die drei Hirnregionen A, J und L an sowie deren zugehörige Strukturen in Abb. 2. Kolorieren Sie anschließend die Begriffe B–I sowie deren zugehörige Strukturen und Hohlräume in den Abb. 2 bis 5. Punktieren oder schraffieren Sie die bereits angemalten Ventrikel (F) der Hirnregionen C und G mit denselben Farben, die für diese Bereiche verwendet wurden.**

Zunächst entstehen im Bereich des künftigen Gehirns drei kugelförmige Bläschen (Abb. 2): das *Vorderhirn* (A), das *Mittelhirn* (J) und das *Hinterhirn* (L). Mit wenigen Ausnahmen (z.B. die Zirbeldrüse des Vorderhirns) sind alle aus diesen Bläschen hervorgehenden Strukturen paarig symmetrisch, also bilateral angelegt.

Das *Vorderhirn* oder *Prosencephalon* (A) (griech. pros-: vor; encephal-: Hirn) untergliedert sich bald in drei Bereiche: das (zweigeteilte) *Endhirn* oder *Telencephalon* (C) (Abb. 3; griech. tel-: End-) und das *Zwischenhirn* oder *Diencephalon* (G) (griech. di-: dazwischen). Das paarig angelegte Endhirn bildet sich zu beiden Seiten des mittelständigen Zwischenhirns aus. Der mittelständige, am kranialsten gelegene Wall des frühen Endhirns heißt *Lamina terminalis* (B) (Abb. 2, 3 und 4). Sie besteht aus dem Gewebe, das den *anterioren Neuroporus* (D') gebildet hatte und wird später zum vorderen Teil des Bodens des III. Ventrikels.

Durch ausgeprägtes Wachstum entstehen im weiteren Verlauf aus den beiden Endhirnbläschen die beiden *Großhirnhälften* oder *Hemisphären* (C'). Aus dem Lumen der Bläschen bilden sich die beiden *Seitenventrikel*, also *I. und II. Ventrikel* (F+C) (Abb. 3 und 4).

Das Zwischenhirn wird durch das raumgreifende Wachstum der Hemisphären etwas komprimiert, was in der abgeflachten Form des *III. Ventrikels* (F+G) zum Ausdruck kommt, der aus dem Lumen des Zwischenhirnbläschens entsteht (Abb. 3). Die *Optikusstiele* (H) entwachsen dem ventralen Zwischenhirnbereich (Abb. 3). Sie entwickeln sich weiter zu den *Augenbläschen* (I), dem Ursprungsort der Retina (Netzhaut) und des Tractus opticus (Sehbahn).

**Malen Sie die verbliebenen Begriffe sowie deren zugehörige Strukturen und Pfeile in den Abbildungen 2 bis 5 an.**

Das *Mittelhirn* oder *Mesencephalon* (J) (griech. meso-: mittel-) unterliegt in seiner weiteren Entwicklung keiner sichtbaren Teilung. Das Lumen dieser Region behält seinen tubulären Charakter bei und heißt künftig *Aquaeductus cerebri (Aquädukt)* (F+I) (Abb. 3 und 4). In einer Phase raschen, ungleichmäßigen Wachstums vor allem der Hemisphären rundet sich das Mittelhirn ab, so daß die *Flexura cephalica* oder *Mittelhirnbeuge* (K) entsteht (Abb. 2, 4 und 5). Das *Hinterhirn* oder *Rhombencephalon* (L) unterteilt sich in das eher rostral gelegene *Metencephalon* (M) (= Cerebellum + Pons) und das mehr kaudal gelegene *Nachhirn* oder *Myelencephalon* (O) (= Medulla oblongata). Aus dem Lumen des Hinterhirns entsteht der *IV. Ventrikel* (F+M; F+O) (Abb. 3, 4 und 5). Die zunehmende Ausprägung der Flexura cephalica induziert vorübergehend eine Vorwölbung der anterioren Oberfläche des Metencephalons in entgegengesetzter Richtung; diese heißt *Flexura pontina* oder *Brückenbeuge* (N) (Abb. 5) und wird im weiteren Verlauf zum Pons (Brücke) des Hinterhirns. Eine weitere Krümmung entsteht zwischen Myelencephalon und dem sich kaudalwärts anschließenden Rückenmark; sie heißt *Flexura cervicalis* oder *Halsbeuge* (P) (Abb. 4 und 5). Alle diese Krümmungen des reifenden Gehirns dienen dazu, das rasch an Größe zunehmende Gehirn in den vergleichsweise langsam wachsenden knöchernen Schädel einzupassen.

# ENTSTEHUNG DES GEHIRNS

zukünftiges Gehirn E
  ant. D/post. Neuroporus D'
  Lumen F

Gehirn ★
Vorderhirn/
  Prosencephalon A
  Lamina terminalis B
  Endhirn/Telencephalon C/
    Hemisphäre C'
    Seitenventrikel F+C

  Zwischenhirn/Diencephalon G
    III. Ventrikel F+G
    Optikusstiel H
    Augenbläschen I

Mittelhirn/
  Mesencephalon J
  Aquaeductus cerebri F+J
  Flexura cephalica K

Rautenhirn/
  Rhombencephalon L

Hinterhirn/
  Metencephalon M
    IV. Ventrikel F+M
    Flexura pontina N

  Nachhirn/
  Myelencephalon O
    IV. Ventrikel F+O
    Flexura cervicalis P

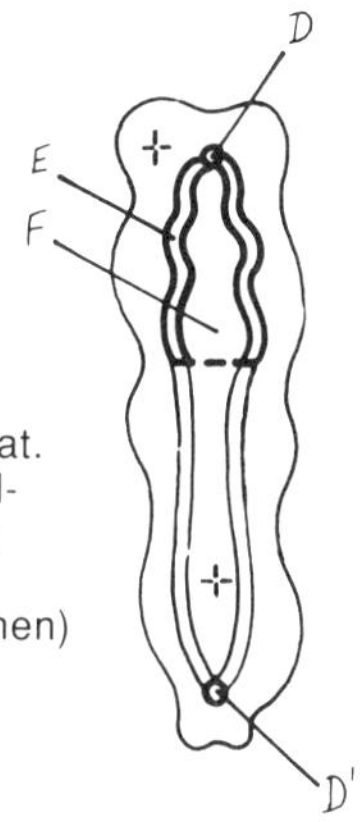


1
schemat. Frontalschnitt (Alter 3 Wochen)

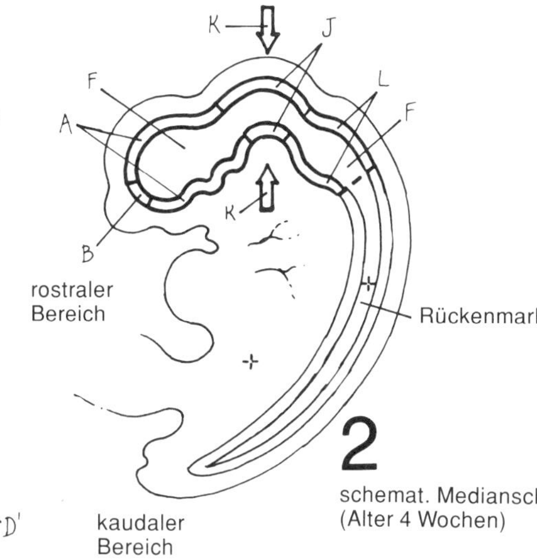


2
schemat. Medianschnitt (Alter 4 Wochen)

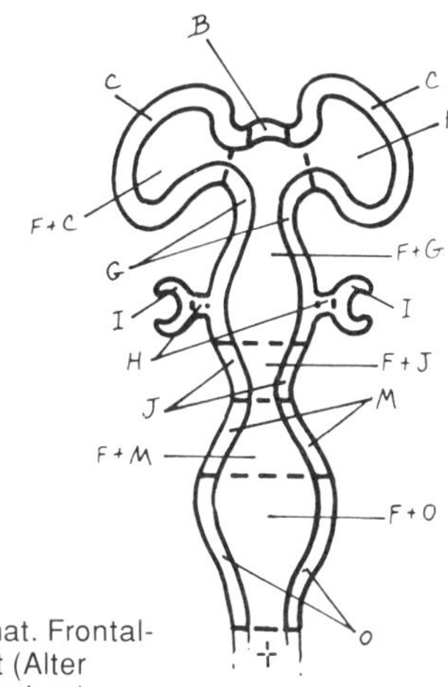


3
schemat. Frontalschnitt (Alter 4-5 Wochen)

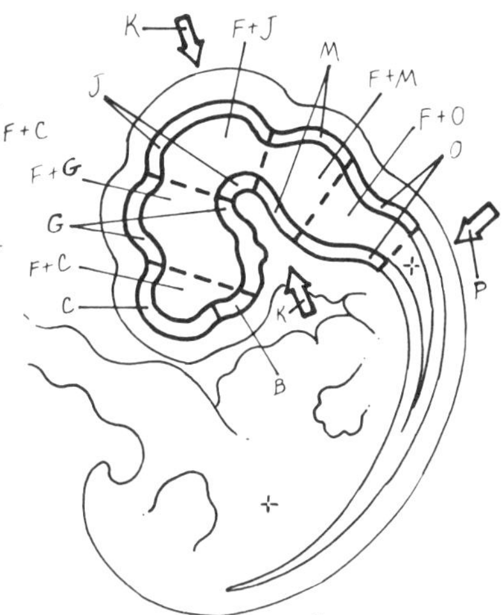


4
schemat. Sagittalschnitt (Alter 4-5 Wochen)

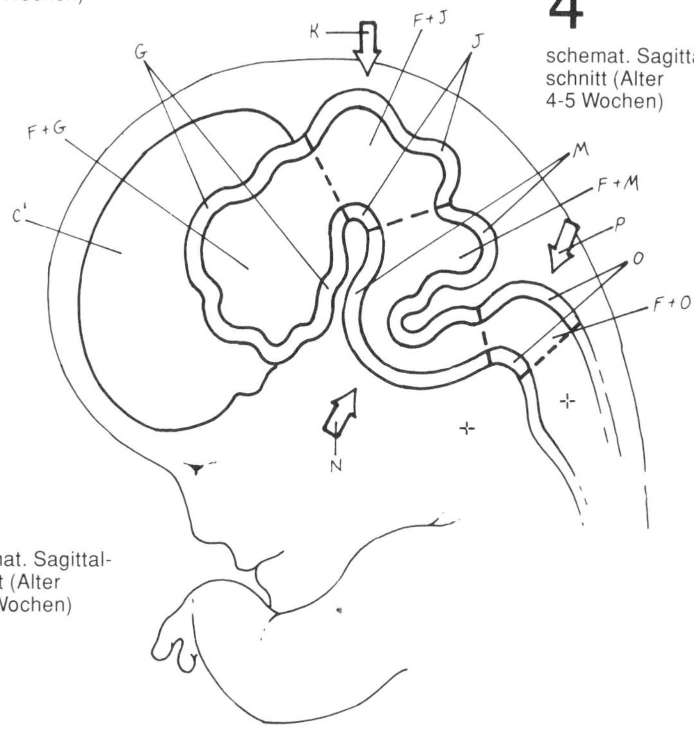


5
schemat. Sagittalschnitt (Alter 9-10 Wochen)

# 3–8

# ENTSTEHUNG DES HIRNSTAMMS

Aus den vier Hirnbläschen, die in nächster Nachbarschaft zum Endhirn liegen, entwickelt sich der sogenannte *Hirnstamm*. Die Abbildungen auf der Bildtafel zeigen Querschnitte durch jeden dieser vier Bereiche, wobei die räumliche Verteilung der Flügel- und Grundplatte jeweils in der rechten, die wesentlichen Abkömmlinge dieser Platten jeweils in der linken Hälfte der Abbildungen angemalt werden sollten.

**Verwenden Sie für F, A, B, C, D und I dieselben Farben wie auf Tafel 3–6 und für O, M, J und G dieselben Farben wie auf Tafel 3–7. Malen Sie zuerst die Oberbegriffe ‚Hirnstammabkömmlinge/Kleinhirn' an und die Begriffe für jeden Hirnstammbereich (O, M, J und G) sowie deren zugehörige Balken und Buchstaben in der obersten Abbildung und die einzelnen Kennbuchstaben der Querschnittsabbildungen. Nun malen Sie die Oberbegriffe ‚Lumen' (F) bis ‚Deckplatte' (I) sowie die zugehörigen Strukturen und Pfeile in den Querschnitten an, wobei Sie mit O beginnen. Kolorieren Sie dabei jede Struktur in allen Abbildungen, in denen sie vorkommt, ehe Sie zur nächsten Struktur übergehen. Beachten Sie, daß die Deckplatten, die überwiegend aus Ependym bestehen, zweifarbig angemalt werden sollen.**

Das *Lumen* (F) der Hirnstammregion wird von einer *Ependymschicht* (D) ausgekleidet und variiert in den einzelnen Bereichen im Laufe der Entwicklungsphase seine Form und Größe. Die *Deckplatten* (I) der Hirnstammbläschen bestehen – außer im *Mittelhirn* (J)– aus *Ependym* (I+D). Im *Nachhirn (Myelencephalon)* (O), *Hinterhirn* (M) und *Zwischenhirn* (G) tritt die Ependymschicht in engen Kontakt mit den kleinen Blutgefäßen der darüberliegenden Pia mater, einer dünnen Haut, die das Neuralrohr umgibt (nicht dargestellt). Aus dem Ependym und diesen Blutgefäßen entsteht später der *Plexus choroideus* (E), in dem die Zerebrospinalflüssigkeit (Liquor) gebildet wird.

Der *Sulcus limitans* (A), eine longitudinale Furche zu beiden Seiten des Neuralrohrlumens, erstreckt sich bis in den Hirnstamm und unterteilt dort die Deckschicht des Neuralrohres in die posterior gelegene *Flügelplatte* (B) und die anterior gelegene *Grundplatte* (C). Mit Ausnahme des Endhirns, wo auch einige motorische Areale entstehen, entwickeln sich die Flügelplatten zu sensorischen Gebieten. Die Grundplatten hingegen nehmen ausschließlich Motoneuronenfunktion an. Die Deck- und Bodenplatten enthalten – bis auf wenige Ausnahmen – keine Neuronen. Aus Gründen der Übersichtlichkeit sind in den Abbildungen in nur jeweils einer Hälfte die Flügel- und Grundplatten dargestellt. In der Realität sind sie jedoch symmetrisch (bilateral) angelegt.

**Malen Sie jeweils alle Begriffe an, die unter dem Oberbegriff einer Hirnstammregion (O, M, J und G) aufgelistet sind. Kolorieren Sie die jeweils zugehörigen Strukturen und Pfeile in den Hirnstammquerschnitten und anschließend diejenigen im oberen Längsschnitt.**

Das Nachhirn dehnt durch sein seitliches Wachstum die Deckplatte zu einer dünnen Membran aus. Die Flügelplatten bilden sich zu überwiegend sensorischen Kerngebieten aus, die mit den Hirnnerven dieser Areale in Verbindung stehen. Die Grundplatten formieren sich hingegen zu motorischen Kernsäulen. Die Hirnnerven VIII-XII (nicht dargestellt) befinden sich im Nachhirn (Myencephalon), das sich später zur *Medulla oblongata* ($O^1$) entwickelt.

Das Hinterhirn bildet aus dem rostralen Anteil der Deckplatten und aus Teilen der Flügelplatten das *Kleinhirn (Cerebellum)* ($M^1$). Zellmassen aus den Grundplatten formen die Brückenkerne (lat. nucleus: Kern; pl. nuclei). Axone dieser Nuclei winden sich seitlich um den Hirnstamm, erstrecken sich bis zum Kleinhirn und formieren sich schließlich zum *Pons (Brücke)* ($M^2$). Im Hinterhirn entwickeln sich die Hirnnervenkerne des V., VI., VII. und Teilen des VIII. Hirnnerven (nicht dargestellt).

Aus den Flügelplatten des Mittelhirns entsteht die *Vierhügelplatte (Lamina quadrigemina, Lamina tecta)* ($J^1$). Innerhalb der Grundplatten verlaufen dicke Axonbündel aus dem Vorderhirn und bilden die *Hirnschenkel (Crura cerebri)* ($J^3$) (sing. Crus cerebri).

Das *Tegmentum (Haube)* ($J^2$), das aus den zentraleren Anteilen der Flügel- und Grundplatten entsteht, bildet Relais-Kerne sowie sensorische und motorische Kernareale aus. Die Axone der motorischen Kerne bilden den III. und IV. Hirnnerven (nicht dargestellt).

Das *Zwischenhirn* (G) ist die am rostralsten gelegene Region des Hirnstammes. Seinen beiden Flügelplatten entstammt der *Thalamus* ($G^1$). Dessen überwiegend sensorische Kernmassen werden durch den *Sulcus hypothalamicus* ($G^2$) voneinander getrennt, der den Grundplatten entstammt. Aus Teilen der Deck- und Flügelplatten entsteht der Epithalamus, dem u.a. die Zirbeldrüse (Glandula pinealis; Epiphyse) angehört (nicht dargestellt). Der II. Hirnnerv (Nervus opticus; nicht dargestellt) entwickelt sich aus den Augenbläschen, die Abkömmlinge des Zwischenhirns sind.

# ENTSTEHUNG DES HIRNSTAMMS

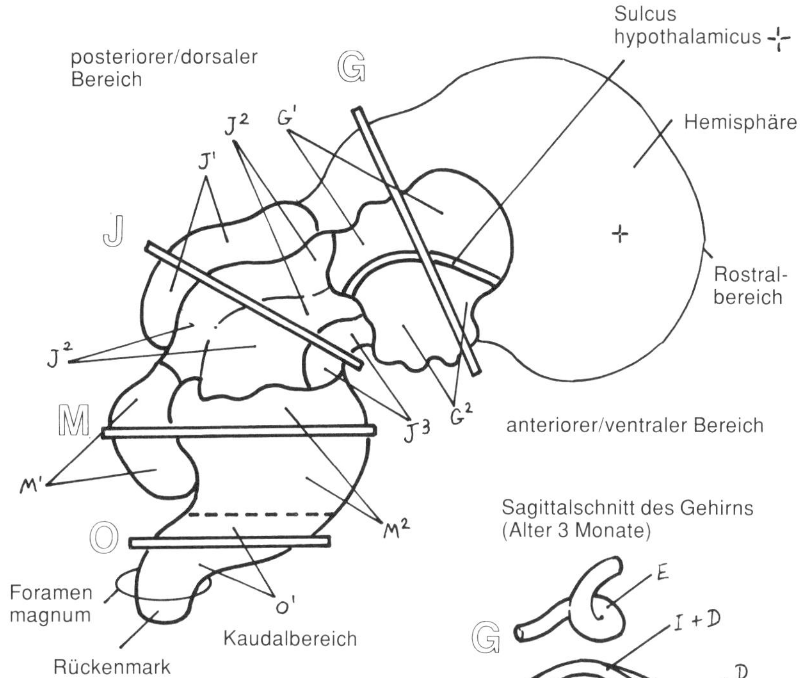


Lumen F
Ependym D
Plexus choroideus E
Sulcus limitans A
Deckschicht ★
Flügelplatte B
Grundplatte C
Deckplatte I

Hirnstammabkömmlinge/
Kleinhirn ★
Nachhirn O()
Medulla oblongata C¹

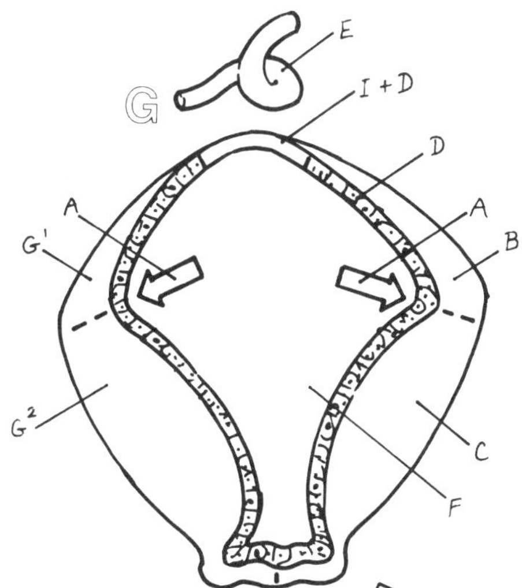


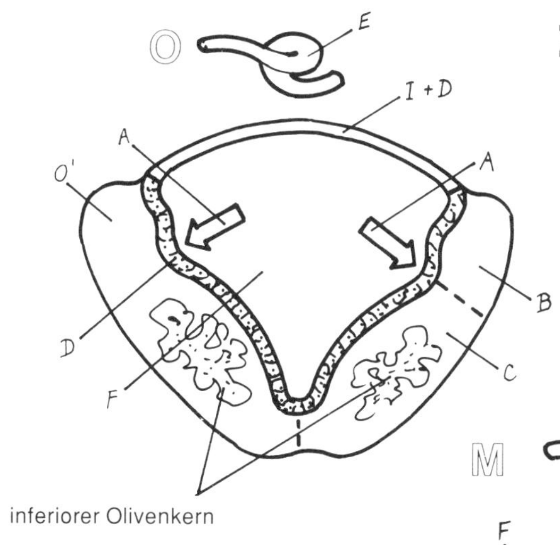


Zwischenhirn G()
Thalamus G¹
Hypothalamus G²

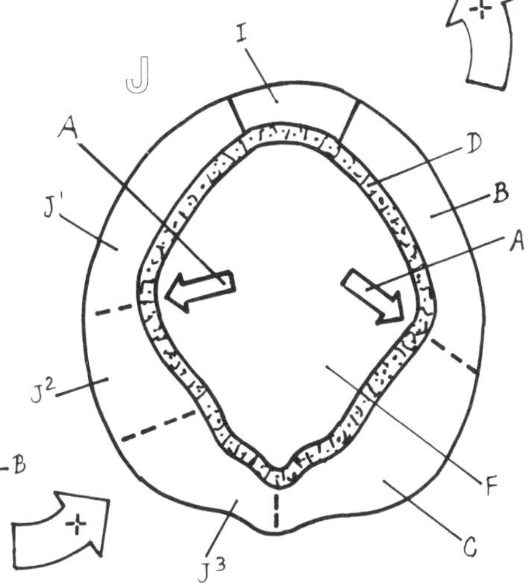


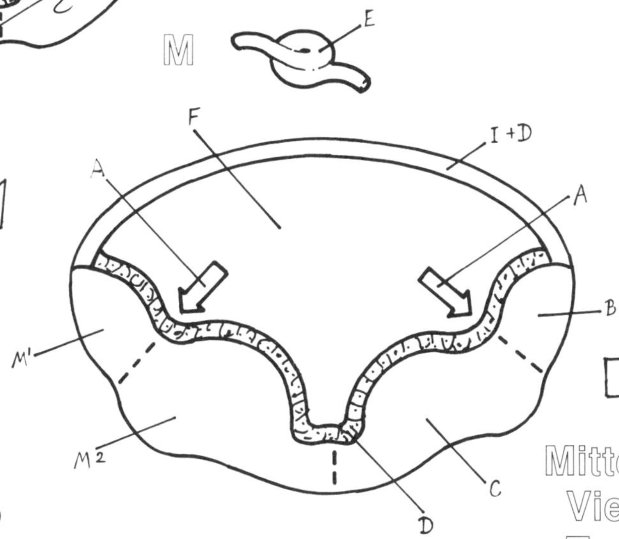


Hinterhirn M()
Kleinhirn M¹
Pons M²

Mittelhirn J()
Vierhügelplatte J¹
Tegmentum J²
Crus cerebri J³

# 3–9
# ENTSTEHUNG DES GROSSHIRNS I

Die Tafeln 3–9 und 3–10 bilden eine thematische Einheit mit fortlaufender Numerierung der Abbildungen (1 bis 9) und beschreiben die Entstehung des Großhirns (Zerebrum) mit seinen beiden Großhirnhälften (Hemisphären).

**Verwenden Sie dieselben Farben für die Strukturen und Begriffe A wie auf Tafel 3–3, G wie auf Tafel 3–6, B und F wie auf Tafel 3–7. Kolorieren Sie die Abbildungsnummern (1 bis 9) auf dieser und der nächsten Bildtafel schwarz oder dunkelgrau. Malen Sie die Oberbegriffe und Begriffe bis einschließlich G an sowie die zugehörigen Strukturen wie folgt: A, B, C, D und F nur in Abb. 1 und G nur in Abb. 6 und 8.**

Die Endhirnbläschen entwickeln sich während der 5. Embryonalwoche in Form seitlicher Ausbuchtungen aus dem Vorderhirn (Abb. 1). Die Begrenzungslinie dieser Ausbuchtungen ist die *Lamina terminalis* (B) am rostralen Ende des Neuralrohres (s. Tafel 3–7). Die Wand eines jeden Bläschens besteht vom Lumen nach peripherwärts betrachtet aus einer *Neuroepithelschicht* (A), der *Deckschicht* (C) als künftiger grauer Substanz und der *Grenzschicht* (C) als künftiger weißer Substanz (Abb. 1). Der basale Bereich des Hirnmantels formt sich zum künftigen *Corpus striatum*, kurz *Striatum* genannt (D) (s. Tafel 3–10). Während Neuroblasten und Glioblasten peripherwärts wandern, verbleibt eine Schicht von *Ependymzellen* (G) als innere Auskleidung der Ventrikelhohlräume im Lumen (Abb. 6 und 8). Die Entwicklung der grauen und weißen Substanz vollzieht sich im Zerebrum nur ganz zu Anfang so, wie auf Tafel 3–6 geschildert. Entsprechend den Bedürfnissen der komplex gestalteten Großhirnrinde (Cortex cerebri) verläuft hier der Entwicklungsprozeß in deutlich anderen Bahnen.
Das massive Wachstum der Hemisphären ist das Ergebnis der raschen Proliferation von Neuronen und Gliazellen im Bereich der Basis einer jeden Hemisphäre.

**Malen Sie die Oberbegriffe ‚Pallium/Großhirnrinde' an, die Begriffe E–I, die zugehörigen Richtungspfeile für das Wachstum in Abb. 2 und 3 sowie die zugehörigen Strukturen in Abb. 4. Die Struktur E kann bereits jetzt auf Tafel 3–10 angemalt werden, das gleiche gilt für die Strukturen $E^1$, $E^4$ und $E^5$ in Abb. 5. Verwenden Sie unterschiedliche Schattierungen derselben Farbe für Strukturen mit identischem Kennbuchstaben aber unterschiedlichen Kennziffern.**

Die wenige Millimeter dicke Zellschicht, die die Oberfläche der Hemisphären darstellt, heißt *Cortex cerebri (Großhirnrinde)* oder *Pallium (Hirnmantel)*. Auf der Basis seiner phylogenetischen und ontogenetischen Entwicklungsgeschichte wird das Pallium in drei Bereiche eingeteilt: das *Archipallium* (griech. archi-: sehr alt), das *Palaeopallium* (J) (griech palaeo-: alt) und das *Neopallium* (I) (griech. neo-: neu).
Das Neopallium ist der größte Hirnrindenbereich mit dem schnellsten Wachstum: Es expandiert nach anterior und bildet dort die *Frontallappen* ($E^1$), durch Ausdehnung nach oben und zu beiden Seiten hin entstehen die beiden *Parietallappen* ($E^2$), sein Wachstum nach posterior und kaudal läßt die *Okzipitallappen* ($E^3$) entstehen, und eine bilaterale Wachstumsbewegung, die einem umgekehrten »C« entspricht, formt schließlich die *Temporallappen* ($E^4$) (Abb. 2, 3 und 4).
Nur ein bestimmter Bereich des Neocortex wächst vergleichsweise langsam und wird schließlich von den deutlich rascher wachsenden Frontal-, Parietal- und Temporallappen völlig überdeckt. Dieser kleine Rindenbereich heißt *Insel* ($E^5$) (lat. insula) (Abb. 4).
Die Großhirnrinde entwickelt sich zunächst als eine Zellschicht mit weicher Oberfläche (Abb. 3). Im 6. Entwicklungsmonat jedoch muß sich die rasch an Umfang zunehmende Großhirnrinde in die vergleichsweise engen Grenzen der knöchernen Schädelhöhle einpassen. Also beginnt die weiche Oberfläche sich in Falten oder Konvolute *(Gyri; sing. Gyrus)* zu legen, die durch Einkerbungen oder Furchen *(Sulci; sing. Sulcus)* voneinander getrennt sind, um sich so den beengten räumlichen Verhältnissen des schützenden knöchernen Schädels anzupassen (Abb. 4). Aus dieser Faltenbildung resultiert außerdem eine beträchtliche Oberflächenvergrößerung der Hirnrinde, so daß schließlich ca. 2/3 der reifen Großhirnrinde in den Windungen der Sulci Platz finden. Als erste entstehen der *Sulcus centralis* (H) und der *Sulcus lateralis* (I). Das Wachstum des Neocortex ist Thema der Tafel 3–11.

**Malen Sie nun die Begriffe J und $J^1$ und die zugehörigen Strukturen in den Abbildungen 2, 3 und 4 auf dieser Tafel an sowie in den Abbildungen 6 und 7 der Tafel 3–10.**

Im Laufe der eben beschriebenen Veränderungen im Neopallium erscheint das Palaeopallium, das vom Boden der Ventrikel seinen Ausgang nimmt (nicht dargestellt), an der Unterseite der Frontallappen. Das Palaeopallium entspricht dem Riechhirn (Rhinencephalon; s. Tafel 6–5). Auf dieser und der nächsten Tafel sind nur der Bulbus und Tractus olfactorius (Riechkolben und -bahn) und das benachbarte Palaeopallium dargestellt.

# ENTSTEHUNG DES GROSSHIRNS I

## Endhirn •

**Hirnmantel** ★
- Neuroepithelschicht A
- Lamina terminalis B
- Deck-/Grenzschicht C
- künftiges Corpus striatum D

**Lumen/Ventrikel** F

**Ependymschicht** G

**Pallium/Großhirnrinde** ★
- Neopallium/Neocortex E
  - Frontallappen E¹
  - Parietallappen E²
  - Okzipitallappen E³
  - Temporallappen E⁴
  - Insel E⁵
  - Sulcus centralis H
  - Sulcus lateralis I

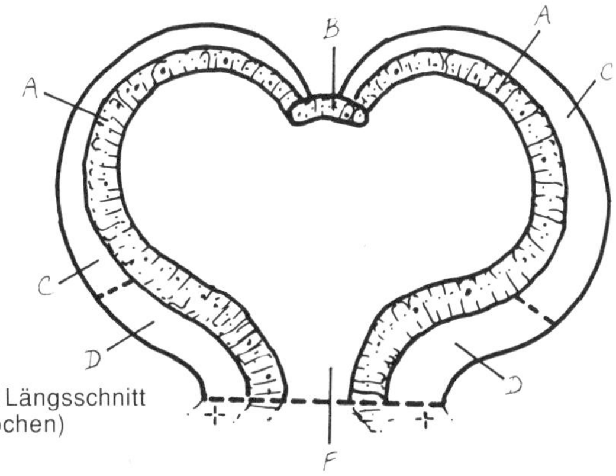


1 Endhirn im Längsschnitt (Alter 5 Wochen)

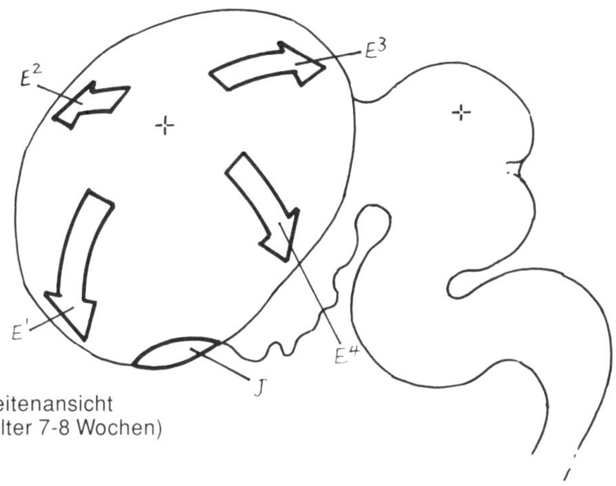


2 Seitenansicht (Alter 7-8 Wochen)

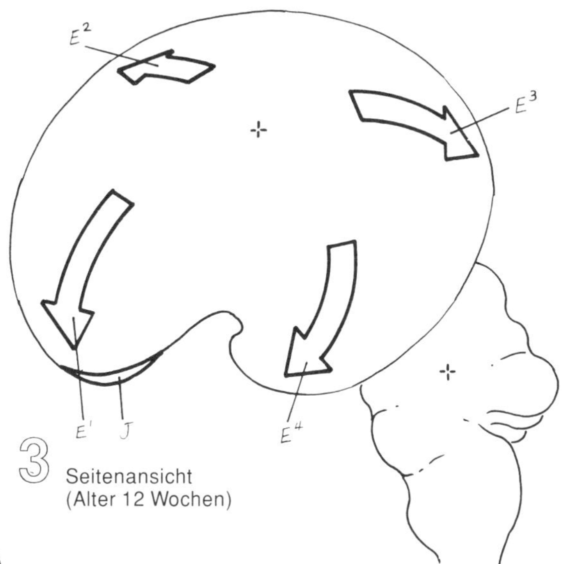


3 Seitenansicht (Alter 12 Wochen)

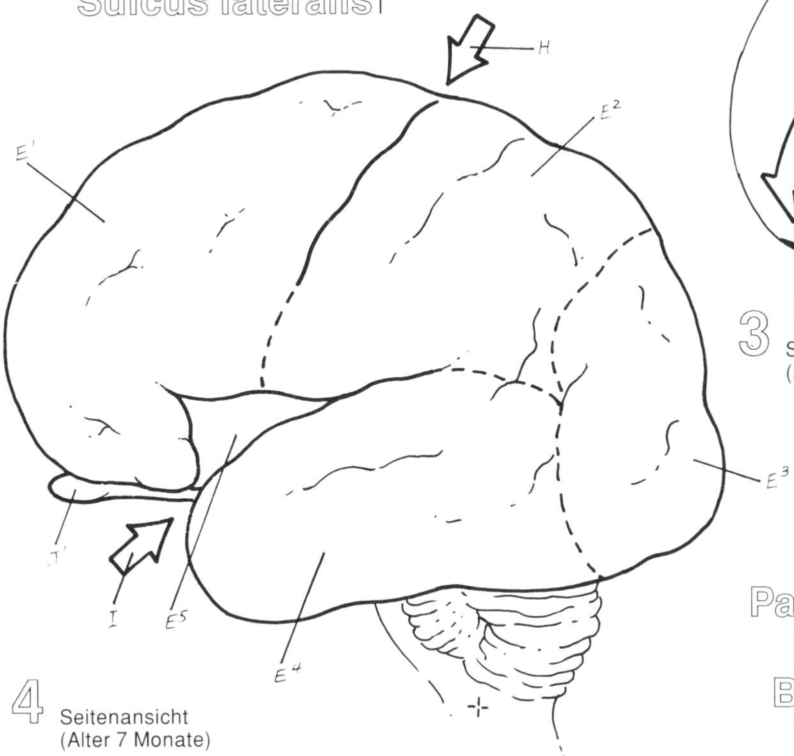


4 Seitenansicht (Alter 7 Monate)

**Palaeopallium/Rhinencephalon** J
- Bulbus/Tractus olfactorius J¹

# 3–10
# ENTSTEHUNG DES GROSSHIRNS II

Da diese Tafel die thematische Fortsetzung von Tafel 3–9 ist, wurde bestimmten Strukturen (G, E, J und $J^1$) bereits dort ihr Kennbuchstabe zugeordnet.

**Malen Sie den Oberbegriff ‚Pallium', die Begriffe K–$K^3$ und deren zugehörige Strukturen in den Abbildungen 5 bis 9 an. Kolorieren Sie jede Struktur in jeder Abbildung, in der sie vorkommt, ehe Sie sich der nächsten Struktur zuwenden. Verwenden Sie wiederum unterschiedliche Schattierungen derselben Farbe für Strukturen mit identischem Kennbuchstaben aber unterschiedlichen Kennziffern.**

Das *Archipallium* (K) ist an der medianen Wand beider Hemisphären lokalisiert und heißt aufgrund seiner äußeren Form in seinem frühen Entwicklungsstadium *Hippocampusformation* ($K^1$) (Abb. 5 und 6; Hippocampus: Seepferdchen). Die Zellkörper dieser Formation wölben sich in die Seitenventrikel vor, wandern gleichzeitig nach posterior und biegen schließlich in die Temporallappen ab (Abb. 9), wo sie den *Gyrus dentatus* und den *Hippocampus* ($K^2$) bilden (lat. dentatus: gezahnt). Auf ihrem Weg von der medianen Hemisphärenfläche zu den Temporallappen hinterlassen die Hippocampuszellen einen kometenähnlichen Schweif von Axonen, Dieser »Schweif« aus weißer Substanz heißt *Fornix* ($K^3$) (lat. fornix: Gewölbe) (Abb. 8 und 9).

**Malen Sie die Begriffe D–$D^4$ und deren zugehörige Strukturen in den Abbildungen 5 bis 9 in der gleichen Art und Weise an, wie oben beschrieben. Verwenden Sie für D–$D^4$ Schattierungen derselben Grundfarbe wie auf Tafel 3–9.**

Die Entwicklung des *Corpus striatum* (D) nimmt ihren Anfang als eine direkt unterhalb der Seitenventrikel und zu beiden Seiten des III. Ventrikels gelegene Verdickung in der Hemisphärenbasis (Abb. 1). Mit zunehmender Vergrößerung des Corpus striatum wölbt sich ein bestimmter Bereich, der *Nucleus caudatus* ($D^1$) heißt (lat. caudatus: geschweift), seitlich des *Foramen interventriculare* (L) in den Seitenventrikel vor (Abb. 5 und 6).
Da die Hemisphären über das Zwischenhirn nach hinten gezogen werden (s. Abb. 2 und 3, Tafel 3–9), gilt dies auch für das Corpus striatum. Der schweifähnliche *Ausläufer des Nucleus caudatus* ($D^2$) schlingt sich im Laufe der weiteren Entwicklung um die Temporallappen und kommt so schließlich über dem Hippocampus zu liegen (Abb. 9).
Zur selben Zeit durchziehen Axonbündel die Hemisphärenbasis und unterteilen das Corpus striatum in den Nucleus caudatus und den (linsenförmigen) *Nucleus lentiformis* ($D^3$) (Abb. 8). Durch die Verflechtung von weißer und grauer Substanz entstehen sichtbare Streifen, die dem Corpus striatum seinen Namen verleihen (lat. striatus: gestreift). Die gleichen Verflechtungen wirken sich auch formgebend auf die Nuclei caudatus und lentiformis aus. Der Nucleus lentiformis wird später in kleinere Kernareale unterteilt (s. Tafel 5–24).
Als erste Struktur des Corpus striatum entsteht als dessen komplexester Bereich das *Corpus amygdaloideum* ($D^4$) (Abb. 8 und 9; griech amygdale: Mandel). Es entsteht aus einer Verdickung (nicht dargestellt) auf dem Boden eines jeden Foramen interventriculare. Mit zunehmender Ausreifung der Temporallappen verschmilzt das Corpus amygdaloideum mit dem Schweif des Nucleus caudatus und erreicht schließlich seine endgültige Lokalisation am rostralen (vorderen) Ende des Temporallappens, direkt oberhalb der Spitze des Hinterhorns der Seitenventrikel (Abb. 8 und 9).

**Malen Sie die Begriffe $F^1$–N und deren zugehörige Strukturen in der gleichen Weise wie vorher an.**

Im weiteren Verlauf folgen die Seitenventrikel der Wachstumsrichtung der Hemisphären: Sie dehnen sich in die Frontal- und Okzipitallappen aus und biegen mit ihren Hinterhörnern ab bis in beide Temporallappen hinein (zwischen $K^2$ und $D^4$ in Abb. 8 unten; s. auch Tafel 9–11).
In das Dach der Seitenventrikel sprossen kleine Blutgefäße ein, die zusammen mit der darüberliegenden Pia mater den *Plexus choroideus* (M) bilden (Abb. 6 und 8; s. auch Tafel 3–8).
Die subkortikal gelegene *weiße Substanz* (N) (Abb. 6 und 8) besteht aus myelinisierten Nervenfasern, die von den bzw. zu den Neuronen der Großhirnrinde verlaufen. Die weiße Substanz nimmt einen Großteil des gesamten Hemisphärenvolumens in Anspruch (s. auch Tafel 5–33).

# ENTSTEHUNG DES GROSSHIRNS II

Pallium ★ (Fortsetzung)
Archipallium K()
Hippocampusformation K[1]
Hippocampus/ Gyrus dentatus K[2]
Fornix K[3]

Corpus striatum D()
Nucleus caudatus D[1]
Caudatus-Schweif D[2]
Nucleus lentiformis D[3]
Corpus amygdaloideum D[4]

Seitenventrikel F[1]
Foramen interventriculare L
Plexus choroideus M
subkortikale weiße Substanz N

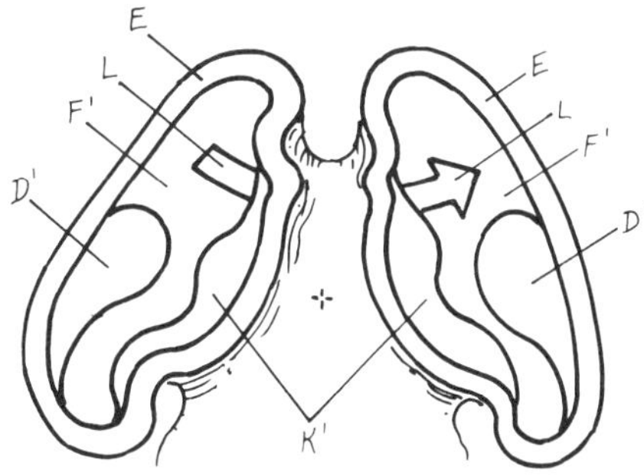

5
Hemisphären im Horizontalschnitt (Alter 8 Wochen)

Frontalschnitt (Alter 8 Wochen)
6

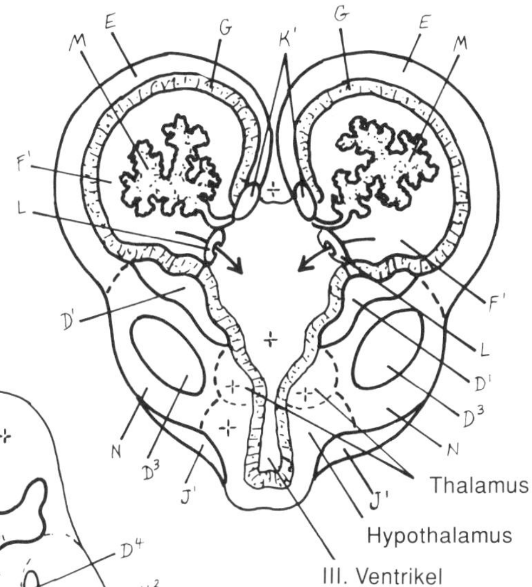


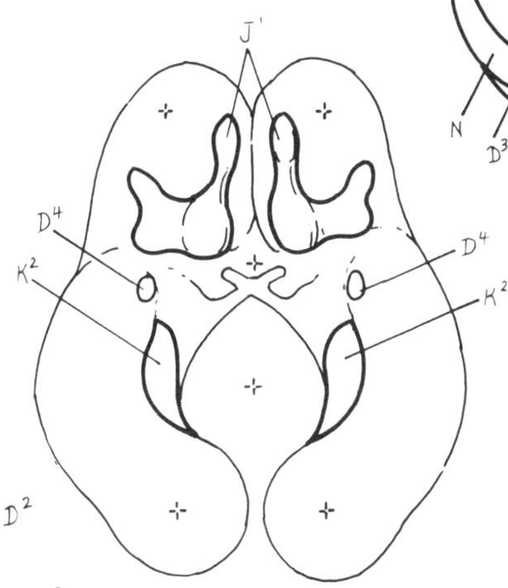

7
Hemisphärenbasis (Alter 6 Monate)

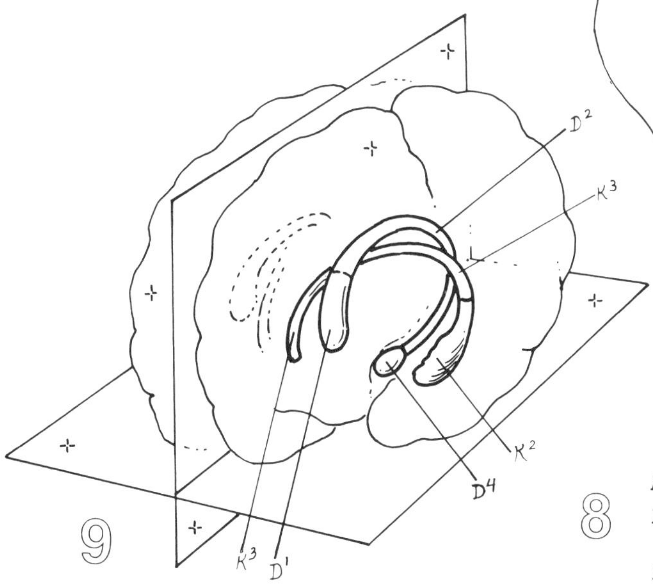

9

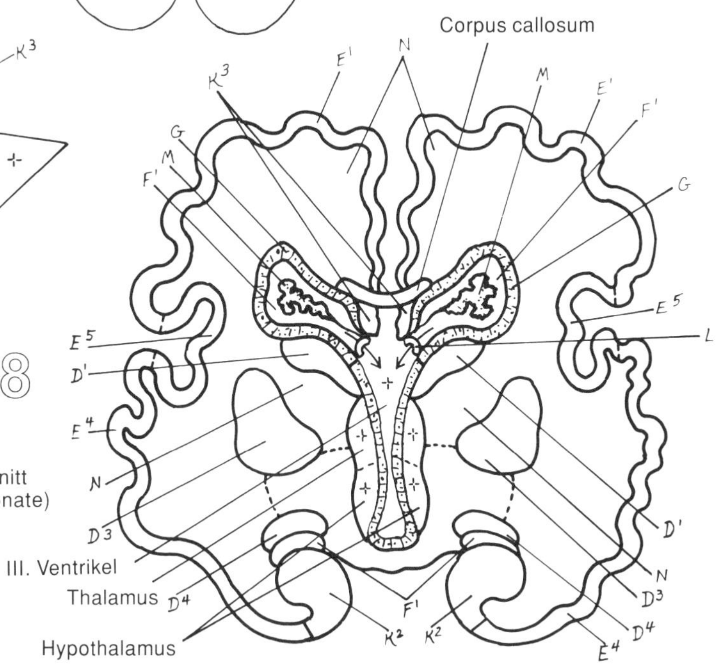


8
Frontalschnitt (Alter 7 Monate)

# 3–11
# ENTSTEHUNG UND AUFBAU DES NEOCORTEX

Im sehr komplex strukturierten zerebralen Neocortex liegen die Wurzeln fast aller unserer intellektuellen Fähigkeiten.

**Verwenden Sie dieselben Farben wie auf Tafel 3–4 für C, D, F, G und H$^1$, wie auf Tafel 3–9 für E und wie auf Tafel 3–10 für N. Malen Sie den Oberbegriff ‚Endhirnbläschen', die Begriffe B–F$^1$ an sowie die zugehörigen Strukturen in der linken oberen Abbildung und in der 5-Wochenspalte des Cortex-Reifungsdiagramms. Kolorieren Sie die Oberbegriffe ‚strahlenförmiger Glioblast (H$^1$) und Neuroblast (I)' und die zugehörigen Strukturen in der 5-Wochen- und 3-Monatsspalte des Reifungsdiagramms. Die Kennbuchstaben H und M werden auf dieser Tafel nicht verwendet.**

Die Wand des frühen *Endhirnbläschens* (B) besteht – vom Lumen beginnend peripherwärts – aus der *Neuroepithelschicht* (A), der *Deckschicht* (C) und der *Grenzschicht* (D). Die Bläschenwand entwickelt sich durch schnelle Proliferation der *Neuroblasten* (I) des Neuroepithels (s. 5-Wochen- und 3-Monatsspalte des Reifungsdiagramms). Die neu proliferierten Zellen steigen nach oben und bilden die Deck- und die Grenzschicht. Während der zweiten Wanderbewegung der neu gebildeten Neuroblasten schlängelt sich wiederholt ein Schwall primitiver Neuronen durch bereits fest integrierte Zellgruppen hindurch und setzt an ihrem neu gewonnenen Platz ihre Differenzierung fort. Das Ergebnis dieses besonderen Wachstumsmusters unterscheidet sich deutlich von demjenigen im Rückenmark (s. Tafel 3–6) und im Hirnstamm (s. Tafel 3–8).
Ein wichtiger Grundpfeiler dieser Auswärtsbewegung der Zellen scheint die Anwesenheit *strahlenförmiger Glioblasten* (H$^1$) zu sein, deren Fortsätze ebenfalls in die Peripherie streben und dort an der Ausbildung der äußeren Grenzmembran des Neocortex mitwirken. Offensichtlich benützen Glioblasten diese Fortsätze als »Leitschienen«, entlang derer sie sich ihren Weg zu möglichen »Freiplätzen« im schon etablierten Zellgeflecht suchen (s. 5-Wochen- und 3-Monatsspalte des Reifungsdiagramms). Die Zellkörper der strahlenförmigen Glioblasten verbleiben als Frühform der *Ependymschicht* (G) im tiefsten Bereich der Hirnrinde (s. 5- und 8-Monatsspalten des Reifungsdiagramms).

**Malen Sie den Oberbegriff ‚Feinstruktur der Hirnsubstanz', die Begriffe G–E$^6$ und deren zugehörige Strukturen an sowie die den römischen Zahlen zugeordneten Bereiche in den 5- und 8-Monatsspalten des Reifungsdiagramms. Verwenden Sie für E$^1$–E$^6$ unterschiedliche Schattierungen derselben Farbe, die Sie für E verwenden. Malen Sie den Oberbegriff ‚Neuronentypen', die Begriffe J, K und L an sowie die zugehörigen Zelltypen in den 5- und 8-Monatsspalten des Reifungsdiagramms einschließlich der Neuroblasten. Kolorieren Sie abschließend die Abbildung oben rechts.**

Die endgültige Anordnung der Neuronen erlaubt – unter Einbeziehung ihrer Form und Größe sowie der Axon- und Dendritenanordnung – die Einteilung des Neocortex in sechs Schichten. Im Rahmen der beschriebenen, peripherwärts gerichteten Wanderbewegung erreichen die Zellen der tiefsten Schichten V und VI (E$^5$ und E$^6$) als erste ihren Bestimmungsort. Die Neuronen der *Schicht VI (Lamina multiformis)* weisen die größte Formenvielfalt aller Schichten auf. Es überwiegen *fusiforme Zellen* (J) (lat. fusis: Spindel) und *Pyramidenzellen* (K), deren Axone bis in die subkortikale *weiße Substanz* (N) reichen.
Die *V. Schicht (Lamina ganglionaris; innere Pyramidenschicht)* besteht aus großen Pyramidenzellen, die charakterisiert sind durch einen einzigen Axondendriten und mehrere Basaldendriten, die aus den basalen Bereichen der Zellkörper erwachsen. Die Axone der Pyramidenzellen ziehen als efferente Komponente zu anderen Rindenfeldern oder zu subkortikalen Kerngebieten.
Die Zellen der *Schicht I (Lamina molecularis)* (E$^1$) reifen vergleichsweise früh aus, nehmen ihre Funktion schon vor der Geburt auf und degenerieren bereits 1-2 Jahre nach der Geburt. Sie werden nach ihrem Zelltod durch horizontal angeordnete Gliazellen und Dendriten aus tieferen Zellschichten ersetzt.
Die *Schicht II (Lamina granularis externa; äußere Körnerschicht)* (E$^2$) besteht aus Körner- oder Sternzellen, *Schicht III (Lamina pyramidalis, äußere Pyramidenschicht)* (E$^3$) aus kleinen bis mittelgroßen Pyramidenzellen. Die Axone der Schicht II- und III-Neuronen verbleiben entweder in der Hemisphäre, in der sie entstehen oder sie kreuzen über ein Bündel von Kommissurenfasern (Corpus callosum) zur anderen Hemisphäre oder sie verlassen das Großhirn über eines der Projektionssysteme (s. Tafel 5–33).
Die *Schicht IV (Lamina granularis interna; innere Körnerschicht)* (E$^4$) besteht aus *Sternzellen* (L) oder granulären Zellen, deren kurze Axone nur zu unmittelbaren Nachbarzellen (Golgi-Typ II-Zellen) Verbindung haben. Über aufsteigende Fasersysteme erhalten die Zellen sensorische Informationen.
Der hier schematisierte Aufbau der Großhirnrinde variiert in Details in verschiedenen Rindenarealen.

# ENTSTEHUNG UND AUFBAU DES NEOCORTEX

**Endhirnbläschen** ★
**Bläschenwand** B
**Neuroepithelschicht** A
**Deckschicht** C
**Grenzschicht** D
**Lumen** F/**Ventrikel** F'

**Feinstruktur der Hirnsubstanz** ★
**Ependymschicht/-zelle** G
**subkortikale weiße Substanz** N
**Neocortex-Schichten:** E
I E', II E², III E³, IV E⁴, V E⁵, VI E⁶

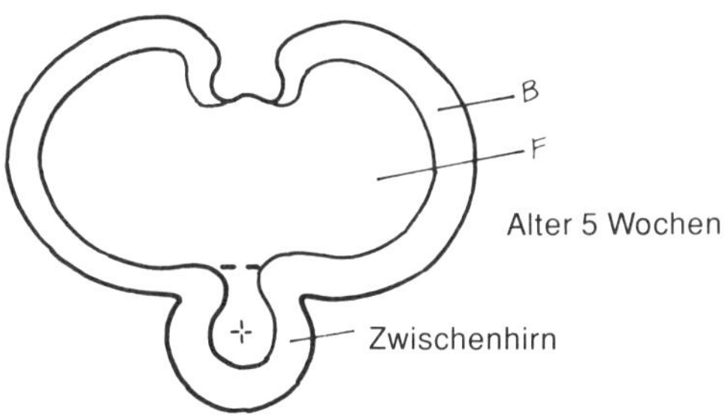


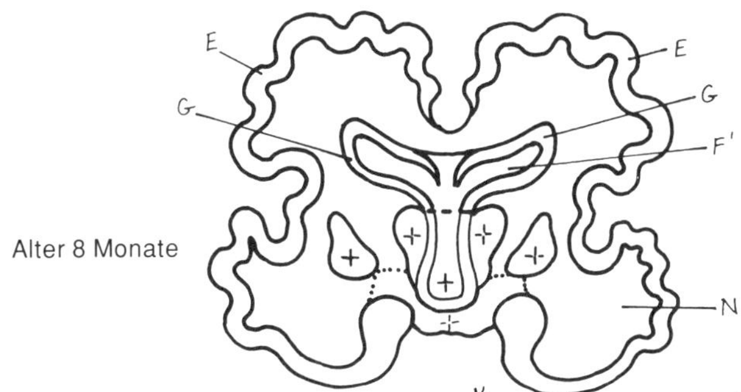


**Neuronentypen:** ★
**fusiforme Neuronen** J
**Pyramidenzellen** K
**Sternzellen** L

**strahlenförmiger Glioblast** H'
**Neuroblast** I

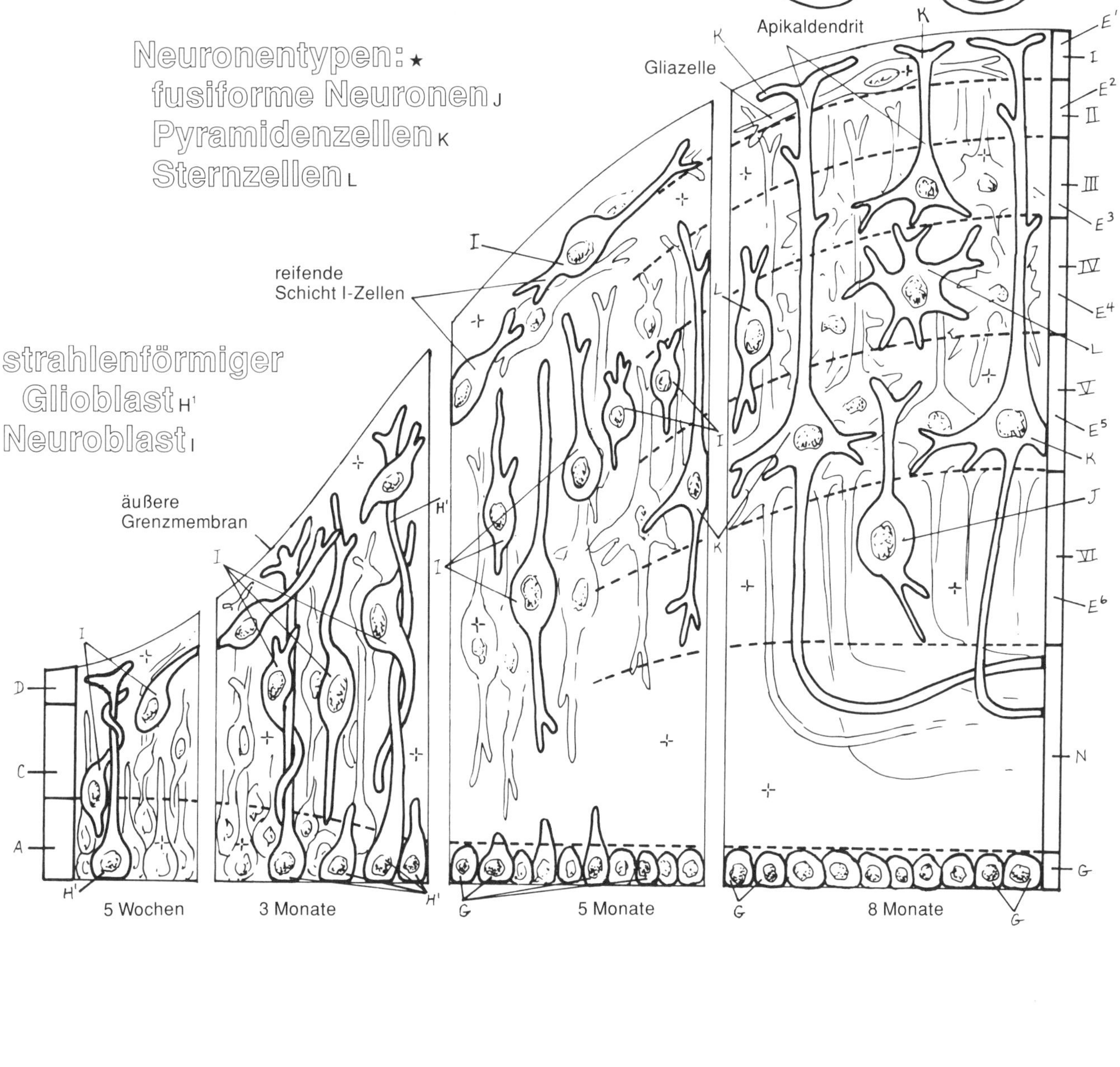

# 3–12
# ENTWICKLUNGS- UND ALTERSABHÄNGIGE VERÄNDERUNGEN DES NERVENSYSTEMS

Zeit seines Lebens behält das Nervensystem eines jeden Individuums seine Fähigkeit, auf Umgebungseinflüsse zu reagieren. Unzählige Veränderungen im Lauf des Lebens, Lern- und Erinnerungsprozesse, unterschiedliche Erfahrungen verlangen unserem Gehirn beachtliche Anpassungsvorgänge ab.

**Malen Sie im oberen Drittel der Bildtafel den Oberbegriff ‚entwicklungsbedingter Neuronenuntergang' und die Begriffe A und B an. Dargestellt ist der Vergleich der Neuronen- und Neurogliazellzahl (B) im Lumbalbereich des entstehenden Rückenmarks beim Hühnerembryo 12 bzw. 5 Tage vor dem Schlüpfen. Malen Sie die Strukturen A und B zuerst beim Embryo, danach beim Küken an und abschließend die graphische Darstellung (B).**

Die Proliferation von Neuronen und Gliazellen geht in den frühen Entwicklungsstadien des Nervensystems mit beeindruckender Geschwindigkeit vor sich (s. Tafel 3–3 und 3–4). Genauso beeindruckend ist allerdings die Absterberate dieser Zellen in späteren Entwicklungsstadien, wie sie in den Graphiken dargestellt ist. Ein Hühnerküken gilt als guter Repräsentant eines höher entwickelten Organismus: In einem Zeitraum von nur sieben Tagen innerhalb der insgesamt 21 Tage dauernden Brutzeit ist ein beachtlicher Untergang von *Neuronen und Neuroglia* (B) im *Rückenmark* (A) zu beobachten, dessen Ursache und Bedeutung noch weitgehend unerforscht sind. Faktoren, die das Überleben oder den Untergang von Zellen im Gehirn und Rückenmark beeinflussen, sind u. a. ausreichende Sauerstoff- und Nährstoffzufuhr, das Vorhandensein von Wachstumsfaktoren und Hormonen sowie die vorherrschende Zelldichte.

**Malen Sie in der mittleren Spalte der Bildtafel den Oberbegriff ‚altersbedingter Neuronenuntergang' an sowie die Begriffe C, $C^1$ und $B^1$. Dargestellt ist die Neuronen- und Neurogliazellzahl ($B^1$) im okzipitalen Rindenbereich ($C^1$) des Gehirns (C) einer 26 Tage alten Ratte im Vergleich zu einem zweijährigen Tier. Kolorieren Sie die Strukturen C, $C^1$ und $B^1$ zuerst in der jungen, danach in der älteren Ratte und abschließend die graphische Darstellung ($B^1$).**

Untersuchungen an Ratten zeigten, daß der umfangreichste Neuronen- und Gliauntergang auf das frühe Lebensalter beschränkt ist, im Erwachsenenalter hingegen kein nennenswerter Zelluntergang mehr stattfindet. Die Neuronenzählung im *okzipitalen Rindenbereich* ($C^1$) bei 26tägigen jungen, 108tägigen jungen erwachsenen, 650 Tage alten und sehr alten (900 Tage) Ratten ergab, daß das Maximum des Neuronen- und Gliauntergangs bis zum 100. Lebenstag erreicht ist. Der zwischen Tag 108 und 900 des Rattenlebens zu verzeichnende Zelluntergang ist ohne statistische Signifikanz.
Allerdings kann die Lebensdauer von Neuronen – auch beim Menschen – von den unterschiedlichsten Faktoren beeinflußt werden: Unzureichende Sauerstoff- und/oder Nährstoffzufuhr, übermäßige Ausschüttung von (chemischen) Streßfaktoren, Verletzungen u.v.m. können zu jeder Zeit einen hohen Neuronenverlust nach sich ziehen.

**Malen Sie im unteren Drittel der Bildtafel die Oberbegriffe ‚Cortexdicke und geistiges Training' und die Begriffe D und E an. Dargestellt ist der positive Einfluß geistig anregender Umwelteinflüsse auf die Dikke der Großhirnrinde durch einen Vergleich der Rindendicke eines geistig nicht geforderten Tieres (D) mit derjenigen eines geistig stark geforderten Tieres (E). Kolorieren Sie der Reihe nach: Struktur D, Pfeile D und E, den Begriff Förderung und die Struktur E sowie abschließend die graphische Darstellung (D und E).**

Wissenschaftliche Untersuchungen belegten, daß die Neuronengröße und die Komplexität ihrer Anordnung sowie die Gliazellzahl in der Großhirnrinde von Tieren zunimmt, sobald diese in einer sie geistig fördernden, anspruchsvollen Umgebung leben. Die genannten Veränderungen in der Hirnrinde ziehen wahrscheinlich eine gesteigerte Anpassungsfähigkeit des Organismus an die gestellten Anforderungen nach sich (z.B. besseres Gedächtnis, schnellere Reflexe usw.).
In der dargestellten Untersuchung wurden Ratten in primitiver Käfighaltung verglichen mit gleichaltrigen Tieren, die in einer »reizvollen« Umgebung mit zahlreichen Stimuli lebten. Nach unterschiedlich langen Stimulationsphasen (Dauer 6-26, 60-90, 600-630 und 766-900 Tage) fand man, daß die Großhirnrinde der *stimulierten Tiere* (E) signifikant dicker war als die der *Kontrolltiere* (D), was mit hoher Wahrscheinlichkeit durch Zunahme der Neuronen- und Gliazellzahl sowie der Neuronenkomplexität zu erklären ist.

# ENTWICKLUNGS- UND ALTERSABHÄNGIGE VERÄNDERUNGEN DES NERVENSYSTEMS

## entwicklungsbedingter Neuronenuntergang •

Rückenmark A
Neuronen-/Gliazellzahl B

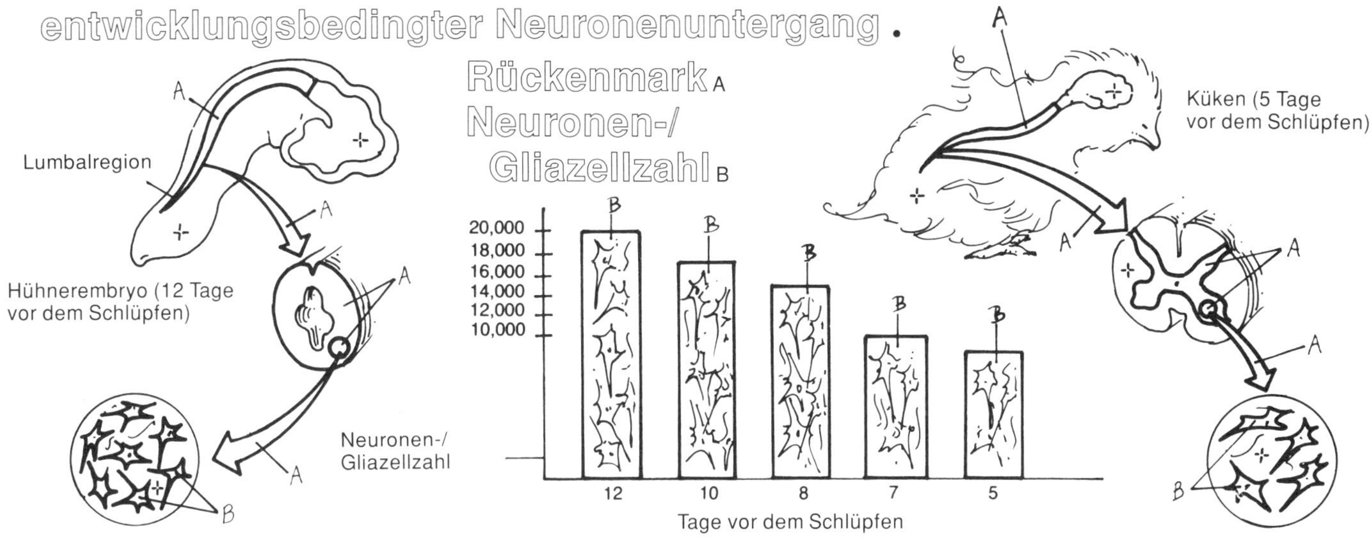


## altersbedingter Neuronenuntergang •

Großhirn C/Okzipitalregion C'
Neuronen-/Gliazellzahl B'

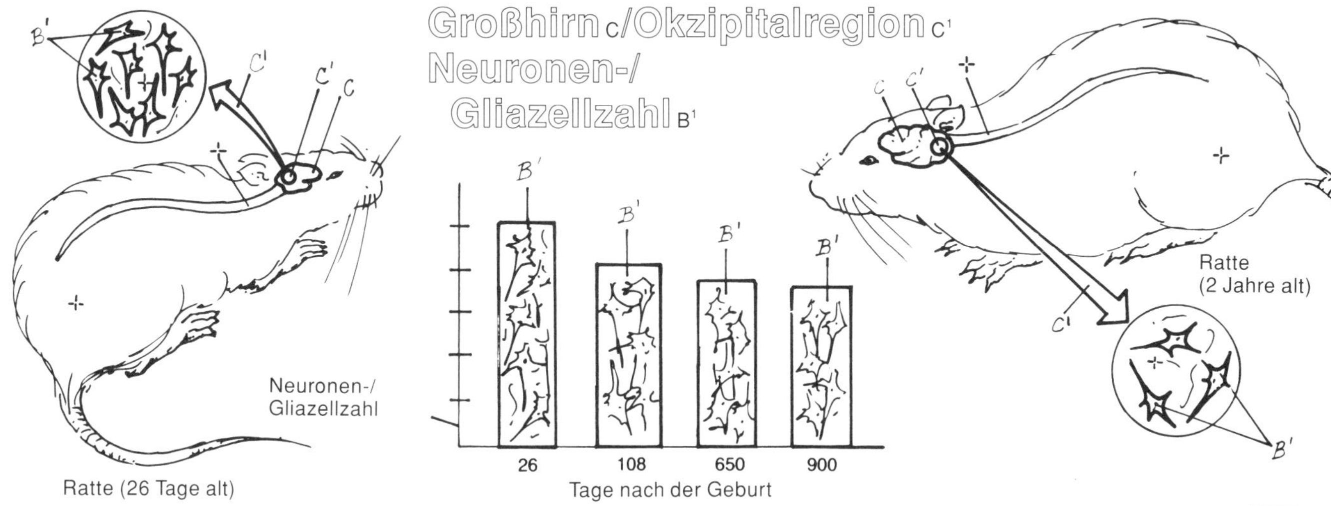


## Rindendicke und geistiges Training •

Kontrolltier D
stimuliertes Tier E
Förderung ★

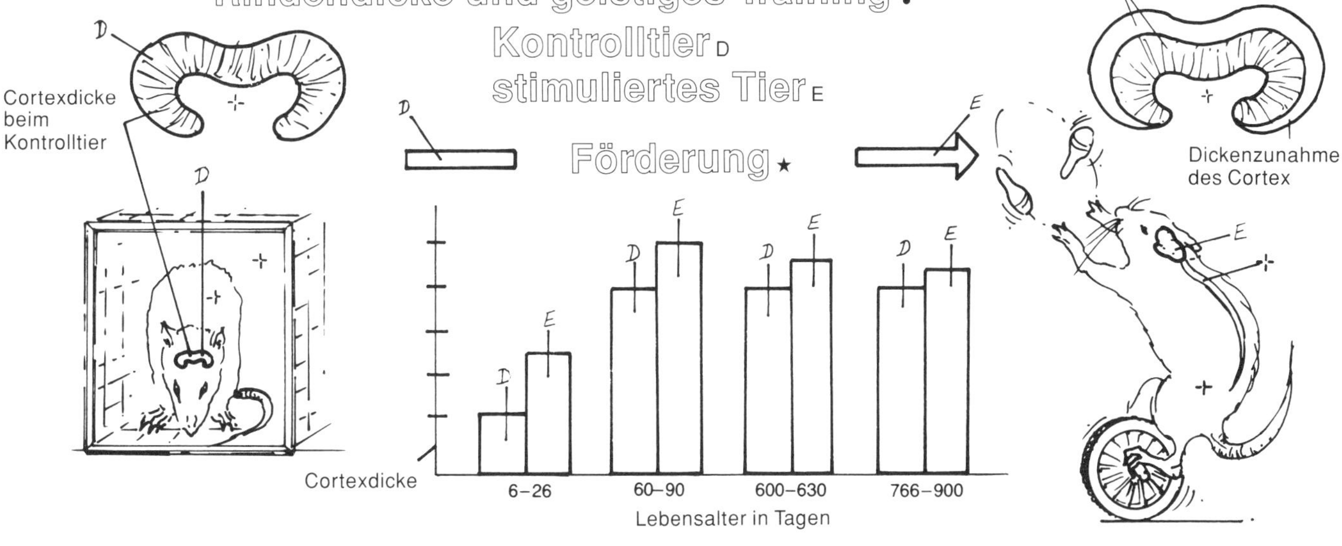

# Kapitel 4: Das Rückenmark

Tafel 4–1 bis 4–13

# 4–1
# DAS RÜCKENMARK: ABSCHNITTE UND SEGMENTE

Das Rückenmark umfaßt die kaudalen zwei Drittel des zentralen Nervensystems. Es liegt – gut vor Verletzungen geschützt – im Wirbelkanal der knöchernen Wirbelsäule und reicht vom *Foramen magnum* (A) des Schädels herab bis auf Höhe des 2. oder 3. Lendenwirbelkörpers, wo es als *Conus medullaris* (B) ausläuft. Das Rükkenmark wird in verschiedene Abschnitte unterteilt, die den jeweiligen Wirbelsäulenbereichen entsprechen, die es umhüllen. Innerhalb jedes Abschnitts wird das Rükkenmark in Segmente eingeteilt, deren Benennung mit den jeweils austretenden Spinalnerven korrespondiert.

**Malen Sie die Begriffe A und B oben rechts sowie deren zugehörige(n) Struktur bzw. Pfeil an. Kolorieren Sie nun die dem Zervikalmark zugeordneten Begriffe C–D, die Begriffe ‚graue Substanz' (F) und ‚weiße Substanz' (G), die Zervikalsegmente C1–C8 und den Pfeil D, der zur Intumescentia cervicalis weist sowie den Querschnitt durch das Segment C5 des Rückenmarks.**

Das *Zervikal- oder Halsmark* (C) besteht aus acht *Segmenten (C1–C8)* und weist zwischen C4 und Th1 eine charakteristische spindelförmige Auftreibung vor *(Intumescentia cervicalis)* (D). Diese entsteht durch die große Anzahl von Neuronen und Nervenfasern, die für die Innervation der oberen Extremitäten erforderlich ist. Der Querschnitt durch das Segment C5 des Zervikalmarks zeigt die schmetterlingsförmige Anordnung der *grauen Substanz* (I), bestehend aus Neuronen, Dendriten, Glia und Blutgefäßen. Sie ist umgeben von *weißer Substanz* (G), die überwiegend aus myelinisierten Axonen sowie Glia und Blutgefäßen besteht. Beachten Sie die unterschiedliche Konfiguration und Verteilung der grauen und weißen Substanz in unterschiedlichen Rückenmarkabschnitten. Der vergleichsweise große Durchmesser der oval geformten Zervikalsegmente und deren breit ausladende Vorderhörner sind Ausdruck der großen Anzahl motorischer Vorderhornzellen, die zur Innervation der oberen Gliedmaßen erforderlich sind. Auch die weiße Substanz nimmt in diesem Bereich großen Raum ein. Sie enthält nämlich alle von tiefer gelegenen Neuronen zum Gehirn aufsteigenden Nervenfasern sowie alle vom Gehirn zu den Rückenmarksneuronen absteigenden Axone.

**Malen Sie die dem Thorakalmark zugehörigen Begriffe und Segmente und den Querschnitt durch das Th7-Segment an.**

Sowohl der Durchmesser des *Thorakal-* oder *Brustmarks* (T) als auch der Gehalt an grauer Substanz ist deutlich geringer als im Zervikalmark. Dies trägt dem Umstand Rechnung, daß die Innervationsdichte (d.h. die Rezeptoren und Effektoren pro Flächeneinheit) im Bereich der Brust- und Bauchwand und des mittleren Rückenbereichs niedriger ist als an den oberen Extremitäten. Die Thorakalsegmente Th1-Th12 sind an ihren schmalen Vorder- und Hinterhörnern und am Vorhandensein von Seitenhörnern gut von den Zervikalsegmenten zu unterscheiden. Seitenhörner findet man vom ersten Thorakalsegment (Th1) bis zum ca. dritten Lumbalsegment (L3). Die weiße Substanz nimmt, aus den gleichen Gründen wie im vorigen Abschnitt beschrieben, immer noch relativ breiten Raum ein.

**Malen Sie die dem Lumbal-, Sakral- und Kokzygealmark zugehörigen Begriffe (L-Co[1]) an sowie die Segmente L1-L5, S1-S5 und Co1, die Querschnitte durch das L3-, S3- und Co1-Segment und den Pfeil E, der die Intumescentia lumbalis anzeigt.**

Die große Neuronenzahl im *Lumbal- oder Lendenmark* (L), die der Innervation der unteren Extremitäten dient, kommt in den im Vergleich zum Thorakalmark wieder größeren Vorder- und Hinterhörnern (s. L3- und S3-Querschnitt) und in der spindelförmigen *Intumescentia lumbalis* (E) zum Ausdruck. Da die weiße Substanz des Lumbalmarks nur noch Nervenfasern aus bzw. zu unteren Extremitäten und Becken enthält, hat ihr Umfang deutlich abgenommen. Das Lumbalmark besteht aus 5 Segmenten (L1-L5).
Der Durchmesser des *Sakral-* (S) und *Kokzygealmarks* (Co) ist geringer als in allen höher gelegenen Markabschnitten. Die Hinterhörner des Sakralmarks (s. S3-Querschnitt) sind besonders umfangreich, was durch die große Anzahl der aus Genital- und Beckenbereich aufsteigenden Nervenfasern und dem noch geringeren Bedarf an weißer Substanz in diesem Markbereich zu erklären ist (s. voriger Abschnitt). Das Sakralmark besteht aus den Segmenten S1-S5, das Kokzygealmark nur aus einem einzigen Segment (Co1), das ausschließlich für die Innervation der Steißbeinregion zuständig ist. Das Kokzygealmark verjüngt sich nach kaudal zum Conus medullaris, in dem die Strukturen aus grauer und weißer Substanz sich verlieren.
Die Hüllen (Meningen) und die Blutversorgung des Rükkenmarks sind Thema der Tafel 9–13.

# DAS RÜCKENMARK: ABSCHNITTE UND SEGMENTE

C5 C

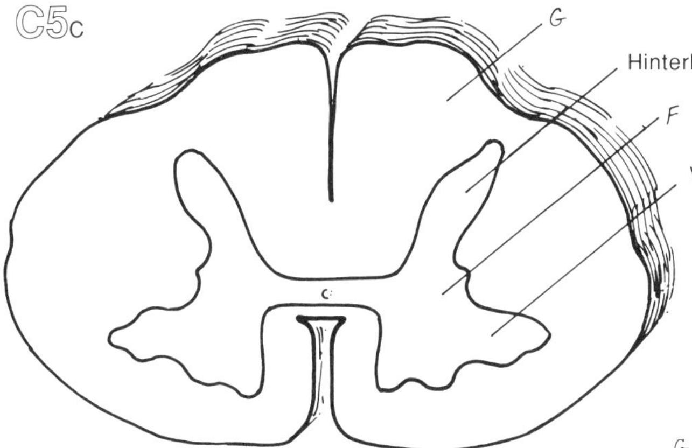


Th7 T

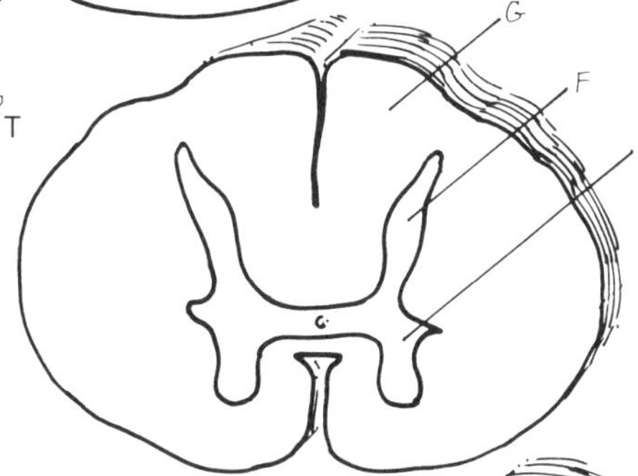


L3 L

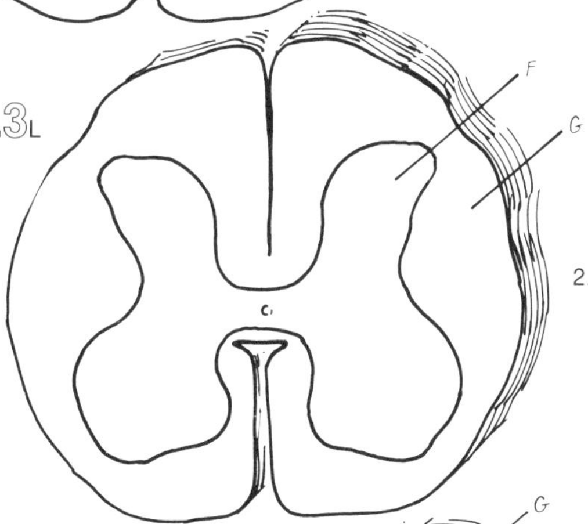


S3 S

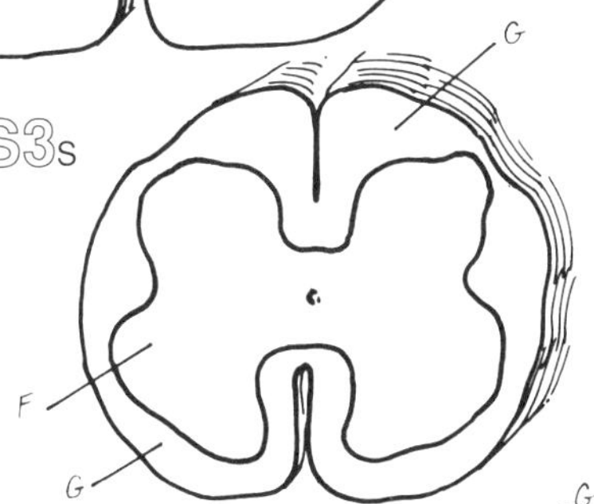


Co1 Co

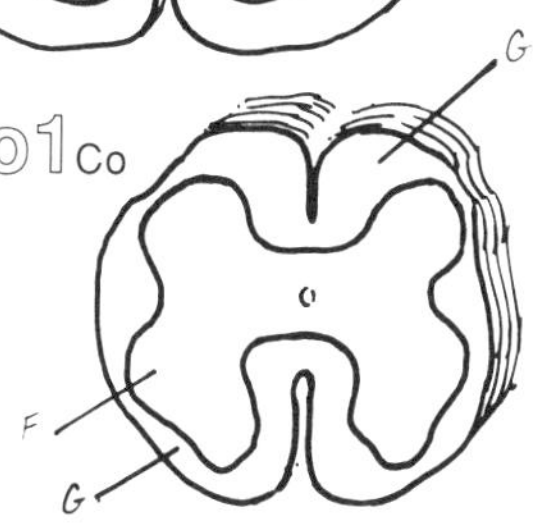


Foramen magnum A
Conus medullaris B

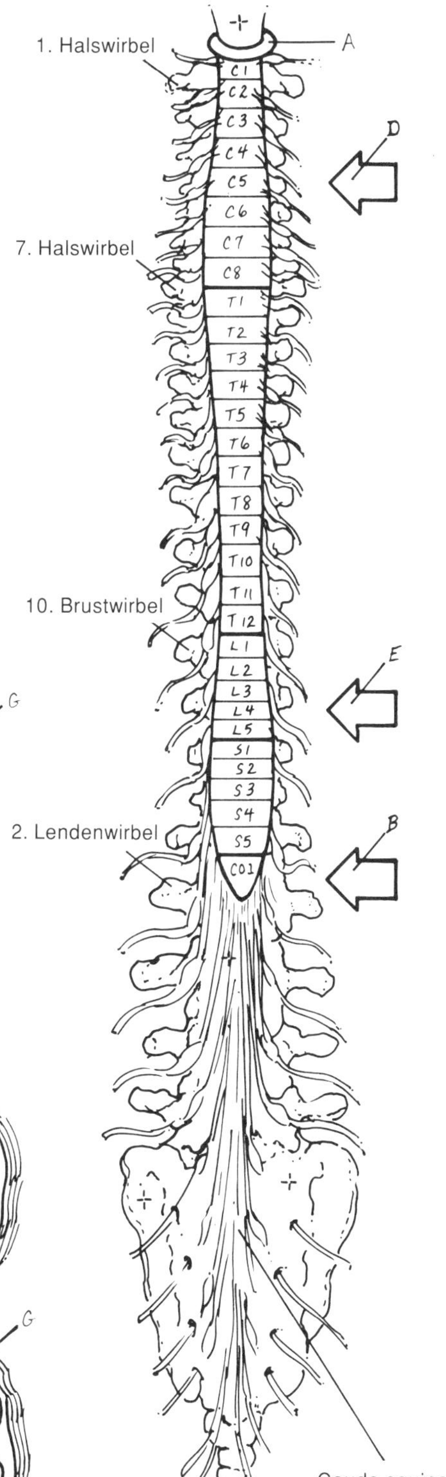


Zervikalmark C
Höhe C1-C8
Segment C5
Intumescentia cervicalis D
Thorakalmark Th1-Th12
Segment Th7
Lumbalmark L1-L5
Segment L3
Intumescentia lumbalis E
Sakralmark S1-S5
Segment S3
Kokzygealmark Co1
Segment Co1

graue Substanz F
weiße Substanz G

# 4–2

# DIE INNERE STRUKTUR DES RÜCKENMARKS

Die Lokalisierung der verschiedenen Nervenbahnen (Tractus) und Kerngebiete (Nuclei) wird Ihnen leichter fallen, wenn Sie mit der inneren Struktur und den Grenzstrukturen des Rückenmarks vertraut sind.

**Malen Sie den Oberbegriff ‚Grenzstrukturen', die Begriffe A–F und die zugehörigen Pfeile an, die zu den Grenzstrukturen hinweisen. Kolorieren Sie den Oberbegriff ‚weiße Substanz', die Begriffe G–J und deren zugehörige Strukturen. Malen Sie anschließend den Oberbegriff ‚graue Substanz' an sowie die Begriffe K–U und deren zugehörige Strukturen. Die linke Hälfte der Abbildung zeigt eine Übersicht über die strukturelle Gliederung des Rückenmarks, in der rechten Hälfte sind die Details dargestellt.**

Die diversen *Furchen (Sulci, Fissuren)* und *Grenzlinien (Septen)* (sing. lat. septum: Trennwand, Scheide) durchziehen in der Regel das Rückenmark in seiner ganzen Länge. Der *Sulcus medianus dorsalis* (A) setzt sich als *Septum medianum dorsalis* (B), einer dünnen Neurogliaschicht, bis zur grauen Substanz fort. Die weiße Substanz des Zervikal- und oberen Thorakalmarks wird durch das *Septum intermedium dorsalis* (C) in beiden Hälften des Rückenmarks in zwei dicke Faserbündel unterteilt. Die *Sulci laterales dorsalis* (D) *und ventralis* (E) markieren die Ein- bzw. Austrittsstellen der Hinter- und Vorderhornwurzeln, respektive der Spinalnerven.
Die *Fissura mediana ventralis* (F), eine Einstülpung der Pia mater, reicht bis zur Commissura alba und unterteilt die ventral gelegene weiße Substanz in zwei symmetrische Hälften.
Die weiße Substanz ist in folgende drei *Funiculi* (lat. funiculus: kleiner Strang) unterteilt: *Funiculus dorsalis* (G), *Funiculus lateralis* (I) und *Funiculus ventralis* (J). Jeder Funiculus ist in sich in kleinere, funktionell unterschiedliche *Fasciculi* unterteilt (lat. fasciculus: kleines Bündel). Ein solches Bündel ist beispielsweise der *Fasciculus dorsolateralis (Lissauer-Randbündel) (H)*, der zwischen der Spitze des Hinterhorns und der Oberfläche des Rükkenmarks liegt.
Aus der grauen Substanz werden die *Hinter-* (K) und *Vorderhörner* (R) des Rückenmarks geformt. Sie heißen auch *Columnae dorsales* (K) bzw. *Columnae ventrales* (R) (lat. columna: Säule; pl. columnae). Diese Zellsäulen sind wiederum in Zellschichten oder *Laminae* unterteilt (lat. lamina: Blatt, Schicht). Im Thorakalmark bilden sich aus Lamina VII die kleinen Seitenhörner aus (nicht dargestellt; s. Tafel 4–1).
*Lamina I* (L), auch *Nucleus marginalis dorsalis* genannt, liegt im Bereich der äußersten Hinterhornspitze. Ihre Zellen sind mit primär afferenten Axonen assoziiert, die bestimmte Qualitäten des Schmerz- und Temperaturempfindens transportieren. Die Axone vieler Lamina I-Neurone schließen sich dem Tractus spinothalamicus an (s. Tafel 4–5 und 4–6).
*Lamina II* (M), wegen ihrer gelartigen Konsistenz auch *Substantia gelatinosa* genannt, erhält afferente Fasern aus dem Fasciculus dorsolateralis, der Schmerz-, Berührungs- und Temperaturempfindungen weiterleitet.
Die *Laminae III und IV* (N), bisweilen auch als *Nucleus proprius* bezeichnet, enthalten Interneurone, die als »Schaltstellen« bei der Informationsvermittlung fungieren. Die Dendriten einiger dieser Neurone erstrecken sich bis in die benachbarte Lamina II, während die Axone anderer Neurone auf die Gegenseite kreuzen und dann dem Tractus spinothalamicus angehören.
*Lamina V* (O) ist im basisnahen Schaftbereich des Hinterhorns lokalisiert. Ihre Neurone werden von afferenten Axonen gespeist, die u. a. Schmerzreize transportieren. Auch aus dieser Schicht kreuzen die Axone bestimmter Interneurone zum kontralateralen Tractus spinothalamicus.
*Lamina VI* (P) liegt in der Basis des Hinterhorns und zwar ausschließlich im Bereich der Intumescentiae cervicalis und lumbalis. Sie erhält Afferenzen aus zentralen Fortsätzen primär sensorischer Neurone.
*Lamina VII* (Q), auch *Zona intermedia* genannt, besteht aus Interneuronen, die sich u.a. zum *Nucleus dorsalis spinalis (Nucleus thoracicus; Clarkesche Säule)* formieren und mit dem Tractus spinocerebellaris dorsalis (posterior) assoziiert sind (s. Tafel 4–7).
*Lamina VIII* (S) liegt meist an der Basis der Vorderhörner, jedoch kann diese Lokalisation je nach Rückenmarksbereich etwas variieren. In dieser Schicht bilden die Axone deszendierender (absteigender) Bahnen (Tractus) Synapsen mit Interneuronen.
*Lamina IX* (T) des Vorderhorns besteht aus großen Motoneuronen (Vorderhornzellen), deren Axone die Vorderwurzeln der Spinalnerven bilden.
*Lamina X* (U), auch *Substantia intermedia* genannt, ist der aus kleinen Interneuronen bestehende Bereich der grauen Substanz im Umfeld des Zentralkanals.

# DIE INNERE STRUKTUR DES RÜCKENMARKS

**Grenzstrukturen** ★
- Sulcus medianus dors. A
- Septum medianum dors. B
- Septum intermedium dors. C
- Sulcus dorsolateralis D
- Sulcus anterolateralis E
- Fissura mediana ventr. F

**weiße Substanz** ★
- Funiculus dorsalis G
- Funiculus dorsolateralis (Lissauer-Randbündel) H
- Funiculus lateralis I
- Funiculus ventralis J

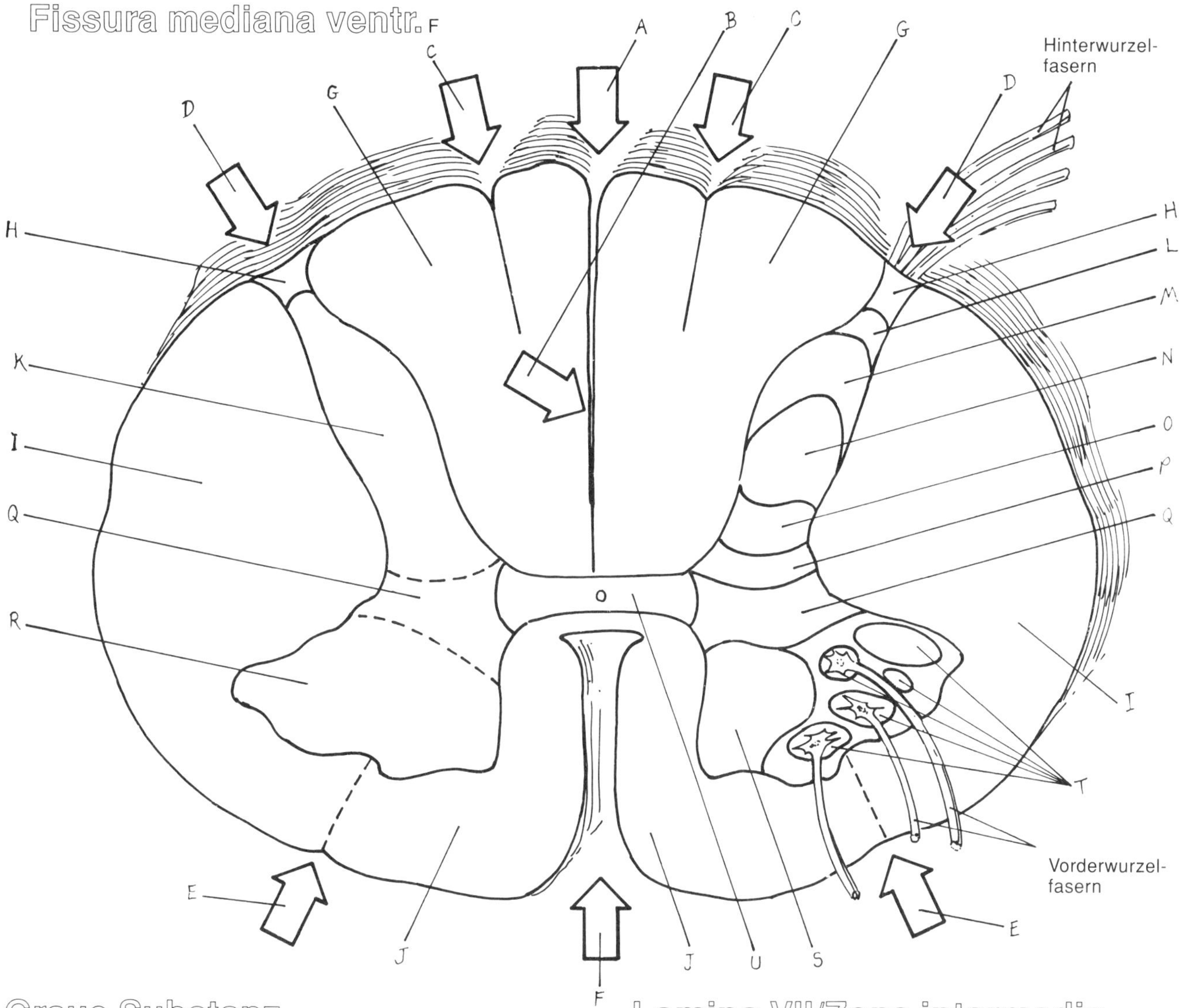


**Graue Substanz** ★
- Hinterhorn/Columna dors. K
  - Lamina I/Nucl. marg. dors. L
  - Lamina II/Subst. gelatinosa M
  - Lamina III, IV/Nucl. propr. N
  - Lamina V O
  - Lamina VI P
- Lamina VII/Zona intermedia Q
- Vorderhorn/Columna ventralis R
  - Lamina VIII S
  - Lamina IX T
- Substantia intermedia U()
  - Lamina X U

# 4–3
# SPINALE REFLEXE

Ein Reflexbogen induziert eine programmierte Verhaltensweise, wobei ein spezifischer (adäquater) Reiz, der auf einen Rezeptor (»Eingang« des Bogens) trifft, eine automatisch (unwillkürlich) ablaufende Reaktion seitens eines Effektors (»Ausgang« des Bogens) auslöst. Reflektorische (unwillkürliche) Reaktionen kommen besonders häufig in Streß- oder Gefahrensituationen zum Tragen. Nachfolgend erläutern wir das Modell zweier einfacherer spinaler Reflexbögen.

**Malen Sie die Oberbegriffe ‚Dehnungsreflex/Eigenreflex', die Begriffe A–G und die zugehörigen Strukturen (inklusive Pfeil) in der oberen Abbildung an. Beginnen Sie in der Knieregion. Verwenden Sie verschiedene Schattierungen derselben Farbe für Strukturen mit identischem Kennbuchstaben aber unterschiedlichen Kennziffern.**

Der *Dehnungsreflex* ist ein einfach strukturierter *Eigenreflex* (d. h. Reizort und Erfolgsorgan sind identisch), an dem nur zwei Neurone und eine Synapse beteiligt sind *(monosynaptischer Reflex)*. Ein kurzer Schlag mit dem Reflexhammer *(Stimulus)* (A) auf die *Sehne* ($B^1$) des Musculus quadriceps femoris knapp unterhalb der Kniescheibe verursacht eine kurzfristige Dehnung von Sehne und Muskelbauch, wodurch Sehnenorgan und Muskelspindel *(Dehnungsrezeptoren)* (B) stimuliert werden. Die dadurch ausgelöste Impulssalve erreicht das Rükkenmark hauptsächlich über dicke (Ia), *periphere* ($C^1$) und *zentrale Fortsätze* ($C^2$) *afferenter Motoneurone* (C). Einige Impulse erreichen das Rückenmark direkt über *aufsteigende Äste* ($C^3$). Die überwiegende Mehrzahl jedoch wird zunächst zu den *Synapsen* (D) weitergeleitet, wo ipsilateral *efferente Motoneurone* (E) des Vorderhorns lokalisiert sind, die den soeben per Hammerschlag stimulierten Muskel innervieren. Die Impulse werden dann entlang der *Axone* ($E^1$) dieser efferenten Motoneurone an die *motorische Endplatte (neuromuskuläre Synapse)* (F) (s. Tafel 2–12) weitergeleitet und nachfolgend die *Effektoren* (G), in diesem Fall der Musculus quadriceps femoris, stimuliert. Als Resultat dieser Stimulation entsteht eine kurze, schwache Muskelkontraktion in Form einer kurzen Streckbewegung des betroffenen Beines (der Unterschenkel schnellt nach vorne und oben).

Derartige reflektorische Muskelkontraktionen, die durch Verbindungen der *Streckmuskulatur (Extensoren)* mit dem ZNS ausgelöst werden, ermöglichen (u.a. durch Streckung des Rückens und der Bein- und Hüftgelenke) die der natürlichen Schwerkraft entgegengesetzte aufrechte Körperhaltung. Eine plötzliche, unerwartete Dehnung eines Streckmuskels wird als möglicher Verlust des der Schwerkraft entgegenwirkenden Muskeltonus interpretiert und durch eine sofortige reflektorische Muskelkontraktion gegengesteuert.

**Malen Sie die Oberbegriffe ‚Fluchtreflex/Fremdreflex und ipsilaterale Reflexbahn' sowie die Begriffe H–I an; $G^1$ wird ausgespart. Kolorieren Sie dann die zugehörigen Strukturen $C^1$–G, beginnend beim Schmerzreiz. Malen Sie zuerst die Reflexbahnung an (H, E, $E^1$, F und G), anschließend das inhibitorische Neuron (I). Motoneuron und Effektor (E, $E^1$, F und G), die an das inhibitorische Neuron anschließen, werden nicht angemalt. Kolorieren Sie den Oberbegriff ‚kontralaterale Reflexbahn', die Begriffe $H^1$–$I^1$ und die zugehörigen Strukturen in der rechten Hälfte der unteren Abbildung nach dem gleichen Muster wie in der linken Hälfte. Beginnen Sie mit $H^1$ in der Substantia intermedia. $G^3$ wird nicht angemalt.**

Der gekreuzte *Fluchtreflex* ist ein *(polysynaptischer) Fremdreflex* (d.h. Reizort und Erfolgsorgan sind verschieden). Trifft ein Schmerzreiz auf ein Bein, tritt eine rasche Kontraktion der Beugemuskulatur (Flexoren) ein, wodurch das Bein von der Schmerzquelle entfernt wird. Eine gleichzeitige Streckreaktion der Extensoren des kontralateralen Beines stabilisiert die Körperhaltung und verhindert so einen Sturz.

Afferente Neurone leiten Impulse vom Reizort an Interneurone in der zentral gelegenen grauen Substanz des Rückenmarks. Auf der ipsilateralen Seite bildet ein *bahnendes (erregendes) Interneuron* (H) Synapsen mit dem efferenten Neuron und einem *inhibitorischen (hemmenden) Interneuron* (I). Das efferente Neuron stimuliert die *Kontraktion* (G) der Beugemuskulatur (Flexoren) auf der Seite des Schmerzreizes. Das inhibitorische Interneuron setzt einen inhibitorischen Neurotransmitter (z.B. Gamma-Aminohydroxybuttersäure, GABA) in die Synapse mit dem efferenten Neuron frei und inaktiviert dadurch den *ipsilateralen Streckmuskel* ($G^1$).

Über einen Ast des afferenten Neurons auf der kontralateralen Seite erreicht ein Reiz ein *bahnendes Interneuron* ($H^1$), das mit einem weiteren *bahnenden Interneuron* ($H^2$) eine Synapse bildet. Letzteres bildet wiederum Synapsen mit einem *inhibitorischen Interneuron* ($I^1$) und einem efferenten Neuron. In diesem Fall stimuliert das efferente Neuron die Kontraktion des *Streckmuskels* ($G^2$) und die *inhibitorischen Interneurone* (E, $E^1$) inaktivieren das efferente Neuron zum antagonistischen *Beugemuskel* ($G^3$), so daß eine schnelle (reflektorische) Streckbewegung im Kniegelenk resultiert.

Dieses Modell der synaptischen Hemmung, wonach ein zwischengeschaltetes Interneuron den synaptischen Reaktionsmodus von Bahnung in Hemmung umkehrt, besitzt keine Alleingültigkeit mehr. Wahrscheinlich sind Bahnung und Hemmung von der Art des postsynaptischen Rezeptors mindestens ebenso stark abhängig wie vom präsynaptischen Transmittermolekül.

# SPINALE REFLEXE

Dehnungsreflex/Eigenreflex ★
Reiz A
Dehnungsrezeptor B/Sehne $B^{1}$
afferentes Neuron C
peripherer Fortsatz $C^{1}$
zentraler Fortsatz $C^{2}$
aufsteigender Ast $C^{3}$
Synapse D
efferentes Neuron E
Axon $E^{1}$
motorische Endplatte F
Effektor (Streckmuskel) G

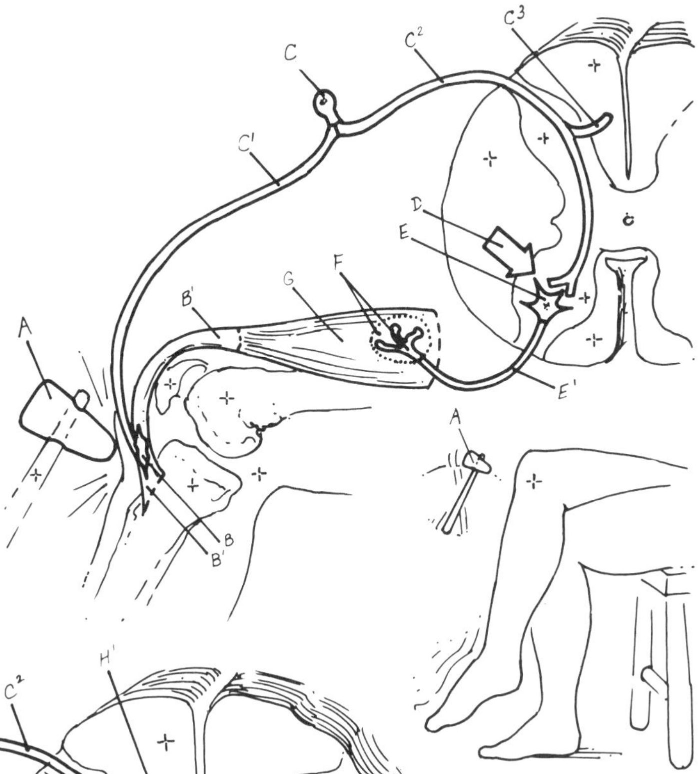


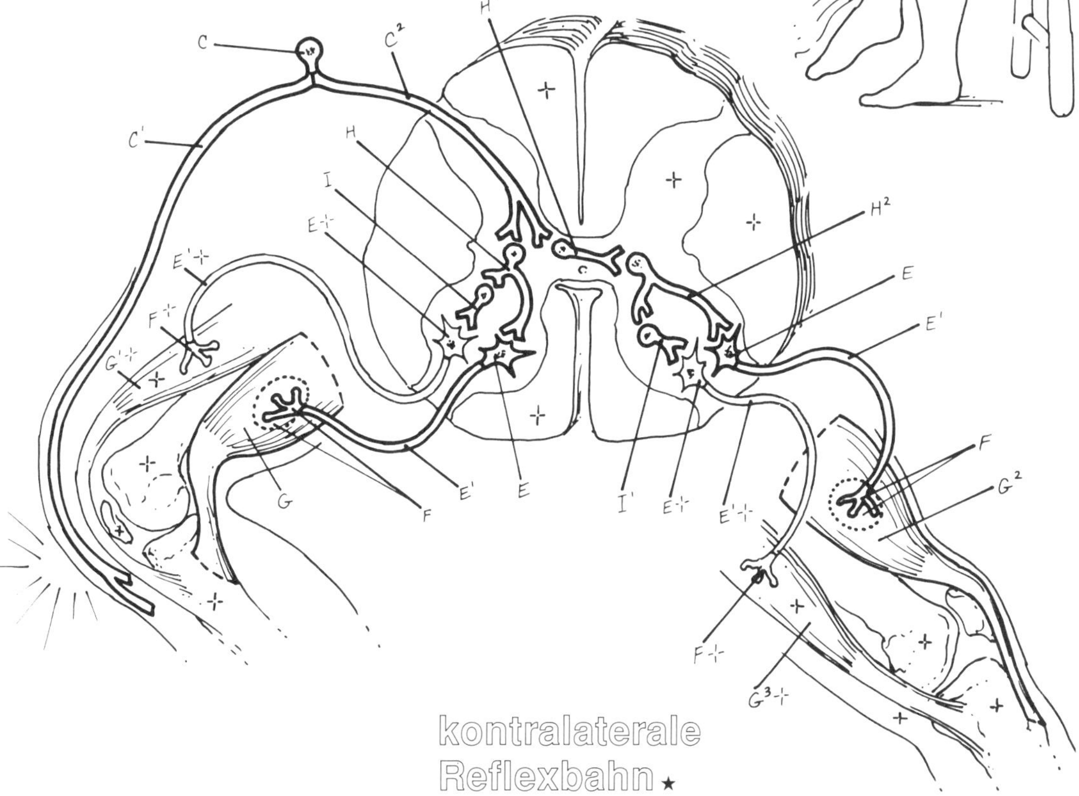


Fluchtreflex/Fremdreflex
ipsilaterale Reflexbahn ★
bahnendes Interneuron (+) H
Beugemuskelkontraktion G
inhibitorisches Interneuron (-) I
Streckmuskelinaktivierung $G^{1}$ ⁘

kontralaterale Reflexbahn ★
bahnendes Interneuron (+) $H^{1}$, $H^{2}$
Streckmuskelkontraktion $G^{2}$
inhibitorisches Interneuron (-) $I^{1}$
Beugemuskelinaktivierung $G^{3}$ ⁘

# 4–4
# AUFSTEIGENDE BAHNEN: HINTERSTRANGBAHNEN

Auf dieser und den folgenden Tafeln werden die wichtigsten auf- und absteigenden Bahnen des Rückenmarks, Hirnstamms und Großhirns erläutert.
Die Columnae dorsales (bestehend aus dem Fasciculus gracilis und dem Fasciculus cuneatus des Funiculus dorsalis) und die Lemnisci mediales (lat. lemniscus: Band) leiten Impulse der epikritischen Sensibilität (Lokalisation und Qualität des Tastsinns) und der kinästhetischen Sensibilität (Informationen über Körperbewegung und -lage). Das durch die Columnae dorsales vermittelte räumliche und zeitliche Diskriminationsvermögen versetzt uns in die Lage, z. B. im Dunkeln eine Tür aufsperren oder bei geschlossenen Augen unsere Körperposition beschreiben zu können. Läsionen dieses Bereichs (z. B. durch Verletzung, destruktives Tumorwachstum, Blutungen, Entzündungen usw.) haben eine Reduktion oder Aufhebung des Tast- und Lagesinns zur Folge.

**Malen Sie die Begriffe A–B² an. Kolorieren Sie das primäre Neuron (B) in der Abbildung links oben und den Pfeil (A) in der Abbildung links unten, der das Gebiet anzeigt, dessen Rezeptoren durch die dargestellte Bewegung stimuliert werden. Malen Sie dann den Rezeptor rechts unten an sowie das primäre Neuron (B) und die ihm zugehörigen Strukturen B¹, B², C und D in den beiden untersten Querschnitten.**

Die *primären Neurone* (B) der Hinterstrangbahn liegen in den Spinalganglien. Die peripheren Fortsätze dieser Neurone entstammen *Rezeptoren* (A) in der Gelenkkapsel und in Muskeln sowie Berührungs- und Druckrezeptoren in der Haut (nicht dargestellt).
Die zentralen Fortsätze dieser Neurone treten ins Rükkenmark ein und verlaufen auf direktem Weg, also ohne zwischengeschaltete Synapsen, zum Funiculus dorsalis. Nervenfasern aus dem Lumbosakralbereich treten in den kaudalsten Bereich der Hinterstrangbahnen ein und verlaufen dann in deren Zentrum in unmittelbarer Nachbarschaft zum Septum medianum dorsale. Je höher die Eintrittsstellen von Nervenfasern in das Rückenmark liegen, desto seitlicher ist ihre Lage in den Hinterstrangbahnen. Die lateral gelegenen Fasern aus dem Brust- und Halsbereich sind von den medialer gelegenen Axonen durch das Septum intermedium dorsale getrennt: Das medialer gelegene Faserbündel heißt *Fasciculus gracilis* oder *Goll-Strang* (B¹) (lat. gracilis: schmal), die seitlichere Fasergruppe heißt *Fasciculus cuneatus* oder *Burdach-Strang* (B²) (lat. cuneatus: keilförmig). Beide Fasciculi steigen zur Medulla oblongata im Hirnstamm auf, wo sie mit den *sekundären Neuronen* (E) ihres jeweiligen Kerngebietes, also *Nucleus gracilis* (C) bzw. *Nucleus cuneatus* (D), Synapsen bilden.
Die Fortsätze primärer Neurone können sehr lang sein und z.B. von der Großzehe bis zur Medulla oblongata reichen.

**Malen Sie die verbliebenen Begriffe und die sekundären und tertiären Neurone in der Abbildung links oben an. Kolorieren Sie anschließend die zugehörigen Strukturen in den einzelnen Querschnittsabbildungen. Beginnen Sie dabei im zweiten Querschnitt von unten mit den Fibrae arcuatae (E¹) und arbeiten Sie bis zur Großhirnrinde (G) nach oben. Verwenden Sie für E¹ und E² verschiedene Schattierungen derselben Farbe.**

Von den Nuclei caudatus und gracilis aus schwingen die Axone der sekundären Neurone als *Fibrae arcuatae (Assoziationsfasern)* (E¹) kurz abwärts und kreuzen dann nach kontralateral, um als *Lemniscus medialis* (E²) in den Hirnstamm aufzusteigen. Die Axone der sekundären Neurone enden im *Nucleus ventralis posterolateralis thalami* (G), wo sie mit den *tertiären Neuronen (Neurone dritter Ordnung)* (F) Synapsen bilden. Die Axone dieser Neurone verlaufen rostralwärts durch ein breites, Bumerang-ähnlich geformtes Faserband, die *Capsula interna* (H), weiter aufwärts durch einen Strahlenkranz-ähnlichen subkortikalen Bereich der weißen Substanz, die *Corona radiata* (I), bis die Axone schließlich den *Gyrus postcentralis* (J) erreichen. Hier werden zahlreiche Sinneseindrücke verarbeitet.
Fasern, die Sensationen aus der unteren Körperhälfte weiterleiten, projizieren in die superioren Cortexbereiche, solche, die Empfindungen aus Brust- und Halsbereich leiten, in die eher inferior gelegenen Cortexbereiche. So entsteht schließlich eine »auf dem Kopf stehende« Repräsentation der jeweils kontralateralen Körperseite im Cortex, die unter dem Begriff »Homunculus« (lat.: kleiner Mensch) bekannt ist (nicht dargestellt).

# AUFSTEIGENDE BAHNEN: HINTERSTRANGBAHNEN

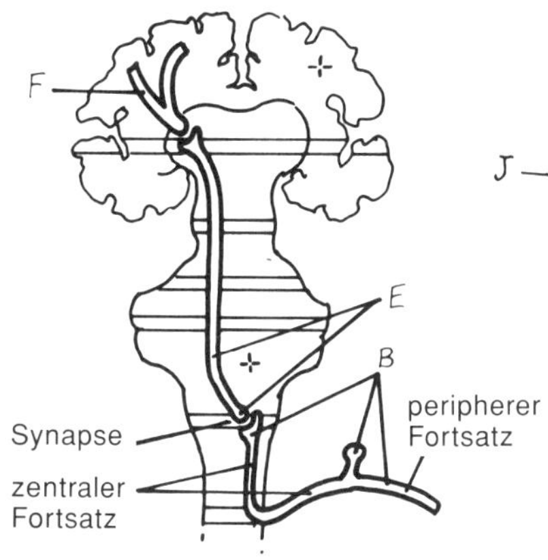


Gelenkkapselrezeptor A
primäres Neuron B
Nucleus gracilis C
  Fasciculus gracilis $B^1$
Nucleus cuneatus D
  Fasciculus cuneatus $B^2$
sekundäres Neuron E
  Fibrae arcuatae $E^1$
  Lemniscus medialis $E^2$
tertiäres Neuron F
Nucleus ventralis posterolateralis thalami G
Capsula interna H
Corona radiata I
Gyrus postcentralis J

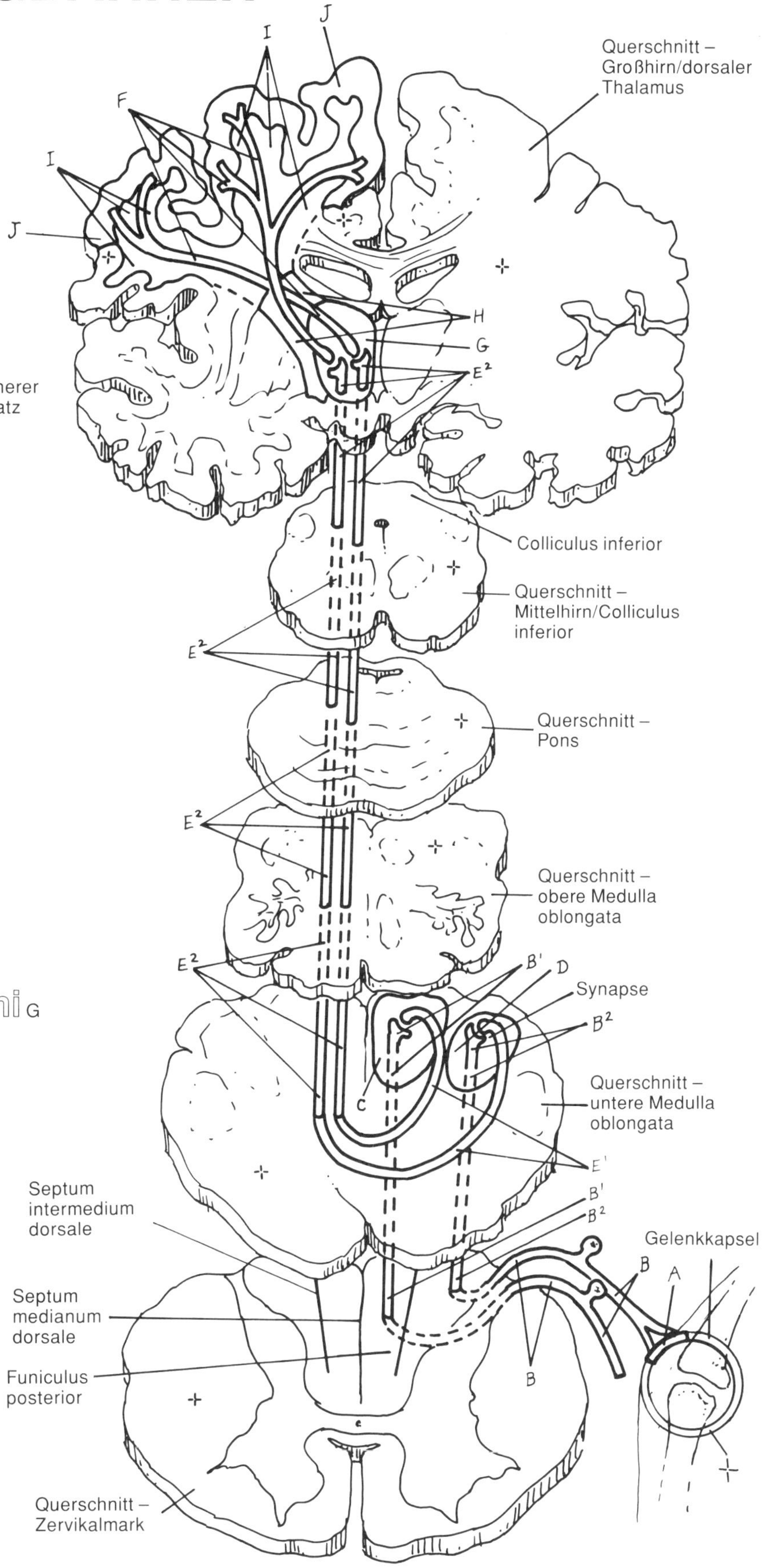


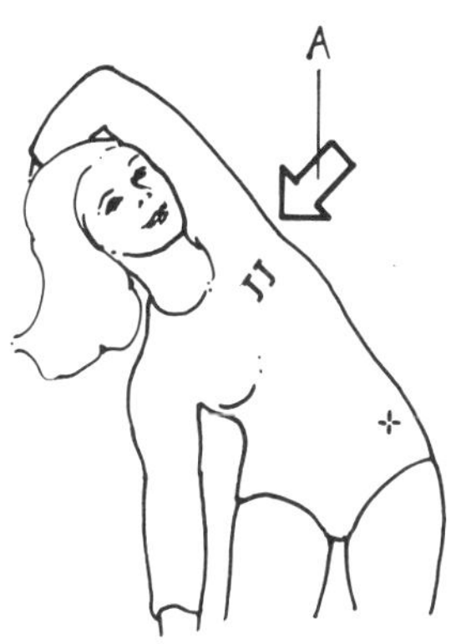

# 4–5
# AUFSTEIGENDE BAHNEN: TRACTUS SPINOTHALAMICUS LATERALIS

Aus Gründen der besseren Verständlichkeit werden die Tractus spinothalamici lateralis und ventralis (s. Tafel 4–6) getrennt behandelt, obwohl sie anatomisch – zumindest in Teilbereichen – nicht eindeutig voneinander zu trennen sind.
Der Tractus spinothalamicus lateralis leitet Schmerz- und Temperaturempfindungen von Rezeptoren aller Körperregionen (mit Ausnahme des Gesichtes) zum Gehirn weiter.

**Verwenden Sie – soweit möglich – dieselben Farben wie auf Tafel 4–4 . Malen Sie die Begriffe A–C an, das primäre Neuron (B) in der Abbildung rechts oben sowie den Pfeil (A) links unten. Kolorieren Sie den Rezeptor rechts unten, das primäre Neuron (B) und den Fasciculus (C) in den beiden untersten Querschnitten. Anschließend malen Sie die Begriffe E–K an, die den sekundären und tertiären Neuronen untergeordnet sind sowie deren zugehörige Strukturen in den einzelnen Querschnitten und den beiden Abbildungen links und rechts oben.**

Freie Nervenendigungen (s. Tafel 2–9) sind wahrscheinlich die wichtigsten *Schmerz-* und *Temperaturrezeptoren* (A). Von diesen Rezeptoren aus werden die Impulse über dünne myelinisierte und nicht-myelinisierte periphere Fortsätze zu den *primären Neuronen* (B) der Spinalganglien weitergeleitet.
Die kurzen zentralen Fortsätze der primären Neurone treten in den *Fasciculus dorsolateralis* (C) ein und steigen darin mindestens ein Segment höher, ehe sie in den Hinterstrang eintreten, wo sie mit den *sekundären Neuronen* (E) Synapsen bilden. Einige Fasern steigen im Fasciculus dorsolateralis unverschaltet und ipsilateral bis zum Thalamus auf (nicht dargestellt).
Das Hinterhorn beherbergt zahlreiche sekundäre Neurone (Interneurone). Der Thalamus stellt die Endstation für viele aufsteigende Faserbündel dar. Interneurone, die mit dem Tractus spinothalamicus lateralis assoziiert sind, liegen überwiegend in den Laminae I, IV, V und VII des Rückenmarks und projizieren mit ihren Fortsätzen in den Nucleus ventralis posterolateralis thalami; die Neurone der Zona intermedia projizieren in die Nuclei intralaminares thalami.

Die Axone der Interneurone kreuzen im ventralen Bereich der Commissura alba des Rückenmarks nach kontralateral und aszendieren als Tractus *spinothalamicus lateralis* ($E^1$) im ventralen Bereich des Funiculus lateralis. Die *peripheren Fasern* ($E^2$) aus der unteren Körperhälfte verlaufen im seitlichen Bereich des Tractus, die Fasern aus der oberen Körperhälfte treten sukzessive als *mediale Fasern* ($E^3$) in den Tractus ein.

Während die medialen und lateralen Faserbündel aszendieren, geben sie häufig *Seitenäste* ($E^4$) ab, und zwar insbesondere zur *Formatio reticularis* (L) des Hirnstamms und zum *zentralen Höhlengrau (Substantia griseum)* ($L^1$) des Mittelhirns. Wahrscheinlich wird scharfer, umschriebener Schmerz über die direkten thalamischen Fasern geleitet, während tiefer, dumpfer, schlecht lokalisierbarer Schmerz über die langsamer aufsteigenden Fasern der Formatio reticularis geleitet wird. Die Kollateralen des spinothalamischen Trakts zur Formatio reticularis und zum zentralen Höhlengrau sind in der Lage, einen intrinsischen Mechanismus zur Schmerzsuppression in Gang zu setzen (s. Tafel 5–34).

Auf seinem Weg nach oben wechselt der Tractus spinothalamicus von seiner seitlichen Position in der unteren Medulla oblongata (s. Tafel 5–4) in eine posterolaterale Lage im Bereich der oberen Medulla (s. Tafel 5–6). Im Mittelhirn verläuft der Trakt in unmittelbarer Nachbarschaft zum Lemniscus medialis. Die Axone der sekundären Neurone (Interneurone) enden in einem der zahlreichen Kernareale des Thalamus, u.a. im *Nucleus ventralis posterolateralis* (J), im Dorsalbereich des Thalamus nahe dem Corpus geniculatum mediale (nicht dargestellt) und in den *Nuclei intralaminares* ($J^1$) (s. Tafel 5–19). In diese Gebiete werden Schmerzimpulse geleitet, die über die Formatio reticularis aufsteigen.

Die Axone *tertiärer Neurone* (F) projizieren durch die *Capsula interna* (H) und die *Corona radiata* (I) zum *Gyrus postcentralis der Großhirnrinde* (J). Dies gilt nicht für Axone aus dem dorsalen Thalamusbereich, die in den *sekundären sensorischen Cortex* (K) in der Fissura lateralis projizieren.

# AUFSTEIGENDE BAHNEN: TRACTUS SPINOTHALAMICUS LATERALIS

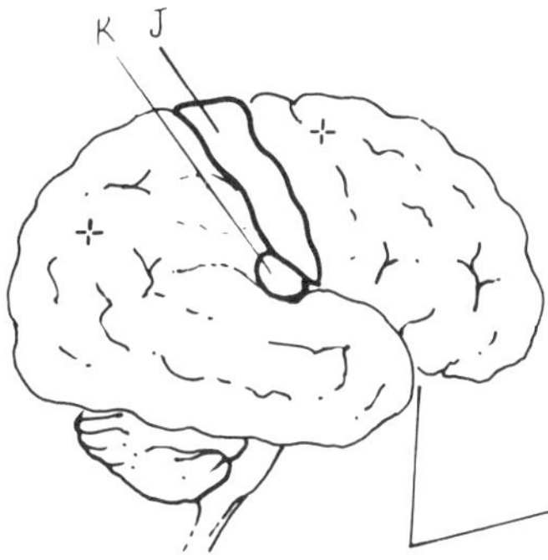


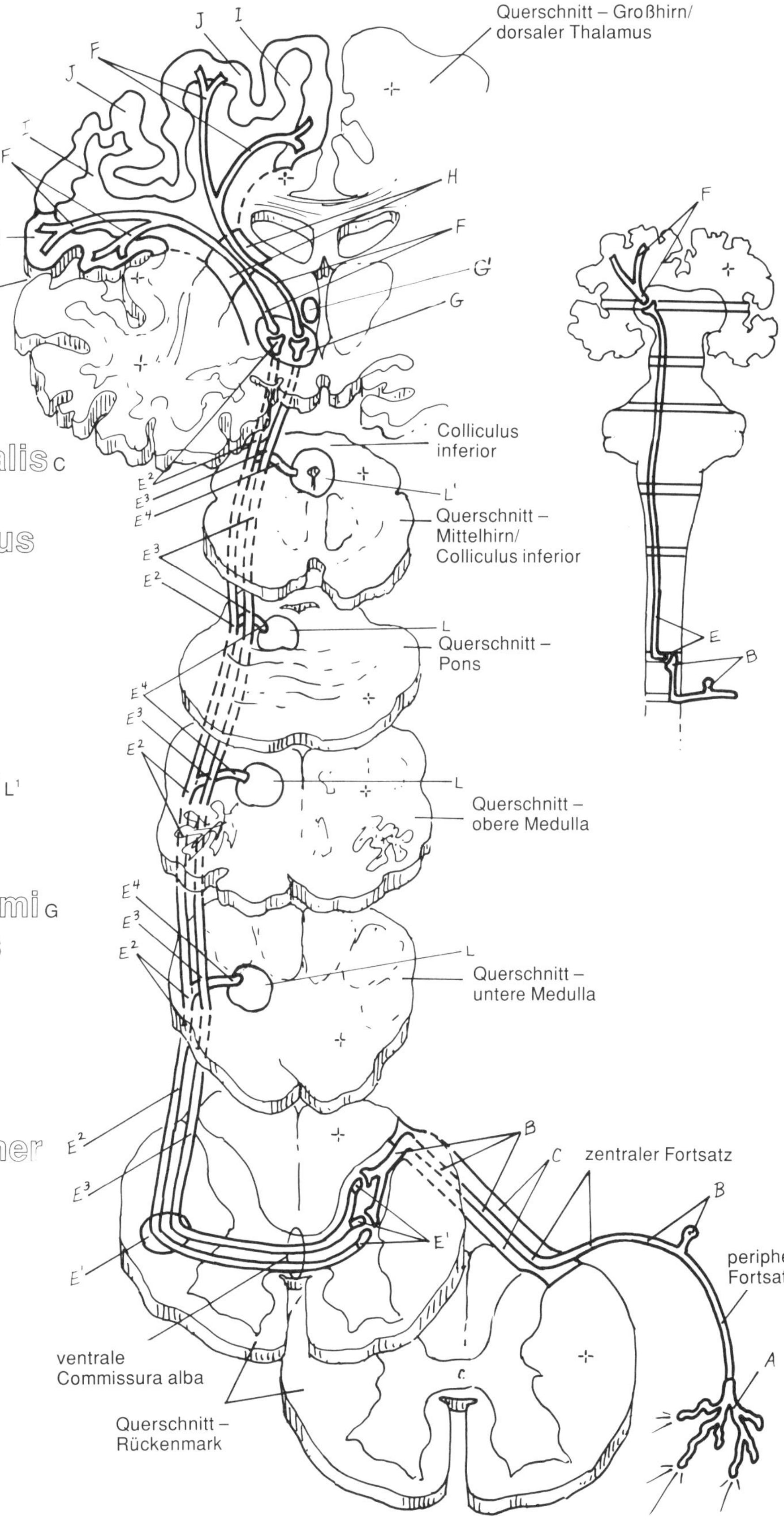


Schmerzrezeptor A
primäres Neuron B
Fasciculus dorsolateralis C
sekundäres Neuron E
Tractus spinothalamicus lateralis E¹
periphere Fasern E²/
mediale Fasern E³/
Seitenäste E⁴
Formatio reticularis L
zentrales Höhlengrau L¹
tertiäre Neurone F
Nucleus ventralis posterolateralis thalami G
Nucleus intralaminaris thalami G¹
Capsula interna H
Corona radiata I
Gyrus postcentralis J
sekundärer sensorischer Cortex K

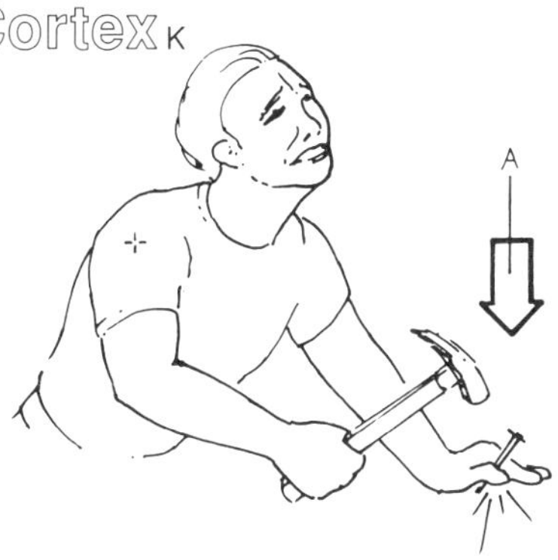

# 4–6

# AUFSTEIGENDE BAHNEN: TRACTUS SPINOTHALAMICUS VENTRALIS

Der Tractus spinothalamicus ventralis leitet Impulse der schwachen, schlecht lokalisierbaren (groben, protopathischen) Berührungssensibilität (z.B. oberflächliche Berührung eines Stofftuches oder Tierfells mit der Handfläche). Eine bilaterale (beidseitige) Zerstörung dieser Bahn verursacht zwar, wenn überhaupt, eine nur geringe Verschlechterung des Tastsinns, jedoch werden Jucken, Kitzeln oder sexuelle Empfindungen reduziert wahrgenommen.

**Malen Sie diese Tafel in der gleichen Art und Weise und identische Strukturen – soweit vorhanden – in denselben Farben an wie auf den beiden vorhergehenden Tafeln.**

Axone (periphere Fortsätze) der *primären Neurone* (B) leiten Impulse bei leichter Berührung haarloser Hautareale zu Neuronen in den Spinalganglien der Spinalnerven. Die zentralen Fortsätze dieser primären Neurone reichen bis ins Hinterhorn und in die Substantia intermedia der grauen Substanz zwischen Lamina IV und Lamina VII hinein. Hier bilden sie Synapsen mit *sekundären Neuronen* (E), deren Axone durch die ventrale Commissura alba nach kontralateral kreuzen, dann rostralwärts verlaufen und schließlich den *Tractus spinothalamicus ventralis* ($E^1$) im ventrolateralen Bereich der weißen Substanz bilden.

Posterolateral des Nucleus olivaris dorsalis der Medulla oblongata scheint diese Bahn mit dem Tractus spinothalamicus lateralis zu verschmelzen. Auf dieser Höhe ziehen auch *Seitenäste* ($E^2$, $E^3$) aus dem Trakt zur *Formatio reticularis* (C) und zum *Nucleus reticularis lateralis* (D), einer Relaisstation auf dem Weg zum Kleinhirn.

Die Axone der sekundären Neurone enden im *Nucleus ventralis posterolateralis* (G) und im Dorsalbereich (nicht dargestellt) des Thalamus, wo sie mit *tertiären Neuronen* (F) Synapsen bilden. Die Axone der tertiären Neurone projizieren über *Capsula interna* (H) und *Corona radiata* (I) bis in den *Gyrus postcentralis der Großhirnrinde* (J).

Zusammenfassend bleibt festzuhalten, daß der Tractus spinothalamicus lateralis bei Säugetieren die phylogenetisch jüngere Bahn ist, die präzisere Informationen über Schmerz- und Temperaturreize vermittelt, wohingegen der Tractus spinothalamicus ventralis phylogenetisch älter ist und durch größere, diffusere rezeptive Felder mit gröberer Berührungssensibilität charakterisiert ist. In Höhe des mittleren Medullabereiches scheinen laterale und ventrale spinothalamische Bahnen miteinander zu verschmelzen. Sie werden deshalb häufig als Tractus spinothalamicus zusammengefaßt.

# AUFSTEIGENDE BAHNEN: TRACTUS SPINOTHALAMICUS VENTRALIS

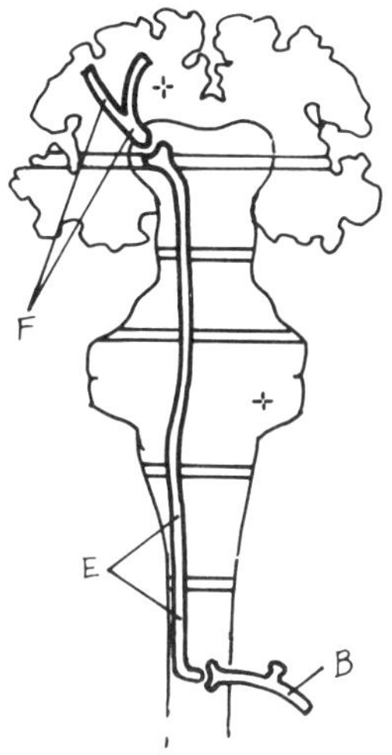


Berührungsrezeptor A
primäres Neuron B
sekundäres Neuron E
  Tractus spinothalamicus ventralis $E^1$
  Seitenast zur Formatio reticularis $E^2$
  Seitenast zum Nucleus reticularis lateralis $E^3$
Formatio reticularis C
Nucleus reticularis lateralis D
tertiäres Neuron F
Nucleus ventralis posterolateralis thalami G
Capsula interna H
Corona radiata I
Gyrus postcentralis J

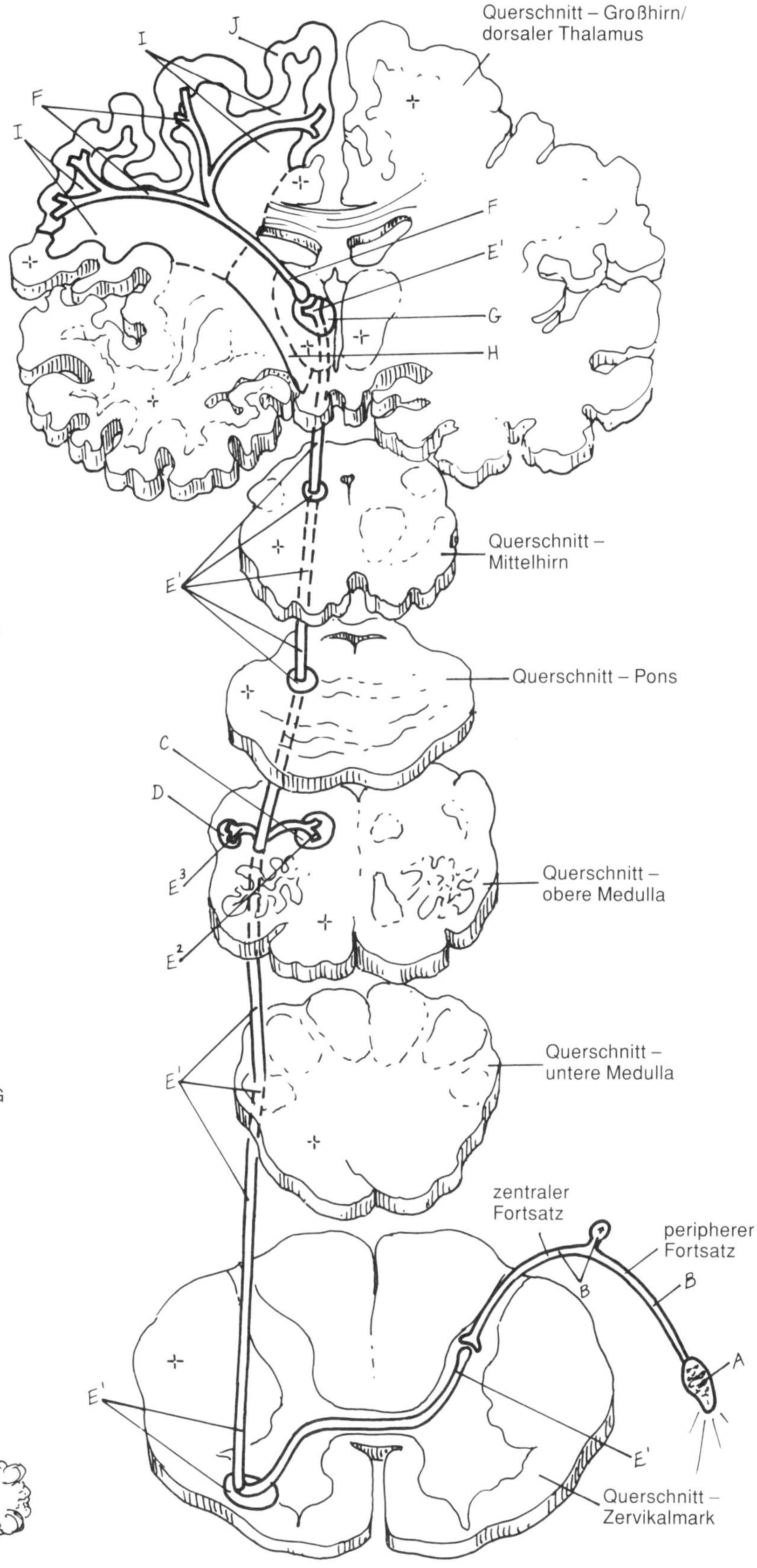

# 4–7

# AUFSTEIGENDE BAHNEN: TRACTUS SPINOCEREBELLARES DORSALIS UND CUNEOCEREBELLARIS

Die Tractus spinocerebellares leiten Impulse über Körperlage und -bewegungen weiter an das Kleinhirn. Diese Informationen erleichtern dem Kleinhirn die koordinierte Feinabstimmung der Bewegungsmuster, die im Großhirn initiiert werden.
Die spinocerebelläre Bahn setzt sich zusammen aus den *Tractus spinocerebellares dorsalis* ($E^1$), *ventralis* und *rostralis* und dem *Tractus cuneocerebellaris* ($E^3$).
Über den Tractus spinocerebellaris dorsalis laufen Impulse aus Muskelspindeln oder Sehnenorganen aus der unteren Körperhälfte (tiefer als C8), der Tractus cuneocerebellaris leitet Impulse aus Körperregionen oberhalb von C8. Die Informationen, die über diese beiden Tractus geleitet werden, sind gleichsam filigraner Natur und entstammen häufig nur einzelnen Muskelzellen oder Teilen eines Muskel-Sehnenkomplexes. Die Informationen hingegen, die über die Tractus spinocerebellares ventralis und rostralis verlaufen, sind weit umfassenderer Natur (s. Tafel 4–8).

**Malen Sie diese Tafel nach dem gleichen Modus wie die drei vorhergehenden an und verwenden Sie für identische Strukturen (Neurone und zugehörige Bahnen) dieselben Farben. Beginnen Sie mit dem Oberbegriff ‚Tractus spinocerebellaris' und den Begriffen A–G. Malen Sie die zugehörige Bahn (B, E) in der Abbildung links oben an und die untere Körperhälfte (A) in der Abbildung links unten. Kolorieren Sie anschließend die Pfeile A und das primäre Neuron (B) im S1- und L3-Querschnitt und abschließend das Kleinhirn (G).**

Die Axone, die Impulse aus Muskelspindeln, Sehnenorganen und der Haut der *unteren Körperhälfte* (A) weiterleiten, sind dicke Ia-, Ib- und II-Fasern, deren Neurone in den Spinalganglien der Spinalnerven unterhalb von C8 liegen.
*Primäre Neurone* (B) unterhalb von L3 entsenden ihre zentralen Fortsätze in die *Columnae dorsales* (C). Dort biegen sie nach kranial um und steigen innerhalb der Säulen bis in Höhe von L3 auf. Zwischen L3 und C8 projizieren eintretende zentrale Fortsätze und diejenigen der Hintersäulen in den medialen Bereich von Lamina VII (graue Substantia intermedia), in der sich eine gut demarkierte Zellsäule befindet, die *Clarkesche Säule (Nucleus thoracicus)* (D). Die Clarkesche Säule erstreckt sich zwischen L3 und C8 und ist im Bereich des Thorakalmarks am ausgeprägtesten. In ihr bilden die zentralen Fortsätze der primären Neuronen Synapsen mit *sekundären Neuronen* (E), deren Axone als *Tractus spinocerebellaris dorsalis* ($E^1$) zum Fasciculus lateralis verlaufen. Während ihres Aufstiegs verlagern sich die Tractus spinocerebellares nach dorsal und treten in Höhe der oberen Medulla oblongata in den *Pedunculus cerebellaris caudalis (unterer Kleinhirnstiel)* (F) (lat. pedunculus: Stiel) ein und schließlich in das *Kleinhirn* (G) selbst. Die Fasern dieses Trakts gehören zu denjenigen mit der höchsten Nervenleitgeschwindigkeit im gesamten ZNS. Sie enden moosartig verzweigt in bestimmten Bereichen der ipsilateralen medialen Kleinhirnrinde (nicht dargestellt), wo Bewegungs- und Lagesinn der unteren Extremitäten und des unteren Rumpfes lokalisiert sind.

**Malen Sie den Oberbegriff ‚Tractus cuneocerebellaris', die Begriffe $A^1$–$E^3$ an und gehen Sie im übrigen nach dem gleichen Schema vor, wie oben beschrieben. Kolorieren Sie die zugehörige Bahn (B, $E^2$) in der Abbildung links oben und das primäre Neuron dieser Bahn, beginnend in Höhe von Th6 sowie den Pfeil $A^1$.**

Zentrale Fortsätze *primärer Neurone* ($B^1$) leiten Impulse aus Muskelspindeln, Sehnenorganen und der Haut der *oberen Körperhälfte* ($A^1$) oberhalb von C8, treten in den *Fasciculus cuneatus* ($C^1$) ein, steigen in ihm auf und enden an Zellen des *externen (akzessorischen) Nucleus cuneatus* (H) im dorsalen Bereich der Medulla oblongata. Dieser liegt unmittelbar seitlich des eigentlichen Nucleus cuneatus, einer der synaptischen Umschaltzonen für die Bahnen der Hinterhornsäulen (s. Tafel 4–4). Die Axone der sekundären Neurone verlaufen als *Tractus cuneocerebellaris* ($E^3$) rostralwärts. Gemeinsam mit dem Tractus spinocerebellaris dorsalis verläuft er durch den *Pedunculus cerebellaris caudalis (unterer Kleinhirnstiel)* (F) zum Kleinhirn. Die Fasern dieses Trakts enden, ebenfalls moosartig verzweigt, im medialen Bereich der Kleinhirnrinde (nicht dargestellt), der Repräsentationszone des oberen Rumpfbereichs und der oberen Extremitäten.

# AUFSTEIGENDE BAHNEN: TRACTUS SPINOCEREBELLARES DORSALIS UND CUNEOCEREBELLARIS

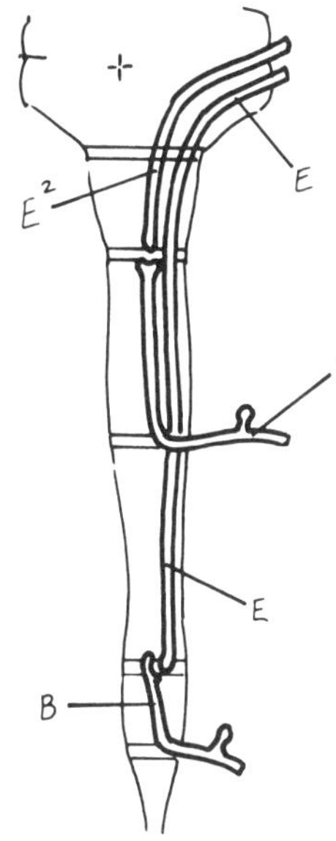


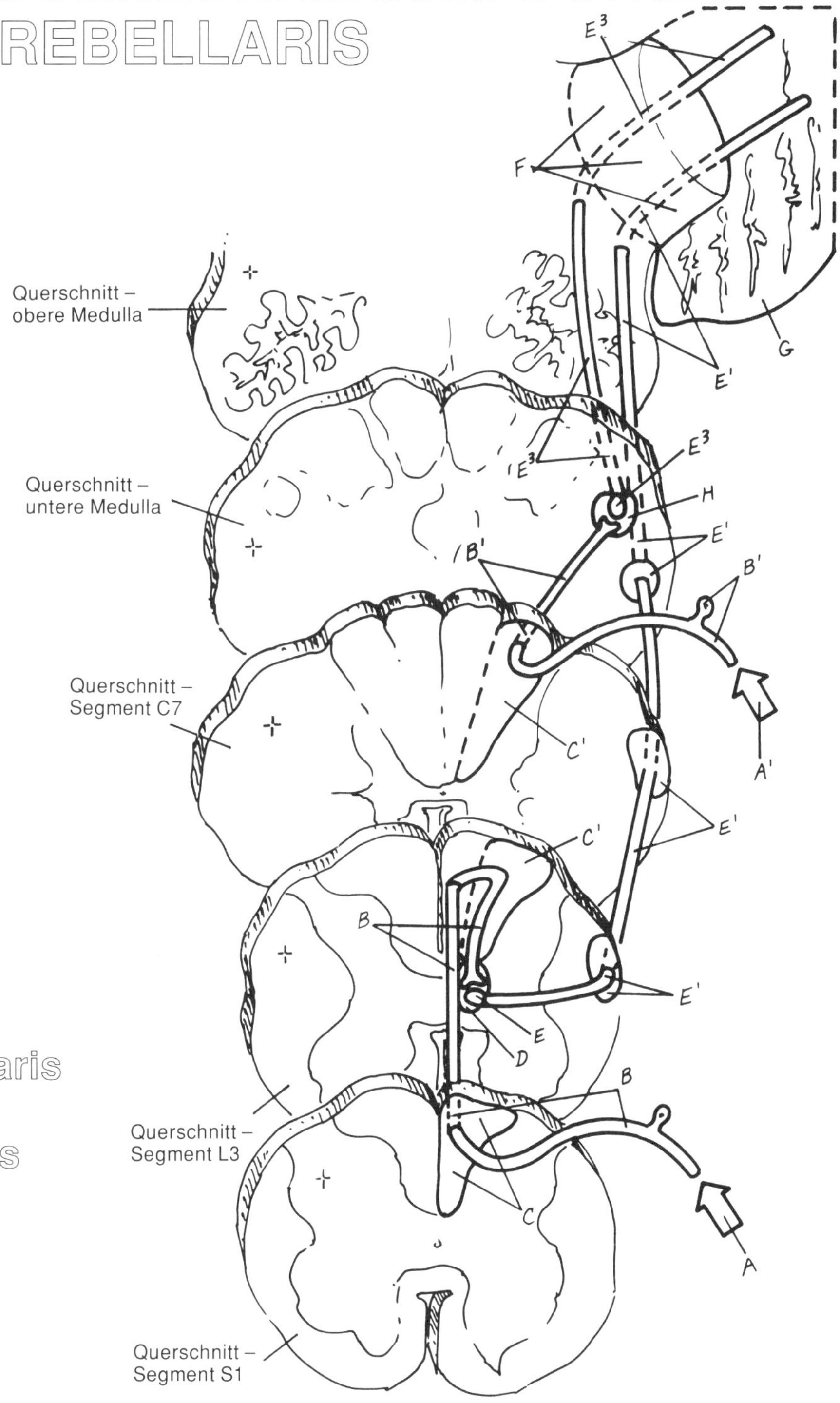


Tractus spinocerebellaris dorsalis ★
Bewegungs-/Lagesinn unterhalb von C8 A
primäres Neuron B
Columna dorsalis C
Clarkesche Säule D
sekundäres Neuron E
Tractus spinocerebellaris dorsalis $E^1$
Pedunculus cerebellaris caudalis F
Kleinhirn G

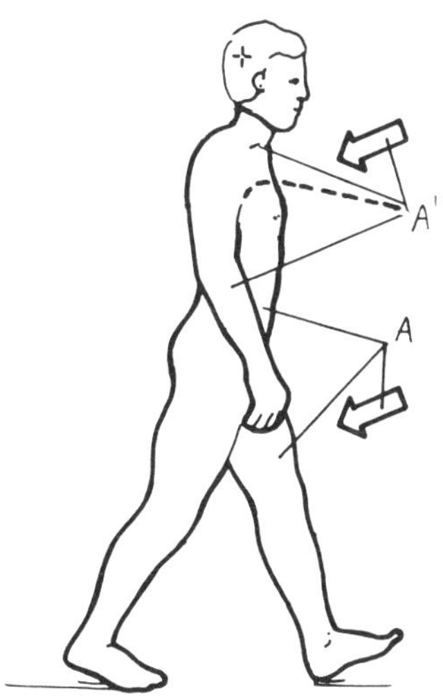


Tractus cuneocerebellaris ★
Bewegungs-/Lagesinn oberhalb von C8 $A^1$
primäres Neuron $B^1$
Fasciculus cuneatus $C^1$
externer Nucleus cuneatus H
sekundäres Neuron $E^2$
Tractus cuneocerebellaris $E^3$

# 4–8

# AUFSTEIGENDE BAHNEN: TRACTUS SPINOCEREBELLARES VENTRALIS UND ROSTRALIS

Die Tractus spinocerebellares ventralis und rostralis leiten Impulse des Bewegungs- und Lagesinns aus Sehnenorganen und Muskelspindeln zum Kleinhirn weiter. Der Einzugsbereich dieser Informationen ist wesentlich größer als derjenige von Impulsen, die über die Tractus spinocerebellaris dorsalis und cuneocerebellaris geleitet werden (s. Tafel 4–7). Während letztere Informationen über die Lage eines bestimmten Teiles eines Muskels weitervermitteln, leiten die Erstgenannten u.U. Informationen über die Lage einer ganzen Extremität. Hierzu bedarf es der Konvergenz unzähliger primärer Neurone hin zu einem einzigen sekundären Neuron.

**Gehen Sie beim Anmalen dieser Tafel wiederum so vor, wie auf den vorhergehenden Tafeln. Malen Sie zunächst die Begriffe A und A¹ und deren zugehörige Strukturen in der Abbildung links oben an. Kolorieren Sie danach den Oberbegriff ‚Tractus spinocerebellaris ventralis' und dessen zugehörige Begriffe und Strukturen. Der Kennbuchstabe D wird auf dieser Tafel nicht verwendet. Malen Sie abschließend das Kleinhirn (G) an.**

Die peripheren Fortsätze der *primären Neurone* (B) des Tractus spinocerebellaris ventralis leiten Impulse aus *Muskelspindeln* (A) und *Sehnenorganen* (A¹) und verlaufen zu Neuronen in den Spinalganglien lumbaler und sakraler Spinalnerven. Die zentralen Fortsätze dieser Neurone treten auf gleicher Höhe (bis hinauf zu L1) in das Rückenmark ein, wo sie mit *sekundären Neuronen* (E) in der Basis der Vorder- und Hinterhörner Synapsen bilden.

Die Axone dieser sekundären Neurone kreuzen durch die Substantia intermedia centralis nach kontralateral und verlaufen dann innerhalb des Funiculus lateralis als *Tractus spinocerebellaris ventralis* (E¹) rostralwärts. Der Trakt aszendiert durch den Hirnstamm bis in den oberen Bereich des Pons, von wo aus er schleifenförmig über den ipsilateralen *Pedunculus cerebellaris cranialis (oberer Kleinhirnstiel, Brachium conjunctivum)* (C) das *Kleinhirn* (G) erreicht. Ungefähr 10 % der Fasern dieses Trakts kreuzen jedoch vorher wiederum nach kontralateral und treten dann über den kontralateralen Kleinhirnstiel ins Kleinhirn ein. In beiden Fällen enden die Fasern im medialen Bereich der Kleinhirnrinde, dem Repräsentationsbereich der unteren Extremitäten (nicht dargestellt).

**Malen Sie den Oberbegriff ‚Tractus spinocerebellaris rostralis' und die zugeordneten Begriffe und Strukturen an. Beginnen Sie mit dem Pfeil A rechts unten. Aus Gründen der Übersichtlichkeit treten in der Abbildung die primären Neurone des ventralen und rostralen spinozerebellären Trakts auf gleicher spinaler Höhe ins Rückenmark ein, was jedoch nicht der Realität entspricht.**

Die nachfolgenden Erläuterungen stellen eine Übertragung von Untersuchungen an Katzen auf den Menschen dar.

Der *Tractus spinocerebellaris rostralis* (E³) ist das Äquivalent des ventralen Trakts für die oberen Extremitäten. Die zentralen Fortsätze des *primären Neurons* (B¹) treten ins Zervikalmark ein und bilden dort wahrscheinlich Synapsen mit *sekundären Neuronen* (E²). Die Axone dieser Neurone bilden ipsilateral den *Tractus spinocerebellaris rostralis* (E³), dessen Fasern mutmaßlich im oberen Bereich der Medulla in den *Pedunculus cerebellaris caudalis* (F) eintreten oder aber weiter bis in den Pons aufsteigen und von dort in den *Pedunculus cerebellaris cranialis* eintreten. Die Fasern enden in der medialen Kleinhirnrinde, dem Repräsentationsbereich des Bewegungs- und Lagesinns der oberen Extremitäten.

Die integrativen Kleinhirnfunktionen in bezug auf die beschriebenen aufsteigenden Bahnen sind Thema der Tafeln 5–13, 5–14 und 5–15.

# AUFSTEIGENDE BAHNEN: TRACTUS SPINOCEREBELLARES VENTRALIS UND ROSTRALIS

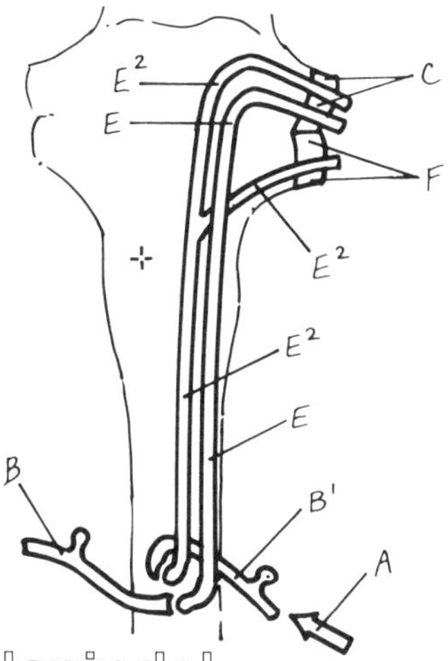


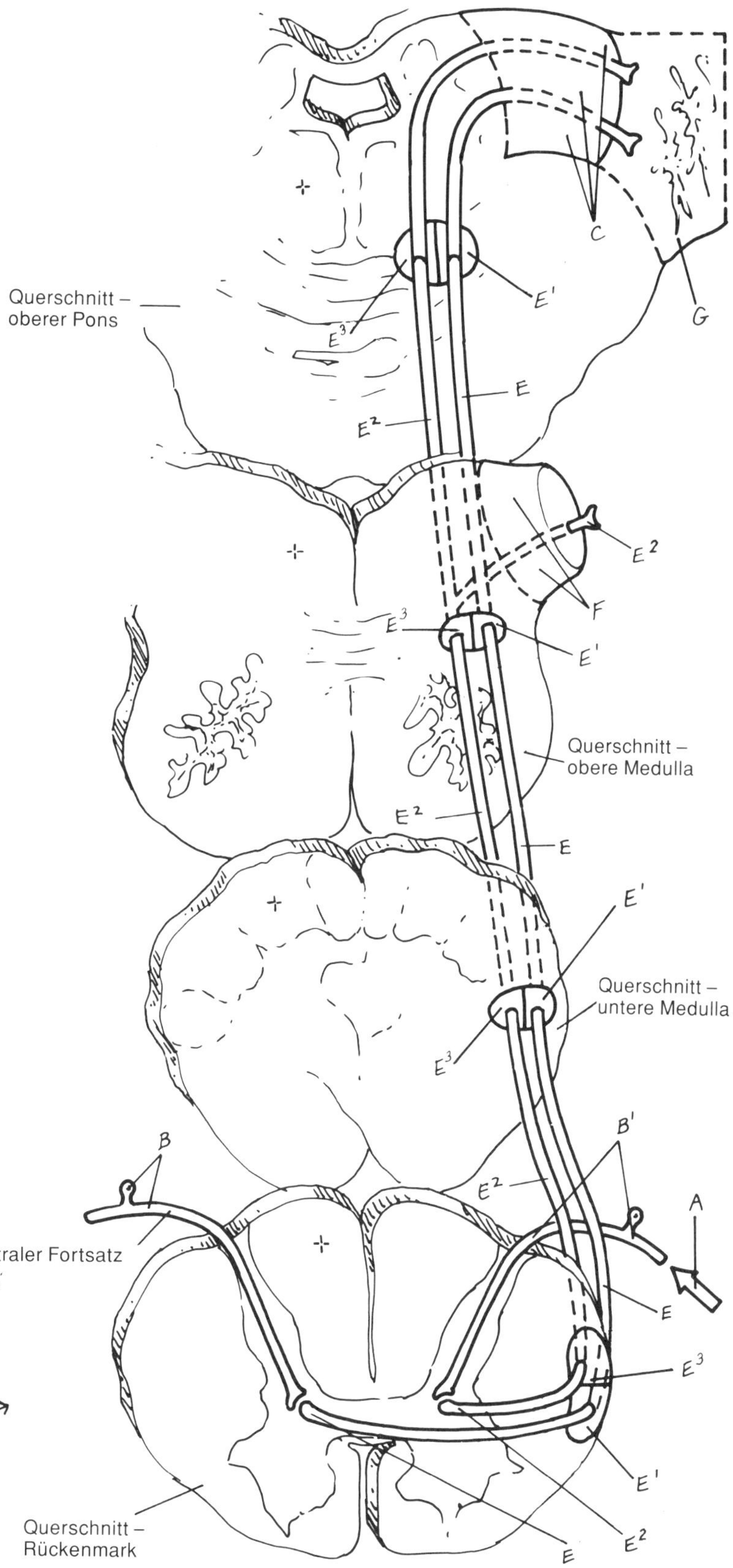


Muskelspindel A
Sehnenorgan A'
Tractus spinocerebellaris ventralis ★
primäres Neuron B
sekundäres Neuron E
Tractus spinocerebellaris ventralis E'
Pedunculus cerebellaris cranialis C
Kleinhirn G

Tractus spinocerebellaris rostralis ★
primäres Neuron B'
sekundäres Neuron E²
Tractus spinocerebellaris rostralis E³
Pedunculus cerebellaris caudalis F

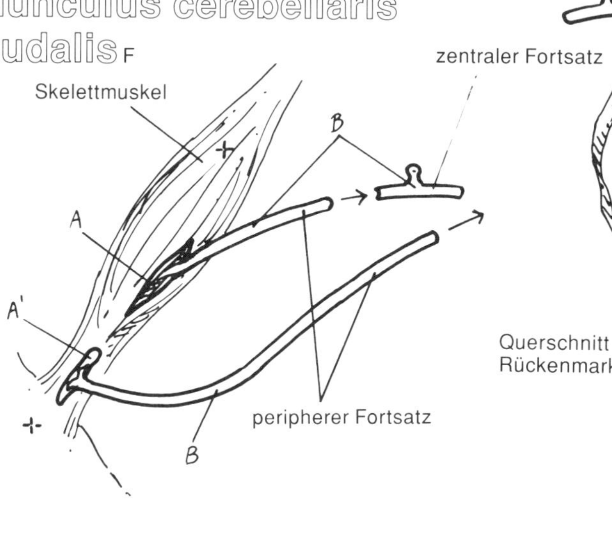

# 4–9
# ABSTEIGENDE BAHNEN: TRACTUS CORTICOSPINALIS (PYRAMIDENBAHN)

Der Tractus corticospinalis (Pyramidenbahn) ist die wichtigste aus der Großhirnrinde absteigende Bahn und beeinflußt sowohl die Motoneurone als auch die sensorischen Neurone im Rückenmark. Er ist bei allen Wirbeltieren angelegt, erlangt aber beim Menschen seine größte Bedeutung. Die vorrangigen Aufgaben der Pyramidenbahn bestehen in der Kontrolle der Willkürmotorik und der Regulierung des Zustroms sensorischer Impulse. Alle absteigenden Bahnen verlaufen auf direktem Weg, also ohne zwischengeschaltete Synapsen mit primären und sekundären Neuronen, von der Großhirnrinde oder subkortikalen Zentren zu den unteren motorischen Vorderhornzellen. Allerdings erhalten manche Bahnen zusätzlich Zustrom von Axonen bestimmter Kernareale.
Dem absteigenden Verlauf der Bahnen entspricht das Vorgehen beim Anmalen dieser und der drei folgenden Tafeln: Nicht mehr von unten nach oben, wie bei den aufsteigenden Bahnen, sondern von oben nach unten sollte beim Anmalen gearbeitet werden.

**Malen Sie den Begriff ‚Pyramidenbahn (Tractus corticospinalis)' und deren Verlauf (A) in der Abbildung rechts oben an. Kolorieren Sie die Begriffe B–B¹ und die mit B und B¹ bezeichneten Rindenbezirke (in Pastellfarben) in der Seitenansicht der Hemisphäre links oben und das mit B¹ bezeichnete Rindenareal links oben in der Hauptabbildung. Malen Sie anschließend die Begriffe A¹ und C–I an, die Pyramidenbahn in ihrer gesamten Ausdehnung und die zugehörigen Strukturen, das untere Motoneuron und seine zugehörigen Strukturen (G–I) und den Pfeil I links unten, der auf ein antrainiertes Bewegungsmuster hinweist.**

Annähernd eine Million Neurone, die große *Rindenareale* (B) in beiden Hemisphären einnehmen, bilden mit ihren Axonen die *Pyramidenbahn (Tractus corticospinalis)* (A) (s. Abbildung links oben: Die Punktdichte korreliert mit der Neuronendichte). Ca. 90 % der myelinisierten Axone haben mit nur 1-4 μm einen sehr geringen Durchmesser, nur 2-4 % zählen mit einem Durchmesser von 10-20 μm zu den dicken Axonen. Diese dicken, schnell leitenden Axone entstammen den Riesenpyramidenzellen (Betz-Zellen) im *primären Motorcortex* (B¹) des Frontallappens. Zu ihren Aufgaben gehört die kurzfristige Reduktion des der Schwerkraft entgegenwirkenden Streckmuskeltonus, um nachfolgende Bewegungen zu erleichtern.
Die dicken, myelinisierten Axone deszendieren aus der Hirnrinde und bilden einen Teil der raumgreifenden *Corona radiata* (C), die sich erst seitlich des Zwischenhirns zur *Capsula interna* (D) verschmälert. Dies führt zu einer deutlichen Kompression der Axone und macht sie besonders empfindlich gegenüber kleinen Blutungen oder Blutgerinnseln (Thromben), die schwere neurologische Ausfallserscheinungen nach sich ziehen. Auf ihrem weiteren Abstieg gibt die Pyramidenbahn mehrfach *Kollateralen* (A¹) und Terminalen ab, durchquert die Mittelhirnbasis und bildet schließlich den Mittelteil des *Crus cerebri (Hirnschenkel)* (E). Die Randbereiche der Hirnschenkel werden von kortikopontinen, kortikobulbären und kortikomedullären Fasern gebildet. Der Tractus erreicht dann den ventralen Bereich des Pons, wo er durch pontine Zellgruppen in mehrere Bündel aufgesplittert wird. Bei Eintritt in die Medulla oblongata vereinen sich diese Bündel wieder, geben neuerlich Kollateralen und Terminalen ab und bilden schließlich nahe der ventralen Oberfläche der Medulla die *Pyramiden* (F).
Im Bereich des medullospinalen Übergangs kreuzt der größte Teil der Pyramidenbahnfasern nach kontralateral und bildet so die *Pyramidenkreuzung (Decussatio pyramidum)* (F¹). Nach dem Queren nimmt jede Bahn als *seitliche Pyramidenbahn (Tractus corticospinalis lateralis)* (A²) ihre Position im Funiculus lateralis ein. Die ungekreuzten Fasern verlaufen als *vordere Pyramidenbahn (Tractus corticospinalis ventralis)* (A⁴) im Funiculus ventralis, allerdings nur bis in Höhe der kaudalen Thorakalsegmente. Diese Fasern kreuzen jeweils erst in jenem Rückenmarksegment nach kontralateral, in dem sie auch terminieren.
Fast die Hälfte aller Pyramidenbahnfasern enden an Interneuronen in der Hinterhornbasis des Rückenmarks *(Terminalfasern)* (A³), wo sie den sensorischen Zustrom regulieren. Die restlichen Fasern enden an Motoneuronen in der Lamina IX des Vorderhorns und an benachbarten Interneuronen. Die motorische Vorderhornzelle bildet mit ihrem Pendant, dem motorischen Hirnnervenkern und dessen *Axonen* (C¹), den letzten gemeinsamen Bahnabschnitt, der der Umsetzung willkürlicher motorischer Bewegungen dient und an der *motorischen Endplatte* (H) des *Muskels* (I) endet.

# ABSTEIGENDE BAHNEN: TRACTUS CORTICOSPINALIS (PYRAMIDENBAHN)

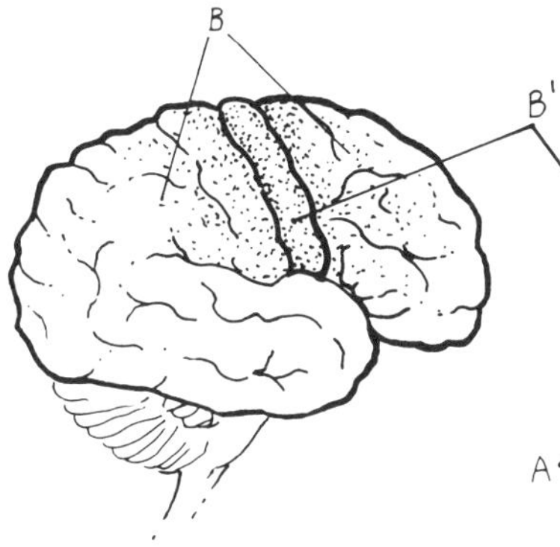


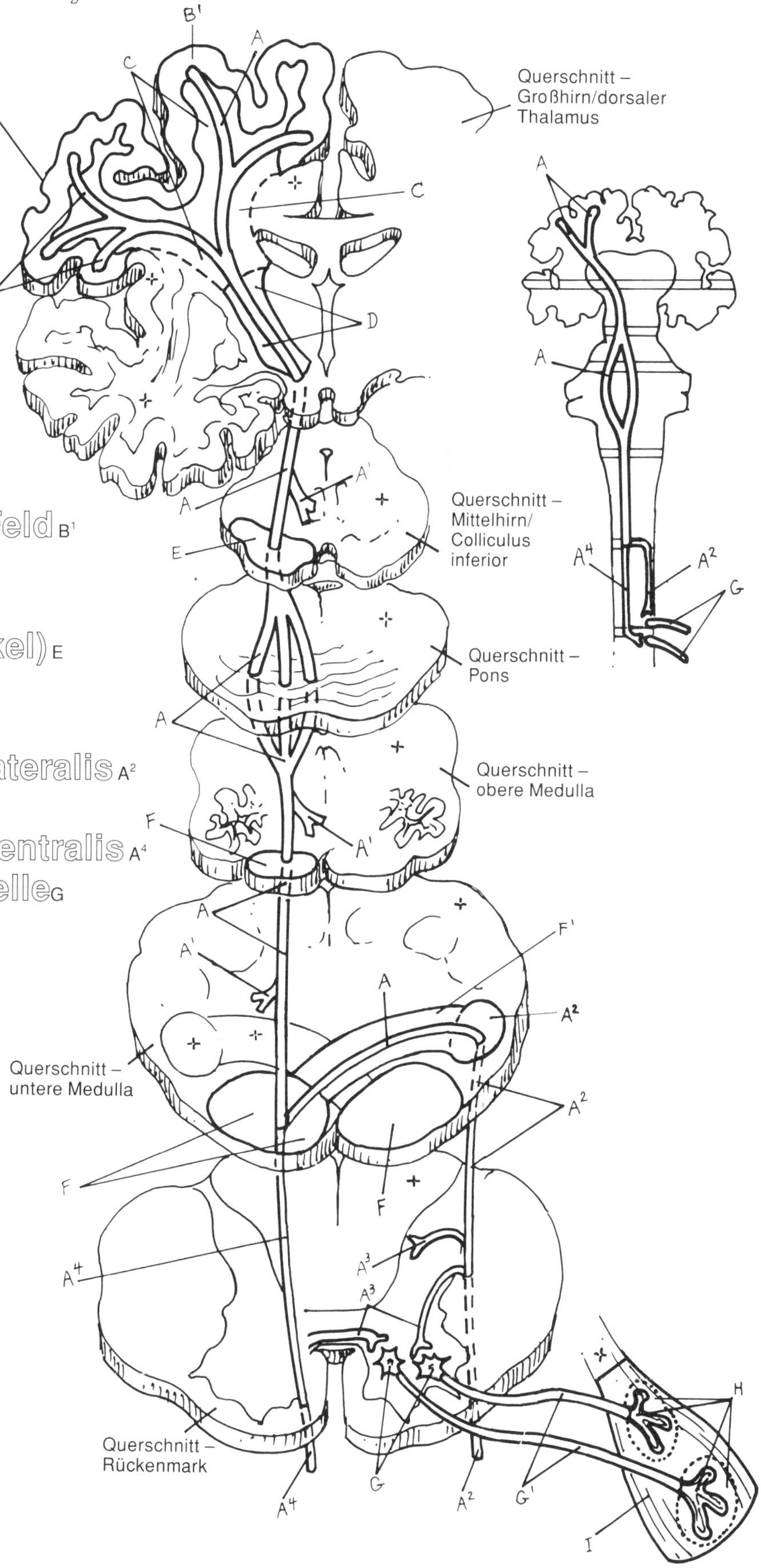


Tractus corticospinalis (Pyramidenbahn) A
Kollaterale $A^1$
Großhirnrinde B
primäres motorisches Feld $B^1$
Corona radiata C
Capsula interna D
Crus cerebri (Hirnschenkel) E
Pyramide F
Pyramidenkreuzung $F^1$
Tractus corticospinalis lateralis $A^2$
Terminalfaser $A^3$
Tractus corticospinalis ventralis $A^4$
motorische Vorderhornzelle G
Axon $G^1$
motorische Endplatte H
Muskel (Effektor) I

# 4–10

# GEMISCHTE BAHNEN: FASCICULUS LONGITUDINALIS MEDIALIS ABSTEIGENDE BAHNEN: TRACTUS VESTIBULOSPINALIS

Außer der Pyramidenbahn (s. Tafel 4–9) existieren einige phylogenetisch ältere Bahnen, die aus subkortikalen Hirnzentren ins Rückenmark deszendieren. Sie heißen extrapyramidale Bahnen, weil sie außerhalb der medullären Pyramiden verlaufen. Alle extrapyramidalen Bahnen beteiligen sich an der Umsetzung individueller willkürlicher Bewegungsmuster, die von den Pyramidenbahnen initiiert werden.
Die nachfolgend erläuterten Extrapyramidalbahnen entstammen ganz oder teilweise den Nuclei vestibulares im kaudalen Pons und in der kranialen Medulla oblongata.

**Malen Sie den Oberbegriff ‚mediales Längsbündel (MLB; Fasciculus longitudinalis medialis)' an sowie den Begriff A, dessen zugehörige Bahn in der Abbildung rechts oben und die Begriffe $A^1$–$F^1$. Kolorieren Sie auf der rechten Seite der Hauptabbildung die deszendierenden Fasern ($A^1$) des MLB, deren zugehörige Pfeile und Ursprungsorte (B–$E^1$) sowie das terminale Neuron (F) und dessen Axon ($F^1$). Malen Sie danach die Begriffe $A^2$–I an. Kolorieren Sie auf der rechten Seite der Hauptabbildung, beginnend in den Vestibulariskernen (E) in Höhe der oberen Medulla, die aszendierenden Fasern des MLB, deren zugehörige Pfeile und abschließend ihre Zielkerne (G–I).**

Die Axone des *medialen Längsbündels (MLB)* (A) haben ihren Ursprung im medialen Hirnstammbereich. Das MLB ist kein einheitliches Fasersystem, sondern enthält auf- und absteigende Faserbündel, die sich sowohl hinsichtlich ihres Ursprungs als auch ihrer Zielgebiete voneinander unterscheiden.
Die deszendierenden Fasern entstammen überwiegend dem *Nucleus vestibularis medialis* ($E^1$) der oberen Medulla. Sie üben einen inhibitorischen Effekt auf motorische Vorderhornzellen aus. Weitere Ursprungsorte der absteigenden Fasern sind: Der *Colliculus superior* (B) im rostralen Mittelhirn (vermittelt visuelle Reflexe), der *Nucleus oculomotorius accessorius (Edinger-Westphal)* (C) im rostralen Mittelhirn (innerviert bestimmte Augenmuskeln), die *pontine Formatio reticularis* (D) (unterstützt den Streckmuskeltonus) und die *Nuclei vestibulares* (E) in der Medulla (kontrollieren den Gleichgewichtssinn). Das mediale Längsbündel deszendiert ipsilateral im Funiculus ventralis des Rückenmarks, wobei einige Fasern mit *motorischen Vorderhornzellen* (F) des Zervikalmarks Synapsen bilden. Die *Axone* ($F^1$) dieser Neurone enden überwiegend in motorischen Endplatten der Nackenmuskulatur (nicht dargestellt).
Die aufsteigenden Fasern des MLB entstammen mehrheitlich den Vestibulariskernen in der oberen Medulla oblongata. Diese Fasern enden in den *Hirnnervenkernen* des *Nervus oculomotorius (III)* (I), *trochlearis (IV)* (H) und *abducens (VI)* (G), die für die Innervation der Augenmuskulatur zuständig sind.
Das visuelle Verfolgen eines sich bewegenden Objektes unter Mitwirkung der Augen, des Kopfes, Nackens und Rumpfes ist ein Beispiel einer typischen Längsbündelaktivität. Die Pyramidenbahnen steuern die willkürliche Komponente zu derartigen reflektorischen Bewegungsabläufen bei.

**Malen Sie den Oberbegriff ‚Tractus vestibulospinalis' an sowie die Begriffe J–$O^1$, die Struktur M in der Abbildung rechts oben und die zugehörigen Komponenten auf der linken Seite der Hauptabbildung, beginnend mit den Afferenzen J und K.**

Alle Vestibulariskerne erhalten Afferenzen einerseits über den Nervus vestibularis, einem Teil des VIII. Hirnnerven, aus dem Vestibularapparat (Gleichgewichtsorgan) des Innenohres und andererseits aus dem *Kleinhirn* (K). Beide sind an der Kontrolle von Gleichgewicht und Koordination beteiligt. Die Axone des *Nucleus vestibularis lateralis* (L) bilden den *Tractus vestibulospinalis* (M). Dieser deszendiert ipsilateral im anterolateralen Rückenmark. In Höhe eines jeden Rückenmarksegmentes treten *Terminalfasern* ($M^1$) in die Laminae VII und VIII ein und bilden Synapsen mit *Interneuronen* (N), deren Axone bis zu *motorischen Vorderhornzellen* (O) projizieren. Deren *Axone* ($O^1$) wiederum enden an motorischen Endplatten und Muskelspindeln ihrer jeweiligen Effektoren (nicht dargestellt).
Die Vestibulospinalbahn unterstützt die Aktivität der gesamten (antigravitätischen) Streckmuskulatur und trägt dadurch zu einer stabilen Körperhaltung bei. Dieser Streckmuskeltonus wird nur unmittelbar vor einer willkürlichen Bewegung etwas reduziert, aber unmittelbar danach wieder auf das Ausgangsniveau gesteigert. Bei Schädel-Hirntraumata, die eine Hirnstammläsion oberhalb der Vestibulariskerne verursachen, entfallt der inhibitorische Einfluß höherer Hirnzentren auf vestibulospinale Impulse: Der Streckmuskeltonus bleibt ununterbrochen auf einem ungehemmt hohen Niveau (»Enthirnungsstarre«).

# GEMISCHTE BAHNEN: FASCICULUS LONGITUDINALIS MEDIALIS ABSTEIGENDE BAHNEN: TRACTUS VESTIBULOSPINALIS

Komponenten des Fasciculus longitudinalis medialis ★
Fasciculus longitudinalis medialis A
absteigende Fasern A'
Colliculus superior B
Nucleus oculomotorius accessorius C
pontine Formatio reticularis D
Nuclei vestibulares E
Nucl. vestibularis medialis E'
motorische Vorderhornzelle F/
Axon F'

aufsteigende Fasern A²
Nuclei vestibulares E
Nucl. n. abducentis G
Nucl. n. trochlearis H
Nucl. n. oculomotorii I

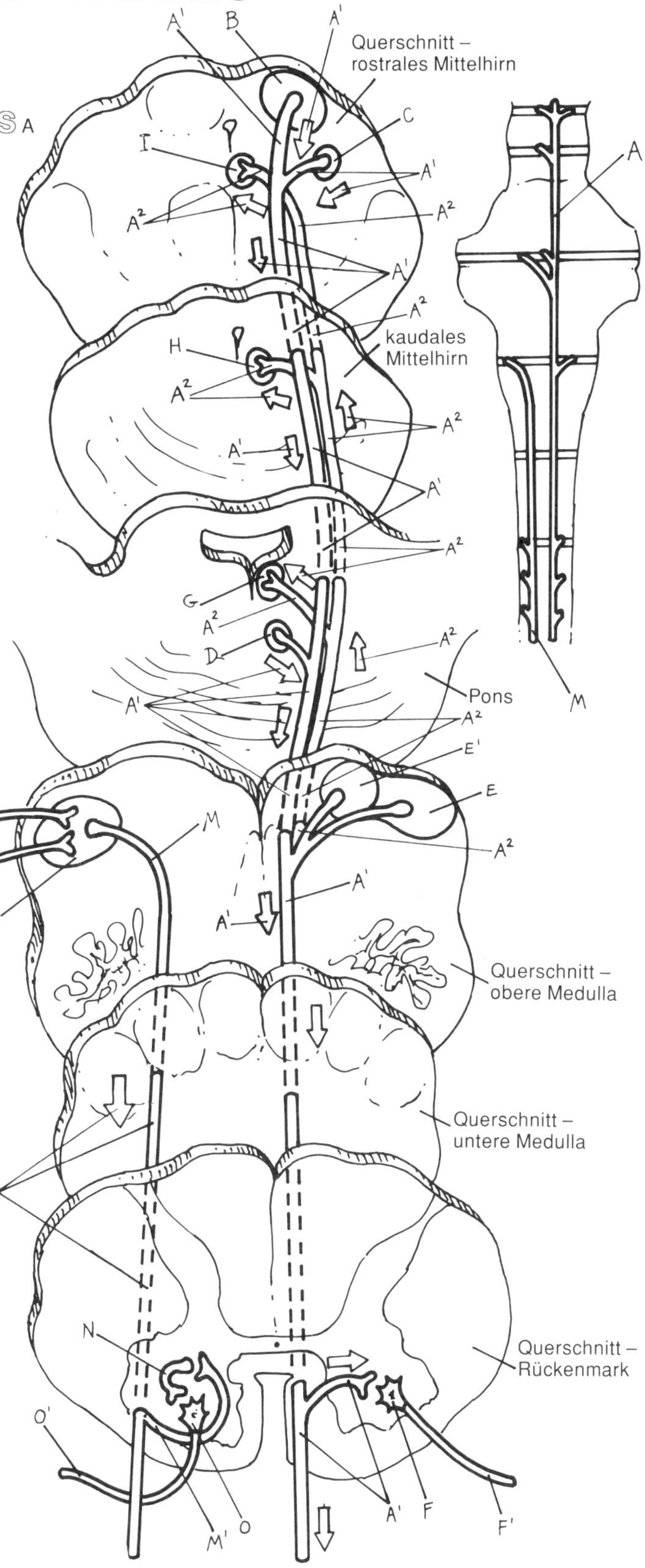


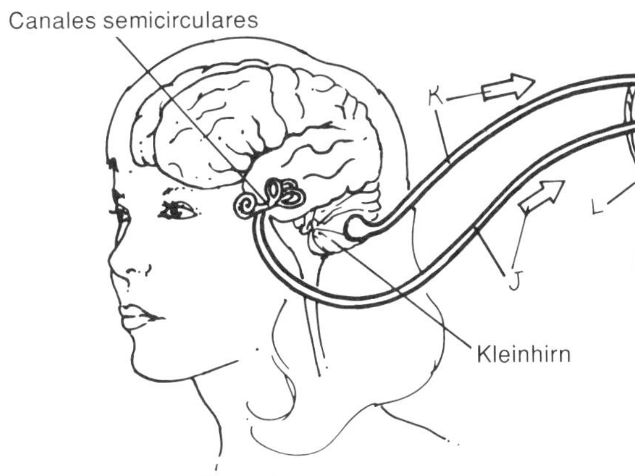


Komponenten des Tractus vestibulospinalis ★
vestibuläre Afferenz J
zerebelläre Afferenz K
Nucl. vestibularis lateralis L
Tractus vestibulospinalis M
Terminalfaser M'
Interneuron N
motorische Vorderhornzelle O/
Axon O'

# 4–11

# ABSTEIGENDE BAHNEN: TRACTUS TECTOSPINALIS UND RUBROSPINALIS

Zwei weitere absteigende Bahnen, aus denen die motorischen Vorderhornzellen kontinuierlich Impulse erhalten, sind die tektospinale Bahn, die vom Dach des Mittelhirns ihren Ausgang nimmt und die rubrospinale Bahn, deren Ursprung im Nucleus ruber des Mittelhirns liegt.

**Malen Sie den Oberbegriff ‚Tractus tectospinalis' und die Begriffe A–G oben links an. Kolorieren Sie B, D und E in der kleinen Abbildung oben rechts und den Pfeil B unten links, der auf die Augen des abgebildeten Menschen zeigt. Malen Sie den Colliculus inferior in der Hauptabbildung oben an, danach die einzelnen Abschnitte des Tractus tectospinalis, das Interneuron (D), die motorische Vorderhornzelle und ihre Verbindungen (E–G).**

Der *Tractus tectospinalis* (B) beginnt im *Colliculus superior* (A), einem wichtigen Zentrum visueller Reflexe. Die Fasern verlassen den Kern, kreisen um das zentrale Höhlengrau, kreuzen nach kontralateral und bilden so die *Decussatio tegmenti superior (Meynert)* (C). Die tektospinale Bahn deszendiert dann unmittelbar vor dem medialen Längsbündel (nicht dargestellt) in den Hirnstamm und scheint mit diesem gleichsam zu verschmelzen. Im Rückenmark liegt der Tractus tectospinalis in der Nähe der Fissura mediana ventralis des Funiculus ventralis und durchzieht das Rückenmark in dessen gesamter Längsausdehnung.
Die *Terminalfasern* ($B^1$) dieser Bahn enden in den Laminae VI, VII und VIII an *Interneuronen* (D), die ihrerseits mit motorischen *Vorderhornzellen* (E) Synapsen bilden. Deren *Axone* ($E^1$) wiederum enden an *motorischen Endplatten* (F) und Muskelspindeln (nicht dargestellt) des *Effektors* (G).

**Malen Sie den Oberbegriff ‚Tractus rubrospinalis' und die Begriffe H–$G^1$ unten links an. Kolorieren Sie I, $D^1$ und $E^2$ in der kleinen Abbildung oben rechts und den Pfeil unten links, der auf das gebeugte Kniegelenk des abgebildeten Menschen zeigt. Beginnen Sie in der Hauptabbildung ganz oben mit dem Nucleus ruber (H), kolorieren Sie dann den Tractus rubrospinalis, die Terminalfaser, das Interneuron $D^1$ sowie die motorische Vorderhornzelle und deren Verbindungen $E^2$–$G^1$.**

Die Axone aus dem *Nucleus ruber* (H) des Mittelhirns kreuzen über die Mittellinie nach kontralateral und deszendieren ins Rückenmark, wo sie sich mit der Pyramidenbahn vermischen (nicht dargestellt). Der *Tractus rubrospinalis* (I) deszendiert bis auf Höhe des Thorakalmarks. Seine *Terminalfasern* ($I^1$) enden an *Interneuronen* ($D^1$) der Laminae V, VI und VIII des Vorderhorns, aber nicht unmittelbar an den großen Motoneuronen. Die Interneurone projizieren zu *Motoneuronen* ($E^2$), deren *Axone* ($E^3$) an *motorischen Endplatten* ($F^1$) und Muskelspindeln (nicht dargestellt) des *Effektors* ($G^1$) enden. Der Tractus rubrospinalis stellt möglicherweise eine deszendierende Ausweichbahn dar, weil der Nucleus ruber auch Fasern aus der absteigenden Pyramidenbahn erhält. Eine wichtige Funktion der rubrospinalen Bahn besteht in der Tonuskontrolle der Beugemuskulatur der Extremitäten. Die Aktivität dieser Bahn wird über die Regulierung sensorischen Zustroms von Kleinhirn und Großhirnrinde gesteuert. Wenn beispielsweise das Kleinhirn über den Tractus spinocerebellaris Informationen über Körperlage und -bewegung erhält, so modifiziert es seinerseits entsprechend den jeweiligen Erfordernissen die Aktivität des Nucleus ruber.

# ABSTEIGENDE BAHNEN: TRACTUS TECTOSPINALIS UND RUBROSPINALIS

Tractus tectospinalis ★
Colliculus superior A
Tractus tectospinalis B
Terminalfaser B'
Decussatio tegmenti superior C
Interneuron D
motorische Vorderhornzelle E
Axon E'
motorische Endplatte F
Effektor G

Tractus rubrospinalis ★
Nucleus ruber H
Tractus rubrospinalis I
Terminalfaser I'
Interneuron D'
motorische Vorderhornzelle E²
Axon E³
motorische Endplatte F'
Effektor G'

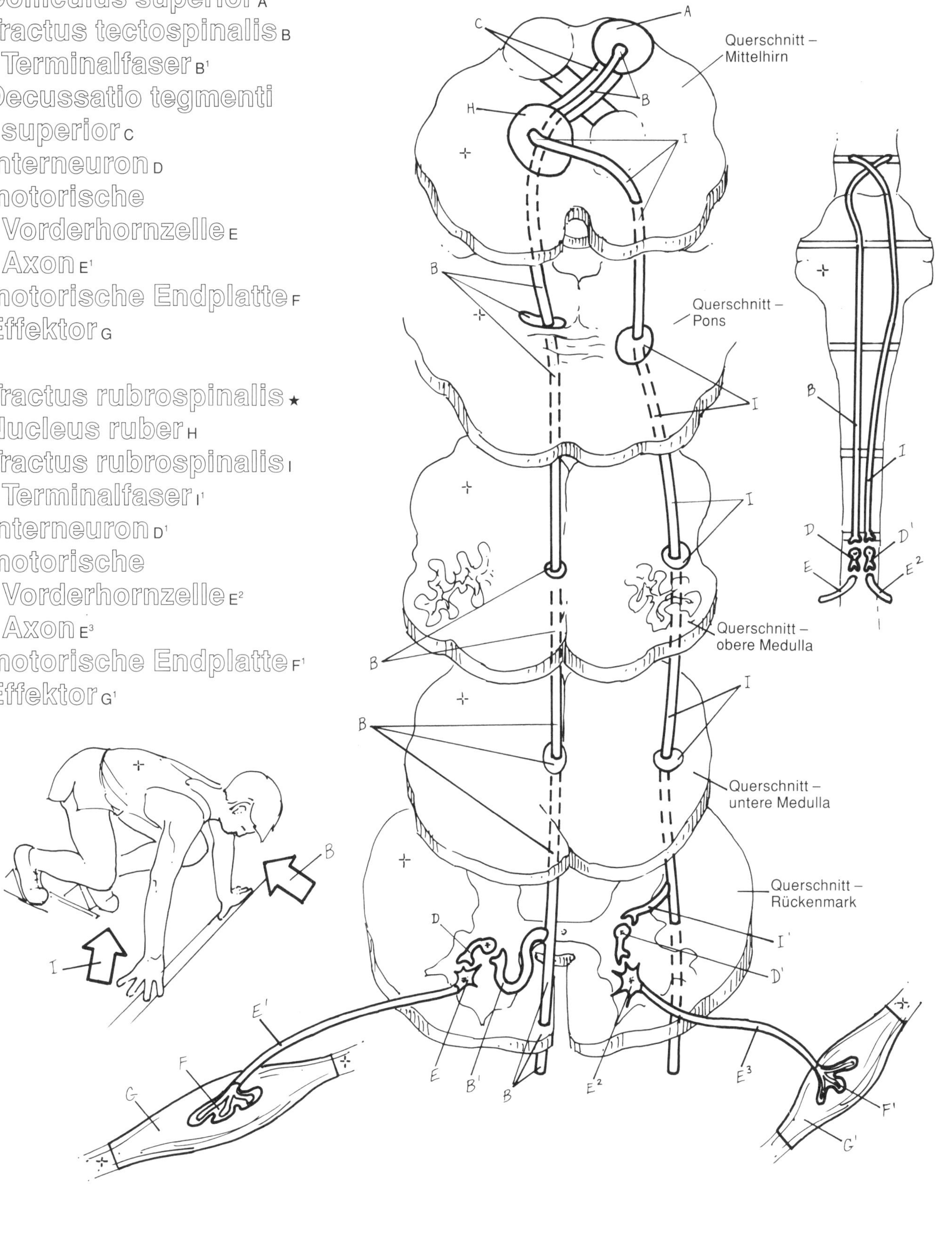

# 4–12
# ABSTEIGENDE BAHNEN: TRACTUS RETICULOSPINALES

Die Tractus reticulospinales gehören zu den absteigenden Bahnen subkortikalen Ursprungs, deren Ursprungskerne jedoch in nicht unerheblichem Maße von absteigenden kortikalen Fasern innerviert werden.

**Malen Sie den Oberbegriff ‚Tractus reticulospinales' an sowie die Begriffe A–E² und die Strukturen B und B¹ in der kleinen Abbildung oben links. Kolorieren Sie die Kerne A¹ und A² rechts oben in der Hauptabbildung, den Tractus reticulospinalis ventralis (B und B¹), das Interneuron (C) sowie die Alpha- und Gamma-Motoneurone und deren zugehörige Strukturen (D–E²).**

Die Tractus reticulospinales lateralis und ventralis haben ihren Ursprung in verschiedenen Bereichen der Formatio reticularis des Hirnstamms (s. Tafel 5–12) und modifizieren motorische und sensorische Funktionen des Rückenmarks. Der *Tractus reticulospinalis ventralis* (B) entsteht aus Zellen der *Brückenhaube (Tegmentum pontis)* (A) und zwar überwiegend aus dem *kranialen* (A¹) und *kaudalen* (A²) *Brückenkern (Nucleus pontis cranialis und caudalis)*. Der Trakt deszendiert im Funiculus ventralis ungekreuzt durch Hirnstamm und Rückenmark und gibt auf seinem Weg *Terminalfasern* (B¹) ab. Diese enden an *Interneuronen* (C) der Laminae VII und VIII des Rückenmarks. Die Axone einiger Interneurone projizieren zu *Alpha-Motoneuronen des Vorderhorns* (D¹), deren *Axone* (D²) wiederum an *motorischen Endplatten* (E¹) von extrafusalen Skelettmuskelfasern als *Effektoren* (E) enden. Andere Interneurone projizieren mit ihren Axonen zu *Gamma-Motoneuronen* (D³) *des Vorderhorns*. Die *Gamma-Efferenzen* (D⁴) innervieren die dünnen Intrafusalfasern der *Muskelspindel* (E²) (s. Tafel 2–10).

**Malen Sie den Oberbegriff ‚Tractus reticulospinalis lateralis' an, die Begriffe F–G¹ sowie die Strukturen G und G¹ in der kleinen Abbildung oben links. Kolorieren Sie in der Hauptabbildung zuerst den Kern F¹, danach die Strukturen G und G¹.**

Der *Tractus reticulospinalis lateralis* (G) entsteht aus dem *Nucleus reticulospinalis magnocellularis* (F¹) im Mittelbereich der Medulla. Auch dieser Trakt deszendiert ungekreuzt im Funiculus ventralis durch den Hirnstamm ins Rückenmark. Auf dem Weg dorthin gibt die Bahn *Terminalfasern* (G¹) an Interneurone der Laminae VII und VIII des Rückenmarks ab. Wie im ventralen retikulospinalen Trakt projizieren diese Interneurone sowohl zu Alpha- als auch zu Gamma-Motoneuronen. Sehr häufig werden die Interneurone von mehreren kortiko- und/oder subkortikospinalen Bahnen (u.a. auch von den Tractus rubrospinalis und vestibulospinalis) innerviert. Sie fungieren somit als »Konvergenzstationen« verschiedenster, aus dem Hirnstamm absteigender Impulse.

Die Formatio reticularis des Hirnstamms übt sowohl bahnende als auch hemmende Effekte auf die Muskelaktivität und den Muskeltonus aus, beeinflußt die Atmung und das Herz-Kreislauf-System und ist an der Weiterleitung sensorischer Impulse an höhere Hirnzentren beteiligt.

Der Tractus reticulospinalis lateralis scheint hierbei an der Inhibierung muskulärer Aktivität und kardiovaskulärer Reaktionen (z.B. Puls- und Blutdruckanstieg) beteiligt zu sein und an der Stimulation der Inspirationsphase des Atmungszyklus.

Die Funktionen des Tractus reticulospinalis ventralis sind noch nicht gänzlich geklärt, jedoch übt er zweifelsfrei einen stimulierenden Effekt auf Muskelarbeit und kardiovaskuläre Reaktionen aus.

# ABSTEIGENDE BAHNEN: TRACTUS RETICULOSPINALES

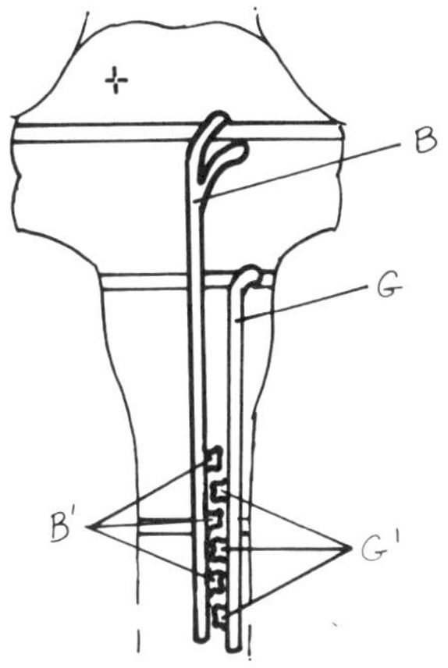


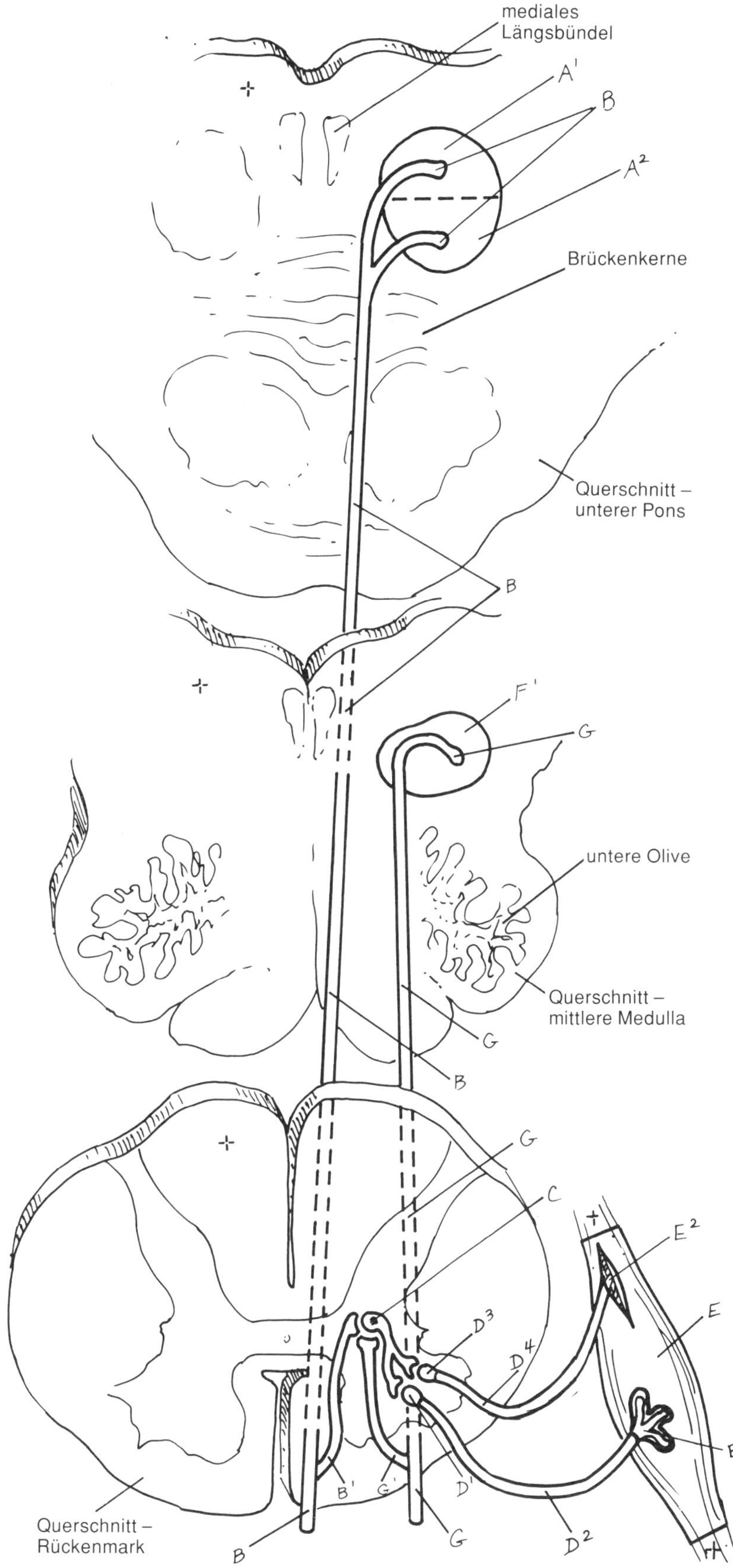


Tractus reticulospinalis ventralis ★
Brückenhaube A()
kranialer Brückenkern $A^1$
kaudaler Brückenkern $A^2$
Tractus reticulospinalis ventralis B
Terminalfaser $B^1$
Interneuron C
motorische Vorderhornzellen D()
Alpha-Motoneuron $D^1$/ -Efferenz $D^2$
Gamma-Motoneuron $D^3$/ -Efferenz $D^4$
Effektor E
motorische Endplatte $E^1$
Muskelspindel $E^2$

Tractus reticulospinalis lateralis ★
medulläre Formatio reticularis F()
Nucleus reticularis magnocellularis $F^1$
Tractus reticulospinalis lateralis G
Terminalfaser $G^1$

# 4–13 RÜCKENMARKBAHNEN – ZUSAMMENFASSUNG

Diese Tafel faßt alle bisher erläuterten Rückenmarkbahnen am Beispiel eines schematisierten Zervikalsegments zusammen.

**Malen Sie die Oberbegriffe, Begriffe, Bahnen und die spinospinalen Fasciculi A–Q in der Reihenfolge der Outline-Liste an. Die aufsteigenden Bahnen sind in der Abbildung links, die absteigenden und gemischten Bahnen rechts dargestellt. Verwenden Sie jeweils unterschiedliche Schattierungen derselben Farbe für aufsteigende und absteigende Bahnen und die spinospinalen Fasciculi.**

Die einzelnen Bahnen werden auf folgenden Tafeln ausführlich erläutert:

Aufsteigende Bahnen:
Fasciculus gracilis (A) . . . . . . . . . . . . . . . Tafel 4– 4
Fasciculus cuneatus (B) . . . . . . . . . . . . . Tafel 4– 4
Tractus spinocerebellaris dorsalis (C) . . . . Tafel 4– 7
Tractus spinocerebellaris rostralis (D) . . . Tafel 4– 8
Tractus spinothalamicus lateralis (E) . . . . Tafel 4– 5
Tractus spinocerebellaris ventralis (F) . . . Tafel 4– 8
Tractus spinothalamicus ventralis (G) . . . . Tafel 4– 6
Fasciculus proprius (H) . . . . . . . . . . . . . . Tafel 4–13
Fasciculus interfascicularis (I) . . . . . . . . . Tafel 4–13
Fasciculus intersegmentalis (J) . . . . . . . . Tafel 4–13

Absteigende Bahnen:
Tractus corticospinalis lateralis (K) . . . . . Tafel 4– 9
Tractus corticospinalis ventralis (K[1]) . . . . . Tafel 4– 9
Tractus rubrospinalis (L) . . . . . . . . . . . . . Tafel 4–11
Tractus reticulospinalis (M) . . . . . . . . . . . Tafel 4–12
Tractus vestibulospinalis (N) . . . . . . . . . . Tafel 4–10
Tractus tectospinalis (O) . . . . . . . . . . . . . Tafel 4–11

Gemischte Bahnen:
Fasciculus longitudinalis medialis (P) . . . . Tafel 4–10
Fasciculus dorsolateralis (Q) . . . . . . . . . . Tafel 4– 5

Die *Fasciculi proprii* (H) (sing. Fasciculus proprius), kurze, spinospinale Bahnen, die im Rückenmark entstehen und dort auch enden, wurden bisher noch nicht erläutert.
Diese Bahnen bestehen aus Interneuronen in der grauen Substanz, die Afferenzen aus der Hinterwurzel erhalten und deren Axone zu kranial oder kaudal vom Ursprungssegment liegenden Rückenmarksegmenten projizieren. Dabei verlaufen diese Axone in demjenigen Funiculus, der ihrem Mutterneuron am nächsten liegt. Alle Funiculi enthalten solche Fasern, die der grauen Substanz eng anliegen, während diejenigen der längeren Bahnen eher peripher der grauen Substanz verlaufen.
Hinterwurzelfasern, die in das Rückenmark eintreten, deszendieren oder aszendieren über mehrere Segmente, ehe sie mit sekundären Neuronen Synapsen bilden. Im Zervikal- und Thorakalmark formieren sich deszendierende Hinterwurzelfasern zum *Fasciculus interfascicularis* (I), im Lumbalmark zum *Fasciculus intersegmentalis* (J).

# RÜCKENMARKBAHNEN – ZUSAMMENFASSUNG

aufsteigende Bahnen ★
Fasciculus gracilis A
Fasciculus cuneatus B
Tractus spinocerebellaris dorsalis C
Tractus spinocerebellaris rostralis D
Tractus spinothalamicus lateralis E
Tractus spinocerebellaris ventralis F
Tractus spinothalamicus ventralis G

spinospinale Bahnen ★
Fasciculus proprius H
Fasciculus interfascicularis I
Fasciculus intersegmentalis J

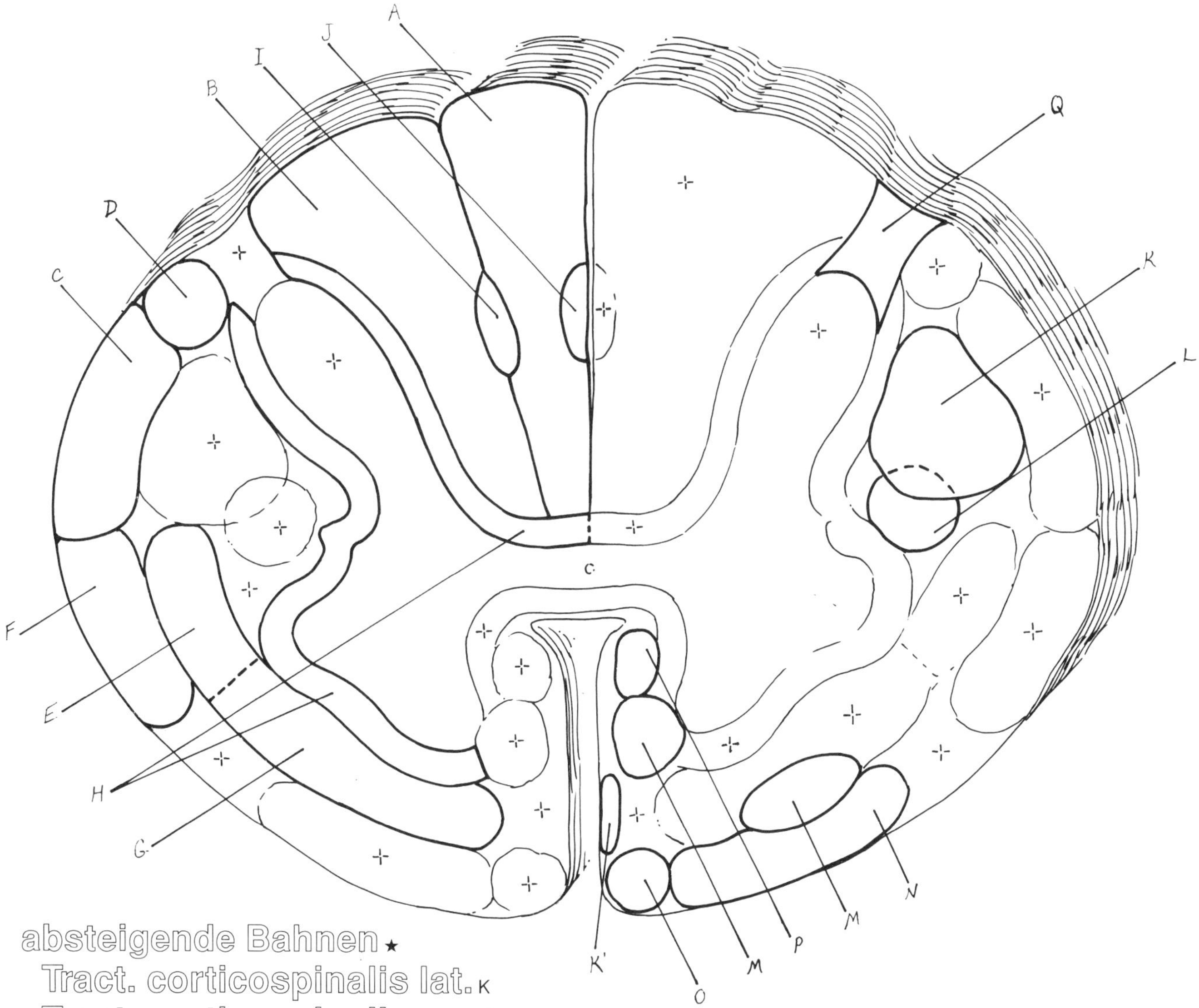


absteigende Bahnen ★
Tract. corticospinalis lat. K
Tract. corticospinalis ventr. K'
Tractus rubrospinalis L
Tractus reticulospinalis M
Tractus vestibulospinalis N
Tractus tectospinalis O

gemischte Bahnen ★
Fasciculus longitudinalis medialis P
Fasciculus dorsolateralis Q

# Kapitel 5: Das Gehirn

## Tafel 5–1 bis 5–48

### Einführung

Kapitel 5 ist das umfangreichste des gesamten Buches. Die *Tafeln 5–1 und 5–2* zeigen eine Ventral- bzw. Dorsalansicht des Hirnstamms. Die Kennbuchstaben der Abbildungen erleichtern hierbei die Farbkoordination beim Anmalen. *Tafel 5–3* zeigt Querschnitte durch den Hirnstamm auf verschiedenen Ebenen, wie sie bereits in Kapitel 4 vorgestellt wurden. Die *Tafeln 5–4 bis 5–11* demonstrieren funktionell-strukturelle Einzelheiten an Hirnstamm-Querschnitten in kaudal-kranialer Anordnung. Die *Tafeln 5–12 bis 5–32* sind spezifischen Hirnstamm-, Kleinhirn- und Großhirnarealen gewidmet, *Tafel 5–34* schmerzsupprimierenden Bahnen. Die *Tafeln 5–35 bis 5–48* komplettieren die Schnittillustrationen durch das Gehirn.

### Querschnitte durch den Hirnstamm (Tafeln 5–4 bis 5–11)

Der Hirnstamm nimmt im zentralen Nervensystem eine Schlüsselstellung ein. Einerseits stellt er die Verbindung zwischen Rückenmark und Großhirn her, andererseits übt er die nervale Kontrolle über so lebenswichtige Funktionen wie Atmung und Kreislauf aus. An der Gesamtmasse des ZNS ist der Hirnstamm dennoch nur mit 10 % beteiligt. Auf den Bildtafeln zeigt die rechte Hälfte der Hauptabbildungen jeweils die wichtigsten Bahnen in dreidimensionaler Darstellung, um deren räumliche Ausdehnung zu verdeutlichen. Wichtige Kernareale werden in diesem Kapitel durch Punktierung hervorgehoben. Die aus Gründen der Übersichtlichkeit gewählte unilaterale Darstellung aller Strukturen darf nicht vergessen machen, daß alle diese Kerne und Bahnen jeweils symmetrisch bilateral angelegt sind!
Die kleine Abbildung oben rechts auf den Tafeln 5–4 bis 5–10 zeigt die jeweilige Höhe des dargestellten Querschnitts an. Die Abbildungen auf den Tafeln 5–4 bis 5–10 links unten bzw. auf Tafel 5–11 rechts unten verdeutlichen die Dynamik der Strukturen in den jeweiligen Querschnittsarealen: Faserverläufe, Synapsenbildung, Kernaustritte, Bahnbildung usw. sind schematisch dargestellt. Strukturen tauchen auf einer bestimmten Höhe auf und verschwinden in einem anderen Querschnittsegment, wechseln ihre Positionen oder sind das charakteristische Erkennungsmerkmal spezifischer Hirnareale.
Häufiges, kurzfristiges Wiederholen einzelner Tafeln vertieft das bereits erworbene Wissen und erleichtert auf dieser Basis die Verarbeitung neu hinzukommender Lerninhalte.
Die einzelnen Begriffe auf den Tafeln 5–4 bis 5–11 sind jeweils einer der folgenden *Überschriften (Hauptgruppen)* untergeordnet: *Aufsteigende Bahnen und zugehörige Kerne, absteigende Bahnen und zugehörige Kerne, kraniale Hirnnervenkerne und zugehörige Bahnen und Nerven, andere Bahnen und zugehörige Kerne.*
Koordinieren Sie beim Anmalen die Farbgebung der einzelnen Strukturen und der übergeordneten Überschrift: Verwenden Sie gut kontrastierende Grundfarben für die o.g. vier Hauptgruppen und verschiedene Schattierungen dieser Farben für die jeweils zugehörigen Strukturen. Überprüfen Sie vor Malbeginn, wieviele Farbtöne Sie für alle Strukturen einer jeden Hauptgruppe benötigen. Sollten Sie manche Farben zweimal verwenden müssen, so setzen Sie diese in differierenden Mustern ein (z. B. Punkte, Striche, Schraffierung).

### Weitere Hirnschnitte

Die Tafeln 5–35 bis 5–48 komplettieren die Darstellung unterschiedlicher Hirnschnitte. Die Kennbuchstaben der verschiedenen Strukturen dienen wiederum der besseren Farbkoordination beim Anmalen.
Lesern, die nicht über ein detailgenaues Spezialwissen verfügen müssen, bieten diese Tafeln zusammen mit den Tafeln 5–1 und 5–2 ein breites Basiswissen über alle wesentlichen Aspekte und Funktionen des Gehirns. Genauere Erläuterungen der einzelnen Strukturen finden Sie auf den der jeweiligen Struktur im Index zugewiesenen Tafeln.

# 5–1

# HIRNSTAMM: DORSALANSICHT

Das Gehirn besteht aus Hirnstamm, Großhirnhemisphären und Kleinhirn (s. Tafel 1–2 und 3–8). Diese und die folgende Tafel sollen zur besseren Orientierung auf den nachfolgenden Hirnstammquerschnitten (Tafeln 5–4 bis 5–11) beitragen.

**Malen Sie die Begriffe und deren zugehörige Strukturen A–$D^5$ an sowie die Tafelnummern (z.B. 5–4) neben den Linien, die die jeweilige Schnittebene repräsentieren. Verwenden Sie unterschiedliche Schattierungen derselben Farbe für jede Hirnregion, ihre verschiedenen Anteile und zugehörigen Hirnnerven. Auf dieser und der nachfolgenden Tafel tragen identische Strukturen auch dieselben Kennbuchstaben und -ziffern.**

Der Hirnstamm setzt sich zusammen aus Medulla oblongata, Pons und Mittelhirn und erstreckt sich vom Foramen magnum des knöchernen Schädels (s. Tafel 4–1), durch das die Verbindung zum Rückenmark verläuft, bis zum Zwischenhirn.

Die *Medulla oblongata* (A) beginnt am spinomedullären Übergang, nimmt von kaudal nach kranial kontinuierlich an Umfang zu, öffnet sich schließlich entlang ihrer dorsalen Oberfläche und gibt so den Blick auf den *Boden des IV. Ventrikels* ($A^3$) frei. Die *Tubercula nuclei gracilis* ($A^1$) und *nuclei cuneati* ($A^2$) (lat. tuberculum: kleiner Höcker) wölben sich wallartig zu beiden Seiten der Mittellinie unmittelbar kaudal des Ventrikelbodens vor und bilden die Oberflächen der darunterliegenden Nuclei gracilis und cuneatus (s. Tafel 5–5). Im IV. Ventrikel wie im ganzen Hirnstamm markieren zahlreiche ähnliche Oberflächenvorwölbungen die Lokalisation unmittelbar unter ihnen liegender, funktionell wichtiger Strukturen.

Das *Trigonum nervi hypoglossi* ($A^4$) (lat. trigonum: Dreieck) erhebt sich beidseits der Mittellinie aus dem kaudalen Bodenbereich des IV. Ventrikels und wird von den jeweils darunterliegenden Nuclei nervi hypoglossi gebildet.

Der *kraniale* Bereich des *Bodens des IV. Ventrikels* ($B^1$) erstreckt sich von der Medulla bis zum *Pons* (B). Zu beiden Seiten der Mittellinie erhebt sich der *Colliculus facialis* ($B^2$) (lat. colliculus: Hügel) aus dem Ventrikelboden als kleine, rundliche Struktur, welche die darunterliegende Kurvatur des VII. Hirnnerven (Nervus facialis) markiert.

Zu beiden Seiten des IV. Ventrikels verbinden die drei paarig angelegten dicken, »stielartigen« *Pedunculi cerebellares caudalis* ($A^5$), *medius* ($B^3$) und *cranialis* ($B^4$) *(unterer, mittlerer und oberer Kleinhirnstiel)* das Kleinhirn mit dem Hirnstamm. Der *untere Kleinhirnstiel (Corpus restiforme)* verläuft kranial und lateral vom oberen Medullabereich zum Kleinhirn. Der *mittlere Kleinhirnstiel (Brachium pontis)* ist der dickste und verläuft lateral und dorsal zum Kleinhirn. Jeder der beiden *oberen Kleinhirnstiele (Brachium conjunctivum)* verbindet das Kleinhirn mit dem seitlichen oberen Ponsbereich. Die kraniale Spitze der rautenförmig konfigurierten Ventrikelwand wird durch die beiden konvergierenden oberen Kleinhirnstiele gebildet. In diesem Spitzenbereich verschmilzt der Pons mit dem *Mittelhirn* (C).

Der Boden des IV. Ventrikels verschmälert sich im Grenzbereich zwischen Mittelhirn und Pons und bildet schließlich den tunnelförmigen *Aquaeductus cerebri (Aquaeductus Sylvii)* ($C^1$) (s. Tafel 5–44), der durch das Mittelhirn zieht. Die dorsale Oberfläche (Dach) des Mittelhirns besteht überwiegend aus den paarig angelegten *Colliculi inferiores* ($C^2$) und *superiores* ($C^4$). Erstere setzen sich nach kranial und lateral als *Brachii* ($C^3$) (sing. brachium) der Colliculi inferiores fort und enden jeweils im Corpus geniculatum mediale (nicht dargestellt) des Thalamus. Die kranial- und lateralwärts verlaufende Fortsetzung der Colliculi superiores sind deren *Brachii* ($C^5$), die in das Corpus geniculatum laterale (Metathalamus; nicht dargestellt) des Thalamus eintreten.

Der *Nervus trochlearis (IV. Hirnnerv)* ($C^6$) verläßt als einziger Hirnnerv das Mittelhirn auf dessen dorsaler Oberfläche unmittelbar unterhalb des Colliculus inferior.

Die *Epiphyse (Glandula pinealis; Zirbeldrüse)* ($D^1$) entsteht aus dem Zwischenhirn und liegt über der dorsalen Oberfläche des Mittelhirns. Weitere sichtbare Zwischenhirnstrukturen sind die *Habenula (Zirbelstiel)* ($D^2$) und der *Thalamus* ($D^4$). Die Nuclei habenulae (s. Tafel 5–23) liegen unmittelbar kranial der Zirbeldrüse und flankieren den *III. Ventrikel* ($D^3$). Die große Masse des Thalamus liegt beiderseits seitlich der Habenula-Kerne, bildet die Wände des III. Ventrikels und stellt die größte Gewebsmasse unmittelbar kranial des Mittelhirns dar. Die dicken Faserbündel der *Capsula interna* ($D^5$) (s. Tafel 5–33) ziehen zwischen den Basalganglien in der Endhirnbasis und dem Zwischenhirn hindurch.

# HIRNSTAMM: DORSALANSICHT

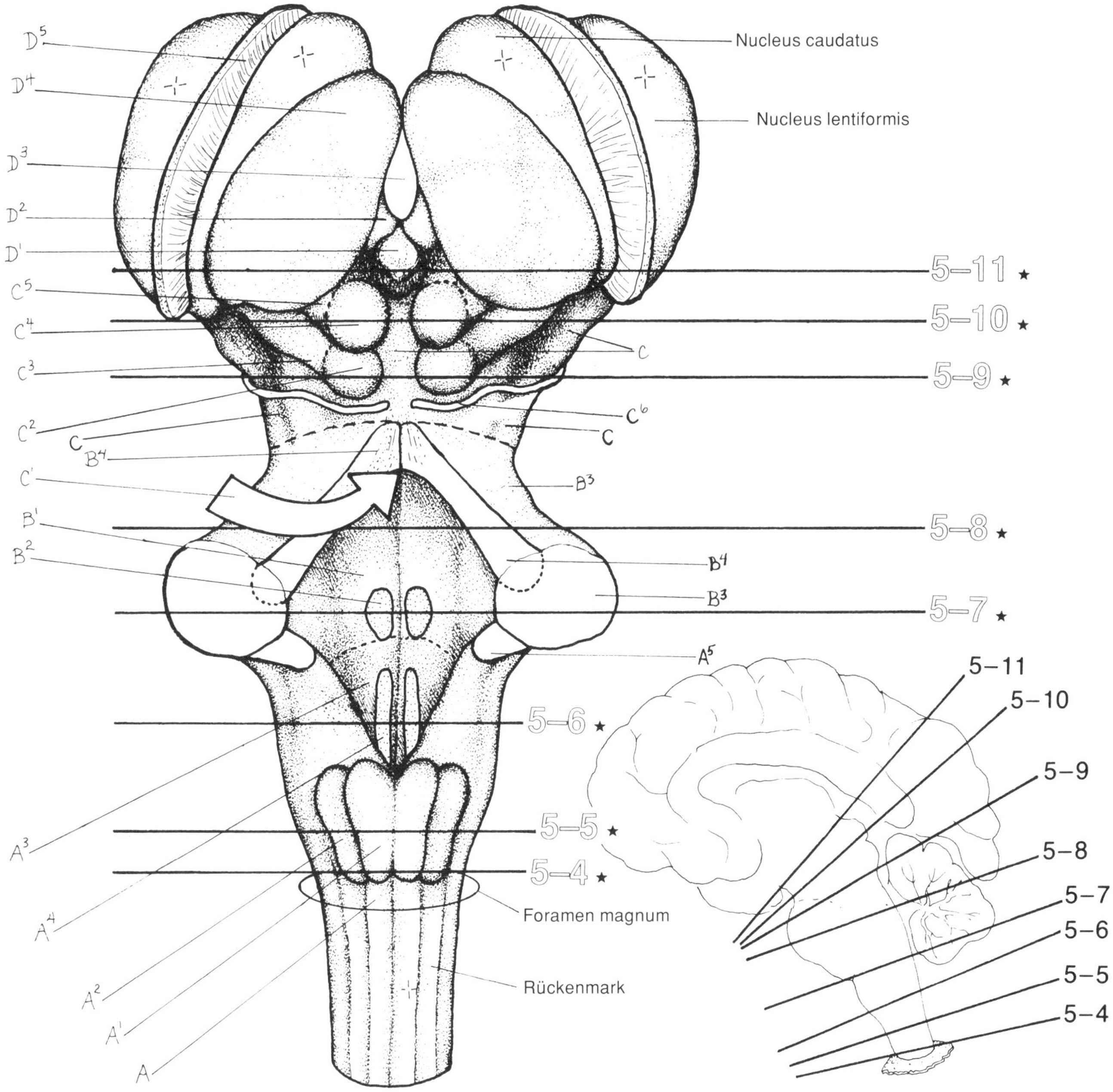


Medulla oblongata A
- Tuberculum gracilis A
- Tuberculum cuneatus A²
- Boden d. IV. Ventrikels A³
- Trigonum hypoglossi A⁴
- unterer Kleinhirnstiel A⁵

Pons B
- Boden d. IV. Ventrikels B¹
  - Colliculus facialis B²
- mittlerer Kleinhirnstiel B³
- oberer Kleinhirnstiel B⁴

Mittelhirn C
- Aquaeductus cerebri C¹
- Colliculus inferior C²/
  - Brachium C³
- Colliculus superior C⁴/
  - Brachium C⁵

Nervus trochlearis
(IV. Hirnnerv) C⁶

Zwischenhirn D()
- Epiphyse D¹
- Habenula D²
- III. Ventrikel D³
- Thalamus D⁴
- Capsula interna D⁵

# 5–2
# HIRNSTAMM: VENTRAL-INFERIORE ANSICHT

Die ventral-inferiore Ansicht des Hirnstamms verdeutlicht insbesondere den Ursprung der Hirnnerven. Auf die Mitdarstellung der Hemisphären wurde zugunsten der Übersichtlichkeit verzichtet. Wie auf Tafel 5–1 repräsentieren die Horizontallinien die Schnittführung auf den zur Numerierung korrespondierenden Bildtafeln.

**Malen Sie die Begriffe und deren zugehörige Strukturen A–$D^{12}$ an sowie die neben den horizontalen Linien angeführten Tafelnummern (z.B. 5–4). Gehen Sie dabei nach dem gleichen Schema vor wie auf Tafel 5–1. Die Kennbuchstaben auf den Tafeln 5–1 und 5–2 korrespondieren nicht mit denjenigen auf den nachfolgenden Tafeln!**

Hauptcharakteristikum der ventralen Oberfläche der *Medulla oblongata* (A) sind zwei beiderseits der Mittellinie parallel angeordnete Wellenbuckel, die *Pyramiden* ($A^{6}$), die von den unter ihnen verlaufenden Pyramidenbahnen verursacht werden. Die Pyramiden erstrecken sich vom Foramen magnum bis zu jener umfangreichen Fasermasse, aus der der *Pons (Brücke)* (B) besteht. Lateral einer jeden Pyramide liegt die längliche *Oliva inferior (untere Olive)* ($A^{7}$).
Im Bereich der ventralen Medullaoberfläche entspringen folgende Hirnnerven: Der *Nervus hypoglossus (XII. Hirnnerv)* ($A^{8}$), anteromedial zwischen unterer Olive und Pyramide, der *Nervus accessorius (XI. Hirnnerv)* ($A^{9}$), der *Nervus vagus (X. Hirnnerv)* ($A^{10}$) und der *Nervus glossopharyngeus (IX. Hirnnerv)* ($A^{11}$). Die drei Letztgenannten entspringen lateral und direkt unterhalb der Oliva inferior.

An der Demarkationslinie zwischen Pons und Medulla entspringt ventral der *Nervus abducens (VI. Hirnnerv)* ($B^{5}$), ventrolateral der *Nervus facialis (VII. Hirnnerv)* ($B^{6}$) und weiter lateral, im Kleinhirnbrückenwinkel, der *Nervus vestibulocochlearis (VIII. Hirnnerv)* ($B^{7}$). Die ventrale Oberfläche des Pons wird durch eine seichte, mediane Furche (Sulcus) charakterisiert, in der die Arteria basilaris (nicht dargestellt) verläuft. Der *Nervus trigeminus (V. Hirnnerv)* ($B^{8}$) entspringt an der seitlichen Oberfläche des Pons, wo dieser beiderseits als mittlerer Kleinhirnschenkel ins Kleinhirn übergeht.
Das Charakteristikum der ventralen Mittelhirnoberfläche stellen zwei umfangreiche deszendierende Faserbündel dar, die *Crura cerebri oder Pedunculi cerebri (Hirnschenkel)* ($C^{7}$). Zwischen den Hirnschenkeln liegt die *Fossa interpeduncularis* ($C^{8}$) (lat. fossa: Graben), aus der der *Nervus oculomotorius (III. Hirnnerv)* ($C^{9}$) entspringt.
Die ventrale Oberfläche des Mittelhirns verschmilzt mit derjenigen des *Zwischenhirns* (D). Das Zwillingspaar der *Corpora mamillaria* ($D^{7}$) und der *Stiel (Infundibulum) der Epiphyse* ($D^{8}$) sind Teile und Positionsmerkmale des *Hypothalamus* ($D^{6}$). Auf dessen ventraler Oberfläche liegt das *Chiasma opticum* ($D^{10}$), das durch Überkreuzung der *Nervi optici (II. Hirnnerven)* ($D^{9}$) entsteht. Die *Tractus optici (Sehbahnen)* ($D^{11}$) projizieren vom Chiasma aus nach dorsal zum lateralen Hypothalamus.
Die kranialen Anteile des Hypothalamus scheinen mit der basalen Hemisphärenoberfläche im Bereich der *Substantia perforata anterior (Area olfactoria)* ($D^{12}$) zu verschmelzen.

# HIRNSTAMM: VENTRAL-INFERIORE ANSICHT

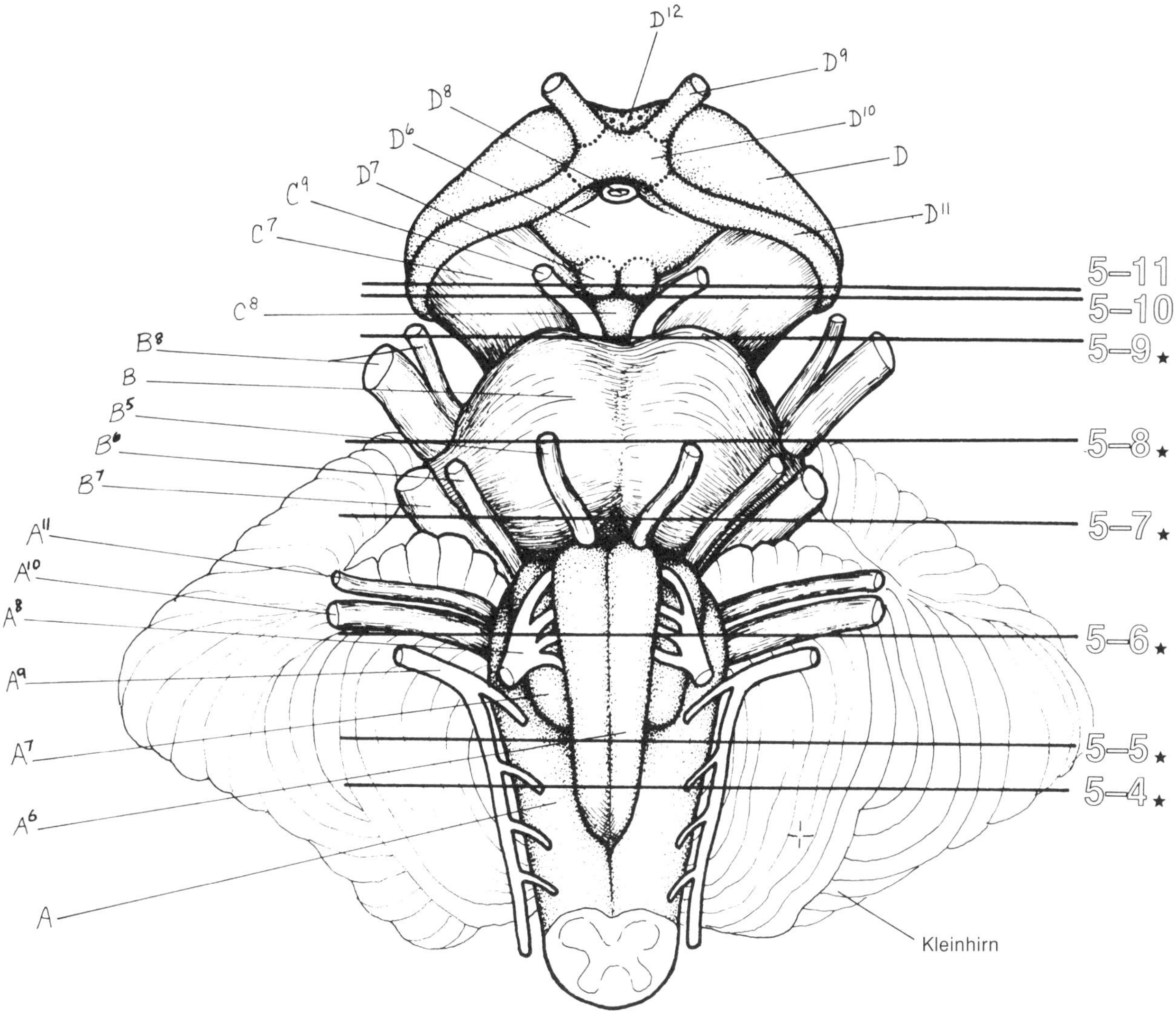


Medulla oblongata A
Pyramide A6
Oliva inferior A7
N. hypoglossus (XII) A8
N. accessorius (XI) A9
N. vagus (X) A10
N. glossopharyngeus (IX) A11
Pons B
N. abducens (VI) B5
N. facialis (VII) B6
N. vestibulocochlearis (VIII) B7
N. trigeminus (V) B8

Mittelhirn C()
Hirnschenkel C7
Fossa interpeduncularis C8
N. oculomotorius (III) C9
Zwischenhirn D
Hypothalamus D6
Corpora mamillaria D7
Infundibulum D8
N. opticus (II) D9
Chiasma opticum D10
Tractus opticus D11
Substantia perforata anterior D12

# 5–3 CHARAKTERISTISCHE HIRNSTAMMSCHNITTE

Zum Studium des Hirnstamms sind Querschnitte auf unterschiedlichem Niveau besonders gut geeignet. Nach entsprechender Schulung ist es möglich, eine bestimmte Hirnstammregion allein anhand ihres charakteristischen Querschnittumrisses zu identifizieren. Hierzu dienen die auf der Bildtafel dargestellten, häufig verwendeten Querschnitte und eine Mediananansicht des Hirnstamms.

**Malen Sie zuerst den Balken A in der Abbildung links oben an und anschließend in derselben Farbe den repräsentativen Querschnitt A und dessen Bezeichnung A. Nach dem gleichen Schema gehen Sie bei den Balken B–E vor. Verwenden Sie helle Farben, um keine Details zu übermalen.**

Der unterste Teil der *Medulla oblongata* (A) gleicht in seinem Umriß dem Rückenmark. Im Inneren ist jedoch die Pyramidenkreuzung ein charakteristisches Unterscheidungsmerkmal. Die Querschnitte B und C durch die *Medulla oblongata* weisen ventral die charakteristischen Vorwölbungen auf, die durch die Faserbündel der Pyramiden entstehen. Der kranialere Querschnitt C ist durch den Nucleus olivaris inferior eindeutig identifizierbar, der die Form einer kernlosen, getrockneten Olive hat und die ventrolaterale Oberfläche der Medulla etwas nach außen vorwölbt.

Der *Ponsquerschnitt* (D) ist gekennzeichnet durch die ausgeprägten transversal angeordneten Fasermassen, die zu beiden Seiten in Richtung Kleinhirn ziehen.

Die dicken Kleinhirnstiele in den Querschnitten durch die *obere Medulla* (C) und den *Pons* (D) sind ebenfalls strukturelle Identifikationshilfen. Schließen an die Kleinhirnstiele Teile des Kleinhirns an, so verleiht dies den genannten Querschnitten eine zusätzliche dorsale Ausbuchtung.

Querschnitte durch das *Mittelhirn* (E) weisen folgende Erkennungsmerkmale auf: Die prominenten, ventral gelegenen Hirnschenkel, die paarigen, dorsal gelegenen Colliculi superiores und den zirkulären Aquaeductus cerebri als Restlumen des IV. Ventrikels.

Anhand der eben erläuterten charakteristischen Hirnstammquerschnitte wird auf den folgenden Tafeln die funktionelle Struktur des Hirnstamms erklärt.

# CHARAKTERISTISCHE HIRNSTAMMQUERSCHNITTE

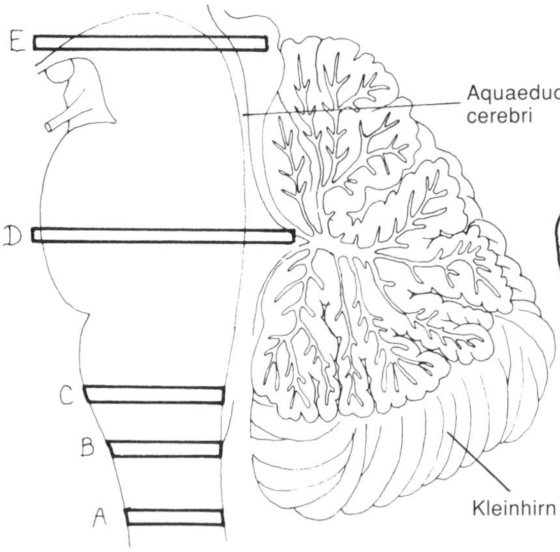


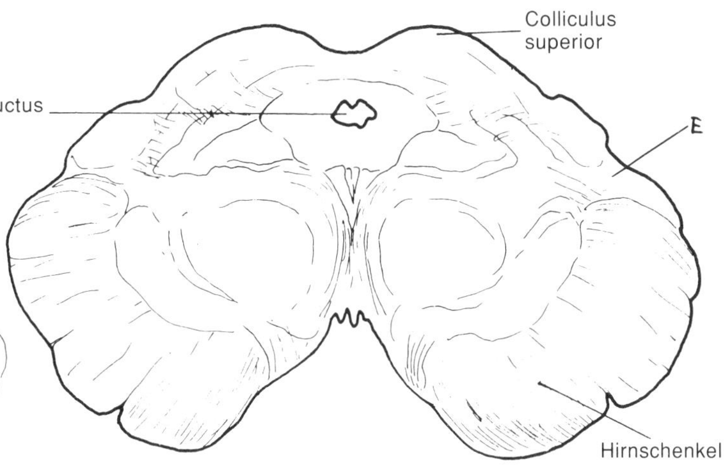


**Mittelhirn** E

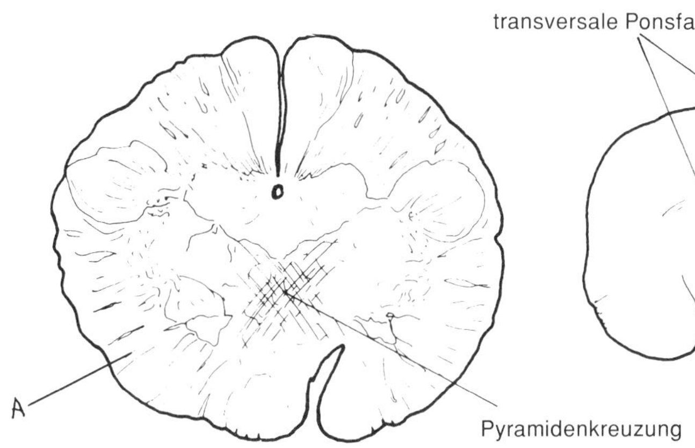


**Medulla oblongata** A

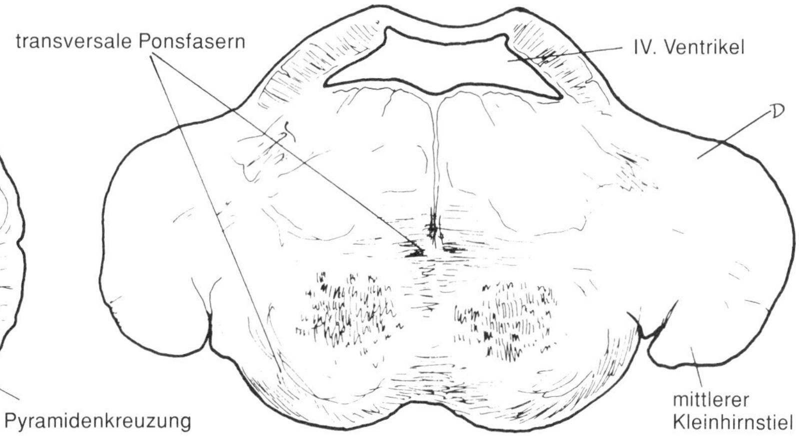


**Pons** D

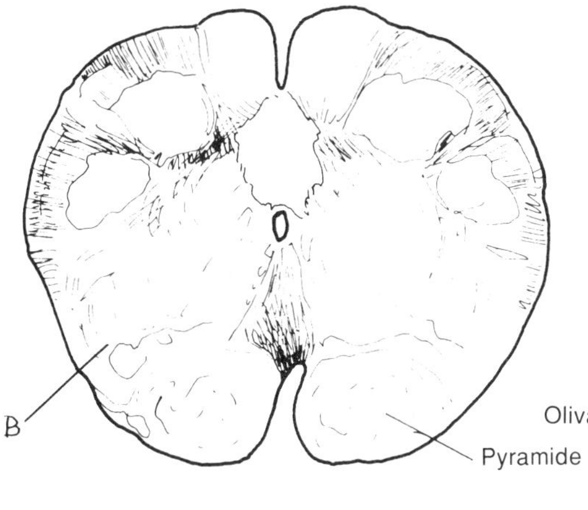


**Medulla oblongata** B

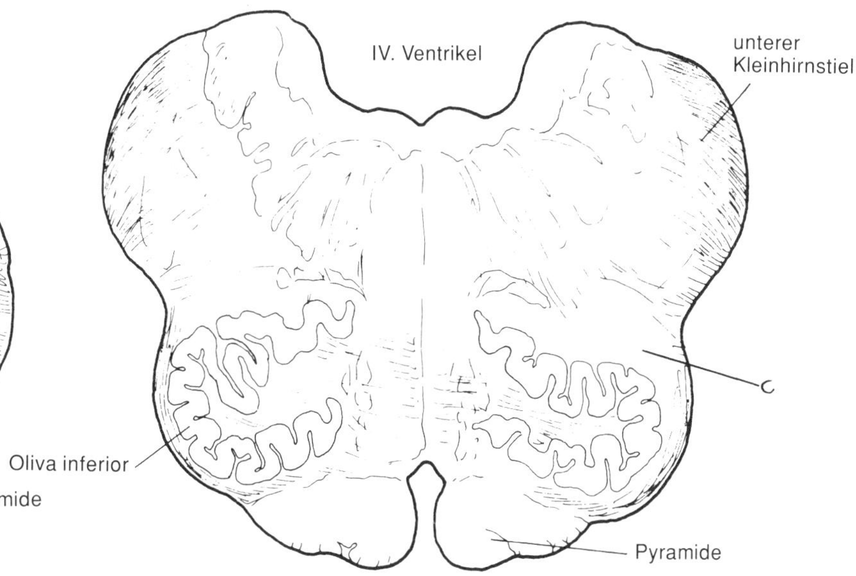


**Medulla oblongata** C

# 5–4 KAUDALE MEDULLA OBLONGATA I

Lesen Sie die Einführung zu Kapitel 5, ehe Sie diese Tafel bearbeiten.
Der Übergang vom Rückenmark zur Medulla oblongata bedingt eindrucksvolle Veränderungen der vertrauten Erscheinungsform des Rückenmarks mit seiner charakteristischen Schmetterlingskonfiguration der grauen Substanz, die von weißer Substanz umgeben ist.

**Malen Sie die Oberbegriffe ‚aufsteigende Bahnen und zugehörige Kerne' (A) an sowie die Begriffe $A^1$–$A^9$ und deren zugehörige Strukturen in der Hauptabbildung. Kolorieren Sie dann die Strukturen $A^1$–$A^4$ in der Abbildung unten links.**

Zentrale Fortsätze sensorischer Neurone, die die Zwei-Punkt-Diskrimination sowie den Lage- und Bewegungssinn vermitteln, treten in den Funiculus dorsalis des Rückenmarks ein und steigen kranialwärts auf. Zwischen kranialem Thorakalmark und kaudalem Medullabereich teilt sich der Funiculus dorsalis in den *Funiculus gracilis* ($A^1$) und den *Funiculus cuneatus* ($A^3$). Ihre korrespondierenden Kernareale in der Medulla sind der *Nucleus gracilis* ($A^2$) und der *Nucleus cuneatus* ($A^4$). In diesen Kernen bilden die zentralen Fortsätze erstmals Synapsen (s. Tafel 4–4). Im weiteren Verlauf dehnen sich die Axone dieser Kerne nach anteromedial aus, kreuzen über die Mittellinie nach kontralateral und formieren sich dann zum Lemniscus medialis (s. Tafel 5–2).
Die *Tractus spinocerebellares dorsalis* ($A^5$) und *ventralis* ($A^6$) (s. Tafeln 4–7 und 4–8) leiten Impulse aus Muskelspindeln und Sehnenorganen. Diese Bahnen verlaufen im Funiculus lateralis zusammen mit den *Tractus spinothalamici* ($A^7$; $A^8$) (s. Tafeln 4–5 und 4–6), die Impulse der Schmerz-, Temperatur- und Berührungssensibilität leiten. Die Fasern des *Tractus spinoreticularis* ($A^9$) bilden Synapsen mit Neuronen des Nucleus reticularis im kranialen Medullabereich.

**Malen Sie den Begriff ‚absteigende Bahnen' (B) an sowie die Begriffe $B^1$–$B^6$ und deren zugehörige Strukturen in der Hauptabbildung. Kolorieren Sie dann die Strukturen $B^1$–$B^3$ in der Abbildung links unten.**

Die symmetrischen Pyramiden der beiden Medullahälften bestehen aus den dicken kortikospinalen Bahnen. Die Mehrheit (ca. 85 %) der kortikospinalen Fasern einer jeden Medullahälfte teilt sich in dorsale und laterale Faserbündel, überkreuzt einander asymmetrisch in der strukturell herausragenden *Pyramidenkreuzung* ($B^2$) und bildet dann die *Tractus corticospinales laterales (Pyramidenbahnen)* ($B^3$). Diese leiten willkürliche Bewegungsimpulse an motorische Vorderhornzellen.
In unmittelbarer ventraler Nachbarschaft zu den Pyramidenbahnen verlaufen die *Tractus rubrospinales* ($B^4$) (s. Tafel 4–11). Diese Bahnen leiten Impulse des Lagesinns vom Nucleus ruber im Mittelhirn über spinale Interneurone zu motorischen Vorderhornzellen. Die *Tractus vestibulospinales* ($B^5$) (s. Tafel 4–10) verlaufen im ventralen Anteil des Funiculus lateralis. Die Fasern dieser Bahn entstammen dem Nucleus vestibularis lateralis im kaudalen Ponsbereich und leiten Impulse ans Rückenmark, die den Streckmuskeltonus und spinale Reflexe beeinflussen.
Der *Fasciculus longitudinalis medialis (mediales Längsbündel; MLB)* ($B^6$) (s. Tafel 4–10) verläuft im Funiculus ventralis und ist auf dieser Höhe eine Bahn mit überwiegend motorischer Funktion. Sie entspringt aus den Vestibulariskernen in Pons und Medulla und endet an zervikalen und thorakalen Motoneuronen, die für die Bewegungskoordination von Kopf und Augen verantwortlich sind.

**Malen Sie die Begriffe ‚Hirnnervenkerne und zugehörige Bahnen' (C) an sowie die Begriffe $C^1$–$C^4$ und deren zugehörige Strukturen in den beiden Abbildungen.**

Der *Nucleus nervi trigemini* ($C^1$) der Medulla besetzt den äußersten Teil des Hinterhorns (im Bereich von Lamina I-IV) im Rückenmark. Dieser Kern erstreckt sich vom Pons in Höhe des Nervus trigeminus (s. Tafel 6–12) bis zum zweiten Zervikalsegment. Der *Tractus nervi trigemini* ($C^2$) stellt die kraniale Fortsetzung des Lissauer-Randbündels dar (s. Tafel 4–2). Kern und Bahn beeinflussen das Schmerz- und Temperaturempfinden im Gesichtsbereich.
Eine Komponente des *Nucleus* ($C^3$) und *Nervus accessorius (XI. Hirnnerv)* ($C^4$), dargestellt in der Abbildung links unten, innerviert die Musculi trapezius und sternocleidomastoideus des Rückens bzw. Nackens.

# KAUDALE MEDULLA OBLONGATA I

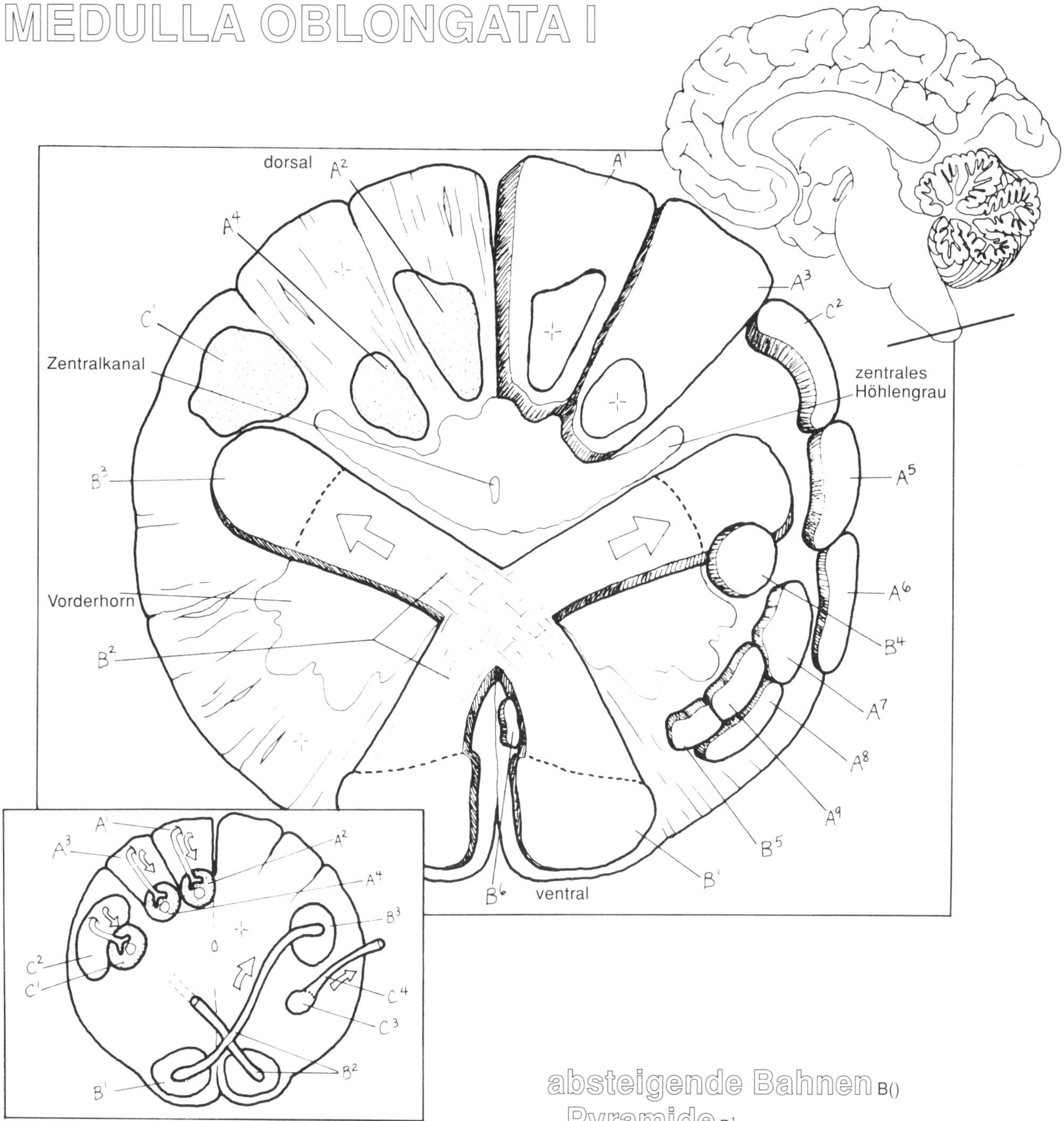


aufsteigende Bahnen/
zugeh. Kerne A()
Fasc. gracilis/Axon A1
Nucl. gracilis A2
Fasc. cuneatus/Axon A3
Nucl. cuneatus A4
Tr. spinocerebell.
dors. A5/ventr. A6
Tr. spinothalam. lat. A7/
ventr. A8
Tr. spinoreticularis A9

absteigende Bahnen B()
Pyramide B1
Pyramidenkreuzung/Axon B2
Tr. corticospinalis lat. B3
Tr. rubrospinalis B4
Tr. vestibulospinalis B5
mediales Längsbündel B6

Hirnnervenkerne/
zugeh. Bahnen C()
Nucl. C1/Tr. spinalis n. trigemini C2
Nucl. C3/N. accessorius spin. C4

# 5–5
# KAUDALE MEDULLA OBLONGATA II

Die wichtigste Struktur im dargestellten Medullabereich ist die Faserkreuzung der Fasciculi gracilis und cuneatus, die aus ihren korrespondierenden Kernen entspringen und den Lemniscus medialis bilden. Dieser stellt die kraniale Fortsetzung jener wichtigen, in den Hinterhornsäulen des Rückenmarks aufsteigenden Bahn dar, die die epikritische (umschriebene und feine Berührungs-) sowie propriozeptive (Lage- und Bewegungs-) Sensibilität vermittelt.

**Malen Sie die Oberbegriffe ‚aufsteigende Bahnen und zugehörige Kerne' an sowie die Begriffe $A^{1}$–$A^{12}$ und deren zugehörige Strukturen. Kolorieren Sie den Oberbegriff ‚andere Kerne', die Begriffe $D^{1}$ und $D^{2}$ und deren zugehörige Strukturen. Verwenden Sie für mit Tafel 5–4 identische Strukturen und Begriffe dieselben Farben.**

Die aszendierenden Faserbündel *Fasciculus gracilis* ($A^{1}$) und *cuneatus* ($A^{3}$) verlaufen im Funiculus dorsalis und enden im *Nucleus gracilis* ($A^{2}$) bzw. *cuneatus* ($A^{4}$). Über den Nucleus und Fasciculus gracilis entsteht als deren Oberflächenvorwölbung das Tuberculum gracilis. Die seitlichere Oberflächenvorwölbung durch Nucleus und Fasciculus cuneatus heißt Tuberculum cuneatus (s. Tafel 5–1). Die Axone aus dem Nucleus gracilis und cuneatus (s. Abb. links unten) verlaufen zunächst ventralwärts, biegen dann als *Fibrae arcuatae internae* ($A^{11}$) nach medial, kreuzen über die Mittellinie nach kontralateral und aszendieren als *Lemniscus medialis* ($A^{12}$) zum Thalamus. Der *Nucleus cuneatus accessorius* ($A^{10}$) erhält kuneozerebelläre Fasern, die oberhalb des Rückenmarksegments C8 entspringen (s. Tafel 4–7). Die Axone dieses Kerns schließen sich den Fasern des unteren Kleinhirnstiels an.
Die im seitlichen Bereich der Medulla aszendierenden Faserbündel sind die *Tractus spinocerebellares dorsalis* ($A^{5}$) und *ventralis* ($A^{6}$) sowie die *Tractus spinothalamici lateralis* ($A^{7}$) und *ventralis* ($A^{8}$).

*Spinoretikuläre Fasern* ($A^{9}$) aszendieren durch das Rükkenmark in die Medulla, wo sie Synapsen mit Neuronen der zentralen *Formatio reticularis* ($D^{1}$) und mit Neuronen des *Nucleus reticularis lateralis* ($D^{2}$) bilden.
Fasern aus dem kaudalen Hirnstammbereich erreichen große Cortexareale über direkte thalamische Bahnen. Andere sensorische Faserbündel ziehen über die Formatio reticularis zur Großhirnrinde. Diese Fasern beeinflussen möglicherweise den Grad des Bewußtseins. Der überwiegende Teil der Retikulärformation nimmt den zentralen Hirnstammbereich in Anspruch (s. Tafel 5–12). Der Nucleus reticularis lateralis hingegen ist im seitlichen Hirnstammbereich gut abgrenzbar und projiziert mit seinen Axonen ausschließlich zum Kleinhirn.

**Malen Sie den Oberbegriff ‚absteigende Bahnen' an sowie die Begriffe $B^{1}$–$B^{7}$ und deren zugehörige Strukturen in der Hauptabbildung. Kolorieren Sie die Oberbegriffe ‚Hirnnervenkerne und zugehörige Bahnen', die Begriffe $C^{1}$–$C^{5}$ und deren zugehörige Strukturen auch in der Abbildung links unten.**

Die *Pyramiden* ($B^{1}$) und die *Tractus rubrospinalis* ($B^{4}$) und *vestibulospinalis* ($B^{5}$) setzen sich auch in den dargestellten Medullabereich fort. Der *Tractus tectospinalis* ($B^{7}$) verläuft nahe der Mittellinie und unmittelbar ventral des medialen Längsbündels. Er entspringt aus dem Dach (lat. tectum) des Mittelhirns, endet im Hirnstamm bzw. Rückenmark und beeinflußt die visuell-motorische Koordination. Das *mediale Längsbündel* ($B^{6}$) enthält auf diesem Niveau überwiegend deszendierende Fasern; weiter kranial sind sowohl auf- als auch absteigende Fasern nachweisbar.
*Nucleus* ($C^{1}$) und *Tractus nervi trigemini* ($C^{2}$) sind Bestandteil des Funiculus lateralis. *Fasern* ($C^{1}$) aus dem Trigeminuskern kreuzen über die Mittellinie nach kontralateral und aszendieren als *Tractus trigeminothalamicus* ($C^{5}$) zum Thalamus.

# KAUDALE MEDULLA OBLONGATA II

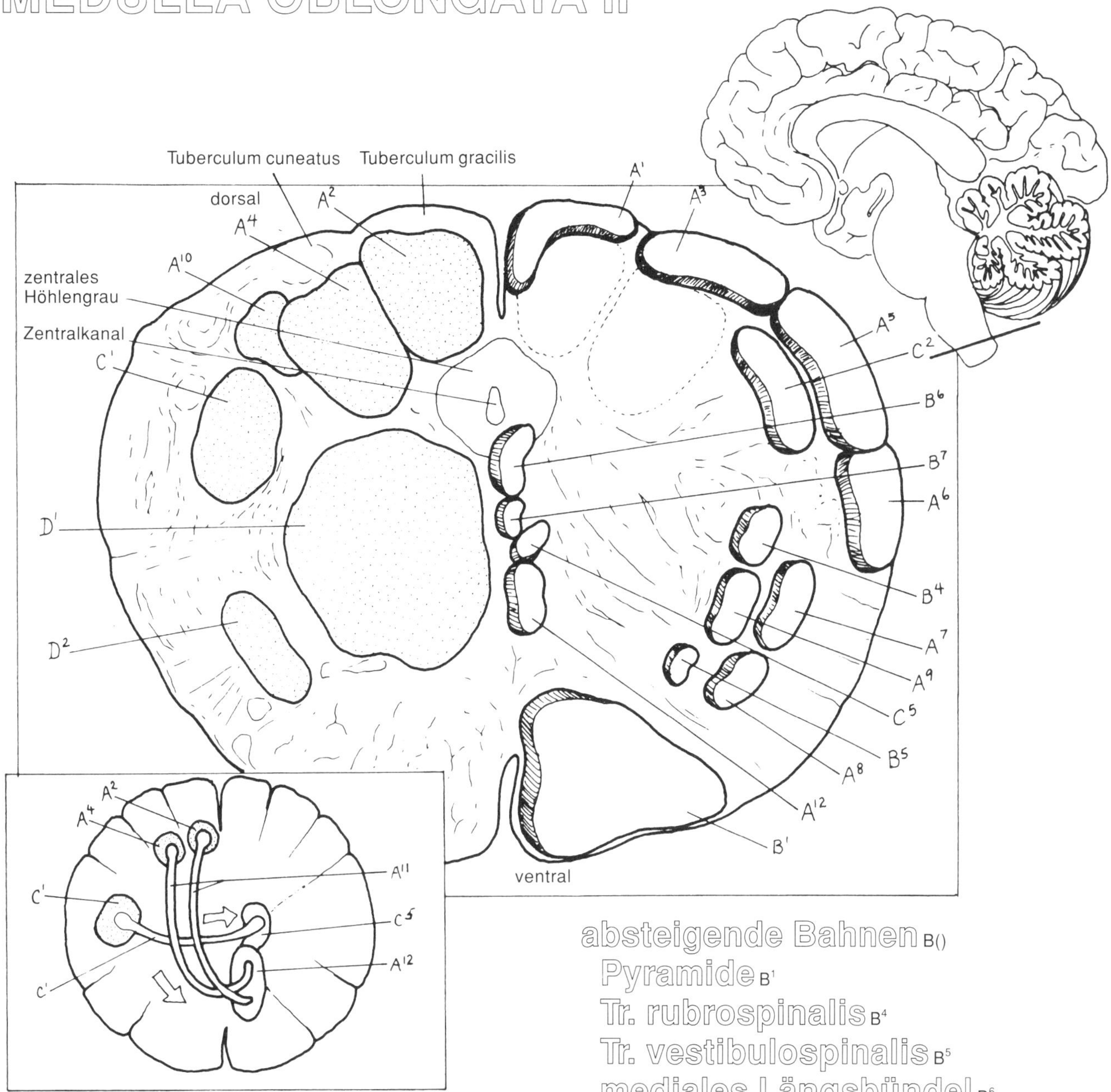


**aufsteigende Bahnen/ zugeh. Kerne** $A()$
- Fasc. $A^1$/Nucl. gracilis $A^2$
- Fasc. $A^3$/Nucl. cuneatus $A^4$
- Nucl. cuneatus access. $A^{10}$
- Tr. spinocerebell. dors. $A^5$/ventr. $A^6$
- Tr. spinothalam. lat. $A^7$/ventr. $A^8$
- Tr. spinoreticularis $A^9$
- Fibrae arcuatae internae $A^{11}$
- Lemniscus medialis $A^{12}$

**absteigende Bahnen** $B()$
- Pyramide $B^1$
- Tr. rubrospinalis $B^4$
- Tr. vestibulospinalis $B^5$
- mediales Längsbündel $B^6$
- Tr. tectospinalis $B^7$

**Hirnnervenkerne/ zugeh. Bahnen** $C()$
- Nucl. $C^1$/Fibra $C^1$/ Tr. n. trigemini $C^2$
- Tr. trigeminothalamicus $C^5$

**andere Kerne** $D()$
- Formatio reticularis $D^1$
- Nucl. reticularis lat. $D^2$

# 5–6

# MEDULLA OBLONGATA: KRANIALER BEREICH

Die Erkennungsmerkmale der kranialen Hälfte der Medulla oblongata sind der prominente Nucleus olivaris inferior an der ventralen Oberfläche und der breit ausladende IV. Ventrikel an der dorsalen Oberfläche. Das weite Lumen des IV. Ventrikels erstreckt sich bis in die Tiefe der Medulla. Sein Dach bilden die Medullasegel (Velum medullare superius und inferius) und das Kleinhirn.

**Malen Sie den Begriff ‚aufsteigende Bahnen' an sowie die zugehörigen Begriffe und Strukturen. Gehen Sie auf dieser und den folgenden Tafeln nach dem gleichen Schema vor wie auf den Tafeln 5–4 und 5–5.**

Die *Tractus spinocerebellares dorsalis* ($A^{5}$) und *ventralis* ($A^{6}$) aszendieren dicht unter der seitlichen Oberfläche der Medulla in Richtung Kleinhirn, wo sie ihre Position nach dorsal verlagern. Die *Tractus spinothalamici lateralis* ($A^{7}$) und *ventralis* ($A^{8}$) haben auf diesem Niveau an Umfang verloren und sind nicht mehr einzeln erkennbar. Auf ihrem Weg nach oben geben die spinothalamischen Bahnen nämlich kontinuierlich Fasern ab, die nach medial zur medullären Formatio reticularis ziehen. Der *Lemniscus medialis* ($A^{12}$) verläuft beiderseits medial der unteren Olive.

**Malen Sie den Oberbegriff ‚absteigende Bahnen' an sowie deren zugehörige Begriffe und Strukturen.**

Die deszendierenden *Pyramidenbahnen* ($B^{1}$) und die *Tractus rubrospinalis* ($B^{4}$) und *vestibulospinalis* ($B^{5}$) verlaufen in ähnlichen Positionen wie auf Tafel 5–5.
Das *mediale Längsbündel* ($B^{6}$) und der *Tractus tectospinalis* ($B^{7}$) flankieren ventral des IV. Ventrikels die Mittellinie. Auf dieser Höhe enthält das mediale Längsbündel immer noch überwiegend deszendierende Fasern. Im weiteren, kranialwärts gerichteten Verlauf kommen jedoch kontinuierlich aszendierende Axone aus der Formatio reticularis und den Vestibulariskernen hinzu.

**Malen Sie die Oberbegriffe ‚Hirnnervenkerne, zugehörige Bahnen und Nerven' an sowie die zugehörigen Begriffe und Strukturen.**

*Nucleus* ($C^{1}$) und *Tractus nervi trigemini* ($C^{2}$) und *Tractus trigeminothalamicus* ($C^{3}$) verlaufen in ähnlichen Positionen wie in den tieferen Medullaabschnitten. Posterolateral liegen der *Nucleus vestibularis medialis* ($C^{6}$) und *inferior* ($C^{7}$). Sie sind die am kaudalsten gelegenen der vier Vestibulariskerne und leiten sensorische Impulse des Lage- und Gleichgewichtssinns.
Der *Kern des X. Hirnnerven (Nervus vagus)* ($C^{8}$) liegt unter dem Boden des IV. Ventrikels. Der Nervus vagus ist viszeromotorischer Natur und innerviert viszerale Organe (z. B. Drüsen, glatte Muskelwände) und er ist der »Schrittmacher« des Herzens.
Der *Nucleus solitarius* ($C^{9}$) und der *Tractus solitarius* ($C^{10}$) sind im dorsalen Medullabereich anterolateral des IV. Ventrikels lokalisiert. Sie stellen das wichtigste sensorische Empfangszentrum für unterschiedlichste viszerale Empfindungen dar. So empfangen sie z.B. sensorische Reize aus Rezeptoren in den Wänden des Gastrointestinaltrakts (Magen-Darm-Trakt) oder aus Geschmacksrezeptoren der Zunge. Die geschmackssensiblen Areale sind im kranialen Bereich, Areale für generalisierte viszerale Reize hingegen im kaudalen Bereich konzentriert.
Der *Nucleus ambiguus* ($C^{11}$) liegt lateral der Formatio reticularis. Er ist ein motorisches Zentrum, aus dem über den IX., X. und XI. Hirnnerven Fasern zur Pharynx- und Larynxmuskulatur verlaufen. Dadurch wird Schlucken und Sprechen beeinflußt.
Der *Nucleus und Nervus hypoglossus (XII. Hirnnerv)* ($C^{13}$) liegt unter dem Boden des IV. Ventrikels nahe der Mittellinie. Er verläuft nach ventral, verläßt die Medulla unmittelbar lateral der Pyramiden und innerviert die Zungenmuskulatur.

**Malen Sie die Oberbegriffe ‚andere Bahnen und Kerne' an sowie die zugehörigen Begriffe und Strukturen.**

Im dargestellten Medullabereich wird die *Formatio reticularis* ($D^{1}$) sichtbar. Eine Übersicht über deren Gesamtausdehnung im Hirnstamm zeigt Tafel 5–12.
Die unteren Olivenkerne bestehen aus gefältelten Neuronenschichten und einem zentralen Kern aus myelinisierten Axonen. Neben der *großen Olive* ($D^{4}$) gibt es zwei kleinere, phylogenetisch ältere Begleitkerne, den *Nucleus olivaris dorsalis* ($D^{5}$) und *medialis* ($D^{6}$). Afferenzen zu den Olivenkernen entstammen der Großhirnrinde, dem Nucleus ruber und dem zentralen Höhlengrau des Mittelhirns. Als *olivozerebelläre Fasern* ($D^{7}$) verlaufen die Axone der Olivenkerne zum Kleinhirn, wo sie die größte Komponente des jeweils kontralateralen *unteren Kleinhirnstiels* ($D^{8}$) bilden.

# MEDULLA OBLONGATA: KRANIALER BEREICH

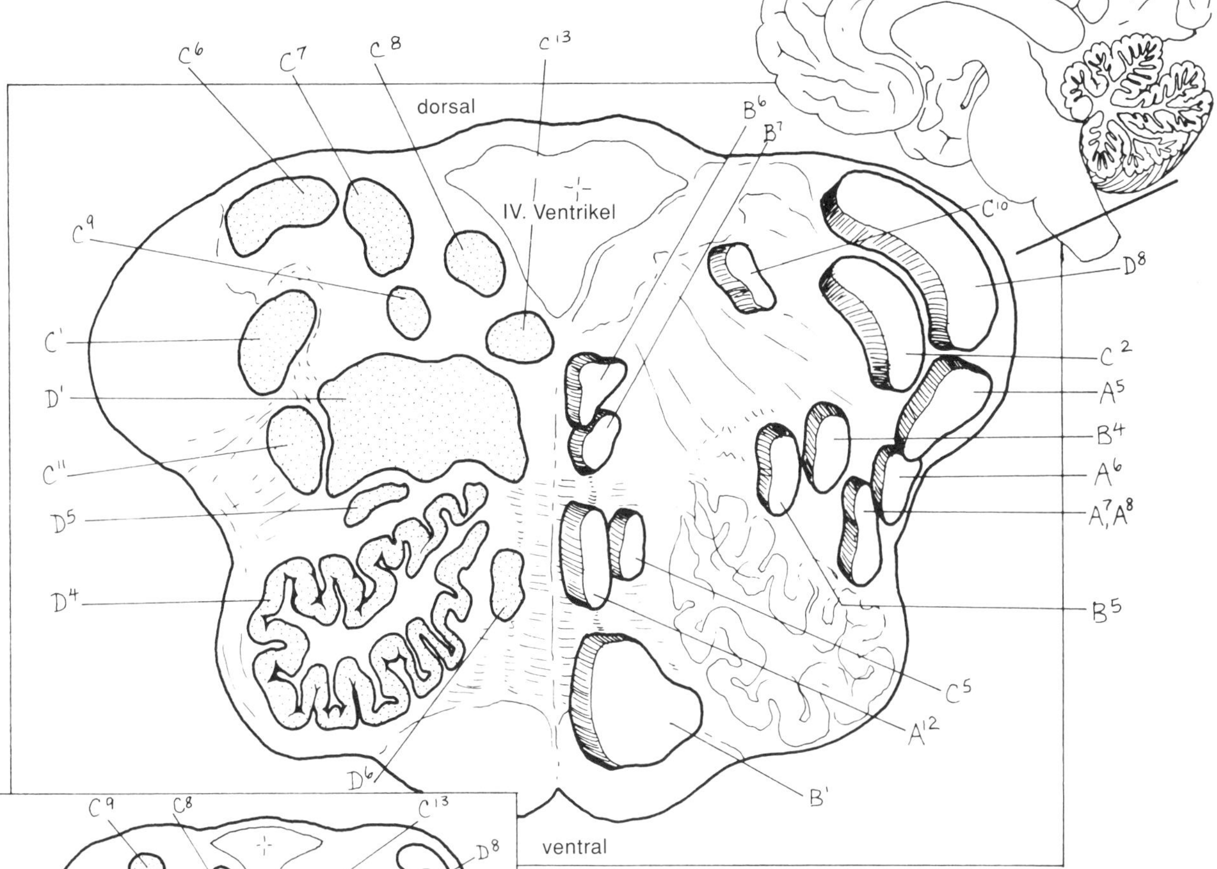


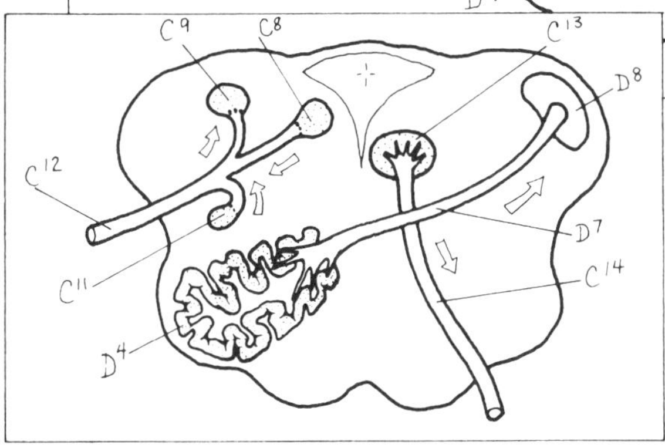

aufsteigende Bahnen A()
Tr. spinocerebell. dors. $A^{5}$/
ventr. $A^{6}$
Tr. spinothal. lat. $A^{7}$/ventr. $A^{8}$
Lemniscus medialis $A^{12}$

absteigende Bahnen B()
Pyramide $B^{1}$
Tr. rubrospinalis $B^{4}$
Tr. vestibulospinalis $B^{5}$
mediales Längsbündel $B^{6}$
Tr. tectospinalis $B^{7}$

Hirnnervenkerne/zugeh.
Bahnen/Nerven C()
Nucl. $C^{1}$/Tr. spinalis n. trigemini (V) $C^{2}$
Tr. trigeminothalamicus $C^{5}$
Nucl. vestibularis inf. $C^{6}$/medial. $C^{7}$
Nucl. dorsalis n. vagi $C^{8}$
Nucl. $C^{9}$/Tr. solitarius $C^{10}$
Nucl. ambiguus $C^{11}$
Nervus vagus (X) $C^{12}$
Nucl. $C^{13}$/Axon n. hypoglossi (XII) $C^{14}$

andere Bahnen und Kerne D()
Formatio reticularis $D^{1}$
Oliva inferior $D^{3}$()
große Olive $D^{4}$
Nucl. olivaris dors. $D^{5}$/medial. $D^{6}$
Tr. olivocerebellaris $D^{7}$
unterer Kleinhirnstiel $D^{8}$

# 5–7
# PONS: KAUDALER BEREICH

Der kaudale Ponsbereich ist die kranialwärts gerichtete Fortsetzung der Medulla oblongata. Seitlich erstreckt sich der Pons jeweils als mittlerer Kleinhirnstiel ins Kleinhirn.

**Malen Sie den Oberbegriff ‚aufsteigende Bahnen' an sowie deren zugehörige Begriffe und Strukturen und Begriff sowie Struktur $D^{8}$.**

Die Axone des Tractus spinocerebellaris dorsalis traten inzwischen auf ihrem Weg nach oben in den ipsilateralen *unteren Kleinhirnstiel* ($D^{2}$) ein, der zum vorderen Kleinhirnlappen zieht (s. Tafel 5–15). Der *Tractus spinocerebellaris ventralis* ($A^{6}$) verlagerte sich zwischenzeitlich nach dorsal und tritt nun im dargestellten Hirnstammbereich über den oberen Kleinhirnstiel (nicht dargestellt) ins Kleinhirn ein. Die *Tractus spinothalamici* ($A^{7}$; $A^{8}$) haben weiter an Umfang abgenommen und liegen nunmehr seitlich des *Lemniscus medialis* ($A^{12}$). Dieser wiederum verlagerte sich nach dem Verschwinden der Oliven nach lateral in die Nähe der ventralen Brückenhaubengrenze. Seitlich der spinothalamischen Bahnen verlaufen nun die neu gebildeten *Lemnisci laterales* ($A^{13}$). Deren Fasern entstammen verschiedenen Strukturen der Hörbahn (s. Tafel 6–18), verlaufen kranial- und dorsalwärts und enden in kranial gelegenen Hörzentren. Diese Zentren umfassen auch den Colliculus inferior des Mittelhirns und das Corpus geniculatum laterale des Thalamus.

**Malen Sie den Oberbegriff ‚absteigende Bahnen' an sowie die zugehörigen Begriffe und Strukturen.**

Die absteigenden Bahnen des dargestellten Hirnstammbereichs sind die *Tractus corticospinalis* ($B^{1}$), *rubrospinalis* ($B^{4}$) und *tectospinalis* ($B^{7}$). Zahlreiche aszendierende Fasern schließen sich nun den deszendierenden Fasern des *medialen Längsbündels* ($B^{6}$) an. Deszendierende kortikospinale Fasern verlaufen durch die Mitte des Pons, wo sie von den Zellmassen der *Brückenkerne* ($D^{9}$) weit auseinandergedrängt werden. Der Tractus vestibulospinalis entspringt in diesem Hirnstammbereich.

**Malen Sie die Oberbegriffe ‚Hirnnervenkerne, zugehörige Bahnen und Nerven' an sowie deren zugehörige Begriffe und Strukturen.**

*Nucleus* ($C^{1}$) und *Tractus nervi trigemini* ($C^{2}$) sind im posterolateralen Haubenbereich des kaudalen Pons immer noch nachweisbar. Der *Tractus trigeminothalamicus* ($C^{5}$) verläuft nun posterolateral des Lemniscus medialis. Der *Nucleus nervi abducentis* ($C^{15}$) wölbt sich unterhalb des Colliculus facialis in den Boden des IV. Ventrikels vor. Der *VI. Hirnnerv (Nervus abducens)* ($C^{16}$) innerviert den Musculus rectus lateralis des Augapfels. Zwischen Abduzenskern und Ventrikelboden verlaufen bogenförmig Fasern des *Nervus facialis (VII. Hirnnerv)* ($C^{18}$) und bilden das Genu internum nervi facialis (lat. genu: Knie). Der Nervus facialis entspringt aus dem *Fazialiskern* ($C^{17}$) in der Brückenhaube und verläßt den Hirnstamm im Kleinhirnbrückenwinkel. Er innerviert u.a. die mimische Gesichtsmuskulatur.
Das *Corpus trapezoideum* ($C^{19}$) und der *Nucleus olivaris superior* ($C^{20}$) sind Strukturen des auditorischen Systems. Der Trapezkörper ist ein prominentes, horizontal kreuzendes Faserbündel in der Brückenhaube. Viele dieser Fasern aszendieren im Lemniscus lateralis. Der obere Olivenkern ist wahrscheinlich die erste auditorische Schaltstelle, wo die Schallrichtungsbestimmung (Lateralisation) eines akustischen Reizes stattfindet. Die *Nuclei vestibulares lateralis* ($C^{21}$) und *superior* ($C^{22}$) sind Komponenten des Vestibularsystems. Aus ersterem entspringt der Tractus vestibulospinalis (s. Tafel 4–10), aus letzterem verlaufen Axone im unteren Kleinhirnstiel zum Cerebellum (s. Tafel 5–15).

**Malen Sie die Oberbegriffe ‚andere Bahnen und Kerne' an sowie deren zugehörige Begriffe und Strukturen.**

Die *Formatio reticularis* ($D^{1}$) nimmt den zentralen Bereich der Brückenhaube ein (s. Tafel 5–12). Der *Tractus tegmentalis centralis (zentrale Haubenbahn)* ($D^{12}$) verläuft durch die Mitte der Retikulärformation und verbindet Großhirnrinde und oberen Hirnstamm mit der unteren Olive und der Medulla. Er ist nur im dargestellten Hirnstammbereich zu sehen.
Die ventral der Brückenhaube lokalisierten *Brückenkerne* ($D^{9}$) erhalten ausgeprägte deszendierende Faserbündel (nicht dargestellt), die gemeinsam mit den kortikospinalen Bahnen in den kaudalen Ponsbereich absteigen. Die Axone der Brückenkerne bilden als *posterozerebelläre Faserbündel* ($D^{10}$) den *mittleren Kleinhirnstiel* ($D^{11}$).

# PONS: KAUDALER BEREICH

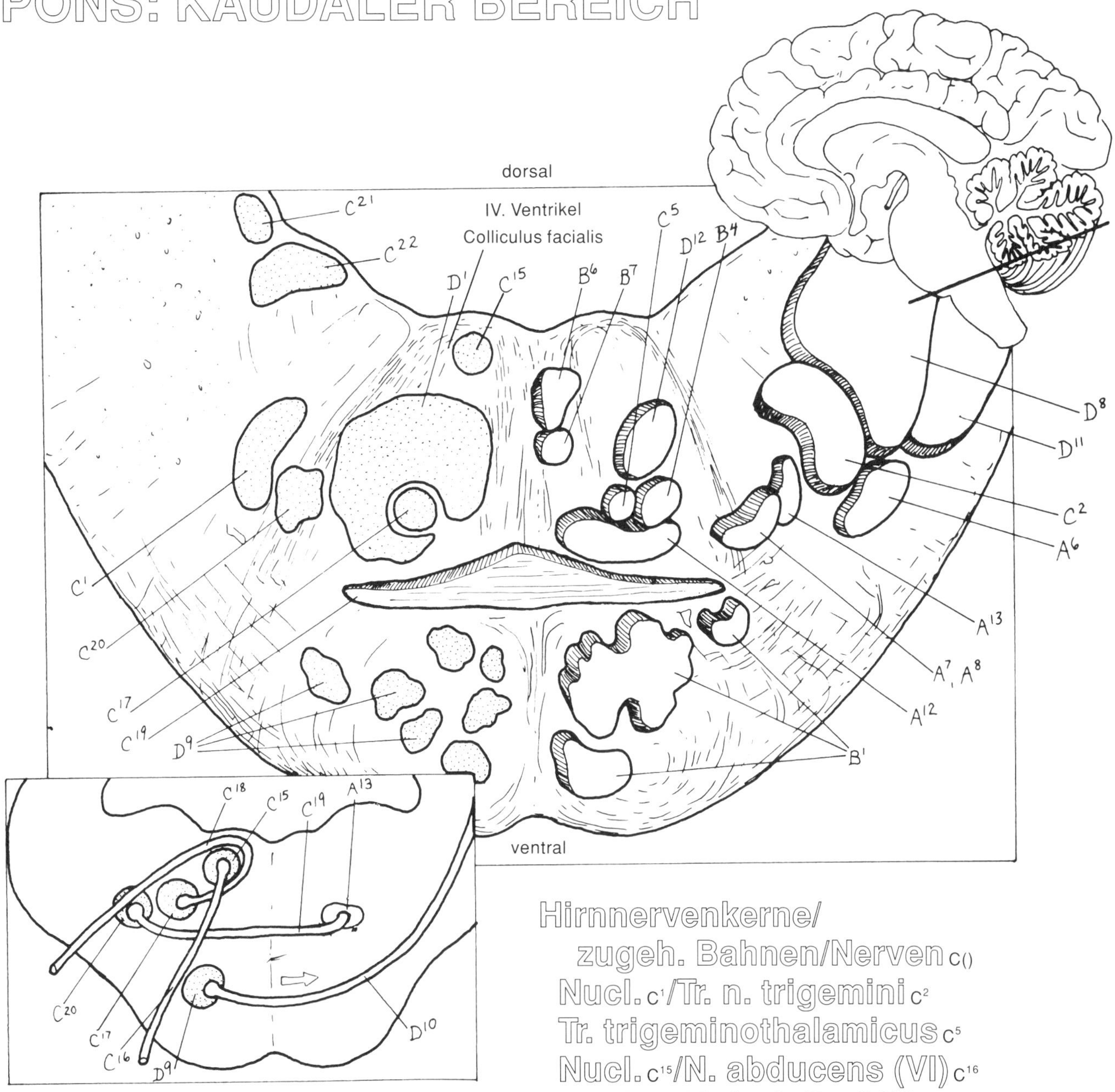


## aufsteigende Bahnen A()

- Tr. spinocereb. ventr. A6
- Tr. spinothalamici A7, A8
- mediales Längsbündel A12
- Lemniscus lateralis A13

## absteigende Bahnen B()

- Tr. corticospinalis B1
- Tr. rubrospinalis B4
- mediales Längsbündel B6
- Tr. tectospinalis B7

## Hirnnervenkerne/ zugeh. Bahnen/Nerven C()

- Nucl. C1/Tr. n. trigemini C2
- Tr. trigeminothalamicus C5
- Nucl. C15/N. abducens (VI) C16
- Nucl. C17/N. facialis (VII) C18
- Corpus trapezoideum C19
- Nucl. olivaris sup. C20
- Nucl. vestibularis lat. C21/sup. C22

## andere Bahnen/Kerne D()

- Formatio reticularis D1
- Tr. tegmentalis centralis D12
- unterer Kleinhirnstiel D8
- Brückenkerne D9
- pontozerebelläre Faserbündel D10
- mittlerer Kleinhirnstiel D11

# 5–8

# PONS: KRANIALER BEREICH

Die wichtigsten Strukturen dieses Hirnstammbereichs sind der nunmehr etwas kleinere IV. Ventrikel, dessen kranialer Anteil zeltförmig vom oberen Medullasegel bedeckt wird, die posterolateral verlaufenden oberen Kleinhirnstiele zu beiden Seiten des oberen Medullasegels und die Brückenhaube unmittelbar ventral des IV. Ventrikels. Der eigentliche Pons liegt ventral der Brückenhaube und nimmt ca. die Hälfte dieses Hirnstammabschnittes ein.

**Malen Sie den Oberbegriff ‚aufsteigende Bahnen' an sowie die zugehörigen Begriffe und Strukturen.**

Der *Tractus spinocerebellaris ventralis* ($A^6$) aszendiert in den Pons, macht hier eine Biegung von ca. 140° nach lateral und dorsal und schließt sich dem oberen Kleinhirnstiel an. Die *spinothalamischen Bahnen* ($A^7$; $A^8$) und die *Lemnisci medialis* ($A^{12}$) und *lateralis* ($A^{13}$) nehmen ungefähr die gleichen Positionen ein wie auf Tafel 5–7.

**Malen Sie den Oberbegriff ‚absteigende Bahnen' an, deren zugehörige Begriffe und Strukturen sowie die Begriffe und Strukturen $D^{14}$ und $B^6$.**

Der *Tractus corticospinalis* ($B^1$) wird im dargestellten Hirnstammbereich durch die breit ausladenden Brückenkerne in mehrere Bündel aufgespalten. Die *Tractus rubrospinalis* ($B^4$) und *tectospinalis* ($B^7$) verlaufen in ähnlichen Positionen wie im kaudalen Ponsbereich. Das *mediale Längsbündel* ($D^{14}$; $B^6$) ist nunmehr zur Gänze eine gemischte Bahn und wird deshalb von nun an mit alten und neuen Kennbuchstaben bzw. -ziffern unter dem Oberbegriff andere Bahnen und Kerne geführt.

**Malen Sie die Oberbegriffe ‚Hirnnervenkerne, zugehörige Bahnen und Nerven' an sowie die zugehörigen Begriffe und Strukturen.**

In diesem Ponsbereich sind drei Komponenten des Nervus trigeminus (V. Hirnnerv) erstmals nachweisbar. Der sensorische *Nucleus principalis* ($C^{23}$) empfängt Druck- und Berührungsreize aus dem Gesicht und anderen Teilen des Kopfes über den dreigeteilten *Trigeminusnerven* ($C^{26}$).
Der *Nucleus mesencephalicus nervi trigemini* ($C^{24}$) liegt in der Wand des IV. Ventrikels medial des oberen Kleinhirnstiels und erstreckt sich kranial bis ins Mittelhirn. Er erhält propriozeptive Impulse aus der Kaumuskulatur und stellt somit eine Reflexbahn für Beiß- und Kaureflexe dar. Der mesenzephale Trigeminuskern enthält als einziger im gesamten ZNS ausschließlich pseudounipolare Neurone, was sonst nur bei den Spinalganglien (außerhalb des ZNS) der Fall ist. Die Axone des *motorischen Trigeminuskerns* ($C^{25}$) innervieren ebenfalls Teile der Kaumuskulatur und bilden so eine Funktionseinheit mit denjenigen des mesenzephalen Trigeminuskerns.
Auch Schmerz- und Temperaturreize sowie bestimmte Berührungsreize aus dem Gesichtsbereich werden über den Nervus trigeminus geleitet. Fasern, die solche Impulse leiten, treten in den Pons ein, biegen nach kaudal um und formieren sich zum Tractus spinothalamicus, den Sie aus tieferen Hirnstammquerschnitten kennen. Der *Tractus trigeminothalamicus* ($C^5$) leitet Impulse aus dem Trigeminuskern zum Thalamus und behält im dargestellten Ponsbereich ungefähr dieselbe Position bei wie in tieferen Hirnstammarealen.

**Malen Sie die Oberbegriffe ‚andere Bahnen und Kerne' an sowie die zugehörigen Begriffe und Strukturen.**

Im dargestellten Ponsbereich ist der *Tractus tegmentalis centralis (zentrale Haubenbahn)* ($D^{12}$) ein relativ schlecht abgrenzbares Faserbündel. Er verläuft durch die *Formatio reticularis* ($D^1$) und gibt Fasern vom Mittelhirn zur unteren Olive und vom unteren Hirnstamm zum Thalamus ab.
Auch auf dieser Höhe entspringen, wie schon im kaudalen Ponsbereich, *pontozerebelläre Faserbündel* ($D^{10}$) aus den *Brückenkernen* ($D^9$) und bilden (s. Abb. links unten) den *mittleren Kleinhirnstiel* ($D^{11}$).
Der *obere Kleinhirnstiel* ($D^{13}$) wurde bereits mit den aufsteigenden Bahnen besprochen.
Der *Locus coeruleus* ($D^{15}$) ist ein bilateral angelegter Ponskern, der in frischen, ungefärbten Ponsquerschnitten als tiefblauer Punkt in der posterolateralen Brückenhaube nahe dem IV. Ventrikel zu finden ist. Er ist ein wichtiger Syntheseort des Neurotransmitters Noradrenalin. Die Axone des Locus coeruleus erstrecken sich in Großhirnrinde, Kleinhirn und Rückenmark. Während der Embryonalentwicklung scheint er wesentlich an der laminaren Gliederung der Großhirnrinde beteiligt zu sein (s. Tafel 3–11).

# PONS: KRANIALER BEREICH

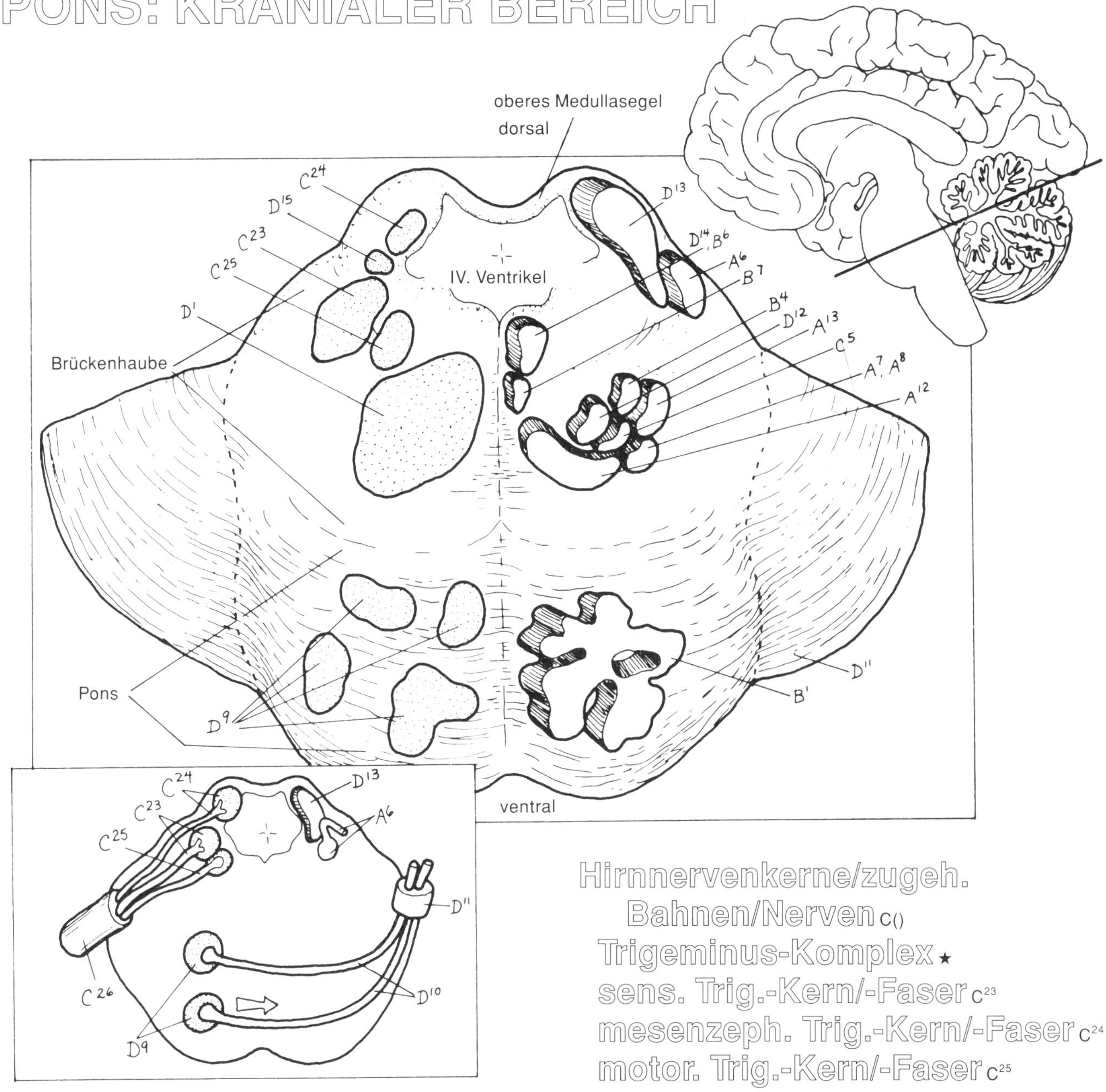


**Hirnnervenkerne/zugeh. Bahnen/Nerven** C()
- **Trigeminus-Komplex** ★
- sens. Trig.-Kern/-Faser $C^{23}$
- mesenzeph. Trig.-Kern/-Faser $C^{24}$
- motor. Trig.-Kern/-Faser $C^{25}$
- Nervus trigeminus $C^{26}$
- Tr. trigeminothalamicus $C^{5}$

**aufsteigende Bahnen** A()
- Tr. spinocerebell. ventr. $A^{6}$
- Tr. spinothalamici $A^{7}$, $A^{8}$
- Lemniscus medialis $A^{12}$
- Lemniscus lateralis $A^{13}$

**absteigende Bahnen** B()
- Tr. corticospinalis $B^{1}$
- Tr. rubrospinalis $B^{4}$
- Tr. tectospinalis $B^{10}$

**andere Bahnen/Kerne** D()
- Formatio reticularis $D^{1}$
- Tr. tegmentalis centralis $D^{12}$
- Brückenkerne $D^{9}$
- pontozerebelläre Faserbündel $D^{10}$
- mittlerer Kleinhirnstiel $D^{11}$
- oberer Kleinhirnstiel $D^{13}$
- mediales Längsbündel $D^{14}$, $B^{6}$
- Locus coeruleus $D^{15}$

# 5–9

# MITTELHIRN: KAUDALER BEREICH

Der dargestellte Querschnitt umfaßt ventral den kranialsten Anteil des Pons mit der beidseitigen Vorwölbung durch transversale Faserbündel sowie die Brückenkerne und ihre zugehörigen absteigenden Bahnen. Im dorsalen Bereich sind der kaudale Anteil des Mittelhirns zu sehen, der die Vierhügelplatte, den Aquaeductus cerebri, das zentrale Höhlengrau und die Colliculi inferiores umfaßt.

**Malen Sie die Oberbegriffe ‚aufsteigende Bahnen und absteigende Bahnen' an, deren zugehörige Begriffe und Strukturen sowie die Begriffe und Strukturen D[9] und D[10].**

Die *Tractus spinothalamici* (A[7]; A[8]) und der *Lemniscus medialis* (A[10]) aszendieren durch das Mittelhirn. Der *Lemniscus lateralis* (A[13]) endet hingegen in seinem Zielkerngebiet, dem Colliculus inferior.

Im *Tractus corticospinalis* (B[1]) verlaufen in diesem Hirnstammbereich auch *kortikopontine Fasern* (B[11]), die mit Neuronen der *Brückenkerne* (D[9]) Synapsen bilden (s. Abb. links unten). Die Axone der Ponsneuronen verlaufen als *pontozerebelläre Faserbündel* (D[10]) im mittleren Kleinhirnstiel (nicht dargestellt) zum Kleinhirn. Die *Tractus rubrospinalis* (B[4]) und *tectospinalis* (B[7]) setzen ihren deszendierenden Weg fort.

**Malen Sie die Oberbegriffe ‚Hirnnervenkerne, zugehörige Bahnen und Nerven' an sowie die zugehörigen Begriffe und Strukturen.**

Der *mesenzephale Kern des V. Hirnnerven* (C[24]) und seine zugehörige *Bahn* (C[27]) kommen in diesem Hirnstammbereich unmittelbar lateral des zentralen Höhlengrau am besten zur Darstellung. Der *Tractus trigeminothalamicus* (C[3]) aszendiert weiter in Richtung Thalamus. Der *Kern des Nervus trochlearis* (C[28]) an der Basis des zentralen Höhlengrau projiziert mit seinen *Fasern* (C[29]) nach posterolateral und kaudal bogenförmig um das zentrale Höhlengrau. Die Fasern kreuzen im Dach des IV. Ventrikels nach kontralateral und verlassen das Gehirn unmittelbar kaudal des Colliculus inferior.

**Malen Sie die Oberbegriffe ‚andere Bahnen und Kerne' an sowie die zugehörigen Begriffe und Strukturen.**

Die *Formatio reticularis* (D[1]) verläuft in Form einer umfangreichen Neuronensäule durch das Tegmentum des Mittelhirns (s. Tafel 5–12). Beiderseits der Mittellinie (Raphe) des Tegmentum liegen als spezialisierte Komponenten der Retikulärformation die sich überlappenden *Raphekerne* (D[16]). Die *zentrale Haubenbahn* (D[12]) verläuft auch auf dieser Höhe durch das Zentrum der Formatio reticularis.

Die *oberen Kleinhirnstiele* (D[13]) verlaufen nunmehr nach ventral und medial, treten in das Tegmentum des Mittelhirns ein und kreuzen über deren Mittellinie nach kontralateral (s. Abb. links unten). Die gekreuzten Fasern verlaufen kranialwärts und enden im Nucleus ruber bzw. Nucleus anterolateralis thalami (nicht dargestellt; s. Tafel 5–11).

Das *mediale Längsbündel* (D[14]; B[6]) mit seinen auf- und absteigenden Fasern ist auch in dieser Hirnstammebene zu sehen.

Die Colliculi inferiores an der dorsalen Oberfläche des kaudalen Mittelhirns enthalten große *Kerngebiete* (D[17]). Diese erhalten über den Lemniscus lateralis akustische Signale und fungieren als auditorische Reflexzentren. Die Kerne erhalten auch Afferenzen (nicht dargestellt) aus dem kontralateralen Colliculus inferior, dem ipsilateralen Corpus geniculatum mediale des Thalamus und der Hörrinde des Großhirns. Die wichtigsten Efferenzen aus dem Colliculus inferior projizieren über das Brachium des Colliculus inferior (s. Tafel 5–1) zum Corpus geniculatum mediale. Andere Efferenzen verlaufen zum kontralateralen Colliculus inferior und zu kaudaler gelegenen auditorischen Kernen im Hirnstamm, z.B. zum Nucleus lemnisci lateralis (s. Tafel 6–18).

Das *zentrale Höhlengrau* (D[18]) enthält zahlreiche kleine Neurone und ist eine wichtige Quelle endogener Opiatanaloga, der Endorphine. Eine elektrische Stimulation dieses Areals verursacht eine Verminderung des Schmerzempfindens (s. Tafel 5–34).

Der *Fasciculus longitudinalis dorsalis* (D[19]) durchzieht ebenfalls das zentrale Höhlengrau. Er verläuft mit auf- und absteigenden Fasern zwischen Hypothalamus und Mittelhirn und ist wahrscheinlich an viszeralen Reflexen beteiligt.

# MITTELHIRN: KAUDALER BEREICH

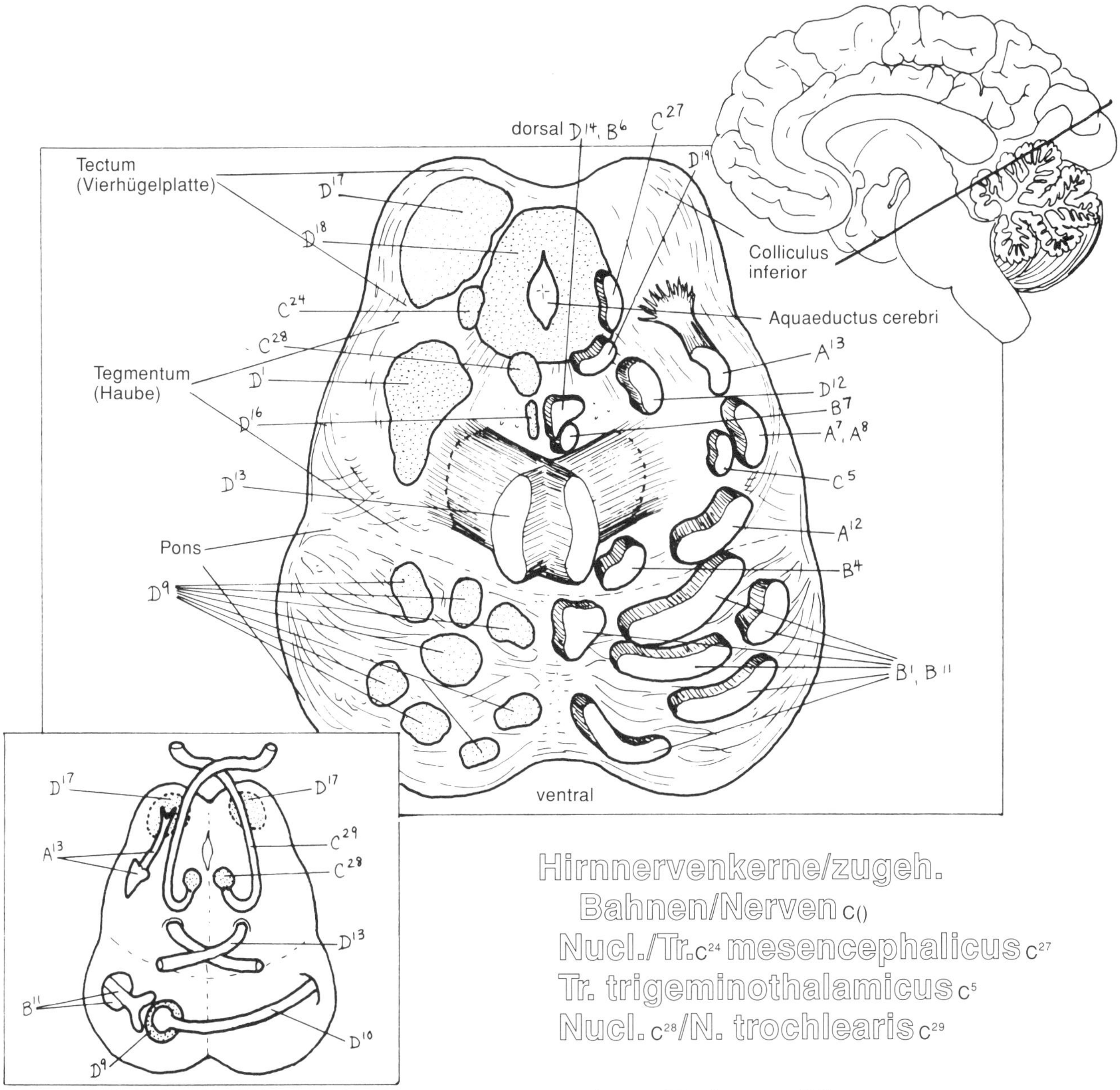


aufsteigende Bahnen A()
- Tr. spinothalamicus A7, A8
- Lemniscus medialis A12
- Lemniscus lateralis/ Faser A13

absteigende Bahnen B()
- Tr. corticospinalis B1
- Tr. corticopontinus B11
- Tr. rubrospinalis B4
- Tr. tectospinalis B7

Hirnnervenkerne/zugeh. Bahnen/Nerven C()
- Nucl./Tr. C24 mesencephalicus C27
- Tr. trigeminothalamicus C5
- Nucl. C28/N. trochlearis C29

andere Bahnen/Kerne D()
- Formatio reticularis D1
- Raphekerne D16
- zentrale Haubenbahn D12
- Brückenkerne D9
- pontozerebelläre Faserbündel D10
- Kreuzung d. oberen Kleinhirnstiele D13
- mediales Längsbündel D14, B6
- Nucl. colliculi inferioris D17
- zentrales Höhlengrau D18
- Fasciculus longitudinalis dors. D19

# 5–10
# MITTELHIRN: KRANIALER BEREICH

Als formgebende Strukturen des dargestellten Hirnstammbereichs sind dorsal die Colliculi superiores und ventral die ausgeprägten Hirnschenkel (Crura cerebri) zu sehen.

**Malen Sie die Oberbegriffe ‚aufsteigende Bahnen und absteigende Bahnen' an sowie die zugehörigen Begriffe und Strukturen.**

Sowohl der *Tractus spinothalamicus* (A[7]; A[8]) als auch der *Lemniscus medialis* (A[12]) sind in dieser Ebene weiter nachweisbar. Allerdings verliert ersterer zunehmend an Umfang, weil er kontinuierlich Fasern an diverse Hirnstammkerne abgibt. Aus der Kreuzung der oberen Kleinhirnstiele gehen die *Tractus dentatorubralis* (A[14]) und *dentatothalamicus* (A[15]) hervor, die im Nucleus ruber bzw. im Thalamus enden.
Das prominenteste Faserbündel im dargestellten Hirnstammbereich ist der *Hirnschenkel* (B[12]), an dessen Gesamtmasse der *Tractus corticospinalis* (B[1]) mit ca. 5 % beteiligt ist. Die überwiegende Masse der Hirnschenkel besteht aus kortikopontinen Faserbündeln, nämlich den *Tractus frontopontinus* (B[13]), *parietopontinus, temporopontinus und occipitopontinus* (B[14]).
Der *Tractus rubrospinalis* (B[4]) entspringt aus Neuronen des Nucleus ruber. Der *Tractus tectospinalis* (B[10]) besteht aus Efferenzen des Colliculus superior.

**Malen Sie die Oberbegriffe ‚Hirnnervenkerne, zugehörige Bahnen und Nerven' an sowie deren zugehörige Begriffe und Strukturen.**

*Nucleus* (C[24]) und *Tractus mesencephalicus des V. Hirnnerven* (C[27]) sind im dargestellten Hirnstammbereich immer noch nachweisbar, der *Tractus trigeminothalamicus* (C[5]) setzt seinen Aufstieg zum Thalamus fort. Die *Nuclei nervi oculomotorii* (C[30]) liegen ventral des zentralen Höhlengrau zu beiden Seiten der Mittellinie. Der *Nervus oculomotorius* (C[31]) verläuft aus diesen Kernen zu vier der sechs äußeren Augenmuskeln, zur Muskulatur des Augenlids und zu den inneren (glatten) Augenmuskeln, die Akkommodation und Lichtreflexe steuern. Lateral und dorsal des Okulomotoriuskerns liegen der *Nucleus interstitialis (Cajal)* (C[32]) und der *Nucleus Darkschewitsch* (C[33]), beides Schaltstellen im System des medialen Längsbündels.

**Malen Sie die Oberbegriffe ‚andere Bahnen und Kerne' an sowie die zugehörigen Begriffe und Strukturen.**

Die *Formatio reticularis* (D[1]) und die zugehörige *zentrale Haubenbahn (Tractus tegmentalis centralis)* (D[12]) behalten ihre zentrale Position bei. Das *mediale Längsbündel* (D[14]; B[6]) enthält auf- und absteigende Fasern zu den Nuclei Cajal und Darkschewitsch und, in geringerem Umfang, zum Colliculus superior. Der hier dargestellte Abschnitt des medialen Längsbündels entspricht seinem kranialsten Bereich (s. Tafel 4–10). Das *zentrale Höhlengrau* (D[18]) umgibt den kranialen Abschnitt des Aquaeductus cerebri. Die *Nuclei interpedunculares* (D[30]) in diesem Hirnstammbereich sind wahrscheinlich Schaltstellen für Impulse aus dem limbischen System.
Die *Colliculi superiores* (D[20]) bilden den kranialen Teil der Vierhügelplatte (Tectum) des dorsalen Mittelhirns. Sie fungieren als Schaltstelle für reflektorische Augenbewegungen und Pupillenreflexe und erhalten Afferenzen u.a. aus dem Tractus opticus (nicht dargestellt). *Efferente Axone* (D[21]) projizieren vom Colliculus superior aus nach ventral und medial, kreuzen unterhalb des medialen Längsbündels nach kontralateral und bilden dann den Tractus tectospinalis.
Der große *Nucleus ruber* (D[22]) in der Mittelhirnhaube weist im frischen Hirnschnitt eine zartrote Farbe auf. Er erhält Afferenzen aus dem Kleinhirn (über den oberen Kleinhirnstiel) und aus der Großhirnrinde (über die Hirnschenkel). Seine *Axone* (D[23]) projizieren im Tractus rubrospinalis ins Rückenmark und als unscharf begrenzte rubrobulbäre Faserbündel zur Oliva inferior und zu mehreren Hirnnervenkernen (nicht dargestellt).
Die *Substantia nigra* (D[24]) (lat. niger: schwarz) besteht aus dicht angeordneten melaninreichen (und deshalb schwarzen) Neuronen und stellt das größte Kerngebiet des Mittelhirns dar. Die Substantia nigra erhält Afferenzen aus den Basalganglien und der Retikulärformation und entsendet ihrerseits Efferenzen in die genannten Regionen. In diesem Fasersystem spielen Neurotransmitter (z.B. Dopamin, Substanz P, GABA) eine wichtige Rolle. Eine Reduktion dopaminerger Neuronen in der Substantia nigra führt zum Krankheitsbild des Morbus Parkinson mit Muskelstarre, Ruhetremor, fehlenden Mitbewegungen der Gliedmaßen und mimischer Starre.

# MITTELHIRN: KRANIALER BEREICH

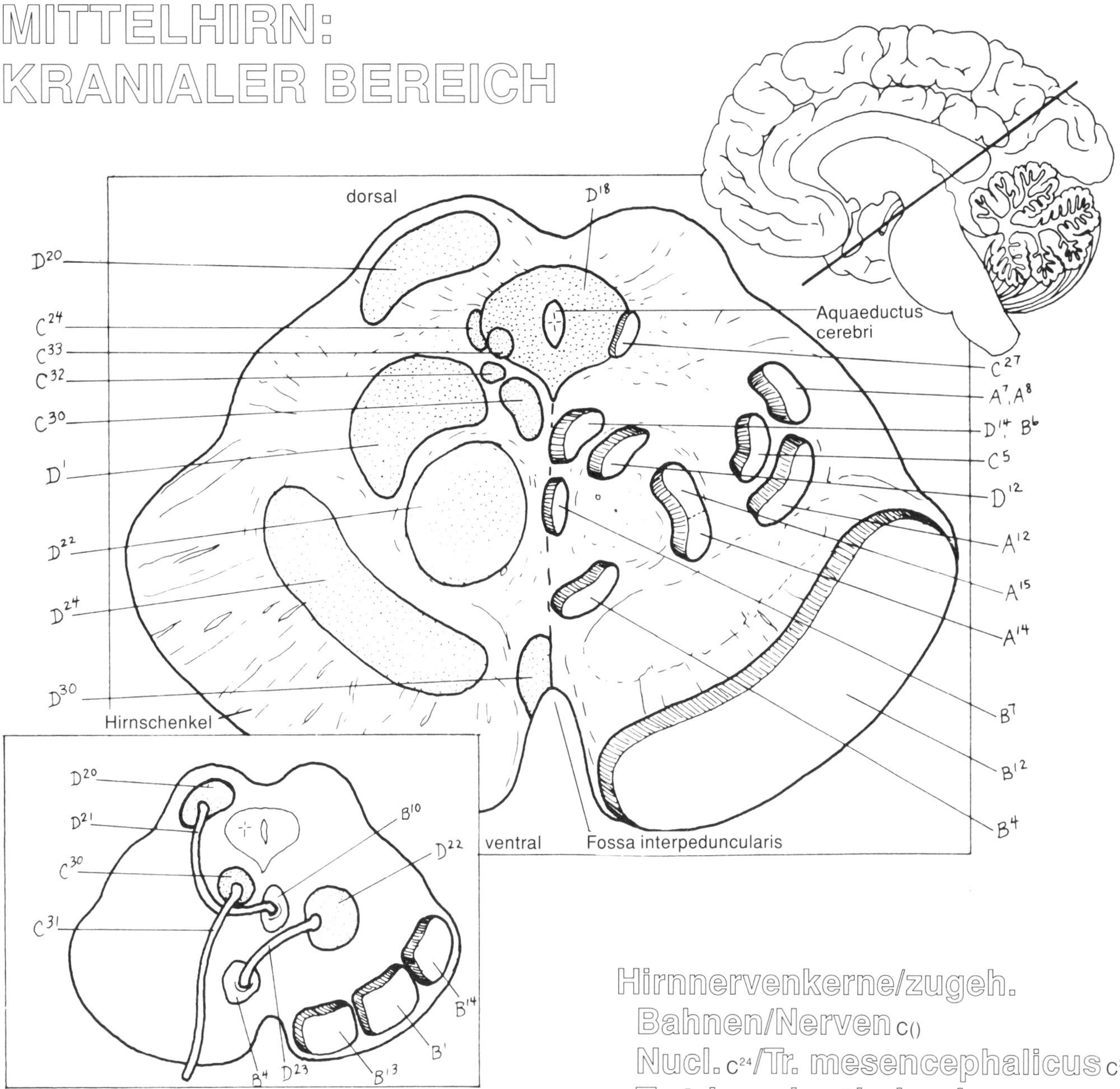


## aufsteigende Bahnen A()

- Tr. spinothalamicus A7, A8
- Lemniscus medialis A12
- Tr. dentatorubralis A14
- Tr. dentatothalamicus A15

## absteigende Bahnen B()

- Hirnschenkel B12
- Tr. corticospinalis B1
- Tr. frontopontinus B13
- Tr. parietopontinus,
- Tr. temporopontinus,
- Tr. occipitopontinus B14
- Tr. rubrospinalis B4
- Tr. tectospinalis B7

## Hirnnervenkerne/zugeh. Bahnen/Nerven C()

- Nucl. C24/Tr. mesencephalicus C27
- Tr. trigeminothalamicus C5
- Nucl. C30/N. oculomotorius C31
- Nucl. interstitialis (Cajal) C32
- Nucl. Darkschewitsch C33

## andere Bahnen/Kerne D()

- Formatio reticularis D1
- zentrale Haubenbahn D12
- mediales Längsbündel D14, B6
- zentrales Höhlengrau D18
- Colliculus sup. D20/Axone D21
- Nucl. ruber D22/Axone D23
- Substantia nigra D24
- Nucl. interpeduncularis D30

# 5–11

# MITTELHIRN UND ZWISCHENHIRN

Im Bereich des Übergangs vom Mittel- zum Zwischenhirn nimmt der Hirnstamm deutlich an Umfang zu, bedingt durch einige charakteristische Strukturen des Thalamus, die hier erstmals sichtbar werden.

**Malen Sie den Oberbegriff ‚Mittelhirn' und die untergeordneten Begriffe A()–D() an sowie die zugehörigen Begriffe und Strukturen A–D$^{25}$.**

Der *Tractus spinothalamicus* (A$^{7}$; A$^{8}$) und der *Lemniscus medialis* (A$^{12}$) sind auf ihrem Weg zum Thalamus auch in der dargestellten Region nachweisbar. Der *Tractus dentatorubralis* (A$^{14}$) endet im Nucleus ruber. Der *Tractus dentatothalamicus* (A$^{15}$) aszendiert weiter bis zum Thalamus.

Die deszendierenden Faserbündel kortikalen Ursprungs, nämlich der *Tractus corticospinalis* (B$^{1}$) und das *kortikopontine Faserbündel* (B$^{11}$) durchqueren den *Hirnschenkel* (B$^{12}$), der sich im Vergleich zu den tieferen Hirnstammebenen nach lateral verlagert hat und im Zwischenhirn und Endhirn die Capsula interna bilden wird. Der *Nucleus ruber* (D$^{22}$) erhält Fasern aus dem Tractus dentatorubralis. Die *Substantia nigra* (D$^{24}$) ist auch in der dargestellten Schnittebene nachweisbar. Das Lumen des *Aquaeductus cerebri* (D$^{25}$) vergrößert sich und bildet im Zwischenhirn den kaudalen Anteil des III. Ventrikels (nicht dargestellt).

**Malen Sie den Oberbegriff ‚Übergangszone' (E) und die zugehörigen Begriffe und Strukturen E$^{1}$ und E$^{2}$ an.**

Die *Regio praetectalis* (E$^{1}$) liegt vor den Colliculi superiores des Mittelhirns. Als Schaltstelle für visuelle Reflexe erhält sie Afferenzen aus dem Tractus opticus (nicht dargestellt), dem *Corpus geniculatum (Nucleus geniculatus) laterale* (F$^{3}$), der kontralateralen Regio praetectalis (über die *Commissura posterior)* (E$^{2}$), dem *Pulvinar* (F$^{5}$) des Thalamus und aus solchen Kortexbereichen (nicht dargestellt), die visuelle Informationen verarbeiten. Einige Efferenzen aus der Regio praetectalis verlaufen zum Nucleus nervi oculomotorii und kontrollieren den Lichtreflex der Pupille (s. Tafel 6–7).

Die *Commissura posterior* (E$^{2}$) kreuzt über die Mittellinie nach kontralateral und stellt so eine Verbindung zur kontralateralen Regio praetectalis und zum kontralateralen Hirnnervenkern dar.

**Malen Sie den Oberbegriff ‚Zwischenhirn' an sowie die zugehörigen Begriffe und Strukturen F$^{1}$–F$^{6}$.**

Die *Epiphyse (Glandula pinealis, Corpus pineale, Zirbeldrüse)* (F$^{1}$) (s. Tafel 5–23) erwächst aus dem Dach des Zwischenhirns. Sie besteht aus modifizierten sekretorischen Gliazellen, den Pinealozyten und erfüllt z.T. die Funktion einer biologischen Uhr.

Das *Corpus geniculatum (Nucleus geniculatus) mediale* (F$^{2}$) bzw. *laterale* (F$^{3}$) sind thalamische Schaltstationen für auditorische bzw. visuelle Reize. Beide Kerne geben Efferenzen ab zum bzw. erhalten Afferenzen aus dem oberen und unteren Brachium des Colliculus inferior (s. Tafel 5–2). Außerdem projizieren die Corpora geniculata mit Efferenzen zum auditorischen und visuellen Bereich der Großhirnrinde. Aus dem Corpus geniculatum laterale entspringen *efferente Fasern* (F$^{3}$) und bilden die *Sehstrahlung* (F$^{4}$).

Der dorsale Thalamusbereich, genannt *Pulvinar* (F$^{5}$), hat doppelläufige Verbindungen zu parietalen und temporalen Cortexbereichen und ist somit Teil sowohl des optischen als auch des akustischen Systems. Außerdem gibt der Pulvinar *efferente Fasern* (F$^{5}$) zur Regio praetectalis ab.

Als *Nucleus thalamicus posterior* (F$^{6}$) bezeichnet man eine unscharf begrenzte Neuronenansammlung medial des Corpus geniculatum mediale, in der die meisten spinothalamischen Fasern enden.

# MITTELHIRN UND ZWISCHENHIRN

**Mittelhirn** ★
aufsteigende Bahnen A()
Tr. spinothalamicus A7, A8
Lemniscus medialis A12
Tr. dentatorubralis A14
Tr. dentatothalamicus A15

absteigende Bahnen B()
Hirnschenkel B12
Tr. corticospinalis B1
Tr. corticopontinus B11

andere Bahnen/Kerne D()
Nucleus ruber D22
Substantia nigra D24
Aquaeductus cerebri D25

Übergangszone E()
Regio praetectalis E1
Commissura posterior/Faser E2

Zwischenhirn F()
Epiphyse F1
C. geniculatum med. F2/
laterale/Efferenz F3
Sehstrahlung F4
Pulvinar/Efferenz F5
Nucl. thalamicus post. F6

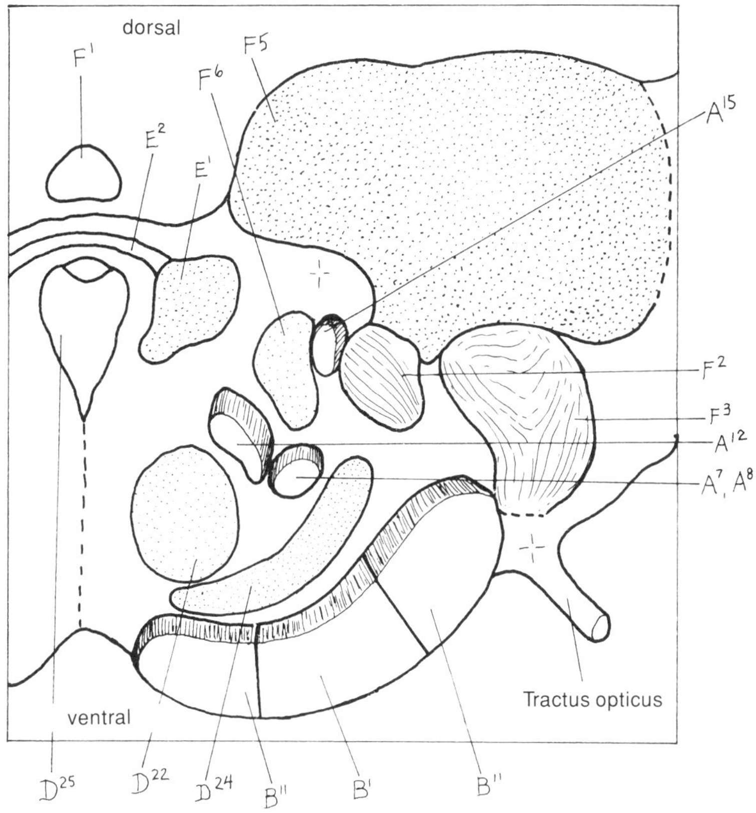


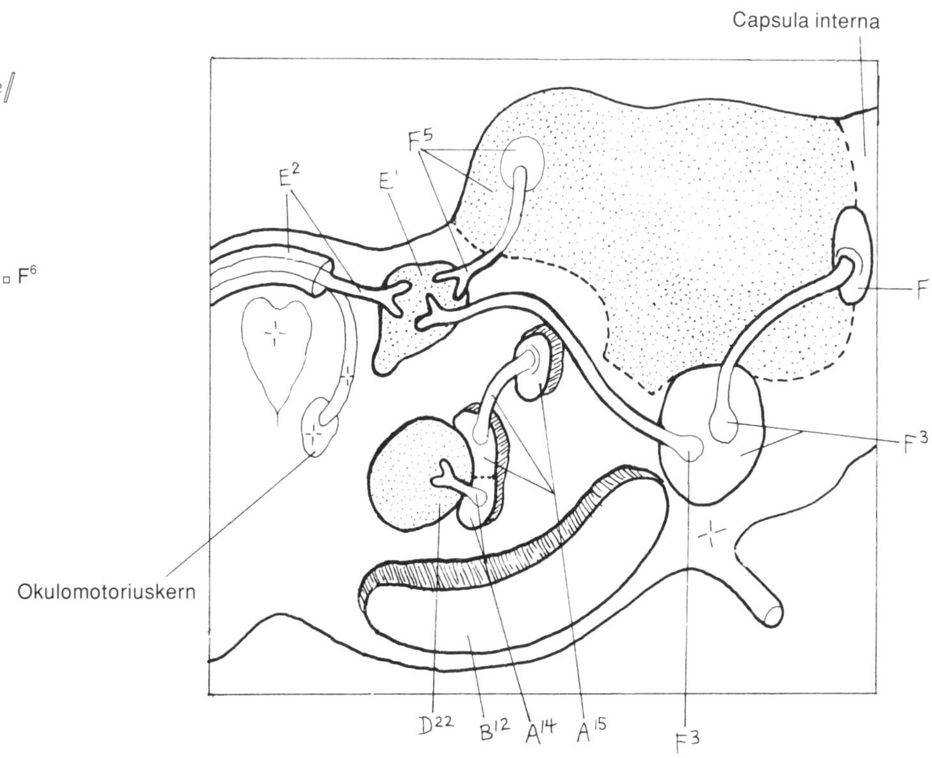

# 5–12
# FORMATIO RETICULARIS

Der ventrale Bereich des Hirnstamms besteht aus einem komplexen, »netzartigen« System von Neuronen und Nervenfasern, das man als *Formatio reticularis* zusammenfaßt. Sie ist von großer Bedeutung für lebenswichtige vegetative Funktionen (z.B. Atmung und Kreislauf), für die Koordination von reflektorischen Bewegungsabläufen und für die Verarbeitung afferenter Erregungen.

**Malen Sie die Oberbegriffe und Begriffe A–C⁵ an sowie die zugehörigen Strukturen in der oberen Abbildung. Verwenden Sie unterschiedliche Schattierungen derselben Farbe für Strukturen mit identischem Kennbuchstaben aber unterschiedlichen Kennziffern.**

Das Erscheinungsbild der Formatio reticularis variiert in Abhängigkeit von Art und chemischen Eigenschaften (Neurotransmitter!) der verschiedenen Kernareale sowie der Struktur der Axone und deren Vernetzungen. Es gibt drei große Zellgruppierungen: 1. Kerne, die entlang der Mittellinie (Raphe) angeordnet sind und dementsprechend *Raphe-Kerne* (A) heißen; 2. die *seitlichen Retikulariskerne* (B) in der Peripherie des Hirnstamms und 3. die nach Zellzahl und -form größten *zentralen Retikulariskerne* (C), die jeweils im Zentrum der beiden Hirnstammhälften lokalisiert sind.
Es gibt mindestens sieben, allerdings unscharf voneinander abgegrenzte Raphe-Kerne: die *Nuclei raphe pallidus* ($A^1$) und *obscurus* ($A^2$) in der Medulla, die *Nuclei raphe magnus* ($A^3$) und *pontis* ($A^4$) in der Pons, die *Nuclei raphe dorsalis* ($A^5$), *medialis* ($A^6$) und *linearis* ($A^7$) im Mittelhirn. Die meisten dieser Kerne enthalten hohe Konzentrationen des Neurotransmitters Serotonin, und es besteht ein enger Kontakt zwischen ihren Dendriten und kleinen Blutgefäßen, die zwischen diesen verlaufen. Möglicherweise wird das Vorhandensein bestimmter im Blut zirkulierender Substanzen über die perivaskulären Dendriten der Raphe-Kerne registriert und dadurch die Serotoninsynthese kontrolliert oder »getriggert« (gesteuert).
Der seitlich gelegene *Nucleus reticularis lateralis* (B) erhält Informationen aus den Tractus spinothalamici.
Zu den *zentralen Kernarealen* (C) zählen der *Nucleus reticularis parvocellularis* ($C^1$) (lat. parvus: klein) in der kaudalen Medulla und der *Nucleus reticularis magnocellularis* ($C^2$) (lat. magnus: groß) in der kranialen Medulla. Die *Nuclei reticulares pontis caudalis* ($C^3$) und *cranialis* ($C^4$) liegen im kaudalen bzw. kranialen Ponsbereich. Die Neuronen der zentralen mesenzephalen Retikulärformation bilden den *Nucleus cuneiformis* ($C^5$) (lat. cuneus: Keil).

**Malen Sie den Oberbegriff ‚strukturelle Dynamik' an, die Begriffe A⁸–H¹ und deren zugehörige Strukturen.**

Die *Raphe-Zellen* ($A^8$) liegen nahe der Mittellinie und bilden Synapsen mit verschiedenen, dieses Areal transzendierenden Bahnen (z.B. mediales Längsbündel). Die Dendriten der *größeren zentralen Neuronen* ($C^6$) verlaufen strahlenförmig nach peripher und stellen so Verbindungen her mit Afferenzen des *Nucleus und Tractus vestibularis* (D), der *Pyramidenbahn* (E), dem *Tractus spinothalamicus* (F) und mit dem *medialen Längsbündel (MLB)* (G).
Manche Neurone der Retikulärformation weisen zahlreiche Axone auf, wovon einige als retikulospinale Bahn ins Rückenmark ziehen (s. Tafel 4–12), andere wiederum ins Zwischenhirn oder in die Großhirnrinde projizieren. Einige *retikuläre Neurone* (H) projizieren über *Bifurkationsaxone* ($H^1$) sowohl nach kranial als auch nach kaudal. Sie treten über Seitenäste mit benachbarten Kernarealen in Kontakt und sind so an der ständigen Anpassung des Gehirns an innere oder äußere Erfordernisse beteiligt.

# FORMATIO RETICULARIS

Raphe-Kerne A()
Nucl. raphe pallidus A¹
Nucl. raphe obscurus A²
Nucl. raphe magnus A³
Nucl. raphe pontis A⁴
Nucl. raphe dorsalis A⁵
Nucl. raphe medialis A⁶
Nucl. linearis A⁷

seitl. Retikulariskerne B

zentr. Retikulariskerne C()
Nucl. ret. parvocellularis C¹
Nucl. ret. magnocellularis C²
Nucl. ret. pontis caudalis C³
Nucl. ret. pontis cranialis C⁴
Nucl. cuneiformis C⁵

strukturelle Dynamik ★
Raphe-Zelle A⁸
zentrale Retikulariszelle C⁶
vestibuläre Afferenz D
Pyramidenbahn-Afferenz E
spinothalamische Afferenz F
Längsbündelafferenz G
retikuläres Neuron H
Bifurkationsaxon H¹

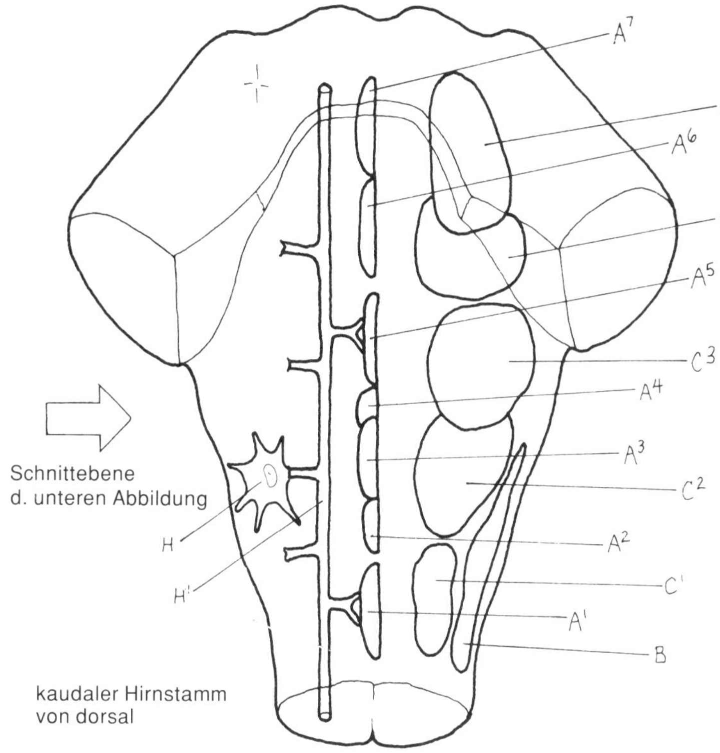


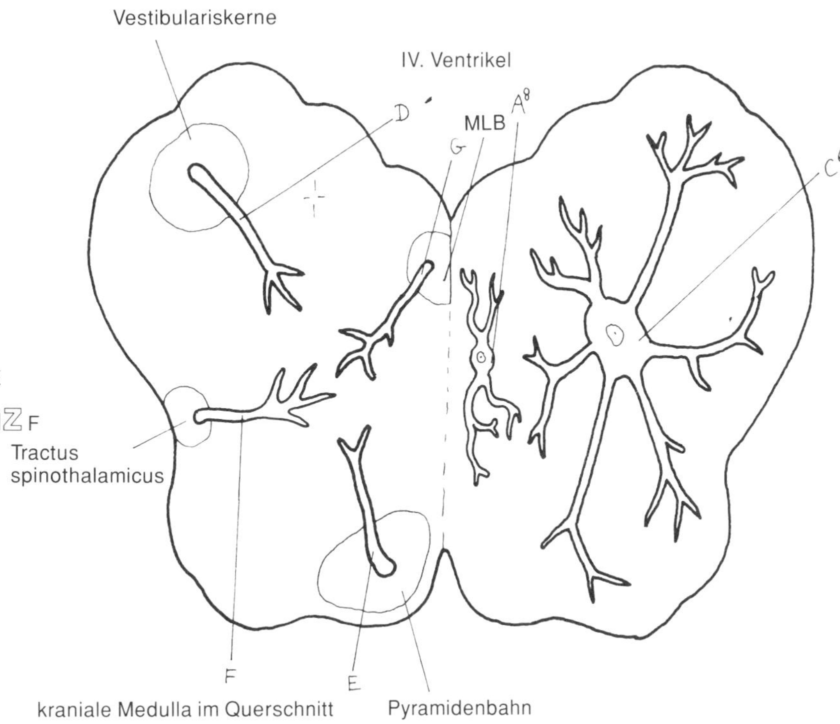

# 5–13
# KLEINHIRN: MAKROANATOMIE

Das Kleinhirn (Cerebellum) liegt in der hinteren Schädelgrube dorsal von Pons und Medulla. Über die drei paarigen Kleinhirnstiele ist es durch afferente und efferente Bahnen mit Großhirn, Hirnstamm, Vestibularsystem und Rückenmark verbunden. Ebenso wie das Großhirn weist die Kleinhirnoberfläche zahlreiche, allerdings sehr viel feinere Fältelungen auf. Das Kleinhirn ist das wichtigste Integrationsorgan für die Koordination und Feinabstimmung von Bewegungsabläufen und die Regulierung des Muskeltonus.

**Malen Sie den Oberbegriff ‚Kleinhirn' sowie die Begriffe A und B an und anschließend die Struktur A in der kleinen Abbildung links oben und die Struktur B in den beiden unteren Abbildungen. Kolorieren Sie den Begriff C sowie die zugehörige Struktur in der oberen Abbildung und abschließend den Oberbegriff ‚Archicerebellum' (D), die Begriffe $D^1$–$D^3$ und die zugehörigen Strukturen.**

Das Kleinhirn besteht aus zwei *Hemisphären* (A), die den *Kleinhirnwurm (Vermis)* (B) flankieren. Phylogenetisch unterscheidet man das *Archicerebellum* (ältester Anteil), das *Palaeocerebellum* (jüngerer Anteil) und das *Neocerebellum* (jüngster Anteil).
Das Archicerebellum ist durch die *Fissura posterolateralis* (C) von den beiden anderen Bereichen getrennt und besteht aus dem *Lobus flocculonodularis* ($D^1$). Der *Nodulus* ($D^2$) beansprucht einen Großteil des kaudalen Kleinhirnwurms, die beiden *Flocculi* ($D^3$) erstrecken sich lateral des Nodulus (s. untere Abb.). Der Lobus flocculonodularis erhält über den unteren Kleinhirnstiel Fasern aus den unteren und oberen Vestibulariskernen (nicht dargestellt). Läsionen dieses Lappens verursachen eine Gangunsicherheit ähnlich der eines Betrunkenen.

**Malen Sie den Oberbegriff ‚Palaeocerebellum' (E) an sowie die zugehörige Struktur in den drei großen Abbildungen.**

Das Palaeocerebellum besteht aus dem *Lobus anterior cerebelli* ($E^1$), der über den unteren bzw. oberen Kleinhirnstiel Afferenzen aus den dorsalen bzw. ventralen Tractus spinocerebellares (nicht dargestellt) erhält. Diese Fasern leiten vorrangig propriozeptive Impulse, die für die Regulierung des Muskeltonus von Bedeutung sind. Läsionen dieses Lappens verursachen schwere Störungen des Streckmuskeltonus und damit Haltungsstörungen des Körpers.

**Malen Sie den Begriff F und die zugehörige Struktur in den beiden oberen Abbildungen an. Kolorieren Sie anschließend den Oberbegriff ‚Neocerebellum' (G) sowie die Begriffe $G^1$ und $G^2$ und deren zugehörige Strukturen.**

Das Neocerebellum ist von den anderen Kleinhirnbereichen durch die *Fissura prima* (F) und die Fissurae posterolaterales getrennt und besteht aus dem *Lobus posterior cerebelli* ($G^1$) und der *Tonsilla* ($G^2$). Der Lobus posterior steht über mehrere kortikopontine Faserbündel in enger Verbindung mit allen Bereichen der Großhirnrinde. Diese Faserbündel deszendieren und bilden Synapsen mit den Brückenkernen. Die pontozerebellären Faserbündel kreuzen nach kontralateral und treten über den mittleren Kleinhirnstiel in den Lobus posterior ein. Läsionen des Neocerebellum beeinträchtigen die willkürliche Feinmotorik (z.B. schnelle, koordinierte Fingerbewegungen beim Klavierspielen).

# KLEINHIRN: MAKROANATOMIE

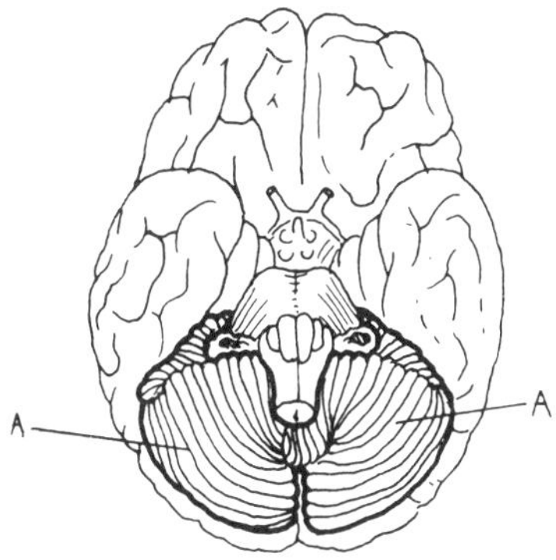


Ansicht von unten

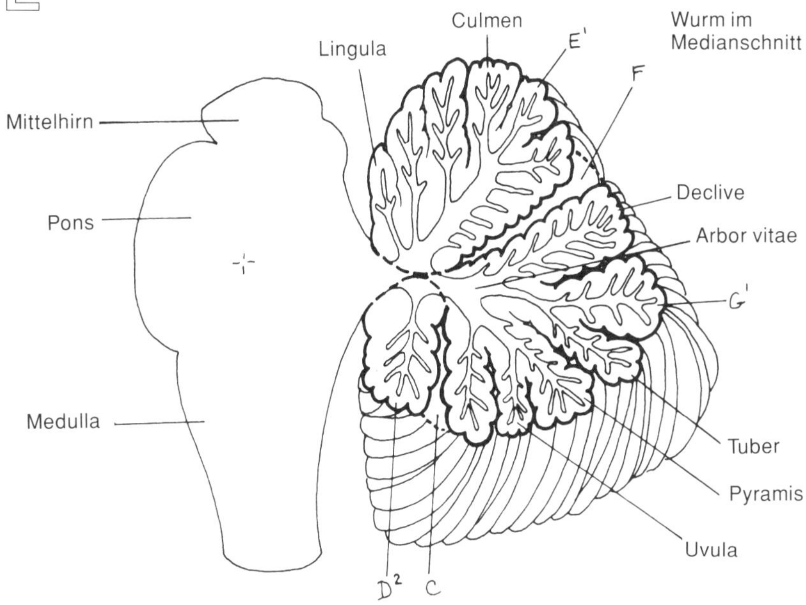


Kleinhirn ★
Kleinhirnhemisphäre A
Wurm (Vermis) B
Fissura posterolateralis C

Archicerebellum D()
Lobus flocculonodularis D¹
Nodulus D²
Flocculus D³

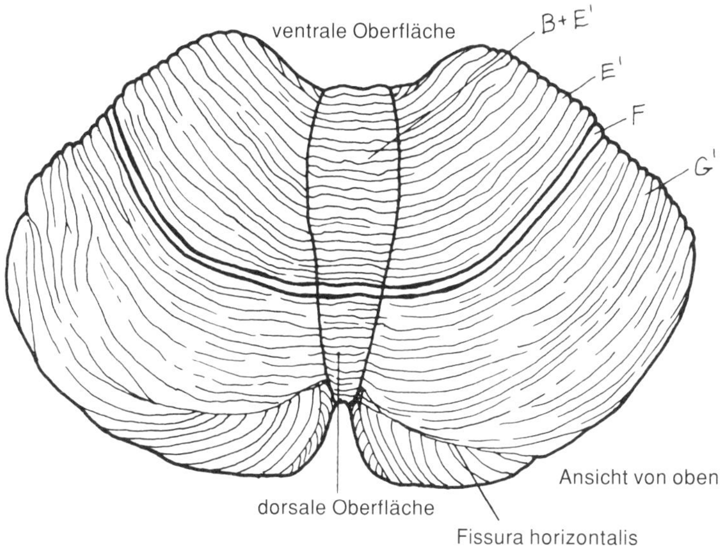


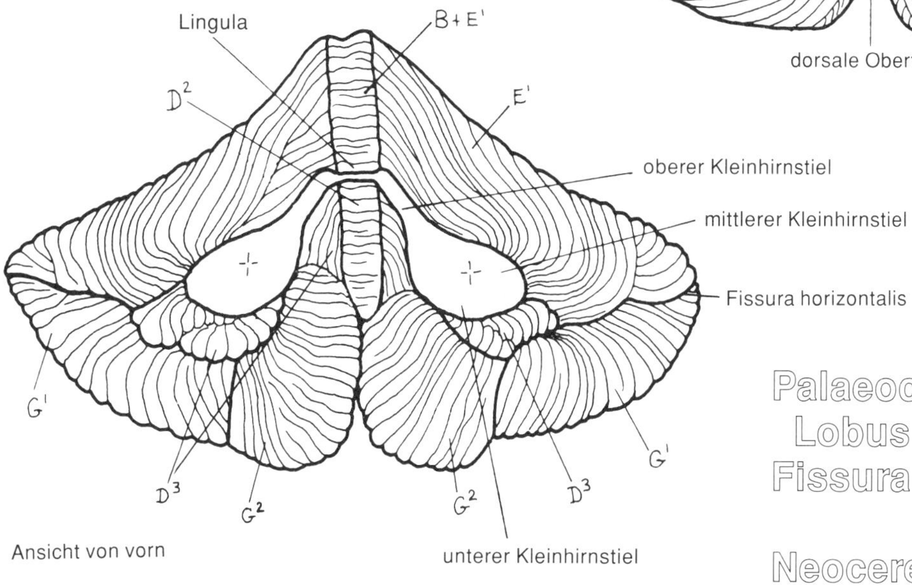


Ansicht von vorn

Palaeocerebellum E()
Lobus anterior E¹
Fissura prima F

Neocerebellum G()
Lobus posterior G¹
Tonsilla G²

# 5–14
# KLEINHIRNRINDE

Die *Kleinhirnrinde* (A) besteht aus drei Zellschichten: der *Molekularschicht (Stratum moleculare)* (B), der *Purkinje-Zellschicht (Stratum ganglionare)* (C) und der *Körnerschicht (Stratum granulare)* (D).

**Malen Sie den Oberbegriff ‚Kleinhirnrinde' (A) und die zugehörige Struktur in Abb. 1 an, anschließend den Oberbegriff ‚Rindenschichten' und die Begriffe B–D sowie die zugehörigen Strukturen in Abb. 2. Kolorieren Sie den Oberbegriff ‚Zelltypen', die Begriffe C¹–D¹ und die zugehörigen Strukturen in Abb. 3. Jeder Zelltyp ist sowohl in der Transversal- als auch in der Sagittalebene dargestellt!**

Der dominierende Zelltyp der Kleinhirnrinde ist die *Purkinje-Zelle* (C¹), deren Charakteristikum der vielfach verzweigte zweidimensionale Dendritenbaum ist. Zu den Purkinje-Zellen verlaufen auf direktem oder indirektem Weg die zwei wichtigsten zerebellären Afferenzen. Die Axone der Purkinje-Zellen bilden die einzige efferente Bahn der Kleinhirnrinde und sind somit ein wesentlicher Faktor der Kleinhirnaktivität, auf die die anderen Neuronentypen der Kleinhirnrinde zusätzlich bahnende oder hemmende Einflüsse ausüben.
Das außerordentlich zellreiche Stratum granulare wird von den sehr dicht angeordneten *Körnerzellen* (D¹) gebildet, die z.T. mehrere kurze Dendriten mit klauenartigen Terminalen aufweisen. Die Axone der Körnerzellen aszendieren in die Molekularschicht, wo sie sich in Äste aufspalten, die parallel zur Rindenoberfläche verlaufen. Diese Parallelfasern leiten über Synapsen Impulse an die dünnsten Dendritenenden der Purkinje-Zellen (nicht dargestellt).

**Malen Sie die Begriffe B¹, B² und D² an sowie ihre zugehörigen Strukturen in Abbildung 3.**

Die *Korbzellen* (B¹) der Molekularschicht umhüllen mit ihren Axonen wie ein Korbgeflecht die Purkinje-Zellen und -Axonhügel und üben inhibitorische Einflüsse auf diese aus. Die *Sternzellen* (B²) liegen oberflächennah in der Molekularschicht und bilden z.T. Synapsen mit Purkinje-Zelldendriten. Die Dendriten der *Golgi-Typ II-Zellen* (D²) der Körnerschicht bilden in der Molekularschicht einen dreidimensionalen Dendritenbaum aus (im Gegensatz zum zweidimensionalen Baum der Purkinje-Zellen). Die kurzen Axone der Golgi-Typ II-Zellen verbleiben innerhalb der Körnerschicht, wo sie zahlreiche Synapsen mit Körnerzelldendriten und anderen Strukturen ausbilden (s.u.).

**Malen Sie den Oberbegriff ‚intrazerebelläre Afferenzen der Hauptbahnen' an sowie die Begriffe H–J und deren zugehörige Strukturen und Pfeile in Abbildung 3. Beginnen Sie dabei unten links mit H und J und dem Zeichen für bahnende Effekte (+). Den Pfeil I finden Sie neben der Terminalen von H. Malen Sie die Begriffe K–K⁵ an und deren zugehörige Strukturen in den Abbildungen 1 bis 4. Kolorieren Sie abschließend das Zeichen für hemmende Effekte (-) (C¹) und die zugehörige Zelle (K²) links unten in Abbildung 3.**

Es gibt zwei Haupttypen von bahnenden (+) Kleinhirnafferenzen. Die dicken, schnelleitenden *Moosfasern* (H) repräsentieren die intrazellulären (lat. intra: innerhalb) Endigungen mehrerer wichtiger Bahnen (u.a. der Tractus spinocerebellares, pontocerebellares und vestibulocerebellares). Die vielfach moos- oder rosettenartig verzweigten Terminalen dieser Axone bilden umfangreiche Synapsenkomplexe mit den Endklauen von Körnerzelldendriten und den Axonterminalen von Golgi-Typ II-Zellen. Diese Synapsenkomplexe heißen *Glomeruli* (I). Sie sind von einer Gliazellkapsel umgeben und stellen wichtige Schaltzentren der Informationsverarbeitung dar.
Als zweiter wichtiger Axontyp und Fortsetzung olivozerebellärer und retikulozerebellärer Fasern treten die *Kletterfasern* (J) ins Kleinhirn ein. Jede Kletterfaser endet an jeweils einer Purkinje-Zelle, indem sie die einzelnen Äste des Dendritenbaums efeuartig umrankt und dabei zahlreiche Synapsen bildet. Kletterfasern üben einen ausgeprägt bahnenden Einfluß auf die Purkinje-Zellaktivität aus. Auch die Komplexe aus Moosfasern, Körnerzellen und Parallelfasern sind bahnender Natur, wobei allerdings der Effekt von Parallelfasern jeweils auf das Gebiet des Purkinje-Zelldendritenbaumes beschränkt ist, mit dem sie Synapsen bilden.
Fast alle Efferenzen der Kleinhirnrinde üben einen *hemmenden Einfluß* (-; C¹) auf die *Zellen* (K²) der Kleinhirnkerne im Marklager des Kleinhirns aus. Zu den Kleinhirnkernen zählen die *Nuclei dentatus* (K¹), *emboliformis* (K³), *globosus* (K⁴) und *fastigii* (K⁵). Ihre Axone projizieren in den Hirnstamm.

# KLEINHIRNRINDE

Kleinhirnrinde A
Rindenschichten ★
Molekularsch. B
Purkinje-Zellsch. C
Körnersch. D

Zelltypen ★
Purkinje-Z. (-) C¹
Körnerz. D¹
Korbz. B¹
Sternz. B²
Golgi-Typ II-Z. D²

intrazereb. Afferenzen wichtiger Bahnen ★
Moosfasern (+) H
Glomerulus I
Kletterfasern (+) J

Kleinhirnkerne K()
Nucl. dentatus K¹/ Zelle K²
Nucl. emboliformis K³
Nucl. globosus K⁴
Nucl. fastigii K⁵

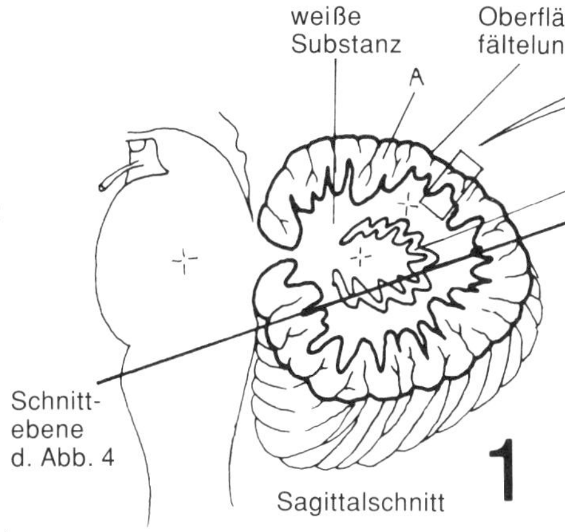


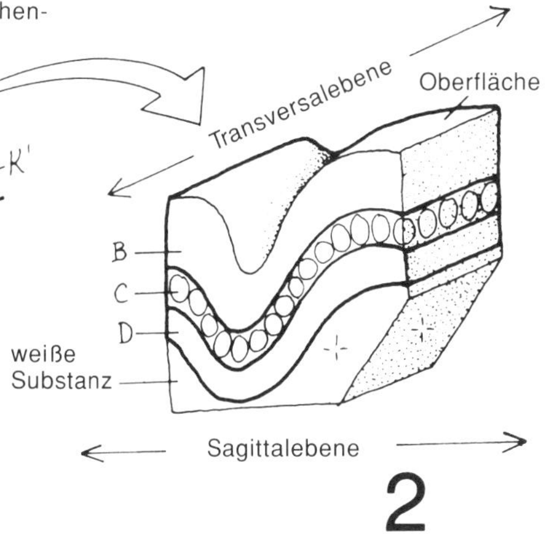


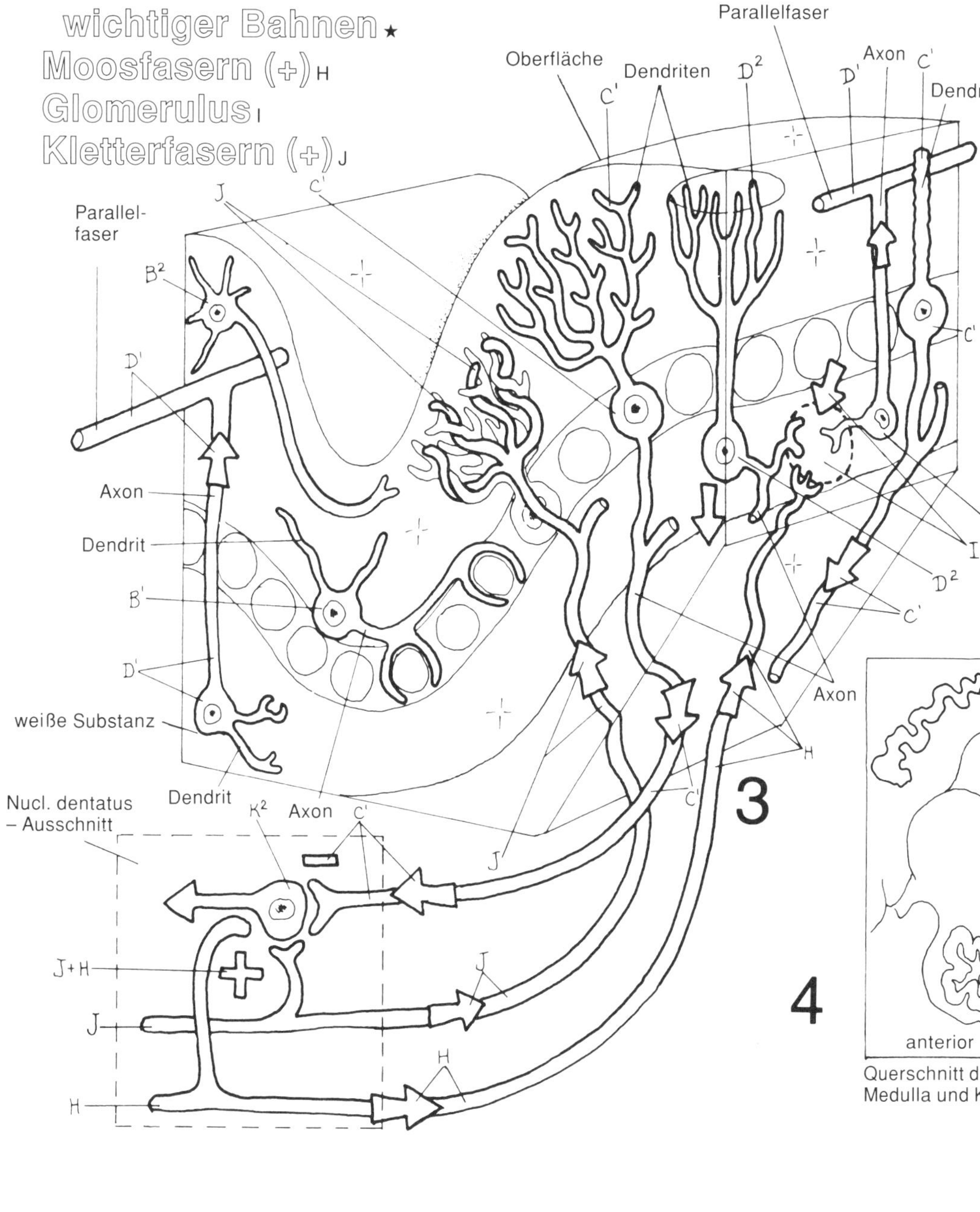


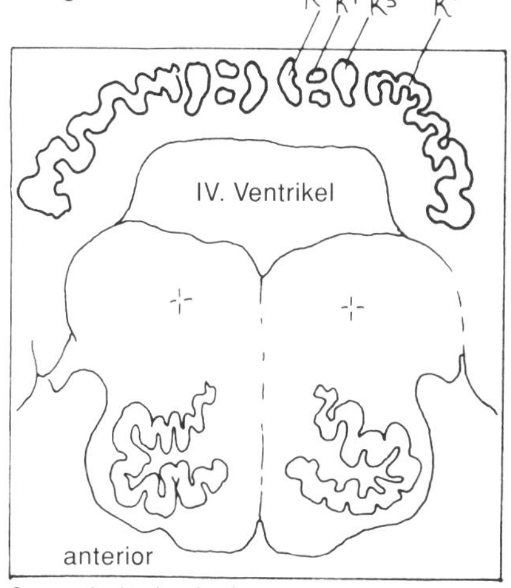


Querschnitt durch obere Medulla und Kleinhirn

# 5–15
# KLEINHIRNSTIELE

Das Kleinhirn steht mit dem Hirnstamm durch drei dicke Faserbündel in Verbindung, die *Kleinhirnstiele* oder *Pedunculi cerebellares*, in denen die überwiegende Mehrheit aller Axone verläuft, die in das Kleinhirn eintreten oder es verlassen.

Jegliche Kommunikation zwischen Hirnstamm und Kleinhirn verläuft im wesentlichen nach folgenden Grundregeln:

1. Alle in das Kleinhirn eintretenden Fasern enden in bestimmten Bereichen der *Kleinhirnrinde* (A).
2. Eintretende Fasern geben auf ihrem Weg zur Rinde Fasern an einen oder mehrere *Kleinhirnkerne* (B) ab.
3. Alle Fasern, die die Rinde stimulieren, sind Axone von Purkinje-Zellen.
4. Alle Purkinje-Zellaxone enden – mit Ausnahme der zerebellovestibulären Fasern – in den Kleinhirnkernen.
5. Alle aus dem Kleinhirn austretenden Fasern sind – wiederum mit o.g. Ausnahme – Axone von Zellen der Kleinhirnkerne.

**Malen Sie die Begriffe A und B sowie deren zugehörige Strukturen in der unteren Abbildung an. Kolorieren Sie den Oberbegriff ‚unterer Kleinhirnstiel und zugehörige Kerne', die Begriffe C–C$^5$, D, E und F sowie deren zugehörige Strukturen.**

Der *untere Kleinhirnstiel* (C) besteht aus mindestens vier afferenten Bahnen und einer efferenten Bahn. Der *Tractus spinocerebellaris dorsalis* (C$^1$) (s. Tafel 4–7) und der Tractus cuneocerebellaris (nicht dargestellt) leiten propriozeptive Impulse aus dem Rückenmark zum Lobus anterior und zum Vermis des Palaeocerebellum. Der *Nucleus vestibularis lateralis* (D) und andere Vestibulariskerne (nicht dargestellt) projizieren mit *vestibulozerebellären Fasern* (C$^2$) in den Wurm und den Lobus flocculonodularis des Archicerebellum und vermitteln so Informationen über die Körperlage bzw. die Bewegungsrichtung von Kopf und Körper. Auch Axone aus primären sensorischen Neuronen des Vestibularapparates (nicht dargestellt) verlaufen im unteren Kleinhirnstiel. *Olivozerebelläre Fasern* (C$^3$) entstammen der jeweils kontralateralen *Oliva inferior* (E) und scheinen in alle Bereiche der Kleinhirnrinde zu projizieren, wo sie jeweils als Kletterfasern endigen (s. Tafel 5–14). *Retikulozerebelläre Fasern* (C$^4$) aus dem *Nucleus reticularis lateralis* (F) projizieren in ausgedehnte Bereiche der Kleinhirnrinde und leiten integrierte Impulse aus der Großhirnrinde, dem Hirnstamm und dem Rückenmark (nicht dargestellt).

Im unteren Kleinhirnstiel verläuft auch der efferente *Tractus cerebellovestibularis* (C$^5$), der aus Axonen von Purkinje-Zellen besteht und ohne zwischengeschaltete Synapsen einen unmittelbar hemmenden Einfluß auf die vestibulären Kleinhirnkerne ausübt. Schließlich sind auch propriozeptive Fasern aus dem Kopf- und hier insbesondere aus dem Gesichtsbereich, die über den Tractus trigeminocerebellaris (nicht dargestellt) ins Kleinhirn eintreten, Bestandteil des unteren Kleinhirnstiels.

**Malen Sie den Oberbegriff ‚mittlerer Kleinhirnstiel und zugehörige Kerne' an, die Begriffe G, G$^1$ und H sowie deren zugehörige Strukturen. Kolorieren Sie dann den Oberbegriff ‚unterer Kleinhirnstiel und zugehörige Kerne', die Begriffe I–K und deren zugehörige Strukturen.**

Der umfangreiche *mittlere Kleinhirnstiel* (G) besteht in Form des *Tractus pontocerebellaris* (G$^1$) ausschließlich aus afferenten Fasern der *Brückenkerne* (H), die zum Lobus posterior des Neocerebellum projizieren. Diese Bahn ist von herausragender Bedeutung für die Weiterleitung von Informationen aus sensorischen und motorischen Kleinhirnrindenarealen ins Kleinhirninnere und steuert somit die willkürliche Feinmotorik von Händen und Fingern.

Im *oberen Kleinhirnstiel* (I) verläuft der *Tractus spinocerebellaris anterior* (I$^1$) (s. Tafel 4–8) aus dem Rückenmark zum Lobus anterior des Palaeocerebellum. Außerdem verlaufen in diesem Kleinhirnstiel Axone (nicht dargestellt) von den Noradrenalin-reichen Zellen des Locus coeruleus (s. Tafel 5–8) zum Kleinhirn. Ihr genauer Zielort und ihre Funktion sind noch nicht gänzlich erforscht. Die efferenten Fasern des oberen Kleinhirnstiels entstammen ausschließlich den Kleinhirnkernen (zu denen wiederum Axone von Purkinje-Zellen verlaufen) und projizieren als *Tractus dentatorubralis* (I$^2$) zum *Nucleus ruber* (J), als *Tractus dentatothalamicus* (I$^3$) zum *Nucleus ventrolateralis thalami* (K) und als *Tractus fastigiobulbaris* (I$^4$) zur Medulla.

# KLEINHIRNSTIELE

Kleinhirnrinde A
Kleinhirnkerne B
unterer Kleinhirnstiel/zugeh. Kerne ★
unterer Kleinhirnstiel C
Tr. spinocerebell. post. $C^1$
Tr. vestibulocerebell. $C^2$
Nucl. vestibularis lat. D
Tr. olivocerebell. $C^3$
Oliva inferior E
Tr. reticulocerebell. $C^5$
Nucl. reticularis lat. F
Tr. cerebellovestib. $C^5$

mittl. Kleinhirnstiel/
zugeh. Kerne ★
mittlerer Kleinhirnstiel G
Tr. pontocerebell. $G^1$
Brückenkerne. H

oberer Kleinhirnstiel/
zugeh. Kerne ★
oberer Kleinhirnstiel I
Tr. spinocerebell. ant. $I^1$
Tr. dentatorubralis $I^2$
Tr. dentatothalamicus $I^3$
Tr. fastigiobulbaris $I^4$
Nucleus ruber J
Nucl. ventrolat. thalami K

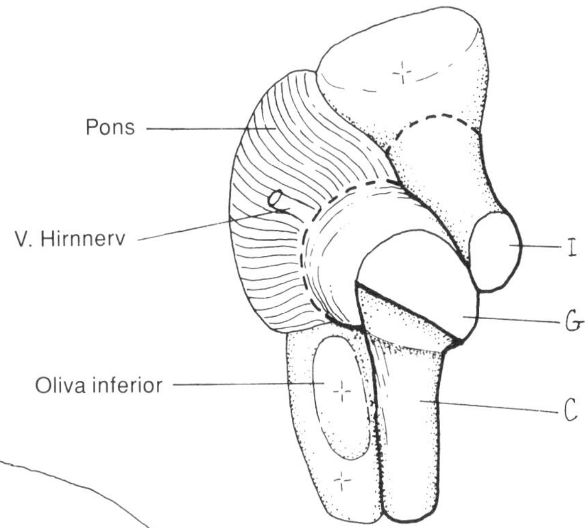


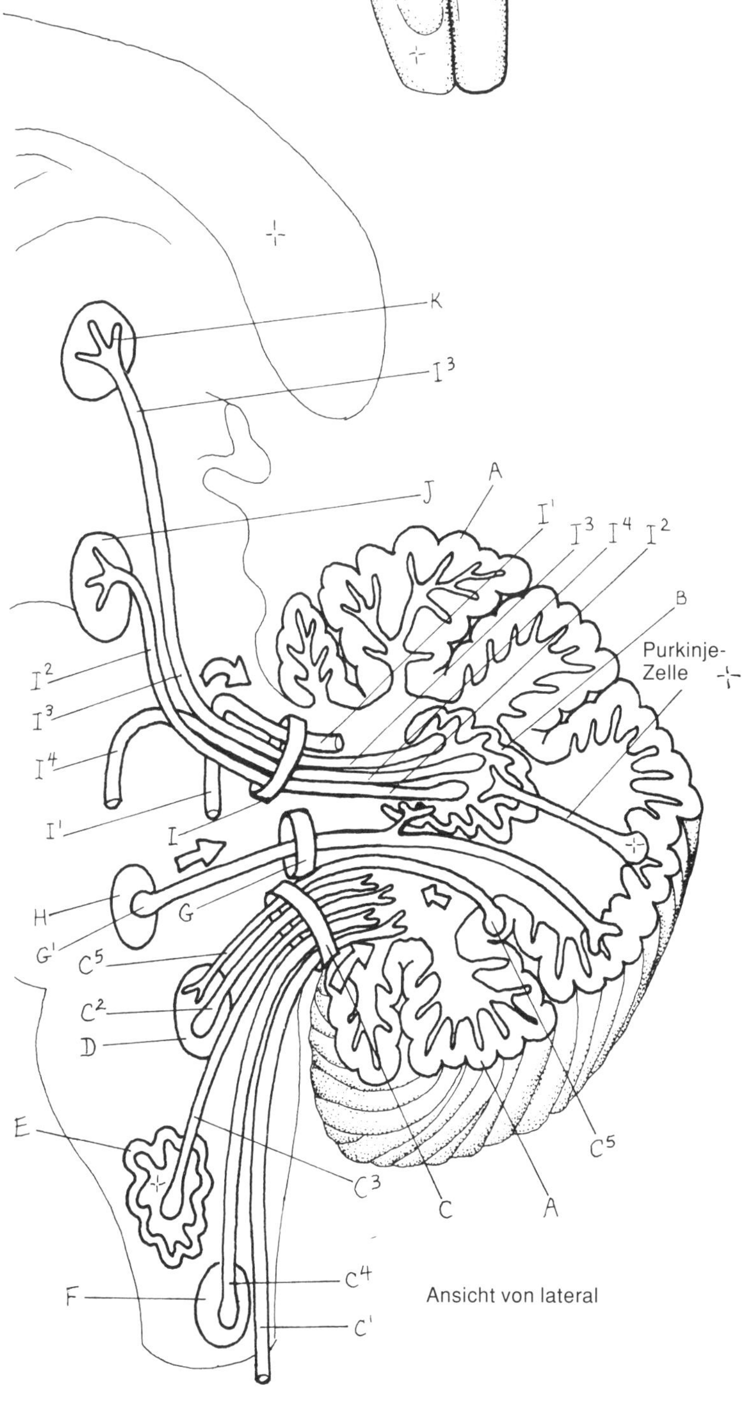


Ansicht von lateral

# 5–16
# THALAMUS: LAGE UND KERNKOMPLEXE

Der Thalamus ist die größte graue Kernmasse des Zwischenhirns und ist durch Marklamellen in anteriore, mediale und laterale Kerngruppen unterteilt. Seine Ausdehnung beträgt ca. 3,0 x 1,5 x 1,5 cm. Er liegt an der Hemisphärenbasis zu beiden Seiten des III. Ventrikels. Der Thalamus fungiert als zentrale subkortikale Sammel- und Schaltstation für alle der Großhirnrinde zufließenden sensibel-sensorischen Impulse.

**Malen Sie den Begriff A und den Oberbegriff ‚Lagebezeichnungen' an sowie die Begriffe B–G und die zugehörigen Strukturen und Pfeile in den Abb. 1 und 2.**

Abbildung 1 erläutert die Nomenklatur bei der Lagebeschreibung des *Thalamus* (A): Anders als im Rückenmark verläuft die Längsachse dieser Struktur von vorne nach hinten (also von anterior nach posterior), weil diese im Vergleich zu derjenigen des Rückenmarks um ca. 90° gedreht ist. Was also bezogen auf das Rückenmark dorsal liegt, liegt im Thalamus superior, aus der ventralen wird die inferiore Lage. Wie aus Abbildung 1 ersichtlich, werden in bezug auf Thalamus und Hypothalamus die Termini *dorsal* (E) und *ventral* (F) in Zusammenhang mit und nicht als Synonyma für *posterior* (G) und *anterior* (B) verwendet. Das schematisierte Blockmodell (Abb. 2) des linken Thalamus (im Maßstab 1:1) in posterolateraler Ansicht verdeutlicht die Begriffe *anterior* (B), *posterior* (G), *medial* (C) und *lateral* (D).

**Malen Sie Abbildung 3 an, welche die relative Lage von Thalamussegmenten zueinander illustriert, die anhand der eben erläuterten Lage- bzw. Richtungstermini beschrieben wird. Kolorieren Sie den Oberbegriff ‚Thalamuskerne', die Begriffe $B^1$–$H^2$ und die zugehörigen Strukturen in Abbildung 4.**

Von den zahlreichen Thalamuskernen werden hier dreizehn dargestellt. Ihre Benennung spiegelt ihre Lage im Thalamus wider.

Die *Lamina medullaris interna thalami* (H) durchzieht den Thalamus in Längsrichtung, spaltet sich am anterioren Ende auf und umhüllt den *Nucleus anterior* ($B^1$). Außerdem trennt sie die Lamina interna medialis von lateralen Kerngruppen. In der medialen Kerngruppe dominiert der *Nucleus dorsomedialis* ($C^2$). Die zarten *Nuclei mediales* ($C^3$) sind entlang der medialen Thalamuswand aufgereiht, die den Thalamus vom III. Ventrikel abgrenzt.

Innerhalb der lateralen Kerngruppe kann man dorsale und ventrale Kerne unterscheiden. Zu den dorsalen Kernen zählen, von anterior nach posterior: Der *Nucleus lateralis dorsalis* ($E^2$), der *Nucleus lateralis posterior* ($E^3$) und das *Pulvinar* ($E^4$). Letzteres beansprucht einen Großteil des posterioren Thalamusdrittels und überragt den Metathalamus, der vom *Corpus geniculatum mediale* ($G^2$) und vom *Corpus geniculatum laterale* ($G^3$) gebildet wird.

Die ventral gelegenen Kerne der lateralen Kerngruppe sind von anterior nach posterior: Der *Nucleus ventralis anterior* ($F^2$), der *Nucleus ventralis lateralis* ($F^3$), der *Nucleus ventralis posteromedialis* ($F^4$) und der *Nucleus ventralis posterolateralis* ($F^5$). Die beiden letztgenannten werden auch als *ventrobasaler Komplex* zusammengefaßt.

Die Lamina medullaris interna besteht aus myelinisierten Axonen, zwischen die in unregelmäßigen Abständen kleine Neuronengruppen gelagert sind, die *Nuclei intralaminares* ($H^1$) (s. Tafel 5–19). Der größte von ihnen, der *Nucleus centromedianus* ($H^2$) liegt zentral und medial im posterioren Thalamusdrittel.

# THALAMUS: LAGE UND KERNKOMPLEXE

**Thalamus** A
**Lagebezeichnungen** ★
- anterior B
- medial C
- lateral D
- dorsal E
- ventral F
- posterior G

**Thalamuskerne** ★
**Nucl. anterior** $B^1$

**mediale Kerngruppe** $C^1$()
- Nucl. dorsomed. $C^2$
- Nuclei mediales $C^3$

**laterale Kerngruppe** $D^1$():
- dors. Kerne $E^1$()
- Nucl. lateralis dorsalis $E^2$/ lateralis posterior $E^3$
- Pulvinar $E^4$

**laterale Kerngruppe** $D^1$():
- ventr. Kerne $F^1$()
- Nucl. ventr. ant. $F^2$/ ventralis lateralis $F^3$

**Nucl. ventr. posteromed.** $F^4$
- Nucl. ventr. posterolat. $F^5$

**Metathalamus** $G^1$()
- C. geniculatum med. $G^2$/ laterale $G^3$

**Lam. medullaris int.** H
**Nuclei intralaminares** $H^1$()
- Nucl. centromedianus $H^2$

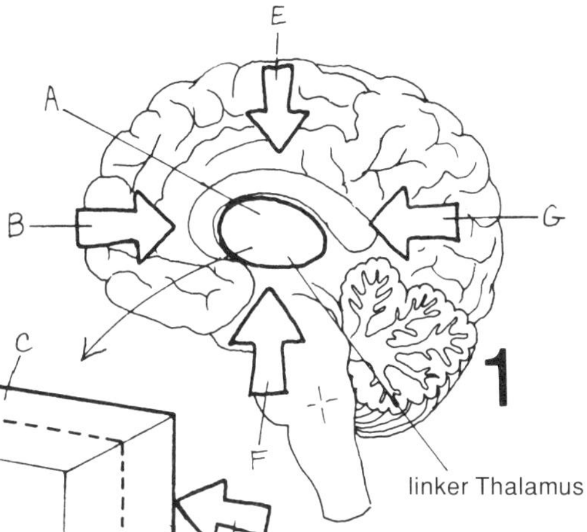


1

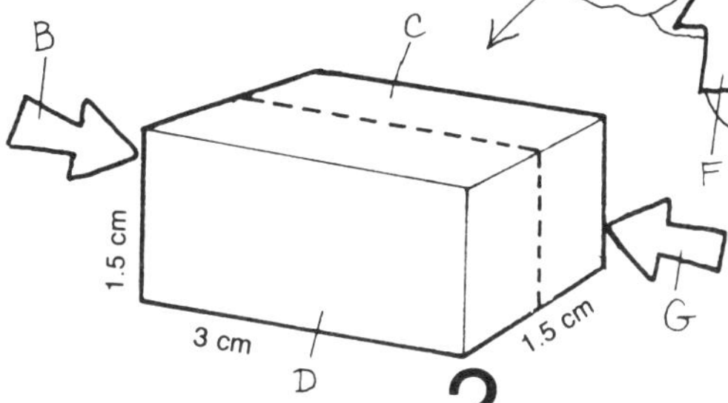


2 Blockmodell des Thalamus (Maßstab 1:1)

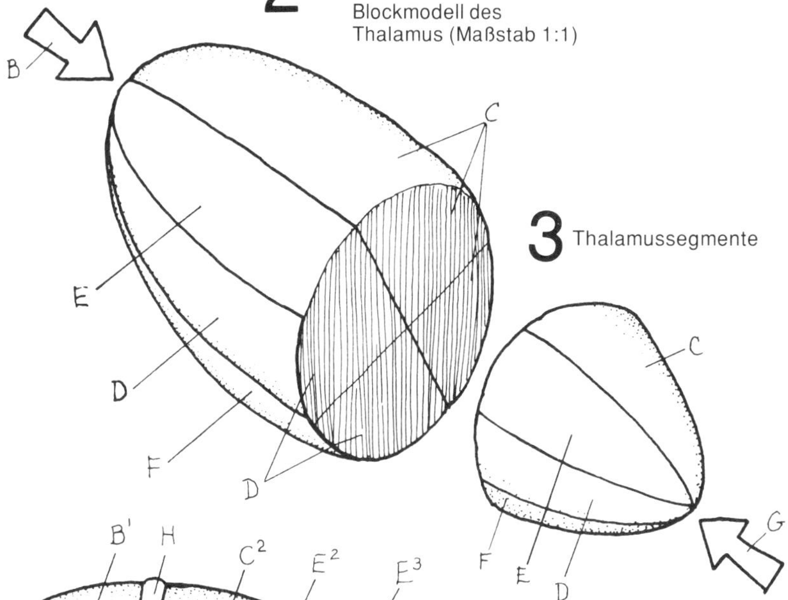


3 Thalamussegmente

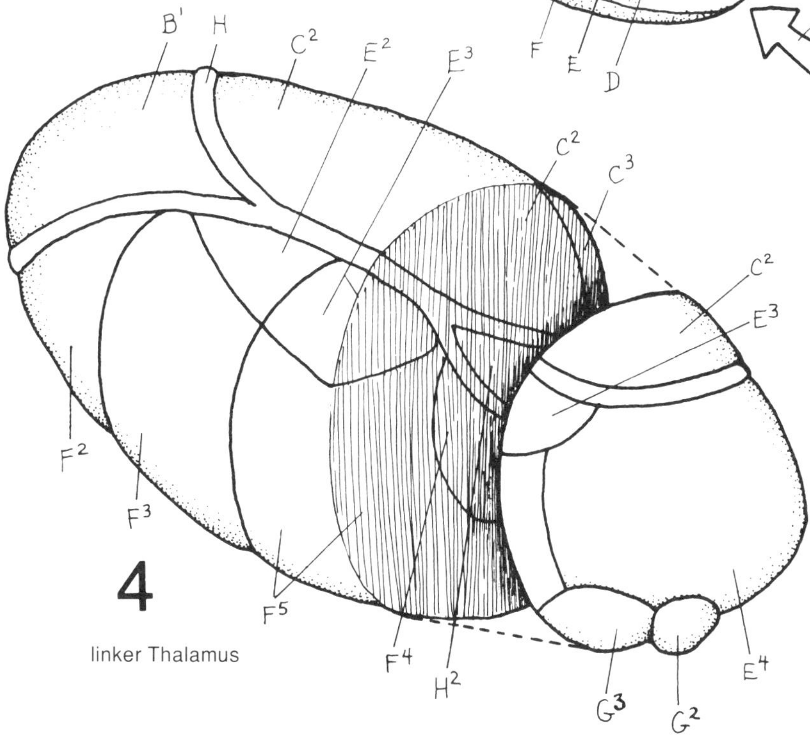


4 linker Thalamus

# 5–17
# THALAMUS: AFFERENTE PROJEKTIONEN

Der Thalamus wird auch »das Tor zum Bewußtsein« genannt, weil er denjenigen Bereich des ZNS repräsentiert, in dem Empfindungen erstmals bewußt wahrgenommen werden. Sensorische und motorische Bahnen, die durch den Hirnstamm aszendieren, bilden zuerst im Thalamus Synapsen, ehe sie weiter in die Großhirnrinde aufsteigen. Außer den hier dargestellten verlaufen noch zahlreiche andere Faserbündel zum Thalamus und bilden dort Synapsen.
Auf dieser und den nachfolgenden Tafeln werden Sie auch mit der üblichen Numerierung spezieller Cortexareale vertraut gemacht. Auf den Tafeln 5–16 bis 5–18 haben wiederholt auftretende Strukturen auch identische Kennbuchstaben und -ziffern.

**Malen Sie den Oberbegriff ‚Zielkerne und Ursprung afferenter Projektionen' an sowie die Begriffe $B^1$–$H^6$ und deren zugehörige Strukturen. Die Kennbuchstaben A und D werden auf dieser Tafel nicht verwendet. Benutzen Sie, soweit möglich, für bereits bekannte Strukturen dieselben Farben wie auf Tafel 5–16. Hypothalamus, präzentraler Kortex, Basalganglien und Okzipitalrinde sind jeweils Ursprungsort zweier afferenter Projektionen, so daß jedem dieser Areale zwei Begriffe und Kennbuchstaben bzw. -ziffern zugeordnet sind und demgemäß auch jeweils zwei verschiedene Farben verwendet werden sollten.**

Im Tractus mamillothalamicus (nicht dargestellt; s. Tafel 5–22) verlaufen Afferenzen zum *Nucleus anterior* ($B^1$), die überwiegend den *Corpora mamillaria* ($B^3$) des Thalamus entstammen. Diese Bahn ist ein wichtiger Teil des Verbindungssystems zwischen Hypothalamus, Thalamus und limbischem System.
Die meisten Afferenzen zum *Nucleus dorsomedialis* ($C^2$) entstammen dem *Hypothalamus* ($C^3$) und dem *präzentralen Cortex* ($C^4$) des anterioren Frontallappens. Afferenzen zum *Nucleus lateralis dorsalis* ($E^2$) entstammen dem *Gyrus cinguli* ($E^5$), einem Teil des limbischen Systems, und Assoziationsfeldern des *parietalen Cortex* ($E^6$). Afferenzen zum *Nucleus lateralis posterior* ($E^3$) entstammen der *Sehrinde* ($E^7$) des Okzipitallappens.

Das *Pulvinar* ($E^4$) ist der größte laterale Thalamuskern und erhält Afferenzen aus der gesamten *Okzipitalrinde* ($E^8$) und aus benachbarten Regionen der Parietal- und Temporallappen. Es ist an der visuellen Informationsverarbeitung beteiligt.

Zum *Nucleus ventralis anterior* ($F^2$) verlaufen zahlreiche Afferenzen aus den *Basalganglien* ($F^6$). Der *Nucleus ventralis lateralis* ($F^3$) erhält über den oberen Kleinhirnstiel Afferenzen aus den *Kleinhirnkernen* ($F^7$) und dem Tractus dentatothalamicus (nicht dargestellt; s. Tafel 5–11) und, in geringem Umfang, auch aus den Basalganglien.

Im Nucleus ventralis anterior und lateralis finden demgemäß die Koordination und Verarbeitung von Informationen sowohl aus den Basalganglien als auch aus dem Kleinhirn statt, beides Areale, die für die Kontrolle und Steuerung der Motorik von Bedeutung sind.

Die Gruppe der Nuclei ventrales posteriores wird unterteilt in die *Nuclei ventrales posteriores mediales* ($F^4$) und *laterales* ($F^5$). Diese Kerne stellen das wichtigste thalamische Zentrum zur Verarbeitung sensorischer Informationen dar. Der Nucleus ventralis posterior medialis erhält über den Tractus trigeminothalamicus (nicht dargestellt) sensorische Impulse aus dem *Gesichtsbereich* ($F^8$). Zum Nucleus ventralis posterior lateralis gelangen über die Tractus spinothalamici und den Lemniscus medialis (nicht dargestellt) sensorische Informationen aus *Rumpf und Extremitäten* ($F^9$).

Das *Corpus geniculatum mediale* ($G^2$) erhält auditorische Impulse aus dem *Innenohr* ($G^4$); zum *Corpus geniculatum laterale* ($G^3$) gelangen visuelle Impulse aus der *Retina (Netzhaut)* ($G^5$).

Die *Nuclei intralaminares* ($H^1$) innerhalb der Lamina medullaris interna gehören der Formatio reticularis an. Zu ihnen verlaufen Afferenzen aus den *Basalganglien* ($H^3$), dem *Mittelhirn* ($H^4$), den *motorischen Rindenarealen 4 und 6 des Frontallappens* ($H^5$) und aus dem *Cortex praecentralis* ($H^6$). Dieser heterogene Informationszustrom erleichtert die Steuerung der Cortexaktivität und des Wachheits- oder Bewußtseinsgrades.

# THALAMUS: AFFERENTE PROJEKTIONEN

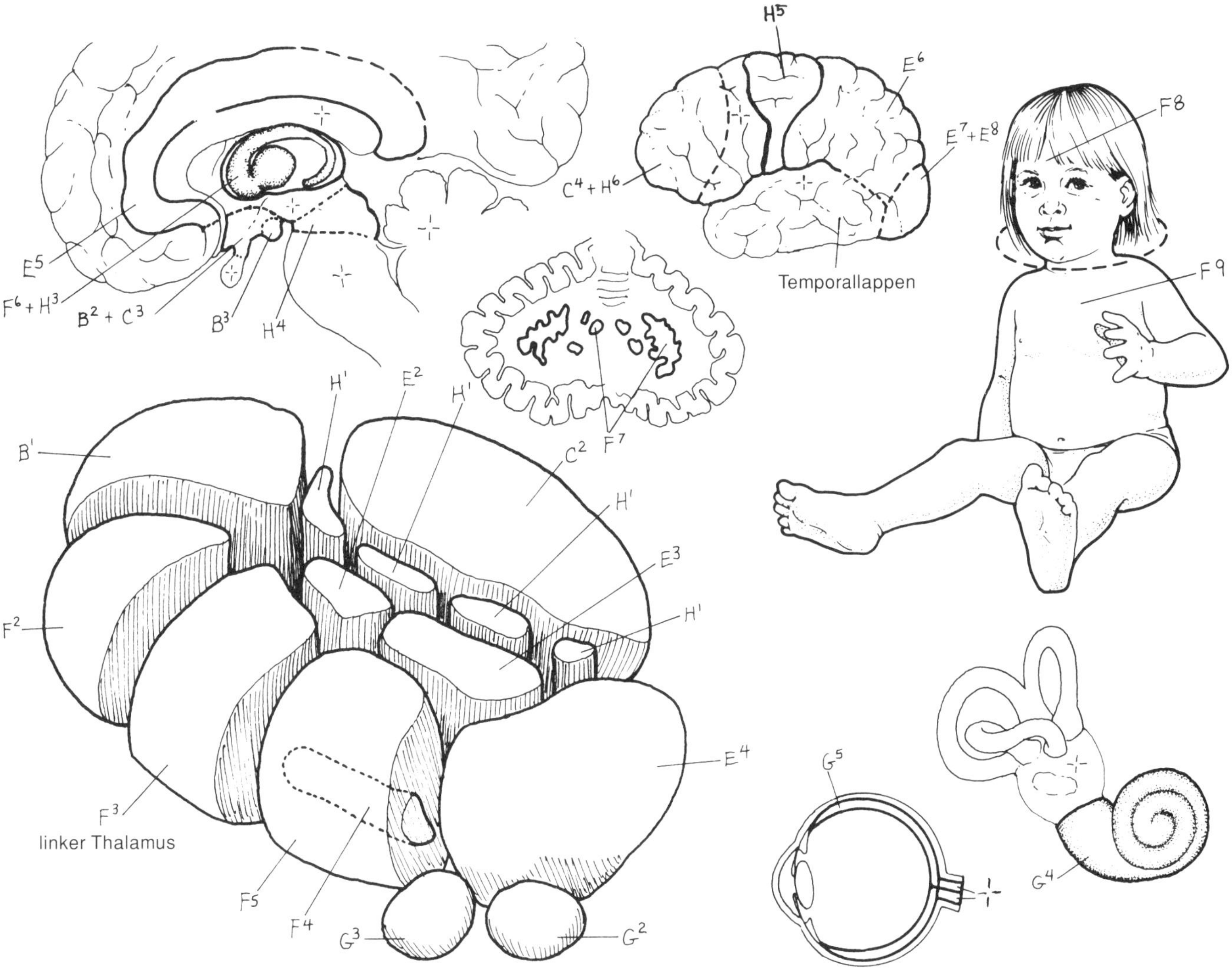


Zielkerne u. Ursprung aff. Projektionen ★
Nucleus anterior B1
Hypothal. B2/C. mamillare B3
Nucl. dorsomedialis C2
Hypothal. C3/Cort. praecentr. C4
Nucl. lat. dors. E2
Gyrus cinguli E5/Cort. pariet. E6
Nucl. lat. post. E3
Cort. occipit. E7
Pulvinar E4
Cort. occipit. E8
Nucl. ventr. ant. F2
Basalganglien F6
Nucl. ventr. lat. F3
Kleinhirnkerne F7
Nucl. ventr. posteromed. F4
Gesichtsbereich F8
Nucl. ventr. posterolat. F5
Extremitäten/Rumpf F9
C. geniculatum mediale G2
Innenohr G4
C. geniculatum laterale G3
Retina G5
Nuclei intralaminares H1
Basalgangl. H3/Mittelhirn H4
Cort. front. (Areae 4, 6) H5
Cort. praecentr. H6

# 5–18
# THALAMUS: EFFERENTE PROJEKTIONEN

Fast alle wichtigen Bahnen aus den Thalamuskernen projizieren in die Großhirnrinde.

**Malen Sie den Oberbegriff ‚Ursprungskerne und Zielgebiete' an, die Begriffe der einzelnen Thalamuskerne und korrespondierenden Zielgebiete ihrer efferenten Fasern und die zugehörigen Darstellungen der Kerne und ihrer Zielgebiete. Erhält ein Zielgebiet mehr als eine Efferenz, so verwenden Sie eine Mischung oder unterschiedliche Muster aus denjenigen Farben, die für die Einzelbegriffe und -strukturen benutzt wurden. Verwenden Sie für Assoziationsfelder ($H^4$) nur eine Farbe und schraffieren Sie darüber, falls erforderlich, mit einer anderen Farbe.**

Die wichtigste Projektion des *Nucleus anterior* ($B^1$) verläuft zum *Gyrus cinguli* ($B^4$) (s. Medianansicht der rechten Hemisphäre) und stellt ein weiteres Bindeglied zwischen Thalamus und limbischem System dar (s. Tafel 5–22 und 5–26). Der *Nucleus dorsomedialis* ($C^2$) projiziert mit einem ausgeprägten Faserbündel zum *Cortex praecentralis* ($C^5$). Die Efferenzen des *Nucleus lateralis dorsalis* ($E^2$) verlaufen zunächst zum *Gyrus cinguli* ($E^9$) und dann weiter in darüberliegende Bereiche des Parietallappens.
Fasern aus dem *Nucleus lateralis posterior* ($E^3$) projizieren in *Assoziationsfelder (Area 5 und 7) des Cortex parietalis* ($E^{10}$). Kortikale Assoziationsfelder vereinen in sich Informationen aus sensorischen Rindenarealen und verarbeiten sie weiter in komplexere Integrationsebenen.
Das *Pulvinar* ($E^4$) projiziert mit seinen Efferenzen in *visuelle Areale (Area 17, 18, 19)* ($E^{11}$) der *Okzipitalrinde* und in *benachbarte Gebiete* ($E^{12}$) der *Temporal- und Parietalrinde.*

Zahlreiche Fasern des *Nucleus ventralis anterior* ($F^2$) projizieren in die *Regio praecentralis (Area 6)* ($F^{10}$) *der Stirnhirnrinde.* Der *Nucleus ventralis lateralis* ($F^3$) entsendet zahlreiche Efferenzen in einen schmalen Bereich der Stirnhirnrinde, der *Motorkortex (Area 4)* ($F^{11}$) heißt. Interaktionen zwischen diesem und den beiden letztgenannten Kernen bewirken, daß motorische Aktivitäten durch einen ständigen Informationsfluß aus dem Kleinhirn und den Basalganglien stets den aktuellen Erfordernissen angepaßt werden.

Sowohl aus dem *Nucleus ventralis posteriomedialis* ($F^4$) als auch aus dem *Nucleus ventralis posteriolateralis* ($F^5$) projizieren Fasern zur *somatosensorischen Rinde (Area 3, 1 und 2)* ($F^{13}$) im Gyrus postcentralis des Parietallappens. In diesem Rindenbereich ist der ganze Körper in Form eines sensorischen Homunkulus (nicht dargestellt) repräsentiert, wobei die Efferenzen aus dem Gesichtsbereich den seitlichen, diejenigen aus Rumpf und Extremitäten den medialen Rindenbereich einnehmen.

Das *Corpus geniculatum mediale* ($G^2$) projiziert mit fast allen seinen Efferenzen in die *primäre Hörregion (Area 41)* ($G^6$) in der superioren Oberfläche des Temporallappens und in ein schmales kortikales Assoziationsfeld, im Umfeld der Hörregion.

Das *Corpus geniculatum laterale* ($G^3$) projiziert mit seinen Efferenzen ganz überwiegend in die *primäre Sehregion (Area 17)* ($G^7$), nur wenige Efferenzen projizieren auch in benachbarte visuelle Assoziationsfelder (Area 18 und 19).

Die *Nuclei intralaminares* ($H^1$) entsenden Efferenzen zu den *Basalganglien* ($H^3$) und – über Kollateralen – in *viele Assoziationsfelder* ($H^4$) der Großhirnrinde.

# THALAMUS: EFFERENTE PROJEKTIONEN

## Ursprungskerne und Zielgebiete ★

Nucleus anterior $B^1$
Gyrus cinguli $B^4$
Nucleus dorsomed. $C^2$
Cort. praefront. $C^5$
Nucl. lateralis dorsalis $E^2$
Gyrus cinguli $E^9$
Nucl. lateralis posterior $E^3$
parietale Assoziationsfelder $E^{10}$
Pulvinar $E^4$
Sehregion $E^{11}$
Nachbarregion $E^{12}$
Nucl. ventralis anterior $F^2$
prämotor. Region $F^{10}$

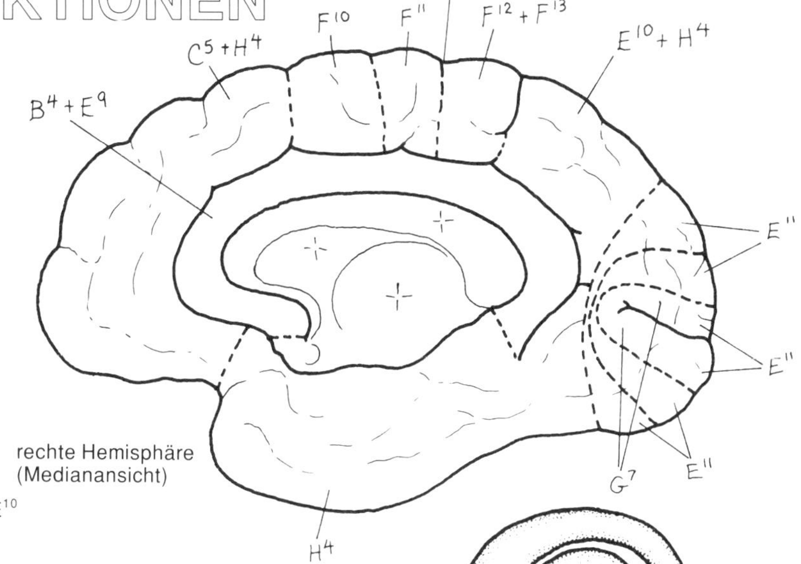


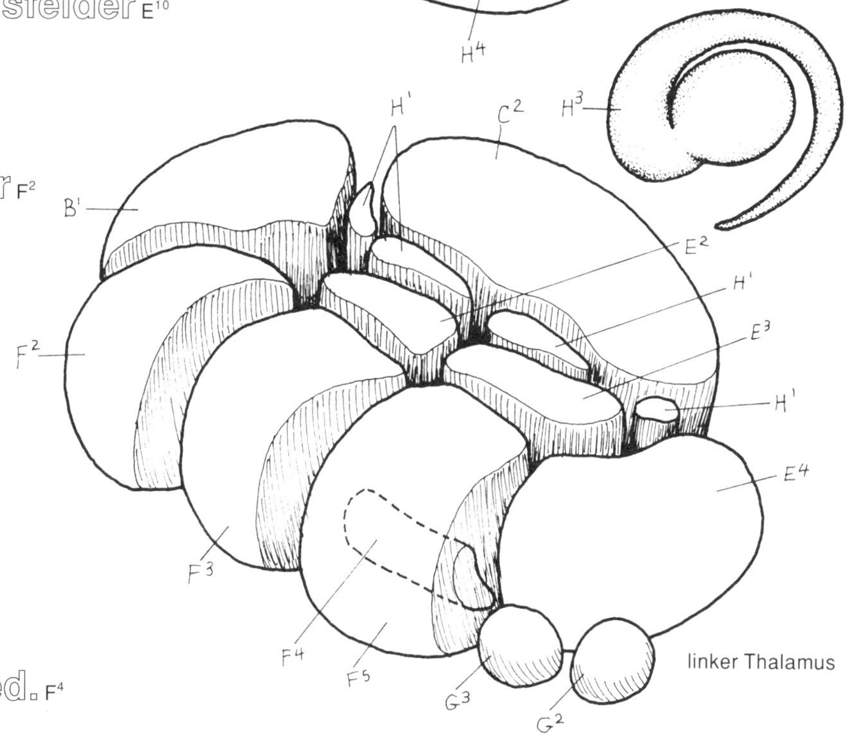


Nucl. ventr. lat. $F^3$
Motorkortex $F^{11}$
Nucl. ventr. posteromed. $F^4$
somatosens. Rinde $F^{12}$
Nucl. ventr. posterolat. $F^5$
somatosens. Rinde $F^{13}$
C. geniculatum mediale $G^2$
primäre Hörregion $G^6$
C. geniculatum laterale $G^3$
primäre Sehregion $G^7$
Nuclei intralaminares $H^1$
Basalganglien $H^3$
Assoziationsfeld $H^4$

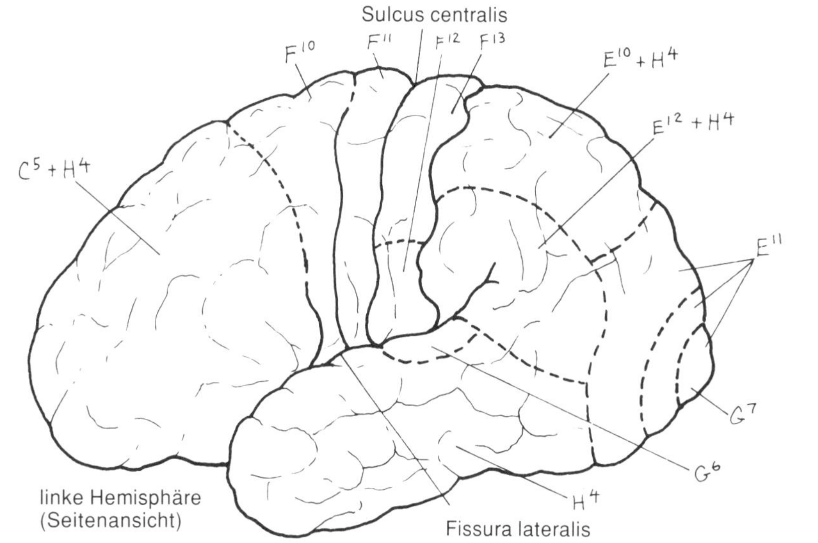

# 5–19

# THALAMUS: UNSPEZIFISCHE NEURONALE SYSTEME

Die Lamina medullaris interna thalami hat ihren Ursprung im medialen Thalamusbereich nahe dem IV. Ventrikel (s. Abb. rechts oben), setzt sich nach dorsal und lateral fort und verläuft schließlich leicht gebogen auf- und auswärts. In diese Lamina sind zahlreiche Neurone eingelagert, die als *intralaminares thalamisches System* oder *unspezifisches thalamisches System* zusammengefaßt werden. Diese Bezeichnung beruht auf der Tatsache, daß die Axone dieser Zellen nicht zu spezifischen sensorischen Arealen ziehen, sondern sich diffus in alle Kortexbereiche erstrecken.

**Malen Sie die Begriffe A–C an sowie die zugehörigen Strukturen in der oberen Abbildung.**

Die herausragenden Komponenten des intralaminaren Systems sind der *Nucleus centromedianus* ($A^1$) und der *Nucleus parafascicularis* ($A^2$), die unmittelbar kranial des mesodienzephalen Übergangs lokalisiert sind. Kranial dieser beiden Nuclei liegen kleine zentrale Kerngruppen, die *Nuclei paracentrales* ($A^4$), *centrales laterales* ($A^5$) und *centrales mediales* ($A^6$). Medialwärts, entlang der Wand des III. Ventrikels, liegen die kleinen *Nuclei mediani* (B).
Der *Nucleus reticularis thalami* (C) umgibt schalenförmig als schmale Zellschicht die laterale Thalamusfläche. Durch diesen Kern verlaufen fast alle thalamokortikalen und kortikothalamischen Fasern.

**Malen Sie die Begriffe D–$E^4$ und die zugehörigen Pfeile in der mittleren Abbildung an, die die Richtung der Faserprojektionen anzeigen. Kolorieren Sie alle übrigen Strukturen in der mittleren Abbildung.**

Im zentromedianen-parafaszikulären Kernkomplex und in kranial gelegenen intralaminaren Kernen konvergiert eine Vielzahl unterschiedlicher Fasersysteme.
Afferente Fasern zu den intralaminaren Kernen entstammen den *motorischen Rindenarealen* ($D^1$) und der *Präzentralregion* ($D^2$) der Großhirnrinde, dem *Globus pallidus* ($D^3$) der Basalganglien, der *Substantia nigra* ($D^4$), den *vestibulären* ($D^5$) und *retikulären Kernen* ($D^6$) des Hirnstamms, dem *Tractus spinothalamicus* ($D^7$), dem *Nucleus reticularis thalami* ($D^8$) und, auf dem Umweg über den Fornix, dem *Hippocampus* ($D^9$).
Efferente Fasern aus dem *zentromedianen-parafaszikulären Kernkomplex* (E) ziehen zum *Putamen* ($E^1$) und *Nucleus caudatus* ($E^2$) der Basalganglien, zu den *kortikalen Assoziationsfeldern* ($E^3$) und zum *Nucleus reticularis thalami* ($E^4$).

**Malen Sie den Oberbegriff ‚Nucleus reticularis thalami' an sowie die Begriffe C–$H^3$ und deren zugehörige Strukturen und Symbole in der unteren Abbildung.**

Der *Nucleus reticularis* (C) liegt zwischen einer Vielzahl von Fasern, die zwischen Cortex und Thalamus verlaufen. *Axone* (F), die aus dem Cortex in Richtung Mittelhirnhaube (nicht dargestellt) verlaufen, geben *Kollateralen* ($F^1$) zu *intralaminaren Neuronen* ($C^1$) ab und üben einen *inhibitorischen Effekt* ($F^2$) auf deren Impulstransmission aus. Die *Axone* ($G^1$; $H^1$) *kortikothalamischer* (G) und *thalamokortikaler Neurone* (H) geben ebenfalls *Kollateralen* ($G^2$; $H^2$) zu intralaminaren Neuronen ab, die allerdings einen *bahnenden Effekt* ($G^3$; $H^3$) ausüben. Die *Axone* ($C^2$) jener intralaminaren Neurone, die viel GABA (= Neurotransmitter) enthalten, projizieren zu spezifischen thalamischen Neuronen und steuern über *hemmende Einflüsse* ($C^3$) kontinuierlich den aszendierenden Fluß thalamokortikaler Impulse.
Die eben beschriebenen interneuronalen Verbindungen kann man mit »Toren« vergleichen, die den kortikalen Informationsstrom mittels bahnender oder hemmender Aktivitäten kontrollieren.
Zu den vermuteten Funktionen der unspezifischen Thalamuskerne gehören 1. eine Schrittmacherfunktion für den elektrischen Rhythmus des Cortex; 2. die Feinabstimmung des Wachheitszustandes und 3. die Modulation sensorischer und motorischer Aktivitäten.

# THALAMUS: UNSPEZIFISCHE NEURONALE SYSTEME

**intralaminare Kerne** $A()$
- Nucl. centromedian. $A^{1}$
- Nucl. parafascicul. $A^{2}$
- Nuclei centrales $A^{3}()$
- Nuclei paracentr. $A^{4}$/
- laterales $A^{5}$/mediales $A^{6}$

**Nuclei mediani** $B$

**Nucl. reticularis thal.** $C$

**Afferenzen zu:**
- Nuclei intralaminares $D()$
- Motorkortex $D^{1}$
- Präzentralregion $D^{2}$
- Globus pallidus $D^{3}$
- Substantia nigra $D^{4}$
- Nucl. vestibularis $D^{5}$
- Form. reticularis $D^{6}$
- Tr. spinothalamicus $D^{7}$
- Nucl. reticularis thal. $D^{8}$
- Hippocampus $D^{9}$

**Efferenzen aus:**
- Nuclei intralaminares $E$
- Putamen $E^{1}$
- Nucl. caudatus $E^{2}$
- Assoziationsfeld $E^{3}$
- Nucl. reticularis thal. $E^{4}$

**Nucl. retic. thal.** ★
**intralamin. Neuron** $C^{1}$/
- Axon $C^{2}$/Hemmung (-) $C^{3}$

**Mittelhirnhaube/Axon** $F$/Koll. $F^{1}$/
- Hemmung (-) $F^{2}$

**kortikothal. Neuron** $G$/
- Axon $G^{1}$/Koll. $G^{2}$/
- Bahnung (+) $G^{3}$/
- Bahnung (+) $G^{4}$

**thalamokort. Neuron** $H$/
- Axon $H^{1}$/Koll. $H^{2}$/Bahnung (+) $H^{3}$

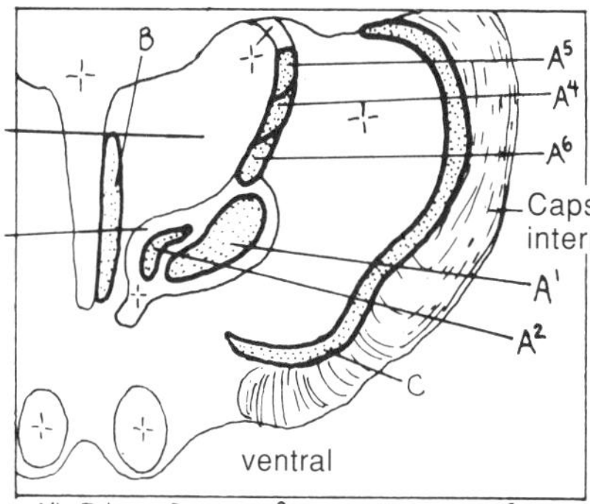


linker Thalamus (Transversalebene)

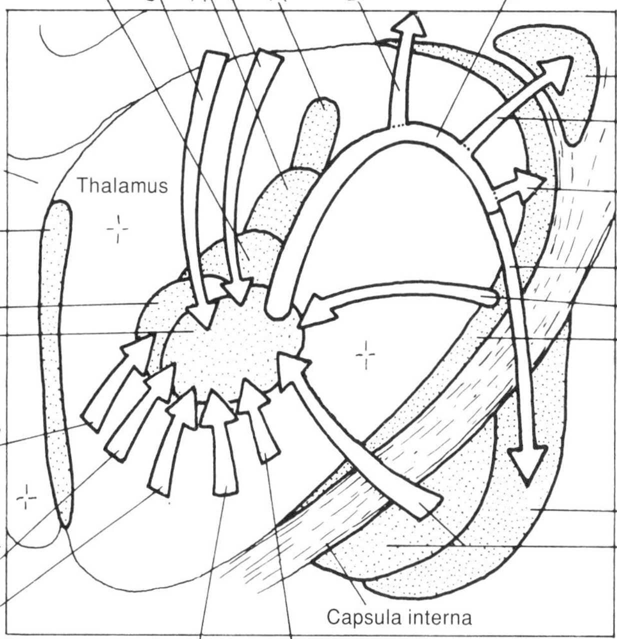


Schema intralaminarer Kerne und zugeh. Areale (Transversalebene)

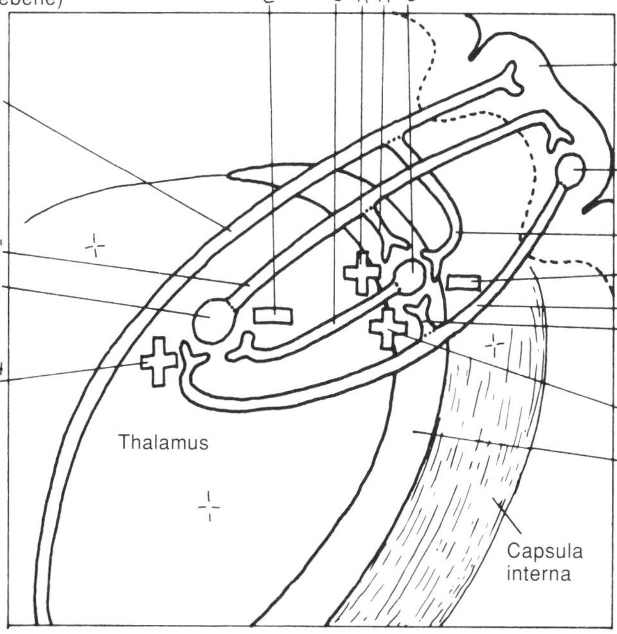


Schema eines intralaminaren Neurons und seiner interneuronalen Verbindungen

# 5–20
# HYPOTHALAMUS: KERNKOMPLEXE

Der Hypothalamus (griech. hypo-: unter) liegt direkt unterhalb des Thalamus. Er beherbergt dem vegetativen Nervensystem übergeordnete Zentren, welche wichtige Regulationsvorgänge des Organismus koordinieren (z.B. Wärmeregulation, Wach-Schlaf-Rhythmus, Blutkreislauf und Atmung, Nahrungs- und Flüssigkeitsaufnahme, Sexualfunktion).

**Malen Sie den Oberbegriff ‚Grenzstrukturen' an sowie die Begriffe A–I und die zugehörigen Strukturen in den beiden Abbildungen. Verwenden Sie für J–M helle, gut kontrastierende Farben.**

Der Hypothalamus stellt die Basis des Zwischenhirns dar. Er erstreckt sich von der anterioren *Lamina terminalis* (A) bis zur posterior gelegenen *Mittelhirnhaube* (B). An seiner medialen Oberfläche, der Wand des III. Ventrikels, wird der Hypothalamus durch den Sulcus hypothalamicus (s. Tafel 3–8) vom darüberliegenden *Thalamus* (C) abgegrenzt. Die seitliche Begrenzung des Hypothalamus bilden der Subthalamus und die Capsula interna (nicht dargestellt, s. Tafel 5–38). Entlang seiner inferioren Begrenzung liegen, von anterior nach posterior, das *Chiasma opticum* (D), die *Hypophyse (Hirnanhangsdrüse)*, auch *Glandula pituitaria* (E) mit der *Pars tuberalis* ($E^1$) und das *Tuber cinereum* (H). Die Hypophyse setzt sich über den *Hypophysenstiel (Infundibulum)* (F) als *Eminentia mediana tuberis* (G) bis zum stark vaskularisierten Boden des Hypothalamus fort. Der *Fornix* (lat. Gewölbe) (I) ist eine weitere Leitstruktur dieses Gebietes.

**Malen Sie den Oberbegriff ‚hypothalamische Kernkomplexe' an sowie die Begriffe J–$M^2$ und deren zugehörige Strukturen.**

Der Hypothalamus besteht aus Kernmassen, die in fünf Kernkomplexe zusammengefaßt werden können (der laterale Komplex ist nicht dargestellt). Die *Regio praeoptica* (J) ist ein kleinzelliger Bereich grauer Substanz nahe der rostralen Ausbuchtung des III. Ventrikels. Die Neuronen der *Nuclei praeoptici* ($J^1$) sezernieren u.a. Hormone, die die Freisetzung gonadotroper (Keimdrüsen-stimulierender) Hormone aus dem Hypophysenvorderlappen (HVL) fördern.

Die *Regio supraoptica* (K) umfaßt vier Kerne. Der *Nucleus supraopticus* ($K^1$), dorsal des Chiasma opticum gelegen, und der *Nucleus paraventricularis* ($K^2$), weiter dorsal nahe der Wand des III. Ventrikels gelegen, enthalten sekretorische Neurone, die Vasopressin (antidiuretisches Hormon, ADH) und Oxytocin (stimuliert u.a. die Uterusmuskulatur) bilden. Diese Hormone werden über Axone in den Hypophysenhinterlappen (HHL) transportiert und im Bedarfsfall aus diesem Speicherort freigesetzt.
Die dritte Komponente der Regio supraoptica, der *Nucleus anterior hypothalami* ($K^3$), vermittelt, wenn er stimuliert wird, parasympathische Reaktionen (s. Tafel 8–2) (z. B. Abnahme der Herzfrequenz, Zunahme der sekretomotorischen Aktivität des Gastrointestinaltrakts).
Der vierte Kern der Regio supraoptica ist der kleine *Nucleus suprachiasmaticus* ($K^4$), der oberhalb des Chiasma opticum und rostral des Nucleus supraopticus liegt. Seine Neurone sind reich an antidiuretischem Hormon.
Die *Regio tuberalis* (L), deren Hauptstruktur das Tuber cinereum ist, wird durch den Fornix in einen medialen und einen lateralen Bereich unterteilt. In dieser Region liegen drei paarig angelegte Kerne: der *Nucleus ventromedialis* ($L^1$), der *Nucleus dorsomedialis* ($L^2$) und der *Nucleus arcuatus* ($L^3$).
In der *Regio mamillare* (M) liegen die *Corpora mamillaria* ($M^1$), die in mediale und laterale Neuronengruppen unterteilt sind, und der *Nucleus posterior hypothalami* ($M^2$).

# HYPOTHALAMUS: KERNKOMPLEXE

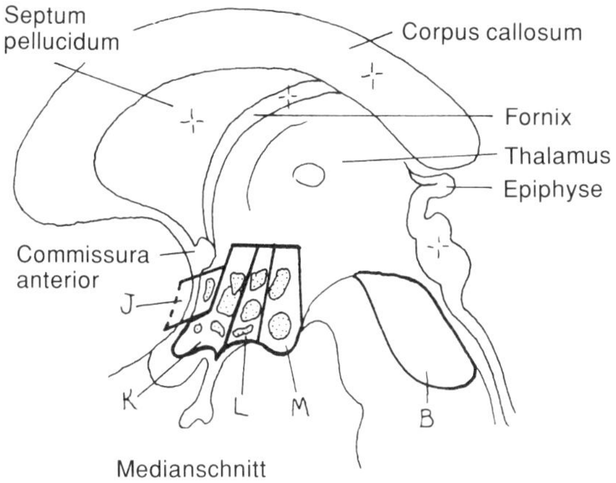


Medianschnitt

Grenzstrukturen ★
Lamina terminalis A
Mittelhirnhaube B
Thalamus C
Chiasma opticum D
Hypophyse E/Pars tuberalis E¹
Hypophysenstiel F
Eminentia mediana G
Tuber cinereum H
Fornix I

Hypothalamische Areale u. Kernkomplexe ★
Regio praeoptica J
Nucl. praeopticus J¹
Regio supraoptica K
Nucl. supraopticus K¹
Nucl. paraventric. K²
Nucl. ant. hypothal. K³
Nucl. suprachiasmat. K⁴
Regio tuberalis L
Nucl. ventromedialis L¹
Nucl. dorsomedialis L²
Nucl. arcuatus L³
Regio mamillare M
Corpus mamillare M¹
Nucl. post. hypothal. M²
Regio lateralis N.S.

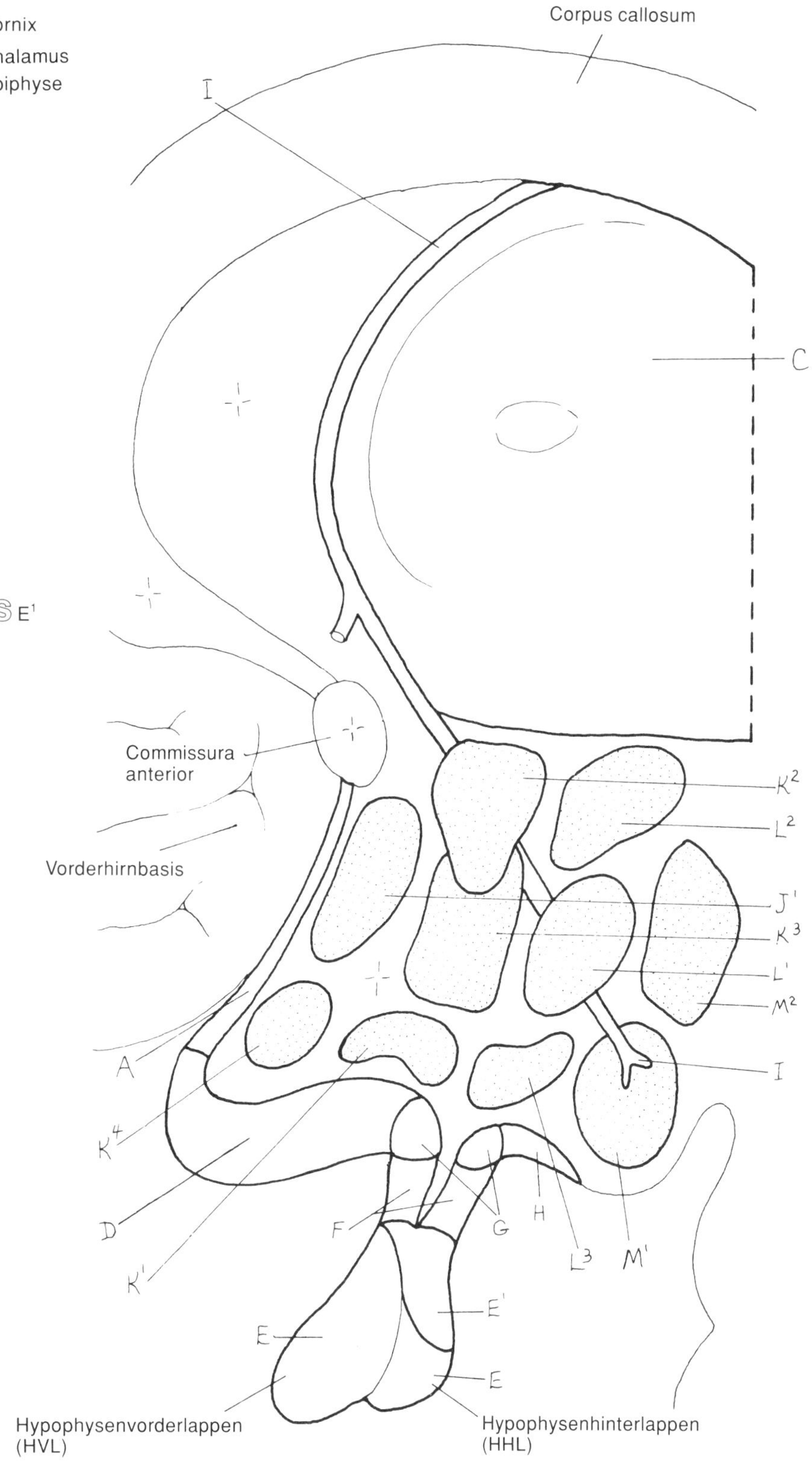

# 5–21
# HYPOTHALAMUS: AFFERENTE PROJEKTIONEN

Zum Hypothalamus verlaufen sowohl mehrere gut abgrenzbare Bahnen als auch diffus-lockere Faserbündel aus dem Vorderhirn, dem oberen Hirnstamm, dem Thalamus und aus den Sehbahnen. Zahlreiche Afferenzen sind Teil eines doppelläufigen Projektionssystems zwischen Ursprungs- und Zielgebiet.

**Malen Sie den Oberbegriff ‚Bahnen und Verbindungen' und die Begriffe A–$B^{11}$ an sowie die zugehörigen Strukturen in der oberen Abbildung. Beachten Sie, daß die septalen Kerne zweifarbig angemalt werden sollten.**

Das *mediale Vorderhirnbündel (Fasciculus telencephalicus medialis)* (A) entspringt aus der Area parolfactoria des Vorderhirns und den *septalen Kernen* ($A^1$), einer lockeren Neuronenansammlung (s. Tafel 5–26) rostral der Lamina terminalis. Das mediale Vorderhirnbündel durchzieht den Hypothalamus und gibt auf seinem Weg zur *Mittelhirnhaube* ($A^3$) Fasern zu den *Nuclei laterales hypothalami* ($A^2$) ab.
Der *Hippocampus* ($B^1$), an der medialen Fläche des Temporallappens gelegen, weist auf seiner Dorsalfläche ein starkes Faserband auf, die *Fimbria hippocampi* ($B^2$). Deren Fortsetzung in dorsaler Richtung ist der *Fornix* (lat. Gewölbe) ($B^3$). Dieser verläuft bogenförmig über den Thalamus, gibt *Kollateralen* ($B^4$) zum *Nucleus anterior thalami* ($B^5$) ab, und verläuft dann als *Columna fornicis* ($B^6$) weiter nach ventral. Sobald die Columna fornicis die Commissura anterior erreicht, spaltet sie sich auf in *präkommissurale* ($B^7$) und *postkommissurale Fasern* ($B^8$), die also vor bzw. hinter der Kommissur verlaufen. Die präkommissuralen Fasern enden in den *Nuclei septales* ($B^9$), die postkommissuralen Fasern projizieren zu den *Corpora mamillaria* ($B^{10}$). Einige Hippocampusfasern verlaufen als *Induseum griseum* ($B^{11}$) entlang der dorsalen Oberfläche des Corpus callosum und erreichen so die Nuclei septales.

**Malen Sie die Begriffe und Strukturen A und C–$D^1$ in der unteren Abbildung an.**

Der Tractus amygdalohypothalamicus stellt eine weitere Verbindung zwischen Hypothalamus und limbischem System dar. Fasern aus dem *Corpus amygdaloideum* ($C^1$) bilden die *Stria terminalis* ($C^2$), die lateral des Fornix bogenförmig über den Thalamus verläuft. Ihr Zielort sind die *Nuclei striae terminalis* ($C^3$) unmittelbar dorsal der Commissura anterior. Kollateralen der Stria terminalis verlaufen zur *Regio praeoptica* ($C^4$), zu den *Nuclei tuberales* ($C^5$) und zum Nucleus anterior hypothalami (nicht dargestellt). Teilweise vermischen sich die Fasern mit jenen des medialen Vorderhirnbündels.
Die Fasern des *Tractus retinohypothalamicus* (D) entstammen den Ganglienzellen der Retina (nicht dargestellt; s. Tafel 6–6) und projizieren als Kollateralen des Tractus opticus zum *Nucleus suprachiasmaticus* ($D^1$).

# HYPOTHALAMUS: AFFERENTE PROJEKTIONEN

Bahnen und Verbindungen ★

mediales Vorderhirnbündel A
- Nuclei septales A[1]
- Nucl. lat. hypothal. A[2]
- Mittelhirnhaube A[3]

Tr. hippocampohypothalamicus B()
- Hippocampus B[1]
  - Fimbria hippocampi B[2]
- Fornix B[3]
  - Kollaterale B[4]
- Nucl. ant. thalami B[5]
- Columna fornicis B[6]
  - präkomm. Faser B[7]
  - postkomm. Faser B[8]
- Nuclei septales B[9]
- Corpus mamillare B[10]
- Induseum griseum B[11]

Tr. amygdalohypothalamicus C()
- Corpus amygdaloideum C[1]
- Stria terminalis C[2]
- Nucl. striae terminalis C[3]
- Area praeoptica C[4]
- Nuclei tuberales C[5]

Tr. retinohypothalamicus D
- Nucl. suprachiasmaticus D[1]

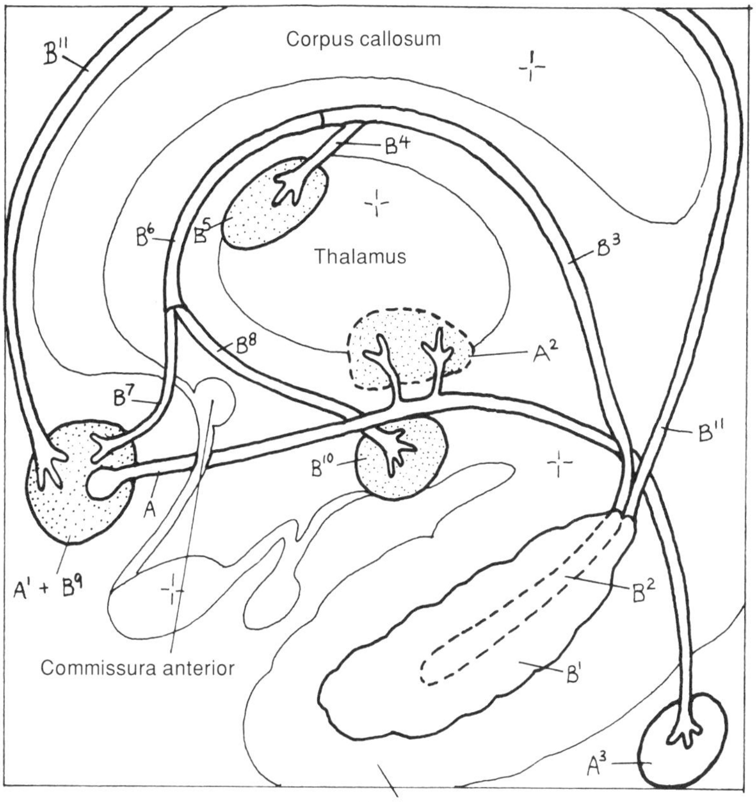


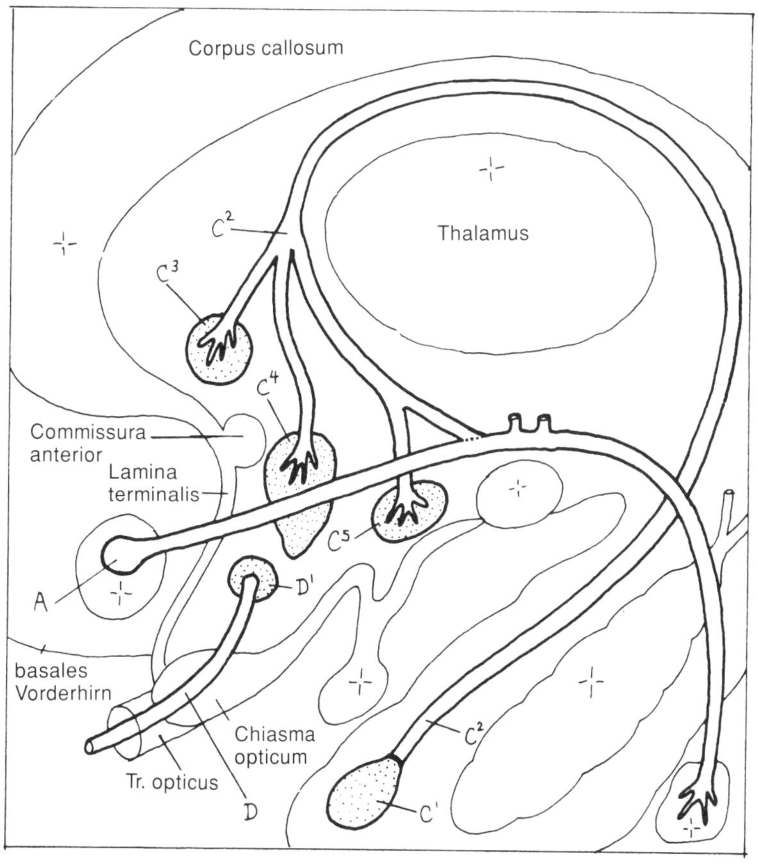

# 5–22

# HYPOTHALAMUS: EFFERENTE PROJEKTIONEN

Aus dem Hypothalamus verlaufen Efferenzen u.a. zum Vorderhirn, zur Hypophyse, zum Mittelhirn und Hinterhirn sowie zum Rückenmark. Viele efferente Faserbündel nehmen dabei den gleichen Verlauf wie die Afferenzen, allerdings in umgekehrter Richtung.

**Malen Sie den Oberbegriff ‚Bahnen und ihre Zielgebiete' an sowie die Begriffe A–B³ und deren zugehörige Strukturen in beiden Abbildungen.**

Das *mediale Vorderhirnbündel* (A) wurde bereits auf Tafel 5–21 vorgestellt. *Fasern* (A²) aus den *Nuclei laterales hypothalami* (A¹) verlaufen in diesem Bündel zu den *Nuclei septales* (A³) und zur *Mittelhirnhaube* (A⁴).
Fasern aus den periventrikulären Hypothalamuskernen im Umfeld des III. Ventrikels sind Teil des doppelläufigen Fasciculus longitudinalis dorsalis (dorsales Längsbündel) (nicht dargestellt; s. Tafel 5–9), der zwischen Hypothalamus und Mittelhirnhaube verläuft.
Der *Tractus supraopticohypophysealis* oder *hypothalamicohypophysealis* (B) entspringt aus den *Nuclei supraoptici* (B¹) und *paraventriculares* (B²) und projiziert zum *Hypophysenhinterlappen* (HHL) (B³). Über die Axone dieser Bahn gelangen die Hormone antidiuretisches Hormon (ADH) und Oxytocin in den HHL, von wo aus sie im Bedarfsfall in die *Kapillaren* (E²) und damit in den Blutkreislauf freigesetzt werden.

**Malen Sie die Begriffe C–D² und deren zugehörige Strukturen an. Die Mittelhirnhaube (A⁴ und C³) sollte in zwei verschiedenen Farben (und evtl. Mustern) angemalt werden.**

Der *Fasciculus corporis mamillaris* (C) entspringt aus den *Corpora mamillaria* (C¹) und spaltet sich nach kurzer Wegstrecke auf in die *Tractus mamillotegmentalis* (C²) und *mamillothalamicus* (C⁴). Ersterer verläuft als absteigende hypothalamische Bahn nach kaudal zur *Mittelhirnhaube* (C³). Der Tractus mamillothalamicus aszendiert durch den Hypothalamus und bildet mit Neuronen des *Nucleus anterior thalami* (C⁵) Synapsen. Die *Axone* (C⁶) aus diesem Kern projizieren zum *Gyrus cinguli* (C⁷). Die *Stria terminalis* (D) führt doppelläufige Fasern aus dem bzw. zum *Nucleus ventromedialis hypothalami* (D¹) und *Corpus amygdaloideum* (D²) (s. Tafel 5–21).

**Malen Sie die Begriffe E–E³ und deren zugehörige Strukturen an.**

Der *Tractus tuberoinfundibularis* (E) entspringt größtenteils aus dem *Nucleus arcuatus* (E¹) und endet in der Nähe der *hypophysären Portalgefäße* (E²), einem Plexus (Geflecht) kleinster Blutgefäße (Kapillaren) zwischen Hypothalamus und *Hypophysenvorderlappen (HVL)* (E³). Aus den Axonen dieser Bahn diffundieren sog. Neurosekrete (releasing-Hormone) in die Gefäße des Portalsystems, gelangen über den Blutkreislauf in die Hypophyse und stimulieren dort die Hormonfreisetzung aus dem HVL.

# HYPOTHALAMUS: EFFERENTE PROJEKTIONEN

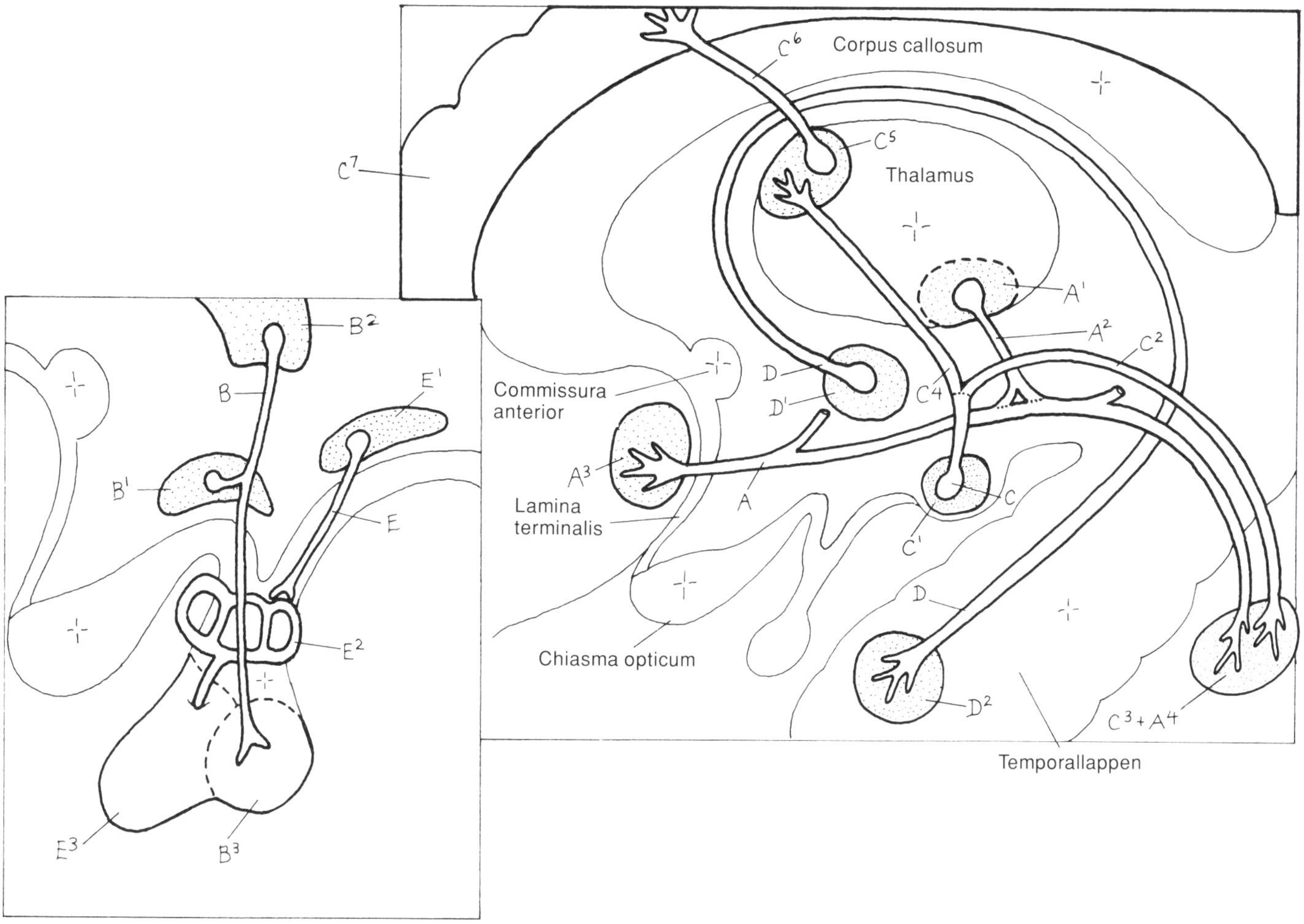


Bahnen und Zielgebiete ★
medialesVorderhirnbündel $_A$
  Nucl. lat. hypothal. $_{A^1}$/
    Axon $_{A^2}$
  Nuclei septales $_{A^3}$
  Mittelhirnhaube $_{A^4}$
Tr. supraopticohypophys. $_B$
  Nucl. supraopticus $_{B^1}$
  Nucl. paraventricularis $_{B^2}$
  Hypophysenhinterlappen $_{B^3}$
Fasciculus corp. mamil. $_C$
  Corpus mamillare $_{C^1}$
  Tr. mamillotegmentalis $_{C^2}$
  Mittelhirnhaube $_{C^3}$
  Tr. mamillothalamicus $_{C^4}$
  Nucl. anterior thalami $_{C^5}$
    Axon $_{C^6}$
  Gyrus cinguli $_{C^7}$
Stria terminalis $_D$
  Nucl. ventromedial.
    hypothal. $_{D^1}$
  Corpus amygdaloideum $_{D^2}$
Tr. tuberoinfundibularis $_E$
  Nucl. arcuatus $_{E^1}$
  hypophysäres Portalsystem $_{E^2}$
  Hypophysenvorderlappen $_{E^3}$

# 5–23
# EPITHALAMUS UND SUBTHALAMUS

Epithalamus heißt der auf dem Thalamus liegende Hirnabschnitt. Er besteht aus den medialen und lateralen Habenulakernen, dem Corpus pineale (Epiphyse) und der Stria medullaris.

**Malen Sie den Oberbegriff ‚Epithalamus' und die Begriffe A–B¹ und D an sowie die zugehörigen Strukturen in der oberen Abbildung.**

Der *mediale Habenulakern (Nucleus medialis habenulae)* (A) liegt rostral des Corpus pineale in der posterolateralen Wand des III. Ventrikels. Der *laterale Habenulakern (Nucleus lateralis habenulae)* (A¹) ist lateral und posterior des medialen Kerns zu beiden Seiten der *Commissura habenulae* (A²) lokalisiert (s. Tafel 5–47). Axone des seitlichen Habenulakerns verlaufen über diese Kommissur zum kontralateralen Habenulakern.
Das *Corpus pineale (Epiphyse, Zirbeldrüse)* (B) ist ein kleines neuroendokrines Organ, das durch den *Epiphysenstiel* (B¹) mit dem Zwischenhirn in Verbindung steht. Durch die Expansion des III. Ventrikels in diesen Stiel entsteht der Recessus pinealis. Im dorsalen Bereich des Stiels verlaufen die Fasern der Commissura habenulae. Ventral im Hypophysenstiel verläuft das Faserbündel der *Commissura posterior* (D), die den dorsalen Übergang vom Mittelhirn zum Zwischenhirn markiert. Ihre Fasern stellen eine Verbindung zwischen den beiden Hemisphären her und sind u.a. mit den Okulomotoriuskernen assoziiert.

Die Funktionen der Epiphyse sind vielfältiger Natur. Sie bildet u. a. aus Serotonin das pigmenthaltige Hormon Melatonin, dessen Syntheserate tageszeitlichen Schwankungen unterworfen ist. Nach der Pubertät lagern sich Calcium- und Magnesiumsalze in die Epiphyse ein, die im Röntgenbild als Verkalkungen imponieren.
Das Faserbündel der *Stria medullaris* (C) verläuft an der dorsolateralen Thalamusgrenze.

**Malen Sie die Oberbegriffe ‚Bahnen und zugehörige Kerne' an sowie die Begriffe C–E⁴ und deren zugehörige Strukturen in der oberen Abbildung.**

Afferente Fasern zu den Habenulakernen verlaufen in der Stria medullaris. Aus dem *Nucleus dorsalis septalis* (C¹) (s. Tafel 5–26) verlaufen *Axone* (C²) zum medialen Habenulakern. Einige *Axone* (C⁴) aus der *Area praeoptica* (C³) des Hypothalamus projizieren zum lateralen Habenulakern ebenso wie *Axone* (C⁶) aus dem *Globus pallidus* (C⁵) der Basalganglien. Efferenzen aus der Habenula verlaufen im *Tractus habenulointerpeduncularis* (E). Aus dem lateralen Habenulakern projizieren *Axone* (E¹) zum *Nucleus interpeduncularis* (E²) und zu den Basalganglien (nicht dargestellt). *Axone* (E³) aus dem medialen Habenulakern verlaufen zum *Raphe-Kern* (E⁴) in der pontinen Formatio reticularis.
Die Habenula stellt somit ein wichtiges Bindeglied zwischen Basalganglien (Globus pallidus), limbischem System (Nuclei septales), Hypothalamus (Nuclei praeoptici) und Mittelhirn (Raphe- und Interpedunkularkerne) dar.

**Malen Sie den Oberbegriff ‚Subthalamus' an sowie die Begriffe F–K und deren zugehörige Strukturen in der unteren Abbildung, deren oberer Teil einen Transversalschnitt des Thalamus darstellt, während ihr unterer Teil einen Mittelhirnquerschnitt zeigt.**

Der Subthalamus besteht aus den *Nuclei subthalamici* (F), der *Zona incerta* (G) und dem *Forel-Feld H2 (Fasciculus thalamicus)* (H) (s. Tafel 5–25), und liegt ventral des Thalamus und medial der Capsula interna (s. Tafel 5–38). Die Kerne des Subthalamus erhalten *Afferenzen* (I¹; J¹) aus dem *Motorkortex (Area 4)* (I) und dem *Globus pallidus* (J) und entsenden über die Capsula interna *Efferenzen* (F¹; F²) zum Globus pallidus und zur kaudal gelegenen *Substantia nigra* (K). Die Subthalamuskerne spielen bei der Kontrolle der Motorik eine Rolle. Eine Schädigung verursacht beim Menschen unkontrollierte Schleuderbewegungen einer kontralateralen Extremität oder der ganzen Körperhälfte (Hemiballismus, Chorea Huntington).

# EPITHALAMUS UND SUBTHALAMUS

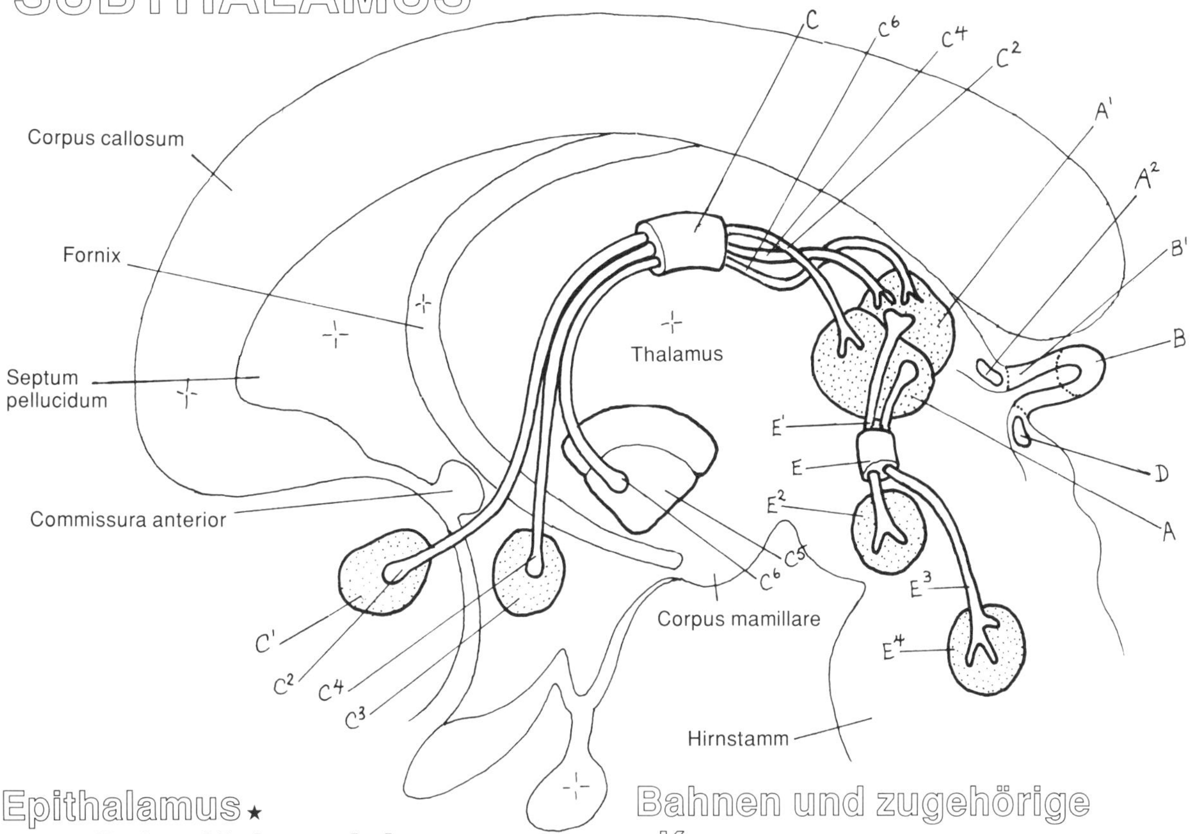


**Epithalamus** ★
- medialer Habenulakern A
- lateraler Habenulakern A$^1$
- Commissura habenulae A$^2$
- Epiphyse B
  - Epiphysenstiel B$^1$

**Commissura posterior** D

**Subthalamus** ★
- Nucl. subthalamicus F
- Zona incerta G
- Forel-Feld H2 H

Motorkortex (Area 4) I/Aff. I$^1$
Globus pallidus J/Aff. J$^1$
Eff. F$^1$/Globus pallidus J
Eff. F$^2$/Substantia nigra K

**Bahnen und zugehörige Kerne** ★

Stria medullaris C
- Nucl. dorsalis septalis C$^1$/
  - Axon C$^2$

Area praeoptica C$^3$/Axon C$^4$
Tr. habenulointerpeduncularis E
Axon E$^1$/Nucl. E$^2$ interpeduncularis E$^2$
Axon E$^3$/Nucleus Raphe E$^4$

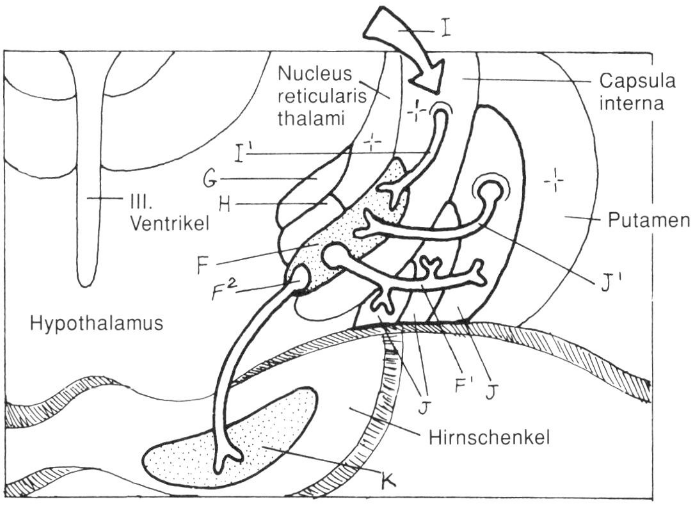

# BASALGANGLIEN: KERNKOMPLEXE

Als Basalganglien werden die grauen Kernmassen in der Tiefe der Hemisphären zusammengefaßt, die sich aus dem frühen embryonalen Endhirnbläschen entwickeln.

**Malen Sie die Begriffe A–C⁵ und deren zugehörige Strukturen an. Verwenden Sie unterschiedliche Schattierungen derselben Farbe für Strukturen mit identischem Kennbuchstaben aber unterschiedlichen Kennziffern. Kolorieren Sie den Oberbegriff ‚Grenzstrukturen'. Von den verbliebenen Begriffen und Strukturen werden nur noch F und I angemalt.**

Die Zuordnung bestimmter Strukturen zu den Basalganglien wird uneinheitlich gehandhabt. Wir beziehen das *Archistriatum* (A), das *Palaeostriatum* (B) und das *Neostriatum* (C) ein.

Das Archistriatum besteht überwiegend aus dem *Corpus amygdaloideum (Mandelkern)* ($A^1$), einem kompakten, mandelförmigen Kernkomplex an der Innenfläche des Temporallappens. Wegen seiner Verbindungen zum limbischen System wird er mitunter auch diesem zugeordnet (s. Tafel 5–26).

Die Hauptkomponente des *Palaeostriatum* (B), der *Globus pallidus* ($B^1$) (lat. pallidus: bleich) liegt medial und unmittelbar neben dem *Putamen* ($C^3$). Das Pallidum wird durch eine dünne Schicht weißer Substanz in *mediale* ($B^2$) und *laterale Segmente* ($B^3$) unterteilt.

Das *Neostriatum* (C) besteht aus dem *Nucleus caudatus* ($C^1$) und dem Putamen, die unter dem Begriff Corpus striatum oder Striatum zusammengefaßt werden. Die beiden feinstrukturell identischen Bereiche werden nämlich lediglich durch ein Faserbündel der *Capsula interna* (E), das auch die Abgrenzung zum *Thalamus* (D) darstellt, voneinander getrennt. Der Name Striatum beruht auf der streifenförmigen Anordnung der Fasern und Zellnester, wobei der Globus pallidus mehr myelinisierte Fasern enthält und dadurch optisch heller erscheint. Globus pallidus und Putamen werden wegen ihrer äußeren Form auch als Nucleus lentiformis oder lenticularis (Linsenkern) zusammengefaßt.

Der längliche, C-förmige *Nucleus caudatus* (lat. cauda: Schwanz) besteht aus *Kopf* ($C^2$), *Körper* ($C^3$) und *Schwanz* ($C^4$). Der Caudatuskopf liegt anterior des Thalamus und wölbt sich in den *Seitenventrikel* (F) vor. Der schlanke Caudatuskörper verläuft bogenförmig um den bzw. hinter dem Thalamus. Das schwanzförmige Ende des Caudatus erstreckt sich in das Unterhorndach des Seitenventrikels (s. Tafel 9–11) im Temporallappen, wo es nahe dem kaudalen Rand des Mandelkerns endet.

Das *Putamen* ($C^5$), der größte Bereich innerhalb des Striatum, bildet den äußeren Anteil des Nucleus lenticularis. Es wird gegen die seitlicher liegende *Inselrinde* (G) (s. Tafel 3–9) durch zwei dünne Schichten myelinisierter Fasern abgegrenzt, die *Capsula externa* (H) und *Capsula extrema* (J) heißen. Diese beiden Capsulae sind ihrerseits durch die schmale Zellmasse des *Claustrum* (I) voneinander getrennt. Die Capsulae interna und externa umhüllen gemeinsam den Nucleus lentiformis, die Capsulae externa und extrema das Claustrum. Das Putamen setzt sich als Kopf des Nucleus caudatus rostralwärts fort (s. Tafel 5–35).

# BASALGANGLIEN: KERNKOMPLEXE

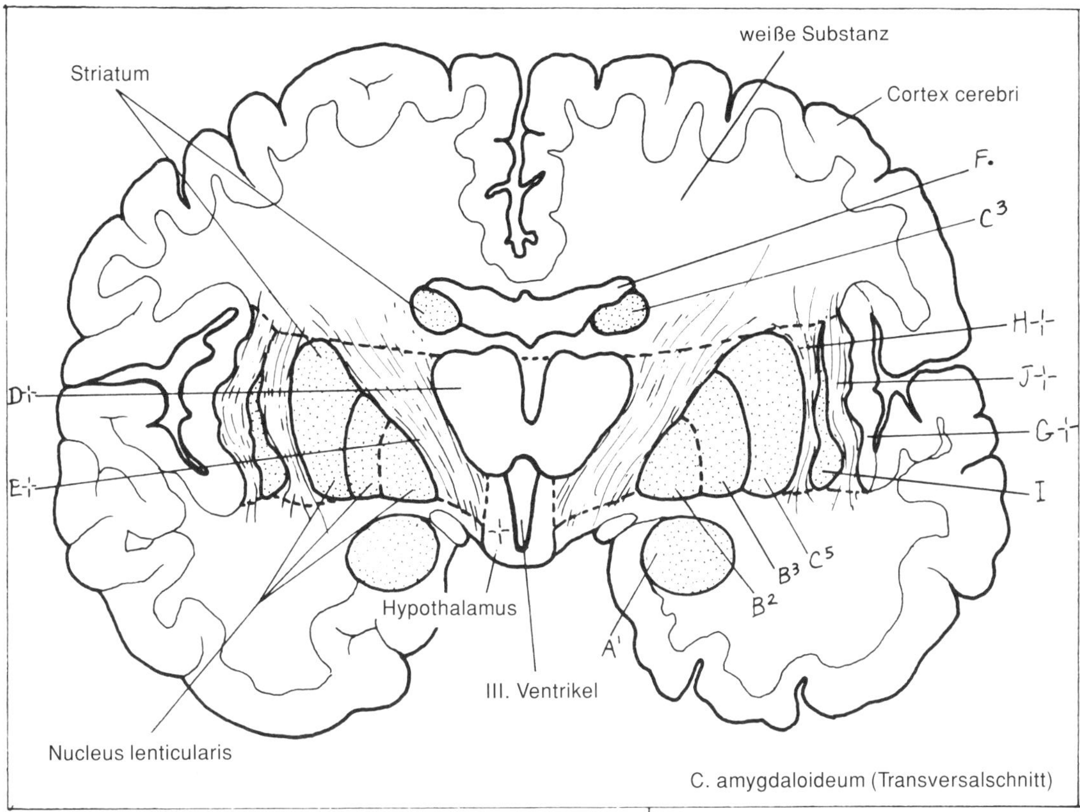

C. amygdaloideum (Transversalschnitt)

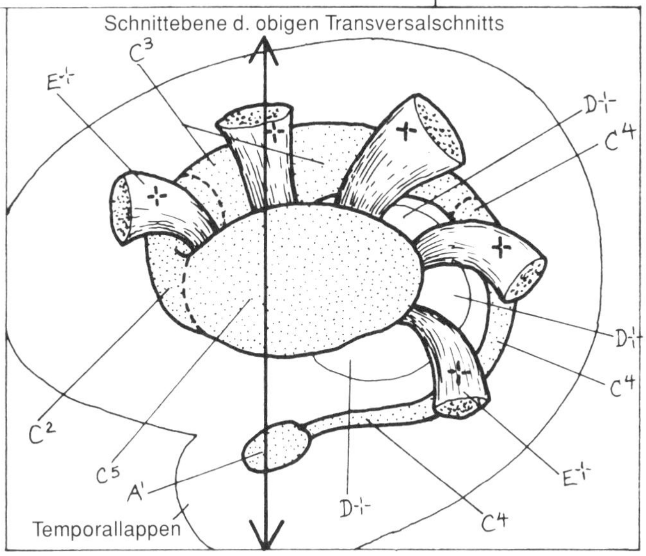


Archistriatum A()
Corpus amygdaloideum A'
Palaeostriatum B()
Globus pallidus B'()
mediales Segment $B^2$
laterales Segment $B^3$
Neostriatum/Striatum C()
Nucleus caudatus C'()
Kopf $C^2$
Körper $C^3$
Schwanz $C^4$
Putamen $C^5$

Grenzstrukturen ★
Thalamus D+
Capsula interna E+
Seitenventrikel F•

Inselrinde G+
Capsula externa H+
Claustrum I
Capsula extrema J+

# 5–25
# BASALGANGLIEN UND IHRE VERBINDUNGEN

Die Basalganglien stehen über zahlreiche Faserbündel mit fast allen Bereichen der Großhirnrinde in Verbindung.

**Malen Sie den Oberbegriff ‚Kerne' sowie die Begriffe A–G und deren zugehörige Strukturen an. Verwenden Sie für $B^2$, $B^3$ und $C^1$, $C^5$ dieselben Farben wie auf Tafel 5–24. Kolorieren Sie den Oberbegriff ‚Verbindungen', die Begriffe H–K sowie deren zugehörige Strukturen und anschließend den Oberbegriff ‚Grenzstrukturen', die Begriffe L und M und die Ventrikel. Verwenden Sie dunkle, gut kontrastierende Farben für H, I, J und K und unterschiedliche Schattierungen derselben Farbe für Strukturen mit identischem Kennbuchstaben aber unterschiedlichen Kennziffern.**

Aus der Großhirnrinde zieht ein umfangreiches Axonbündel als *kortikostriatale Projektion* ($H^1$) zum *Nucleus caudatus* ($C^1$) und zum *Putamen* ($C^5$). Aus diesen Arealen projizieren kurze, *intrabasale Ganglienfasern* (I) zu den *medialen* ($B^2$) und *lateralen Segmenten* ($B^3$) des Globus pallidus. Andere intrabasale Ganglienfasern verbinden die verschiedenen Pallidusbereiche sowie Caudatum und Pallidum. Aus dem medialen Globus pallidus entspringen zahlreiche efferente Axone, die als *pallidotegmentale Fasern* ($J^2$) zum Thalamus verlaufen. Solche pallidothalamische Faserbündel ziehen z.B. aus dem Globus pallidus zu den *intralaminaren* (E), *ventrolateralen* (F) und *ventroanterioren* (nicht dargestellt) *Thalamuskernen.* Weitere pallidothalamische Faserbündel sind der *Fasciculus lenticularis* ($J^3$), der die Capsula interna durchzieht und die *Ansa lenticularis* ($J^4$) (lat. ansa: Schlinge), die bogenförmig um die Capsula interna verläuft. Aus den genannten Thalamuskernen projizieren *thalamokortikale Fasern* (K) zur Großhirnrinde, insbesondere zur Area 6 des Frontallappens, so daß sich der Faserkreis zwischen Cortex – Striatum – Thalamus – Cortex schließt.

Zwischen Striatum und intralaminaren Thalamuskernen (s. Tafel 5–19) stellen *thalamostriatale Fasern* ($H^2$) eine funktionell wichtige Verbindung her. Gemeinsam mit den intrabasalen Ganglienfasern zwischen Striatum und Globus pallidus und den pallidothalamischen Fasern zu den intralaminaren Thalamuskernen bilden sie ein wichtiges kommunizierendes Fasersystem zur Impulsleitung.

*Pallidonigrale* ($G^5$), striatonigrale (nicht dargestellt) und *nigrostriatale Faserbündel* ($H^3$) verbinden die Basalganglien mit der *Substantia nigra* (G) im Mittelhirn.

Das Striatum enthält hohe Konzentrationen verschiedener Neurotransmitter (z.B. Azetylcholin, Dopamin, Serotonin und Gamma-Aminohydroxybuttersäure, abgekürzt als GABA). Die Impulsleitung aus dem Globus pallidus und dem Striatum zur Substantia nigra findet beispielsweise unter Beteiligung von GABA statt, die Impulsleitung aus der Substantia nigra zu Caudatum und Putamen ist Dopamin-abhängig.

Das reibungslose Zusammen- und Wechselspiel aller genannten Kernareale, internukleärer Verbindungen und Neurotransmitter spielt bei Koordination, Integration und Ausführung motorischer Bewegungsabläufe eine wesentliche Rolle.

# BASALGANGLIEN UND IHRE VERBINDUNGEN

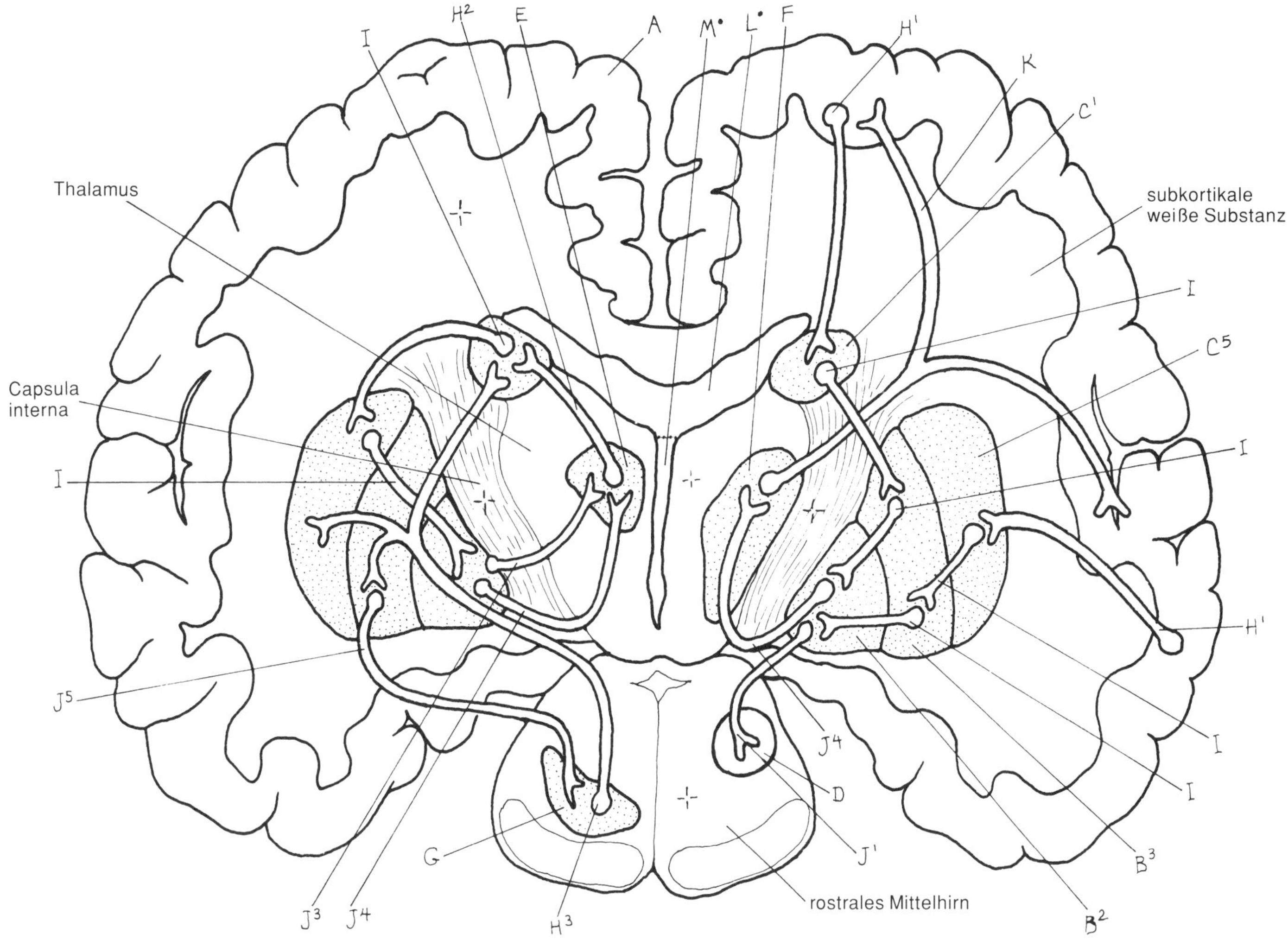


Nuclei ★
Cortex cerebri A
medialer Globus pallidus B²
lateraler Globus pallidus B³
Nucleus caudatus C¹
Putamen C⁵
Mittelhirnhaube D
Nucleus intralaminaris thalami E
Nucleus ventrolateralis thalami F
Substantia nigra G

Verbindungen ★
Afferenzen H()
kortikostriatale A. H¹
thalamostriatale A. H²
nigrostriatale A. H³
intrabasale Ganglienfaser I
Efferenzen J()
pallidotegmentale E. J¹
pallidothalamische E. J²()
Fasciculus lenticularis J³
Ansa lenticularis J⁴
pallidonigrale E. J⁵
thalamokortikale E. K

Grenzstrukturen •
Seitenventrikel L •
III. Ventrikel M •

# 5–26
# LIMBISCHES SYSTEM: BAHNEN UND VERBINDUNGEN

Das limbische System (lat. limbus: Grenze, Rand) ist kein geschlossenes, topisch angeordnetes Bahnensystem, sondern eine Zusammenfassung funktionell eng verknüpfter Kerne und Rindenbezirke. Es wird auch als viszerales oder emotionales Gehirn bezeichnet, womit schlagwortartig seine funktionelle Bedeutung umrissen ist. Das limbische System durchlaufen kontinuierlich alle eintreffenden sensorischen Informationen, während seine Efferenzen auf direktem oder indirektem Weg alle endokrinen, viszeromotorischen und somatomotorischen Effektoren beeinflussen.

**Malen Sie alle Oberbegriffe und Begriffe an sowie deren zugehörige Strukturen in den drei Abbildungen.**

Die Begrenzungen und einzelnen Komponenten des limbischen Systems sind nicht eindeutig definierbar, jedoch werden ihm nach weitgehender Übereinstimmung bestimmte kortikale und subkortikale Strukturen an der medialen und inferioren Oberfläche der Hemisphären sowie einige Projektionen ins Zwischenhirn zugeordnet.

Das limbische System erhielt seinen Namen wegen der bogenförmig angeordneten Rindenstrukturen, die den rostralen Hirnstamm begrenzen, nämlich das *Corpus callosum* (A) und die *Commissura anterior* (B).
Ein insgesamt ringförmig angeordneter Kortexkomplex verläuft vom *Rostrum* ($A^1$) (lat. Schnabel) des Corpus callosum entlang der superioren Oberfläche des Balkens und endet im anterioren Bereich der medialen Temporallappenoberfläche. Zu diesem Kortexring zählen die *Gyri subcallosus* (C), *cinguli* (D) und *parahippocampalis* (E) (s. obere Abb.) sowie der kleine *Gyrus paraterminalis* (K) (s. mittlere Abb.).
Seitlicher und tiefer in der rechten Hemisphäre (s. untere Abb.) befindet sich ein weiterer partieller Kortexring, der sich aus dem *Hippocampus-Dentatus-Komplex* (F) und dem *Gyrus supracallosus* (G) zusammensetzt.

Der *Fornix* (L) nimmt seinen Ausgang aus der *Fimbria hippocampi* ($L^1$) (s. mittlere und untere Abb.) und beschreibt einen engen Bogen, der entlang der inferioren Oberfläche des Corpus callosum zu den Nuclei septales und zum Hypothalamus (s. Tafel 5–22) zieht. In seinem rostralen Bereich ist der Fornix an das Septum pellucidum angeheftet. Diese dünne, durchsichtige Membran ist Teil der medialen Begrenzung des Seitenventrikels. Der Fornix ist eine von mehreren Strukturen, die den Hypothalamus mit dem limbischen System verbinden.
Noch tiefer in der Hemisphäre (s. untere Abb.) – an der rostralen Spitze des Temporallappens und anterior des Hippocampus-Dentatus-Komplexes – liegen die *kortikomedialen* ($H^1$) und *basolateralen Anteile der Corpora amygdaloidea* ($H^2$), deren wichtigste efferente Bahn die *Stria terminalis* (I) ist (s. Tafel 5–21).
Die anterior gelegenen *Nuclei septales* (J) des limbischen Systems liegen in den Gyri subcallosus und paraterminalis verteilt und zwar in jenen Bereichen, die anterior der Commissura anterior bzw. kaudal des Rostrum corporis callosi liegen. Die Gyri subcallosus und paraterminalis bilden gemeinsam die Area septalis, die unmittelbar neben den Nuclei septales liegt. Letztere werden in mediale (s. Abb.) und laterale Segmente unterteilt und stehen über das *diagonale Broca-Band* (M), den Fornix und den *Tractus olfactorius* ($N^1$) mit dem Hippocampus-Dentatus-Komplex und den Corpora amygdaloidea in Verbindung.
*Bulbus* (N) und *Tractus olfactorius* ($N^1$) sind Strukturen des Nervus olfactorius (I. Hirnnerv) (s. Tafel 6–5) und verlaufen über die *mediale* ($N^2$) und *laterale Stria olfactoria* ($N^3$) zum limbischen System. Fasern der medialen Stria olfactoria verlaufen zu den Nuclei septales (nicht dargestellt). Fasern der lateralen Stria olfactoria projizieren zu den Corpora amygdaloidea und in periamygdaloide und präpiriforme Kortexareale. Ersteres besteht aus dem anterioren Ende des Gyrus parahippocampalis und letzteres umfaßt das Gebiet lateral der Stria olfactoria.

# LIMBISCHES SYSTEM: KERNE UND VERBINDUNGEN

**Grenzstrukturen** ★
**Corpus callosum** A
  **Rostrum** A'
**Commissura anterior** B

**Nuclei/Gyri/Faserkomplexe** ★
**Gyrus subcallosus** C
**Gyrus cinguli** D
**Gyrus parahippocampalis** E
**Hippocampus-Dentatus-Komplex** F
**Gyrus supracallosus** G
**Corpus amygdaloideum** H()
  **kortikomedialer Anteil** H'
  **basolateraler Anteil** H²
**Stria terminalis** I
**Nucleus septalis** J
**Gyrus paraterminalis** K

**Verbindungen** ★
**Fornix** L/**Fimbria** L'
**diagonales Broca-Band** M
**Bulbus** N/**Tractus olfactorius** N'
  **mediale Stria olfactoria** N²
  **laterale Stria olfactoria** N³

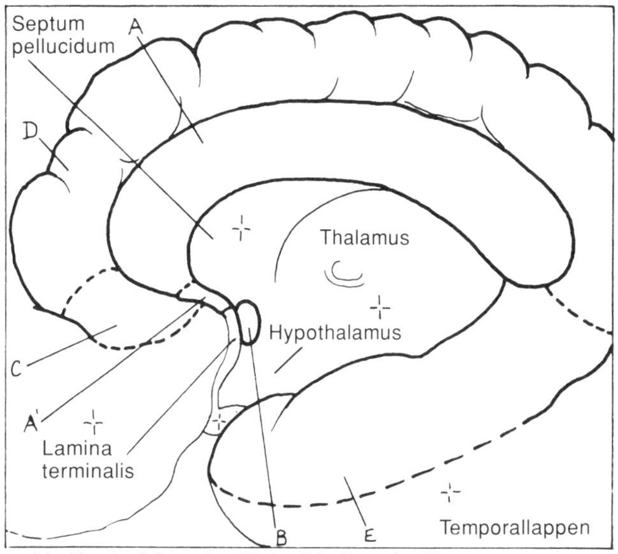

rechte Hemisphärenoberfläche (Medianschnitt)

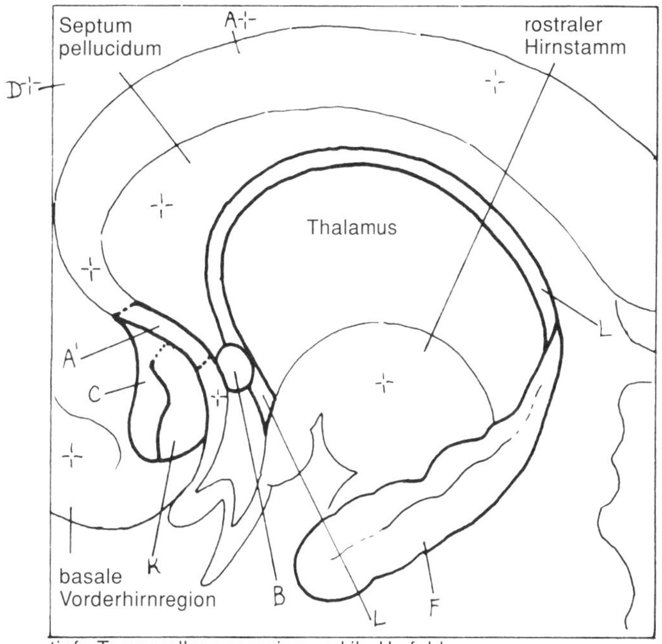

tiefe Temporallappenregion und ihr Umfeld

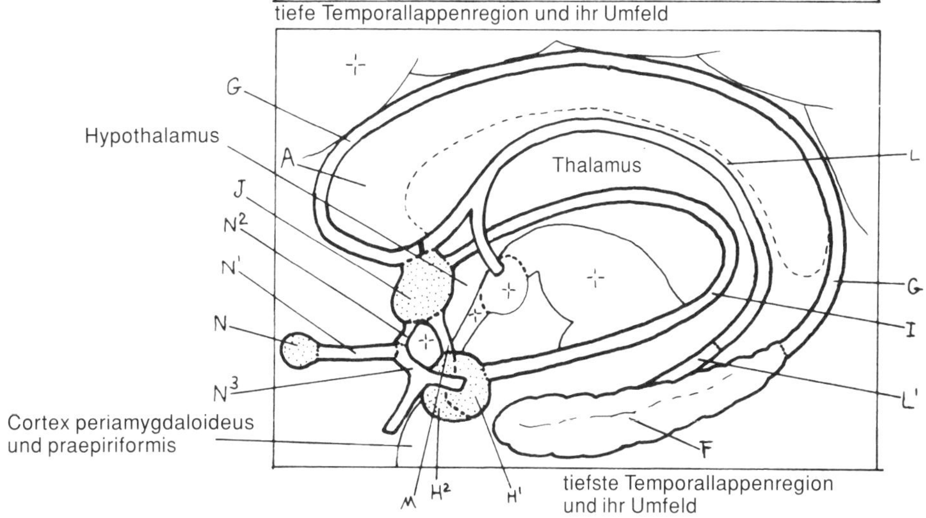

tiefste Temporallappenregion und ihr Umfeld

# 5–27
# LIMBISCHES SYSTEM: HIPPOCAMPUS

Der Hippocampus liegt in der Tiefe der medialen Temporallappenoberfläche. Hippocampus und Gyrus dentatus greifen in Form zweier einander gegenüberliegender C's ineinander und werden deshalb auch als Hippocampus-Dentatus-Komplex zusammengefaßt.

**Malen Sie die Begriffe A–F$^5$ und deren zugehörige Strukturen an. Verwenden Sie gut kontrastierende Farben für B und C und unterschiedliche Schattierungen derselben Farbe für Strukturen mit identischem Kennbuchstaben aber unterschiedlichen Kennziffern.**

*Hippocampus* (B) und *Gyrus dentatus* (C) sind durch die *Fissura hippocampi* (D) vom benachbarten *Gyrus parahippocampalis* (F) der Temporallappenrinde abgegrenzt. Der Gyrus hippocampalis, der seinerseits vom restlichen *Temporallappen* (A) durch den *Sulcus collateralis* (E) getrennt ist, markiert die Übergangszone vom sechsschichtigen Neocortex (s. Tafel 3–11) zum dreischichtigen Archicortex des Hippocampus-Dentatus-Komplexes. Der Gyrus parahippocampalis wird unterteilt in den *Cortex entorhinalis* (F$^1$), in dem Bahnen aus dem primären Riechzentrum enden und in den *Cortex subicularis* (F$^2$), dem Übergangsgebiet zwischen Ammonshorn (s.u.) und entorhinaler Rinde. Innerhalb dieses Rindenareals unterscheidet man das *Praesubiculum* (F$^3$), das *Subiculum* (F$^4$) und das *Prosubiculum* (F$^5$), das eine Fortsetzung des Hippocampus darstellt. Das eingerollte Rindenband des Hippocampus heißt *Ammonshorn (Cornu ammonis)* (A) und wird in vier Felder oder Sektoren eingeteilt: *CA1* (B$^1$), *CA2* (B$^2$), *CA3* (B$^3$) und *CA4* (B$^4$). Die Sektoren CA1–CA3 weisen eine durchwegs laminare Struktur auf, die im Feld CA4 deutlich aufgelockert wird. Der Sektor CA1 (Sommerscher Sektor) weist bezüglich einer Ischämie die empfindlichsten Neurone des Zentralnervensystems auf.

**Malen Sie die Oberbegriffe ‚afferente Bahn und efferente Bahn' an sowie die Begriffe G–J$^5$ und deren zugehörige Strukturen. Kolorieren Sie danach die Begriffe K–N und deren zugehörige Strukturen in der Abbildung unten rechts.**

Afferente Fasern, die zum Hippocampus ziehen, entstammen drei verschiedenen Arealen: Dem Gyrus parahippocampalis, einer septohippocampalen Bahn des Fornix (Teil der Bahn K–G Abb. rechts unten) und – über die Commissura hippocampi – dem kontralateralen Hippocampus (nicht dargestellt). Im Cortex entorhinalis konvergieren Fasern aus zahlreichen sensorischen Fasersystemen, von denen hier *afferente Alveusfasern* (G) (lat. alveus: Mulde) und der *Tractus perforans* (H) dargestellt sind. Über den Fornix verlaufen Afferenzen (nicht dargestellt) aus der Septalregion, dem basalen Vorderhirn und dem Zwischenhirn.

Die überwiegende Mehrheit aller efferenten Fasern verläßt den Hippocampus und das Subiculum im *Alveus* (G$^1$) und in der *Fimbria* (I$^1$). Die bilateral verlaufenden Fimbrienfasern formieren sich zu den *Crura fornicis (Fornixschenkel)* (J$^1$). Diese verlaufen bogenförmig nach superior und medial und bilden das *Corpus fornicis* (J$^2$), biegen schließlich nach inferior ab und formieren sich zu den *Columnae fornicis* (J$^3$). Ungefähr die Hälfte der Fornixfasern verlaufen bis zur Commissura anterior, sodann als *präkommissurale Fasern* (J$^4$) weiter zu den *Nuclei septales* (K), zum anterioren Hypothalamus (nicht beschriftet) und zu den Kernen des diagonalen Broca-Bandes (nicht dargestellt; s. Tafel 5–26). Die *postkommissuralen Fasern* (J$^5$) projizieren zu den *Corpora mamillaria* (L) und zu anderen Hypothalamusbereichen, zu den *anterioren und intralaminaren Thalamuskernen* (M) und zur *Mittelhirnhaube* (N). Weitere Efferenzen (nicht dargestelllt) kreuzen über die Commissura anterior zum kontralateralen Hippocampus oder projizieren zum Subiculum und zur entorhinalen Rinde.

Die Funktion des Hippocampus ist noch nicht in allen Einzelheiten geklärt. Soweit bisher bekannt, fungiert er als Integrationsorgan für endokrine, viszerale und emotionale Vorgänge.

# LIMBISCHES SYSTEM: HIPPOCAMPUS

Temporallappen A
Hippocampus B/Dentatus C
Fissura hippocampi D
Sulcus collateralis E
Gyrus parahippocampalis F
Cortex entorhinalis F$^{1}$
Cortex subicularis F$^{2}$()
Praes. F$^{3}$/Sub. F$^{4}$/Pros. F$^{5}$
Hippocampussektoren B(): CA1 B$^{1}$, CA2 B$^{2}$, CA3 B$^{3}$, CA4 B$^{4}$

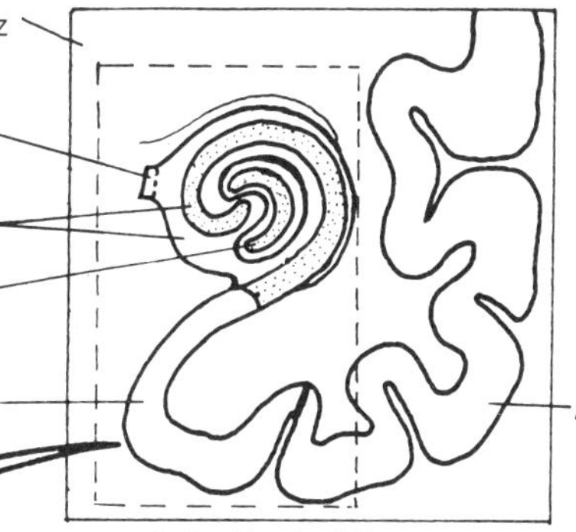


linke Hemisphäre
(Transversalschnitt)

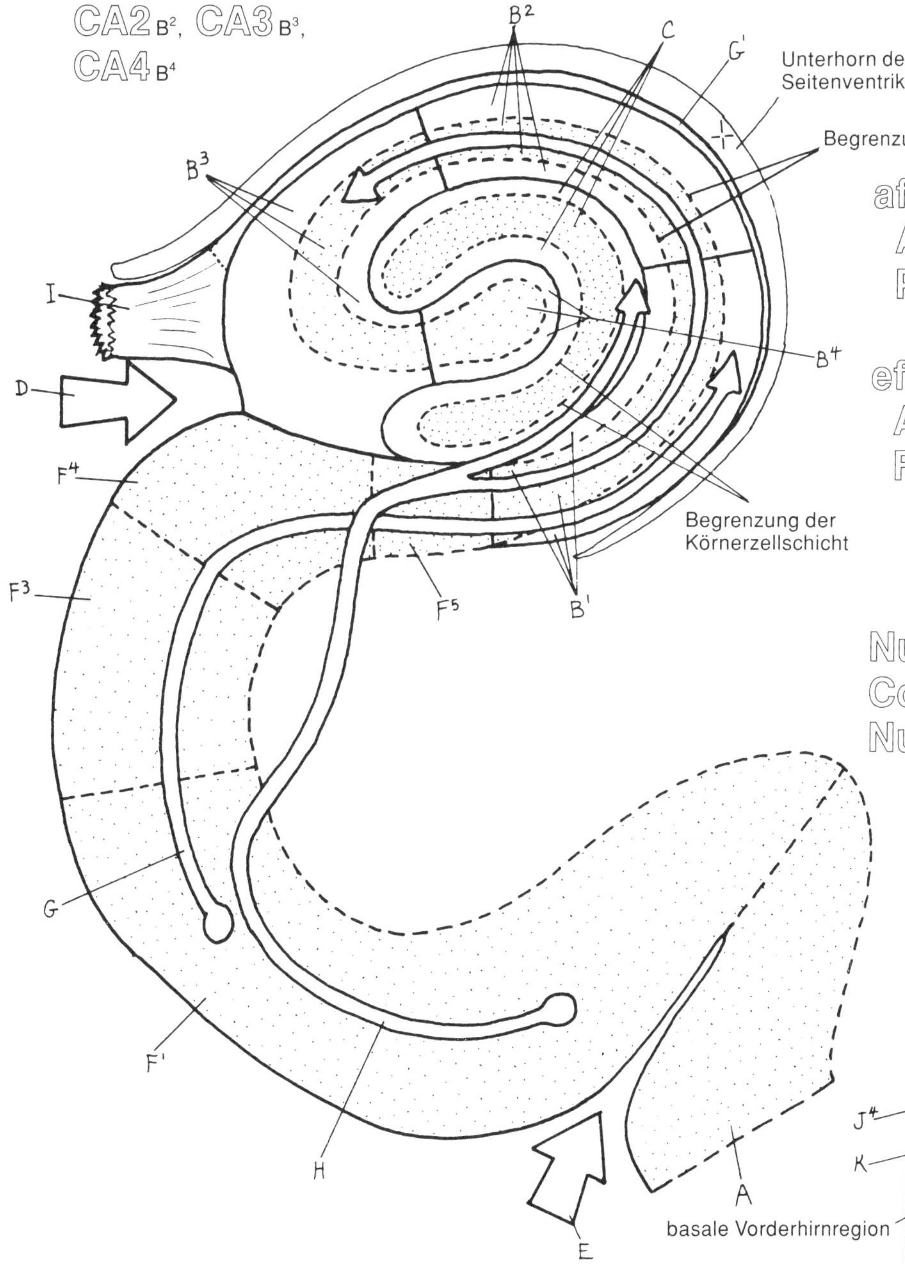


afferente Bahn ★
Alveusfasern G
Perforansfasern H

efferente Bahn ★
Alveus G$^{1}$/Fimbria I
Fornix J(): Crus J$^{1}$/
Corpus J$^{2}$/Columna J$^{3}$
präkommissurale Faser J$^{4}$
postkommissurale Faser J$^{5}$
Nuclei septales K
Corpus mamillare L
Nucl. intralaminaris thalami N

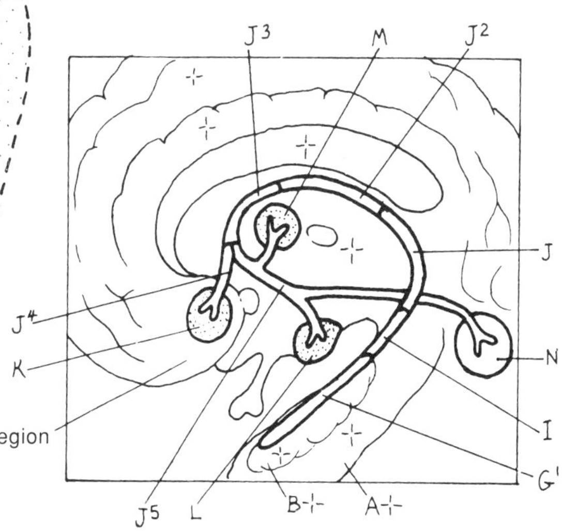


efferente Bahn
(Hemisphärensagittalschnitt)

# 5–28

# LIMBISCHES SYSTEM: FEINSTRUKTUR VON HIPPOCAMPUS UND GYRUS DENTATUS

Jedes Feld der Hippocampusrinde weist eine mikroskopisch charakteristische Textur aus afferenten und efferenten Fasern auf.

**Malen Sie die Begriffe A–$D^6$ und deren zugehörige Strukturen in der kleinen oberen Abbildung an. Kolorieren Sie $D^2$ und $D^4$–$D^6$ in der großen Abbildung. Verwenden Sie für identische Strukturen dieselben Farben wie auf Tafel 5–27, Schattierungen einer hellen Farbe für die verschiedenen Rindenschichten und Schattierungen einer kontrastierenden dunklen Farbe für die Pyramidenzelle und ihre Bestandteile. Verwenden Sie für A eine sehr helle Farbe.**

Die äußere Schicht der Hippocampusfelder CA1–CA3 besteht aus myelinisierten Fasern, die als *Alveus* (C) zusammengefaßt werden. Dieser wird vom darüberliegenden Unterhorn des *Seitenventrikels* (A) durch eine einschichtige Lage aus *Ependymzellen* (B) abgegrenzt. Unterhalb des Alveus liegen eine *polymorphe* ($D^1$), eine *molekulare* ($D^3$) und eine *Pyramiden-Zellschicht* ($D^2$). Die überwiegende Mehrheit der Neurone im Hippocampus sind *Pyramidenzellen* ($D^4$). Ihre *Apikaldendriten* ($D^5$) verlaufen in die Tiefe zur Molekularschicht, ihre *Axone* ($D^6$) erstrecken sich nach oben in die polymorphe Zellschicht des Alveus.

**Malen Sie die Oberbegriffe ‚afferente Fasern und zugehörige Zellen' an, die Begriffe E–$H^3$ und $D^4$–$D^6$ sowie deren zugehörige Strukturen in der großen Abbildung.**

Die *Alveusfasern* (E), *Perforansfasern* (F) (s. Tafel 5–27) und *Fornixfasern* (G) verlaufen als afferente Bahnen zum Hippocampus und zum *Gyrus dentatus* (H). Darüber hinaus verlaufen Axone der *Stern- oder Körnerzellen* ($H^1$) aus dem Gyrus dentatus als »intrinsische« Afferenzen zu den Pyramidenzellen des Hippocampus, wo sie als reichverzweigte *Moosfasern* ($H^2$) Synapsen mit *bahnendem Einfluß* ($H^3$) an den Dendriten der Pyramidenzellen in den Rindenfeldern $CA_3$ und $CA_4$ bilden.

**Malen Sie die Oberbegriffe ‚efferente Fasern und zugehörige Zellen' an sowie die Begriffe I–$K^2$ und deren zugehörige Strukturen.**

Alle efferenten Impulse aus dem Hippocampus laufen über die Axone der Pyramidenzellen. Diese aszendieren in den Alveus und teilen sich zumindest in den Sektoren CA1 und CA2 (s. Tafel 5–27) in zwei Hauptäste. Ein Ast verläuft weiter zur *Fimbria hippocampi* (I) und wird Teil des *Fornix* (I). Der zweite Ast projiziert in entgegengesetzter Richtung in die benachbarten subikulären und entorhinalen Rindenareale.
Vor ihrem Eintritt in den Alveus geben die meisten Pyramidenzellen des Hippocampus Kollateralen ab, die die kleinen *Korbzellen* (J) der polymorphen Schicht stimulieren. Die *Axone* ($J^1$) der Korbzellen verzweigen sich und umhüllen als korbähnliches Terminalengeflecht mit *inhibitorischem Einfluß* ($J^2$) die Pyramidenzellen.
Bevor sie in die Fimbria und den Fornix eintreten, geben die Axone der Pyramidenzellen rückläufige Kollateralen, sog. *Schaffer-Kollateralen* (K), zu den Pyramidenzellen in den Rindensektoren CA2 und CA3 ab. Die *Terminalen* ($K^1$) der Schaffer-Kollateralen konvergieren zu einem umschriebenen Abschnitt des Pyramidenzelldendriten, etwa in der Mitte zwischen Zellkörper und Dendritenbaum und üben auf den betreffenden Dendriten einen ausgeprägt *bahnenden Einfluß* ($K^2$) aus.

# LIMBISCHES SYSTEM: FEINSTRUKTUR VON HIPPOCAMPUS UND GYRUS DENTATUS

Seitenventrikel A
Ependym B
Alveus C
hippocampale Rindenschichten D(): 
polymorphe $D^1$/molekulare $D^3$/
Pyramiden-Zellschicht $D^2$
Pyramidenzelle $D^4$
Dendrit $D^5$/Axon $D^6$

afferente Fasern und zugehörige Zellen ★
Alveusfaser E
Perforansfaser F
Fornixfaser G
Gyrus dentatus H+

Körnerzelle d. Dentatus $H^1$
Moosfaser $H^2$/Bahnung $H^3$
efferente Fasern und zugehörige Zellen ★
Fimbria-Fornix I
Korb-Zelle J/Axon $J^1$/Hemmung $J^2$
Schaffer-Kollaterale K
Schaffer-Terminale $K^1$/Bahnung $K^2$

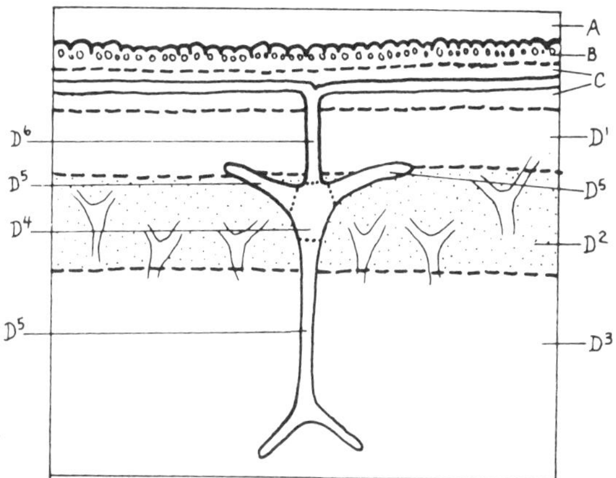


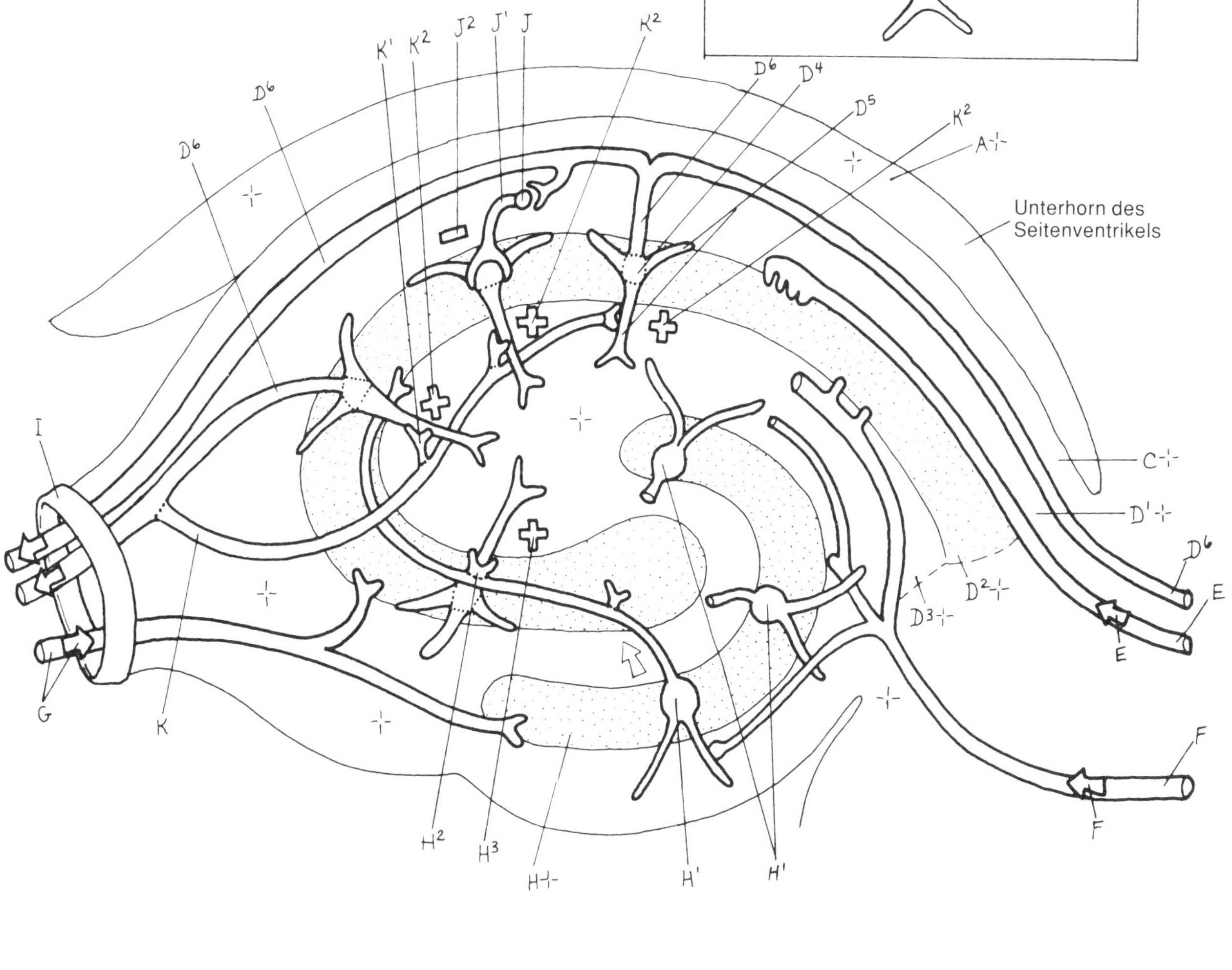

# 5–29
# HEMISPHÄRE: SEITLICHE OBERFLÄCHE

Diese und die nächste Tafel stellen eine thematische Einheit dar.
Die Oberfläche der beiden Hemisphären besteht aus der vielfach gefältelten Großhirnrinde (Cortex cerebri), die in mehrere Lappen mit jeweils spezifischen Gyri (Falten) und Sulci (Fissuren) unterteilt ist.

**Malen Sie die Begriffe A–$H^{6}$ und deren zugehörige Strukturen in der oberen Abbildung an. Wählen Sie für die vier Lappen vier gut kontrastierende Farben mit jeweils dunkleren und helleren Schattierungen aus. Verwenden Sie die dunkleren Farbtöne für die Sulci, die helleren für die Gyri. Malen Sie alle Gyri eines Lappens in derselben Farbe an.**

Die Frontallappenrinde liegt rostral des *Sulcus centralis* (B). Der *Sulcus praecentralis* ($A^{1}$) trennt den eher vertikal verlaufenden *Gyrus praecentralis* ($A^{4}$) von den eher horizontal verlaufenden *Gyri frontales* ($A^{5}$). Die *Sulci frontales superior* ($A^{2}$) und *inferior* ($A^{3}$) fassen die *Gyri frontales superior* ($A^{6}$), *medialis* ($A^{7}$) und *inferior* ($A^{8}$) ein. Letzterer ist in mehrere kleine Gyri unterteilt.
Die Grenzen des Parietallappens werden rostralwärts vom Sulcus centralis und nach inferior von der *Fissura lateralis* (C) demarkiert. Er dehnt sich nach posterior bis zu einer imaginären Grenzlinie aus, die zwischen der *Fissura parietooccipitalis* (E) und der *präokzipitalen Kerbe* (F) verläuft. Der *Sulcus postcentralis* ($D^{1}$) trennt den mehr rostral gelegenen *Gyrus postcentralis* ($D^{3}$) von den *Lobuli parietales superior* ($D^{5}$) und *inferior* ($D^{6}$), die wiederum durch den *Sulcus intraparietalis* ($D^{2}$) voneinander getrennt sind. Der Lobulus parietalis inferior ist in kleinere Gyri unterteilt (s. Tafel 5–30).
Der in sich mehrfach unterteilte *Okzipitallappen* (G) (s. Tafel 5–39) liegt posterior der imaginären Linie, die die posteriore Grenze des Parietallappens darstellt. Der Temporallappen wird durch die *Sulci temporales superior* ($H^{1}$) und *inferior* ($H^{2}$) unterteilt in die *Gyri temporales superior* ($H^{4}$), *medialis* ($H^{5}$) und *inferior* ($H^{6}$).

**Malen Sie den Oberbegriff ‚zytoarchitektonische Areale' an sowie die Begriffe $A^{9}$–$H^{9}$ und deren zugehörige Strukturen in der unteren Abbildung. Verwenden Sie dabei dasselbe Farbschema wie in der oberen Abbildung.**

Die Großhirnrinde kann anhand charakteristischer zytoarchitektonischer (zellorganisatorischer) Merkmale in funktionell unterschiedliche Areale eingeteilt werden. BRODMAN führte 1909 die Numerierung der mehr als 200 verschiedenen Rindenareale ein, von denen hier die wichtigsten erläutert werden.
In der *Area 4* ($A^{9}$), die dem Gyrus praecentralis entspricht, werden feinmotorische, willkürliche Bewegungen initiiert. Auf ihrer Oberfläche sind detailgenau alle Muskeln des Körpers repräsentiert (motorischer Homunkulus; nicht dargestellt). *Area 6* ($A^{10}$) ist die präzentrale Region. Durch Stimulierung dieses Areals werden die motorischen Reaktionen aus Area 4 in umfassendere, generalisierte Bewegungsabläufe integriert. *Area 8* ($A^{11}$) kontrolliert willkürliche, konjugierte (bilaterale) Augenbewegungen. *Area 44* ($A^{12}$) und die *Areae 45 und 47* ($A^{13}$) entsprechen dem Gyrus opercularis bzw. triangularis. Sie repräsentieren die motorische Sprachregion (Broca-Sprachzentrum), die bei den meisten Menschen in der linken Hemisphäre lokalisiert ist. Die *Areae 9, 10, 11 und 46* ($A^{14}$) entsprechen großenteils dem präzentralen Cortex rostral der Regio praecentralis und beeinflussen komplexe geistige Fähigkeiten (z.B. Vorausdenken und Urteilsvermögen).
Die *Areae 3, 1 und 2* ($D^{7}$) entsprechen dem Gyrus postcentralis und repräsentieren das primäre sensorische Feld (S I). Hier sind alle sensorischen Bereiche des Körpers detailgenau repräsentiert (sensorischer Homunkulus; nicht dargestellt). Das *sekundäre somatosensorische Feld* ($D^{8}$), *SS II* genannt, liegt an der Basis des Gyrus postcentralis und scheint bei bestimmten Sensationen (z.B. Schmerz) eine Rolle zu spielen. Die *Areae 39* ($D^{9}$) und *40* ($D^{10}$) entsprechen dem Gyrus angularis bzw. supramarginalis und sind für sprachliche Ausdrucksfähigkeit und mathematisches Denkvermögen sowie das räumliche Körperempfinden von Bedeutung.
*Area 17* ($G^{1}$) entspricht der primären Sehrinde und ist überwiegend in der medialen Oberfläche des Okzipitallappens lokalisiert. Weitere, an visuellen Vorgängen beteiligte Gebiete sind die *Areae 18 und 19* ($G^{2}$) und 20, 21 und 37 (nicht dargestellt).
Die *Areae 41* ($H^{7}$) und *42* ($H^{8}$) repräsentieren die primäre Hörrinde. Im posterioren Anteil der *Area 22* ($H^{9}$) ist das sensorische Sprachzentrum (Wernicke-Zentrum) lokalisiert, das für das Sprachverständnis verantwortlich ist.

# HEMISPHÄRE: SEITLICHE OBERFLÄCHE

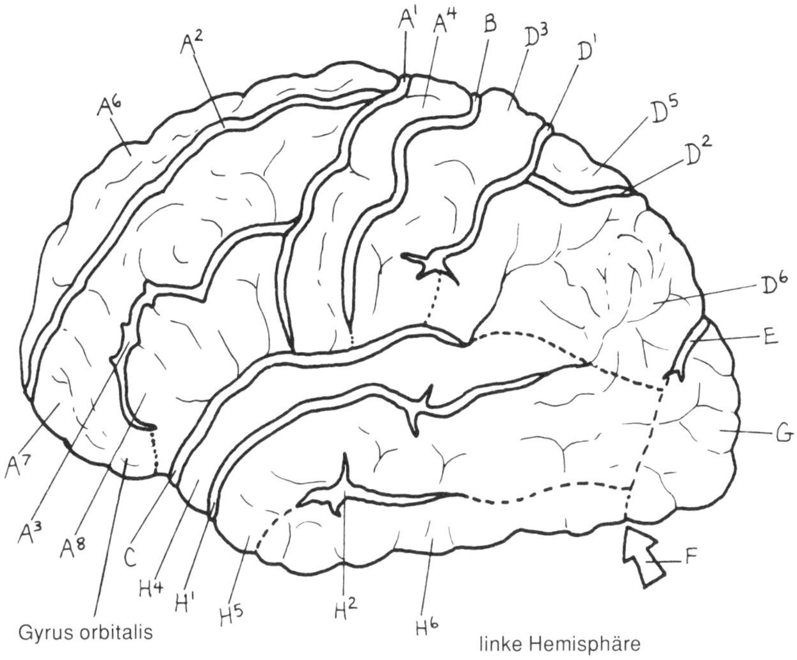


linke Hemisphäre

Frontallappen A()
- Sulcus praecentralis $A^1$
- Sulcus frontalis superior $A^2$
- Sulcus frontalis inferior $A^3$
- Gyrus praecentralis $A^4$
- Gyrus frontalis $A^5$(): superior $A^6$/medialis $A^7$/ inferior $A^8$

Sulcus centralis B
Fissura lateralis C

Parietallappen D()
- Sulcus postcentralis $D^1$
- Sulcus intraparietalis $D^2$
- Gyrus postcentralis $D^3$
- Lobulus parietalis $D^4$(): superior $D^5$/inferior $D^6$

Fissura parietooccipitalis E
präokzipitale Kerbe F

Okzipitallappen G

Temporallappen H()
- Sulcus temporalis superior $H^1$
- Sulcus temporalis inferior $H^2$
- Gyrus temporalis $H^3$(): superior $H^4$/medialis $H^5$/ inferior $H^6$

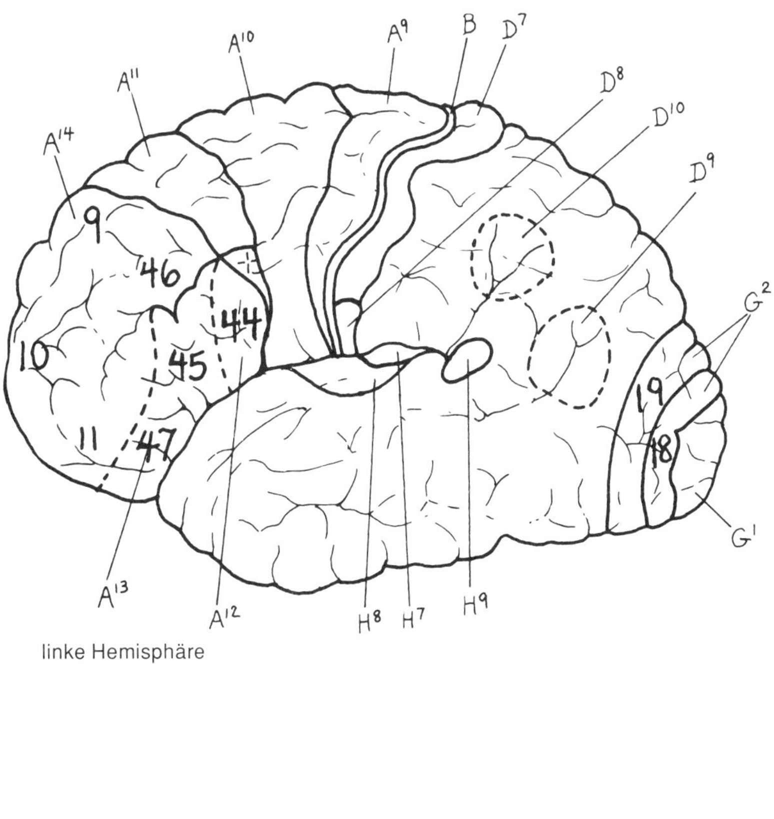


linke Hemisphäre

zytoarchitektonische Rindenfelder ★
- Areae 4 $A^9$/6 $A^{10}$/8 $A^{11}$
- Area 44 $A^{12}$
- Areae 45, 47 $A^{13}$
- Areae 9, 10, 11, 46 $A^{14}$
- Areae 3, 2, 1 $D^7$
- sekundäres sensorisches Feld $D^8$
- Area 39 $D^9$
- Area 40 $D^{10}$
- Areae 17 $G^1$/18, 19 $G^2$
- Areae 41 $H^7$/42 $H^8$
- posteriore Area 22 $H^9$

# 5–30
# HEMISPHÄRE: MEDIALE OBERFLÄCHE

Strukturen, die bereits von Tafel 5–29 bekannt sind, behalten ihre dort zugeordneten Kennbuchstaben und -ziffern.

**Malen Sie die Begriffe A–$H^{11}$ und deren zugehörige Strukturen nach demselben Farbschema an wie auf Tafel 5–29.**

Der *Gyrus frontalis superior* ($A^{6}$) setzt sich zur medialen Hemisphärenoberfläche fort. Er erstreckt sich vom *Gyrus centralis* (B) aus nach vorne, verläuft bogenförmig entlang der superioren Oberfläche des Gyrus und Sulcus cinguli und dann abwärts entlang der anterioren Oberfläche der Gyri subcallosus und paraterminalis bis zum *Gyrus rectus* ($A^{15}$). Die *Sulci paracentralis* ($A^{16}$) und *marginalis* ($D^{11}$) verlaufen jeweils seitlich des Sulcus centralis. Sie stellen die mediale Fortsetzung der Gyri prae- bzw. postcentralis dar und umgrenzen den *Lobulus paracentralis* ($A^{17}$). Der *Lobulus praecuneus* ($D^{12}$) wird nach anterior durch den Sulcus marginalis, nach posterior durch die *Fissura parietooccipitalis* (E) begrenzt.
Die mediale Oberfläche des Okzipitallappens bilden die *Gyri cuneus* ($G^{3}$) und *lingualis* ($G^{5}$), die durch die *Fissura calcarina* ($G^{4}$) voneinander getrennt sind. Die *Gyri occipitotemporalis medialis* ($G^{6}$) und *lateralis* ($H^{10}$) stellen einen gemeinsamen Rindenabschnitt der inferolateralen Okzipitallappenoberfläche und des Temporallappens dar.
Der *Sulcus rhinalis* ($H^{11}$) und der mehr posterior gelegene *Sulcus collateralis* ($H^{12}$) grenzen den Gyrus occipitotemporalis medialis gegen die Gyri lingualis bzw. parahippocampalis ab.

**Malen Sie die verbliebenen Begriffe und deren zugehörige Strukturen nach dem gleichen Farbschema an wie vorher.**

Die *Sulci cinguli* (I) und *callosus* (J) stellen die superiore bzw. inferiore Begrenzung des Gyrus cinguli als Teil des limbischen Systems dar.
Außerdem gehören zum limbischen System die *Gyri paraterminalis* ($K^{1}$) und *subcallosus* ($K^{2}$), der *Gyrus cinguli* ($K^{3}$) und dessen *Isthmus* ($K^{4}$), der aus einem Rindenstreifen unterhalb des Splenium corporis callosi besteht, und der *Gyrus parahippocampalis* ($K^{5}$) mit seiner anteromedialen, hakenförmigen Protrusion, dem *Uncus* ($K^{6}$) (zum limbischen System s. Tafel 5–26 bis 5–28). Die Gyri subcallosus und paraterminalis bilden die sogenannte Area septalis (s. Tafel 5–26).

# HEMISPHÄRE: MEDIALE OBERFLÄCHE

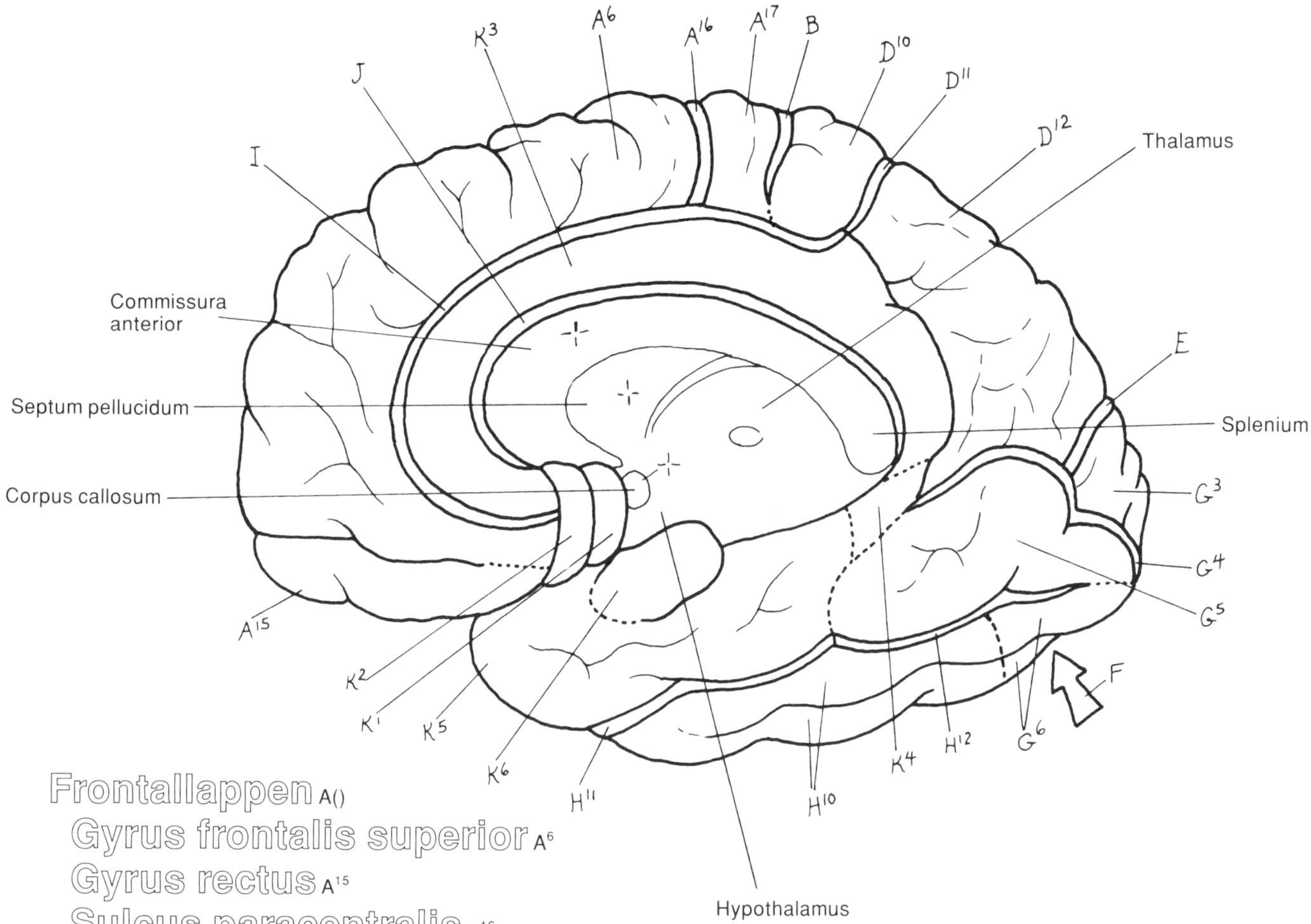


Frontallappen A()
Gyrus frontalis superior A6
Gyrus rectus A15
Sulcus paracentralis A16
Lobulus paracentralis A17
Sulcus centralis B

Parietallappen D()
Lobulus paracentralis D10
Sulcus marginalis D11
Lobulus praecuneus D12
Fissura parietooccipitalis E
präokzipitale Kerbe F

Okzipitallappen G()
Cuneus G3
Fissura calcarina G4
Gyrus lingualis G5
Gyrus occipitotemporalis med./lat. G6

Temporallappen H()
Gyrus occipitotemporalis med./lat. H10
Sulcus rhinalis H11
Sulcus collateralis H12

Sulcus cinguli I
Sulcus callosus J

Limbisches System K()
Gyrus paraterminalis K1
Gyrus subcallosus K2
Gyrus cinguli K3
Isthmus K4
Gyrus parahippocampalis K5
Uncus K6

# 5–31
# GROSSHIRNRINDE: ZELLULÄRER AUFBAU

Die ca. 1,5-4 mm dicke Großhirnrinde besteht aus sechs Zellschichten (Laminae) mit jeweils unterschiedlichen, charakteristischen Neuronentypen.

**Malen Sie in hellen Farben den Oberbegriff ‚Rindenschichten' an sowie die Begriffe A–F und deren zugehörige Strukturen in der Abbildung rechts oben. Kolorieren Sie die römischen Zahlen und vertikalen Balken am linken Rand der großen Abbildung und anschließend den Oberbegriff ‚Zelltypen', die Begriffe G–K² und deren zugehörige Strukturen in der großen Abbildung.**

Die *Pyramidenzellen* (G) und die *Stern- oder Körnerzellen* (H) bilden die Mehrheit aller Neuronentypen in der Großhirnrinde. Ein Charakteristikum der Pyramidenzelle ist ihr *Apikaldendrit* (G²), der auf dem Weg zur Rindenoberfläche transversal verlaufende *Kollateralen* (G³) abgibt. Die *Basaldendriten* (G⁴) erwachsen aus dem basalen Zellkörperbereich der Pyramidenzellen. Die größte Pyramidenzelle des Cortex ist mit einem Durchmesser von 60-100 µm die Betz-Riesenzelle, die ausschließlich im Gyrus praecentralis lokalisiert ist. Alle Pyramidenzellen zählen zu den Golgi-Typ I-Zellen. Ihre *Axone* (G⁵) enden sowohl in nahe gelegenen Bereichen (z. B. benachbarten Gyri) als auch in weit entfernten Gebieten (z. B. lumbosakrales Rückenmark).

Stern- oder Körnerzellen kommen in allen Rindenschichten mit Ausnahme der Lamina I vor; am dichtesten sind sie in Lamina IV konzentriert. Ihre *Dendriten* (H¹), die z. T. mit Dornfortsätzen gespickt sind, umgeben strahlenförmig die Zellkörper. Körnerzellen gehören wegen ihrer kurzen *Axone* (H²), die die Rinde nicht verlassen, zu den Golgi-Typ II-Zellen. Ihre Dendriten und Axone bilden zusammen mit Gliazellen und deren Fortsätzen ein dicht gewobenes Netz (Neuropil) mit zahlreichen informationsverarbeitenden Synapsen.

Die *fusiforme Zelle* (I) ist ein spindelförmiges Neuron, das in den tiefen Rindenschichten, überwiegend in Lamina VI, lokalisiert ist. Ihr Charakteristikum sind vertikal verlaufende *Dendriten* (I¹). Ihr *Axon* (I²) tritt als Kommissuren-, Assoziations- oder Projektionsfaser in die subkortikale weiße Substanz ein (s. Tafel 5–33).

Ein Sondertyp der Stern- oder Körnerzellen sind die *Martinotti-Zellen* (J), die außer in Lamina I in allen Rindenschichten vorkommen. Ihre *Dendriten* (J¹) sind kurz, ihr *Axon* (J²) verläuft meist bis in die Lamina I, wo es sich z.T. baumartig verästelt.

Die sog. *Cajal-Zellen* (K) liegen in Lamina I. Ihre *Dendriten* (K¹) und *Axone* (K²) verlaufen, ohne die Rindenschicht zu verlassen, parallel zur kortikalen Oberfläche.

Die sechs Schichten der Großhirnrinde weisen jeweils verschiedene Charakteristika auf.

*Lamina I (Lamina molecularis)* (A) ist reich an Axonen und Dendriten und liegt unterhalb der Membrana gliae limitans. Astrozytenfortsätze tragen zum Aufbau dieser Schutz- und Stützmembran bei. In der insgesamt zellarmen Schicht liegen u.a. vereinzelte Cajal-Zellen.

*Lamina II (Lamina granularis externa, äußere Körnerzellschicht)* (B) besteht aus kleinen, rundlichen Pyramidenzellen, deren Dendriten zur Lamina I und deren Axone zu tieferen Rindenschichten verlaufen. *Lamina III (Lamina pyramidalis, äußere Pyramidenzellschicht)* (C) enthält mittelgroße bis große Pyramidenzellen, deren Apikaldendriten zur Lamina I ziehen, und deren Axone in anderen kortikalen, aber auch subkortikalen Gebieten enden.

*Lamina IV (Lamina granularis interna, innere Körnerzellschicht)* (D) besteht hauptsächlich aus Körner- oder Sternzellen und einem deutlich geringeren Anteil kleiner Pyramidenzellen.

*Lamina V (Lamina ganglionaris, innere Pyramidenzellschicht)* (E) setzt sich überwiegend aus mittelgroßen bis großen Pyramidenzellen und nur wenigen Körnerzellen (u. a. vom Martinotti-Typ) zusammen. Im Motorkortex des Frontallappens (Area 4) sind in Lamina V die Betz-Riesenzellen (s.o.) lokalisiert.

*Lamina VI (Lamina multiformis)* (F) enthält unterschiedliche Neuronenarten, u.a. zahlreiche fusiforme Zellen. Durch eine Vielzahl auf- und absteigender Fasern entsteht ein fließender Übergang zwischen Lamina VI und der sich anschließenden weißen Hirnsubstanz.

Je nach Lage und funktioneller Bedeutung verschiedener Rindenareale kann der dargelegte schematisierte Aufbau der Großhirnrinde gering variieren.

# GROSSHIRNRINDE: ZELLULÄRER AUFBAU

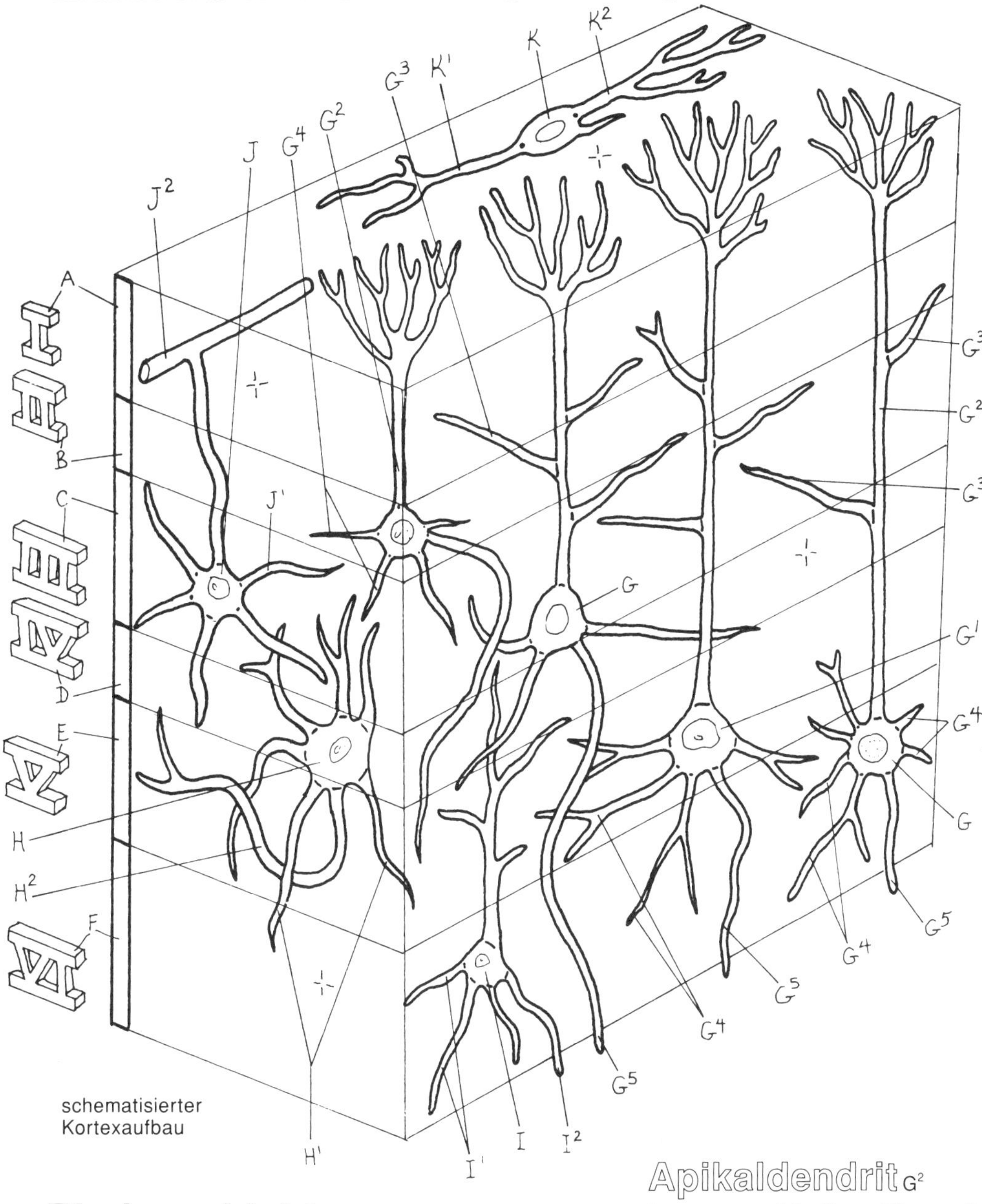


schematisierter Kortexaufbau

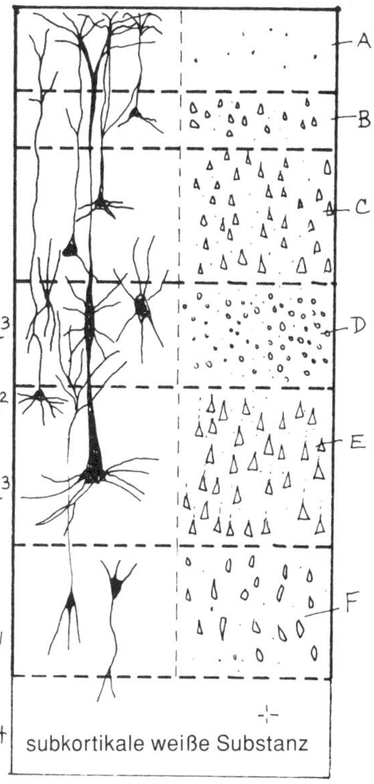


Großhirnrinde in Silberimprägnation (linke Hälfte) und Nissl-Färbung (rechte Hälfte)

Rindenschichten ★
Lamina I A
Lamina II B
Lamina III C
Lamina IV D
Lamina V E
Lamina VI F

Neuronentypen ★
Pyramidenzelle G/
Betz-Zelle $G^1$
Apikaldendrit $G^2$
tangentialer Dendrit $G^3$
Basaldendrit $G^4$
Axon $G^5$
Körner-(Stern-)zelle H
Dendrit $H^1$/Axon $H^2$
fusiforme Zelle I
Dendrit $I^1$/Axon $I^2$
Martinotti-Zelle J
Dendrit $J^1$/Axon $J^2$
Cajal-Zelle K
Dendrit $K^1$/Axon $K^2$

# GROSSHIRNRINDE: INTRAKORTIKALE VERBINDUNGEN UND INFORMATIONSFLUSS

Unabhängig vom Ursprung afferenter Fasern oder vom Zielort efferenter Fasern sind die informationszuleitenden bzw. -ableitenden Systeme und intrakortikalen Verbindungen weitgehend uniform strukturiert.

**Malen Sie den Oberbegriff ‚Rindenschichten' in einer Mischung aus den Farben an, die Sie auf Tafel 5–31 für A–F verwendet haben. Kolorieren Sie die zugehörigen vertikalen Balken und römischen Zahlen am linken Rand der großen Abbildung und den Oberbegriff Afferenzen, die Begriffe L und M und deren zugehörige Strukturen. Malen Sie anschließend die Oberbegriffe ‚intrakortikale Zellen und Efferenzen' an sowie die Begriffe G–N² und deren zugehörige Strukturen. Verwenden Sie für identische Strukturen dieselben Farben wie auf Tafel 5–31. Der Buchstabe J wird auf dieser Tafel nicht benutzt.**

Afferente Fasern zur Großhirnrinde entspringen dem Hirnstamm und dem Thalamus aber auch aus benachbarten oder kontralateralen Cortexarealen, wobei die Zahl der Afferenzen ipsi- oder kontralateralen kortikalen Ursprungs diejenige subkortikaler Afferenzen um ein Vielfaches übersteigt. *Spezifische thalamokortikale Fasern* (L) aszendieren in die Schicht VI, verzweigen sich dort und bilden Synapsen mit *Dendriten* (N¹; H¹) der Korb- und Körnerzellen. Einige thalamokortikale Fasern aszendieren in *Lamina III* (C). An einer einzigen Körnerzelle können bis zu 60 000 Terminalen eines thalamokortikalen Afferenzgeflechts enden. *Unspezifische thalamokortikale Axone* (M) (s. Tafel 5–19) enden in allen Rindenschichten. Meist aszendieren sie gemeinsam mit den *Apikaldendriten* (G²) von *Pyramidenzellen* (G), mit denen sie auch Synapsen bilden. Fasern kortikalen Ursprungs zeigen ein weitverzweigtes intrakortikales Verteilungsmuster. Sie bilden häufig Synapsen an *basalen* (G⁴) und *transversalen Dendriten* (G³) von Pyramidenzellen. Die kürzesten *Axone* (H²) intrakortikalen Ursprungs entstammen *Körnerzellen* (H) und enden in der unmittelbaren Nachbarschicht, meist in Lamina IV. Diese inhibitorischen Körnerzellen heißen auch *Korbzellen* (N), weil die Terminalen und Kollateralen ihrer *Axone* (N²) die Zellkörper mit einem korbähnlichen Geflecht von Pyramidenzellen umhüllen.

Efferente Axonsysteme ändern die Lage in *Lamina I* (A) bis *VI* (F) von einer überwiegend horizontalen in eine überwiegend vertikale Anordnung. Die *horizontalen Cajal-Zellen* (K) in Lamina I geben *Dendriten* (K¹) und *Axonbäume* (K²) ab, die fast ausschließlich mit Terminalen apikaler Dendriten von tiefer gelegenen Zellen in Lamina I Synapsen bilden. Die Axone von Pyramidenzellen der tiefer gelegenen Bereiche von *Lamina II* (B) und *III* (C) sind unterschiedlich lang und sowohl in horizontaler als auch in vertikaler Ausrichtung anzutreffen. Sie enden gewöhnlich in intrakortikalen oder unmittelbar anschließenden subkortikalen Bereichen.

Im Gegensatz dazu treten die *Axone* (G⁵) von Pyramidenzellen aus *Lamina V* (E) in die subkortikale weiße Substanz (nicht dargestellt) ein und projizieren in Hirnstamm oder Rückenmark. Auf dem Weg dorthin geben diese Axone und solche aus den Schichten II und III intrakortikale, *rückläufige Kollateralen* (G⁶) unterschiedlicher Länge ab, die intrakortikal und in transversaler Ausrichtung aszendieren. Diese Kollateralen stellen ein wichtiges intrakortikales Informations-Feedback-System dar. Die *Dendriten* (I¹) fusiformer Zellen (I) in Lamina VI projizieren in die Schichten I oder IV. Ihre *Axone* (I²) hingegen verlassen den Cortex in deszendierender Richtung.

**Malen Sie die Begriffe O–Q an sowie deren zugehörige Strukturen in der Abbildung links oben. Verwenden Sie für O eine zu P und Q deutlich kontrastierende Farbe.**

Das dominierende horizontale Verteilungsmuster kortikaler Zellen und ihrer Fortsätze wird von vertikal verlaufenden Zell- bzw. Axonsäulen durchquert. Besonders ausgeprägte horizontale Faserbündel in den Schichten IV und V sind der *äußere* (O) und *innere Baillarger-Streifen* (P) in der primären Sehrinde.
Die *vertikal angeordneten Zellsäulen* (Q) durchziehen den Cortex in seiner ganzen Breite. Jede Kolumne ist dabei mit einem umschriebenen, peripheren Bezirk von Sinneszellen verbunden, deren Information sie kontinuierlich in den Gesamtinformationsstrom integrieren.

# GROSSHIRNRINDE: INTRAKORTIKALE VERBINDUNGEN UND INFORMATIONSFLUSS

äuß. Baillarger-Streifen O
inn. Baillarger-Streifen P
vertikale Zellsäulen Q

horizontale Zellschichten
und vertikale Zellsäulen

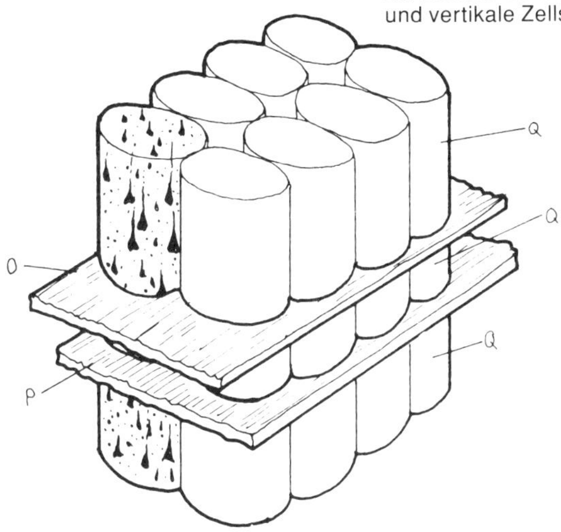


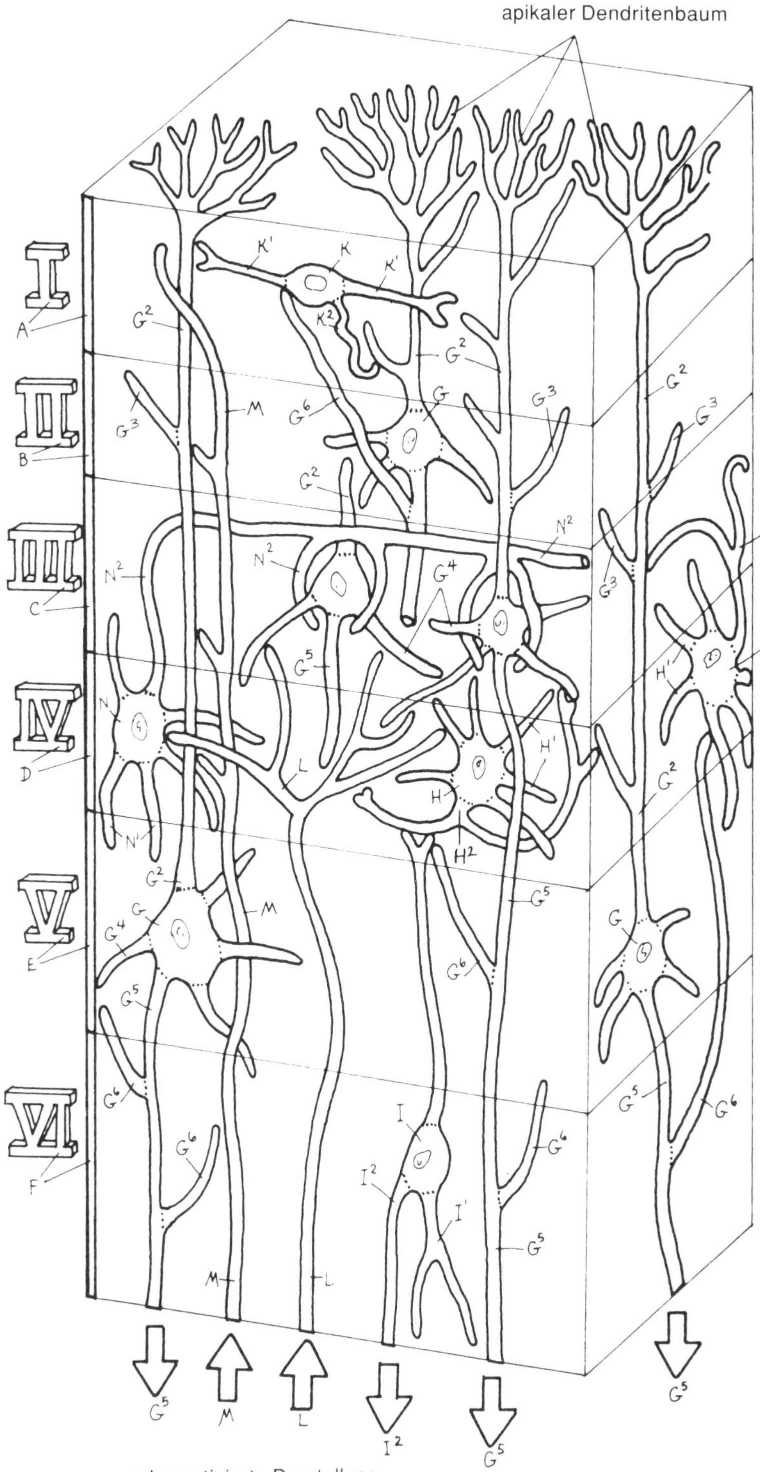


schematisierte Darstellung
der Großhirnrinde

Rindenschichten A–F
Afferenzen ★
spez. thalamokort. Axone L
unspez. thalamokort. Axone M

intrakort. Zellen u. Efferenzen ★
Pyramidenzelle G
Apikaldendrit $G^2$
Transversaldendrit $G^3$
Basaldendrit $G^4$
Axon $G^5$
rückläufige Koll. $G^6$
Körnerzelle H
Dendrit $H^1$/Axon $H^2$
fusiforme Zelle I
Dendrit $I^1$/Axon $I^2$
horizontale Cajal-Z. K
Dendrit $K^1$/Axon $K^2$
Korbzelle N
Dendrit $N^1$/Axon $N^2$

# 5–33

# FASERSYSTEME DER HEMISPHÄREN

Die subkortikale weiße Substanz der beiden Großhirnhälften besteht aus myelinisierten und dadurch optisch hell erscheinenden Nervenfasern, über die jegliche Information zur bzw. aus der Großhirnrinde geleitet wird. Bestimmte Faserbündel verbinden als *Kommissuren* die beiden Hemisphären, andere stellen als *Assoziationsfasern* den Kontakt zwischen verschiedenen Rindenbereichen der ipsilateralen Hemisphäre her oder verlaufen als *Projektionsfasern* von der Großhirnrinde zu subkortikalen Zentren.
(Zur Darstellung der Commissura anterior s. Tafel 5–36, 5–47 und 6–5).

**Malen Sie den Oberbegriff ‚Assoziationsbahnen' an sowie die Begriffe A–$A^6$ und deren zugehörige Strukturen.**

Die kurzen *Assoziationsfasern* oder *U-Fasern* (A) verbinden benachbarte Gyri. Zu den langen *Assoziationsbahnen* ($A^1$) zählen das *Cingulum* ($A^2$) (lat. Gürtel), der *Fasciculus uncinatus* ($A^3$) (lat. uncus: Haken) und der *Fasciculus arcuatus* ($A^5$) (lat. arcus: Bogen). Das Cingulum liegt in der weißen Substanz des Gyrus cinguli und verbindet Frontal- und Parietallappen mit dem ipsilateralen Gyrus parahippocampalis sowie anderen Bereichen des Temporallappens und wird häufig dem limbischen System zugeordnet. Der Fasciculus uncinatus stellt eine Verbindung her zwischen dem Gyrus orbitalis des Frontallappens (s. Tafel 5–29) und Teilen des mittleren und inferioren Gyrus frontalis sowie der anterioren Temporallappenregion. Der *Fasciculus occipitofrontalis inferior* ($A^4$) verläuft als Teil des Fasciculus uncinatus zum Okzipitallappen. Der Fasciculus arcuatus konnektiert superiore und mediale Bereiche des Gyrus frontalis mit bestimmten Arealen des Temporallappens. Seine zuoberst verlaufenden Fasern bilden den *Fasciculus longitudinalis superior* ($A^6$).

**Malen Sie den Oberbegriff ‚Kommissuren' an sowie die Begriffe B–$B^5$ und deren zugehörige Strukturen.**

Die beiden wichtigsten Kommissuren zwischen den Hemisphären sind das Corpus callosum (Balken) und die Commissura anterior (nicht dargestellt; s. Tafel 5–35 und 5–46). Das Corpuscallosum ist ein breites Band aus myelinisierten Fasern, deren überwiegende Mehrheit als homotope Fasern die einander entsprechenden (kongruenten) Rindenbezirke der beiden Hemisphären verbinden. Vom rostralen Ende des Corpus callosum, kurz Rostrum genannt, verlaufen die Fasern als *Genu corporis callosi* ($B^1$) (lat. genu: Knie) nach anterior und bilden die *Forceps minor* ($B^2$) (lat. kleine Zange), die die beiden Frontallappen verbindet. An das Genu schließt sich als Mittelteil des Corpus callosum der *Truncus* ($B^3$) an, der bestimmte Areale der beiden Parietal- und Frontallappen verbindet. Aus dem verdickten Ende des Corpus callosum, dem *Splenium* ($B^4$) (griech. Wulst) geht die bogenförmige *Forceps major* ($B^5$) (lat. große Zange) hervor, die die beiden Okzipitallappen verbindet.

**Malen Sie den Oberbegriff ‚Projektionsbahnen' an sowie die Begriffe C-$C^6$ und deren zugehörige Strukturen.**

Fächerförmig angeordnete, auf- und absteigende myelinisierte Fasern bilden unterhalb des Cortex die *Corona radiata* (C). Nach kaudal konvergieren die Faserbündel der Corona und bilden die *Capsula interna* ($C^1$) (s. Tafel 5–46 und 5–47). Dieses V-förmige Faserband deszendiert zwischen dem lateral gelegenen Nucleus lenticularis und den medial gelegenen Strukturen Nucleus caudatus und Thalamus und setzt sich als Crus cerebri (Hirnschenkel) ins Mittelhirn fort. Aufsteigende Fasern der Capsula interna entstammen überwiegend dem Thalamus, absteigende Fasern hingegen den verschiedensten Rindenarealen.
Die Capsula interna wird in fünf Abschnitte unterteilt. Das *Crus anterius* ($C^2$) liegt zwischen Caudatuskopf und Nucleus lenticularis und enthält sowohl frontopontine Fasern als auch Fasern, die Thalamus und Stirnhirnrinde verbinden. Das *Genu capsulae internae* ($C^3$) liegt zwischen den Crura anterius und posterius und führt kortikobulbäre Fasern. Das *Crus posterius* ($C^4$) besteht aus kortikospinalen Fasern und aus parieto-, occipito- und temporopontinen Faserbündeln. *Retrolentikuläre Fasern* ($C^5$) (lat. retro-: rückwärts), die überwiegend aus dem Corpus geniculatum mediale entspringen, verlaufen als Hörstrahlung zu den Hörregionen im Temporallappen.

# FASERSYSTEME DER HEMISPHÄREN

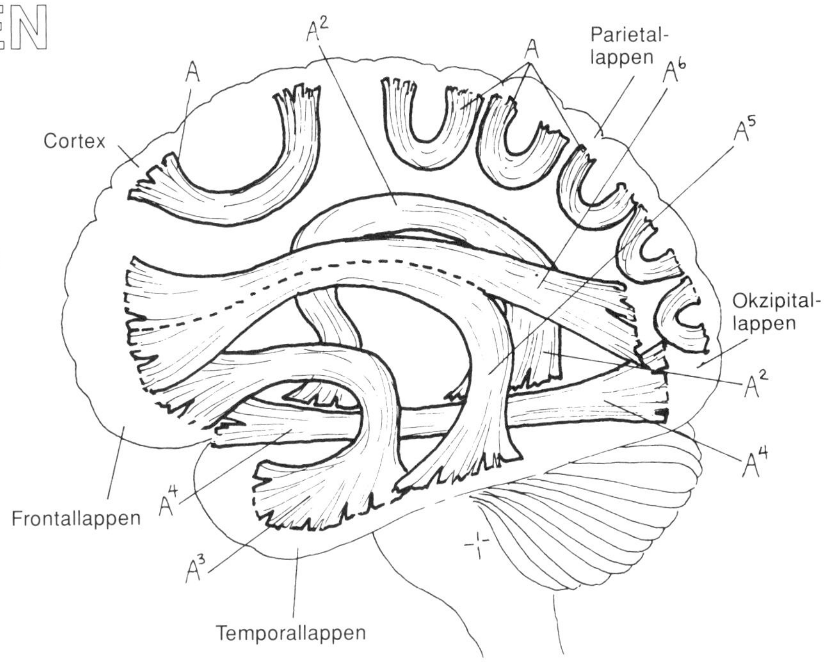


**Assoziationsbahnen ★**
**kurze Assoziationsfasern** $A$
**lange Assoziationsfasern** $A^{1}$ ()
- **Cingulum** $A^{2}$
- **Fasciculus uncinatus** $A^{3}$
  - **Fasc. occipito-front. inf.** $A^{4}$

**Fasciculus arcuatus** $A^{5}$
- **Fasc. long. sup.** $A^{6}$

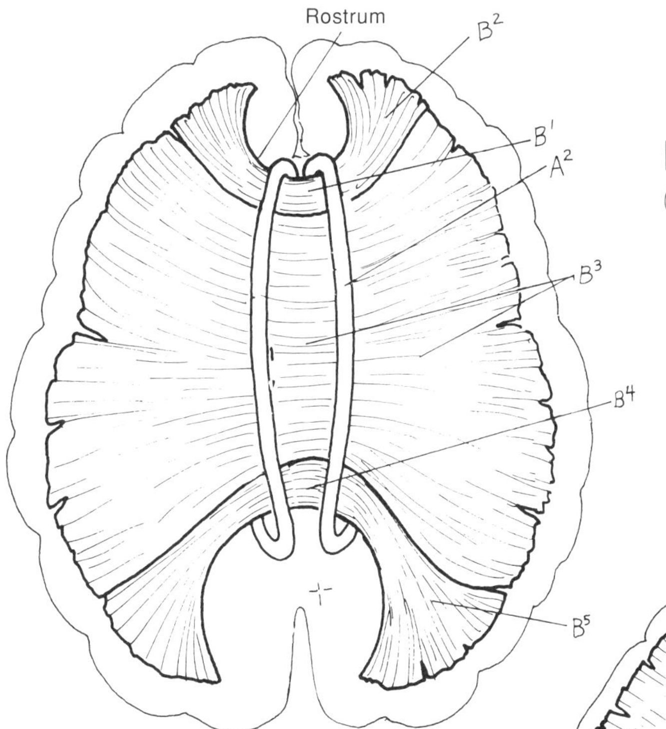


**Kommissuren ★**
**Corpus callosum** $B$ ()
- **Genu corporis callosi** $B^{1}$
- **Forceps minor** $B^{2}$
- **Truncus corporis callosi** $B^{3}$
- **Splenium corporis callosi** $B^{4}$
- **Forceps major** $B^{5}$

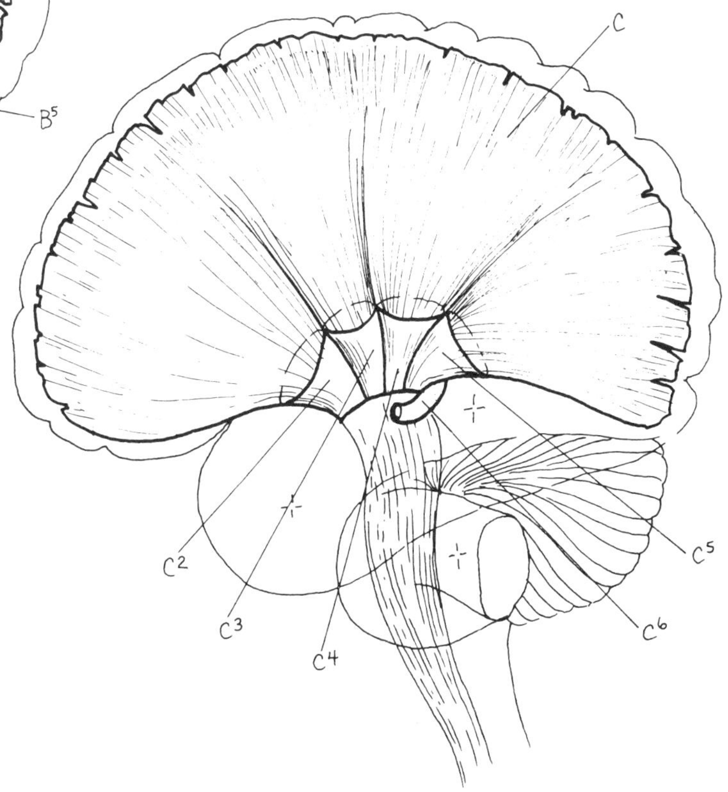


**Projektionsbahnen ★**
**Corona radiata** $C$
**Capsula interna** $C^{1}$ ()
- **Crus anterius** $C^{2}$
- **Genu caps. int.** $C^{3}$
- **Crus posterius** $C^{4}$
- **retrolent. Fasern** $C^{5}$
- **sublent. Fasern** $C^{6}$

# 5–34

# SCHMERZHEMMENDE BAHNEN

Die Anhaltspunkte für die Existenz eines intrazerebralen schmerzhemmenden oder analgetischen Systems mehren sich seit ca. 1970. Dieses System umfaßt deszendierende inhibitorische Bahnen und opiathaltige Neurone sowie Opiatrezeptoren, die im ganzen Gehirn verteilt sind.

**Malen Sie den Oberbegriff ‚aszendierende Schmerzbahn‘ an sowie die Begriffe A–$B^1$ und deren zugehörige Strukturen. Beginnen Sie dabei rechts unten in der Abbildung.**

Schmerzimpulse haben ihren Ursprung in freien Nervenendigungen (Nozizeptoren) (s. Tafel 2–9). Kurzer, gut lokalisierbarer Schmerz wird über *Delta A-Fasern* (A) geleitet, die in den Laminae I und V des Rückenmarks enden (s. Tafel 4–2). Längerdauernder, oft brennender Schmerz wird über *C-Fasern* ($A^1$) geleitet, deren Zielort die Laminae II und V des Rückenmarks sind. Der Neurotransmitter dieser Schmerzafferenzen heißt Substanz P. Die Neuronen der genannten Schichten tragen zur Bildung des *Tractus spinothalamicus lateralis* (B) bei (s. Tafel 4–5). Die Fasern dieser Bahn projizieren einerseits direkt zum Thalamus und geben andererseits auf ihrem Weg nach oben zahlreiche *Kollateralen* ($B^1$) in alle Bereiche des Hirnstamms und Rückenmarks ab. Synaptische Interaktionen auf Mittelhirnniveau resultieren in einer erhöhten Reaktionsbereitschaft selbst ohne bewußte Schmerzwahrnehmung. Der primäre Wahrnehmungsort schlecht lokalisierbarer Schmerzen ist wahrscheinlich der Thalamus.

**Malen Sie die Oberbegriffe ‚deszendierende schmerzhemmende Bahn, Vorder-, Mittel- und Hinterhirn‘ an sowie die Begriffe C–G und deren zugehörige Strukturen. Beginnen Sie dabei mit dem obersten Segment der Abbildung. Kolorieren Sie danach die Begriffe H–$H^3$ und deren zugehörige Strukturen in den beiden untersten Segmenten der Abbildung. $F^1$ ist zur deutlichen Darstellung seiner Verbindungen unverhältnismäßig groß abgebildet.**

Deszendierende schmerzhemmende Bahnen haben ihren Ursprung in der Großhirnrinde. Durch Elektrostimulation des medialen *präfrontalen Cortexbereichs* ($C^1$) konnte man *inhibitorische Fasern* ($C^2$) identifizieren, die bis ins *zentrale Höhlengrau* (E) des Mittelhirns deszendieren. Wahrscheinlich verlaufen *Fasern* ($D^3$) aus den *periventrikulären* ($D^1$) und *paraventrikulären Thalamuskernen* ($D^2$) ebenfalls zu diesem Mittelhirnbereich.
Aus den *posterioren* ($E^1$) und *anterioren* ($E^2$) *Bereichen des zentralen Höhlengrau* projizieren Fasern zum *Nucleus raphe magnus* ($F^1$) der *Formatio reticularis* (F) (s. Tafel 5–12). Einige *Fasern* ($F^2$) aus dem Raphekern verlaufen nach rückwärts zum *spinalen Trigeminuskern* (G), der Schmerzimpulse aus dem Gesichtsbereich erhält, so daß ein geschlossener, schmerzhemmender Reflexbogen entsteht. Zusätzlich tragen verschiedene Fasersysteme der Formatio reticularis und diverse Neurotransmitter zur Feinabstimmung der schmerzhemmenden Wirkung auf primäre Schmerzafferenzen bei.
Fasern aus dem Nucleus raphe magnus deszendieren im *Funiculus posterolateralis* ($H^1$) des *Rückenmarks* (H). *Fasern* ($F^4$) aus ipsilateralen *großzelligen Kernen* ($F^3$) der *Formatio reticularis* und Fasern des Nucleus raphe magnus vereinigen sich und deszendieren sowohl uni- als auch bilateral im *Funiculus anterior und anterolateralis* ($H^2$) *des Rückenmarks.* In den Laminae I, II und V des Rückenmarks bilden diese deszendierenden, inhibitorischen Fasern Synapsen mit *Interneuronen* ($H^3$). Die Axone dieser Interneurone bilden ihrerseits Synapsen sowohl mit eintreffenden primären Schmerzafferenzen als auch mit Neuronen, deren Axone den Tractus spinothalamicus lateralis bilden, so daß auch hier ein geschlossener inhibitorischer Reflexbogen entsteht.
Alle Hirnareale, die in die beschriebene Schmerzhemmung involviert sind, aber auch andere Hirnbereiche, sind reich an Opiatrezeptoren. Diese Rezeptoren reagieren sowohl auf exogene (von außen eindringende) als auch auf endogene (körpereigene) analgetische (schmerzstillende) Substanzen. Zu ersteren gehören z.B. Morphinpräparate, zu letzteren die sog. Endorphine und Enkephaline.

# SCHMERZHEMMENDE BAHNEN

aszendierende Schmerzbahn ★
  prim. Delta A-Schmerzf. A
  prim. C-Schmerzfaser $A^1$
  Tr. spinothal. lat. B
    Kollaterale $B^1$

deszendierende
  schmerzhemmende Bahn ★

Vorderhirn ★
Cortex C()
  mediale präfrontale
    Rinde $C^1$/Faser $C^2$
Thalamus D
  periventrik. Kern $D^1$
  paraventrik. Kern $D^2$/
  Faser $D^3$

Mittelhirn ★
zentrales Höhlengrau E()
  post. $E^1$/ant. $E^2$/Faser $E^3$

Hinterhirn ★
Formatio reticularis F()
  Nucl. raphe magnus $F^1$/Faser $F^2$
  großzell. Thalamuskern $F^3$/Faser $F^4$
spinaler Trigeminuskern G

Rückenmark H()
Funic. lat. post. $H^1$
Funic. ant./anterolat. $H^2$
Interneuron $H^3$

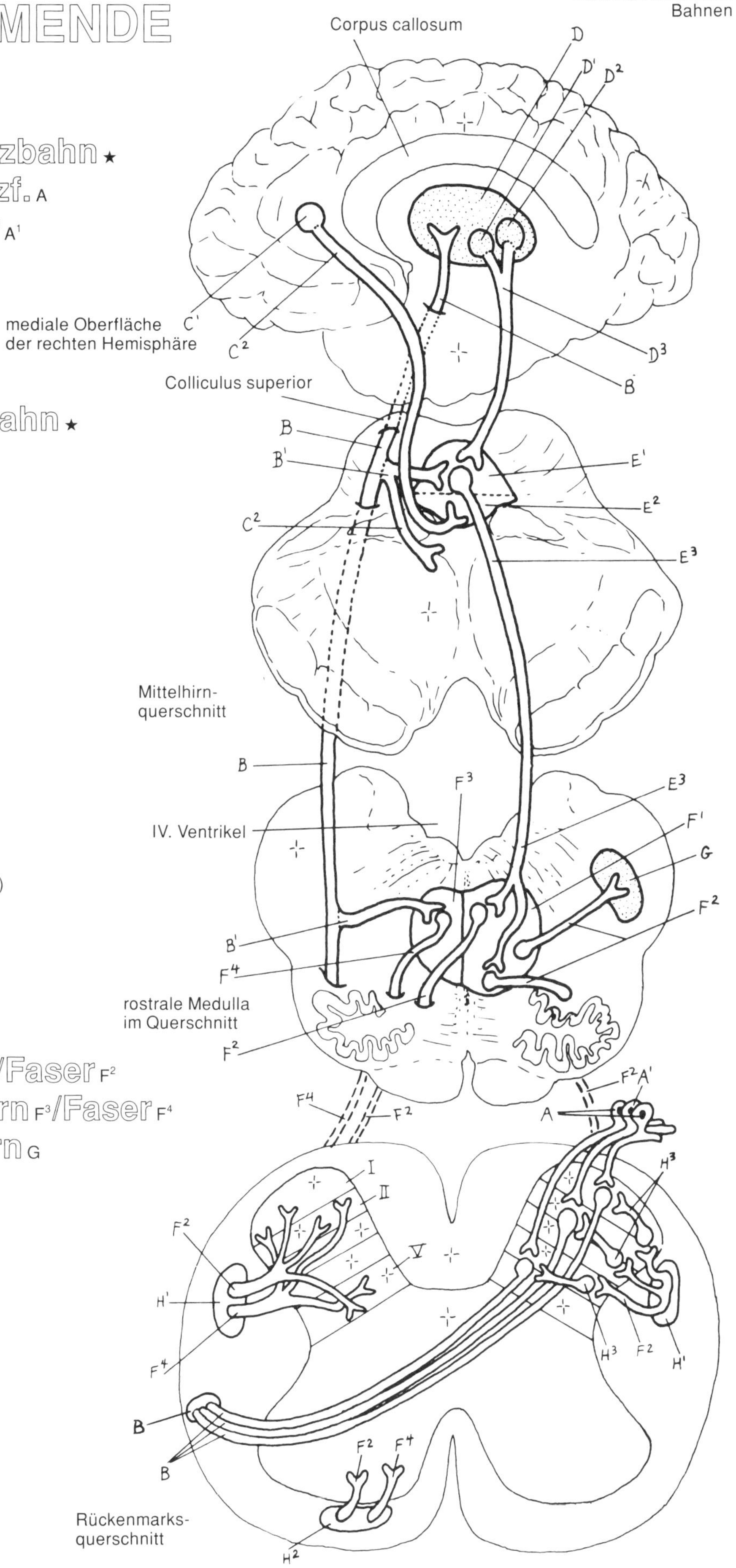

# 5–35

# TRANSVERSALSCHNITT DURCH DIE FRONTALLAPPEN AUF HÖHE DES CAUDATUSKOPFES

Auf den Tafeln 5–35 bis 5–48 werden für die nachfolgend aufgelisteten Hirnstrukturen durchgehend die in Klammern zugeordneten Kennbuchstaben verwendet. Orientieren Sie sich daran auch hinsichtlich der Farbauswahl und -zusammenstellung beim Anmalen der einzelnen Tafeln.

| | |
|---|---|
| Gyrus (A) | Tractus/Nervus (D) |
| Sulcus/Fissur (B) | Ventrikel (E) |
| Nucleus (C) | Grenzstruktur/Andere (F) |

Diese Zuordnung gilt ausschließlich für die Tafeln 5–35 bis 5–48!

Die Kennziffern einzelner Strukturen, die den genannten Oberbegriffen angehören, steigen in numerischer Reihenfolge an.

Beim Durcharbeiten der Tafeln werden Sie feststellen, daß der Begriff für eine bestimmte Struktur, die auf mehreren aufeinanderfolgenden Tafeln dargestellt ist, im Outline-Text der Bildtafel nur ein- bis zweimal in Erscheinung tritt, ihr Kennbuchstabe in den Abbildungen jedoch als Orientierungshilfe weitergeführt wird.

Auf der Textseite der Tafeln finden Sie jeweils hinter dem Eigennamen einer Struktur die Nummer(n) der Tafel(n), auf denen die betreffende Struktur ausführlich dargestellt und erläutert wird.

Ihre einmal getroffene Farbauswahl für die einzelnen Strukturgruppen sollten Sie bis zum Ende dieses Kapitels beibehalten. Verwenden Sie auch hier für größere Strukturen hellere Farben, da durch zu dunkle Farbgebung Einzelheiten innerhalb einer Struktur leicht unkenntlich werden. Unterschiedliche Schattierungen einer Farbe können Sie auch durch Verwenden verschiedener Muster erzielen (z. B. Punkte, Schraffierung, Kreise, Dreiecke, Halbmonde usw.). Wir empfehlen, die Sulci und Fissuren grau (★) und die Ventrikel schwarz (•) anzumalen. Mit dem Symbol (∻) versehene Strukturen (z. B. große Fasermassen) sollten nicht angemalt werden. Andere raumgreifende Strukturen (z. B. Corpus callosum, Capsula interna) sollten in sehr hellen, transparenten Farben angemalt werden.

Gyrus cinguli (A[1]): 5–26
Gyrus frontalis superior (A[2]): 3–9, 5–29, 5–30
Gyrus frontalis medius (A[3]): 3–9, 5–29
Gyrus frontalis inferior (A[4]): 3–9, 5–29
Gyrus orbitalis (A[5]): 5–29
Gyrus rectus (A[6]): 5–30
★ Fissura longitudinalis cerebri (B[1]): 1–2
★ Fissura lateralis (B[2]): 5–29
★ Sulcus cinguli (B[3]): 5–30
Nucleus caudatus (C[1]): 3–10, 5–24, 5–25
Putamen (C[2]): 3–10, 5–24, 5–25
Rostrum corporis callosi (D[1]): 5–33
Truncus corporis callosi (D[2]): 5–33
∻ Corona radiata (D[3]): 5–33
Tractus olfactorius (D[4]): 3–9, 6–5
Capsula interna (D[5]): 5–33
∻ Fasciculus longitudinalis superior (D[6]): 5–33
• Seitenventrikel (E[1]): 9–11
Septum pellucidum (F[1]): 5–26

# TRANSVERSALSCHNITT DURCH DIE FRONTALLAPPEN AUF HÖHE DES CAUDATUSKOPFES

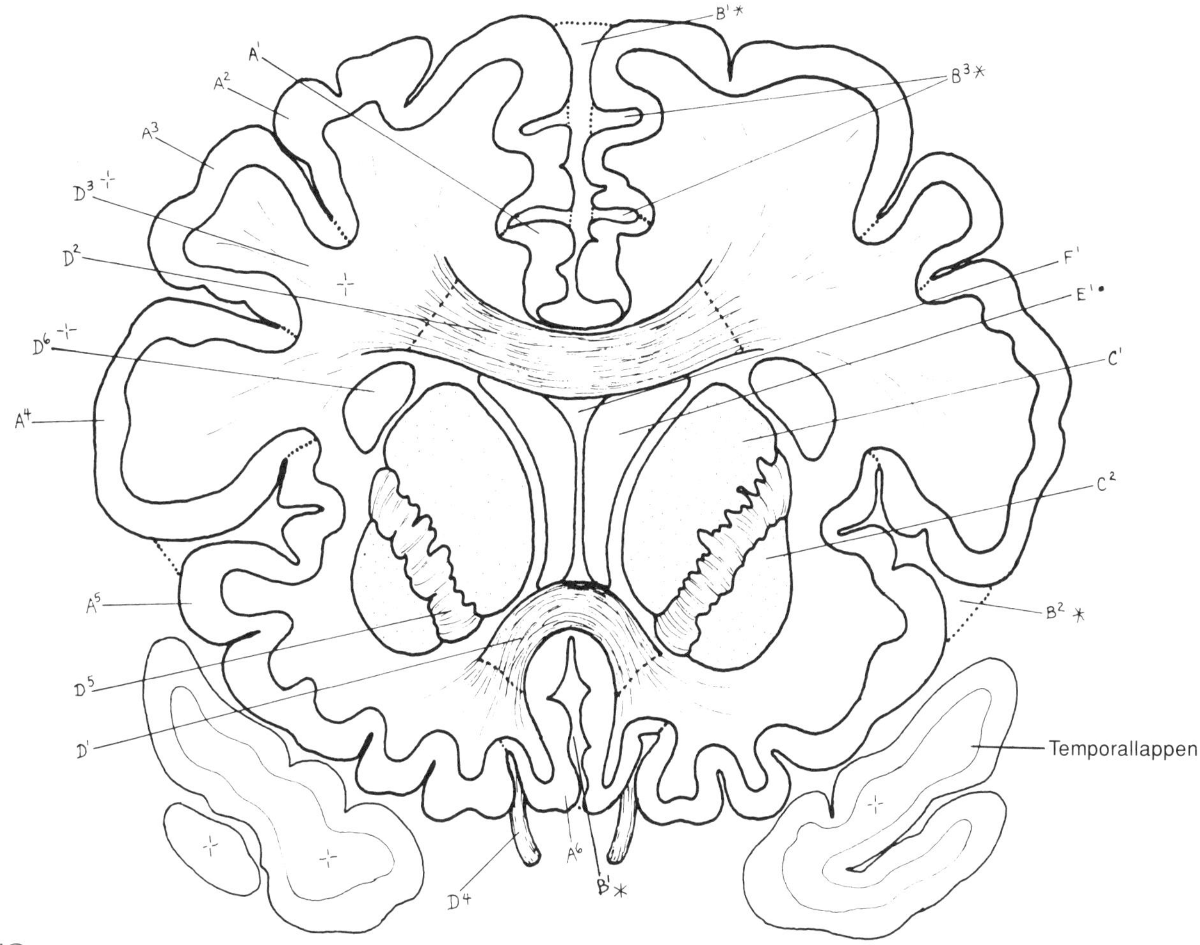


**Gyrus** A()
- **cinguli** A¹
- **frontalis sup.** A²
- **frontalis med.** A³
- **frontalis inf.** A⁴
- **orbitalis** A⁵
- **rectus** A⁶

**Sulci/Fissurae** B() ★:
- **F. long. cerebri** B¹ ★
- **F. lateralis** B² ★
- **S. cinguli** B³ ★

**Nuclei** C():
- **Caudatuskopf** C¹
- **Putamen** C²

**Tractus/Nervi** D():
- **Rostrum corp. call.** D¹
- **Truncus corp. call.** D²
- **Corona radiata** D³ ÷
- **Tr. olfactorius** D⁴
- **Crus anterius caps. int.** D⁵
- **Fasc. long. sup.** D⁶ ÷

**Ventrikel** E() •:
- **Vorderhorn d. Seitenventr.** E¹

**Grenzstrukturen** F():
- **Septum pellucidum** F¹

# 5–36

# TRANSVERSALSCHNITT DURCH DIE FRONTALLAPPEN AUF HÖHE DER COMMISSURA ANTERIOR

Gyrus cinguli ($A^{1}$): 5–26
Gyrus frontalis superior ($A^{2}$): 3–9, 5–29, 5–30
Gyrus frontalis medius ($A^{3}$): 3–9, 5–29
Gyrus frontalis inferior ($A^{4}$): 3–9,5–29
Gyrus insularis ($A^{7}$): 3–9, 3–10
★ Fissura longitudinalis cerebri ($B^{1}$): 1–2
★ Fissura lateralis ($B^{2}$): 5–29
★ Sulcus cinguli ($B^{3}$): 5–30
Nucleus caudatus ($C^{1}$): 3–10, 5–24, 5–25
Putamen ($C^{2}$): 3–10, 5–24. 5–25
Globus pallidus ($C^{3}$): 3–10, 5–24, 5–25
Claustrum ($C^{5}$): 5–24
Nuclei septales ($C^{5}$): 5–21, 5–22, 5–26
Corpus amygdaloideum ($C^{6}$): 3–10, 5–26
Corpus callosum ($D^{2}$): 5–33
÷ Corona radiata ($D^{3}$): 5–33
Capsula interna ($D^{5}$): 5–33
÷ Fasciculus longitudinalis superior ($D^{6}$): 5–33
÷ Fasciculus uncinatus ($D^{7}$): 5–33
÷ Capsula externa ($D^{8}$): 5–24
÷ Capsula extrema ($D^{9}$): 5–24
Chiasma opticum ($D^{10}$): 5–2, 6–7, 6–8
Tractus opticus ($D^{11}$): 3–7, 5–2, 6–7, 6–8
Commissura anterior ($D^{12}$): 6–5
• Seitenventrikel ($E^{2}$): 9–11
Septum pellucidum ($F^{1}$): 5–26

# TRANSVERSALSCHNITT DURCH DIE FRONTALLAPPEN AUF HÖHE DER COMMISSURA ANTERIOR

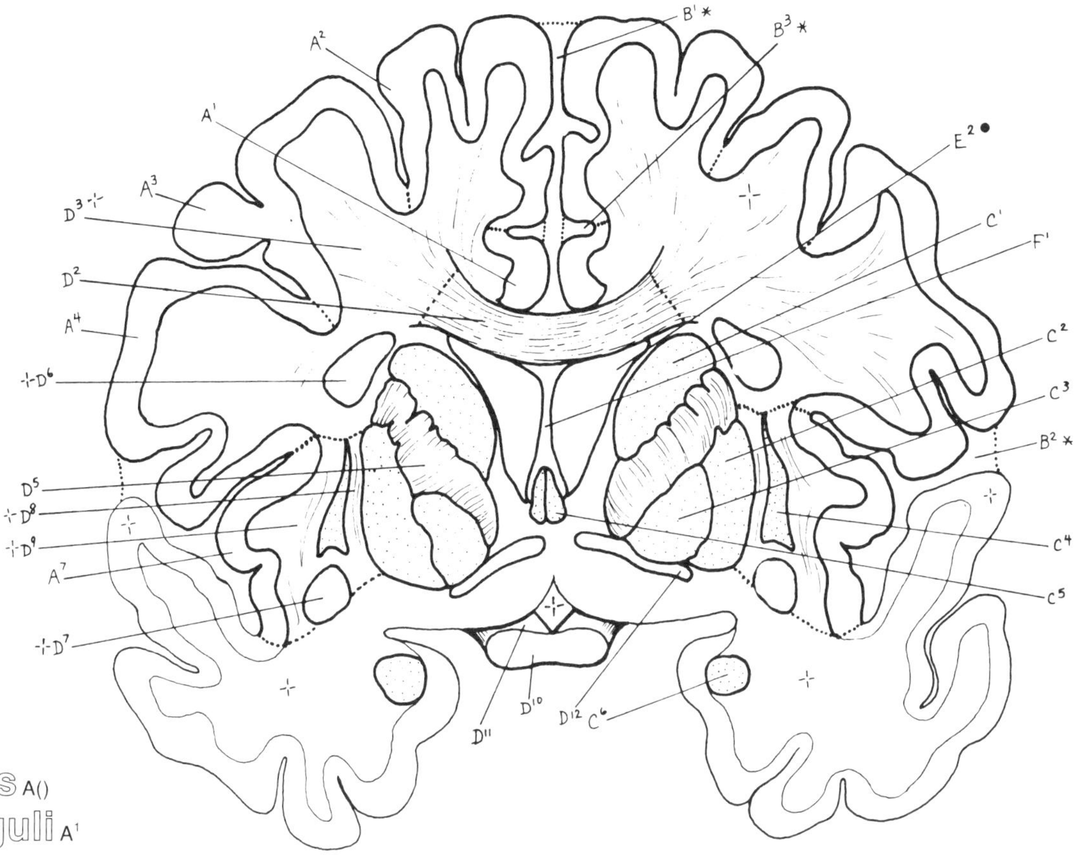


**Gyrus** $A()$
- cinguli $A^{1}$
- front. sup. $A^{2}$
- front. med. $A^{3}$
- front. inf. $A^{4}$
- insularis $A^{7}$

**Sulci/Fissurae** $B()$ ★:
- F. long. cereb. $B^{1}$
- F. lateralis $B^{2}$
- S. cinguli $B^{3}$

**Nuclei** $C()$:
- Caudatuskopf $C^{1}$
- Putamen $C^{2}$
- Globus pallidus $C^{3}$
- Claustrum $C^{4}$
- Nuclei septales $C^{5}$
- Corpus amygdal. $C^{6}$

**Tractus/Nervi** $D()$:
- Truncus corp. call. $D^{2}$
- Corona radiata $D^{3}$ ✢
- Crus ant. caps. int. $D^{5}$
- Fasc. long. sup. $D^{6}$ ✢
- Fasc. uncinatus $D^{7}$ ✢
- Caps. externa $D^{8}$ ✢
- Caps. extrema $D^{9}$ ✢
- Chiasma opticum $D^{10}$
- Tr. opticus $D^{11}$
- Commissura ant. $D^{12}$

**Ventrikel** $E()$ •:
- Seitenv.: Pars centr. $E^{2}$ •

**Grenzstruktur** $F()$:
- Septum pellucidum $F^{1}$

# 5–37
# TRANSVERSALSCHNITT DURCH FRONTAL- UND TEMPORALLAPPEN AUF HÖHE DES INFUNDIBULUM

Gyrus cinguli ($A^{1}$): 5–26
Gyrus frontalis superior ($A^{2}$): 3–9, 5–29, 5–30
Gyrus frontalis medius ($A^{3}$): 3–9, 5–29
Gyrus frontalis inferior ($A^{4}$): 3–9, 5–29
Gyrus insularis ($A^{7}$): 3–9, 3–10
Gyrus temporalis superior ($A^{8}$): 3–9, 5–29
Gyrus temporalis medius ($A^{9}$): 3–9, 5–29
Gyrus temporalis inferior ($A^{10}$): 3–9, 5–29
Gyrus occipitotemporalis ($A^{11}$): 5–29, 5–30
Gyrus parahippocampalis ($A^{12}$): 5–26, 5–27, 5–30
★ Fissura longitudinalis cerebri ($B^{1}$): 1–2
★ Fissura lateralis ($B^{2}$): 5–29
★ Sulcus cinguli ($B^{3}$): 5–30
Nucleus caudatus ($C^{1}$): 3–10, 5–24, 5–25
Putamen ($C^{2}$): 3–10, 5–24, 5–25
Globus pallidus ($C^{3}$): 3–10, 5–24, 5–25
Claustrum ($C^{4}$): 5–24
Corpus amygdaloideum ($C^{6}$): 3–10, 5–26
Hypothalamus ($C^{7}$): 3–8, 5–20, 5–21, 5–22
Tuber cinereum ($C^{8}$): 5–20
Infundibulum ($C^{9}$): 5–20
Corpus callosum ($D^{2}$): 5–33
⁜ Corona radiata ($D^{3}$): 5–33
Capsula interna ($D^{5}$): 5–33
⁜ Capsula externa ($D^{8}$): 5–24
⁜ Capsula extrema ($D^{9}$): 5–24
Tractus opticus ($D^{11}$): 3–7, 5–2, 6–7, 6–8
Commissura anterior ($D^{12}$): 6–5
Fornix ($D^{13}$): 3–10, 5–21, 5–26, 5–27
• Seitenventrikel ($E^{2}$): 9–11
• III. Ventrikel ($E^{3}$): 9–11
Septum pellucidum ($F^{1}$): 5–26

# TRANSVERSALSCHNITT DURCH FRONTAL- UND TEMPORALLAPPEN AUF HÖHE DES INFUNDIBULUM

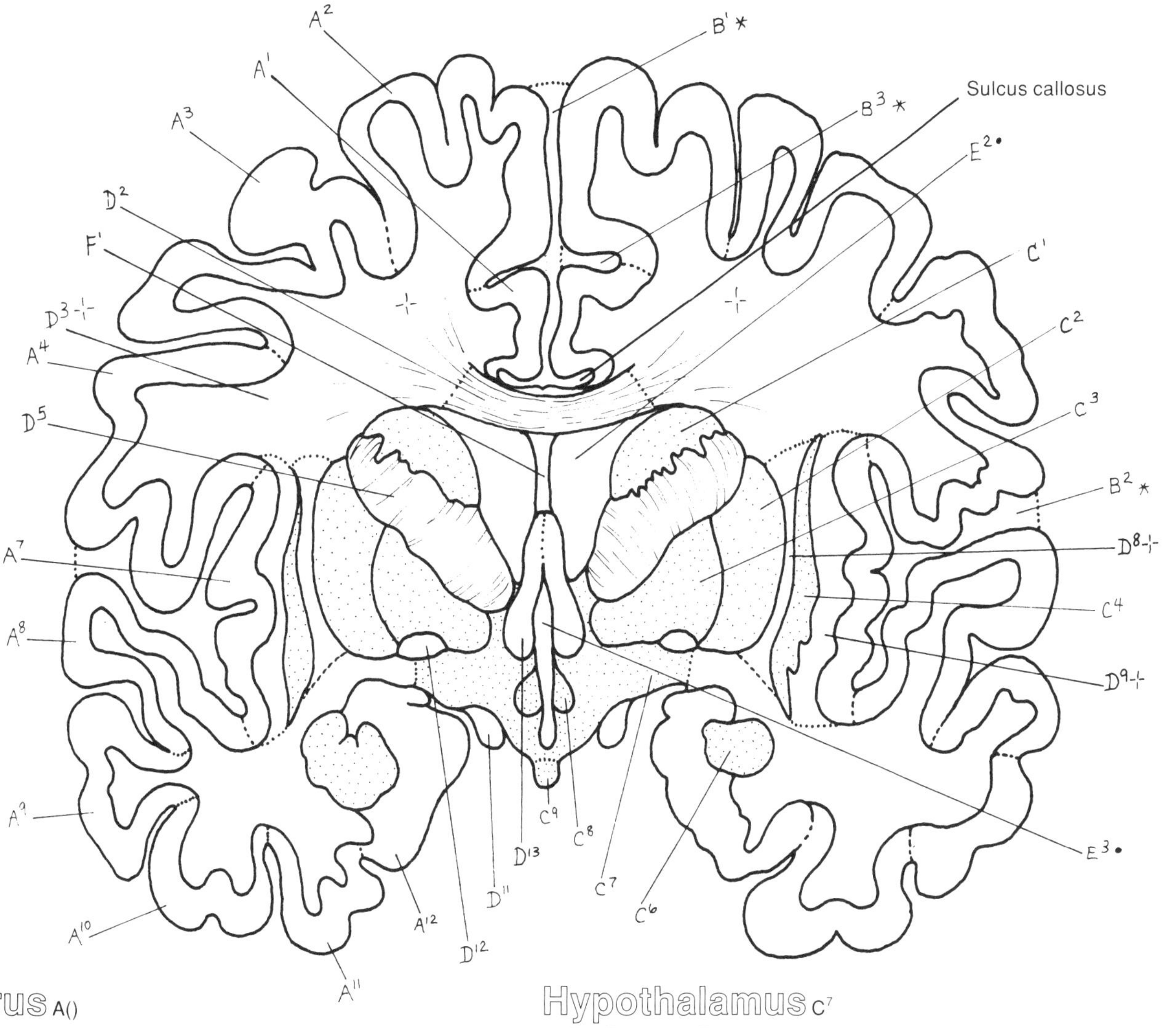


**Gyrus** A()
- temp. sup. A8
- temp. medius A9
- temp. inf. A10
- occipitotemp. A11
- parahippocamp. A12

**Sulci/Fissurae** B() ★:
- F. long. cereb. B1 ★
- F. lateralis B2 ★

**Nuclei** C():
- Nucl. amygdal. C6

**Hypothalamus** C7
- Tuber cinereum C8
- Infundibulum C9

**Tractus/Nervi** D():
- Corona radiata D3 ÷
- Caps. int: Crus ant. D5
- Tr. opticus D11
- Commissura ant. D12
- Columna fornicis D13

**Ventrikel** E() •:
- Seitenv.: Pars centr. E2 •
- III. Ventrikel E3 •

# 5–38
# TRANSVERSALSCHNITT DURCH FRONTAL- U. TEMPORALLAPPEN AUF HÖHE DER CORPORA MAMILLARIA

Gyrus cinguli (A[1]): 5–26
Gyrus frontalis superior (A[2]): 3–9, 5–29, 5–30
Gyrus frontalis medius (A[3]): 3–9, 5–29
Gyrus frontalis inferior (A[4]): 3–9, 5–29
Gyrus insularis (A[7]): 3–9, 3–10
Gyrus temporalis superior (A[8]): 3–9, 5–29
Gyrus temporalis medius (A[9]): 3–9, 5–29
Gyrus temporalis inferior (A[10]): 3–9, 5–29
Gyrus occipitotemporalis (A[11]): 5–29, 5–30
Gyrus parahippocampalis (A[12]): 5–26, 5–27, 5–30
★ Fissura longitudinalis cerebri (B[1]): 1–2
★ Fissura lateralis (B[2]): 5–29
★ Sulcus cinguli (B[3]): 5–30
★ Sulcus collateralis (B[4]): 5–27
Nucleus caudatus (C[1]): 3–10, 5–24, 5–25
Putamen (C[2]): 3–10, 5–24, 5–25
Globus pallidus (C[3]): 3–10, 5–24, 5–2
Claustrum (C[4]): 5–24
Nucleus anterior thalami (C[10]): 5–16, 5–17, 5–18
Nucleus medialis thalami (C[11]): 5–16, 5–17, 5–18
Nucleus ventralis posterolateralis thalami (C[12]): 5–16, 5–17, 5–18
Hippocampus-Dentatus-Komplex (C[13]): 3–10, 5–26, 5–27, 5–28
Corpus mamillare (C[14]): 5–20, 5–21, 5–22
Regio subthalamica (C[15]): 5–23
Corpus callosum (D[2]): 5–33
✣ Corona radiata (D[3]): 5–33
Capsula interna (D[5]): 5–33
✣ Capsula externa (D[8]): 5–24
✣ Capsula extrema (D[9]): 5–24
Tractus opticus (D[11]): 3–7, 5–2, 6–7, 6–8
Fornix (D[13]): 3–10, 5–21, 5–26, 5–27
Tractus mamillothalamicus (D[14]): 5–22
• Seitenventrikel (E[2], E[4]): 9–11
• III. Ventrikel (E[3]): 9–11

# TRANSVERSALSCHNITT DURCH FRONTAL- U. TEMPORALLAPPEN AUF HÖHE DER CORPORA MAMILLARIA

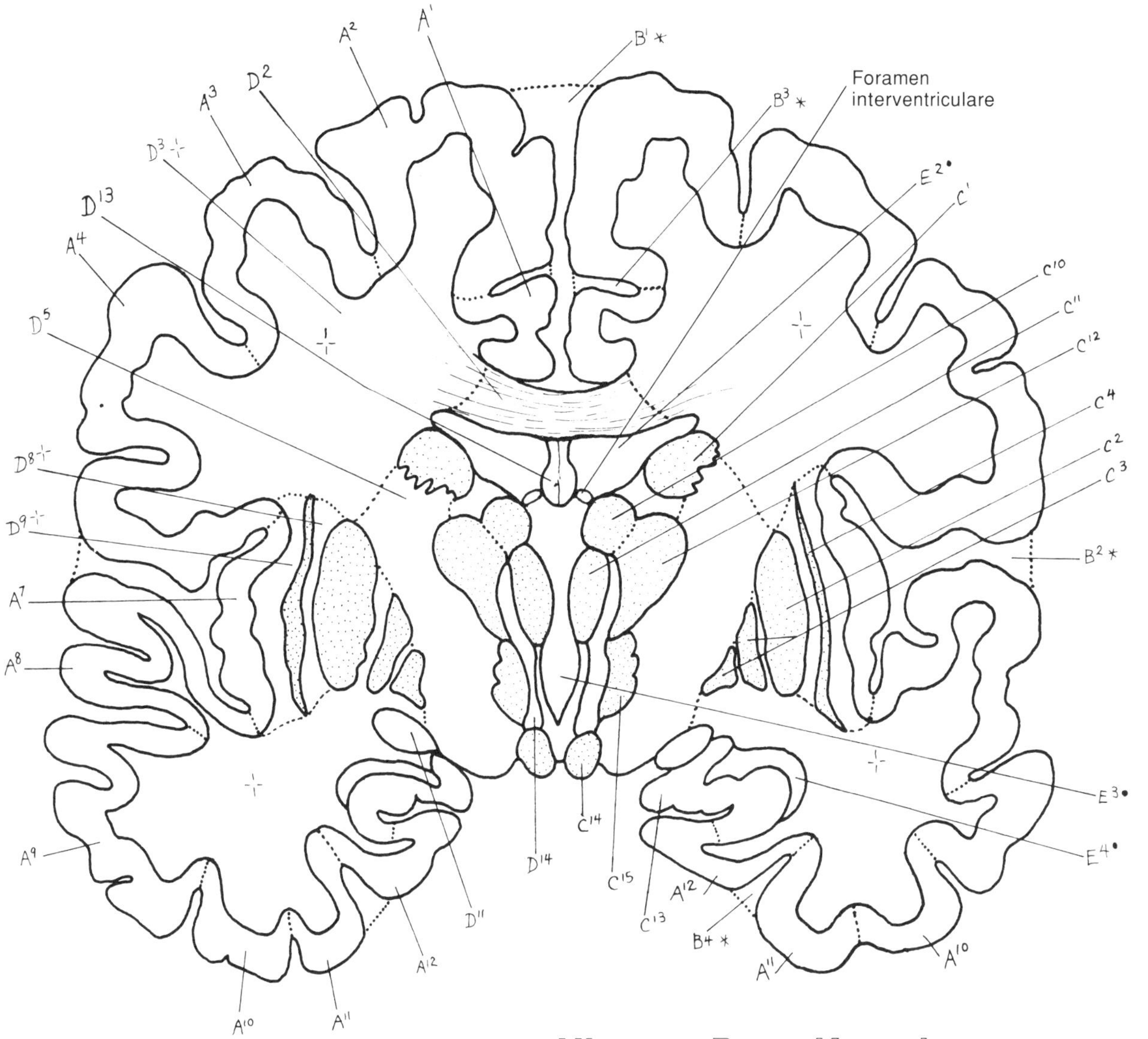


Gyrus A()
parahippocamp. A12

Sulci/Fissurae B() ★:
S. collateralis B ★

Nuclei C():
Nucl. ant. thal. C10
Nucl. medial. thal. C11
Nucl. ventr. posterolat. thal. C12

Hippoc.-Dent. Kompl. C13
Corpus mamillare C14
Regio subthalamica C15

Tractus/Nervi D():
Caps. int.: Crus post. D5
Corpus fornicis D13
Tr. mamillothalamicus D14

Ventrikel E() •:
Seitenventr.: Unterh. E4 •

# 5–39

# TRANSVERSALSCHNITT DURCH PARIETAL- UND TEMPORALLAPPEN AUF HÖHE DES NUCLEUS RUBER

Gyrus cinguli (A[1]): 5–26
Gyrus insularis (A[7]): 3–9, 3–10
Gyrus temporalis superior (A[8]): 3–9, 5–29
Gyrus temporalis medius (A[9]): 3–9, 5–29
Gyrus temporalis inferior (A[10]): 3–9, 5–29
Gyrus occipitotemporalis (A[11]): 5–29, 5–30
Gyrus parahippocampalis (A[12]): 5–26, 5–27, 5–30
Lobulus parietalis superior (A[13]): 3–9, 5–29
Lobulus parietalis inferior (A[14]): 3–9, 5–29
★ Fissura longitudinalis cerebri (B[1]): 1–2
★ Fissura lateralis (B[2]): 5–29
★ Sulcus cinguli (B[3]): 5–30
★ Sulcus collateralis (B[4]): 5–27
★ Fissura hippocampi (B[5]): 5–27
Nucleus caudatus (C[1]): 3–10, 5–24, 5–25
Putamen (C[2]): 3–10, 5–24, 5–25
Globus pallidus (C[3]): 3–10, 5–24, 5–25
Claustrum (C[4]): 5–24
Nucleus anterior thalami (C[10]): 5–16, 5–17, 5–18
Nucleus medialis thalami (C[11]): 5–16, 5–17, 5–18
Nucleus ventralis posterolateralis thalami (C[12]): 5–16, 5–17, 5–18
Hippocampus-Dentatus-Komplex (C[13]): 3–10, 5–26, 5–27, 5–28
Nucleus lateralis dorsalis thalami (C[16]): 5–16, 5–17, 5–18
Nucleus ruber (C[17]): 5–10, 5–11, 5–15
Substantia nigra (C[18]): 5–10, 5–11, 5–23, 5–25
Corpus callosum (D[2]): 5–33
✣ Corona radiata (D[3]): 5–33
Capsula interna (D[5]): 5–33
✣ Capsula externa (D[8]): 5–24
✣ Capsula extrema (D[9]): 5–24
Tractus opticus (D[11]): 3–7, 5–2, 6–7, 6–8
Fornix (D[13]): 3–10, 5–21, 5–26, 5–27
Crus cerebri (D[15]): 5–2, 5–10, 5–11
• Seitenventrikel (E[2], E[4]): 9–11
• III. Ventrikel (E[3]): 9–11
Pons (F[2]): 3–8, 5–2, 5–7, 5–8

# TRANSVERSALSCHNITT DURCH PARIETAL- UND TEMPORALLAPPEN AUF HÖHE DES NUCLEUS RUBER

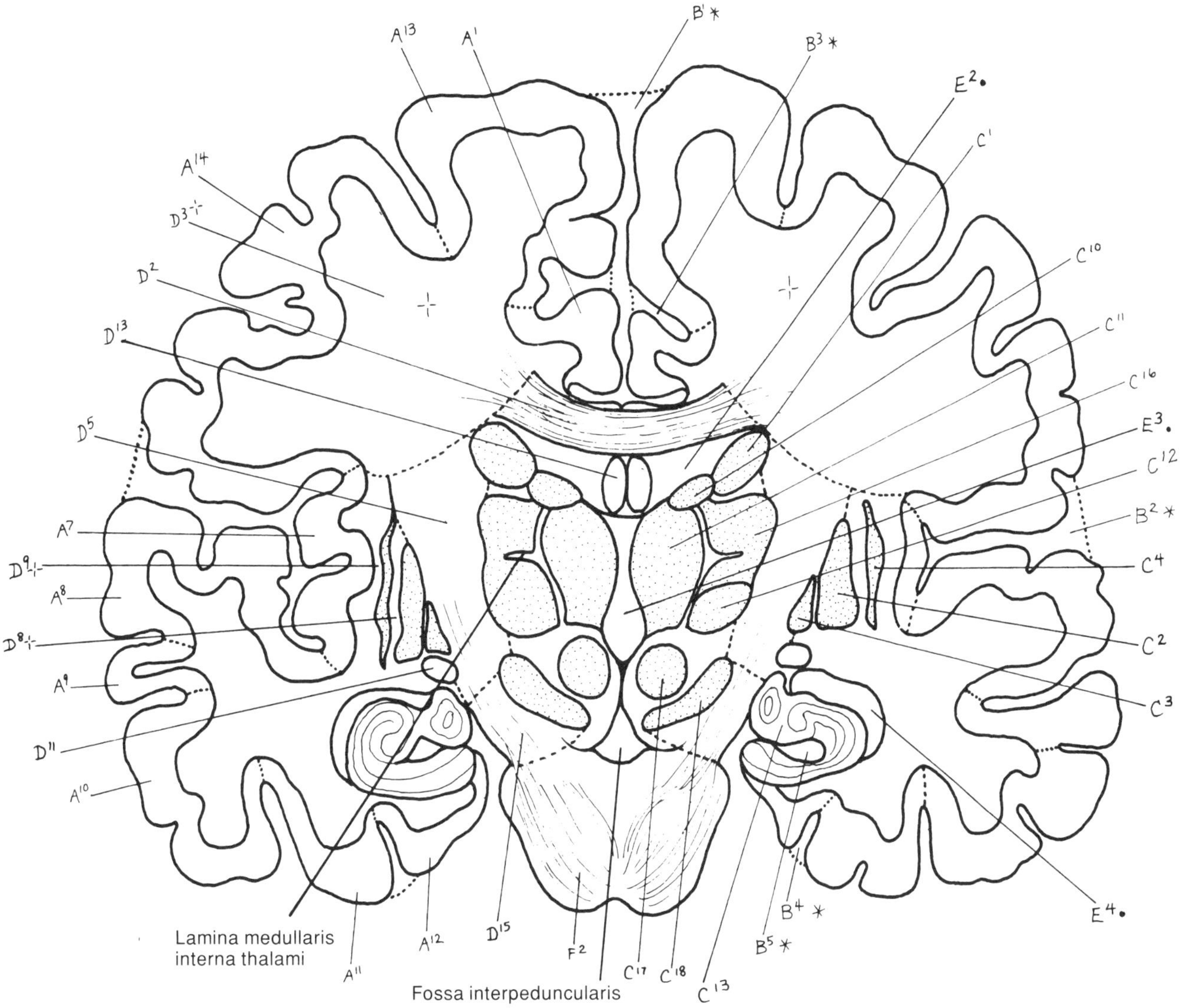


**Gyrus** $A()$
- pariet. sup $A^{13}$
- pariet. inf. $A^{14}$

**Sulci/Fissurae** $B()$ ★:
- S. collateralis $B^{4}$ ★
- F. hippocampi $B^{5}$ ★

**Nuclei** $C()$:
- Nucl. ant. thal. $C^{10}$
- Nucl. medial. thal. $C^{11}$
- Hippoc.-Dent.-Kompl. $C^{13}$
- Nucl. ventr. posterolat. thal. $C^{16}$
- Nucl. ruber $C^{17}$
- Substantia nigra $C^{18}$

**Tractus/Nervi** $D()$:
- Caps. int.: Crus post. $D^{5}$
- Corpus fornicis $D^{13}$
- Crus cerebri $D^{15}$

**Grenzstruktur** $F()$:
- Pons $F^{2}$

# 5–40
# TRANSVERSALSCHNITT DURCH PARIETAL- UND TEMPORALLAPPEN AUF HÖHE DER EPIPHYSE

Gyrus cinguli (A[1]): 5–26
Gyrus temporalis superior (A[8]): 3–9, 5–29
Gyrus temporalis medius (A[9]): 3–9, 5–29
Gyrus temporalis inferior (A[10]): 3–9, 5–29
Gyrus occipitotemporalis (A[11]): 5–29, 5–30
Gyrus parahippocampalis (A[12]): 5–26, 5–27, 5–30
Lobulus paracentralis (A[15]): 5–30
Gyrus postcentralis (A[16]): 4–4, 4–5, 5–29
Gyrus supramarginalis (A[17]): 5–29
★ Fissura longitudinalis cerebri (B[1]): 1–2
★ Fissura lateralis (B[2]): 5–29
★ Sulcus cinguli (B[3]): 5–30
★ Sulcus collateralis (B[4]): 5–27
★ Sulcus centralis (B[6]): 5–29, 5–30
Hippocampus-Dentatus-Komplex (C[13]): 3–10, 5–26, 5–27, 5–28
Pulvinar (C[19]): 5–11, 5–16, 5–17, 5–18
Colliculus superior (C[20]): 5–1, 5–10, 6–7
Corpus callosum (D[2]): 5–33
⁘ Corona radiata (D[3]): 5–33
Capsula interna (D[5]): 5–33
Fornix (D[13]): 3–10, 5–21, 5–26, 5–27
Fimbria hippocampi (D[16]): 5–27, 5–28
oberer Kleinhirnstiel (D[17]): 5–1, 5–8, 5–9, 5–10, 5–15
mittlerer Kleinhirnstiel (D[18]): 5–1, 5–6, 5–7, 5–15
unterer Kleinhirnstiel (D[19]): 5–1, 5–6, 5–7, 5–15
• Seitenventrikel (E[2], E[4]): 9–11
• IV. Ventrikel (E[5]): 9–11
Epiphyse (F[3]): 5–11, 5–23
Kleinhirnrinde (F[4]): 3–8, 5–13, 5–14, 5–15
Medulla oblongata (F[5]): 3–8, 5–1, 5–2, 5–4, 5–5, 5–6
Arbor vitae (F[6]): 5–13, 5–14

# TRANSVERSALSCHNITT DURCH PARIETAL- UND TEMPORALLAPPEN AUF HÖHE DER EPIPHYSE

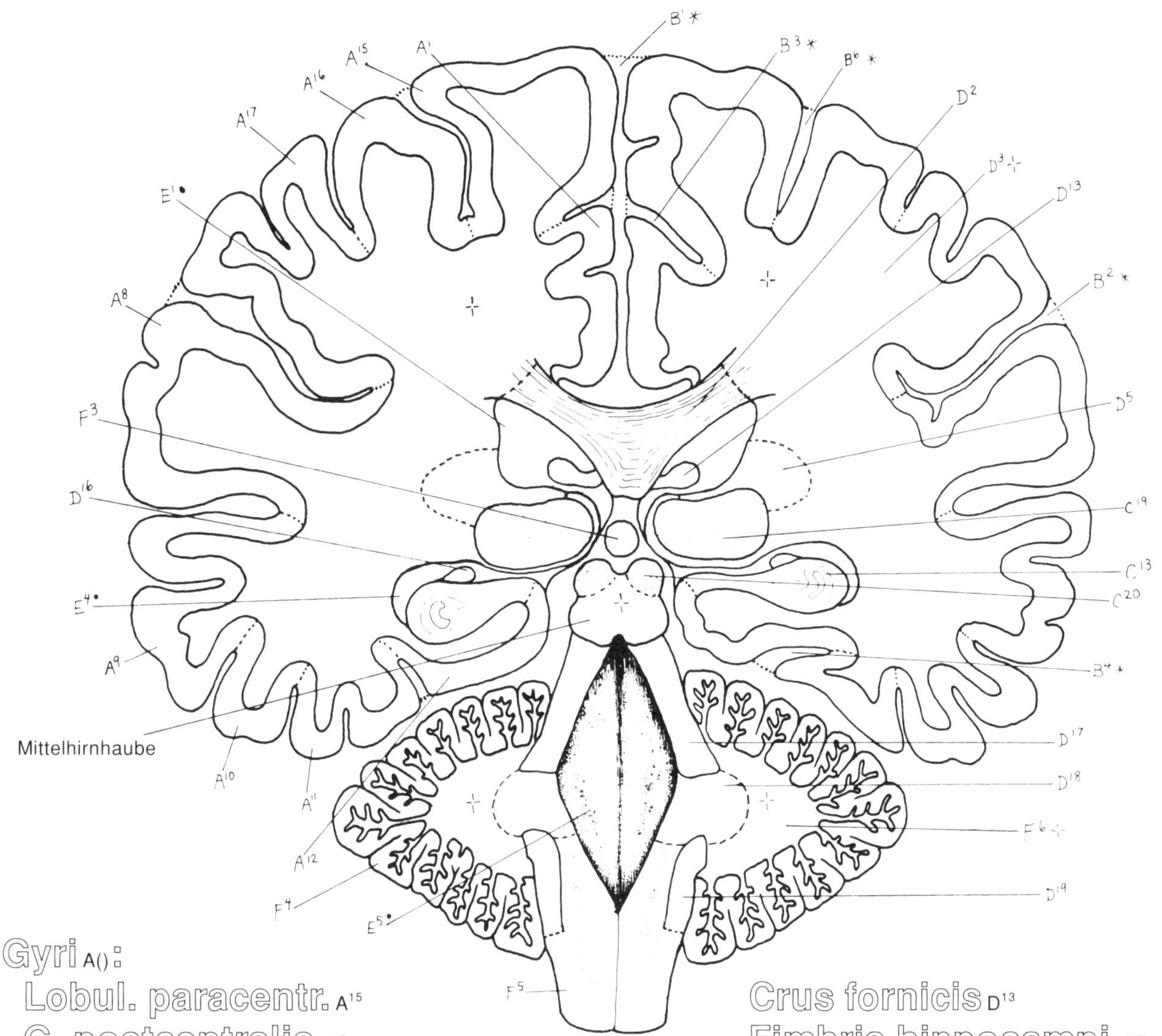


**Gyri** A():
- Lobul. paracentr. A15
- G. postcentralis A16
- G. supramarginalis A17

**Sulci/Fissurae** B() ★:
- S. centralis B6 ★

**Nuclei** C():
- Pulvinar C19
- Coll. superior C20

**Tractus/Nervi** D():
- Splenium corp. call. D2
- Tr. retrolentic. caps. int. D6
- Crus fornicis D13
- Fimbria hippocampi D16
- ob. Kleinhirnstiel D17
- mittl. Kleinhirnstiel D18
- unt. Kleinhirnstiel D19

**Ventrikel** E() •:
- IV. Ventrikel E5 •

**Grenzstrukturen** F():
- Epiphyse F3
- Kleinhirnrinde F4
- Medulla oblongata F5
- Arbor vitae F6 ✢

# 5–41
# SAGITTALSCHNITT DURCH DAS PUTAMEN

Gyrus occipitotemporalis ($A^{11}$): 5–29, 5–30
Gyrus parahippocampalis ($A^{12}$): 5–26, 5–27, 5–30
★ Fissura lateralis ($B^{2}$): 5–29
Putamen ($C^{2}$): 3–10, 5–24, 5–25
Corpus amygdaloideum ($C^{6}$): 3–10, 5–26
Hippocampus-Dentatus-Komplex ($C^{13}$): 3–10, 5–26, 5–27, 5–28

⁘ Corona radiata ($D^{3}$): 5–33
Capsula interna ($D^{5}$): 5–33
Commissura anterior ($D^{12}$): 6–5
• Seitenventrikel ($E^{4}$, $E^{6}$): 9–11
Kleinhirnrinde ($F^{4}$): 3–8, 5–13, 5–14, 5–15
Arbor vitae ($F^{6}$): 5–13, 5–14

# SAGITTALSCHNITT DURCH DAS PUTAMEN

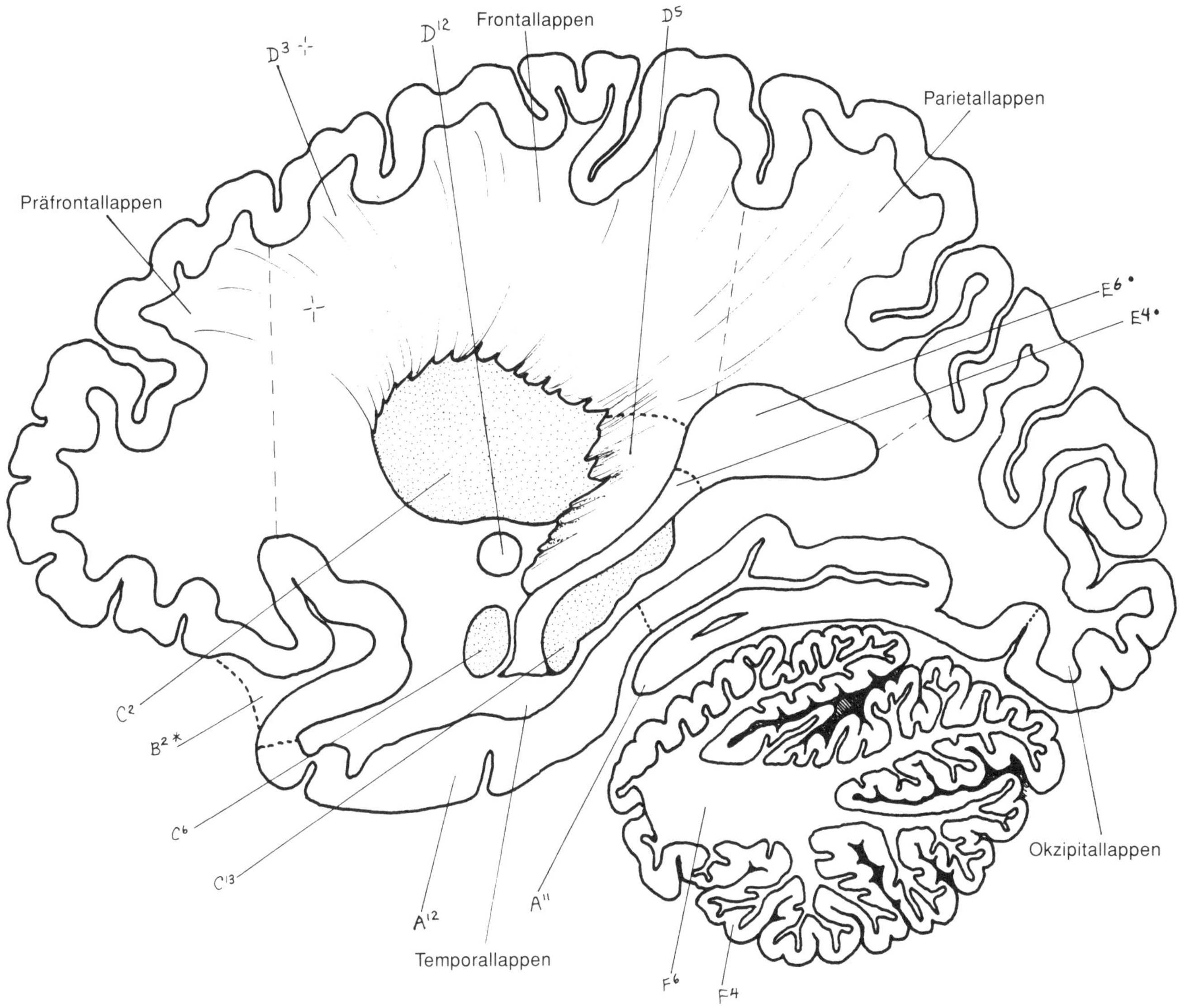


Gyrus A()
occipitotemp. A11
parahippocamp. A12

Sulci/Fissurae B() ★:
F. lateralis B2 ★

Nuclei C():
Putamen C2
Nucl. amygdal. C6
Hippoc.-Dent.-Kompl. C13

Tractus/Nervi D():
Cor. radiata D3 ✧

Capsula interna D5
Commissura anterior D12

Ventrikel E() •:
Seitenv.: Unterhorn E4 •
Seitenv.: Hinterhorn E6 •

Grenzstrukturen F():
Kleinhirnrinde F4
Arbor vitae F6

# 5–42
# SAGITTALSCHNITT DURCH DAS PULVINAR

★ Fissura lateralis ($B^{2}$): 5–29
Nucleus caudatus ($C^{1}$): 3–10, 5–24, 5–25
Putamen ($C^{2}$): 3–10, 5–24, 5–25
Globus pallidus ($C^{3}$): 3–10, 5–24, 5–25
Corpus amygdaloideum ($C^{6}$): 3–10, 5–26
Hippocampus-Dentatus-Komplex ($C^{13}$): 3–10, 5–26, 5–27, 5–28
Nucleus ventralis posterolateralis thalami ($C^{16}$): 5–16, 5–17, 5–18
Pulvinar ($C^{19}$): 5–11, 5–16, 5–17, 5–18
Corpus geniculatum laterale ($C^{21}$): 5–16, 5–17, 5–18, 6–7, 6–8
Kleinhirnkerne ($C^{22}$): 5–14, 5–15

✣ Corona radiata ($D^{3}$): 5–33
Commissura anterior ($D^{12}$): 6–5
Crus cerebri ($D^{15}$): 5–2, 5–10, 5–11
oberer Kleinhirnstiel ($D^{17}$): 5–1, 5–8, 5–9, 5–10, 5–15
mittlerer Kleinhirnstiel ($D^{18}$): 5–1, 5–7, 5–8, 5–15
unterer Kleinhirnstiel ($D^{19}$): 5–1, 5–6, 5–7, 5–15
Capsula interna ($D^{20}$, $D^{21}$, $D^{22}$): 5–33
Tractus frontopontinus ($D^{23}$): 5–10, 5–11
Tractus corticospinalis ($D^{24}$): 4–9, 5–4 bis 5–11
Tractus temporopontinus ($D^{25}$): 5–10, 5–11

• Seitenventrikel ($E^{2}$, $E^{6}$, $E^{7}$): 9–11
Kleinhirnrinde ($F^{4}$): 3–8, 5–13, 5–14, 5–15
Arbor vitae ($F^{6}$): 5–13, 5–14

# SAGITTALSCHNITT DURCH DAS PULVINAR

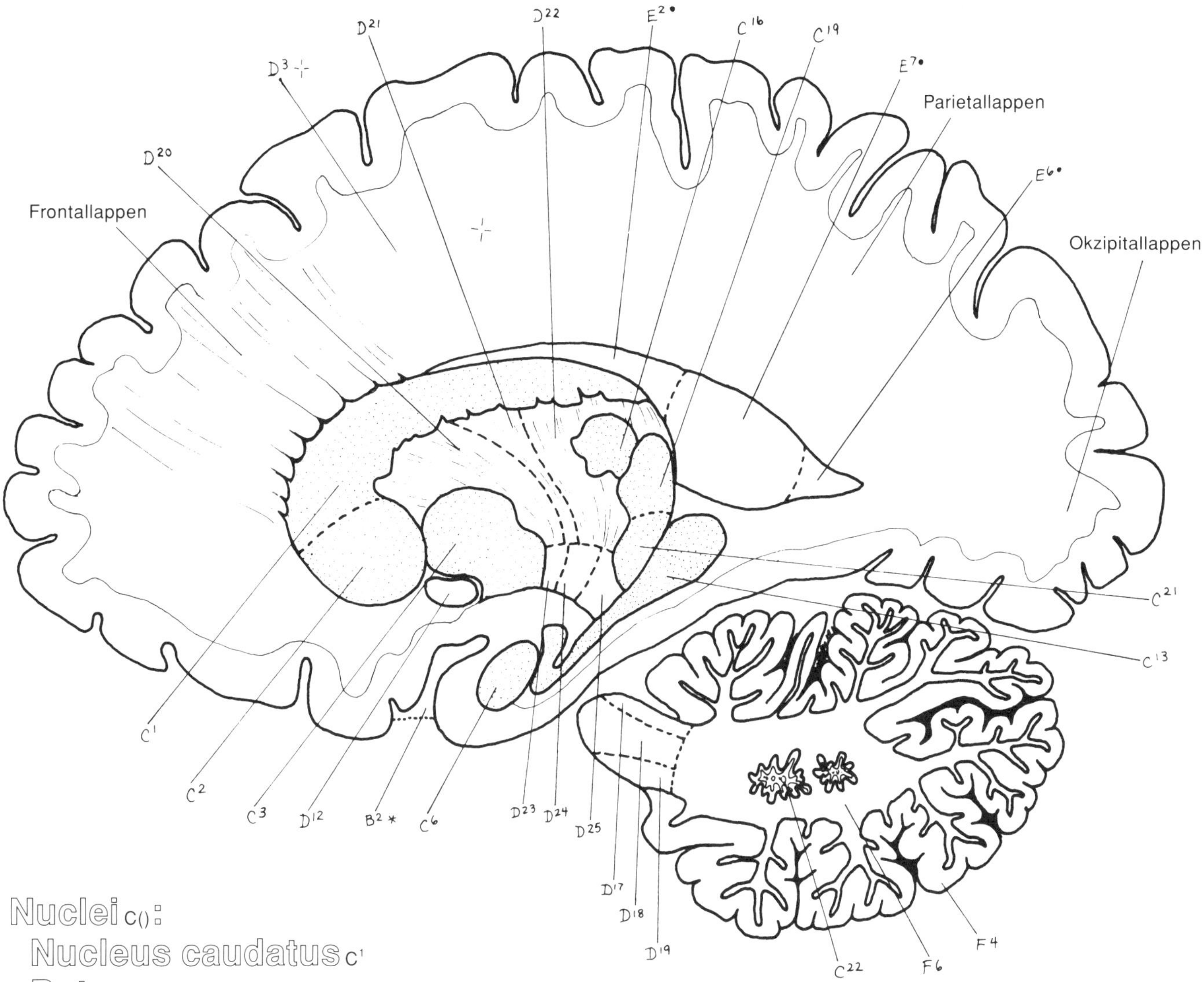


Nuclei C():
- Nucleus caudatus C1
- Putamen C2
- Globus pallidus C3
- C. amygdaloideum C6
- Nucl. ventr. posterolat. thal. C16
- Pulvinar C19
- C. genic. lat. C21
- Kleinhirnkerne C22

Tractus/Nervi D():
- Crus ant. caps. int. D20
- Genu caps. int. D21
- Crus post. caps. int. D22
- Crus cerebri D15()
  - Tr. frontopont. D23
  - Tr. corticosp. D24
  - Tr. temporopont. D25

Ventrikel E() •:
- Seitenv.: Atrium E7 •

# 5–43

# SAGITTALSCHNITT DURCH DIE MEDIALE OBERFLÄCHE DES CAUDATUSKOPFES

★ Fissura calcarina (B7): 5–30, 6–7
Nucleus caudatus (C1): 3–10, 5–24, 5–25
Nucleus anterior thalami (C10): 5–16, 5–17, 5–18
Nucleus medialis thalami (C11): 5–16, 5–17, 5–18
Regio subthalamica (C15): 5–23
Nucleus ruber (C17): 5–10, 5–11, 5–15
Substantia nigra (C18): 5–10, 5–11, 5–23, 5–25
Pulvinar (C19): 5–11, 5–16, 5–17, 5–18
Kleinhirnkerne (C22): 5–14, 5–15
Praetectum (C23): 5–11, 6–7
Corpus callosum (D2): 5–33

✣ Corona radiata (D3): 5–33
Tractus opticus (D11): 3–7, 5–2, 6–7, 6–8
Commissura anterior (D12): 6–5
Tractus mamillothalamicus (D14): 5–22
oberer Kleinhirnstiel (D17): 5–1, 5–8, 5–9, 5–10, 5–15
Tractus corticospinalis (D24): 4–9, 5–4 bis 5–11
Lemniscus medialis (D26): 4–4, 5–5 bis 5–11, 5–17
Lemniscus lateralis (D27): 5–7, 5–8, 5–9, 6–18

• Seitenventrikel (E2): 9–11
Kleinhirnrinde (F4): 3–7, 3–8, 5–13, 5–14. 5–15
Arbor vitae (F6): 5–13, 5–14

# SAGITTALSCHNITT DURCH DIE MEDIALE OBERFLÄCHE DES CAUDATUSKOPFES

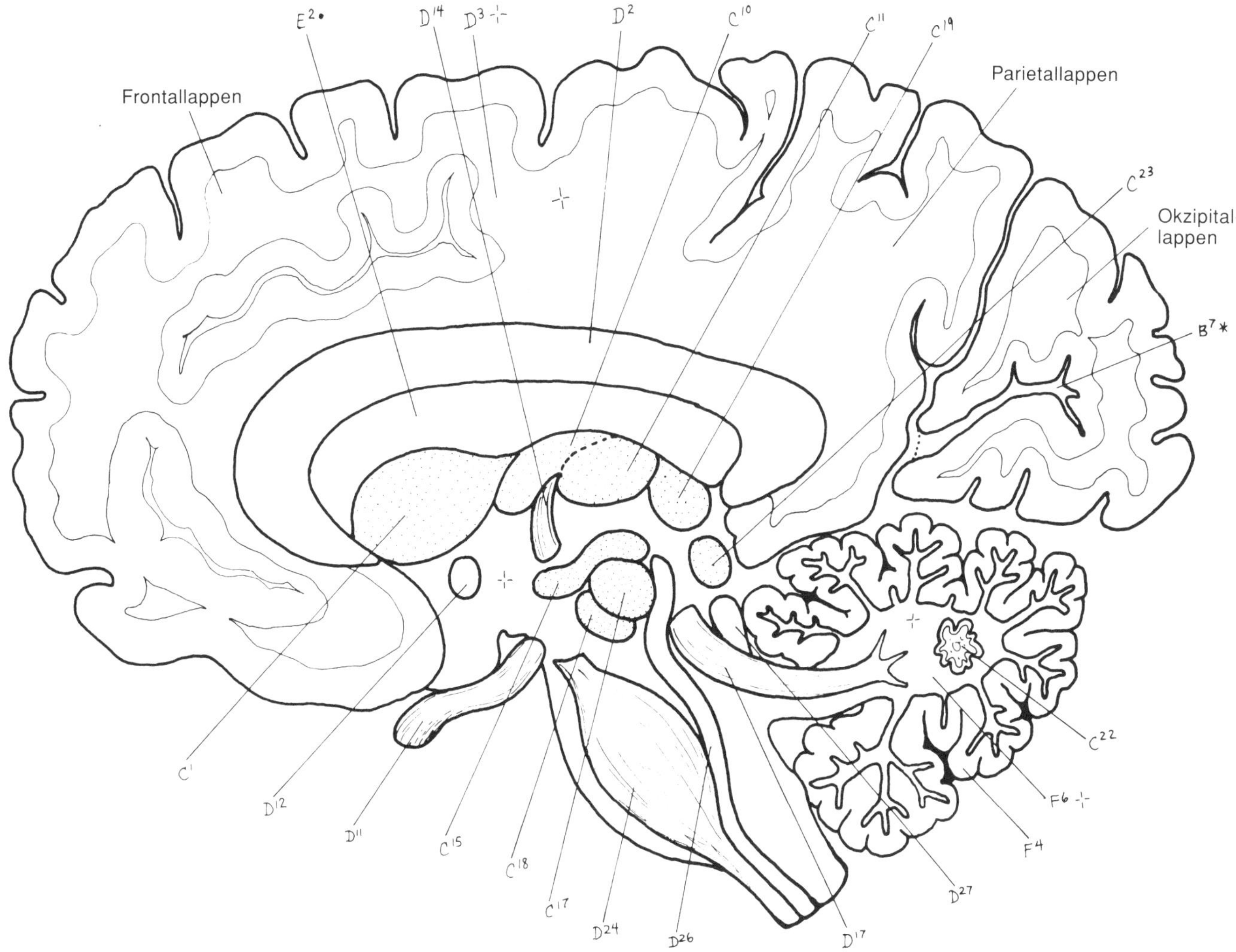


**Sulci/Fissurae** (B() ★):
- F. calcarina B⁷ ★

**Nuclei** C():
- Caudatuskopf C¹
- Nucl. ant. thal. C¹⁰
- Nucl. med. thal. C¹¹
- Regio subthal. C¹⁵
- Nucleus ruber C¹⁷
- Subst. nigra C¹⁸
- Pulvinar C¹⁹
- Kleinhirnkerne C²²
- Praetectum C²³

**Tractus/Nervi** D():
- Tr. opticus D¹¹
- Tr. mamillothalamicus D¹⁴
- ob. Kleinhirnstiel D¹⁷
- Tr. corticospinalis D²⁴
- Lemn. medialis D²⁶
- Lemn. lateralis D²⁷

**Ventrikel** E() •:
- Seitenv.: Pars centr. E² •

**Grenzstruktur** F():
- Kleinhirnrinde F⁴

# 5–44

# MEDIANSCHNITT

Gyrus cinguli ($A^{1}$): 5–26
Hypothalamus ($C^{7}$): 3–8, 5–20, 5–21, 5–22
Infundibulum ($C^{9}$): 5–20
Nucleus medialis thalami ($C^{11}$): 5–16, 5–17, 5–18
Corpus mamillare ($C^{14}$): 5–20, 5–21, 5–22
Colliculus superior ($C^{20}$): 5–1, 5–10, 6–7
Colliculus inferior ($C^{24}$): 5–1, 5–9, 6–18
Mittelhirnhaube ($C^{25}$): 5–9 bis 5–12, 5–23
Formatio reticularis ($C^{26}$): 5–5 bis 5–12, 5–19
Corpus callosum ($D^{2}$): 5–33
Tractus opticus ($D^{11}$): 5–2, 6–7, 6–8
Commissura anterior ($D^{12}$): 6–5

Fornix ($D^{13}$): 3–10, 5–21, 5–26, 5–27
Stria medullaris ($D^{28}$): 5–23
• IV. Ventrikel ($E^{5}$): 9–11
• Foramen interventriculare ($E^{8}$): 3–10, 9–11
• Aquaeductus cerebri ($E^{9}$): 5–9, 5–10, 9–11
✧ Septum pellucidum ($F^{1}$): 5–26
Pons ($F^{2}$): 3–8, 5–2, 5–7, 5–8
Epiphyse ($F^{3}$): 5–11, 5–23
Kleinhirnrinde ($F^{4}$): 5–13, 5–14, 5–15
Medulla oblongata ($F^{5}$): 5–1, 5–2, 5–4, 5–5, 5–6
Arbor vitae ($F^{6}$): 5–13, 5–14
Velum medullare superius ($F^{7}$): 5–8

# MEDIANSCHNITT

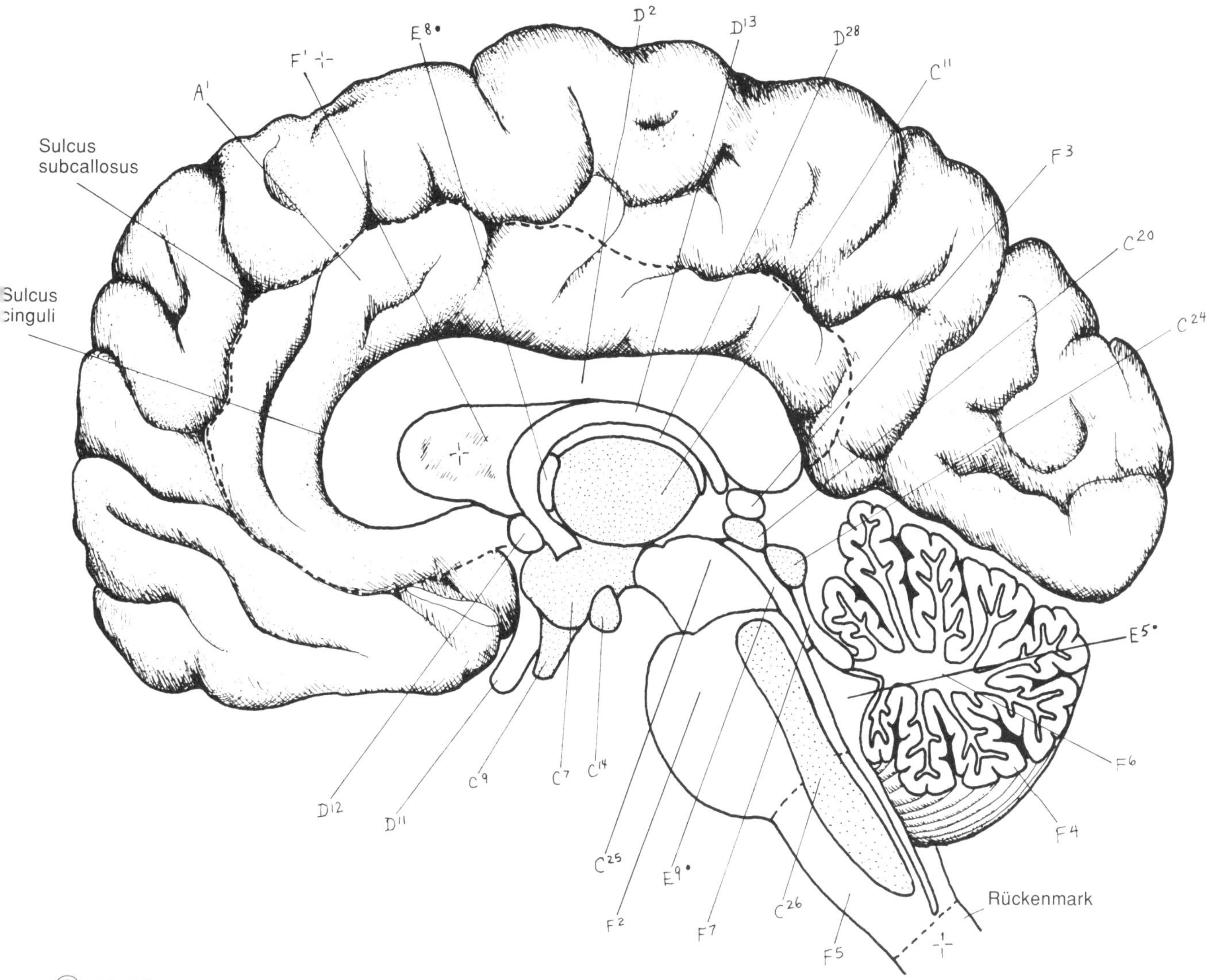


## Gyrus $A^{()}$

cinguli $A^{1}$

## Nuclei $C^{()}$:

- Hypothalamus $C^{7}$
  - Infundibulum $C^{9}$
  - Corpus mamillare $C^{14}$
- Nucl. med. thal. $C^{11}$
- Colliculus sup. $C^{20}$
- Coll. inferior $C^{24}$
- Mittelhirnhaube $C^{25}$
- Form. retic. $C^{26}$

## Tractus/Nervi $D^{()}$:

- Tr. opticus $D^{11}$
- Stria medullaris $D^{28}$

## Ventrikel $E^{()}$ •:

- IV. Ventrikel $E^{5}$ •
- For. interventric. $E^{8}$ •
- Aquaed. cerebri $E^{9}$ •

## Grenzstrukturen $F^{()}$:

- Pons $F^{2}$
- Epiphyse $F^{3}$
- Kleinhirnrinde $F^{4}$
- Medulla oblongata $F^{5}$
- Velum medullare superius $F^{7}$

# 5–45

# HORIZONTALSCHNITT DURCH DEN CAUDATUSKOPF

- Gyrus cinguli ($A^{1}$): 5–26
- Gyrus postcentralis ($A^{16}$): 4–4, 4–5, 4–6, 5–29
- Gyrus praecentralis ($A^{18}$): 4–9, 5–29
- ★ Fissura longitudinalis cerebri ($B^{1}$): 1–2
- ★ Fissura lateralis ($B^{2}$): 5–29
- ★ Sulcus centralis ($B^{6}$): 5–29, 5–30

- Nucleus caudatus ($C^{1}$): 3–10, 5–24, 5–25
- Corpus callosum ($D^{2}$): 5–33
- ✢ Corona radiata ($D^{3}$): 5–33
- Fornix ($D^{13}$): 3–10, 5–12, 5–26, 5–27
- • Seitenventrikel ($E^{2}$): 9–11

# HORIZONTALSCHNITT DURCH DEN CAUDATUSKOPF

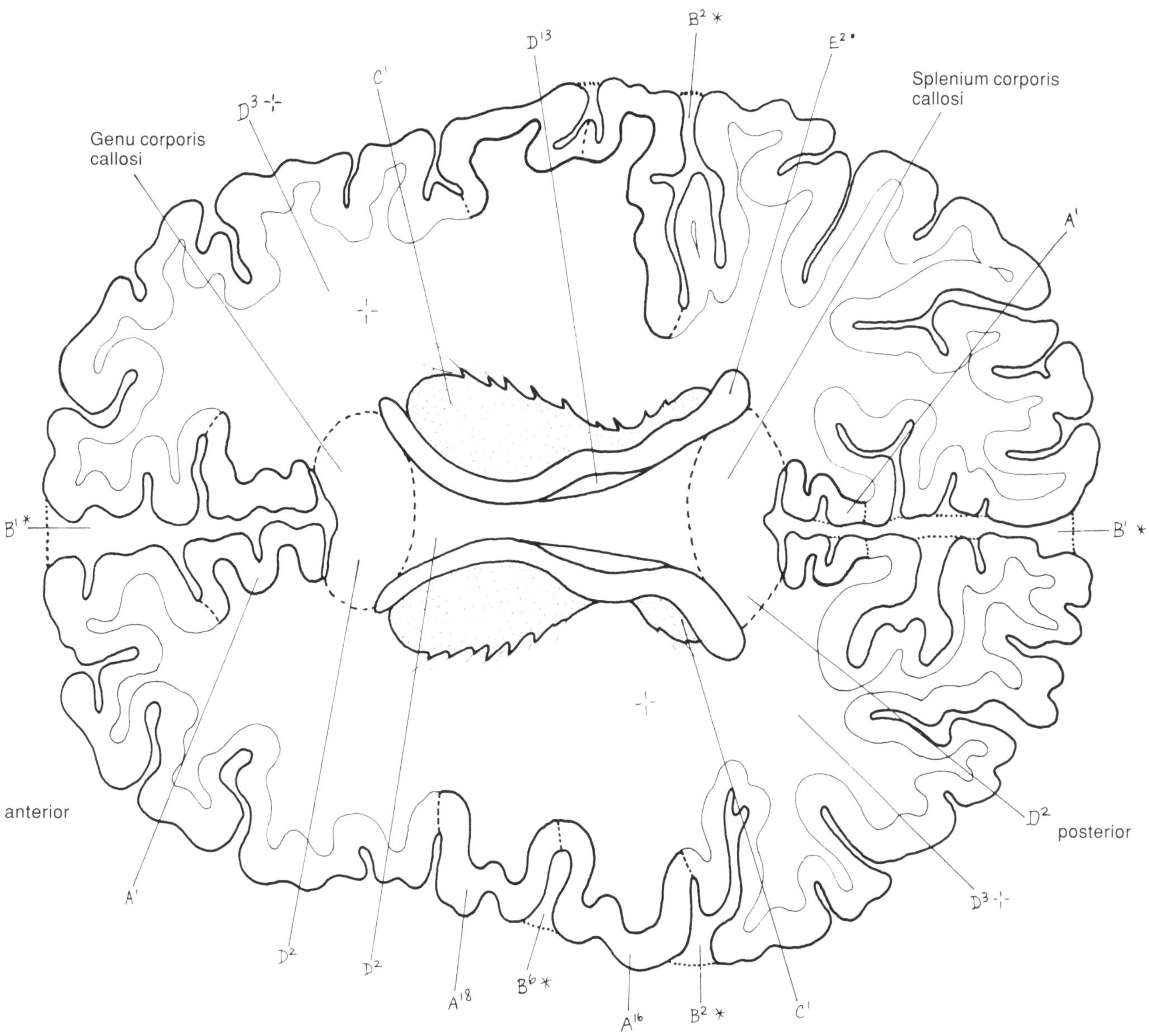


**Gyrus** A()
- **cinguli** A¹
- **postcentralis** A¹⁶
- **praecentralis** A¹⁸

**Sulci/Fissurae** B() ★:
- **F. long. cereb.** B¹ ★
- **F. lateralis** B² ★
- **S. centralis** B⁶ ★

**Nuclei** C():
- **Nucl. caud.: Kopf/Schwanz** C¹

**Tractus/Nervi** D():
- **C. callosum** D²
- **Fornix** D¹³

**Ventrikel** E() •:
- **Seitenv.: Pars centr.** E² •

# 5–46
# HORIZONTALSCHNITT DURCH DEN NUCLEUS ANTERIOR THALAMI

Gyrus cinguli ($A^{1}$): 5–26
Gyrus insularis ($A^{7}$): 3–9, 3–10
Gyrus opercularis ($A^{19}$): 5–29
★ Fissura longitudinalis cerebri ($B^{1}$): 1–2
★ Fissura calcarina ($B^{7}$): 5–30, 6–7
Nucleus caudatus ($C^{1}$): 3–10, 5–24, 5–25
Putamen ($C^{2}$): 3–10, 5–24, 5–25
Nucleus anterior thalami ($C^{10}$): 5–16, 5–17, 5–18
Nucleus medialis thalami ($C^{11}$): 5–16, 5–17, 5–18
Nucleus lateralis thalami ($C^{12}$): 5–16, 5–17, 5–18

Pulvinar ($C^{19}$): 5–11, 5–16, 5–17, 5–18
Corpus callosum ($D^{2}$): 5–33
✧ Corona radiata ($D^{3}$): 5–33
Fornix ($D^{13}$): 3–10, 5–21, 5–26, 5–27
Capsula interna ($D^{20}$, $D^{21}$, $D^{22}$): 5–33
• Seitenventrikel ($E^{1}$, $E^{7}$): 9–11
• III. Ventrikel ($E^{3}$): 9–11
• Foramen interventriculare ($E^{8}$): 3–10, 9–11
Septum pellucidum ($F^{1}$): 5–26

# HORIZONTALSCHNITT DURCH DEN NUCLEUS ANTERIOR THALAMI

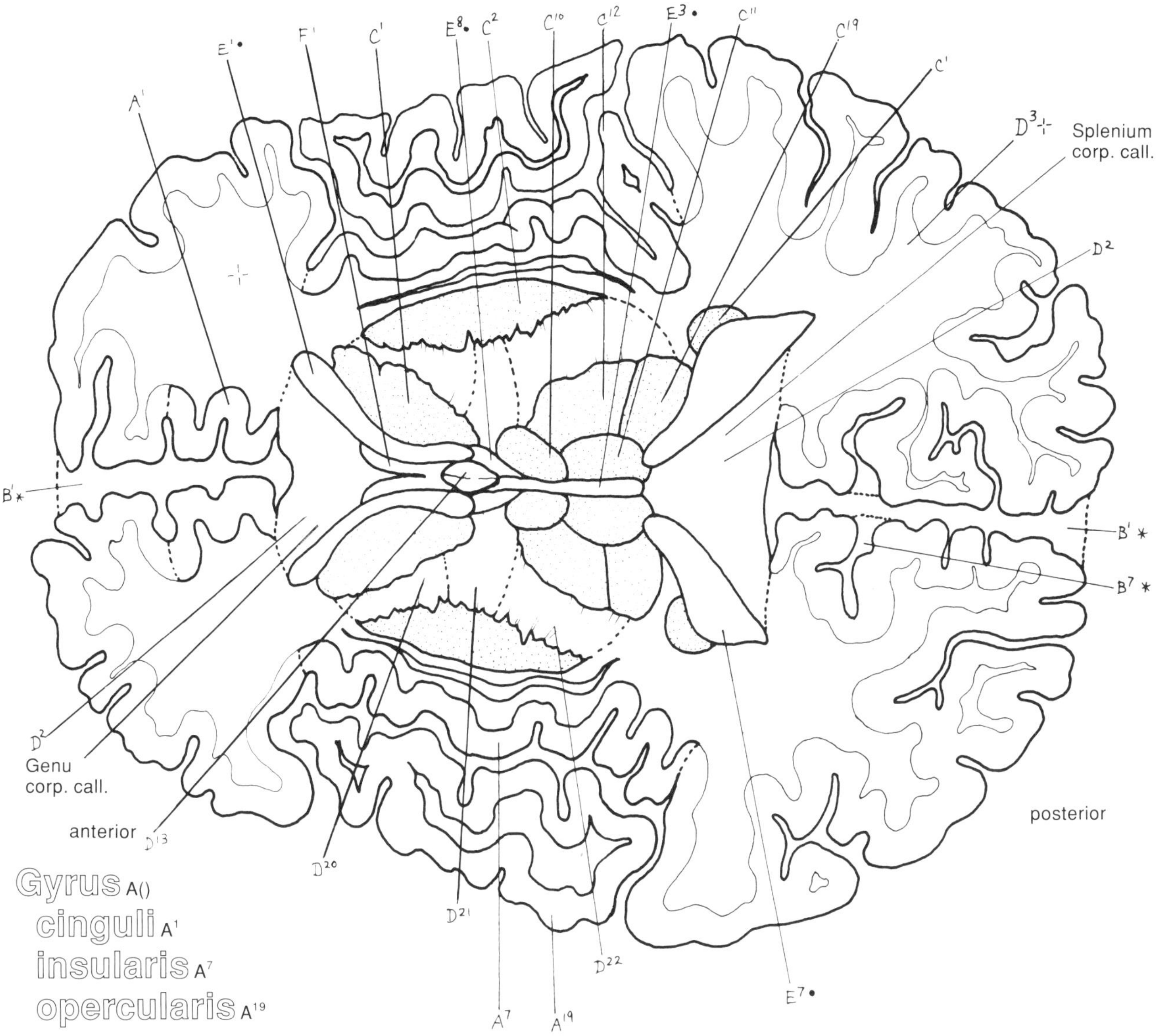


**Gyrus** A()
- **cinguli** A¹
- **insularis** A⁷
- **opercularis** A¹⁹

**Sulci/Fissurae** B() ★:
- **F. calcarina** B⁷ ★

**Nuclei** C():
- **Nucl. caud.: Kopf/Schwanz** C¹
- **Putamen** C²
- **Nucl. ant. thal.** C¹⁰
- **Nucl. med. thal.** C¹¹
- **Nucl. lat. thal.** C¹²
- **Pulvinar** C¹⁹

**Tractus/Nervi** D():
- **C. callosum** D²
- **Fornix** D¹³
- **Caps. int.: Crus ant.** D²⁰
- **Caps. int.: Genu** D²¹
- **Caps. int.: Crus post.** D²²

**Ventrikel** E() •:
- **Seitenv.: Vorderhorn** E¹ •
- **Seitenv.: Atrium** E⁷ •

# 5–47
# HORIZONTALSCHNITT DURCH DIE EPIPHYSE

Gyrus insularis (A[7]): 3–9, 3–10
★ Fissura longitudinalis cerebri (B[1]): 1–2
Nucleus caudatus (C[1]): 3–10, 5–24, 5–25
Putamen (C[2]): 3–10, 5–24, 5–25
Globus pallidus (C[3]): 3–10, 5–24, 5–25
Claustrum (C[4]): 5–24
Nucleus ventralis posterolateralis thalami (C[16]): 5–16, 5–17, 5–18
Pulvinar (C[19]): 5–11, 5–16, 5–17, 5–18
Nucleus ventralis posteromedialis thalami (C[27]): 5–16, 5–17, 5–18
Nucleus intralaminaris thalami (C[28]): 4–5, 5–16 bis 5–19, 5–34
Nucleus habenulae medialis/lateralis (C[29]): 5–23
✣ Corona radiata (D[3]): 5–33
Capsula interna (D[5]): 5–33
✣ Capsula externa (D[8]): 5–24
✣ Capsula extrema (D[9]): 5–24
Commissura anterior (D[12]): 6–5
Tractus mamillothalamicus (D[14]): 5–22
Commissura habenulae (D[29]): 5–23
• III. Ventrikel (E[3]): 9–11
• Seitenventrikel (E[6]): 9–11
Epiphyse (F[3]): 5–11, 5–23

# HORIZONTALSCHNITT DURCH DIE EPIPHYSE

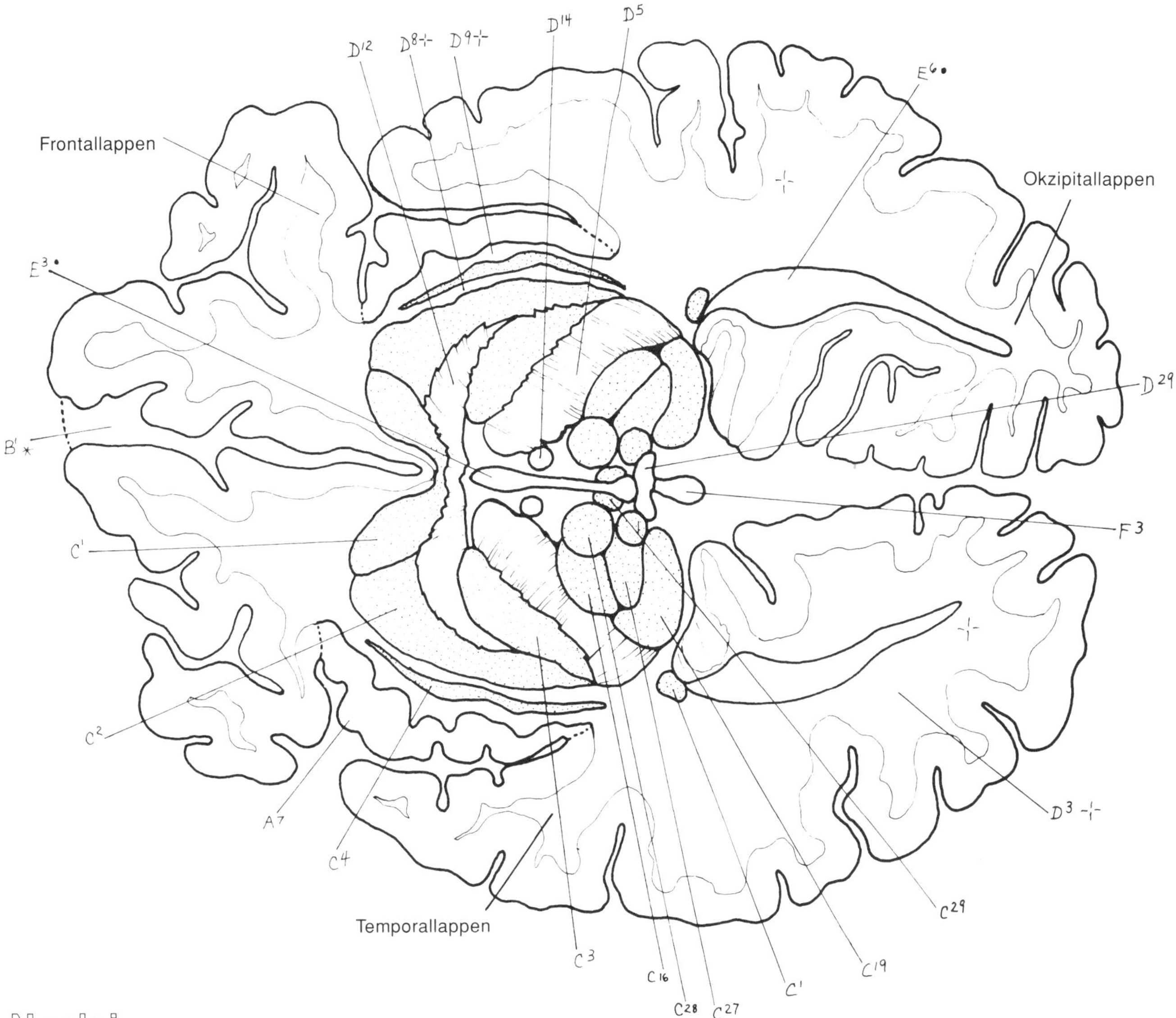


**Nuclei** C():
- Nucl. caud: Kopf/Schwanz C1
- Putamen C2
- Globus pallidus C3
- Claustrum C4
- Nucl. ventr. posterolat. thal. C16
- Pulvinar C19
- Nucl. ventr. posteromed. thal. C27
- Nucl. intralam. thal. C28
- Nucl. haben. med./lat. C29

**Tractus/Nervi** D():
- Caps. int.: Crus post. D5
- Commissura ant. D12
- Tr. mamillothalamicus D14
- Commissura habenulae D29

**Ventrikel** E() •:
- III. Ventrikel E3 •
- Seitenv.: Hinterhorn E6 •

**Grenzstruktur** F():
- Epiphyse F3

# 5–48

# HORIZONTALSCHNITT DURCH DIE CORPORA MAMILLARIA

Corpus amygdaloideum (C⁶): 3–10, 5–26
Infundibulum (C⁹): 5–20
Hippocampus-Dentatus-Komplex (C¹³): 3–10, 5–26, 5–27, 5–28
Corpus mamillare (C¹⁴): 5–20, 5–21, 5–22
Substantia nigra (C¹⁸): 5–10, 5–11, 5–23, 5–25
Colliculus inferior (C²⁴): 5–9, 6–18
zentrales Höhlengrau (C³⁰): 4–5, 5–9, 5–10, 5–34
✣ Corona radiata (D³): 5–33
Chiasma opticum (D¹⁰): 5–2, 6–7, 6–8
Tractus opticus (D¹¹): 3–7, 5–2, 6–7, 6–8
Crus cerebri (D¹⁵): 5–2, 5–10, 5–11
Tractus frontopontinus (D²³): 5–10, 5–11
Tractus corticospinalis (D²⁴): 4–9, 5–4 bis 5–11
Tractus temporopontinus ((D²⁵): 5–10, 5–11
• III. Ventrikel (E³): 9–11
• Aquaeductus cerebri (E⁹): 5–9, 5–10, 9–11
Kleinhirn (F⁴): 3–7, 3–8, 5–13, 5–14, 5–15

# HORIZONTALSCHNITT DURCH DIE CORPORA MAMILLARIA

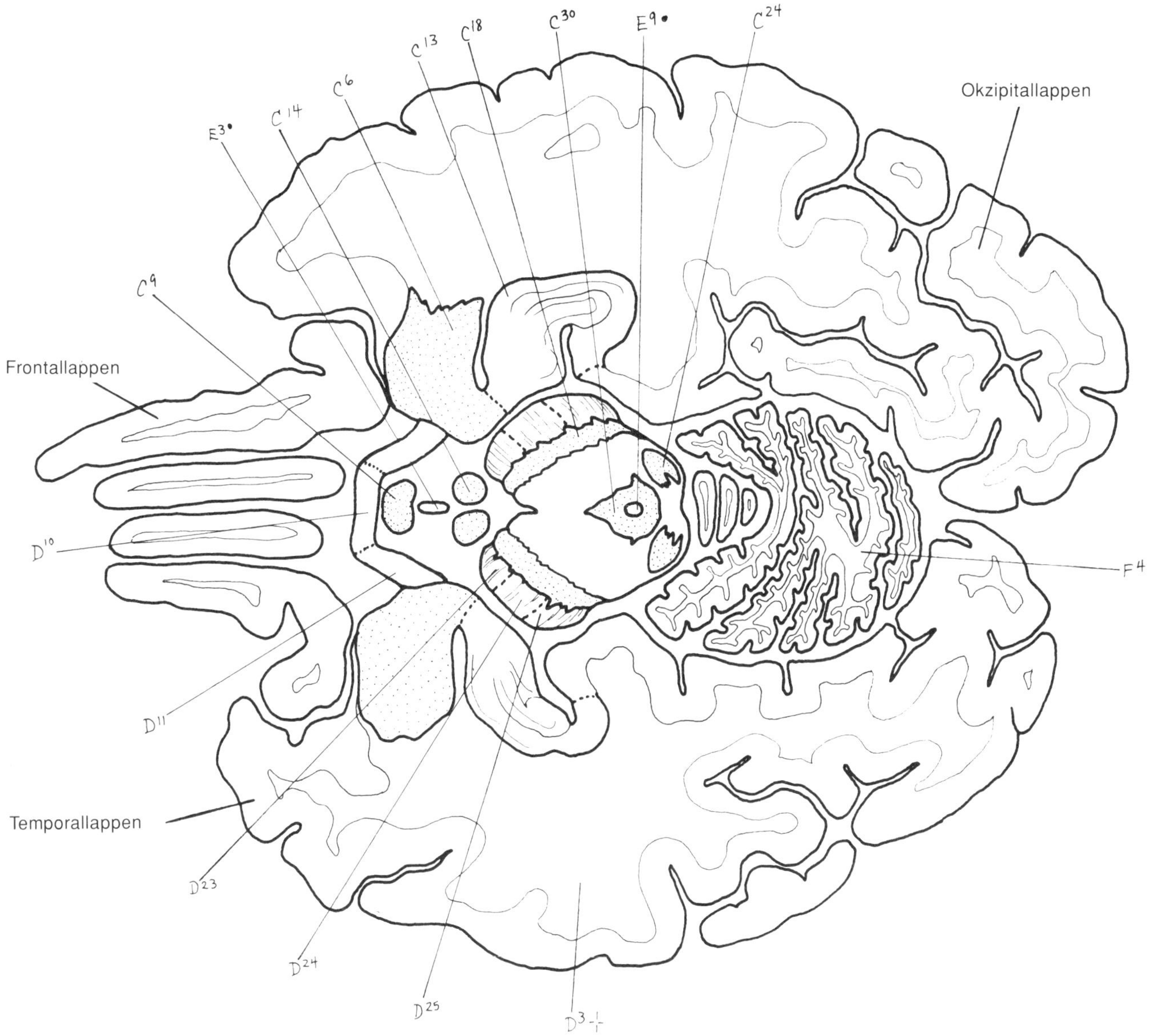


**Nuclei** $C_{()}$:
- C. amygdal. $C^{6}$
- Infundibulum $C^{9}$
- Hippoc.-Dent.-Komplex $C^{13}$
- C. mamillare $C^{14}$
- Subst. nigra $C^{18}$
- Coll. inferior $C^{24}$
- zentr. Höhlengrau $C^{30}$

**Tractus/Nervi** $D_{()}$:
- Crus cerebri $D^{15}_{()}$
  - Tr. frontopontinus $D^{23}$
  - Tr. corticospinalis $D^{24}$
  - Tr. temporopontinus $D^{25}$

**Ventrikel** $E_{()}$ •:
- Aquaeductus cerebri $E^{9}$ •

**Grenzstruktur** $F_{()}$:
- Kleinhirn $F^{4}$

# Kapitel 6: Hirnnerven

Tafel 6–1 bis 6–26

# 6–1 HIRNNERVEN IM ÜBERBLICK

Die zwölf paarig angelegten Hirnnerven leiten Informationen zum bzw. Befehle aus dem Gehirn. Den einzelnen Hirnnerven ist jeweils eine römische Zahl (I–XII) zugeordnet, so daß ein Hirnnerv entweder mit seinem Eigennamen (z.B. Nervus opticus) oder mit seiner zugehörigen römischen Zahl (z.B. III. Hirnnerv) benannt werden kann.

**Malen Sie den Oberbegriff Hirnregionen grau (⋆) an sowie in gut kontrastierenden Farben die Begriffe A–E und deren zugehörige Strukturen in der linken Abbildung. Kolorieren Sie den Oberbegriff ‚Hirnnerven', die Begriffe $A^1$–$E^6$ sowie deren zugehörige Strukturen in der rechten Hälfte der linken Abbildung. Malen Sie dabei Nerv, zugehörige Zahl und Hirnregion in jeweils derselben Farbe an. Verwenden Sie unterschiedliche Schattierungen einer Farbe für Strukturen mit identischem Kennbuchstaben aber unterschiedlichen Kennziffern.**

Jeder Hirnnerv ist mit einer bestimmten Hirnregion assoziiert und zwar mehrheitlich (Hirnnerven V–XII) mit dem Hinterhirn. Der XI. Hirnnerv ist als einziger sowohl kranialen als auch spinalen Ursprungs.

**Malen Sie die paarigen Hirnnerven ($A^1$–$E^6$) in der großen Abbildung an sowie in jeweils derselben Farbe die halbkreisförmig angeordneten zugehörigen Effektoren und Rezeptoren.**

Der *Nervus olfactorius (Riechnerv, I. Hirnnerv)* ($A^1$) besteht aus dünnen, kurzen Nervenfasern, die aus dem Riechepithel im Dach der Nasenhöhle entspringen. Von dort ziehen die Nervenfasern durch eine siebartige knöcherne Membran (Lamina cribrosa) zum Bulbus olfactorius, den sie als Tractus olfactorius wieder verlassen. Die beiden letztgenannten gehören zum Endhirn und werden nicht angemalt.
Der *Nervus opticus (Sehnerv, II. Hirnnerv)* ($B^1$) entspringt in der Retina (Netzhaut=Photorezeptorenschicht) im dorsalen Bereich des Augapfels (Bulbus oculi). Nach Verlassen des Augapfels und der Augenhöhle (Orbita) treten die Nervenfasern durch den Canalis nervi optici in den knöchernen Schädel ein, wo sie sich im Chiasma opticum mit Fasern des jeweils kontralateralen Sehnerven vermischen und so den Tractus opticus bilden. Chiasma opticum und Tractus opticus sind Teile des Zwischenhirns und werden nicht angemalt.
Der *Nervus oculomotorius (III. Hirnnerv)* ($C^1$) verläuft aus dem Mittelhirn in die Orbita und innerviert vier der sechs äußeren Augenmuskeln sowie die innere Augenmuskulatur (nicht dargestellt) und den oberen Lidheber (Musculus levator palpebrae superioris).
Der *Nervus trochlearis (IV. Hirnnerv)* ($C^2$) entspringt als einziger an der posterioren Oberfläche des Mittelhirns, tritt nahe dem III. Hirnnerven in die Orbita ein und innerviert den (äußeren) Musculus obliquus superior des Auges.
Der dreigeteilte *Nervus trigeminus (V. Hirnnerv)* ($D^1$) entstammt dem Pons, zieht mit seinen Ästen ($V_1$, $V_2$ und $V_3$) durch spezifische Foramina in der Schädelbasis und beteiligt sich an der sensorischen Innervation des Gesichts. Der dritte Trigeminusast führt überdies motorische Fasern zur Kaumuskulatur und zum Musculus tensor tympani (Trommelfellspanner) im Innenohr (nicht dargestellt).
Der *Nervus abducens (VI. Hirnnerv)* ($D^2$) entspringt am pontomedullären Übergang, tritt gemeinsam mit den Hirnnerven III und IV in die Orbita ein und innerviert den (äußeren) Musculus rectus lateralis des Auges.
Der *Nervus facialis (VII. Hirnnerv)* ($E^1$) verläßt mit zwei Ästen (wovon einer dargestellt ist) im Kleinhirnbrückenwinkel das Gehirn und versorgt mit einem verzweigten Fasernetz die mimische Gesichtsmuskulatur, den Musculus stapedius (Steigbügelmuskel) im Innenohr (nicht dargestellt), den weichen Gaumen und die Geschmackspapillen in den vorderen zwei Dritteln der Zunge.
Der *Nervus vestibulocochlearis (VIII. Hirnnerv)* ($E^2$) verläßt die Medulla oblongata im Kleinhirnbrückenwinkel und tritt zweigeteilt ins Innenohr ein: Der cochleäre Anteil innerviert das Hörorgan, der vestibuläre Anteil das Gleichgewichtsorgan.
Der *Nervus glossopharyngeus (IX. Hirnnerv)* ($E^3$) innerviert die Geschmackspapillen im hinteren Zungendrittel, die Parotisdrüsen und die Pharynxmuskulatur. Pharynx und hinterer Bereich der Mundhöhle erhalten auch sensorische Glossopharyngeusfasern.
Der *Nervus vagus (X. Hirnnerv)* ($E^4$) innerviert mit motorischen und sensorischen Nervenfasern Pharynx, Larynx, Bauch- und Brustorgane und Teile des Ohres.
Der *Nervus accessorius (XI. Hirnnerv)* ($E^5$) besteht aus einer spinalen (C1–C5) Komponente, die Teile der Nackenmuskulatur, den Musculus sternocleidomastoideus und den Musculus trapezius innerviert, und aus einer kranialen Komponente, die mit dem Nervus vagus assoziiert ist.
Der *Nervus hypoglossus (XII. Hirnnerv)* ($E^6$) innerviert die Zungenmuskulatur.

# HIRNNERVEN IM ÜBERBLICK

**Hirnregionen** ★:
**Endhirn** A
**Zwischenhirn** B
**Mittelh.** C
**Hinterh.** D
**Nachh.** E

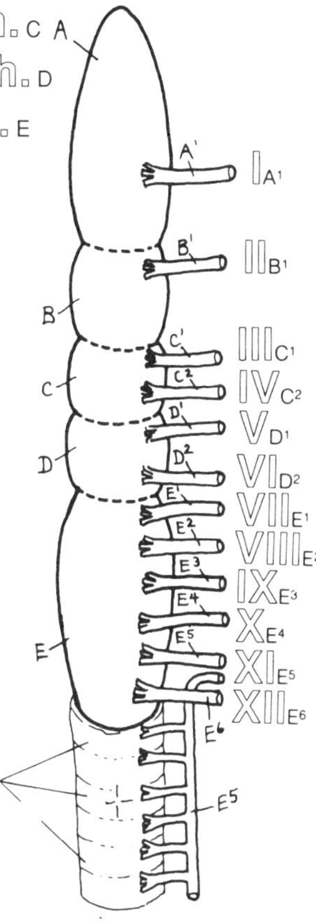


schematisierte Darstellung von
Hirnregionen und oberen
Zervikalmarksegmenten

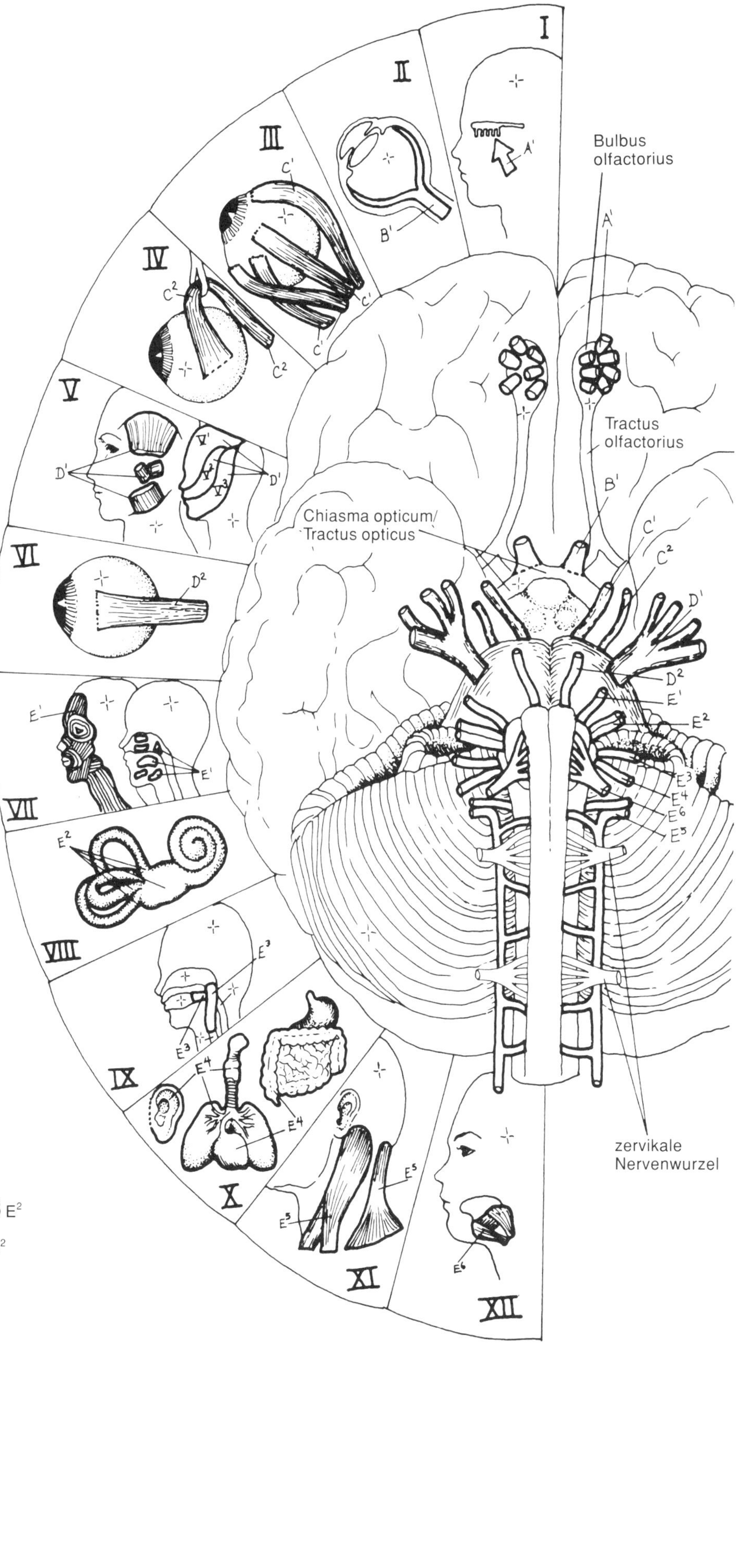


**Hirnnerven** ★
**N. olfactorius** $A^1$
**N. opticus** $B^1$
**N. oculomotorius** $C^1$
**N. trochlearis** $C^2$
**N. trigeminus** $D^1$
**N. abducens** $D^2$
**N. facialis** $E^1$
**N. vestibulocochlearis** $E^2$
**N. glossopharyngeus** $E^2$
**N. vagus** $E^4$
**N. accessorius** $E^5$
**N. hypoglossus** $E^6$

# 6–2
# HIRNNERVEN UND IHRE DURCHTRITTSFORAMINA IN DER SCHÄDELBASIS

Zum Schutz vor äußeren Verletzungen ist das Gehirn in den knöchernen Schädel (Cranium) eingebettet. Durch spezifische Foramina (lat. foramen: Loch) in der Schädelbasis treten die verschiedenen Hirnnerven in den Schädel ein bzw. aus ihm aus. Als Synonyma werden für manche Foramina die Begriffe Fissura, Canalis oder Meatus (lat. Gang) verwendet.

**Malen Sie nacheinander alle Foramina in der rechten Hälfte und deren zugehörige durch sie hindurchtretende Hirnnerven in der linken Hälfte der Abbildung an.**

Die beiden Frontallappen liegen in der Fossa cranii anterior (vordere Schädelgrube). Zu beiden Seiten ihrer Mittellinie liegt die *Lamina cribrosa (Siebplatte) des Os ethmoidale (Siebbein)* (A), durch welche die *Nervi olfactorii* ($A^1$) aus der Riechschleimhaut in der oberen Nasenmuschel zum Gehirn ziehen. In unmittelbarer Nachbarschaft zu den Siebplatten liegen der Bulbus und Tractus olfactorius.
Durch den *Canalis opticus* (B) verläuft in Begleitung der Arteria ophthalmica der *Nervus opticus* ($B^1$) zur Augenhöhle (Orbita) und weiter zum Augapfel (Bulbus oculi). Die Arteria centralis (Zentralarterie) der Retina tritt knapp hinter dem Bulbus in den Sehnerven ein und verläuft in dessen Zentrum zur Papilla nervi optici (Papille).
Die *Fissura orbitalis superior* (C) liegt an der Grenze zwischen Fossa cranii superior und media (mittlere Schädelgrube) und dient als Durchtrittsstelle für die *Nervi oculomotorius* ($C^1$), *trochlearis* ($C^2$), *ophthalmicus (1. Trigeminusast)* ($C^3$) und *abducens* ($C^4$).
Durch das *Foramen rotundum* (D) zieht in anteriorer Richtung der *Nervus maxillaris (2. Trigeminusast)* ($D^1$), der sich in seinem weiteren Verlauf noch in mehrere andere Äste aufspaltet.
Der *Nervus mandibularis (3. Trigeminusast)* ($E^1$) verläßt den Schädel durch das *Foramen ovale* (E) und zieht nach kaudal zur Fossa infratemporalis, wo auch dieser Trigeminusast sich noch weiter verzweigt.
Durch den *Meatus acusticus internus (innerer Gehörgang)* (F) an der seitlichen Wand der Fossa cranii posterior (hintere Schädelgrube) ziehen die Fasern des *Nervus facialis* ($F^1$) und des *Nervus vestibulocochlearis* ($F^2$).
Das *Foramen jugulare* (G) liegt unterhalb des Meatus acusticus internus und dient als Durchtrittsstelle für die *Nervi glossopharyngeus* ($G^1$) und *vagus* ($G^2$) sowie für kraniale und spinale Fasern des *Nervus accessorius* ($G^3$).
Der *Nervus hypoglossus* ($H^1$) zieht durch den *Canalis hypoglossi* (H), der zu beiden Seiten des Foramen magnum liegt, zum Zungengrund.
Das *Foramen magnum* (I) ist die größte Öffnung in der Schädelbasis. Es dient als Durchtrittsstelle für das Rükkenmark, die Vertebralarterien und deren vordere und hintere Spinaläste (nicht dargestellt) und die Spinalwurzeln des *Nervus accessorius* ($I^1$).

# HIRNNERVEN UND IHRE DURCHTRITTSFORAMINA IN DER SCHÄDELBASIS

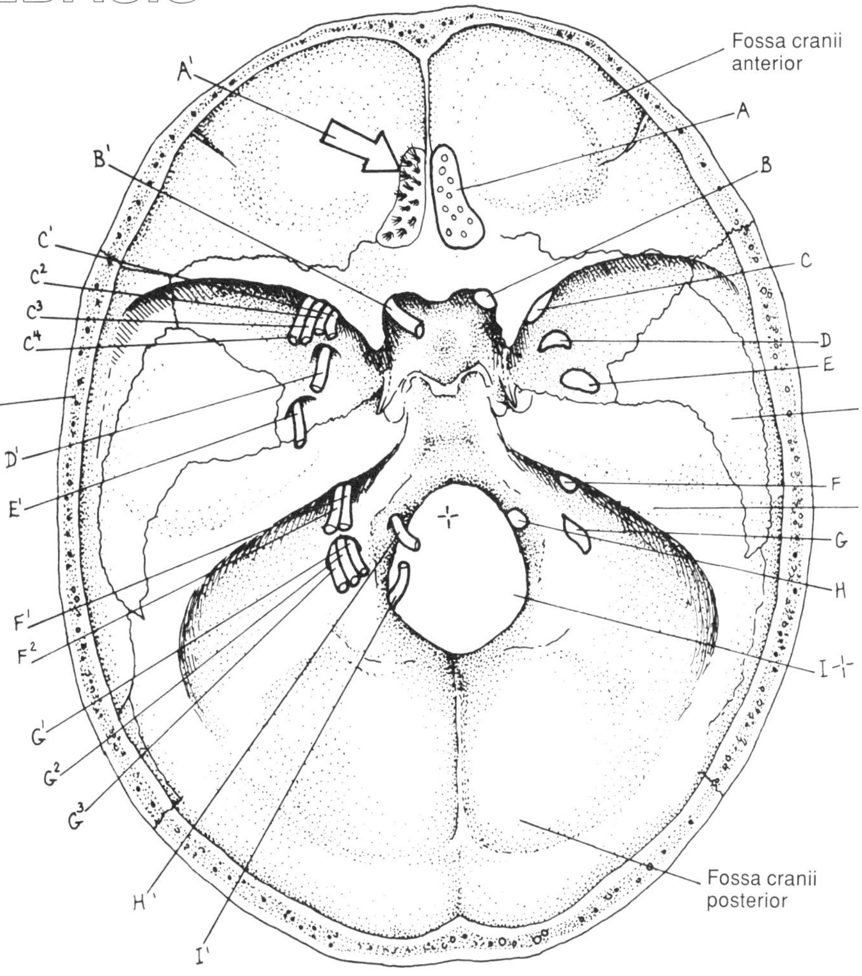


Schädelbasis
von innen

Lamina cribrosa A
N. olfactorius A'

Canalis B/Nervus opticus B'

Fiss. orbitalis sup. C
N. oculomotorius C'
N. trochlearis C²
N. ophthalmicus
(1. Trig.-Ast) C³
N. abducens C⁴

Foramen rotundum D
N. maxillaris
(2. Trig.-Ast) D'

Foramen ovale E
N. mandib. (3. Trig.-Ast) E'

Meatus acusticus internus F
N. facialis F'
N. vestibulocochlearis F²

Foramen jugulare G
N. glossopharyngeus G'
N. vagus G²
kran./spinale Wurzeln d.
N. accessorius G³

Canalis hypoglossi H
N. hypoglossus H'

Foramen magnum I+
Spinalwurzel d. N. access. I'

# 6–3 HIRNNERVENKERNE: FUNKTIONELLE EINTEILUNG

Die drei Querschnitte auf der Bildtafel zeigen verschiedene Entwicklungsstadien des Neuralrohres vom frühen Embryonalstadium (obere Abb.) über das Stadium der Ventrikelentstehung im Hirnstamm (mittlere Abb.) bis hin zur Hirnstammkonfiguration beim Neugeborenen (untere Abb.).

**Malen Sie die Begriffe A–G und deren zugehörige Strukturen in allen drei Abbildungen an. Verwenden Sie eine dunkle Farbe für A und helle Farben für B und C.**

Der *Sulcus limitans* (A) unterteilt das Neuralrohr in *Grund-* (B) und *Flügelplatte* (C) (s. Tafel 3–6). Die Zellen der Grundplatte sind überwiegend motorischer, die der Flügelplatte sensorischer Natur. Zur funktionellen Charakterisierung von Neuronen werden folgende Begriffe verwendet:

*afferent* = sensorisch,
*efferent* = motorisch,
*somatisch* = Haut, Skelettmuskulatur betreffend,
*viszeral* = innere Organe betreffend.

Die Neurone der Flügelplatte erhalten Afferenzen (überwiegend zentrale Fortsätze primär sensorischer Neurone), die Neurone der Grundplatte geben efferente Fasern ab. Diejenigen Efferenzen, die Skelettmuskulatur, Bindegewebe und Haut innervieren, heißen *somatische Efferenzen.* Efferenzen, die die glatte Muskulatur in den Wänden von Hohlorganen, den Herzmuskel oder Drüsen innervieren, nennt man *viszerale Efferenzen.* Viele Spinal- und Hirnnerven enthalten beide Efferenztypen.

Die Hirnnerven III, IV, VI und XII enthalten überwiegend *somatische Efferenzen* (D). Ihre Neurone verlaufen als Zellsäulen beidseits der Mittellinie anterior des IV. Ventrikels in ihren spezifischen Hirnstammarealen. Sie behalten diese Lage während der gesamten Entwicklungsphase des Hirnstamms bei.

Die Zellkolumne der *viszeralen Efferenzen* (E) der Hirnnerven VII, IX und X verläuft zunächst weiter posterior als die somatisch-efferente Zellsäule. Mit fortschreitender Erweiterung des IV. Ventrikels verlagert sich die viszeroefferente Neuronensäule seitlich der somatoefferenten Säule.

Die *viszeralen Afferenzen* (F) der Hirnnerven VII, IX und X formieren sich posterior des Sulcus limitans in der Flügelplatte zu einer weiteren Neuronensäule. Die *somatischen Afferenzen* (G) der Hirnnerven V, VII, IX und X verlaufen in der Flügelplatte posterior der viszeroafferenten Zellkolumne. Mit fortschreitender Erweiterung des Ventrikellumens (s. untere Abb.) verlagert sich die somatoafferente Zellsäule in den posterolateralen Bereich des Hirnstamms.

**Malen Sie die Begriffe H–J an sowie deren zugehörige Strukturen in der kleinen Abbildung rechts unten.**

*Spezifische viszerale Efferenzen* (H) innervieren Muskeln, die sich aus den embryonalen Kiemenbögen entwickeln (branchiomere Muskulatur). Dazu zählen Muskeln im Kinn-, Mund-, Gesichts-, Pharynx- und Larynxbereich. Diese spezifischen Efferenzen verlaufen vor den beiden o.g. unspezifisch-efferenten Zellsäulen.

Andere *spezifische viszerale Afferenzen* (I) der Hirnnerven VII, IX und X leiten Impulse aus Geschmacksrezeptoren der Zunge und des Pharynx. Sie verlaufen anterior der unspezifisch afferenten Zellsäule.

Der VIII. Hirnnerv verfügt über *spezifische somatische Afferenzen* (J), die zwischen den beiden unspezifisch-afferenten Kolumnen verlaufen und Impulse des Hör- und Gleichgewichtssinns leiten.

# HIRNNERVENKERNE: FUNKTIONELLE EINTEILUNG

Sulcus limitans A
Flügelplatte B
Grundplatte C
somatische Eff. D
viszerale Eff. E
viszerale Aff. F
somatische Aff. G
spez. visz. Eff. H
spez. visz. Aff. I
spez. som. Aff. J

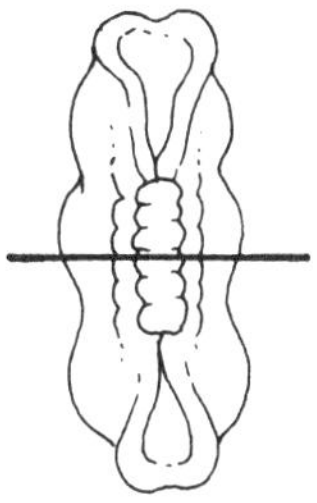

Neuralrohrquerschnitt
(frühes Embyonalstadium)

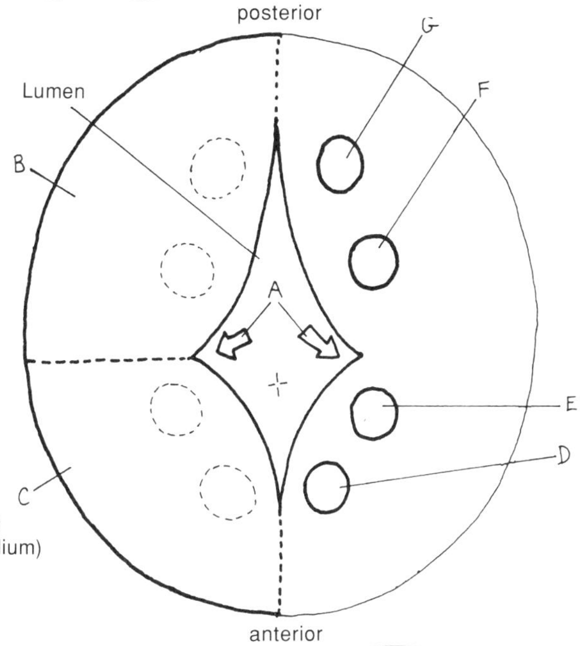

Medullaquerschnitt
beim 6 Wochen
alten Embryo

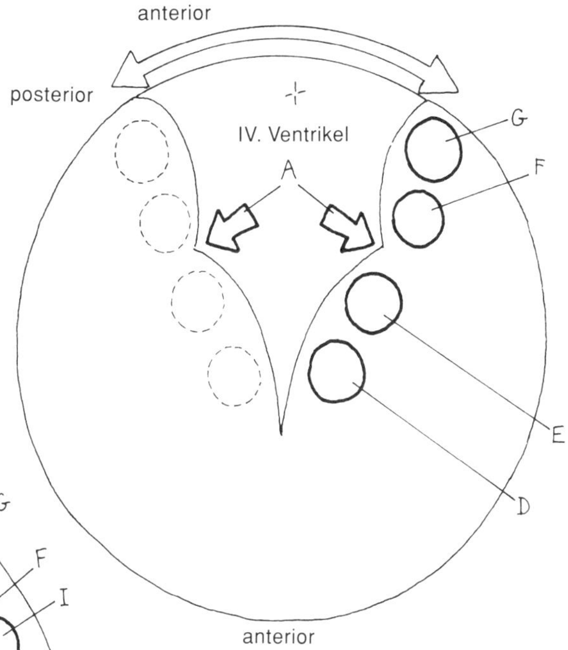


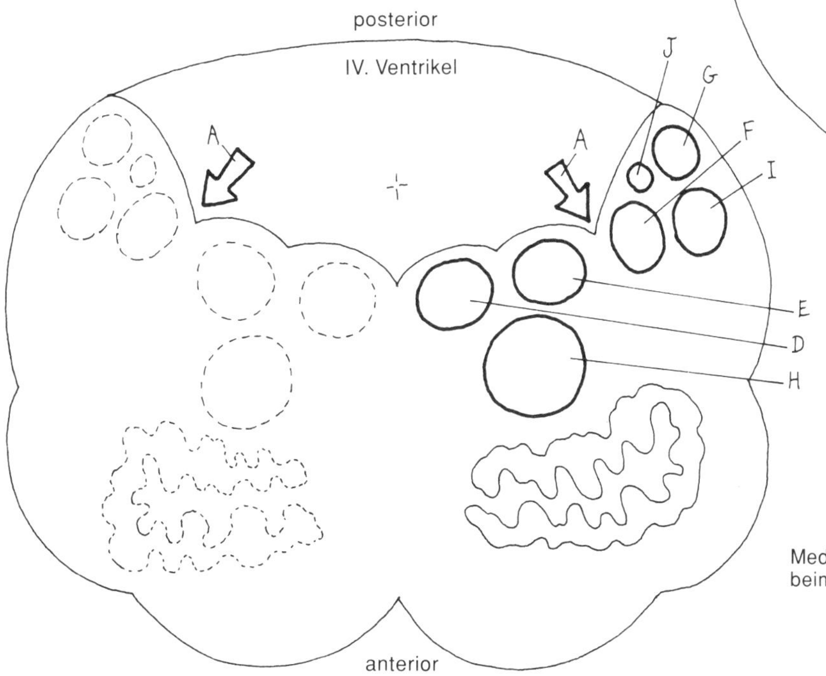

Medullaquerschnitt
beim Neugeborenen

# 6–4
# HIRNNERVEN UND HIRNNERVENKERNE IM HIRNSTAMMBEREICH

Hirnnerven können rein sensorischer, rein motorischer oder gemischter, also sensomotorischer Natur sein. Primär sensorische Neurone sind größtenteils in den Ganglien außerhalb des Hirnstamms lokalisiert. Dies gilt nicht für die primär sensorischen Neurone eines Teils des V. Hirnnerven, die sekundär sensorischen Kerne des V. und VIII. Hirnnerven und den Nucleus solitarius, die alle innerhalb des Hirnstamms liegen.

**Malen Sie den Oberbegriff ‚sensorisch' an sowie die Begriffe A–F und deren zugehörige Strukturen in der linken Hälfte der Abbildung. Kolorieren Sie die Nervenfasern A und B in denselben Farben wie ihre zugehörigen Kerne. Die motorischen Komponenten sollten Sie noch nicht anmalen.**

Drei der vier im Hirnstamm liegenden Kerne des Nervus trigeminus (V. Hirnnerv) sind sensorischer Natur. Der *Nucleus mesencephalicus nervi trigemini* (A), der sich vom unteren Ponsbereich bis in Höhe des Colliculus superior erstreckt, enthält Neurone, die propriozeptive Impulse aus *Afferenzen* ($A^1$) der Kaumuskulatur erhalten. Der sensorische *Nucleus principalis (pontinus) nervi trigemini* ($A^2$) liegt auf Höhe des Pons und erhält *sensorische Afferenzen* ($A^3$) der Lage- und Berührungssensibilität und der Zwei-Punkt-Diskrimination aus dem Gesichtsbereich einschließlich Nasen- und Mundhöhle. Der *Nucleus spinalis nervi trigemini* ($A^4$) reicht vom mittleren Ponsbereich bis ins Rückenmark und erhält *schmerz- und temperatursensible Afferenzen* ($A^5$), die den Tractus spinalis nervi trigemini bilden.

Zu den vier *Nuclei vestibulares* (B) verlaufen *Afferenzen* ($B^1$) aus Neuronen des Ganglion vestibulare des VIII. Hirnnerven, die für den Gleichgewichtssinn wichtig sind. Die beiden *Nuclei cochleares* ($B^2$) erhalten *Afferenzen* ($B^3$) aus Neuronen des Ganglion cochleare (spirale) des VIII. Hirnnerven, die akustische Impulse weiterleiten.

Zum *Nucleus solitarius* (C) verlaufen als Tractus solitarius *Afferenzen aus den Hirnnerven VII* (D), *IX* (E) *und X* (F), über die sowohl spezifische (Geschmack!) als auch unspezifische viszerale Empfindungen vermittelt werden.

**Malen Sie den Oberbegriff ‚motorisch' an sowie die Begriffe G–N$^1$ und deren zugehörige Strukturen in der rechten Hälfte der Abbildung. Kolorieren Sie Nervenfasern und zugehörige Kerne jeweils in derselben Farbe. Malen Sie den Begriff ‚Foramen magnum' (O ★) und die zugehörige Struktur an.**

Der okulomotorische Kernkomplex liegt anterior des Aquaeductus cerebri auf Höhe des Colliculus superior und besteht aus zwei Hauptkomponenten. Der kleinere, rostralwärts gelegene *Nucleus Edinger-Westphal* ($G^1$) entsendet viszeromotorische Efferenzen (nicht dargestellt) zu den inneren Augenmuskeln. Der größere, eher kaudal gelegene *Nucleus nervi oculomotorii* (G) innerviert mit seinen Efferenzen vier der sechs äußeren Augenmuskeln und den oberen Lidhebemuskel. Der *Nucleus nervi trochlearis* (H) liegt kaudal der beiden letztgenannten Kerne auf Höhe des Colliculus inferior. Seine *Fasern* ($H^1$) verlassen als einzige Hirnnervenfasern den Hirnstamm auf dessen dorsaler Oberfläche und ziehen anschließend durch die Fissura orbitalis superior zum Musculus obliquus superior des Augapfels.

Der *motorische Kern des V. Hirnnerven* ($A^6$) entsendet als Nervus mandibularis *Efferenzen* ($A^7$) zur Kaumuskulatur. Die *Efferenzen* ($I^1$) des *Nucleus nervi abducentis* (I) am Boden des IV. Ventrikels verlassen den Kern im Bereich des pontomedullären Übergangs und innervieren den Musculus rectus lateralis des Auges. Der *Nucleus nervi facialis* ($D^1$) liegt anterolateral des letztgenannten Kerns. Seine *spezifischen viszeralen Efferenzen* ($D^2$) aszendieren zunächst im Hirnstamm, verlaufen bogenförmig um den Kern des Nervus abducens, verlassen das Gehirn am pontozerebellären Übergang und projizieren schließlich zur mimischen Gesichtsmuskulatur. Viszerale Efferenzen (nicht dargestellt) aus dem *Nucleus salivatorius superior* (J) verlaufen als sekretomotorische Fasern des Nervus facialis zu den submandibulären und sublingualen Speicheldrüsen. Sekretomotorische Efferenzen aus dem *Nucleus salivatorius inferior* (K) verlaufen als Vagusast zur Parotis.

Der *Nucleus ambiguus* (L) entsendet *Fasern zu den Hirnnerven IX* ($E^1$) *und X* ($F^1$) und zur *kranialen Wurzel des XI. Hirnnerven* (M). Diese spezifischen viszeralen Efferenzen innervieren Teile der Pharynx- und Larynxmuskulatur. Aus dem *dorsalen motorischen Vaguskern* ($F^2$) verlaufen *viszerale Efferenzen* ($F^3$) zu Organen des Brust- und Bauchraumes.

Die Fasern des *Nucleus spinalis nervi accessorii* ($M^1$) im Vorderhorn der oberen Halsmarksegmente projizieren durch das Foramen magnum und das Foramen jugulare und innervieren Teile der Nacken- und Rückenmuskulatur. Der *Nucleus nervi hypoglossi* (N) liegt medial des spinalen Accessoriuskerns. Seine *Efferenzen* ($N^1$) innervieren die Zungenmuskulatur.

# HIRNNERVEN UND HIRNNERVEN-KERNE IM HIRNSTAMMBEREICH

**sensorisch** ★
Nucl. mesenc. n. trig. A
Afferenzen $A^1$
Nucl. princip. n. trig. $A^2$
Afferenzen $A^3$
Nucl. spin. n. trig. $A^4$
Afferenzen $A^5$
Vestibularisk. B/Aff. $B^1$
Cochlearisk. $B^2$/Aff. $B^3$
Nucl. solitarius C/Aff. aus:
Hirnn. VII D
Hirnn. IX E
Hirnn. X F

**motorisch** ★
Nucl. n. oculom. G
Nucl. Edinger-W. $G^1$
Nucl. n. trochl. H/Eff. $H^1$
mot. Trig.-K. $A^6$/Eff. $A^7$
Nucl. n. abduc. I/Eff. $I^1$
Nucl. n. fac. $D^1$/Eff. $D^2$
Nucl. saliv. sup J
Nucl. saliv. inf. K
Nucl. ambiguus L/Eff. aus:
Hirnn. IX $E^1$
Hirnn. X $F^1$
Hirnn. XI M
dors. mot. Vagusk. $F^2$/Eff. $F^3$
Nucl. spin. n. access. $M^1$/Eff. $M^2$
Nucl. n. hypogl. N/Eff. $N^1$
Foramen magnum O ★

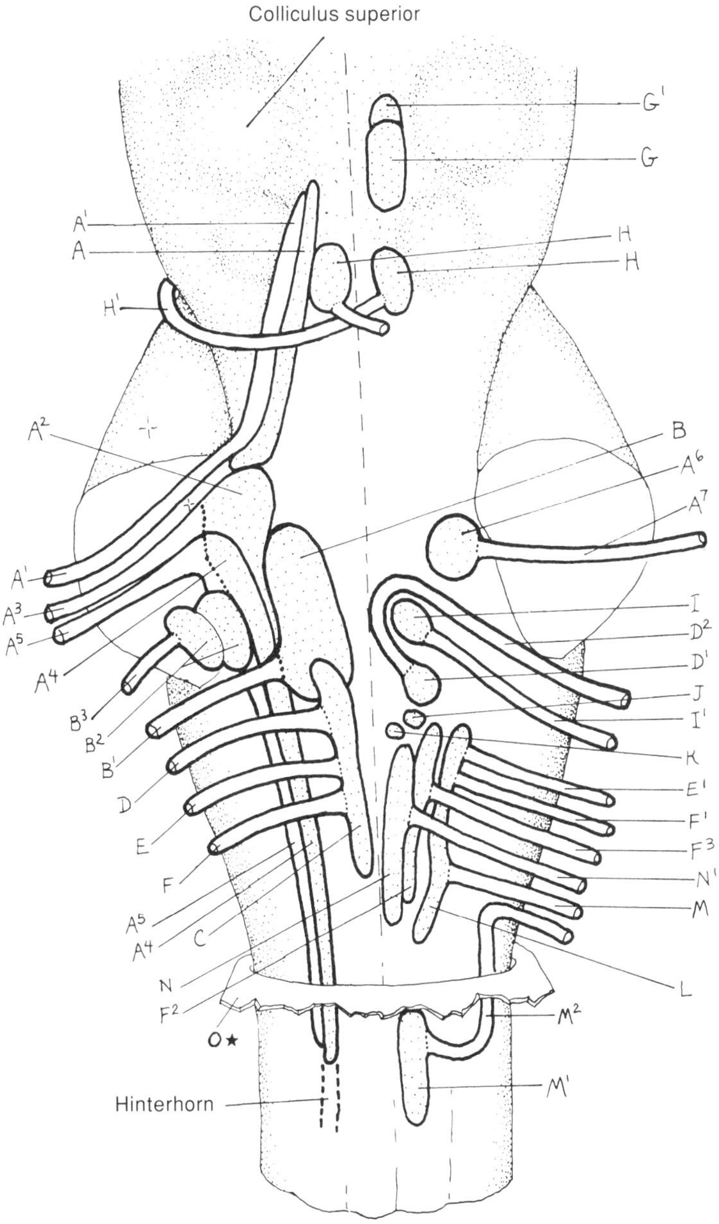

Dorsalansicht des Hirnstamms

# 6–5
# NERVUS OLFACTORIUS UND OLFAKTORISCHES SYSTEM

Der Nervus olfactorius (I. Hirnnerv) entwickelt sich aus dem Endhirn und liegt von allen Hirnnerven am rostralsten. Er besteht aus unmyelinisierten Axonen von nur wenigen Millimetern Länge und ist damit auch der kürzeste Hirnnerv.

**Malen Sie die Begriffe A–F an sowie den Pfeil E und die Strukturen A, B und F in der oberen Abbildung. Kolorieren Sie danach die Strukturen A–F in der mittleren Abbildung.**

Das *Riechepithel (Regio olfactoria)* (A) liegt im Dach der oberen Nasenmuschel beidseits gegenüber dem Nasenseptum (Nasenscheidewand). Es besteht aus *bipolaren Sinneszellen (Rezeptoren)* (B) und *pigmentierten Stützzellen* (C). Der periphere Fortsatz jeder Rezeptorzelle mündet in ein Büschel von sechs bis acht *Riechhärchen (Zilien)* ($B^1$), die von feinen, zytoplasmatischen Fortsätzen (Mikrovilli, nicht dargestellt) umgeben sind. Zilien und Mikrovilli sind in eine *Schleimschicht* (D) eingebettet, in der *inhalierte Moleküle* (E), z. B. Schmutz- oder Staubpartikel, abgefangen werden. Die proximalen Fortsätze der Riechzellen werden zum *Nervus olfactorius* ($B^2$) gebündelt und verlaufen durch die *Lamina cribrosa (Siebplatte) des Os ethmoidale (Siebbein)* (F) zum Bulbus olfactorius.

**Malen Sie die Begriffe G–K an sowie deren zugehörige Strukturen in allen Abbildungen.**

Die Olfaktoriusfasern bilden im *Bulbus olfactorius* (G) zahlreiche Synapsen in kugeligen Dendritennestern, den *Glomeruli olfactorii*. Die Mutterzellen dieser Dendriten sind überwiegend Neurone zweiter Ordnung, und zwar die kleinen *Haarzellen* (H) und die größeren *Mitralzellen* (I). Außerdem finden sich im Bulbus olfactorius noch axonlose *Körnerzellen* (J), die dendrodendritische Synapsen (s. Tafel 2–4) mit Haar- und Mitralzellen bilden. Deren *Axone* ($I^1$) münden in den *Tractus olfactorius* (K).

**Malen Sie die Begriffe L–U und deren zugehörige Strukturen an. Beginnen Sie dabei mit L in der mittleren Abbildung.**

Die Axone der Haar- und Mitralzellen bilden mit Neuronen der *Nuclei nervi olfactorii* (L) zahlreiche Synapsen. Die *Axone* ($L^1$) dieser Olfaktoriuskerne kreuzen in der *Commissura anterior* (M) zum kontralateralen Bulbus olfactorius (dargestellt ist nur das *kontralaterale Olfaktoriusaxon* ($L^2$), das eine Synapse mit einer Körnerzelle bildet). Die *Axone* ($I^1$) der Neuronen zweiter Ordnung (Haar- und Mitralzellen) verlaufen im Zentrum des Tractus olfactorius, der sich in drei Äste aufteilt: *Stria olfactoria medialis* (O), *lateralis* (Q) und *intermedia* (U).

Die Fasern der medianen Stria olfactoria projizieren zur *Area septalis* (P) (s. Tafel 5–26) und von dort aus weiter zum Hippocampus und Hypothalamus und zum oberen Hirnstamm (nicht dargestellt). Die laterale Stria olfactoria verläuft zu den *Corpora amygdaloidea* (R), zur *präpiriformen Rinde* (S) und zur *periamygdalären Rinde* (T). Aus diesem primären olfaktorischen Cortex (Riechrinde) und bestimmten Bereichen der Corpora amygdaloidea ziehen Fasern durch das Endhirn und den oberen Hirnstamm.

Der kleine Bereich der Stria olfactoria intermedia projiziert in die Substantia perforata anterior (lat. perforata: durchlöchert), der Durchtrittstelle zahlreicher Hirnarterien auf ihrem Weg zu den Hemisphären.

Das olfaktorische System gelangt als einziges sensorisches System ohne vorherige thalamische Umschaltung zur Großhirnrinde.

# NERVUS OLFACTORIUS UND OLFAKTORISCHES SYSTEM

Riechepithel A
Rezeptorzelle B
Riechhärchen $B^1$
olfakt. Axon $B^2$
Stützzelle C
Schleimschicht D
inhal. Molekül E
Lamina cribrosa F
Bulbus olfactorius G
Haarzelle H
Mitralzelle I/Axon $I^1$
Körnerzelle J
Tractus olfactorius K
Nucl. olfact. L/Axon $L^1$
kontralat. Axon $L^2$
Commissura ant. M
Subst. perfor. ant. N
Stria olfact. med. O
Area septalis P
Stria olfact. lat. Q
Corp. amygdaloidea R
Prim. olfakt. Cortex ★
präpiriforme Rinde S
periamygdaläre Rinde T
Stria olfact. intermed. U

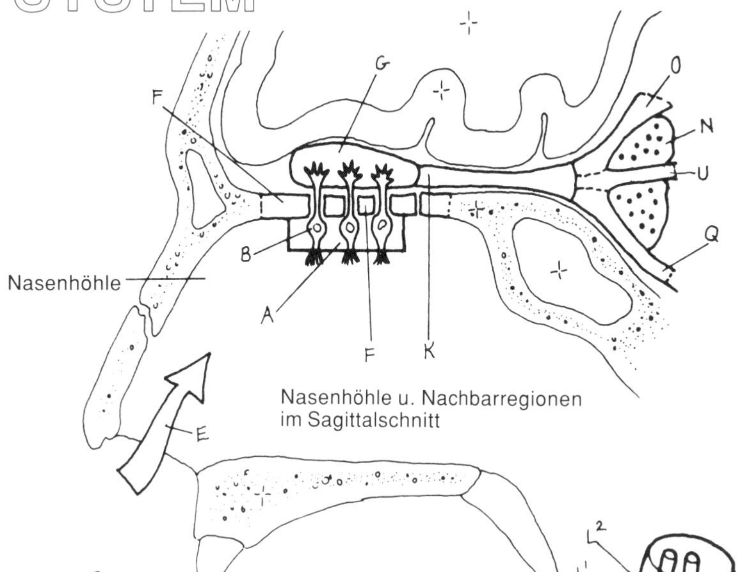


Nasenhöhle u. Nachbarregionen im Sagittalschnitt

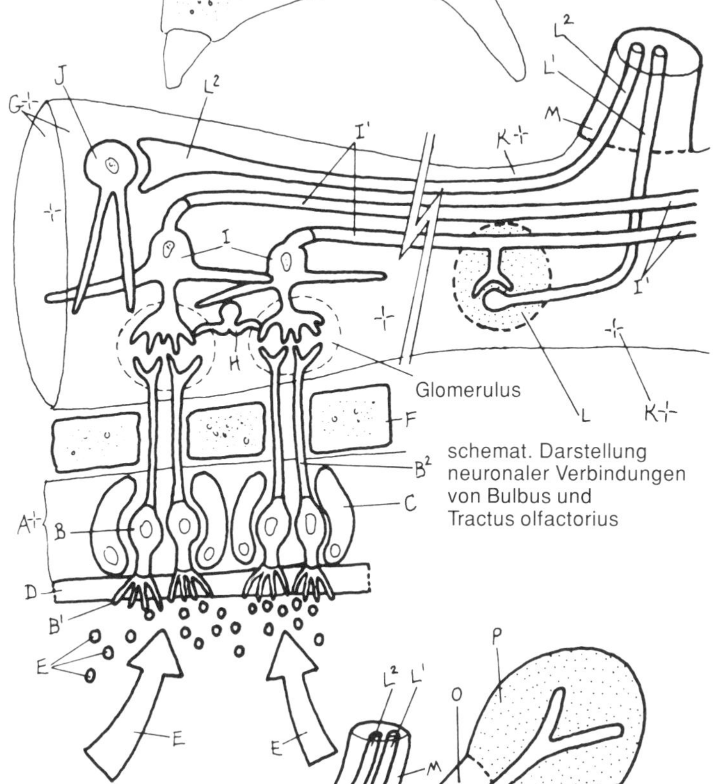


schemat. Darstellung neuronaler Verbindungen von Bulbus und Tractus olfactorius

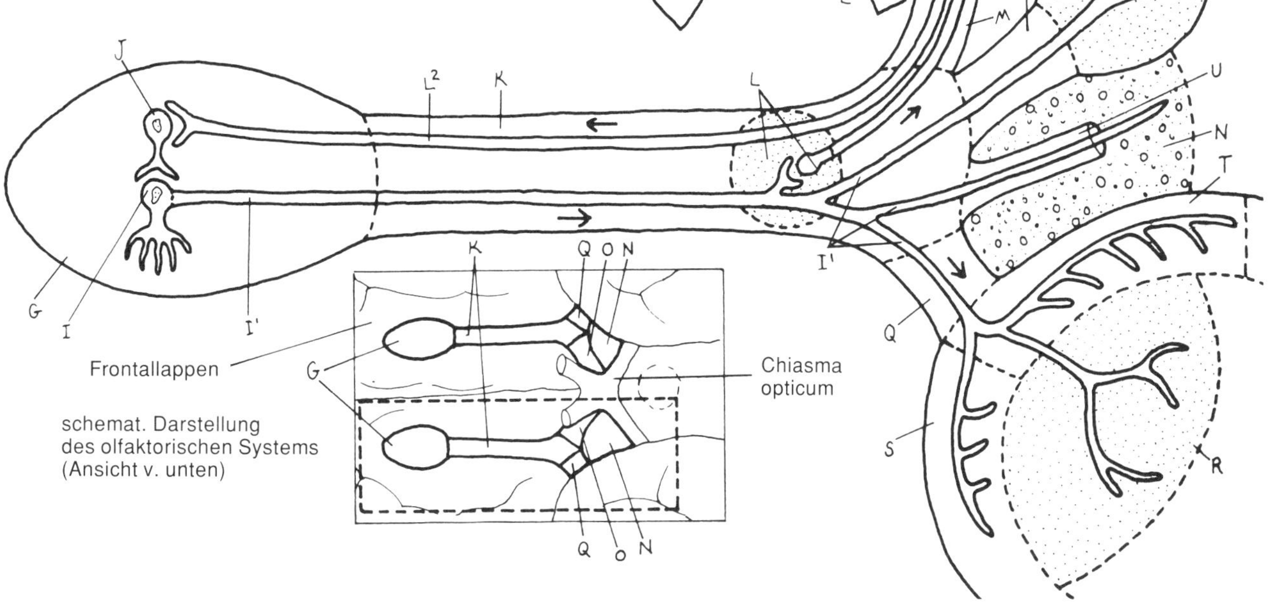


schemat. Darstellung des olfaktorischen Systems (Ansicht v. unten)

# 6–6
# VISUELLES SYSTEM: DAS AUGE

Der Augapfel (Bulbus oculi) ist die erste Station für die Aufnahme, Verarbeitung und Weiterleitung optischer Eindrücke.

**Malen Sie den Oberbegriff ‚Augapfel' an sowie die Begriffe A–M[1], deren zugehörige Strukturen in der oberen Abbildung und die Strukturen B und K in der unteren Abbildung. Verwenden Sie für C, D und L helle Farben.**

Vor ihrem Eintritt ins Auge treffen Lichtstrahlen zunächst auf die *Cornea (Hornhaut)* (A), die im wesentlichen aus mehrschichtigem, nicht verhornendem Plattenepithel, kollagenen Bindegewebsfasern und Endothelzellen besteht. Die Cornea ist als refraktäre Struktur für die initiale Brechung und Bündelung der ins Auge einfallenden Lichtstrahlen verantwortlich. An die Cornea schließt sich die *Sklera (Lederhaut)* (B) an, die als derbe, kollagene Bindegewebskapsel die äußere Hülle des Augapfels darstellt.
Nach Durchdringen der Cornea tritt das Licht in die *vordere Augenkammer* (C) ein und anschließend in die *Pupille* (F÷), die von der *Iris (Regenbogenhaut)* (E) begrenzt wird. Die vordere und *hintere Augenkammer* (D) sind mit einer klaren Flüssigkeit, dem Kammerwasser, gefüllt, das von den Ziliarfortsätzen des *Corpus ciliare (Ziliarkörper)* (I) sezerniert und u.a. über den *Schlemmschen Kanal* (G) am Übergang zwischen Cornea und Sklera in den Blutkreislauf rückresorbiert wird. Die Iris ist eine flache, scheibenförmige Struktur mit der Pupille als zentraler Öffnung. Die in die Iris eingelagerten glatten Muskelzellen steuern die Pupillenweite und damit die Intensität des Lichteinfalls.
Die formvariable *Linse (Lens)* (H) besteht aus lamellenartig geschichteten Epithelzellen und steht über einen bindegewebigen *Aufhängeapparat* (J) (u.a. Ligamentum pectinatum) mit den Ziliarfortsätzen des Corpus ciliare und dessen Ziliarmuskel in Verbindung. Eine Kontraktion bzw. Relaxation des Ziliarmuskels überträgt so die entstehende Spannung auf die Linse, deren Konvexität und damit Brechkraft entsprechend zu- oder abnimmt. Diesem Umstand ist die Akkommodationsfähigkeit des Auges, also die Scharfeinstellung sowohl naher als auch ferner Gegenstände zu verdanken. Mit zunehmendem Alter verliert die Linse allerdings an Elastizität, was sich in der sog. Alterssichtigkeit (Presbyopie) bemerkbar macht.
Seitlich schließt sich an den Ziliarkörper die gefäß- und pigmentreiche *Choroidea (Aderhaut)* (K) an.
Nach der Linse durchdringt das Licht den gallertartigen *Glaskörper (Corpus vitreum)* (L) und erreicht schließlich die mehrschichtige *Retina (Netzhaut)* (M), deren Photorezeptoren die Umsetzung der eintreffenden Lichtstrahlen in visuelle Bilder initiieren. Der Ort der größten Sehschärfe (Fovea centralis) in der *Macula lutea (gelber Fleck)* (M[1]) liegt etwas seitlich der Austrittstelle des Nervus opticus.

**Malen Sie den Oberbegriff ‚Retina', die Begriffe N–V und deren zugehörige Strukturen in der unteren Abbildung an. Kolorieren Sie die Strukturen T[1], U und V auch in der oberen Abbildung.**

Die drei wichtigsten Schichten der Retina und deren Hauptzelltypen sind von außen nach innen: das Stratum neuroepitheliale mit den *Photorezeptoren* (O und P), das Stratum ganglionare retinae mit *bipolaren Zellen* (Q) und das Stratum ganglionare nervi optici, das überwiegend aus *Ganglienzellen* (T) besteht. Zwischen diesen Schichten stellen die Axone von *Horizontalzellen* (R) und die Dendriten von *amakrinen Zellen* (S) als Assoziationszellen Querverbindungen her. Die Photorezeptoren liegen also an der hinteren, lichtabgewandten Oberfläche der Retina (Inversion der Retina).
Die Photorezeptoren des Auges sind die zahlenmäßig überwiegenden *Stäbchen* (O) und die *Zapfen* (P), die, im Gegensatz zu den Stäbchen, in der Fovea centralis dicht konzentriert sind. Die Stäbchen vermitteln das Dämmerungssehen, die Zapfen das Sehen am Tage und das Farbsehen. Um voll funktionsfähig zu sein, sind die Photorezeptoren auf den Kontakt zum Pigmentepithel (N) angewiesen.
Die *Axone* (T[1]) der Ganglienzellen verlaufen entlang der inneren Oberfläche der Retina und verlassen den Augapfel als *Nervus opticus* (U). Der Sehnerv wird von einer bindegewebigen *Nervenscheide* (V) umgeben, die als Fortsetzung der Sklera anzusehen ist. Die Stelle in der Retina, wo sich die Ganglienzellaxone zum Sehnerv formieren, ist ein funktionell *blinder Fleck* ohne Photorezeptoren.

# VISUELLES SYSTEM: DAS AUGE

Augapfel ★
Cornea A
Sklera B
vord. C/hint. Augenk. D
Iris E
Pupille F ✣
Schlemmscher Kanal G
Linse H
Corpus ciliare I
Aufhängeapparat J
Choroidea K
Glaskörper L
Retina M
Macula lutea M'

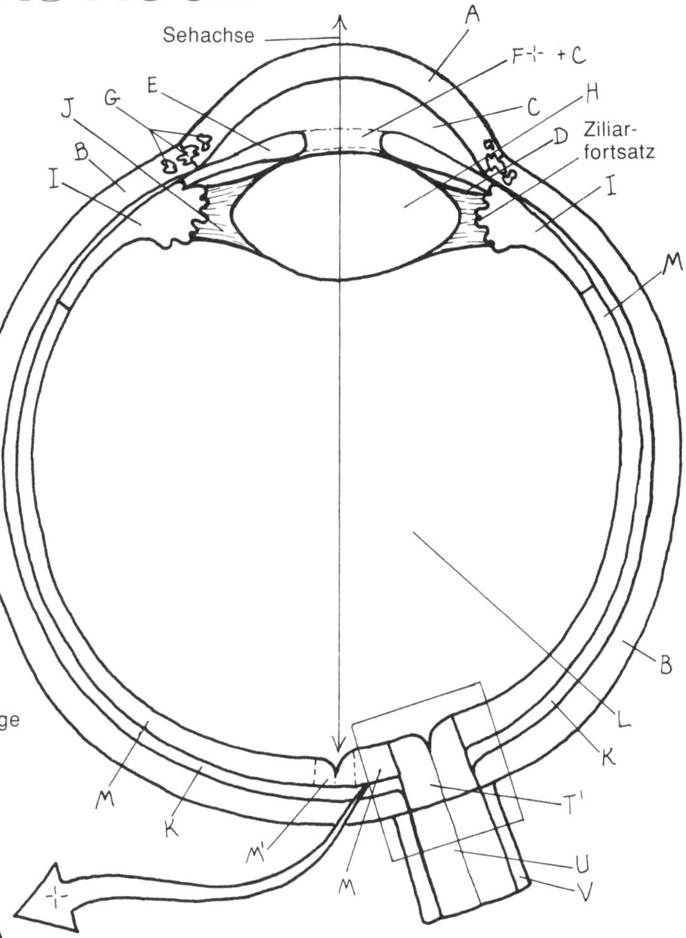


Horizontalschnitt
durch das linke Auge

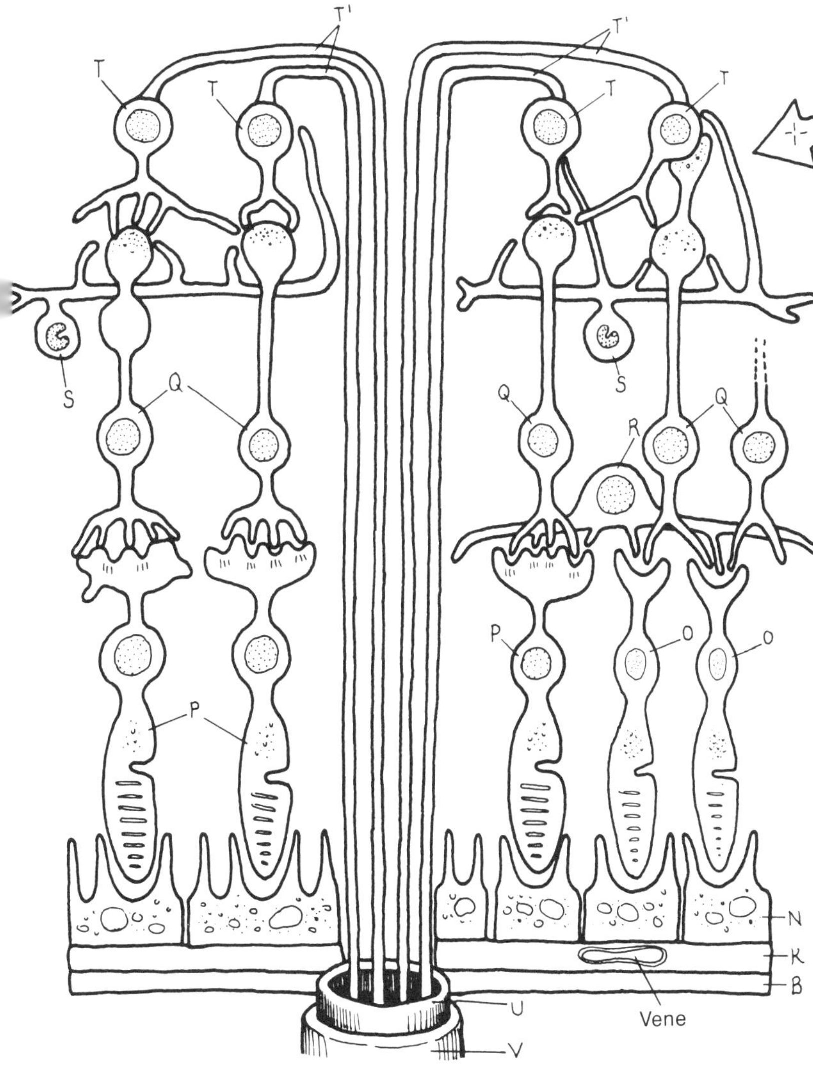


schematisierte
Abbildung
der Retina

Retina ★
Pigmentschicht N
Stäbchen O
Zapfen P
bipolare Zelle Q
Horizontalzelle R
amakrine Zelle S
Ganglienzelle T/Axon T'
Nervus opticus U
Optikusscheide V

# 6–7
# VISUELLES SYSTEM: SEHBAHN

Den Anfang der Sehbahn bildet ihr peripheres Rezeptororgan, die Retina, von der aus visuelle Impulse über den Thalamus zur Großhirnrinde weitergeleitet werden.

**Malen Sie den Oberbegriff ‚primäre Sehbahn' an sowie die Begriffe A–G und deren zugehörige Strukturen. Verwenden Sie für B¹ und B² gut kontrastierende Schattierungen derselben Farbe. Kolorieren Sie danach den Oberbegriff ‚Lichtreflex', die Begriffe H–M und deren zugehörige Strukturen.**

Der *Nervus opticus (Sehnerv, I. Hirnnerv)* (B) entsteht aus den konvergierenden Ganglienzellaxonen der *Retina (Netzhaut)* (A), verläßt den Augapfel an dessen dorsaler Oberfläche und tritt durch den Canalis nervi optici (s. Tafel 6–2) in den Schädel ein. Die *medialen (nasalen) Optikusfasern* (B¹) kreuzen im *Chiasma opticum* (C) zum kontralateralen *Tractus opticus* (D). Die *lateralen (temporalen) Optikusfasern* (B²) projizieren ungekreuzt durch das Chiasma opticum zum ipsilateralen Tractus opticus.

Die überwiegende Mehrheit der Tractus opticus-Fasern bilden im *Corpus geniculatum laterale* (E) des Thalamus Synapsen und formieren sich dann zur primären Sehbahn: Nach Verlassen des Corpus geniculatum laterale verlaufen die Fasern als *Sehstrahlung (Radiatio optica, Gratiolet-Strahlung)* (F), auch *Tractus geniculocalcarinus* genannt, zur *Sehrinde (Area striata)* (G) in der Fissura calcarina des Okzipitallappens.

Einige Fasern des Tractus opticus verlaufen zunächst nach anterior und inferior zum Temporallappen, von wo aus sie über eine *rückläufige Schleife (Meyer's loop; Meyer-Schleife)* (F¹) zur Fissura calcarina projizieren.

Den afferenten Schenkel des Lichtreflexes bilden Tractus opticus-Fasern, die als *prätektale Afferenzen* (H) zum *Nucleus praetectalis* (H¹) ziehen. *Prätektale Efferenzen* (H²) verlaufen durch die *Commissura posterior* (I) zu *Interneuronen* (J) des kontralateralen Nucleus praetectalis. Die Axone dieser Interneurone projizieren zum anterior gelegenen *Nucleus Edinger-Westphal* (K) (s. Tafel 6–4), von dem aus *präganglionäre Fasern* (K¹) gemeinsam mit dem Nervus oculomotorius (nicht dargestellt) zur Orbita projizieren und im (motorischen) *Ganglion ciliare* (L) Synapsen bilden. *Postganglionäre Fasern* (L¹) aus dem Ganglion ciliare innervieren den *Ziliarmuskel* (P) des Ziliarkörpers und den *Musculus constrictor pupillae (Pupillenschließmuskel)* (M). Der eben beschriebene Lichtreflexbogen ermöglicht die Anpassung der Pupillenweite an die Intensität des einfallenden Lichts: Je heller (dunkler) das Licht, desto enger (weiter) die Pupille. Durch Fasern, die jeweils durch die Commissura posterior nach kontralateral kreuzen, entsteht die sog. konsensuelle Pupillenreaktion: Trifft Licht nur auf ein Auge, so verengt sich sowohl die Pupille des belichteten als auch die Pupille des unbelichteten Auges.

**Malen Sie den Oberbegriff ‚Akkommodationsreflex' an sowie die Begriffe N, O und P und deren zugehörige Strukturen. Kolorieren Sie den Oberbegriff ‚Blickrichtungsreflex', die Begriffe Q und Q¹ und deren zugehörige Strukturen.**

Dem Akkommodationsreflex als Anpassung an die Erfordernisse des Nah- und Fernsehens liegt eine Änderung der Linsenkonvexität und damit der Brechkraft der Linse zugrunde. Der Effektor dieses Reflexes ist der *Ziliarmuskel* (P) (s. Tafel 6–6). Den afferenten Reflexschenkel bilden wahrscheinlich bestimmte Faserbündel der Sehstrahlung, nämlich *kortikokollikuläre Fasern* (N), die zum *Colliculus superior* (O) ziehen, und kortikoprätektale Fasern (nicht dargestellt), die zu den Nuclei praetectales ziehen. Der efferente Schenkel des Akkommodationsreflexes beginnt im Nucleus Edinger-Westphal, dessen Fasern im Ganglion ciliare in Synapsen auf postganglionäre Fasern umgeschaltet werden, die schließlich den Ziliarmuskel innervieren.

Einige *Fasern* (Q) treten aus dem Tractus opticus unmittelbar in den Colliculus superior ein. *Faserverbindungen* (Q¹) zwischen Colliculus superior und Corpus geniculatum laterale vermitteln eintreffende visuelle Impulse weiter. Andere Axone des Colliculus superior projizieren nach kaudal zum Hirnstamm und Rückenmark und kontrollieren bzw. koordinieren Augen- und Kopfbewegungen bei visueller Fixierung sich bewegender Gegenstände (s. Tafel 4–10).

# VISUELLES SYSTEM: SEHBAHNEN

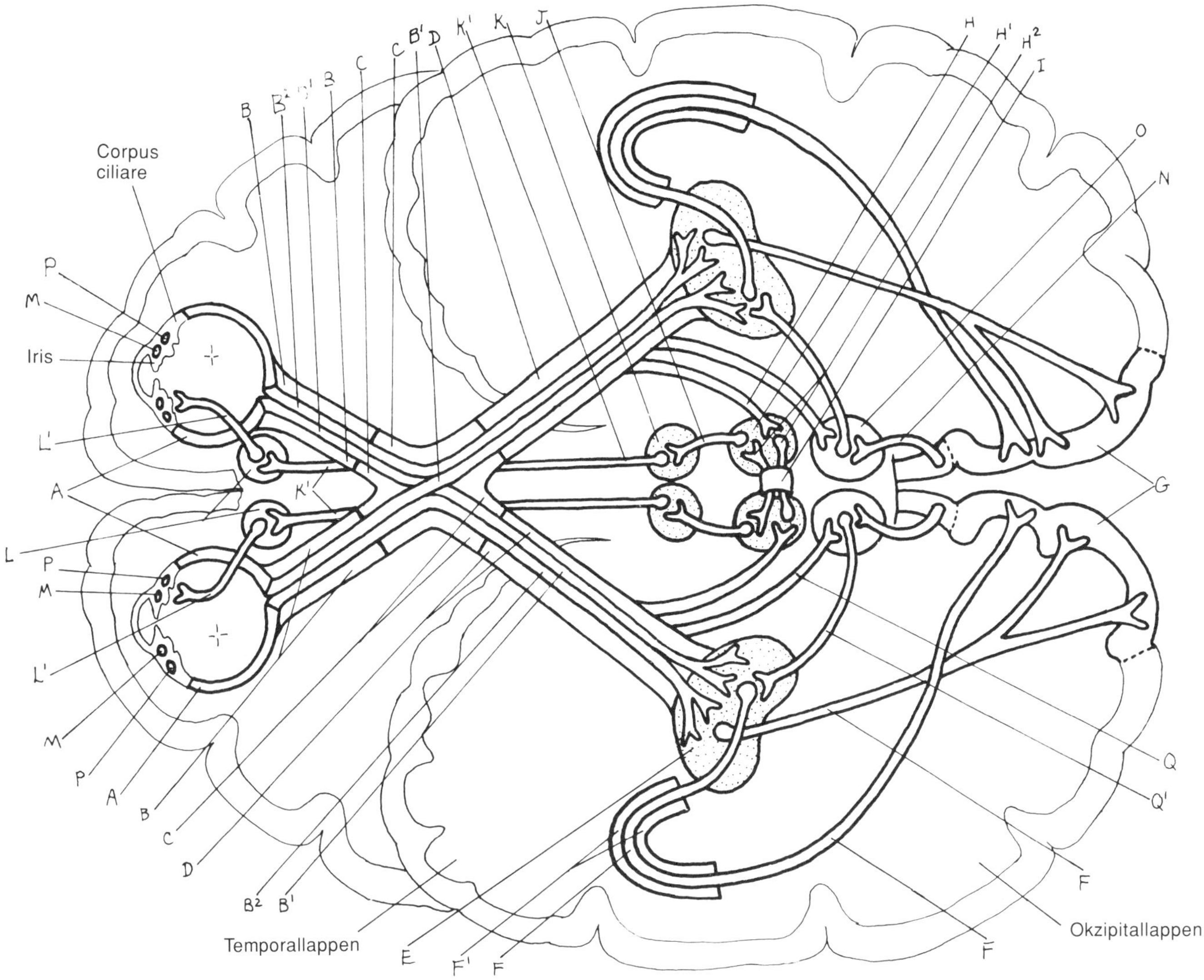


primäre Sehbahn ★
Retina A
Nervus opticus B
  nasale Faser B'
  temp. Faser B²
Chiasma opt. C/Tr. optic. D
C. genic. lat. E
Radiatio optica F
  Meyer-Schleife F'
Sehrinde H/Area 17 G
Lichtreflex ★
prätekt. Aff. H/Nucl. H'/Eff. H²
Commissura post. I
Interneuron J

Nucl. Edinger-Westphal K
  prägangl. Faser K'
Gangl. ciliare L
  postgangl. Faser L'
M. constr. pup. M
Akkommodationsreflex ★
kort.-kollik. Faser N
Collic. sup. O
Ziliarmuskel P
Blickrichtungsreflex ★
optikokollik. Faser Q
kollik.-genik. Faser Q'

# 6–8
# LÄSIONEN DER SEHBAHN UND IHRE FOLGEN

Erkrankungen oder Verletzungen bestimmter Abschnitte oder Strukturen der Sehbahn verursachen häufig charakteristische Beschwerden und/oder visuelle Ausfallserscheinungen.
Die Kreise am linken Rand der Bildtafel repräsentieren das linksseitige, diejenigen am rechten Rand das rechtsseitige Gesichtsfeld. Das Gesichtsfeld jedes Auges besteht aus einer temporalen (lateralen) und einer nasalen (medialen) Hälfte. Der nasale Sektor wird auf die temporale Netzhaut des ipsilateralen Auges projiziert, das temporale Gesichtsfeld auf die ipsilaterale nasale Netzhauthälfte. Das Überlappen der nasalen Gesichtsfelder beider Augen ermöglicht das Binokularsehen, also das beidäugige Sehen. Da ein Teil der Optikusfasern jedes Auges im Chiasma opticum zur kontralateralen Seite der Sehbahn kreuzt, verursachen Läsionen der Sehbahn posterior des Chiasma opticum meist Ausfälle in beiden Gesichtsfeldhälften.

**Malen Sie die Oberbegriffe ‚linkes und rechtes Gesichtsfeld/linke und rechte Retinahälfte' an sowie die Begriffe A, A$^1$, B und B$^1$. Verwenden Sie für A und B gut kontrastierende Pastellfarben und unterschiedliche Schattierungen derselben Farbe für Strukturen mit identischem Kennbuchstaben, aber unterschiedlichen Kennziffern. Kolorieren Sie die Gesichtsfeldbereiche, die in der Mitte der Hauptabbildung ganz oben skizziert sind. Malen Sie die Retinabereiche der Augen an sowie die zugehörigen Bereiche des Nervus und Tractus opticus, des Chiasma opticum und der Sehstrahlung. Kolorieren Sie die Oberbegriffe ‚linke Seite und rechte Seite'. Malen Sie, beginnend mit C, nacheinander die verschiedenen Balken (Ort einer Läsion) an sowie, beginnend mit den beiden obersten, die zugehörigen Kreispaare (resultierende Gesichtsfeldausfälle) und deren zugehörige Begriffe.**

Läsionen der Sehbahn verursachen, in Abhängigkeit von ihrer Lokalisation, unilaterale oder bilaterale Gesichtsfeldausfälle. Eine Läsion der Retina oder des Nervus opticus vor dem Chiasma opticum resultiert in einem Gesichtsfeldausfall ausschließlich des ipsilateralen Auges. Liegt die Läsion im Chiasma opticum oder entlang der Sehstrahlung, so entsteht ein partieller Gesichtsfeldausfall in beiden Augen. Im Falle einer Verletzung der Sehrinde können Sehstörungen unterschiedlichen Ausmaßes entstehen. Die Palette reicht vom Ausfall eines spezifischen Gesichtsfeldquadranten bis hin zur völligen Erblindung.
Eine Läsion des Sehnerven (z.B. durch Trauma, Ödem der Nervenscheide oder Unterbrechung der Blutzufuhr) resultiert, bei völligem Ausfall des Nervus opticus (Balken C), in der kompletten *Erblindung (Amaurose)* (C) des betroffenen Auges. Ein Teilausfall des Nervus opticus (Balken D) unterbricht im dargestellten Fall die nasalen Retinafasern des betroffenen Auges, was eine ipsilaterale, temporale Halbseitenblindheit *(linksseitige temporale Hemianopsie)* (D) nach sich zieht. Wenn ein Tumor das Chiasma opticum komprimiert (Balken E) und dadurch bilateral die nasalen Retinafasern des Nervus opticus ausfallen, entsteht eine *bitemporale (heteronyme) Hemianopsie* (E), bei der das temporale Gesichtsfeld beider Augen partiell oder komplett ausfällt.
Eine einseitige Unterbrechung des Tractus opticus oder der Radiatio optica (Balken F) verursacht eine *homonyme (gleichseitige) Hemianopsie* (F), bei der in beiden Augen jeweils das rechte oder linke Gesichtsfeld betroffen ist.
Eine Läsion der Sehstrahlung im Bereich der Meyer-Schleife (Balken G) (s. Tafel 6–7), z.B. durch einen Tumor im Temporallappen, verursacht charakteristischerweise einen Ausfall des oberen äußeren Gesichtsfeldquadranten, also eine *homonyme obere Quadrantenanopsie* (G), die häufig das erste Symptom eines tiefen Temporallappentumors ist.
Aufgrund der Vielzahl der Möglichkeiten ist die Auswahl der hier dargestellten Sehbahnläsionen und ihrer resultierenden Sehstörungen unvollständig.

# LÄSIONEN DER SEHBAHN UND IHRE FOLGEN

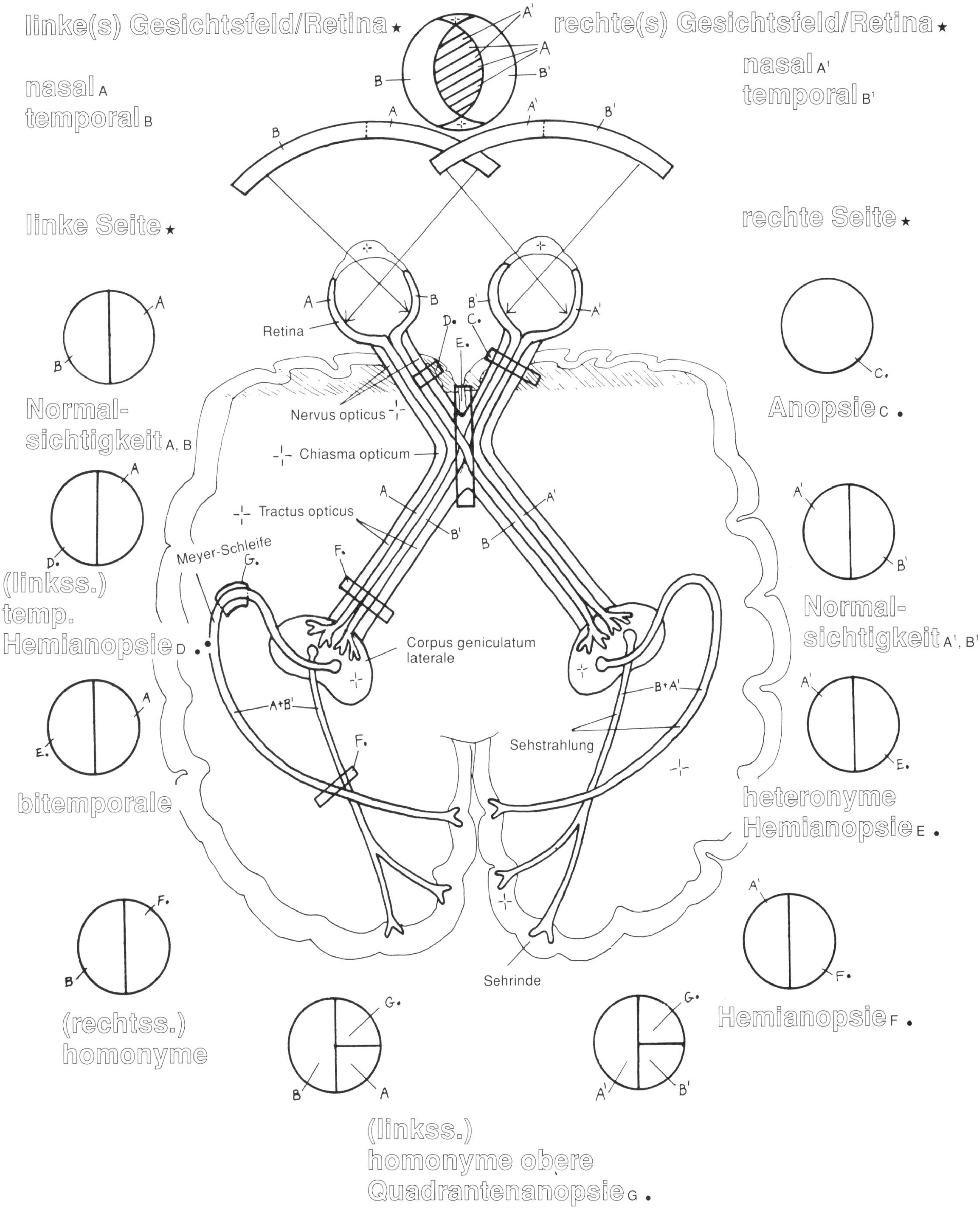

# 6–9 NERVUS OCULOMOTORIUS (III. HIRNNERV)

Der Nervus oculomotorius ist ein gemischter Nerv, der sowohl somatomotorische als auch viszeromotorische (parasympathische) Fasern enthält und die inneren und einen Teil der äußeren Augenmuskeln innerviert.

**Malen Sie die Begriffe A, B und $B^1$ an, deren zugehörige Strukturen in der oberen Abbildung und die Struktur $B^1$ auch in der unteren Abbildung. Kolorieren Sie den Oberbegriff ‚somatomotorische Bahn', die Begriffe C–$E^2$ und deren zugehörige Strukturen in beiden Abbildungen. Verwenden Sie unterschiedliche Schattierungen derselben Farbe für Strukturen mit identischem Kennbuchstaben aber unterschiedlichen Kennziffern.**

Die *Okulomotoriuskerne* (A) liegen als längliche Zellgruppierung im zentralen Höhlengrau anterior des Aquädukts auf Höhe des Colliculus superior. Ihre *Axone* (B) bilden den *Nervus oculomotorius (III. Hirnnerv)* ($B^1$). Sie verlaufen durch die Mittelhirnhaube, wobei einige Nervenfasern durch den Nucleus ruber ziehen und den Hirnstamm zwischen den Hirnschenkeln in der Fossa interpeduncularis verlassen. Der Nerv verläuft dann weiter in anteriorer Richtung, zieht durch die Fissura orbitalis superior zur Orbita und spaltet sich schließlich in die einzelnen Äste auf, die jeweils bestimmte Augenmuskeln (Effektororgane) innervieren.

Mit einer Ausnahme (s.u.) sind die Okulomotoriuskerne bilateral angelegt. Die *Axone* ($C^1$) der *lateralen Kerne* (C) innervieren die *Musculi rectus inferior* ($C^2$), *rectus medialis* ($C^3$) und *obliquus inferior* ($C^4$) der äußeren (extraokulären) Augenmuskulatur. Die *Axone* ($D^1$) der *medialen Kerne* (D) innervieren den *Musculus rectus superior* ($D^2$) des Auges. Der *unpaare Kern (Kern von Perlia)* (E) innerviert mit seinen *Axonen* ($E^1$) den *Musculus levator palpebrae superioris (oberer Lidhebemuskel)* ($E^2$), der nicht zu den äußeren Augenmuskeln zählt. Efferenzen dieser drei Kerngruppen verlaufen sowohl gekreuzt als auch ungekreuzt. Die koordinierte Bewegung des Auges ist von der synergistischen Funktion aller daran beteiligten Nerven und ihrer zugehörigen Muskeln abhängig.

**Malen Sie den Oberbegriff ‚viszeromotorische Bahn' an sowie die Begriffe F–$F^4$ und deren zugehörige Strukturen in der unteren Abbildung. Wählen Sie Farben aus, die einen deutlichen Kontrast zu den benachbarten Strukturen darstellen.**

Der *Nucleus Edinger-Westphal* (F) liegt im rostralen Bereich des okulomotorischen Kernkomplexes (s. Tafel 6–7 u. 8–2). Seine Fasern fungieren als *präganglionäre viszerale Efferenzen* ($F^1$). Sie verlaufen gemeinsam mit somatischen Efferenzen des III. Hirnnerven zum *Ganglion ciliare* ($F^2$) und bilden dort Synapsen. *Postganglionäre Fasern* ($F^3$) verlassen das Ganglion ciliare, treten durch die posteriore Bulbusoberfläche und verlaufen im Bulbus unmittelbar neben der Choroidea zum Ziliarmuskel und zum *Musculus sphincter pupillae* ($F^4$) der Iris, der die Pupillenweite reguliert.

Der Bulbus kann folgende Bewegungen ausführen:
*Adduktion* = Drehung um die vertikale Achse nasalwärts;
*Abduktion* = Drehung um die vertikale Achse temporalwärts;
*Hebung* = Drehung um die horizontale Achse aufwärts;
*Senkung* = Drehung um die horizontale Achse abwärts;
*Innenrotation* = Drehung um die sagittale Achse nasalwärts;
*Außenrotation* = Drehung um die sagittale Achse temporalwärts.

# NERVUS OCULOMOTORIUS (III. HIRNNERV)

Okulomotoriuskerne A
Axone B/N. oculom. B¹
somatomotorische Bahn ★
lat. Kerne C/Axone C¹
M. rectus inf. C²
M. rectus med. C³
M. obliquus inf. C⁴

med. Kerne D/Axon D¹
M. rectus sup. D²
unpaarer Kern E/Axon E¹
M. lev. palp. sup. E²

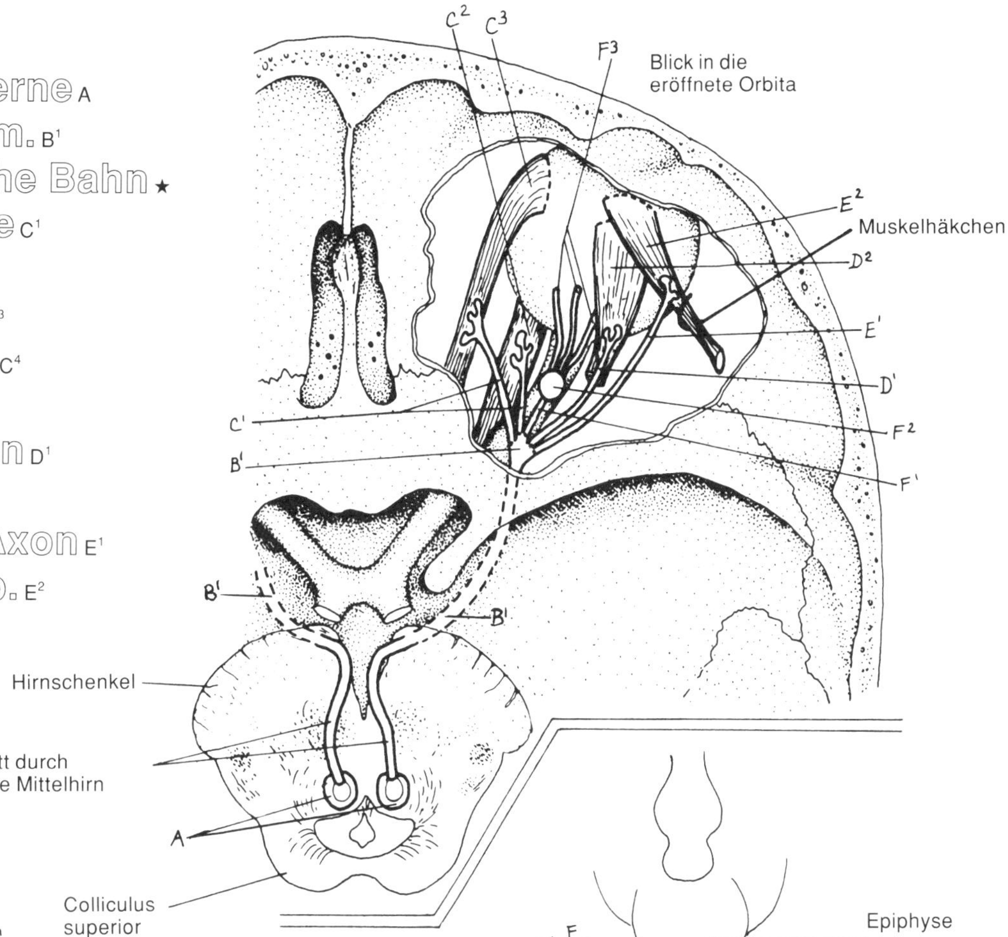


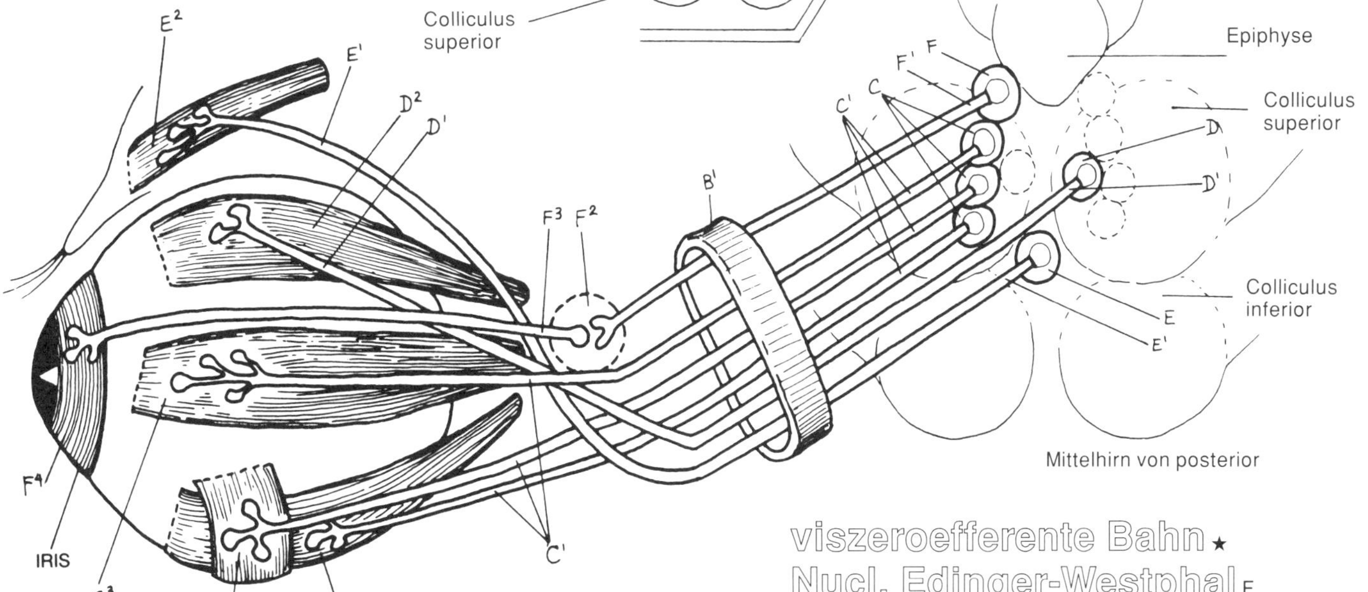


Medianansicht von Bulbus, äußerer Augenmuskulatur und N. oculomotorius

viszeroefferente Bahn ★
Nucl. Edinger-Westphal F
prägangl. Faser F¹
Ganglion ciliare F²
postgangl. Faser F³
M. sphincter pupillae F⁴

# 6–10

# NERVUS TROCHLEARIS (IV. HIRNNERV) UND NERVUS ABDUCENS (VI. HIRNNERV)

Die somatomotorischen Hirnnerven IV und VI beteiligen sich an der Innervation der äußeren Augenmuskulatur.

**Malen Sie die Begriffe A–A³ und deren zugehörige Strukturen in unterschiedlichen Schattierungen derselben Farbe an.**

Der *Nucleus nervi trochlearis* (A) liegt ventral des Aquaeductus cerebri auf Höhe des Colliculus inferior. Die *Axone* (A¹) des Trochleariskerns projizieren zunächst bogenförmig nach dorsal, kreuzen über dem Aquädukt nach kontralateral und treten schließlich als einziger Hirnnerv an der Dorsalfläche des Hirnstamms aus, nämlich am Unterrand des Colliculus inferior. Der *Nervus trochlearis* (A²) hat von allen Hirnnerven den längsten intrakraniellen Verlauf. Er zieht zunächst bogenförmig um den Hirnstamm und tritt dann durch die Fissura orbitalis superior in die Orbita, wo er den *Musculus obliquus superior* (A³) des Bulbus innerviert. Dieser verläuft von seinem Ursprungsort aus in einem Winkel von ca. 120° durch eine bindegewebige Schlinge (lat. trochlea) und setzt an der superioren Oberfläche der Sklera an. Der Musculus obliquus superior rotiert den Bulbus nach medial (nasalwärts) und senkt und abduziert ihn gleichzeitig etwas.

**Malen Sie die Begriffe B–B³ und deren zugehörige Strukturen an.**

Der *Nucleus nervi abducentis* (B) liegt im kaudalen Ponsbereich nahe der Mittellinie am Boden der IV. Ventrikels. Die *Axone* (B¹) des Abduzenskerns verlaufen in anterolateraler Richtung durch den Pons und verlassen den Hirnstamm an dessen anteriorer Oberfläche im Bereich des pontomedullären Übergangs. Danach zieht der *Nervus abducens* (B²) nach anterior durch die Fissura orbitalis superior zur Orbita und innerviert den *Musculus rectus lateralis* (B³), der den Bulbus nach lateral (temporalwärts) rotiert.

# NERVUS TROCHLEARIS (IV. HIRNNERV) UND NERVUS ABDUCENS (VI. HIRNNERV)

somatische Efferenz ★
Nucl. n. trochlearis A
Axone A¹/Nervus A²
M. obliquus sup. A³
Nucl. n. abduc. B
Axone B¹/Nervus B²
M. rectus lat. B³

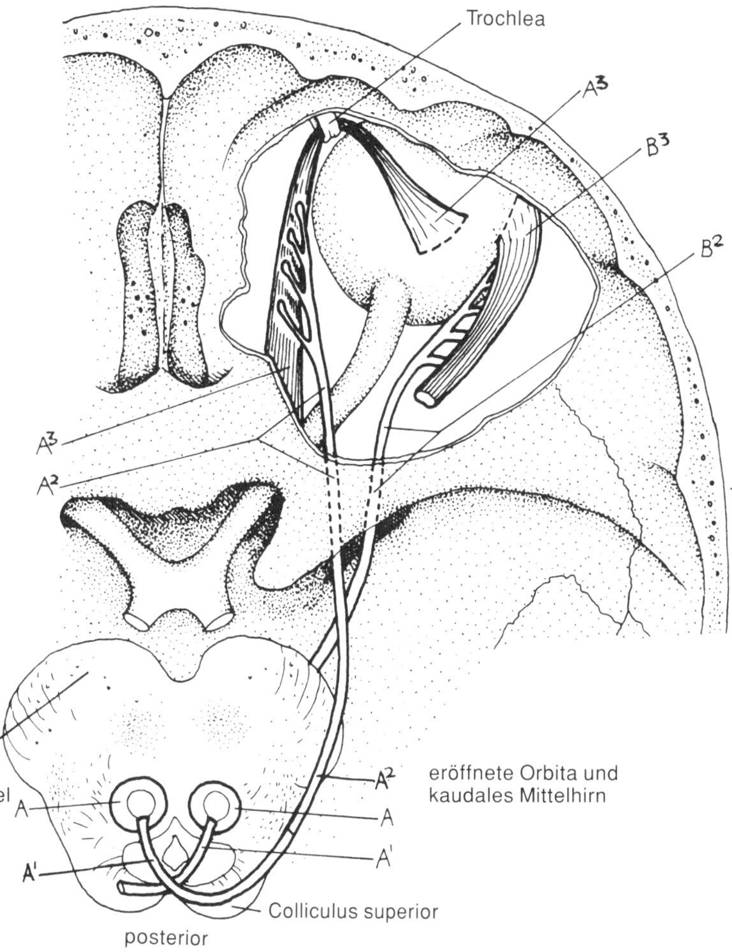


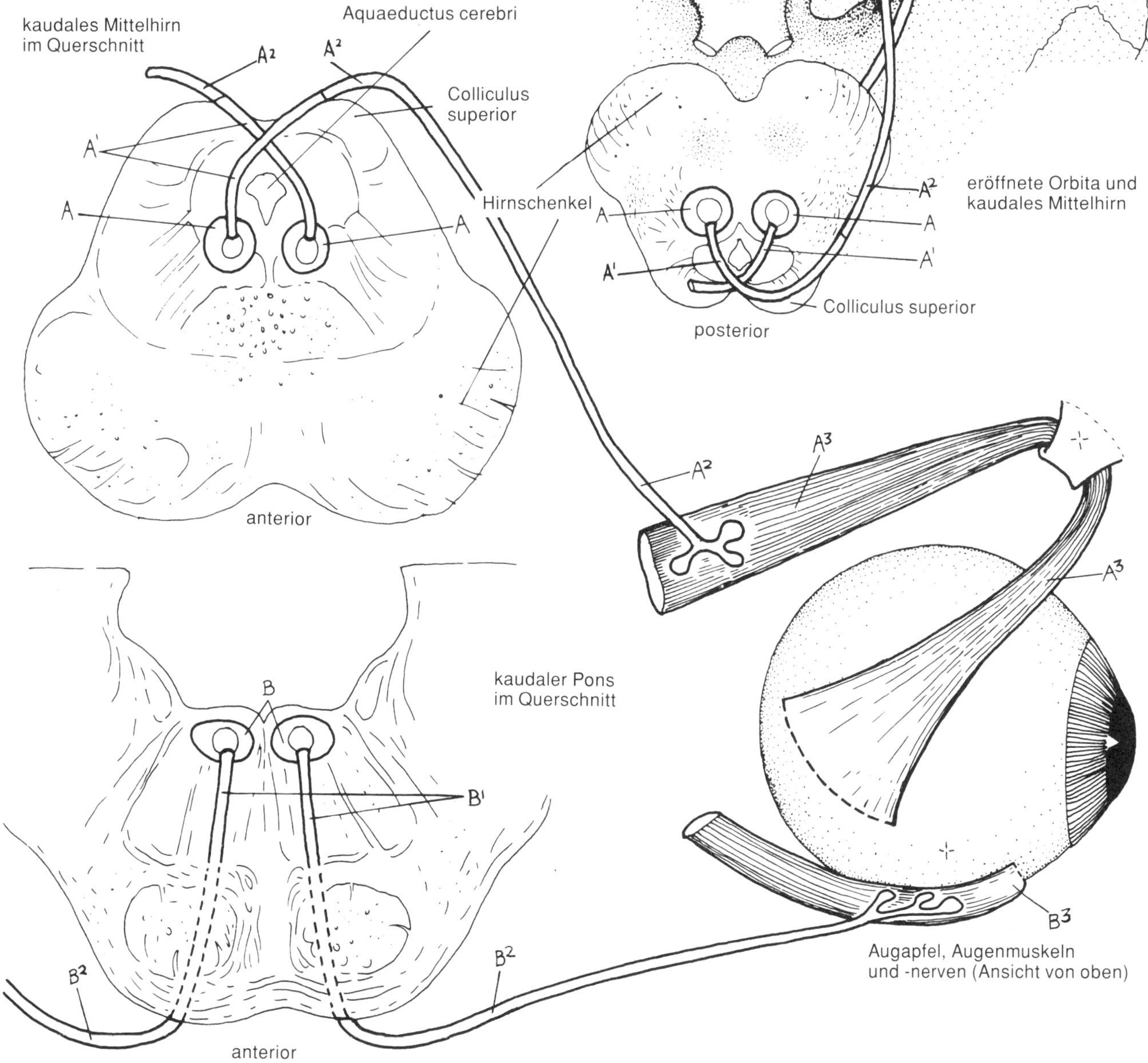

# 6–11

# NERVUS TRIGEMINUS (V. HIRNNERV): SENSORISCHE KOMPONENTE

Der Nervus trigeminus ist der dickste Hirnnerv und enthält sowohl sensorische als auch motorische Fasergruppen. Er ist überdies der einzige Hirnnerv, dessen sensorische Fasern bestimmte Dermatome im Kopfbereich innervieren. Ein Dermatom ist ein umschriebener Hautbereich, der von der Hinterwurzel eines einzelnen Spinalnerven, oder, bezogen auf den Nervus trigeminus, von der sensorischen Wurzel dieses Hirnnerven innerviert wird.

**Malen Sie die Begriffe A–$D^4$ und deren zugehörige Strukturen an. Verwenden Sie dabei für $B^5$, $C^4$ und $D^5$ in der oberen Abbildung helle Farben.**

Die Axone aus der *sensorischen Wurzel* ($A^3$) des V. Hirnnerven treten in den Pons ein und enden in einem der drei sensorischen Trigeminuskerne: Fasern, die Berührungs-, Schmerz- und Temperaturempfindungen aus dem Gesichtsbereich leiten, enden im *Nucleus spinalis nervi trigemini* (A); Fasern, die die faziale Zwei-Punkt-Diskrimination sowie Lagesinn und Druckreize aus dem Gesicht weiterleiten, verlaufen zum *Nucleus principalis (pontinus) nervi trigemini* ($A^1$); propriozeptive Fasern enden im *Nucleus mesencephalicus nervi trigemini* ($A^2$). Diese drei Kerne werden auf Tafel 6–12 näher erläutert.

Die primär sensorischen Neurone des V. Hirnnerven liegen, mit einer Ausnahme ($A^1$), im *Ganglion trigeminale (Ganglion semilunare, Ganglion Gasseri)* ($A^4$) an der medialen Wand der mittleren Schädelgrube. Der größte Teil der sensorischen Trigeminuswurzel besteht aus den zentralen Fortsätzen dieser sensorischen Neurone. Die peripheren Fortsätze treten in Form dreier verschiedener Nerven aus jeweils unterschiedlichen Ursprungsgebieten in das Ganglion trigeminale ein. Aus praktischen Gründen werden wir diese Nerven von zentral nach peripher verfolgen, obwohl die Impulsleitung in umgekehrter Richtung erfolgt.

Der oberste und dünnste Trigeminusast ist der *Nervus ophthalmicus (1. Trigeminusast, $V_1$)* (B). Er zieht gemeinsam mit der Arteria ophthalmica durch die Fissura supraorbitale und tritt dann in die Orbita ein, wo er sich in drei Äste aufteilt: *Nervus nasociliaris* ($B^1$), *Nervus lacrimalis* ($B^2$) und *Nervus frontalis* ($B^3$). Die Fasern des Nervus nasociliaris verlaufen zum (parasympathischen) Ganglion ciliare, zum Bulbus oculi, zu den Nasennebenhöhlen und zur Haut des medialen Augenwinkels. Der Nervus lacrimalis führt sensorische Fasern aus der Tränendrüse (Glandula lacrimalis). Der größte Anteil des Nervus frontalis tritt als *Nervus supraorbitalis* ($B^4$) durch die Fissura supraorbitalis aus der Orbita aus und innerviert den überwiegenden Bereich des *$V_1$-Dermatoms* ($B^5$).

Der *Nervus maxillaris (2. Trigeminusast, $V_2$)* (C) verläßt den Schädel durch das Foramen rotundum. Eines seiner Faserbündel verläuft zum Ganglion pterygopalatinum in der Fossa pterygopalatina. *Nasale Äste* ($C^1$) des Nervus maxillaris ziehen zur Nasenhöhle und die *Nervi alveolares superiores* ($C^2$) innervieren die Mundhöhle, die obere Zahnreihe und die benachbarten Sinus maxillares (Kieferhöhlen). Einige terminale Äste des Nervus maxillaris verlassen den Schädel als *Nervus infraorbitalis* ($C^3$) durch das Foramen infraorbitale und versorgen die Gesichtshaut im Bereich des *$V_2$-Dermatoms* ($C^4$).

Der *Nervus mandibularis (3. Trigeminusast, $V_3$)* (D) enthält als einziger auch motorische Nervenfasern (s. Tafel 6–13). Dieses Faserbündel zieht durch das Foramen ovale zur Fossa infratemporalis. Einige sensorische Mandibularisfasern projizieren zum Ganglion oticum, zum äußeren Ohr und als *Nervus auriculotemporalis* ($D^1$) zur oberen Hälfte des $V_3$-Dermatoms. Andere Mandibularisfasern innervieren als *Nervus lingualis* ($D^2$) die Mundhöhle und die Zunge (mit Ausnahme der Geschmacksrezeptoren) und als *Nervus alveolaris inferior* ($D^3$) die untere Zahnreihe. Ein weiterer Mandibularisast ist der *Nervus mentalis* ($D^4$), der durch das Foramen mentale im Unterkiefer nach außen zieht und den restlichen Bereich des *$V_3$-Dermatoms* ($D^5$) innerviert.

# NERVUS TRIGEMINUS (V. HIRNNERV): SENSORISCHE KOMPONENTE

Nucl. spin. n. trig. A
Nucl. princip. n. trig. $A^1$
Nucl. mesenceph. n. trig. $A^2$
sens. Wurzel $A^3$
Gangl. trigem. $A^4$

N. ophthalmicus ($V_1$) B:
n. nasocil. $B^1$/lacrim. $B^2$/
front. $B^3$/supraorbit. $B^4$

N. maxillaris ($V_2$) C:
nas. Ast $C^1$/N. alveol. sup. $C^2$/
infraorbitalis $C^3$

N. mandibularis ($V_3$) D:
N. auriculotemp. $D^1$/lingual. $D^2$/
alveol. inf. $D^3$/ment. $D^4$

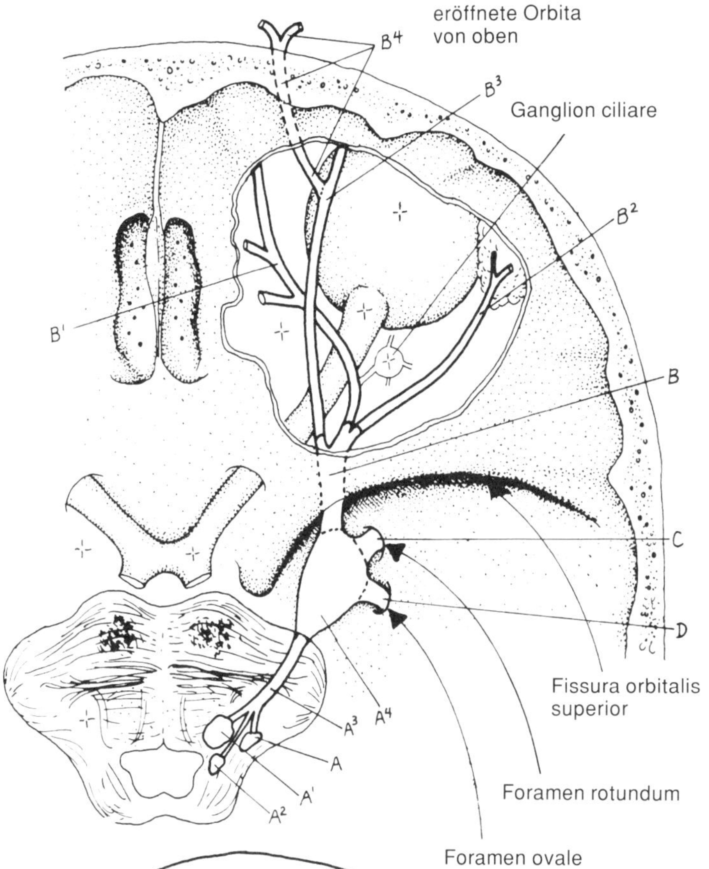


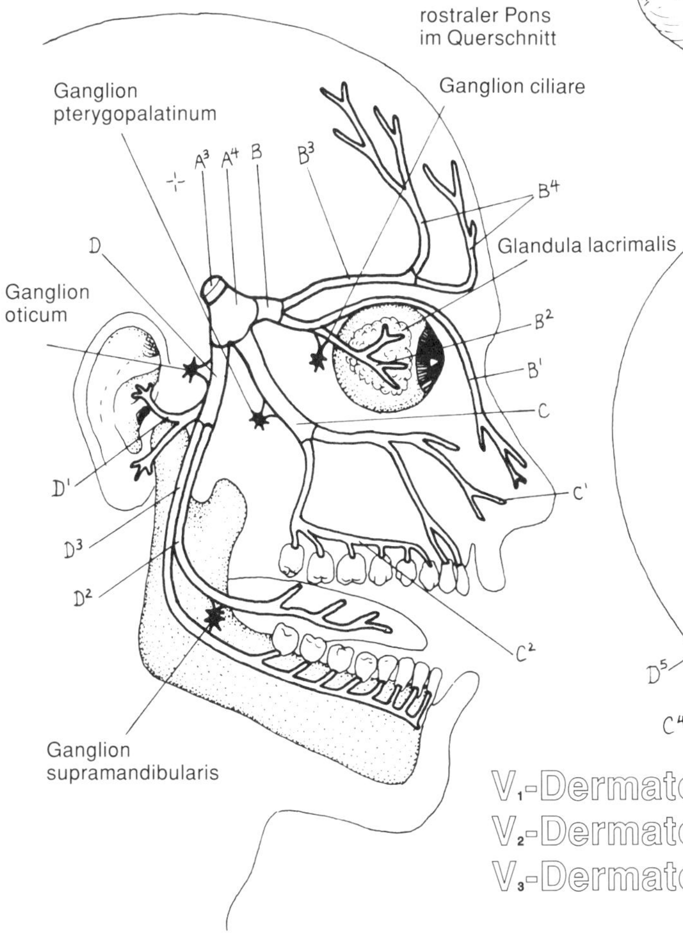


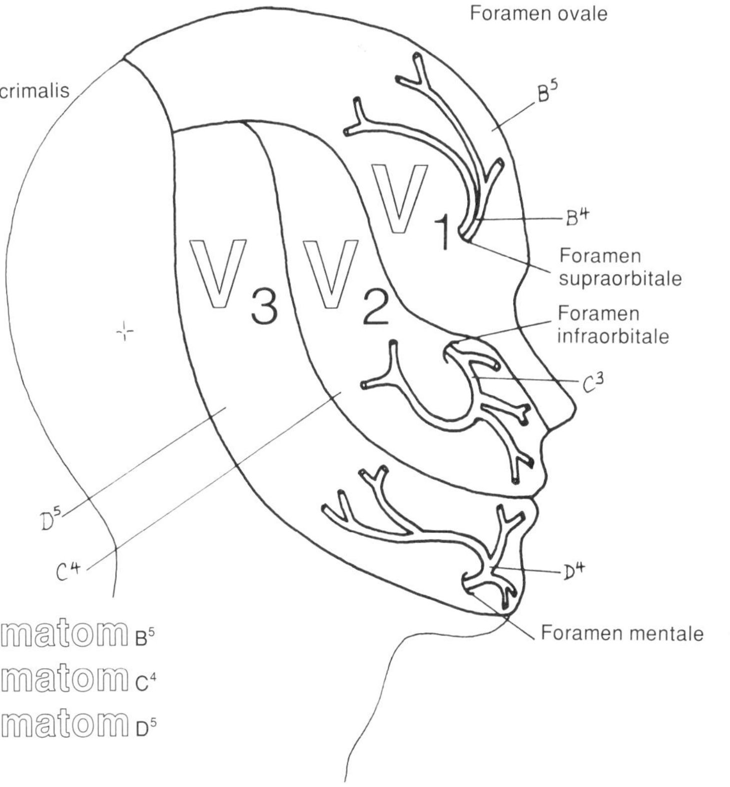


$V_1$-Dermatom $B^5$
$V_2$-Dermatom $C^4$
$V_3$-Dermatom $D^5$

# 6–12

# NERVUS TRIGEMINUS (V. HIRNNERV): ZENTRALE BAHNEN

Auf dieser Tafel wird der zentrale Verlauf von Trigeminusfasern nach Verlassen der sensorischen Trigeminuskerne erläutert.

**Malen Sie die Begriffe A–J in der oberen Outline-Spalte an sowie deren zugehörige Strukturen in der linken Abbildung. Kolorieren Sie danach die rechte Abbildung von unten nach oben. Lesen Sie den Text nach dem Anmalen der ersten Bahn (B–J).**

Aus der *sensorischen Wurzel* (A) des V. Hirnnerven verlaufen Fasern zum Pons. Die zentralen Fortsätze der *primären sensorischen Neurone* (B), die Berührungs-, Temperatur- und Schmerzimpulse aus dem Gesichtsbereich vermitteln, treten in den mittleren Ponsbereich ein und deszendieren als Tractus spinalis nervi trigemini nach kaudal. Die zentralen Fortsätze dieser Bahn bilden Synapsen mit dem medial gelegenen *Nucleus spinalis nervi trigemini* ($B^1$).
Die *Axone* ($B^2$) aus dem spinalen Trigeminuskern geben *Kollateralen* ($B^3$) zur ipsilateralen *Formatio reticularis* (E) ab. Danach kreuzen sie nach kontralateral und aszendieren als *Tractus trigeminothalamicus ventralis* (F) im *Lemniscus medialis* (G). Diese Fasern enden im *Nucleus ventralis posteromedialis thalami* (H), wo sie Synapsen bilden. *Thalamokortikale Fasern* (I) aszendieren zum *Gyrus postcentralis* (J), also zur primär sensorischen Rinde des Parietallappens (Area 3, 1 und 2).

**Malen Sie die Begriffe $C^2$–$I^2$ an sowie die Strukturen $C^2$, $C^3$, $I^1$, $I^2$ und K in der rechten Abbildung.**

Diejenigen zentralen Fortsätze der *primären sensorischen Neuronen* (C), die Informationen über Berührung, Lage und Zwei-Punkt-Diskrimination aus dem Gesicht weiterleiten, projizieren zum sensorischen *Nucleus principalis (pontinus) nervi trigemini* ($C^1$), der die rostrale Fortsetzung des Nucleus spinalis nervi trigemini darstellt. Im ipsilateralen *Tractus trigeminothalamicus dorsalis* (K) aszendieren *ungekreuzte Axone* ($C^2$) des Nucleus principalis zum Nucleus ventralis posteromedialis thalami, von dem aus *thalamokortikale Fasern* ($I^1$) Impulse zum Gyrus postcentralis weiterleiten. Die *gekreuzten Axone* ($C^3$) des Nucleus principalis schließen sich auf Höhe des Pons dem kontralateralen Lemniscus medialis an und aszendieren weiter zum Nucleus ventralis posteromedialis thalami derselben Seite, von wo aus ebenfalls *thalamokortikale Fasern* ($I^2$) zum Gyrus postcentralis projizieren.
Diejenigen *primären sensorischen Neurone* (D), die propriozeptive Impulse aus der Kaumuskulatur weiterleiten, liegen im *Nucleus mesencephalicus nervi trigemini* ($D^1$), der sich vom Ursprung des V. Hirnnerven im Pons bis ins Hinterhirn erstreckt. Dieser Kern steht als einziges Beispiel dafür, daß primär sensorische (pseudounipolare) Neurone im Hirnstamm lokalisiert sind und nicht in einem Ganglion außerhalb des ZNS.
Der Nervus trigeminus ist an einer Reihe wichtiger Reflexe beteiligt (z.B. Blinzeln und Tränen der Augen als Schutzreflex, Niesen und Erbrechen). Zum afferenten Schenkel dieser Reflexbögen gehören u.a. die oben erläuterten sensorischen Trigeminuskerne. Deren Nervenfasern aszendieren und deszendieren in der Formatio reticularis, wobei sie Kollateralen (nicht dargestellt) zu den motorischen Hirnstammkernen abgeben, deren Axone wiederum den efferenten Schenkel der o.g. Reflexe bilden.

# NERVUS TRIGEMINUS (V. HIRNNERV): ZENTRALE BAHNEN

sens. Wurzel A
prim. sens. Neur. B/
Nucl. spin. n. trig. $B^1$
prim. sens. Neur. C/
Nucl. princip. n. trig. $C^1$
prim. sens. Neur. D/
Nucl. mesenc. n. trig. $D^1$
Axon d. Nucl. spin. n. trig. $B^2$
Kollat. $B^3$/Form. retic. E
Tr. trig. thal. ventr. F
Lemnisc. medialis G
Nucl. ventr. posteromed. thal. H
thalamokortik. Faser I
Gyrus postcentralis J

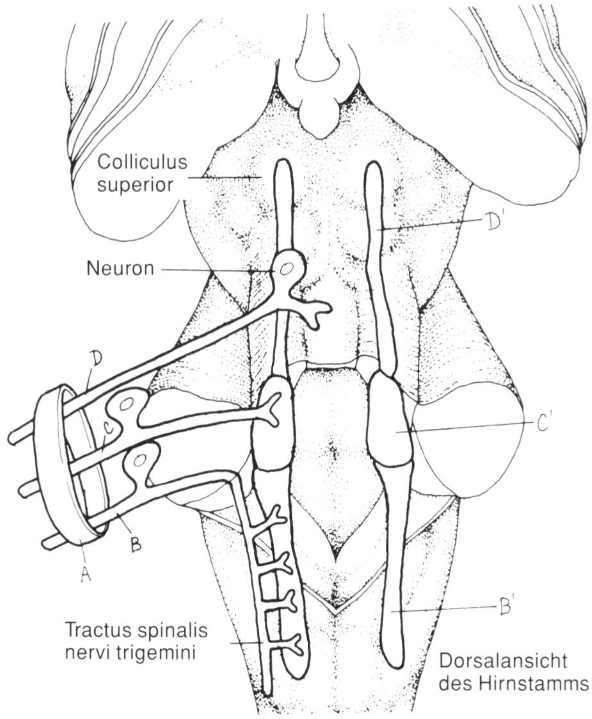


(ungekr.) Axon des
Nucl. princip. n. trig. $C^2$
Tr. trig. thalam. dors. K
(gekr.) Axon des
Nucl. princip. n. trig. $C^3$
thal. kortik. Faser $I^1$, $I^2$

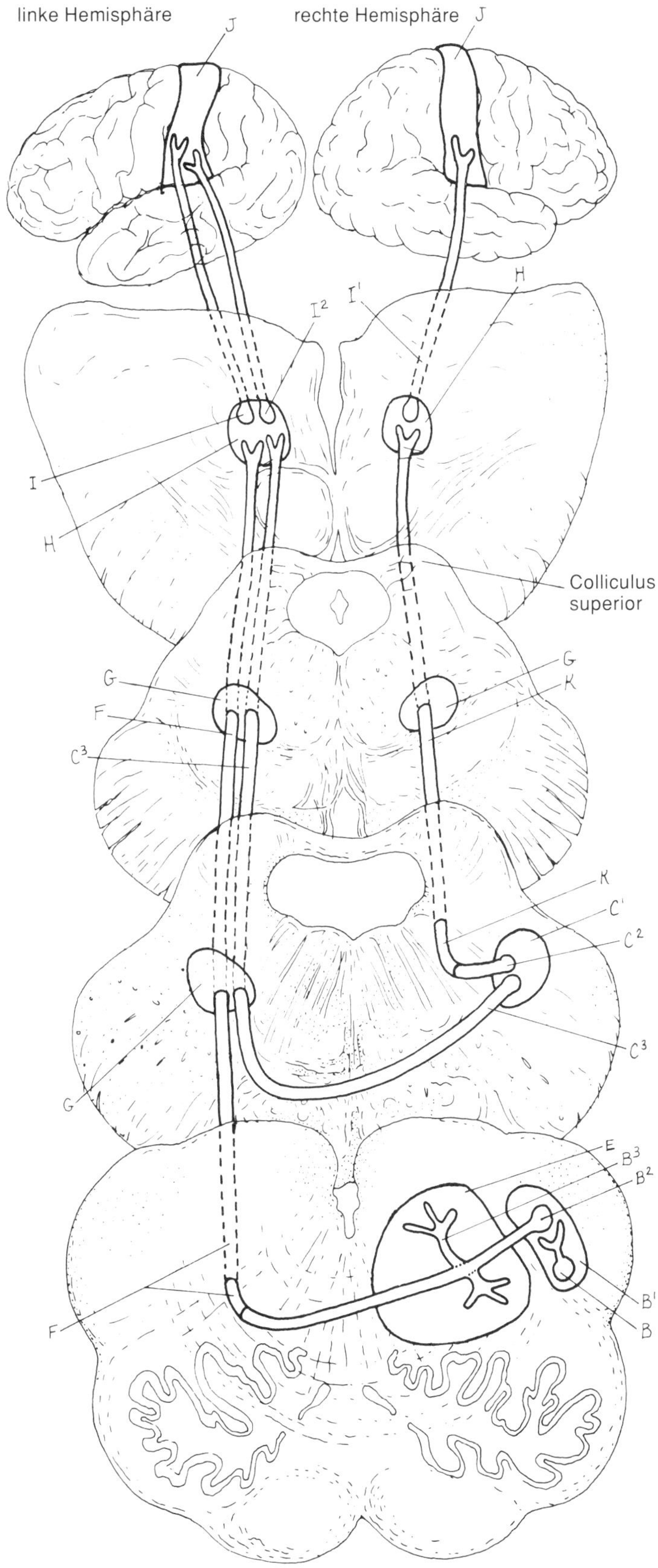

# 6–13

# NERVUS TRIGEMINUS (V. HIRNNERV): MOTORISCHE KOMPONENTE

Die motorische Komponente (spezifische viszerale Efferenz) beansprucht im Vergleich zur sensorischen Komponente einen deutlich geringeren Anteil am Nervus trigeminus.
Die spezifische viszerale Efferenz versorgt die branchiomere Muskulatur, die sich aus den Kiemenbögen im ventralen Kopfbereich entwickelt. Dazu zählen die Kaumuskulatur, der Musculus tensor tympani des Mittelohres, der Musculus tensor veli palatini des Pharynx (nicht dargestellt) und die Musculi myohyoideus und digastricus des Mundbodens (nicht dargestellt).

**Malen Sie die Begriffe A–H$^1$ und deren zugehörige Strukturen an. Beginnen Sie dabei in der linken unteren Abbildung.**

Der *motorische Trigeminuskern* (A) besteht aus multipolaren Neuronen und liegt medial des Nucleus principalis nervi trigemini. Die *Axone* (B) des motorischen Kerns verlassen gemeinsam mit der sensorischen Wurzel den lateralen Ponsbereich, projizieren zum Ganglion trigeminale und treten durch das *Foramen ovale* (C) zusammen mit den sensorischen Fasern des Nervus mandibularis (nicht dargestellt) aus dem Schädel aus. Danach ziehen die Efferenzen als motorische Wurzel des *V. Hirnnerven* (B$^1$) zur Fossa infratemporalis, innervieren die Kaumuskulatur und geben *Äste* (B$^2$) ab zu den *Musculi temporalis* (D), *masseter* (E) und zu den *Musculi pterygoidei medialis* (F) und *lateralis* (F$^1$). Ein anderer Ast zieht durch das Ganglion oticum zum Mittelohr und innerviert den *Musculus tensor tympani* (G) und den in der Nähe liegenden Musculus tensor veli palatini an der medialen Seite der Tuba auditiva (nicht dargestellt). Mit Ausnahme des Musculus pterygoideus lateralis setzt die Kaumuskulatur an der Mandibula an und ermöglicht durch Kontraktion das Schließen des Mundes. Der Musculus tensor tympani, dessen Ansatzpunkt der Malleus (Hammer, eines der Gehörknöchelchen; s. Tafel 6–17) ist, dämpft die Schwingungen der Membrana tympani (Trommelfell) bei extremen Lautstärken. Der Musculus tensor veli palatini hebt den weichen Gaumen an und die Musculi myohyoideus und digastricus anterius elevieren das Os hyoideum, was beim Schluckakt wichtig ist.
Zum motorischen Trigeminuskern verlaufen Fasern aus verschiedenen Bereichen der Großhirnrinde (u.a. aus dem Gyrus praecentralis). Der aszendierende *Tractus corticobulbaris* (H) verläuft vom Gyrus praecentralis zum Hirnstamm und entsendet *Kollateralen* (H$^1$) zum motorischen Trigeminuskern und trägt so zur Kontrolle der Willkürmotorik bei. Viele kortikobulbäre Fasern enden an Neuronen der Formatio reticularis, von denen wiederum Fasern zum motorischen Trigeminuskern ziehen. Darüber hinaus beteiligt sich der Nucleus mesencephalicus nervi trigemini am afferenten Schenkel des Kaureflexes.
Da die Axone des motorischen Trigeminuskerns das ZNS verlassen und direkt an den Effektoren enden, können die Zellen dieses Kerns der Klasse motorischer Neuronen niederer Ordnung zugerechnet werden (s. Tafel 2–3).

# NERVUS TRIGEMINUS (V. HIRNNERV): MOTORISCHE KOMPONENTE

motor. Trig.-Kern A
Axone B/Nerv B¹/Äste B²
Foramen ovale C
Effektoren ★
M. temporalis D
M. masseter E
M. pterygoid. med. F
M. pterygoid. lat. F¹
M tensor tympani G
Tr. corticobulb. H
Kollaterale H¹

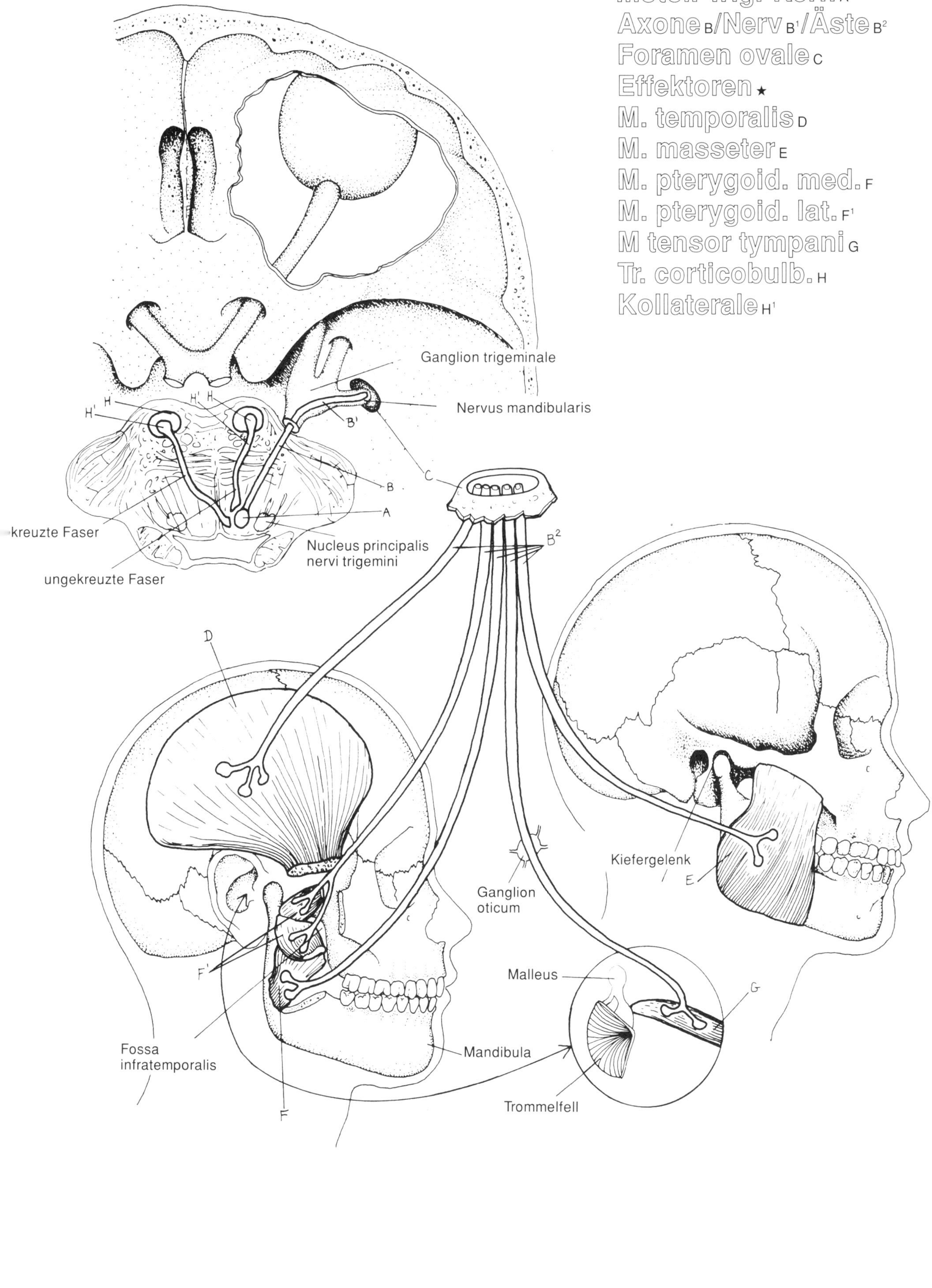

# 6–14

# NERVUS FACIALIS (VII. HIRNNERV): VISZEROMOTORISCHE KOMPONENTE

Der Nervus facialis ist ein gemischter Nerv, der motorische Fasern, Geschmacksfasern und viszeroefferente (sekretorische) Fasern führt.

**Malen Sie die Begriffe A–N und deren zugehörige Strukturen an. Beginnend mit Abbildung 1 sollten Sie jede Abbildung vollständig anmalen, ehe Sie sich der nächsten Abbildung zuwenden.**

Der viszeroefferente Kern des VII. Hirnnerven liegt im mittleren Ponsbereich zwischen dem motorischen Trigeminuskern und dem Nucleus ambiguus (nicht dargestellt, s. Tafel 6–4). Die Nervenfasern aller drei Kerne innervieren branchiomere Muskeln.

Der *motorische Fazialiskern* (A) liegt unmittelbar dorsal des Nucleus olivaris superius und lateral der *Formatio reticularis* (B) (Abb. 1). *Kollateralen* ($C^1$) des *Tractus corticobulbaris* (C) bilden auf direktem Weg oder indirekt über *Neuronen* ($B^1$) der Formatio reticularis Synapsen mit dem motorischen Kern. Zum rostralen Kernbereich, der Muskeln im Stirn- und Augenbereich innerviert, verlaufen sowohl gekreuzte als auch ungekreuzte kortikobulbäre Kollateralen. Nach Verlassen des Fazialiskerns verläuft die *motorische Wurzel* ($A^1$) nach dorsomedial in Richtung Mittellinie, zieht bogenförmig um den Abduzenskern und bildet so den Colliculus facialis. Der Scheitelpunkt des Bogens ist das Genu nervi facialis (Fazialisknie). Der weitere Projektionsweg der motorischen Wurzel verläuft anterolateral durch den Pons. Sie tritt dann gemeinsam mit der sensorischen Wurzel (Nervus intermedius) des VII. Hirnnerven im Kleinhirnbrückenwinkel aus dem Hirnstamm aus.

Nach Durchqueren der Fossa cranii posterior treten die sensorische und motorische Wurzel gemeinsam mit dem VIII. Hirnnerven in den *Meatus acusticus internus (innerer Gehörgang)* (D) in der Felsenbeinpyramide ein. (s. Tafel 6–2), die das Innen- und Mittelohr beherbergt (Abb. 2). Nach Verlassen des Gehörgangs vereinen sich die sensorische und motorische Wurzel zum *Nervus facialis* ($A^2$), der im *Canalis facialis* (E) seitlich im Dach des Innenohrs verläuft und dann in einem scharfen Winkel nach dorsal abbiegt (Abb. 2). In der Region dieser Kurve sind die sensorischen Neurone des Nervus als *Ganglion geniculatum* (F) lokalisiert.

Dorsalwärts verlaufende Fazialisfasern ziehen bogenförmig durch die dorsale Wand des Mittelohrs (Cavum tympani, Paukenhöhle) (Abb. 4). Aus diesem Faserbündel geht der *Nervus stapedius* ($H^1$) hervor, der den *Musculus stapedius* (H) innerviert. Dieser dämpft exzessive Bewegungen des Stapes (Steigbügel = eines der Gehörknöchelchen).

Der Nervus facialis zieht durch das *Foramen stylomastoideum* (G), der inferioren Öffnung des Canalis facialis, zur Glandula parotis (Parotis = eine der Speicheldrüsen). Innerhalb der Parotis gibt der Nervus facialis von oben nach unten folgende Äste (lat. rami; sing. ramus) ab, die als Plexus parotideus zusammengefaßt werden: den *Ramus temporalis* (J), *zygomaticus* (K), *buccalis* (L), *marginalis mandibuli* (M) und den *Ramus colli* (N). Jeder dieser Äste verzweigt sich weiter und innerviert bestimmte Areale der *mimischen Gesichtsmuskulatur* (I).

Vor seinem Eintritt in die Parotis gibt der Nervus facialis noch den Nervus auricularis posterior ab (nicht dargestellt), der den hinteren Bauch des Musculus digastricus und den Musculus stylohyoideus innerviert (nicht dargestellt).

Als Folge einer peripheren Läsion des Nervus facialis entsteht eine ipsilaterale, schlaffe Lähmung der betroffenen Muskeln (Hängen des Mundwinkels, Schließunfähigkeit des Auges).

# NERVUS FACIALIS (VII. HIRNNERV): VISZEROMOTORISCHE KOMPONENTE

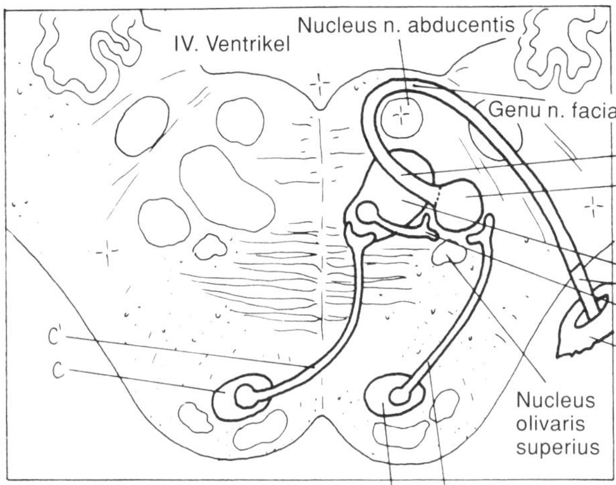


1 kaudaler Pons im Querschnitt

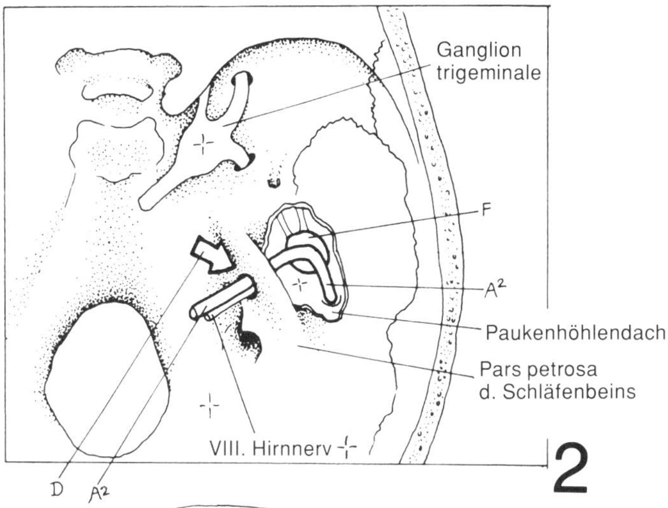


2

motor. Faz.kern A/Wurzel A'
N. facialis A²
Form. retic. B/Neuron B'
Tr. corticobulbaris C
Kollaterale B'
Meatus acustic. int. D
Canalis facialis E
Ganglion geniculatum F
Foramen stylomastoideum G
Effektoren und Nerven ★
M. H/N. stapedius H'
Gesichtsmuskeln I
R. temp. n. fac. J
R. zygomat. n. fac. K
R. buccalis n. fac. L
R. marg. mandib. n. fac. M
R. colli n. fac. N

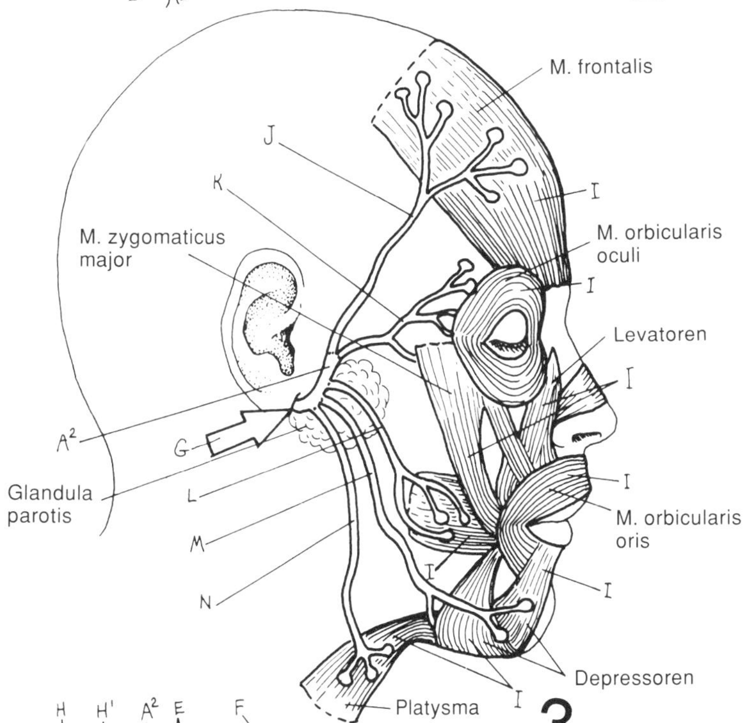


3

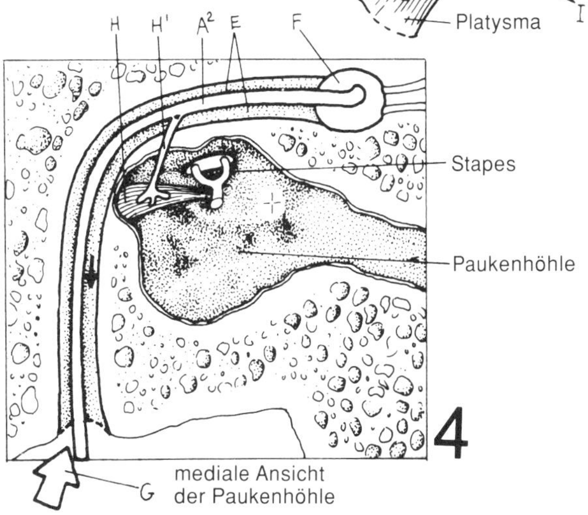


4 mediale Ansicht der Paukenhöhle

# 6–15
# NERVUS FACIALIS (VII. HIRNNERV): VISZEROEFFERENTE (SEKRETORISCHE) KOMPONENTE

Die viszeroefferente (sekretorische) Komponente des Nervus facialis verläuft im Nervus intermedius und besteht aus parasympathischen Neuronen. Sie innerviert Tränendrüsen, Parotiden, sublinguale und submandibuläre Speicheldrüsen, intrinsische Drüsen der Mund- und Nasenhöhle sowie die glatte Muskulatur der diese Drüsen versorgenden Blutgefäße.
(Einleitung zum parasympathischen Nervensystem s. Tafel 8–1 und 8–2.)

**Malen Sie die Begriffe A–I und deren zugehörige Strukturen an. Beginnen Sie dabei mit der linken Abbildung.**

Der *Nucleus salivatorius superior* (A) liegt kaudal des motorischen Fazialiskerns und unmittelbar rostral des pontomedullären Übergangs. Er entsendet präganglionäre Fasern zur sensorischen Wurzel des Nervus facialis. Innerhalb des Ganglion geniculatum im Dach der Paukenhöhle spalten sich diese Fasern in drei dünne Bündel auf.
Ein *präganglionäres Faserbündel* (B) verläuft als *Nervus petrosus major* (C) durch die Pars petrosa des Schläfenbeins, unterkreuzt dann das Ganglion trigeminale am Boden der mittleren Schädelgrube, wo sich ihm postganglionäre sympathische Fasern des Nervus petrosus profundus anschließen. Dieser Faserkomplex tritt durch den *Canalis pterygoideus* (D), der unmittelbar unter und medial des Foramen rotundum liegt, in die mittlere Schädelgrube ein und verläuft weiter zur Fossa pterygopalatina. Dort bilden die präganglionären Fasern Synapsen mit den postganglionären Neuronen des *Ganglion pterygopalatinum* (E). Die Fasern der *postganglionären Neuronen* (F) verlaufen gemeinsam mit sensorischen und sympathischen Fasern zu ihren Effektoren (Drüsen, Gefäßwandmuskulatur) in der *Mund-* (G) und *Nasenschleimhaut* (H). Ein Teil der postganglionären Fasern aszendiert gemeinsam mit sympathischen Nervenfasern (nicht dargestellt) und innerviert die *Glandula lacrimalis (Tränendrüse)* (I).

**Malen Sie die Begriffe $B^1$–M und deren zugehörige Strukturen an.**

Andere *präganglionäre Fasern* ($B^1$) schließen sich anterior des Ganglion geniculatum einem dünnen Faserbündel seitlich des Nervus petrosus major an. Zusammen mit einem etwas dickeren Ast des IX. Hirnnerven bilden diese Fasern den *Nervus petrosus minor* (J). Dieser verläuft bis zum Foramen ovale parallel zum Nervus petrosus major und deszendiert durch dieses in die Fossa infratemporalis. Dort bildet er Synapsen mit postganglionären Neuronen des *Ganglion oticum* (K). Die Axone der *postganglionären Neurone* (L) schließen sich sensorischen Fasern des Nervus auriculotemporalis (Ast des V. Hirnnerven) an und ziehen zur *Parotis* (M), deren glanduläre und vaskuläre Anteile sie innervieren.

**Malen Sie die Begriffe $B^2$–S und deren zugehörige Strukturen an.**

Ein drittes *präganglionäres Faserbündel* ($B^2$) schließt sich im Canalis facialis dem Nervus facialis an (s. Tafel 6–14). Aus diesen präganglionären Fasern entspringt die *Chorda tympani* (N), die den Malleus (Hammer), eines der Gehörknöchelchen, kreuzt, dann durch die schmale Fissura pterygotympanica zum *Nervus lingualis* (O) zieht und gemeinsam mit diesem im Mundboden bis zum dritten Molaren der unteren Zahnreihe verläuft. Dort bildet die Chorda tympani Synapsen mit Neuronen des *Ganglion submandibulare* (P). *Postganglionäre Fasern* (Q) projizieren zur *Glandula sublingualis* (R) und zur *Glandula submandibularis* (S).

# NERVUS FACIALIS (VII. HIRNNERV): VISZEROEFFERENTE (SEKRETORISCHE) KOMPONENTE

Nucl. salivatorius sup. A
präganglionäre Faser B
N. petrosus major C
Canalis pterygoideus D
Gangl. pterygopalatinum E
postganglionäres Neuron F
Mundschleimhaut G
Nasenschleimhaut H
Tränendrüse I

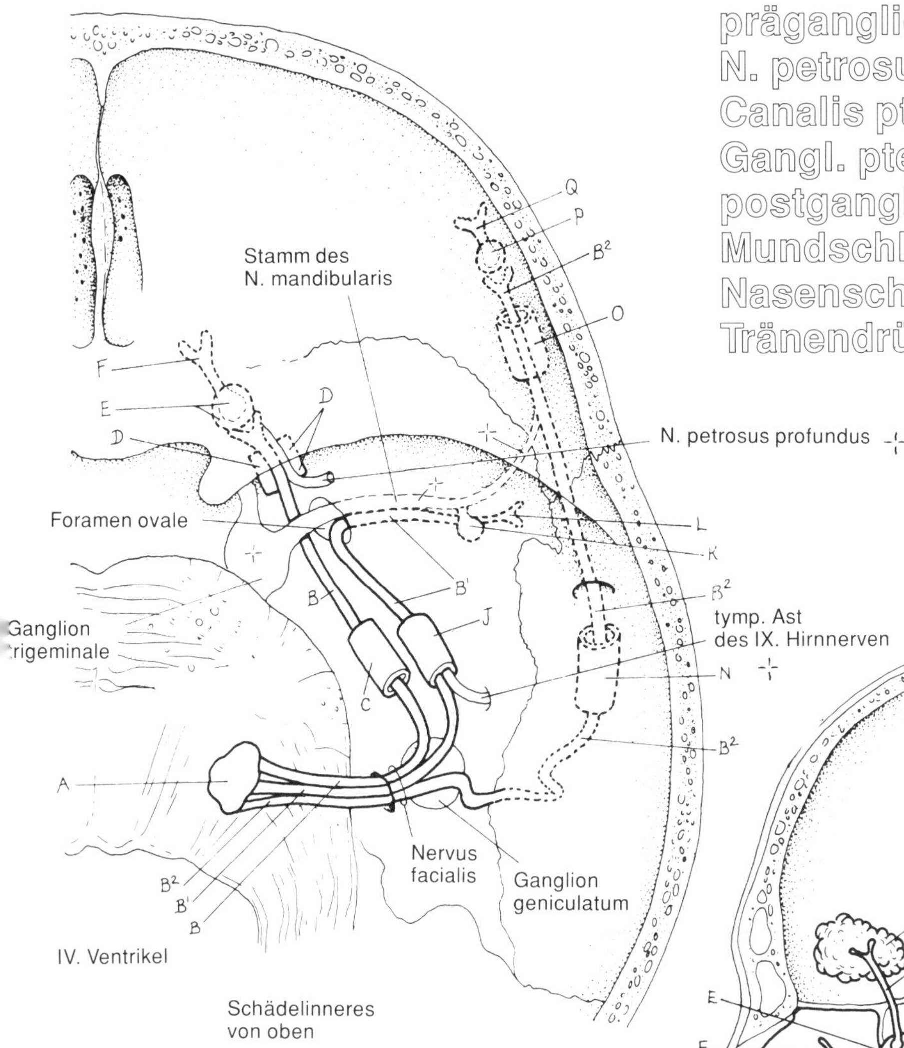


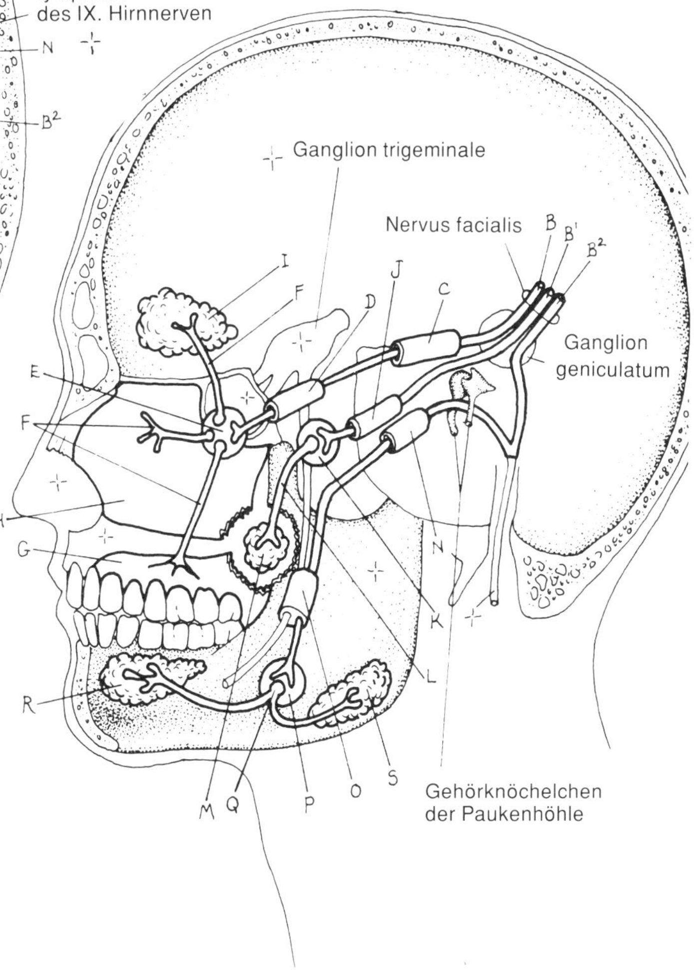


prägangl. Faser B¹
N. petrosus minor J
Ganglion oticum K
postgangl. Neuron L
Glandula parotis M

prägangl. Faser B²
Chorda tympani N
N. lingualis O
Gangl. submandibulare P
postgangl. Faser Q
Gland. sublingualis R
Gland. submandibularis S

# 6–16

# NERVUS FACIALIS (VII. HIRNNERV): SENSORISCHE KOMPONENTE

Der Nervus intermedius stellt die sensorische Komponente des VII. Hirnnerven dar, die sowohl somatische als auch viszerale Afferenzen umfaßt.

**Malen Sie die Oberbegriffe ‚zentrale Bahnen/Verbindungen' an sowie die Begriffe A–E² und deren zugehörige Strukturen in der oberen Abbildung.**

Die sensorischen Neurone des Nervus facialis liegen im *Ganglion geniculatum* (A). Zu den *somatoafferenten Neuronen* (B) gelangen Berührungs-, Schmerz- und Temperaturimpulse aus einer kleinen Hautregion des Ohres (nicht dargestellt). Die zentralen Fortsätze dieser Neurone projizieren vom Ganglion geniculatum zum *spinalen Trigeminuskern* (D). Dessen *Neurone* (D¹) entsenden über den Tractus trigeminothalamicus ventralis (s. Tafel 6–12) *Axone* (D²) zum Thalamus.
Zu den *viszeroafferenten Neuronen* (C) verlaufen Geschmacksimpulse aus der Zunge und dem weichen Gaumen. Die zentralen Fortsätze dieser Neurone projizieren in den unteren Ponsbereich, wo sie den Tractus solitarius bilden (nicht dargestellt) und gemeinsam mit sensorischen Fasern der Hirnnerven IX und X in den *Nucleus solitarius* (E) eintreten. Die *Neurone* (E¹) dieses Kerns entsenden *Axone* (E²) u.a. zum Nucleus ventralis posteromedialis thalami (nicht dargestellt). Thalamokortikale Fasern aszendieren zum Gyrus postcentralis (nicht dargestellt), in dem der Geschmackssinn in derselben Region repräsentiert ist wie die Hautdermatome, die von den drei Trigeminusästen innerviert werden.

**Malen Sie den Oberbegriff ‚periphere Bahnen' an, die Begriffe F–I und deren zugehörige Strukturen sowie die Strukturen A und C in der unteren Abbildung.**

Vereinzelte Geschmacksrezeptoren liegen im weichen Gaumen, im Pharynx, in der Epiglottis und sogar im Ösophagus. Die überwiegende Mehrheit der Geschmacksrezeptoren liegt jedoch in der Zunge, die somit das zentrale Organ für die Wahrnehmung der verschiedenen Geschmacksqualitäten ist: Süß wird an der Zungenspitze, bitter am Zungengrund, salzig und sauer an den seitlichen Zungenrändern geschmeckt. Die Zungenmitte hingegen ist weitgehend frei von Geschmacksrezeptoren.
Die Geschmacksrezeptoren im weichen Gaumen bilden Synapsen mit den peripheren Fortsätzen viszeroafferenter Neurone, die z.T. mit dem *Nervus palatinus* (G) zum Ganglion pterygopalatinum, z.T. mit dem *Nervus pterygoideus* (H) durch den Canalis pterygoideus in die mittlere Schädelgrube ziehen und z.T. mit dem *Nervus petrosus major* (I) zum Ganglion geniculatum projizieren.

**Malen Sie die Begriffe J–R und deren zugehörige Strukturen in der unteren Abbildung an.**

Die *Pars praecentralis des Geschmacksfeldes* (J) liegt in den vorderen zwei Dritteln der Zunge vor dem Sulcus terminalis. Die *Geschmacksknospen* (L) liegen hier in den Seitenwänden kleiner, warzenförmiger Oberflächenvorwölbungen, der *Papillae vallatae* (K). Jede Geschmacksknospe besteht aus 40-50 *Neuroepithelzellen* (M), zwischen denen sog. *Stützzellen* (N) liegen. Am Boden der Knospen sind mitotisch aktive (teilungsaktive) *Basalzellen* (O) lokalisiert, die in einem Zyklus von ca. 10 Tagen jeweils ältere Neuroepithelzellen ersetzen. An der Oberfläche jeder Geschmacksknospe liegt ein Geschmacksporus. An der apikalen Oberfläche der Stütz- und Neuroepithelzellen (Rezeptorzellen) liegen zahlreiche Mikrovilli (Geschmackshärchen), die unter dem Lichtmikroskop sichtbar werden. Durch Geschmacksreize ausgelöste Aktionspotentiale werden von den Rezeptorzellen an spezifische viszeroafferente Neurone weitergeleitet, deren Axone zum *Nervus lingualis* (P) außerhalb der Zunge verlaufen. Dessen Axone aszendieren bis auf Höhe der *Chorda tympani* (Q) und projizieren gemeinsam mit dieser zur Paukenhöhle und zum Canalis facialis. Von dort aus ziehen sie zusammen mit dem *Nervus facialis* (R) zum Ganglion geniculatum.

# NERVUS FACIALIS (VII. HIRNNERV): SENSORISCHE KOMPONENTE

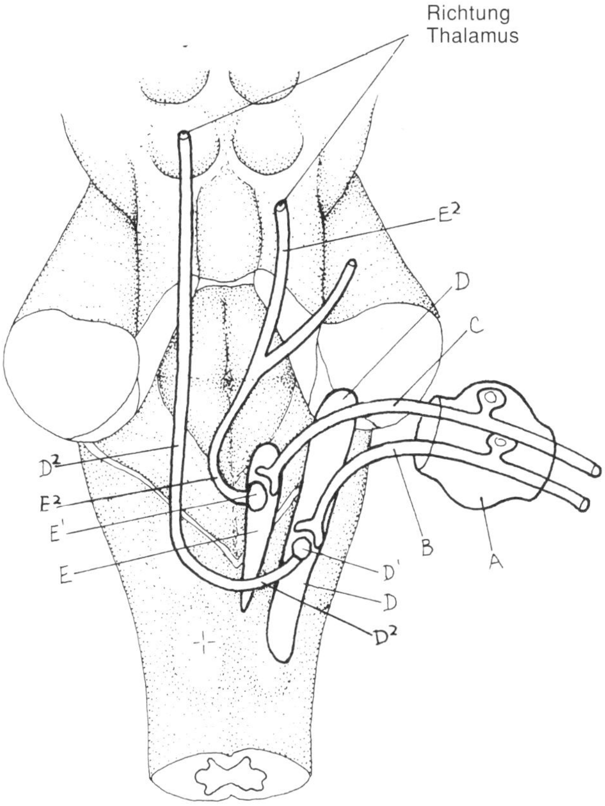


zentrale Bahnen/ Verbindungen ★
Ganglion geniculatum A
somatoaff. Neuron B
viszeroaff. Neuron C
Nucl. spinalis n. trig. D
Neuron D¹/Axon D²
Nucl. solitarius E
Neuron E¹/Axon E²

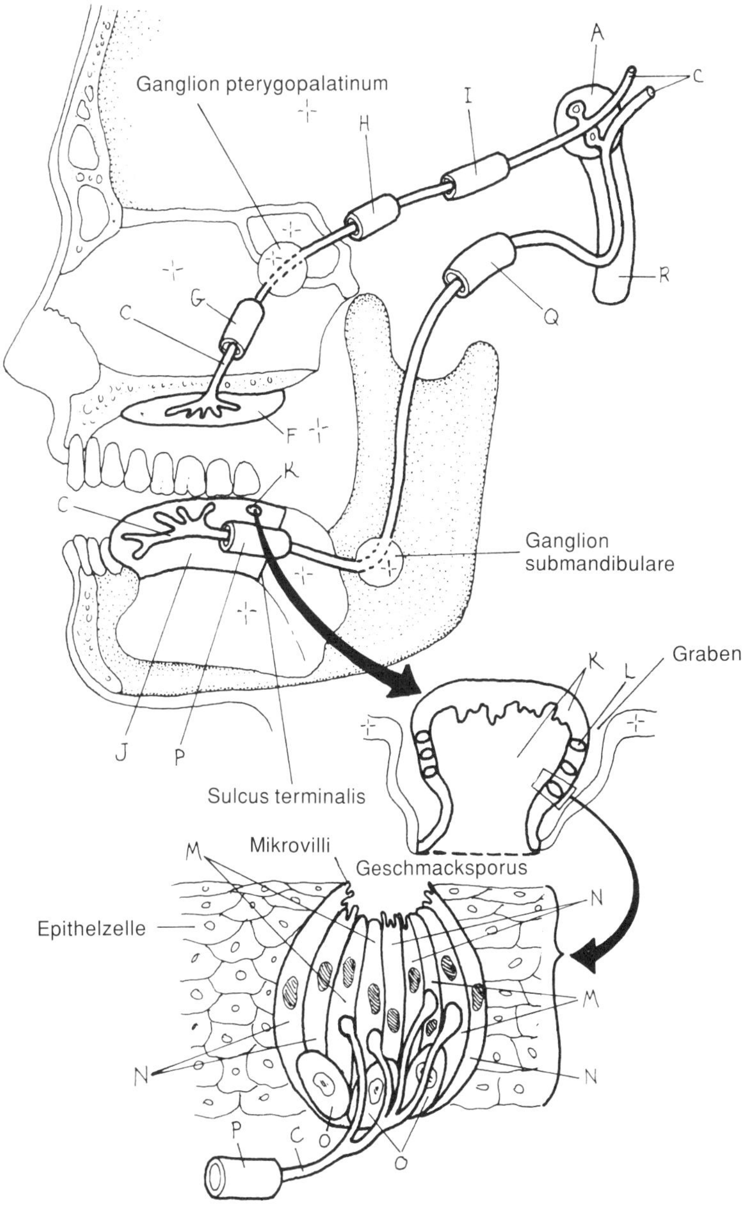


periphere Bahnen ★
palatines Geschmacksfeld F
N. palatinus G
Can. pterygoideus H
N. petrosus major I
Pars praecentr. des Geschmacksfeldes J
Papilla vallata K
Geschmacksknospe L
Neuroepithelzelle M
Stützzelle N
Basalzelle O
N. lingualis P
Chorda tympani Q
N. facialis R

# 6–17

# AUDITORISCHES SYSTEM: DAS OHR

Das Ohr nimmt Schallwellen von außen auf und wandelt sie in Nervenimpulse um.

**Malen Sie den Oberbegriff ‚äußeres Ohr' an sowie die Begriffe A und B und deren zugehörige Strukturen in der oberen Abbildung. Kolorieren Sie dann den Begriff C, den Oberbegriff Mittelohr, die Begriffe D–F und deren zugehörige Strukturen in der oberen Abbildung.**

Das äußere Ohr besteht aus *Auricula (Ohrmuschel)* (A), *Meatus acusticus externus (äußerer Gehörgang)* (B) und *Membrana tympani (Trommelfell)* (C). Die Ohrmuschel nimmt die Schallwellen auf und leitet sie durch den äußeren Gehörgang zum Trommelfell, das die Begrenzung der *Paukenhöhle (Mittelohr)* (D) nach außen darstellt. Die Paukenhöhle beherbergt die Gehörknöchelchen Malleus, Incus und Stapes. Der *Malleus (Hammer)* (E) ist mit dem Manubrium mallei (Hammergriff) am Trommelfell verankert und steht mit dem *Incus (Amboß)* ($E^1$) in Verbindung. Dieser wiederum hat Kontakt zum *Stapes (Steigbügel)* ($E^2$). Die Fußfläche des Stapes ist ebenfalls im Trommelfell verankert und bedeckt die *Fenestra vestibuli (ovales Vorhoffenster)* (H).
Die Paukenhöhle steht über die *Tuba auditiva (Tuba Eustachii)* (F) mit dem Nasopharynx in Verbindung, was für den Ausgleich eines etwaigen Druckgefälles zu beiden Seiten des Trommelfells von Bedeutung ist.

**Malen Sie die Begriffe G–J an sowie deren zugehörige Strukturen in der oberen Abbildung. Kolorieren Sie dann die Oberbegriffe ‚Cochlea des Innenohres und Corti-Organ', die Begriffe K–V und deren zugehörige Strukturen in der mittleren und unteren Abbildung. Malen Sie nun die Begriffe W–Y an und – soweit vorhanden – deren zugehörige Strukturen in allen drei Abbildungen.**

Das Innenohr liegt gut geschützt in der knöchernen Felsenbeinpyramide. Es besteht aus dem knöchernen und dem häutigen Labyrinth. Das häutige Labyrinth ist von sog. Endolymphe gefüllt, die klare Flüssigkeit in dem schmalen Spalt zwischen knöchernem und häutigem Labyrinth heißt Perilymphe.
Die *Cochlea (Schnecke)* (I) besteht aus einer knöchernen, doppelläufigen Röhre, die in ca. zweieinhalb Windungen um die knöcherne Schneckenspindel verläuft. An ihrer breiteren Basis mündet die Cochlea in das *Vestibulum (Vorhof)* (G), das durch das vom Steigbügel verschlossene Vorhoffenster vom medialeren Bereich der Paukenhöhle getrennt ist. Die Rückwand des Vorhofs öffnet sich in die obere Röhre der Cochlea, die *Scala vestibuli* (K), die sich ca. zweieinhalbmal um die als Achse fungierende *Schneckenspindel (Modiolus)* (M) windet. An der schmalen Spitze der Cochlea (Helicotrema) steht die Scala vestibuli mit der unteren Cochlea-Röhre, der *Scala tympani* (L) in Verbindung. Auch diese verläuft spiralig um den Modeolus und endet im Bereich der Schnekkenbasis an der membranös verschlossenen *Fenestra cochleae (rundes Fenster)* (J). Von der Schneckenspindel aus ragt eine dünne Knochenleiste, die *Lamina spiralis ossea* ($M^1$), weit in den Schneckengang hinein und folgt dessen spiraligem Verlauf.
Zwischen Scala vestibuli und Scala tympani verläuft der *membranöse Ductus cochlearis* (N), der an beiden Enden verschlossen und von Endolymphe gefüllt ist. Das Dach des Ductus cochlearis bildet die zelluläre *Reissnersche Membran* (O), den Boden die bindegewebige *Membrana basilaris* (P). Im Ductus cochlearis liegt der Rezeptorapparat des Hörsinns, das Corti-Organ oder Organum spirale. Dieses besteht aus einer Reihe *innerer Haarzellen* (S) und 3-5 Reihen *äußerer Haarzellen* (T) als Sinneszellen sowie den *Pfeilerzellen* (U) und *Phalangenzellen* (V) als Stützzellen.
Sinneszellen und Stützzellen sitzen der Basilarmembran auf. Diese wird von der gelatinösen *Lamina tectoria* (R) bedeckt, die mit dem *Limbus spiralis* (Q), einem fibrösen Fortsatz der Lamina spiralis, in Verbindung steht. An der Spitze der Haarzellen liegen feine Zilien, die Stereozilien. Afferente Fasern, die in der Lamina spirale verlaufen, bilden Synapsen mit den inneren Haarzellen. Diese Afferenzen sind *periphere Fortsätze* (X) bipolarer Neurone des *Ganglion spirale* (N), das im Modiolus liegt. Die zentralen Fortsätze dieser Zellen bilden den cochleären Anteil des *Nervus vestibulocochlearis* (Y).
Zusammenfassend läuft der Hörvorgang folgendermaßen ab: Auftreffende Schallwellen versetzen das Trommelfell in Schwingungen, die auf die Gehörknöchelchen und von dort durch die Membran des Vorhoffensters auf die Perilymphe entlang der Scala vestibuli und Scala tympani übertragen werden. Die Wanderwellen in der Scala tympani setzen sich auch auf die Basilarmembran und damit auf die Haarzellen fort. Dadurch werden an der Basis der Haarzellen Aktionspotentiale ausgelöst und über die Neurone des Ganglion spirale zum Gehirn weitergeleitet.

# AUDITORISCHES SYSTEM: DAS OHR

äußeres Ohr ★
Ohrmuschel A
äußerer Gehörgang B
Trommelfell C

Mittelohr ★
Paukenhöhle D
Malleus E/Incus E¹/Stapes E²

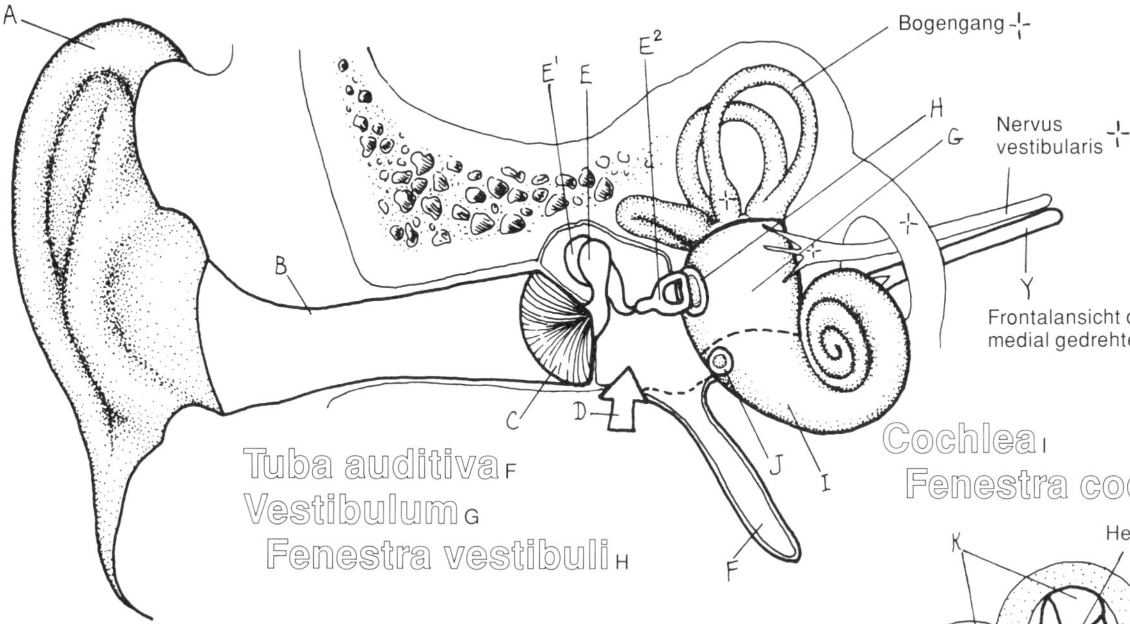


Cochlea I
Fenestra cochleae J

Tuba auditiva F
Vestibulum G
Fenestra vestibuli H

Cochlea des Innenohres ★
Scala vestibuli K
Scala tympani L
Modiolus M
Lamina spiralis ossea M¹
Ductus cochlearis N
Reissnersche Membran O
Basilarmembran P
Limbus spiralis Q
Membrana tectoria R
Corti Organ ★
innere Haarzelle S
äußere Haarzelle T
Pfeilerzelle U
Phalangenzelle V
Ganglion spirale W
peripherer Fortsatz X
Cochlearisfasern Y

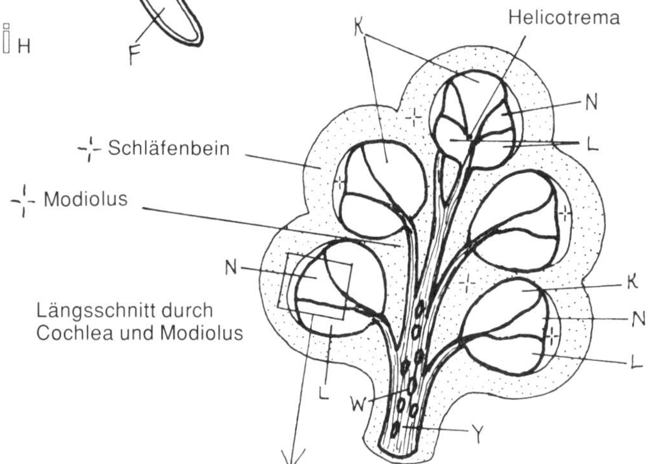


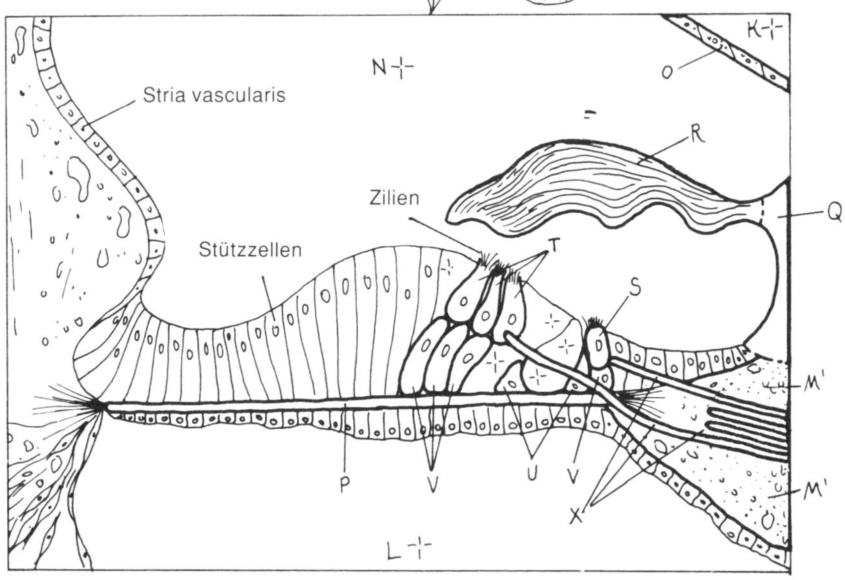


Ductus cochlearis im Querschnitt

# 6–18

# AUDITORISCHES SYSTEM: NERVUS COCHLEARIS (VIII. HIRNNERV) UND SEINE BAHNEN

Der Nervus cochlearis ist ein Teil des VIII. Hirnnerven und leitet Impulse, die im Corti-Organ entstehen, weiter zu den Nuclei nervi cochlearis.

**Malen Sie die Begriffe A–G³ an sowie deren zugehörige Strukturen. Kolorieren Sie dann die Begriffe B³–M und deren zugehörige Strukturen. Verwenden Sie ähnliche Schattierungen derselben Farbe für B, B¹ und B² und gut kontrastierende Schattierungen derselben Farbe für B³, B⁴ und B⁵. Beachten Sie die unterschiedliche Schnittführung im untersten Querschnittsegment: Links auf Höhe der Medulla, rechts auf Höhe des unteren Pons.**

Die *zentralen Fortsätze des Ganglion spirale* (A¹) bilden den *Nervus cochlearis* (A). Dieser verläßt die Felsenbeinpyramide durch den inneren Gehörgang und zieht zum Kleinhirnbrückenwinkel. Mit Eintritt in die rostrale Medulla teilt sich jedes Axon in zwei Äste, von denen der eine zum *Nucleus dorsalis nervi cochlearis* (B) verläuft, der andere zum *Nucleus ventralis nervi cochlearis* (B³). Diese Kerne liegen posterolateral bzw. anterolateral des unteren Kleinhirnstiels in der rostralen Medulla bzw. im kaudalen Pons (nicht dargestellt).
Die *Efferenzen* (B¹) aus dem dorsalen Cochleariskern formieren sich zur *dorsalen Stria acustica* (C), die durch die Brückenhaube zu einem kontralateralen Relais-Zellkomplex kreuzt, dem *Nucleus olivaris dorsalis* (D). Efferente *Kollateralen* (B²) zum Nucleus olivaris bilden einen Teil des *Lemniscus lateralis* (E). Der Lemniscus lateralis ist die wichtigste auditorische Bahn des Hirnstamms und verläuft von der rostralen Medulla bis zum Colliculus inferior und mit einigen Fasern (nicht dargestellt) zum Corpus geniculatum mediale. Einige Efferenzen des dorsalen Cochleariskerns aszendieren im Lemniscus lateralis und enden in den *Kernen* (F), die entlang des Lemniscus lateralis angeordnet sind. Andere Efferenzen projizieren weiter bis zum ipsilateralen *Colliculus inferior* (G). Manche *Axone* (F¹) aus den Nuclei lemnisci lateralis kreuzen in den kontralateralen mittleren Ponsbereich und aszendieren dann im kontralateralen Lemniscus lateralis zum Colliculus inferior dieser Seite.

*Efferenzen* (B⁴) aus dem ventralen Cochleariskern projizieren entweder zum ipsilateralen dorsalen Cochleariskern (nicht dargestellt) oder verlaufen um den unteren Kleinhirnstiel und bilden die *Stria acustica intermedia* (H), die zum ipsilateralen (nicht dargestellt) oder kontralateralen Nucleus olivaris superior zieht. Diese Fasern setzen sich als Teil des Lemniscus lateralis fort und enden entweder in den Nuclei lemnisci lateralis oder im ipsilateralen Colliculus inferior.
Andere *Efferenzen* (B⁵) des ventralen Cochleariskerns bilden das *Corpus trapezoideum (Stria acustica ventralis)* (I), das quer durch den kaudalen Pons verläuft. Kollateralen dieser Efferenzen enden entweder im ipsilateralen Nucleus olivaris superior (nicht dargestellt) oder in den *Kernen des Corpus trapezoideum* (J). Diese Kerne bilden gemeinsam mit den benachbarten Cochlearis-Efferenzen und deren Kollateralen den *Trapezoideum-Komplex* (I u. J). Die Fasern aus dem Corpus trapezoideum bilden entweder Synapsen im kontralateralen Nucleus olivaris superior oder biegen nach rostral zum Lemniscus lateralis ab und aszendieren in diesem zu den Nuclei lemnisci lateralis oder zum Colliculus inferior. Im ipsilateralen Lemniscus lateralis verlaufen keine Fasern aus den Cochleariskernen.
Der überwiegende Faseranteil des Lemniscus lateralis endet im Colliculus inferior des Mittelhirns, einer wichtigen Schaltstation für Impulse auditorischer Reflexe (z.B. unwillkürliches Zusammenzucken als Reaktion auf ein unerwartetes Geräusch). Aus jedem Colliculus inferior verlaufen *Axone* (G¹) über die *Commissura colliculi inferioris* (G²) zum jeweils kontralateralen Colliculus inferior. Andere Efferenzen bilden das *Brachium colliculi inferioris* (G³) und projizieren zum *Corpus geniculatum mediale* (K) im Thalamus.
Aus dem Corpus geniculatum mediale ziehen *Axone* (K¹) als *Radiatio acustica (Hörstrahlung)* (L) zum Gyrus temporalis superior und enden in *Area 41 (Heschlsche Querwindung; primäre Hörrinde)* (M).
Neben der beschriebenen ausgeprägten afferenten Bahn existiert in Form des Tractus olivocochlearis (nicht dargestellt) eine efferente Bahn, die an den Haarzellen des Corti-Organs endet.

# AUDITORISCHES SYSTEM: NERVUS COCHLEARIS (VIII. HIRNNERV) UND SEINE BAHNEN

N. cochlearis A
zentr. Forts. der Gangl. spirale $A^{1}$
Nucl. dors. n. cochl. B
efferentes Axon $B^{1}$
Kollaterale $B^{2}$
Stria acustica dorsalis C
Nucl. olivaris sup. D
Lemniscus lat. E
Nucl. lemnisci lat. F
gekreuztes Axon $F^{1}$
Colliculus inf. G
efferentes Axon $G^{1}$
Kommissur $G^{2}$
Brachium $G^{3}$
Nucl. ventr. n. cochl. $B^{3}$
efferentes Axon $B^{4}$
efferentes Axon $B^{5}$
Stria acustica intermedia H
Corpus trapezoideum I
Corp. geniculatum med. K
efferentes Axon $K^{1}$
Hörstrahlung L
Area 41 M

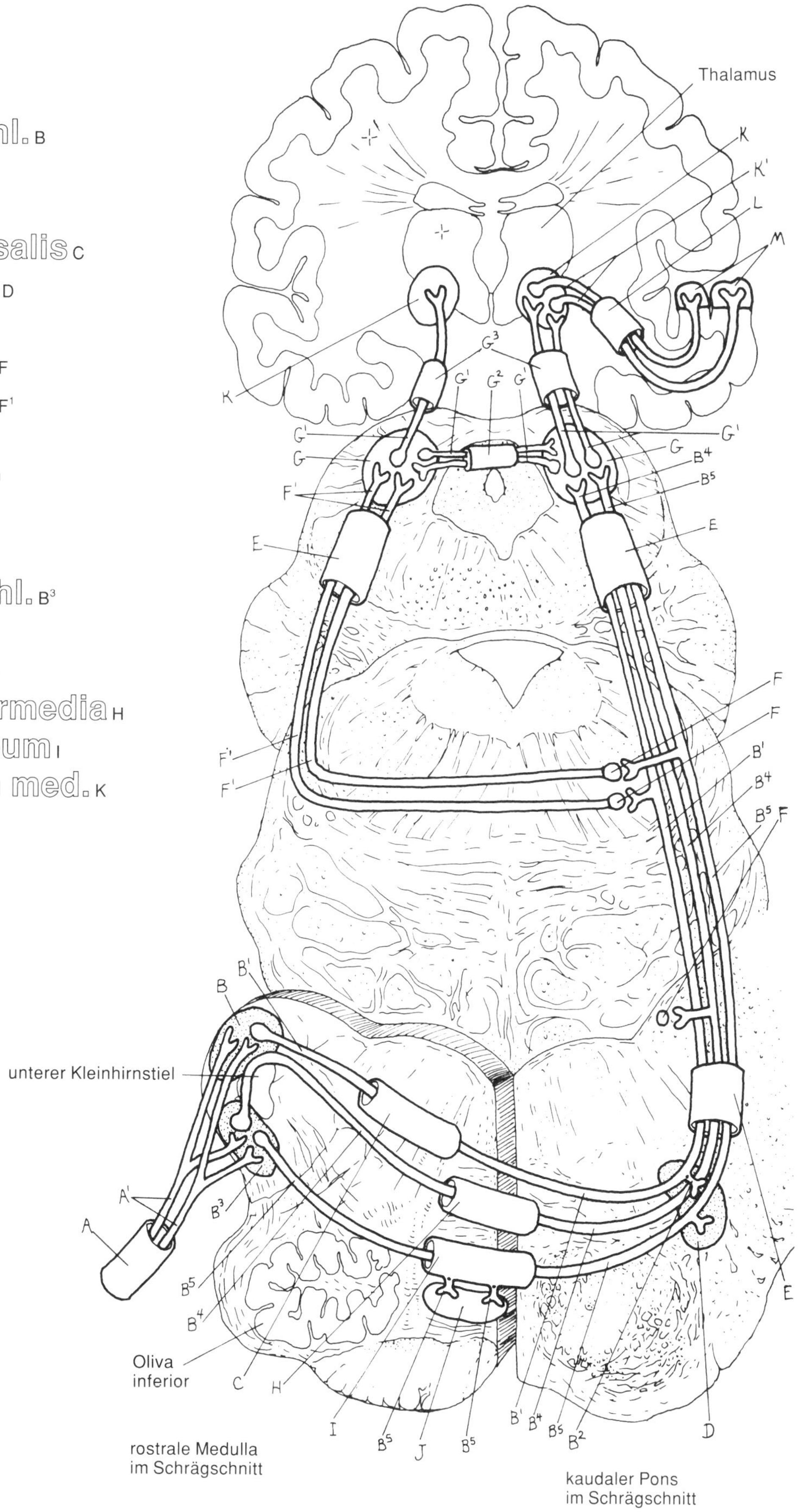

# 6–19

# DER VESTIBULARAPPARAT DES INNENOHRES

Zum Vestibularapparat (Gleichgewichtsorgan) des Innenohres gehören die drei Bogengänge sowie Utriculus und Sacculus.

**Malen Sie die Begriffe A–H[1] und deren zugehörige Strukturen in der oberen und mittleren Abbildung an. Kolorieren Sie dann die Begriffe B[1]–S und deren zugehörige Strukturen in allen Abbildungen.**

Im Vestibulum (A) des knöchernen Labyrinths liegen zwei membranöse sackförmige Strukturen: *Utriculus* (B) und *Sacculus* (C). Der mit Endolymphe gefüllte Utriculus kommuniziert dorsal und lateral mit den Bogengängen und über den Ductus utriculosaccularis mit dem ventral gelegenen Sacculus.

Die drei häutigen Bogengänge (Ductus semicirculares) liegen gut geschützt in den *Canales semicirculares* (D) des knöchernen Labyrinths und stehen in etwa senkrecht zueinander. Der *obere (Ductus semicircularis superior)* (F) und *hintere Bogengang (Ductus semicircularis posterior)* (G) vereinigen sich zu einem *gemeinsamen Schenkel (Crus commune)* (E). Der obere Bogengang ist mit seiner Konvexität gegen die Oberfläche der Felsenbeinpyramide gerichtet, der hintere Bogengang steht parallel zur hinteren Oberfläche des Felsenbeins und der *(seitliche) Ductus semicircularis lateralis* (H) verläuft horizontal. Jeder Bogengang beginnt und endet im Utriculus, wobei ein Ende sich jeweils zur *Ampulla membranacea* (F[1], G[1], H[1]) erweitert. Deren Entsprechung im knöchernen Labyrinth ist die Ampulla ossea.

Die innere Oberfläche der Bogengänge und Ampullen sowie von Utriculus und Sacculus besteht aus einer einzelligen Schicht squamöser Zellen, die von vaskularisiertem Bindegewebe durchsetzt ist. Dieser bindegewebige Anteil ist jeweils am Boden und den angrenzenden Seitenwänden des Utriculus, der anterioren Wand des Sacculus und der Bogengangsampullen verdickt. Im Bereich dieser Verdickungen liegen die rezeptortragenden Strukturen *Macula utriculi* (B[1]), *Macula sacculi* (C[1]) und *Crista ampullaris* (I).

Die Sinneszellen aller Rezeptorareale sind die *Haarzellen* (J), die von *Stützzellen* (M) umgeben sind. An der Basis der Sinneszellen liegen synaptische Bindungsstellen für die Terminalen afferenter Nervenfasern. An der Spitze jeder Haarzelle liegen ca. 50-70 modifizierte Mikrovilli, die sog. *Stereozilien* (K) und eine einzige »echte« Zilie, das sog. *Kinozilium* (L). Auf diesem Sinnepithel liegt eine *gallertige Membran (Statolithenmembran)* (N), in die *Calciumcarbonat-Partikel (Statolithen)* (O) eingelagert sind. Die Sinneszellen der Crista ampullaris sind von der kuppelförmigen, gelatinösen *Cupula* (P) umgeben, die keine Statolithen enthält.

Das Kinozilium überträgt den mechanischen Reiz, den es aus der Bewegung der Statolithenmembran empfängt, auf die Stereozilien. Bewegen sich die Stereozilien in Richtung des Kinozilium, resultiert eine Erregung der Rezeptorzellen, bewegen sich die Stereozilien in entgegengesetzter Richtung, so werden die Rezeptorzellen inhibiert.

Die beiden Maculae reagieren auf lineare Beschleunigung in verschiedene Richtung. Diese verursacht eine tangentiale Verschiebung von Sinnesepithel und Statolithenmembran. Die dadurch entstehende Auslenkung der Zilien führt zur Erregung der Zilien und damit zur Auslösung eines Nervenimpulses.

Die Rezeptorzellen der Cristae ampullares reagieren auf Drehbeschleunigung. Auslösender Reiz ist auch hier die Auslenkung der Zilien durch die in Bewegung versetzte Cupula. Die Erregung der Rezeptorzellen in Maculae bzw. Cristae induziert die Freisetzung eines Neurotransmitters an Synapsen mit afferenten Nervenendigungen. Diese Afferenzen sind *periphere Fortsätze* (Q) bipolarer Neurone des *Ganglion vestibulare* (R), das im Meatus acusticus internus (innerer Gehörgang) liegt. Die *zentralen Fortsätze* (S) der Neurone bilden den vestibulären Anteil des Nervus vestibulocochlearis.

# DER VESTIBULARAPPARAT DES INNENOHRES

Vestibulum A
Utriculus B
Sacculus C
Canalis semicircularis D
Crus commune E
Ductus semicircularis
superior F/Ampulle F'
posterior G/Ampulle G'
lateralis H/Ampulle H'

Blickrichtung auf den Vestibularapparat in der mittleren Abbildung

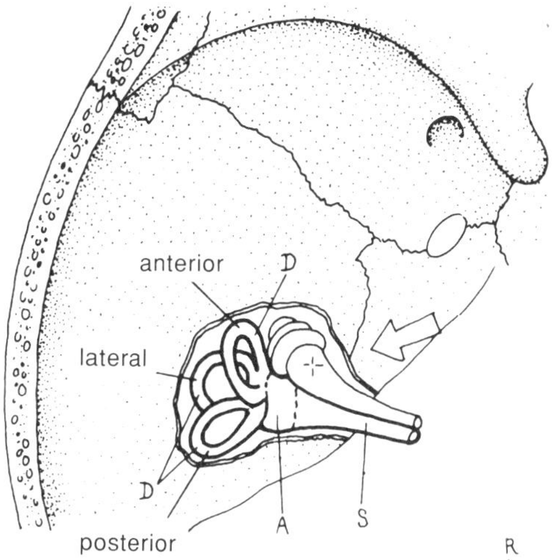


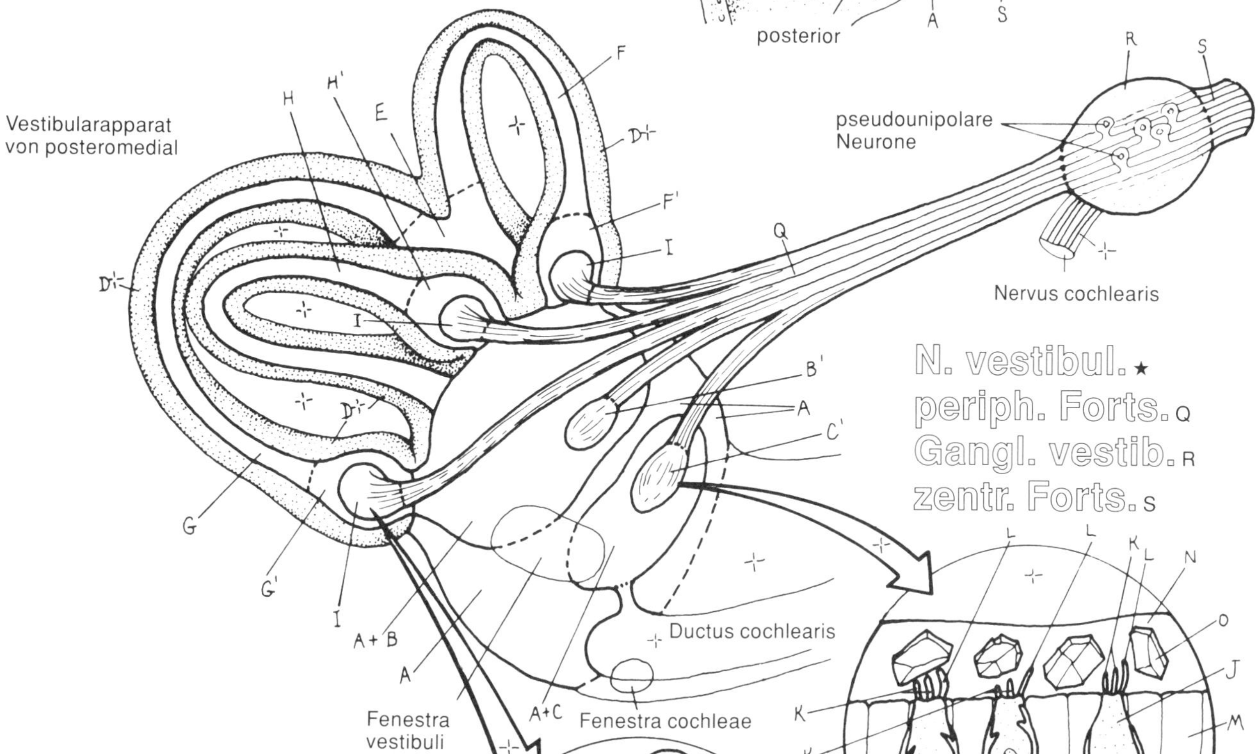


N. vestibul. ★
periph. Forts. Q
Gangl. vestib. R
zentr. Forts. S

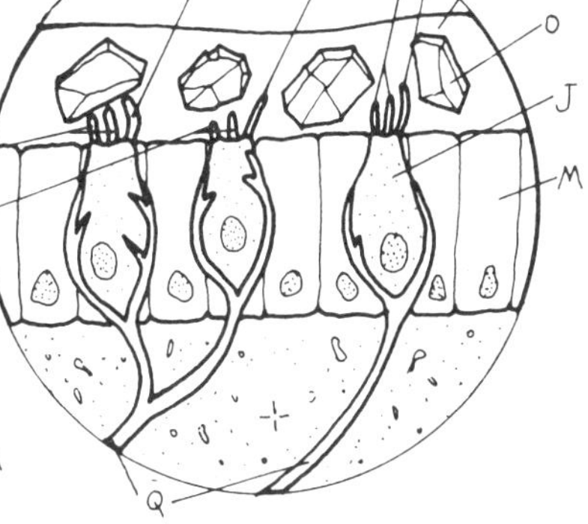


Macula im Längsschnitt

Macula utriculi B'
Macula sacculi C'
Crista ampullaris I
Haarzelle J
Stereozilie K
Kinozilium L
Stützzelle M
Statol.membran N
Otolith O
Cupula P

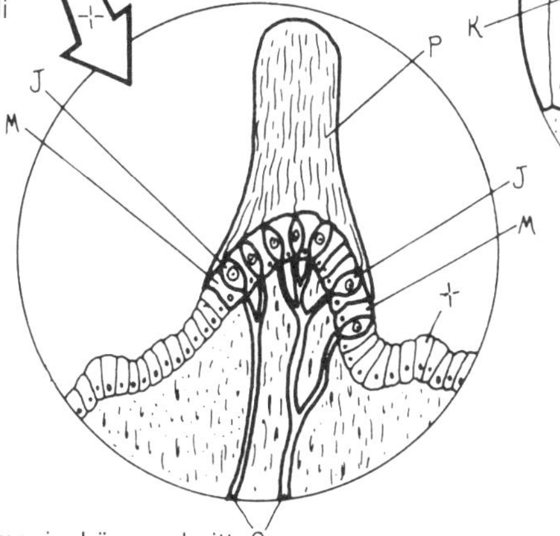


Crista amp. im Längsschnitt

# 6–20

# VESTIBULARAPPARAT: NERVUS VESTIBULARIS (VIII. HIRNNERV) UND SEINE BAHNEN

Die Funktionstüchtigkeit des Gleichgewichtssinns ist von einem komplexen System verschiedener Nervenbahnen abhängig.

**Malen Sie den Oberbegriff ‚Vestibulariskerne und ihre Verbindungen' an sowie die Begriffe A–I und L und deren zugehörige Strukturen in der oberen Abbildung. Beachten Sie dabei die unterschiedliche Schnittführung in den beiden Hälften der Abbildung. Kolorieren Sie dann – soweit vorhanden – dieselben Strukturen in der unteren Abbildung. Verwenden Sie für jeden Vestibulariskern und sein zugehöriges Axon dieselbe Farbe und gut kontrastierende Farben für die einzelnen Kerne.**

Der *Nervus vestibularis* (A) tritt im Kleinhirnbrückenwinkel in den Hirnstamm ein und verläuft posteromedial durch die obere Medulla, wo seine Fasern Synapsen bilden in *Nucleus medialis* (B), *lateralis* (C), *superior* (D) und *inferior nervi vestibularis* (E). Diese Kerne liegen dicht nebeneinander entlang des Bodens des IV. Ventrikels vom Niveau des Abduzenskerns im mittleren Ponsbereich bis in Höhe der Oliva inferior in der mittleren Medulla. Die Vestibulariskerne stehen u.a. in Verbindung mit dem *unteren Kleinhirnstiel* (F) und dessen dünnem, medial gelegenem Faserbündel, dem *Corpus restiforme* (G). Beachten Sie auch das Genu nervi facialis, das um den *Abduzenskern* (L) verläuft, das *mediale Längsbündel* (H) und die *Formatio reticularis* (I).

**Malen Sie den Oberbegriff ‚Projektionen' an sowie die verbliebenen Begriffe und deren zugehörige Strukturen.**

Der Nervus vestibularis besteht größtenteils aus den zentralen Fortsätzen bipolarer *afferenter Neurone* ($A^1$), die das *Ganglion vestibulare* ($A^2$) im Meatus acusticus internus bilden (s. Tafel 6–19). Einige dieser Afferenzen enden nicht in den Vestibulariskernen, sondern projizieren über den unteren Kleinhirnstiel ins Kleinhirn. Diese Fasergruppe bildet den Tractus vestibulocerebellaris (nicht dargestellt), der zur Rinde des Lobus flocculonodularis und zur Uvula des Vermis zieht. Gegenläufige *zerebellovestibuläre Fasern* ($G^1$) aus der Kleinhirnrinde und dem Nucleus fastiguus (s. Tafel 5–15) erreichen über den unteren Kleinhirnstiel alle vier Vestibulariskerne.

Die Axone aus den Vestibulariskernen verteilen sich über den ganzen Hirnstamm. Einige *Axone* ($B^1$) aus den medialen Vestibulariskernen beteiligen sich mit aszendierenden und deszendierenden, gekreuzten und ungekreuzten Fasern am medialen Längsbündel und enden entweder in den *Okulomotorius-* (J) und *Trochleariskernen* (K) oder in den Abduzenskernen und im Zervikalmark (nicht dargestellt). Andere Axone aus dem medialen Vestibulariskern projizieren zur Formatio reticularis, von wo aus Fasern zu viszeromotorischen Kernen im Hirnstamm deszendieren.

*Axone des Nucleus lateralis nervi vestibularis* ($C^1$) verlaufen im *Tractus vestibulospinalis* (M) (s. Tafel 4–10), der durch Erhöhung des Streckmuskeltonus zur aufrechten Körperhaltung entgegen der Schwerkraft beiträgt.

Auch Axone (nicht dargestellt) aus den lateralen Vestibulariskernen verlaufen als ungekreuzte aszendierende oder deszendierende Fasern im medialen Längsbündel und enden entweder in den Okulomotorius- oder in den Trochleariskernen. *Axone aus dem Nucleus superior nervi vestibularis* ($D^1$) aszendieren im ipsilateralen medialen Längsbündel und enden teilweise ebenfalls in den Okulomotorius- und Trochleariskernen. Andere Axone aus diesem Kern sind exzitatorischer Natur und verlaufen gemeinsam mit afferenten Fasern des Nervus vestibularis zu den Haarzellen der beiden Maculae und der Cristae ampullares (nicht dargestellt). *Axone aus dem Nucleus inferior nervi vestibularis* ($E^1$) verlaufen als aszendierende oder deszendierende Fasern im medialen Langsbündel im Bereich des Hirnstamms.

(Weitere Erläuterungen zum vestibulären System s. Tafel 4–10, 5–6, 5–7 und 6–19).

# VESTIBULARAPPARAT: NERVUS VESTIBULARIS (VIII. HIRNNERV) UND SEINE BAHNEN

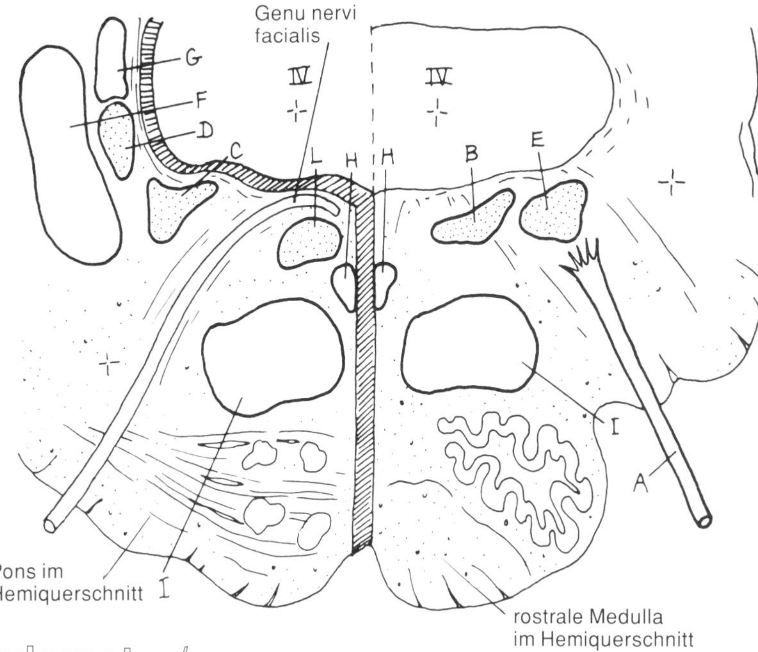


**Vestibulariskerne/ Verbindungen** ★
N. vestib $_A$/aff. Neur. $_{A^1}$
Gangl. vestib. $_{A^2}$
**Vestibulariskerne** ★
Nucl. med. $_B$/lat. $_C$/sup. $_D$/inf. $_E$
unt. Kleinhirnstiel. $_F$
Corp. restiforme $_{G^1}$
zerebellovestib. Fasern $_{g^1}$
med. Längsbündel $_H$
Formatio reticularis $_I$

**Projektionen** ★
Nucl. med.-Axon $_{B^1}$ zu MLB $_H$/Okulomot.- $_J$/ Trochl.- $_K$/Abduzenskernen $_L$
Nucl. lat.-Axon $_{C^1}$ zu MLB $_H$/Tr. vestib.spin. $_M$
Nucl. sup.-Axon $_{D^1}$ zu MLB $_H$/ Okulomot.- $_J$/ Trochl.-Kernen $_K$/ N. vestib. $_A$
Nucl. inf.-Axon $_{E^1}$ zu MLB $_H$

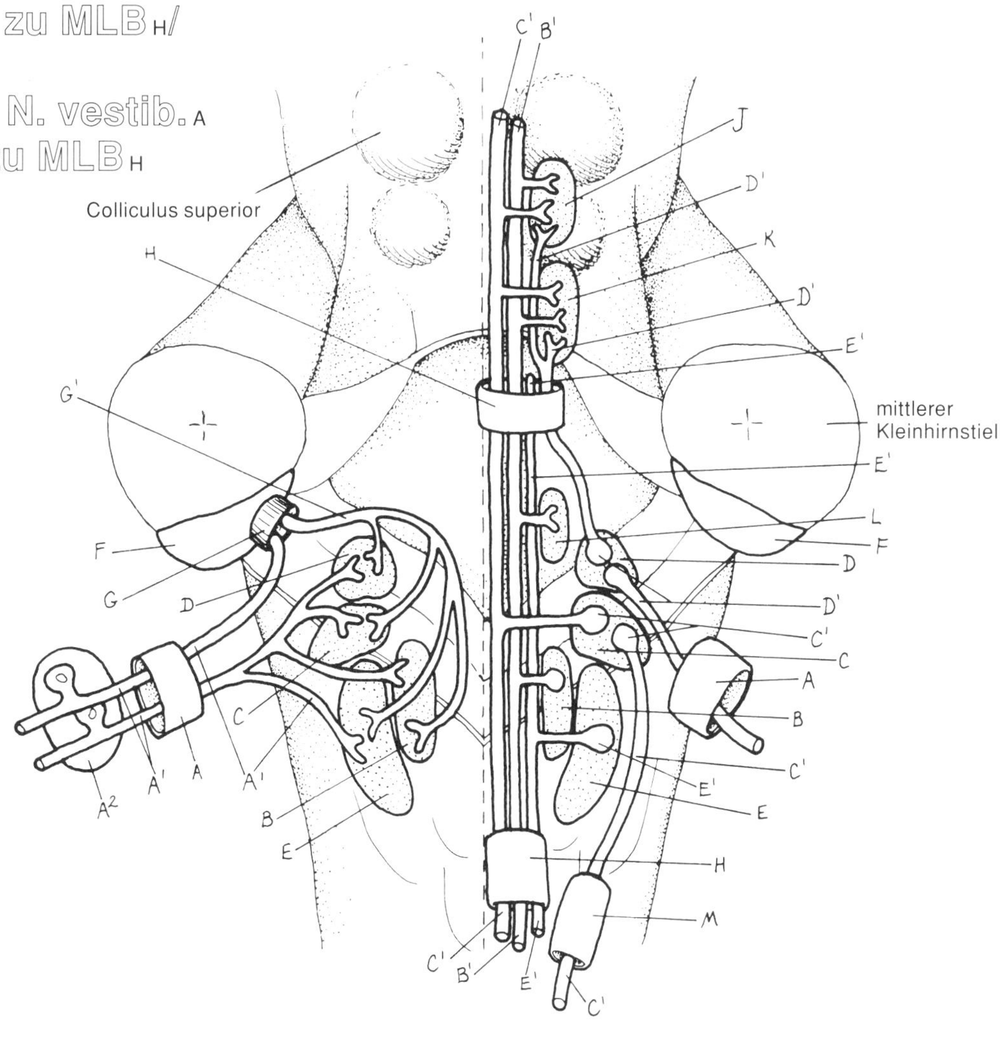

# 6–21

# NERVUS GLOSSOPHARYNGEUS (IX. HIRNNERV): SENSORISCHE KOMPONENTE

Der Nervus glossopharyngeus ist ein gemischter Nerv. Seine sensorische Komponente umfaßt viszeroafferente Fasern aus den Pressorezeptoren des Carotissinus, aus Chemorezeptoren des Glomus caroticum und aus der Schleimhaut des Gaumens, der Tonsillen, des Pharynx, der Tuba auditiva und der Paukenhöhle. Spezifische viszerale Afferenzen entstammen den Geschmacksrezeptoren im hinteren Zungendrittel, somatische Afferenzen dem äußeren Ohr und dem Meatus acusticus externus.
(Zur motorischen Komponente des IX. Hirnnerven s. Tafel 6–22).

**Malen Sie die Begriffe A–N und deren zugehörige Strukturen an. Beginnen Sie dabei in der unteren Abbildung und verwenden Sie unterschiedliche Schattierungen derselben Farbe für Strukturen mit identischem Kennbuchstaben aber unterschiedlichen Kennziffern.**

*Somatoafferente Neurone* ($A^1$) des IX. Hirnnerven sind in der *Haut des äußeren Gehörgangs und der Rückseite der Ohrmuschel* (A) lokalisiert. Die Axone dieser Neurone verlaufen zum aurikulären Vagusast oder zum Nervus facialis. Diejenigen Fasern, die mit dem *Ramus auricularis nervi vagi* (B) aszendieren, schließen sich im *Foramen jugulare* (D) dem *Nervus glossopharyngeus* (E) an und verlaufen dann weiter zum *Ganglion inferius (Ganglion petrosum)* (C). Die zentralen Fortsätze dieser Neurone treten in den Nucleus spinalis nervi trigemini im Hirnstamm ein.
*Viszeroafferente Neurone* ($G^2$), die Schmerzimpulse und andere schlecht lokalisierbare Empfindungen aus *Gaumen* (G) und *Pharynx* ($G^1$) leiten, schließen sich dem *Ramus pharyngeus nervi glossopharyngei* (H) an. Viszeroafferente Neurone aus den diversen *Tonsillen* ($G^3$) (z.B. Gaumen-, Zungen- und Rachenmandeln) treten im *Ramus tonsillaris* (I) in den Nervus glossopharyngeus ein.
Spezifische viszeroafferente Fasern entspringen aus den Pressorezeptoren des *Sinus caroticus (Karotissinus)* ($G^4$), einer Verdickung der Gefäßwand an der Bifurkation (Verzweigungsstelle) der Arteria carotis communis in Arteria carotis interna und externa. Diese Fasern bilden den afferenten Schenkel eines Reflexbogens, der zur Regulation des systemischen Blutdrucks beiträgt. In der Karotisbifurkation ist das Glomus caroticum lokalisiert, eine Ansammlung spezialisierter Epithelzellen, kleiner Blutgefäße und Nervenendigungen. Das Glomus caroticum ist ein Chemorezeptor, der am Säure-Basen-Gleichgewicht und an der Atmungsregulation beteiligt ist. Die Afferenzen des Glomus caroticum und des Sinus caroticus bilden den *Ramus sinus carotici* (J), der gemeinsam mit anderen Afferenzen zur Wurzel des IX. Hirnnerven verläuft.
*Spezielle viszeroafferente Fasern* ($K^1$) des Nervus glossopharyngeus bilden Synapsen an Geschmacksrezeptoren (s. Tafel 6–16) im hinteren Zungendrittel posterior des Sulcus terminalis *(Pars postsulcalis)* (K). Die *Rami linguales* (L) des IX. Hirnnerven verlaufen zwischen Arteria carotis externa und interna und bilden schließlich zusammen mit den Rami pharyngei ein Nervenfaserbündel. Dieses vereint sich mit dem Ramus sinus carotici und verläuft dann zum *Ganglion inferius (Ganglion petrosus)* (M) direkt unterhalb des Ganglion superius am Eingang in das Foramen jugulare.

Alle viszeroafferenten Fasern treten in den Hirnstamm ein und enden im *Nucleus solitarius* (N). Dieser längliche Kern liegt in der posterolateralen Medulla und erhält in seinem rostralen Bereich (Nucleus gustatorius; nicht dargestellt) spezifische viszerale Afferenzen aus denjenigen Hirnnerven (VII, IX und X), die Impulse aus der Zungen- und Pharynxregion leiten. Zum kaudalen Anteil des Nucleus solitarius verlaufen viszeroafferente Fasern des IX. und X. Hirnnerven, u.a. Axone aus dem Gastrointestinaltrakt und dem Respirationstrakt. Der Kern steht in enger Verbindung mit der Formatio reticularis und kardiorespiratorischen Kontrollzentren in der Medulla oblongata. Die Efferenzen des Nucleus solitarius projizieren zum Nucleus ventralis posteromedialis und in zahlreiche Hirnstammregionen (nicht dargestellt).

# NERVUS GLOSSOPHARYNGEUS (IX. HIRNNERV): SENSORISCHE KOMPONENTE

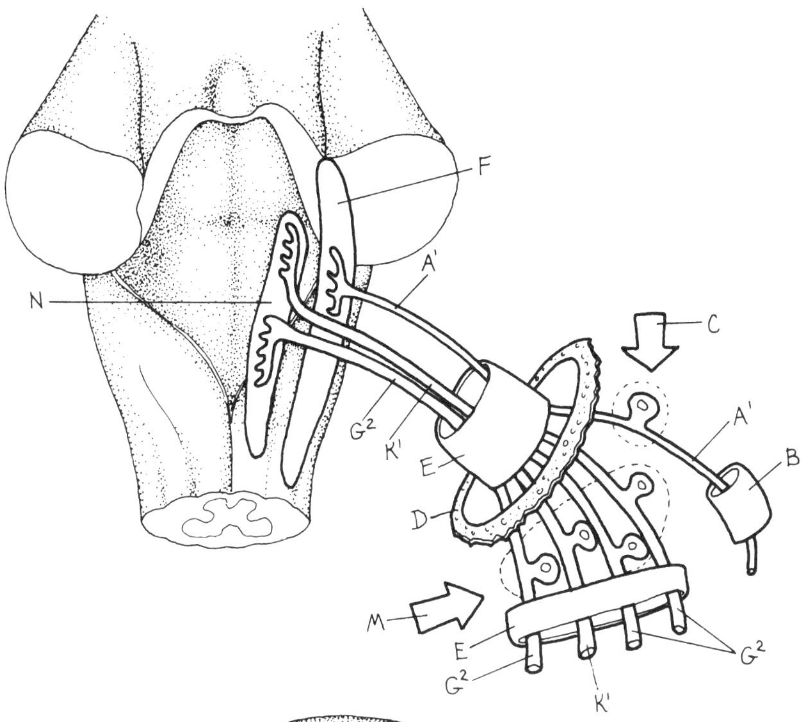


Haut des äuß. Ohres A
somatoaff. Neuron $A^1$
R. auricularis n. vagi B
Ganglion sup. C
Foramen jugulare D
N. glossopharyngeus E
Nucl. spin. n. trig. F

Gaumen G/Pharynx $G^1$
viszeroaff. Neuron $G^2$
Ramus pharyngeus H

Tonsille $G^3$
Ramus tonsillaris I
Ramus sinus carotici J
Sinus caroticus $G^4$
Glomus caroticum $G^5$

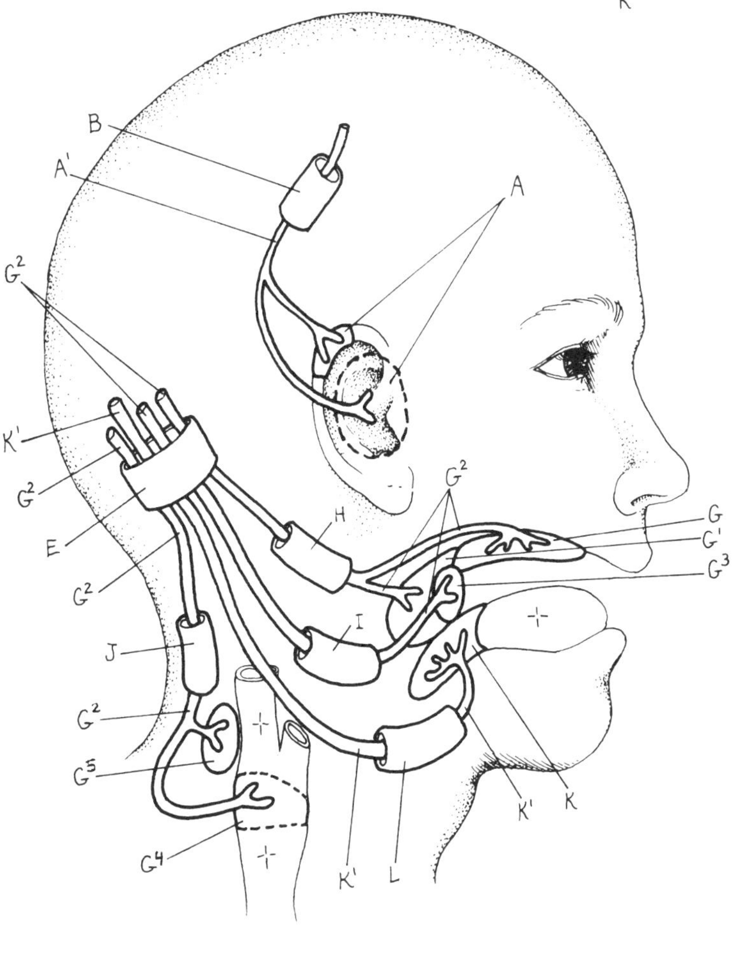


postsulkale Geschmacksregion K
spez. viszeroaff. Neuron $K^1$
R. lingualis L
Ganglion inf. M
Nucl. solitarius N

# 6–22

# NERVUS GLOSSOPHARYNGEUS (IX. HIRNNERV): MOTORISCHE KOMPONENTE

Die motorische Komponente des IX. Hirnnerven enthält viszeroefferente Fasern zum Musculus stylopharyngeus und zum Musculus constrictor pharyngis, beides Abkömmlinge der embryonalen Kiemenbögen (s. Tafel 6–3), sowie parasympathische efferente Fasern zur Glandula parotis.

**Malen Sie die Begriffe A–D² und deren zugehörige Strukturen an.**

Im rostralen Anteil des *Nucleus ambiguus* (A) (s. Tafel 6–4) liegen spezifische viszeroefferente *Neurone* (B), deren *Axone* (B¹) als eine von mehreren kleinen *Glossopharyngeuswurzeln* (C) (s. Tafel 6–21) durch das Foramen jugulare ziehen und gemeinsam mit dem Nervus vagus zwischen Vena jugularis interna und Arteria carotis interna deszendieren (nicht dargestellt). Der Nervus glossopharyngeus verläuft zwischen den Musculi constrictor superius und medius pharyngis und entsendet *motorische Fasern* (D) zum benachbarten *Musculus stylopharyngeus* (D¹). Über den Plexus pharyngeus (nicht dargestellt) können mit dem Nervus vagus motorische Fasern auch zum *Musculus constrictor superius pharyngis* (D²) ziehen. Die genannten Muskeln tragen durch sequentielle rhythmische Kontraktionen zum Schluckakt bei.

**Malen Sie die Begriffe E–M und deren zugehörige Strukturen an.**

Andere *viszeroefferente Neurone* (F) des IX. Hirnnerven liegen im *Nucleus salivatorius inferius* (E) (s. Tafel 6–4), einer nur unscharf begrenzten Neuronenmasse in der oberen posterioren Medulla oblongata. Ihre *viszeralen Efferenzen* oder *parasympathischen präganglionären Axone* (F¹) ziehen durch das Foramen jugulare und treten anschließend durch den Canaliculus tympanicus in die Paukenhöhle ein, wo sie in deren medialer Wand einen Teil des *Plexus tympanicus* (G) bilden. Dieses Fasernetz enthält sensorische Fasern aus der Schleimhaut des Mittelohres, der Cellulae mastoideae und der Tuba auditiva. Die präganglionären Fasern durchdringen das Dach der Paukenhöhle und bilden zusammen mit einem kleinen Ast des Nervus facialis (s. Tafel 6–15) den *Nervus petrosus minor* (H). Dieser verläuft weiter nach anterior zum *Foramen ovale* (I) und deszendiert mit dem Nervus mandibularis (s. Tafel 6–2) in die Fossa infratemporalis. Im *Ganglion oticum* (J) bilden die präganglionären Fasern Synapsen mit *postganglionären Neuronen* (K). Die *postganglionären Axone* (K¹) schließen sich in ihrem Verlauf dem *Nervus auriculotemporalis* (L) an, einem Ast des Nervus mandibularis. Der Nervus auriculotemporalis zieht zwischen Meatus acusticus externus und Mandibula zur *Glandula parotis* (M). Die Parotis ist die größte aller Speicheldrüsen. Sie liegt vor dem und etwas unterhalb des Ohres unmittelbar posterior des Musculus masseter (s. Tafel 6–13). Ihr Sekret ist reich an Amylase, einem Enzym, das für die initiale Spaltung von Stärke im Rahmen des Verdauungsvorganges wichtig ist.

# NERVUS GLOSSOPHARYNGEUS (IX. HIRNNERV): MOTORISCHE KOMPONENTE

Nucleus ambiguus A
viszeroaff. Neuron B/Axon B'
N. glossopharyngeus C
motor. Fasern D zum
M. stylopharyng. D'/
constr. sup. D²

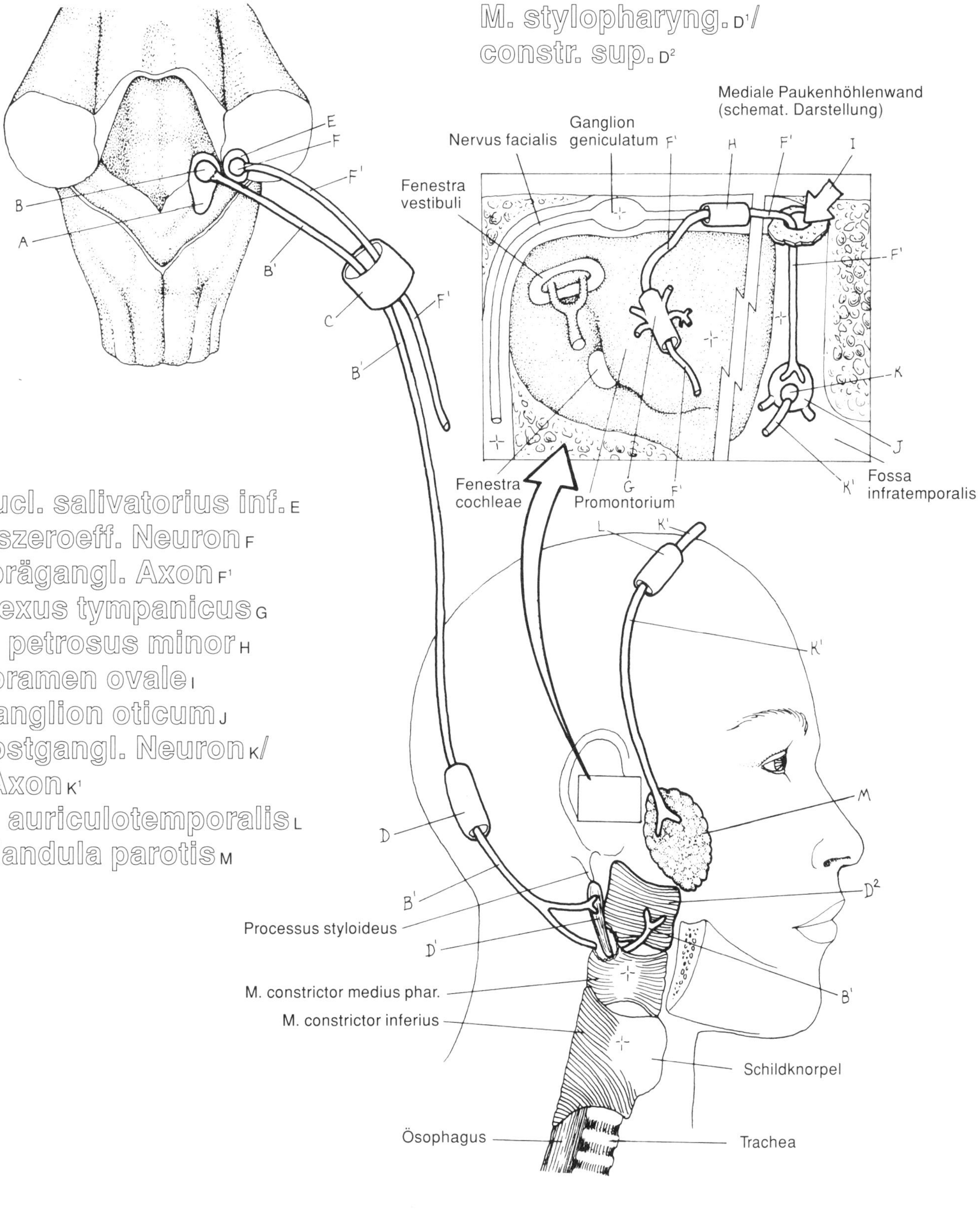


Nucl. salivatorius inf. E
viszeroeff. Neuron F
prägangl. Axon F'
Plexus tympanicus G
N. petrosus minor H
Foramen ovale I
Ganglion oticum J
postgangl. Neuron K/
Axon K'
N. auriculotemporalis L
Glandula parotis M

# 6–23
# NERVUS VAGUS (X. HIRNNERV): SENSORISCHE KOMPONENTE

Die sensorische Komponente des Nervus vagus besteht aus somatoafferenten Fasern (erhalten Impulse aus der Haut des äußeren Ohres) und aus viszeroafferenten Fasern (leiten Impulse aus Organen des Brust- und Bauchraumes sowie aus Pharynx und Larynx). Darüber hinaus gibt es spezifische viszeroafferente Fasern aus den Geschmacksrezeptoren im hinteren Zungendrittel und in der Epiglottis (nicht dargestellt).

**Malen Sie die Begriffe A–E und deren zugehörige Strukturen an.**

Empfindungen aus dem Bereich des *äußeren Ohres* (A) können sowohl über somatische Afferenzen der Hirnnerven V, VII, IX und X als auch der Spinalnerven der oberen Zervikalsegmente nach kranial weitergeleitet werden. Die Ursache hierfür liegt in der embryologischen Entwicklung des ersten und zweiten Kiemenbogens, aus denen das äußere Ohr entsteht. *Somatische Afferenzen* (A[1]) des *Nervus vagus* (C) bilden den *Ramus auricularis* (B). Er zieht durch eine kleine Öffnung in der Felsenbeinpyramide zum *Ganglion superius* (D) unmittelbar kaudal des Foramen jugulare. Die zentralen Fortsätze der Neurone des Ganglion spirale treten, wie zahlreiche andere Nervenfasern, dorsal der Oliva inferior in die Medulla oblongata ein. Diese Fasern enden im *Nucleus spinalis nervi trigemini* (E).

**Malen Sie die Begriffe F–N[1] und deren zugehörige Strukturen an.**

*Viszeroafferente Vagusfasern* (G) finden sich im gesamten Brust- und Bauchraum. Im Bereich des *Gastrointestinaltrakts* (F) und der zugehörigen Organe (Leber, Pankreas, Gallenblase) verlaufen vagale Afferenzen mit vagalen präganglionären Efferenzen (s. Tafel 6–24), sympathischen postganglionären Fasern (nicht dargestellt; s. Tafel 8–4) und Blutgefäßen. Die Vagusafferenzen aszendieren entlang der Aorta abdominalis (nicht dargestellt) und münden in die *Truncus vagales* (F[1]) anterior und posterior. Die Abbildung zeigt eine solche Afferenz, die am Ösophagus entlang vom Bauch- in den Brustraum übertritt.

Afferenzen aus dem *Ösophagus* (H) bilden den *Plexus oesophageus* (H[1]), solche aus dem *Herzen* (I) den *Plexus cardiacus* (I[1]). Axone aus *Lunge und Bronchialbaum* (J) aszendieren im *Plexus pulmonalis* (J[1]). Die einzelnen Äste schließen sich zum Nervus vagus zusammen, der in den bindegewebigen Gefäßscheiden der Arteria carotis communis und der Vena jugularis interna (nicht dargestellt) aszendiert.

Afferenzen aus dem *Larynx* (K) bilden die *Nervi laryngei superiores* (K[1]), und Fasern aus dem *Pharynx- und Gaumenbereich* (L) den *Plexus pharyngeus* (L[1]), der sich zusammen mit den erstgenannten im Kieferwinkel dem Nervus vagus anschließt. Die Neurone der viszeralen Afferenzen liegen im *Ganglion inferius* (M). Ihre zentralen Fortsätze treten durch das Foramen jugulare in den Hirnstamm ein, wo sie im *Tractus solitarius* (N) zum *Nucleus solitarius* (N[1]) projizieren (s. Tafel 6–21).

# NERVUS VAGUS (X. HIRNNERV): SENSORISCHE KOMPONENTE

äußeres Ohr A
somatoaff. Neuron A'
Ramus auricularis B
Nervus vagus C
Ganglion superius D
Nucl. spinalis n. trigemini E

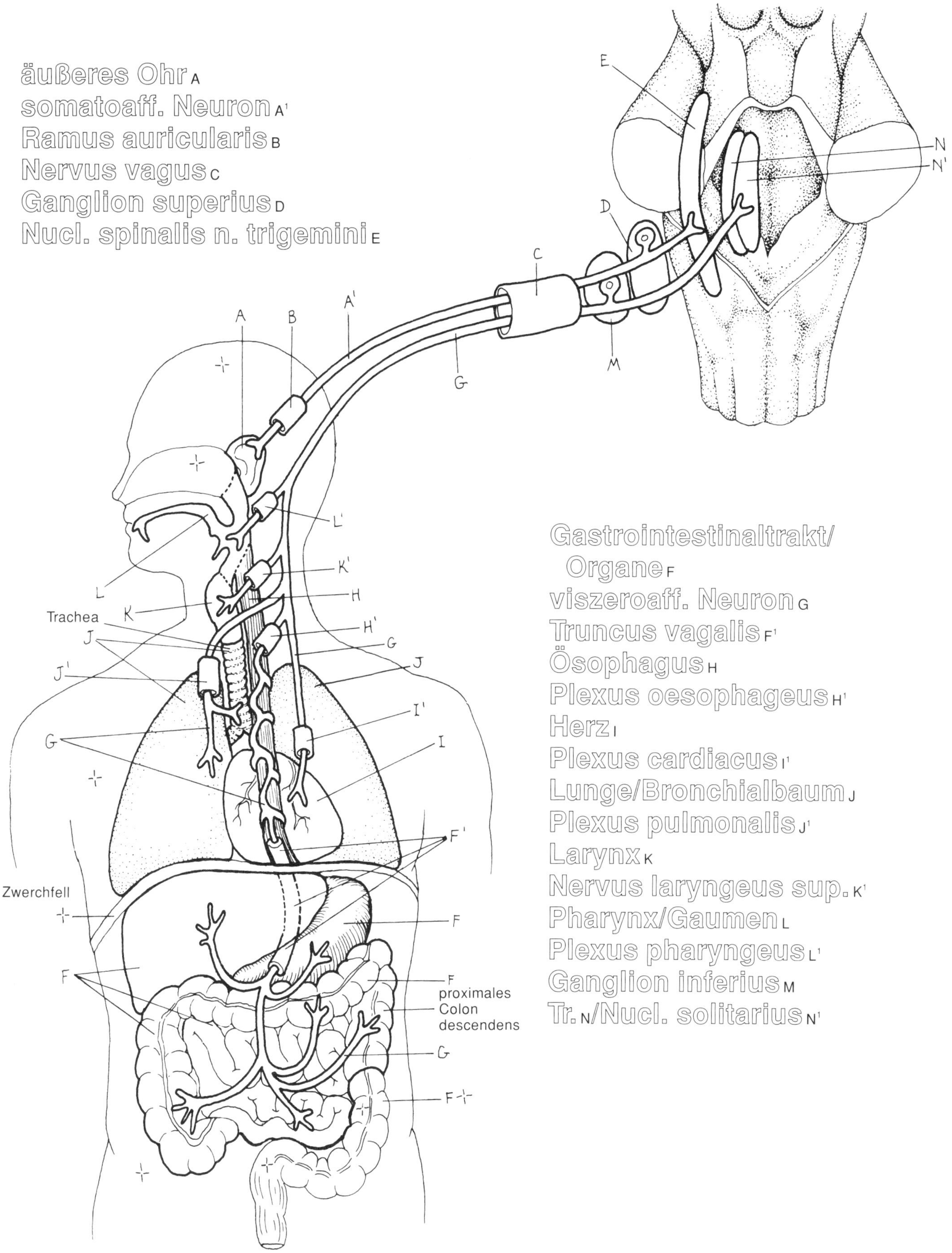


Gastrointestinaltrakt/ Organe F
viszeroaff. Neuron G
Truncus vagalis F'
Ösophagus H
Plexus oesophageus H'
Herz I
Plexus cardiacus I'
Lunge/Bronchialbaum J
Plexus pulmonalis J'
Larynx K
Nervus laryngeus sup. K'
Pharynx/Gaumen L
Plexus pharyngeus L'
Ganglion inferius M
Tr. N/Nucl. solitarius N'

# 6–24
# NERVUS VAGUS (X. HIRNNERV): MOTORISCHE KOMPONENTE

Die motorische Komponente des Nervus vagus besteht aus viszeralen Efferenzen (parasympathische präganglionäre Fasern) zahlreicher motorischer Ganglien in Brust- und Bauchorganen und aus spezifischen viszeralen Efferenzen, die branchiomere Muskeln im Kopf- und Halsbereich versorgen.

**Malen Sie die Begriffe A–G[1] und deren zugehörige Strukturen an.**

Die *spezifischen viszeroefferenten Fasern* (B[1]) des *Nervus vagus* (D) haben ihren Ursprung in Neuronen des *Nucleus ambiguus* (A) (s. Tafel 6–4). Die kaudalste Fasergruppe bildet die Wurzel des Nervus accessorius. Die übrigen Fasern schließen sich am *Foramen jugulare* (C) dem Nervus vagus an. Auf Höhe des Ganglion inferius (s. Tafel 6–23) gibt der Nervus vagus Fasern ab, die den *Plexus pharyngeus* (F) bilden. Dieser innerviert gemeinsam mit der kranialen Accessoriuswurzel die Muskulatur des *Pharynx und des Gaumens* (F[1]). Spezifische viszerale Efferenzen deszendieren im Nervus vagus in der bindegewebigen *Karotisscheide* (E). Auf der linken Seite verlaufen die Fasern um den Aortenbogen, auf der rechten Seite um die Arteria subclavia. Beide Faserbündel kehren ihren Verlauf dann um und bilden den Hauptanteil der *Nervi laryngei recurrentes* (G). Diese aszendieren zwischen Ösophagus und Trachea zur Glandula thyroidea (Schilddrüse) und weiter zu den branchiomeren Muskeln des *Larynx* (G[1]), die Abkömmlinge des vierten und sechsten Kiemenbogens sind.
Der Nervus recurrens innerviert alle motorischen Larynxmuskeln (außer dem Musculus cricothyroideus) und sensibel die Kehlkopfschleimhaut unterhalb der Stimmlippen und ist für ein normales Atmen und Sprechen von Bedeutung.

Die *viszeromotorischen (präganglionären) Fasern* (I[1]) des Nervus vagus entspringen aus den *Neuronen* (I) des *dorsalen motorischen Vaguskerns* (H) im Boden des IV. Ventrikels in der rostralen Medulla (s. Tafel 5–6). Die Axone treten in mehreren kleinen Wurzelbündeln und zusammen mit den sensorischen und spezifischen viszeralen Vagusefferenzen posterior der Oliva inferior aus der Medulla aus und verlassen den Schädel durch das Foramen ovale. Gemeinsam mit der Arteria carotis communis und der Vena jugularis interna ziehen sie in der bindegewebigen Karotisscheide halsabwärts.
Die motorischen Fasern nehmen einen identischen, aber gegenläufigen Verlauf wie die viszeroafferenten Fasern (s. Tafel 6–23). Sie enden in *postganglionären Neuronen* (J) kleiner *intramuraler Ganglien* (K) (lat. murus: Wand) in den Wänden der verschiedenen inneren Organe. Hier verlassen die postganglionären Fasern ihre Mutterneurone und ziehen zu den *Drüsen* (K[1]) und zur *glatten Muskulatur der Schleimhaut* (K[2]) sowie in die tiefer gelegene *Muskelschicht* (K[3]) dieser Organe.
Die *viszeralen Efferenzen* (I[1]) innervieren zahlreiche innere Organe. Im *Bronchialbaum* (L) verursachen sie eine vermehrte Flüssigkeitssekretion und die Kontraktion der glatten Bronchialmuskulatur, woraus eine Bronchokonstriktion resultiert. Im *Herzen* (M) innervieren sie das spezifische Reizleitungsgewebe im Sinusknoten und Atrioventrikularknoten und reduzieren die Herzfrequenz. Im *Ösophagus* (N) und im *Gastrointestinaltrakt* (O) steuern sie die sekretomotorische Aktivität, also die Drüsensekretion und die Peristaltik. Schließlich steuern diese Efferenzen auch noch die sekretomotorische Aktivität von Leber, Pankreas und Gallenblase.
Der synergistische Effekt von sympathischen und parasympathischen Nerven bewirkt eine an die jeweiligen Erfordernisse angepaßte Funktion der von ihnen innervierten Organe.

# NERVUS VAGUS (X. HIRNNERV): MOTORISCHE KOMPONENTE

Nucleus ambiguus A
Neuron B
spez. viszeroaff. Faser B'
Foramen jugulare C
Nervus vagus D
Karotisscheide E
Plexus pharyngeus F

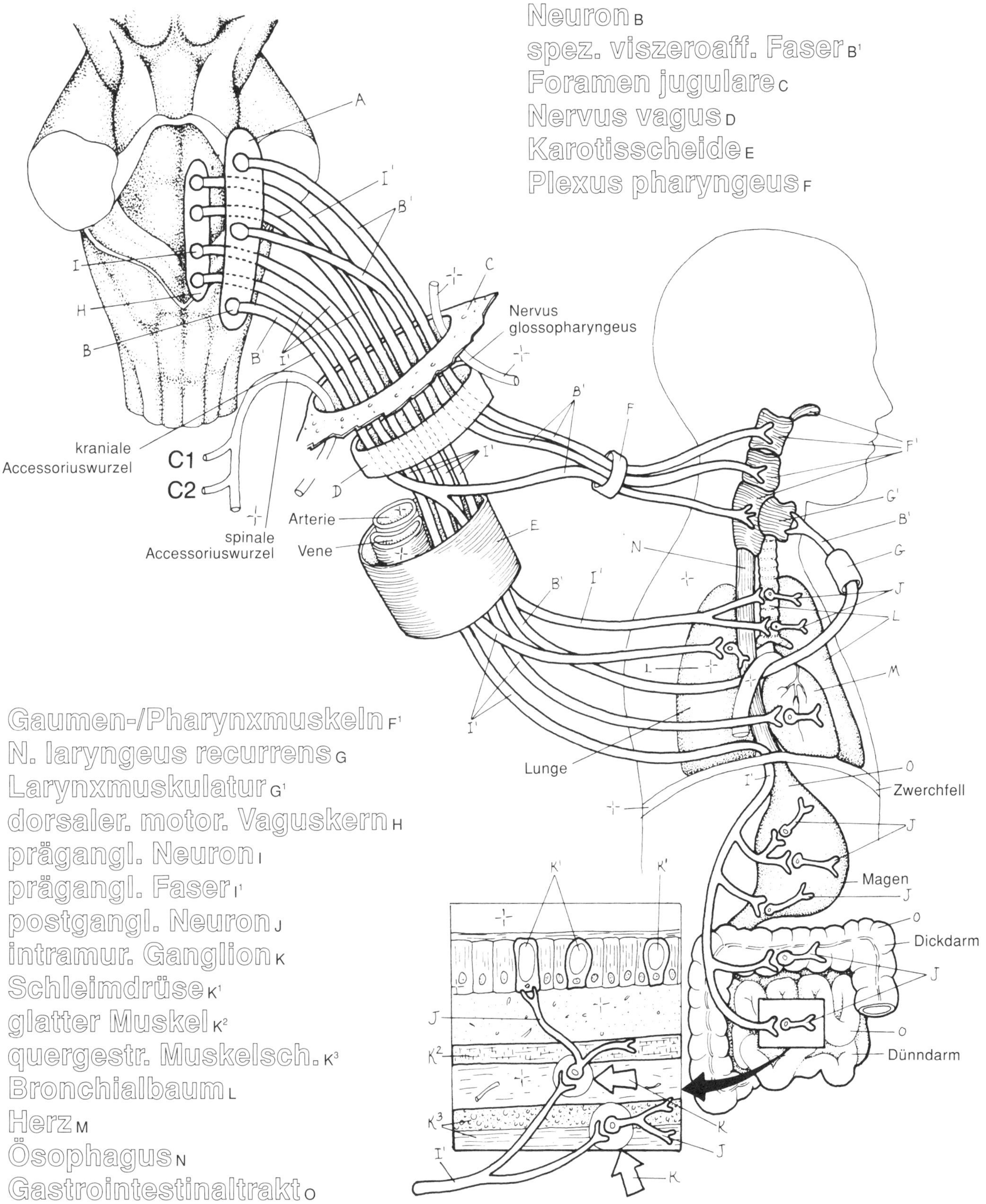


Gaumen-/Pharynxmuskeln F'
N. laryngeus recurrens G
Larynxmuskulatur G'
dorsaler. motor. Vaguskern H
prägangl. Neuron I
prägangl. Faser I'
postgangl. Neuron J
intramur. Ganglion K
Schleimdrüse K'
glatter Muskel K²
quergestr. Muskelsch. K³
Bronchialbaum L
Herz M
Ösophagus N
Gastrointestinaltrakt O

# 6–25

# NERVUS ACCESSORIUS (XI. HIRNNERV): KRANIALE UND SPINALE WURZELN

Der Nervus accessorius setzt sich zusammen aus einer kranialen Wurzel (Ramus internus) und einer größeren spinalen Wurzel (Ramus externus).

**Malen Sie die Oberbegriffe ‚mittlere Medulla und viertes Zervikalsegment' an sowie die Begriffe A–J und deren zugehörige Strukturen. Beginnen Sie dabei in der Abbildung oben links.**

Die *spezifischen viszeroefferenten Neurone* (B) der *kranialen Accessoriuswurzel* (C) liegen im kaudalen Anteil des *Nucleus ambiguus* (A) in der Medulla oblongata. Ihre *Axone* ($B^1$) verlassen den Hirnstamm in enger Nachbarschaft zum Nervus vagus und vereinigen sich mit diesem beim Durchtritt durch das *Foramen jugulare* (D). Diese Fasern bilden entweder allein oder mit Vagusfasern die Nervi laryngei recurrentes (s. Tafel 6–24), die die intrinsische Larynxmuskulatur innervieren. Einige der spezifischen viszeroefferenten Fasern der kranialen Accessoriuswurzel beteiligen sich auch am Plexus pharyngeus (nicht dargestellt).

Die *spinale Wurzel* (G) des Nervus accessorius entspringt aus *Motoneuronen* (F) im *Vorderhorn* (E) der oberen 5-6 Zervikalsegmente. Die *Axone* ($F^1$) dieser Neurone treten aus den ventralen Wurzeln der Spinalnerven C5-C1 aus und aszendieren in der Dura mater des Rückenmarks im Wirbelkanal durch das *Foramen magnum* (H) bis auf Höhe der kranialen Accessoriuswurzel. Hier biegen sie nach lateral ab und passieren zusammen mit dem Nervus vagus das Foramen jugulare. Von dort aus projiziert die Spinalwurzel nach posterior und kaudal und gibt Fasern zum *Musculus sternocleidomastoideus* (I) ab. Die restlichen Fasern verlaufen zusammen mit kleinen motorischen Ästen von C3 und C4 zum *Musculus trapezius* (J).

Der Musculus sternocleidomastoideus ist an der Kopfdrehung und -beugung beteiligt. Der Musculus trapezius hält die Scapula und fixiert dadurch den Schultergürtel.

# NERVUS ACCESSORIUS (XI. HIRNNERV): KRANIALE UND SPINALE WURZELN

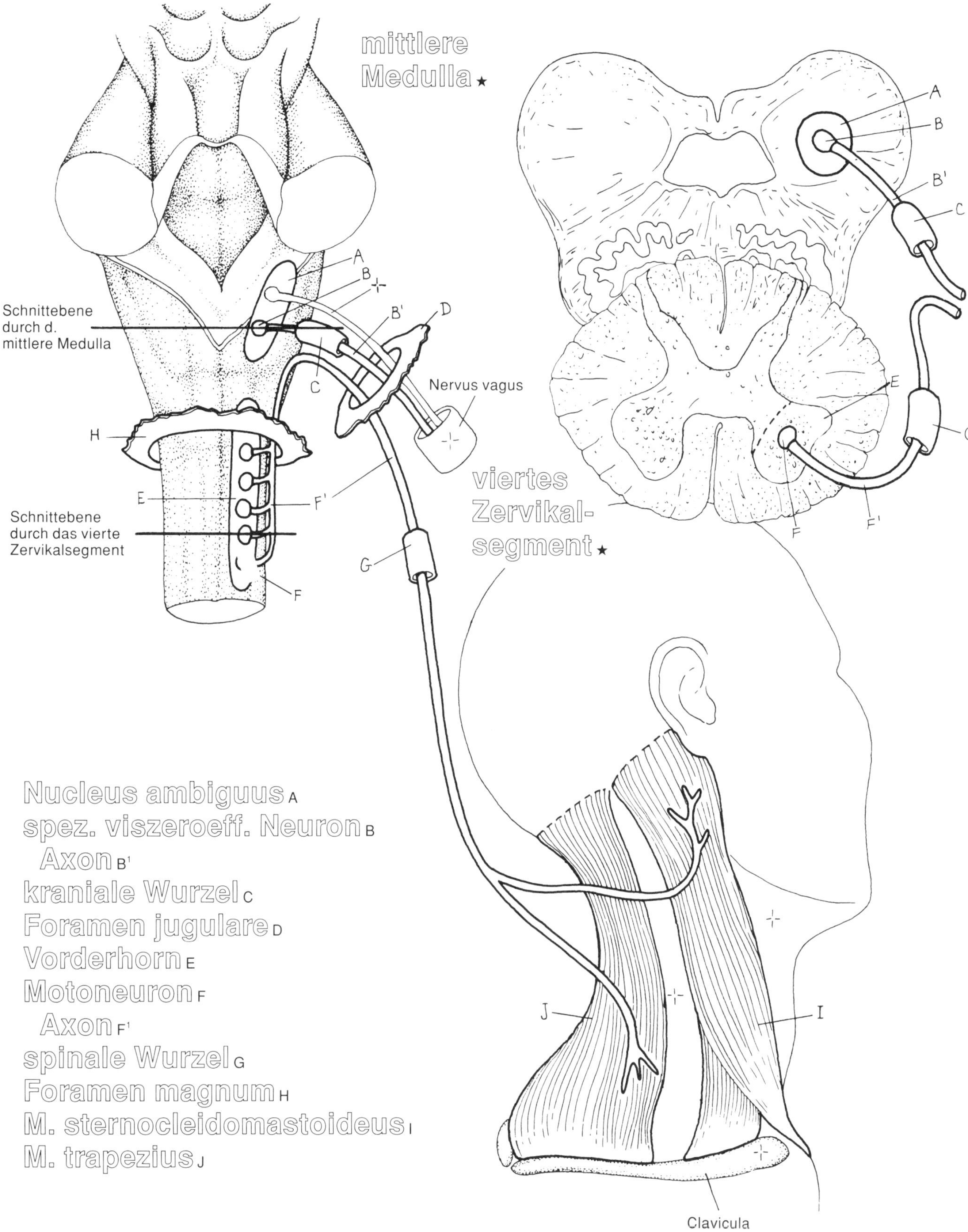


Nucleus ambiguus A
spez. viszeroeff. Neuron B
Axon B'
kraniale Wurzel C
Foramen jugulare D
Vorderhorn E
Motoneuron F
Axon F'
spinale Wurzel G
Foramen magnum H
M. sternocleidomastoideus I
M. trapezius J

# 6–26
# NERVUS HYPOGLOSSUS (XII. HIRNNERV)

Der Nervus hypoglossus ist ein rein motorischer Nerv, der die Zungenmuskulatur innerviert.

**Malen Sie die Begriffe A–E und deren zugehörige Strukturen an. Beginnen Sie dabei in der Abbildung oben rechts. Beachten Sie die Verbindungen dieses Nervs mit den Nervenfasern von C1, C2 und C3, die die Ansa cervicalis bilden. Diese Nervenfasern sind jedoch nicht Teil des Nervus hypoglossus und sollten deshalb nicht angemalt werden.**

Der *Kern* (A) des *Nervus hypoglossus* (B) liegt am Boden des IV. Ventrikels auf Höhe der Oliva inferior. Die *somatoefferenten Fasern* ($A^2$) seiner *Neurone* ($A^1$) verlassen den Hirnstamm in Form mehrerer kleiner *Wurzelbündel* ($B^1$) zwischen Oliva inferior und Pyramide. Diese kleinen Wurzelbündel verschmelzen beim Durchtritt durch den *Canalis hypoglossus* (C) zu einem einzigen, dickeren Bündel. Auf Höhe des Ganglion inferius (nicht dargestellt) schließt sich ein Ast des ersten Zervikalnerven dem Nervus hypoglossus an und deszendiert mit diesem in derselben Nervenscheide zwischen Arteria carotis interna und Vena jugularis interna. Ungefähr drei Zentimeter oberhalb der Karotisbifurkation machen die beiden Nerven einen Bogen nach vorne. Einige Zervikalnervenfasern setzen von hier aus als Radix superior der Ansa cervicalis ihren nahezu vertikalen Abstieg fort. Der Nervus hypoglossus und die verbliebenen Zervikalnervenfasern penetrieren in die Regio suprahyoidea des Mundbodens, wo die Zervikalfasern den Musculus geniohyoideus versorgen (nicht dargestellt). Die Hypoglossusfasern innervieren die *intrinsische (innere)* (D) und *extrinsische (äußere) Zungenmuskulatur* (E) und ermöglichen so die außerordentliche Beweglichkeit der Zunge, die z. B. beim Schluckakt und beim Sprechen von großer Bedeutung ist.

# NERVUS HYPOGLOSSUS (XII. HIRNNERV)

Nucl. n. hypoglossi A
Neuron A¹
somatoeff. Faser A²

Nervus hypoglossus B/
kl. Wurzelbündel B¹

Canalis
hypoglossus C

intrinsische
Zungenmuskulatur D
extrinsische
Zungenmuskulatur E

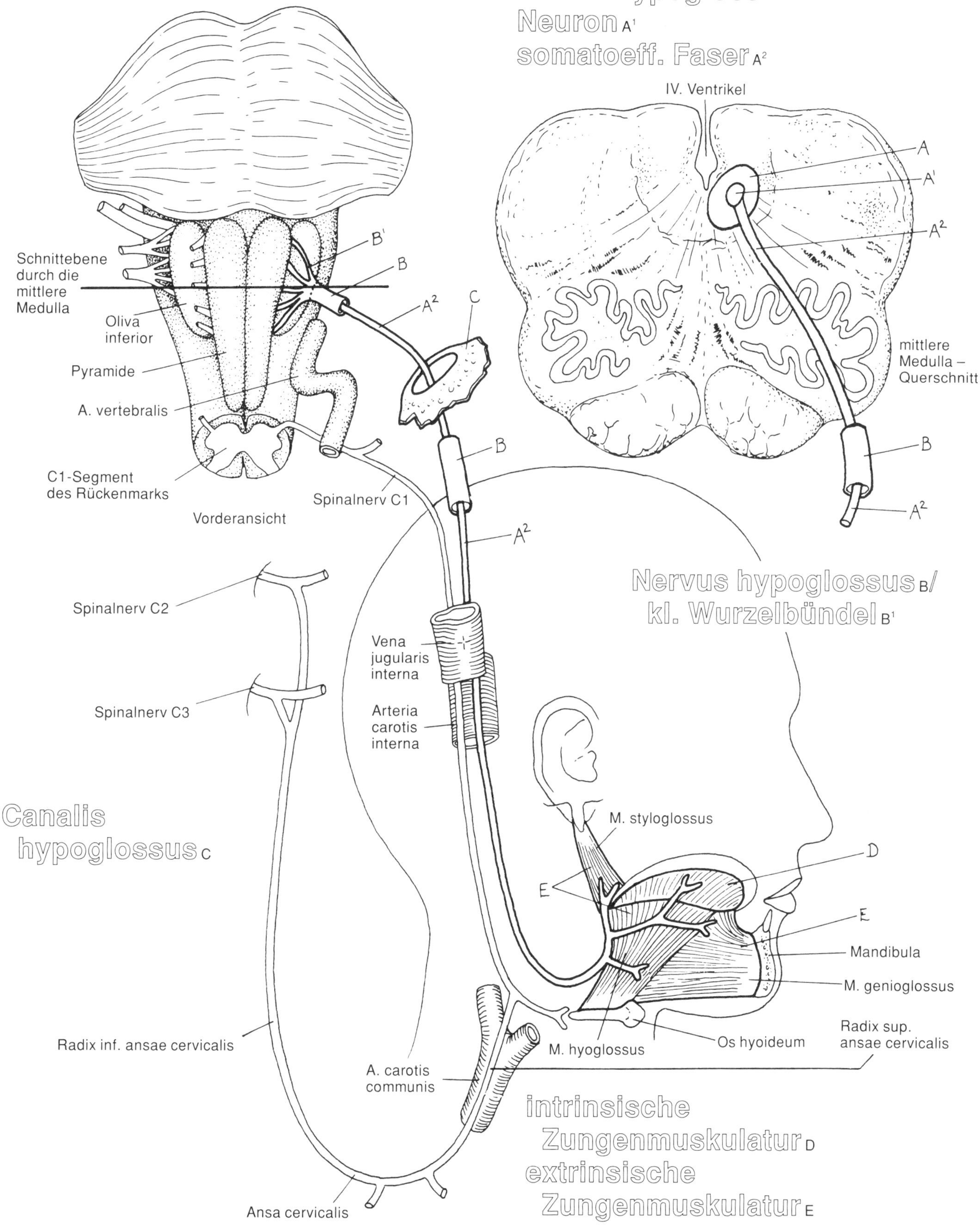

# Kapitel 7: Spinalnerven

Tafel 7–1 bis 7–6

# 7–1
# SPINALNERVEN: STRUKTUR

Nachfolgend werden Ursprung und Zusammensetzung spinaler und peripherer Nerven erläutert.

**Malen Sie die Begriffe A, B, C und F an sowie deren zugehörige Strukturen in der kleinen Abbildung oben rechts. Kolorieren Sie danach die verbliebenen Begriffe bis G² und deren zugehörige Strukturen in der großen Abbildung. Malen Sie die Begriffe ‚Effektor und Rezeptor' und deren zugehörige Strukturen am unteren Rand der Bildtafel an. Da die Axone D¹, D² und G² zwar identisch strukturiert sind, aber funktionelle Unterschiede aufweisen, sollten sie auch in verschiedenen Farben angemalt werden.**

Jeder *Spinalnerv* (A) entsteht aus dem Zusammenschluß einer *Hinterwurzel (Radix dorsalis)* (B) und einer *Vorderwurzel (Radix ventralis)* (F) des Rückenmarks. Die sensible Hinterwurzel besteht überwiegend aus den *zentralen Fortsätzen* (D²) sensibler Neurone, deren *Zellkörper* (D³) im distalen Bereich der Hinterwurzel eine Verdickung bilden, das *Spinalganglion (Ganglion spinale)* (C). Die *peripheren Fortsätze* (D¹) der sensorischen Neurone werden auf Höhe der Bifurkation des Spinalnerven in die Hinterwurzel umgelenkt und erreichen so ihre Mutterneurone im Spinalganglion. Die peripheren Fortsätze entsprechen strukturell Axonen, funktionell jedoch Dendriten. Diese »axonalen« peripheren Fortsätze stellen die sensorischen Fasern spinaler und peripherer Nerven dar und leiten Impulse aus Rezeptoren, die über den ganzen Körper verteilt liegen. Die Spinalganglien bestehen aus zahlreichen pseudounipolaren Neuronen (s. Tafel 2–3), die mit ihren Fortsätzen über einen kurzen *Axonstumpf* (D⁴) in Verbindung stehen. Jedes Neuron ist von stoffwechselaktiven *Satellitenzellen* (E) umgeben, die die Fortsetzung der Schwann-Zellen darstellen, welche die peripheren und zentralen Fortsätze umhüllen.

Die zentralen axonalen Fortsätze, aus denen die Hinterwurzel besteht, setzen sich größtenteils in das Hinterhorn des Rückenmarks oder in die angrenzende weiße Substanz fort. Das *laterale Faserbündel* (B¹) der Hinterwurzel besteht aus dünnen, meist unmyelinisierten Fasern. Der dickere *mediale Anteil* (B²) der Hinterwurzel besteht aus myelinisierten Fasern.

Die *(motorische) Vorderwurzel* (F) schließt sich im Foramen intervertebrale mit der Hinterwurzel zum Spinalnerv zusammen. Sie besteht überwiegend aus *Axonen* (G²) *multipolarer Motoneurone* (G), deren *Zellkörper* (G¹) in den Vorder- und Seitenhörnern des Rückenmarks liegen. Die motorischen Axone vermitteln Befehle ihrer Mutterneurone an Effektoren, die über den ganzen Körper verteilt vorkommen – insbesondere an die motorischen Endplatten. Die Fasern der Vorderwurzel haben unterschiedliche Durchmesser und funktionelle Eigenschaften und kommen als myeliniserte und unmyelinisierte Fasern vor.

**Malen Sie den Oberbegriff ‚Nervenscheiden' an sowie die Begriffe H–L und deren zugehörige Strukturen. Verwenden Sie helle Farben für K und L und Grau oder Schwarz für I. Die Fasciculi sollten nicht angemalt werden.**

Außerhalb des Gehirns und Rückenmarks werden die Axone motorischer und sensorischer Neurone von *Schwann-Zellen* (H) umhüllt. Die meisten Fasern weisen überdies noch eine unterschiedlich dicke *Myelinschicht* (I) auf. Die Schwann-Zellen liegen in einer Scheide aus Kollagenfasern, dem *Endoneurium (Endoneuralscheide)* (J). Von Endoneurium umhüllte Axone formieren sich zu unterschiedlich dicken Bündeln, die voneinander durch *perineurale Septen* (K¹) getrennt sind; mehrere Axonbündel (Axonfaszikel) werden jeweils durch das bindegewebige *Perineurium* (K) zusammengefaßt. In die Bindegewebsschichten des Perineurium sprossen kleine Blutgefäße ein, durch die Blut aus den bzw. zu den Kapillaren der Endoneuralscheide und der sensorischen und viszeromotorischen Nervenfasern fließt. Die von Perineurium umhüllten Faszikel sind gruppenweise in unterschiedlich dickes *Epineurium* (L) eingelagert. Dieses besteht aus locker angeordneten Kollagenfasern, Fettzellen und Bindegewebszellen und umhüllt als Epineuralscheide die Spinalnerven und ihre dickeren peripheren Äste. Alle bindegewebigen Nervenscheiden erfüllen wichtige isolierende, protektive und nutritive Funktionen.

# SPINALNERVEN: STRUKTUR

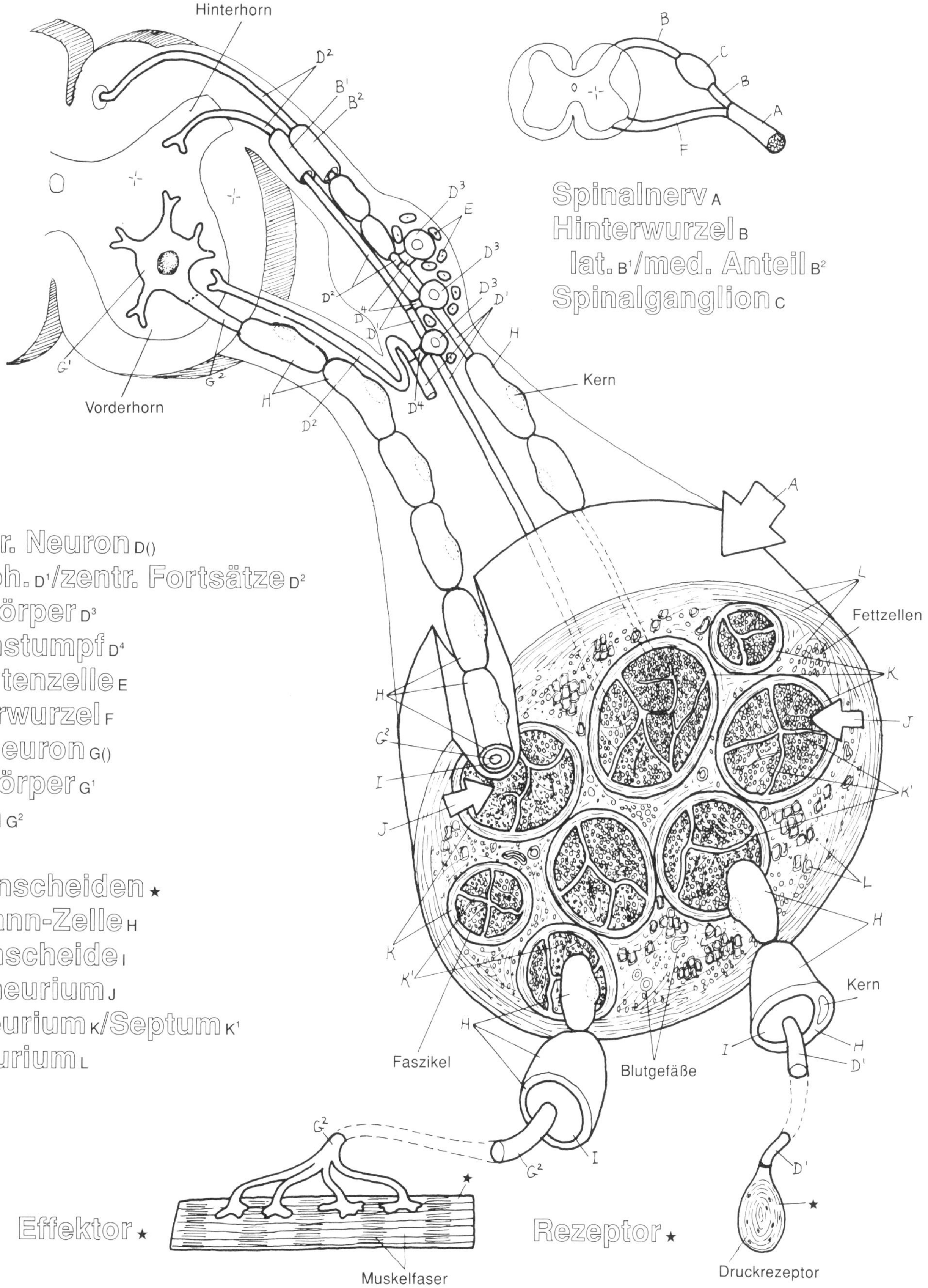


Spinalnerv A
Hinterwurzel B
lat. $B^1$/med. Anteil $B^2$
Spinalganglion C

sensor. Neuron D()
periph. $D^1$/zentr. Fortsätze $D^2$
Zellkörper $D^3$
Axonstumpf $D^4$
Satellitenzelle E
Vorderwurzel F
Motoneuron G()
Zellkörper $G^1$
Axon $G^2$

Nervenscheiden ★
Schwann-Zelle H
Myelinscheide I
Endoneurium J
Perineurium K/Septum $K^1$
Epineurium L

Effektor ★

Rezeptor ★

# 7–2
# ENTSTEHUNG DER MYELINSCHEIDE

Die Axone des peripheren Nervensystems werden von spezialisierten Zellen umhüllt, die nach dem deutschen Anatomen und Physiologen Theodor SCHWANN benannt wurden. Um alle Axone mit einem Durchmesser von mehr als einem Millimeter bilden diese Schwann-Zellen eine Markscheide aus einer oder mehreren Schichten (Lamellen). Sie besteht aus einer phospholipidhaltigen Substanz, dem Myelin, so daß sog. myelinisierte Axone entstehen. Die Myelinscheiden von Axonen des Zentralnervensystems werden von Oligodendrozyten (s. Tafel 2–6) gebildet. Die Dendriten und Neurone des ZNS und die Ganglienzellen des peripheren Nervensystems haben, mit wenigen Ausnahmen, keine Myelinscheiden.
Myelin besteht aus Cholesterin, Zerebrosiden (Fettsäurebestandteilen), bestimmten Phospholipiden (z. B. Shingomyelin), Glykoproteinen und Wasser. Seine makromolekulare Struktur gleicht derjenigen anderer Membranen (z.B. Zellmembranen oder Organellenmembranen), die aus Proteinen bestehen, die zwischen zwei Lipidschichten eingelagert sind. Die Myelinisierung der Axone beginnt im vierten Fetalmonat und dauert bis zur Pubertät oder länger.

**Malen Sie die Begriffe A–C und deren zugehörige Strukturen in den Abbildungen 1 bis 3 an. Verwenden Sie für B[1] eine helle Farbe. Kolorieren Sie danach den Oberbegrifff ‚Myelinlamelle', die Begriffe B[4]–E und deren zugehörige Strukturen in Abbildung 4.**

Die *Schwann-Zelle* (B) (Abb. 1) besteht aus einem *Kern (Nucleus)* (B[1]) und *Zytoplasma* (B[2]), das von einer *Zellmembran* (B[1]) umhüllt wird. Zu Beginn der Myelinisierung schließt sich eine abgeflachte Schwann-Zelle um ein Axon (s. Abb. 2 und 3), bis sich die beiden gegenüberliegenden Zellränder annähern und schließlich überlappen, so daß eine Duplikatur der Schwann-Zellmembran (Mesaxon) entsteht. Der Beginn dieser Duplikatur an der Innenseite der Markscheide heißt *inneres Mesaxon* (C). Die Schwann-Zelle windet sich dann unterschiedlich oft (2- bis 100mal) spiralig um das Axon. Während dieses Vorgangs scheint das Zytoplasma abgepreßt zu werden, und die Proteinschichten jeweils überlappender Membranabschnitte bilden eine dichte Myelinlamelle, die sog. *Hauptlinie* (B[4]) (Abb. 4), die durch die Kondensation von Lipiden und Proteinen in der Lamelle zustandekommt. In der innersten und äußersten Schicht der Schwann-Zellspiralen unterbleibt dieser Kondensationsvorgang. In der Nähe eines Ranvierschen Schnürrings (E) (Abb. 4) bilden die Schwann-Zellmembranen mehrere zytoplasmagefüllte Schlingen, die jeweils direkt an das Axon grenzen.
Zu beiden Seiten der dichten Hauptlinie liegen die Außenseiten der Zellmembran aneinander und bilden eine hellere *Zwischenlinie* (B[5]). Die zuäußerst liegende Überlappungszone der Schwann-Zellmembran heißt *äußeres Mesaxon* (D). Die jeweilige Gesamtzahl der Myelinlamellen variiert je nach Durchmesser des Axons.
Das Axon, seine Myelinscheide und die Schwann-Zelle bilden zusammen das sog. Internodium. Zwischen den einzelnen Internodien liegen kurze myelinfreie Axonsegmente, die sog. *Ranvierschen Schnürringe* (E) (Abb. 4). Diese Lücken zwischen zwei Schwann-Zellen sind deutlich kleiner als diejenigen zwischen zwei Oligodendrozyten des zentralen Nervensystems. Das Fehlen der Myelinscheide und die Akkumulation von Anionen im Bereich der Schnürringe senkt möglicherweise die lokale Depolarisationsschwelle, was die diskontinuierliche »saltatorische« Impulsleitung von Schnürring zu Schnürring erklären könnte (s. Tafel 2–8).

**Malen Sie den Oberbegriff ‚unmyelinisierter Nerv' und dessen zugehörige Strukturen in Abbildung 5 an.**

Viele sehr dünne Axone haben keine Myelinscheide, werden aber dennoch von Schwann-Zellen umhüllt. Durch Invagination der Axone in die Schwann-Zelle (s. Abb. 5) entsteht wiederum durch Überlappung gegenüberliegender Schwann-Zellmembransegmente ein Mesaxon. Ein unmyelinisierter Nerv (Remak-Faser) besteht also aus unterschiedlich vielen dünnen Axonen und den linear angeordneten Schwann-Zellen, die sie umhüllen.
Myelinisierte Nervenfasern haben einen Durchmesser von 2-22 µm. Ihre Nervenleitgeschwindigkeit variiert zwischen 3-120 m/s. Der Durchmesser unmyelinisierter Nervenfasern beträgt nur 0,2-2 µm und ihre Nervenleitgeschwindigkeit ist mit maximal 2 m/s deutlich geringer. Über sie werden bestimmte Empfindungen (z. B. brennender Schmerz) und postganglionäre motorische Impulse geleitet.

# ENTSTEHUNG DER MYELINSCHEIDE

Axon A
Schwann-Zelle B()
Schwann-Zellmembran B¹
Zytoplasma B²
Nucleus B³
inneres Mesaxon C
Myelinlamelle ★
dichte Hauptlinie B⁴ •
Zwischenlinie B⁵ +
äußeres Mesaxon D
Ranvierscher Schnürring E

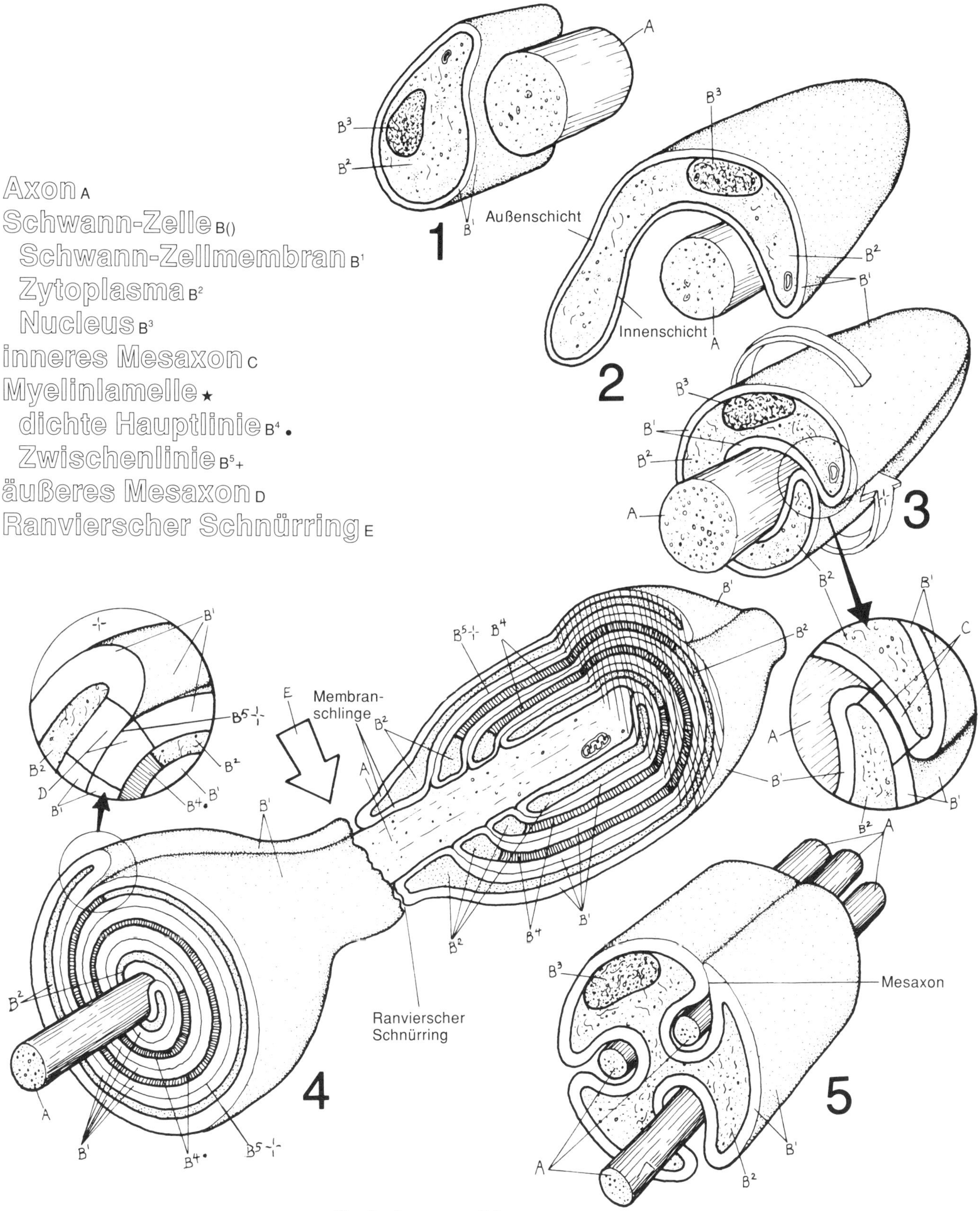


unmyelinisierter Nerv ★

# 7–3
# VERTEILUNGSMUSTER DER SPINALNERVEN

Nach Verlassen der Foramina intervertebralia teilen sich die Spinalnerven nach einem bestimmten Muster in verschiedene Äste. Das einfachste derartige Verteilungsmuster liegt im Rumpfbereich vor. Hier entstammen die peripheren Nerven, die die Brust- und Bauchwände innervieren, unmittelbar aus Spinalnerven und verlaufen entsprechend den Segmenten, die sie innervieren, gürtelförmig um Thorax- bzw. Brustwände.

**Malen Sie den Oberbegriff ‚Brustwand' an sowie die Begriffe A–F⁷ und deren zugehörige Strukturen in der oberen Abbildung.**

Jeder Spinalnerv entsteht aus dem Zusammenschluß einer *Vorder-* (A) und einer *Hinterwurzel* (B). Unmittelbar nach Austritt aus dem jeweiligen Foramen intervertebrale teilt sich jeder neu gebildete *Spinalnerv* (C) in einen *Ramus dorsalis* (E) und einen *Ramus ventralis* (F) (lat. ramus: Ast; pl. rami). Die Spinalnerven Th1-L3 geben überdies den dünnen, markhaltigen *Ramus communicans albus* (D) zu den sympathischen Ganglien ab, die perlschnurartig zu beiden Seiten der Wirbelsäule verlaufen. Aus den sympathischen Ganglien verläuft zu jedem Spinalnerv ein dünnes unmyelinisiertes Faserbündel, der *Ramus communicans griseus* ($D^1$).

Die Rami dorsales aller Spinalnerven verlaufen von ihrem Ursprungsort nach dorsal, penetrieren die Faszien der tiefen Rückenmuskulatur, innervieren mit *motorischen Ästen* ($E^1$) benachbarte Muskeln und entsenden *Hautäste* ($E^2$) zu den oberflächlichen Faszien und zur darüberliegenden Haut. Diese kutanen Äste teilen sich in *mediale* ($E^3$) und *laterale Äste* ($E^4$), die sich mit Hautästen des unmittelbar benachbarten Ramus ventralis und des kontralateralen Ramus dorsalis überlappen.

Die Rami ventrales der Spinalnerven Th2-Th12 verlaufen als Nervi intercostales (Zwischenrippennerven) bogenförmig und in segmentaler Anordnung jeweils zwischen zwei Rippen und sind in die Musculi intercostales (Zwischenrippenmuskulatur) eingebettet, die sie mit *motorischen Ästen* ($F^1$) auch innervieren. Entlang der senkrechten mittleren Axillarlinie geben die Rami ventrales die *Rami cutanei laterales* ($F^2$) zur darüberliegenden Haut ab. Diese teilen sich ihrerseits in *ventrale* ($F^3$) und *dorsale Hautäste* ($F^4$), die sich mit benachbarten kutanen Nervenästen überlappen. Unmittelbar neben dem Brustbein spaltet sich der Ramus ventralis in die *Rami cutanei anteriores* ($F^5$) auf, die sich wiederum in *mediale* ($F^6$) und *laterale Hautäste* ($F^7$) unterteilen. Auch diese überlappen mit anderen benachbarten Hautästen.

**Malen Sie den Oberbegriff ‚obere Extremität' an sowie die Begriffe $A^1$–$J^3$ und deren zugehörige Strukturen in der unteren Abbildung.**

Die Rami ventrales der Spinalnerven bilden – mit Ausnahme der Interkostalnerven – axonale Netzwerke, die sog. Plexus (lat. Geflecht; sing. Plexus). Aus vier verschiedenen Plexus entspringen die peripheren Nerven, die den Hals, die oberen und unteren Extremitäten und das Becken innervieren (s. Tafel 7–4). Die untere Abbildung zeigt den Plexus brachialis (Armgeflecht) und demonstriert, wie aus verschiedenen Spinalnerven Fasern zu einem peripheren Nerven verschmelzen. Die Rami ventrales der Spinalnerven bilden die Wurzeln des Plexus, aus denen die *Truncus (Primärstränge)* (G) hervorgehen. Diese spalten sich in *Faserbündel* (H) auf, die sich wiederum zu mehreren *Nervensträngen* (I) vereinen. Aus diesen Nervensträngen und aus den Truncus und Wurzeln projizieren die *peripheren Nerven* (J) in ihre Zielgebiete. Diese peripheren Nerven bestehen aus Fasern zweier oder mehrerer Spinalnerven (s. Tafel 7–4). Diejenigen Äste peripherer Nerven, die die oberflächlichen Faszien durchdringen, heißen *Nervi cutanei* ($J^1$). Sie enthalten sensible Fasern aus der Haut und dem subkutanen Bindegewebe und viszeromotorische Fasern, die Blutgefäße, pilomotorische Muskeln des Haarbalgs und Schweißdrüsen innervieren. Es gibt *rein motorische* ($J^3$) und *gemischte periphere Nerven* ($J^2$), die sowohl sensorische als auch somatomotorische bzw. viszeromotorische Fasern enthalten.

# VERTEILUNGSMUSTER DER SPINALNERVEN

Thoraxwand ★
Vorder- A/Hinterwurzel B
Spinalnerv C
R. communic. albus D
R. communic. griseus D¹
Ramus dorsalis E
R. muscularis E¹
R. cutaneus E²
R. medialis E³
R. lateralis E⁴
Ramus ventralis F
R. muscularis F¹
R. cutanei laterales F²
ventr. Ast F³
dors. Ast F⁴
R. cutanei anteriores F⁵
med. Ast F⁶
lat. Ast F⁷

obere Extremität ★
Vorder- A¹/Hinterwurzel B¹
Spinalnerv C¹

Plexus brachialis ★
Pl.wurzel/
R. ventralis F⁸
Truncus G/Faser- H/
Nervenbündel I
peripherer Nerv J
N. cutaneus J¹
gem. Nerv J²
motor. Nerv J³

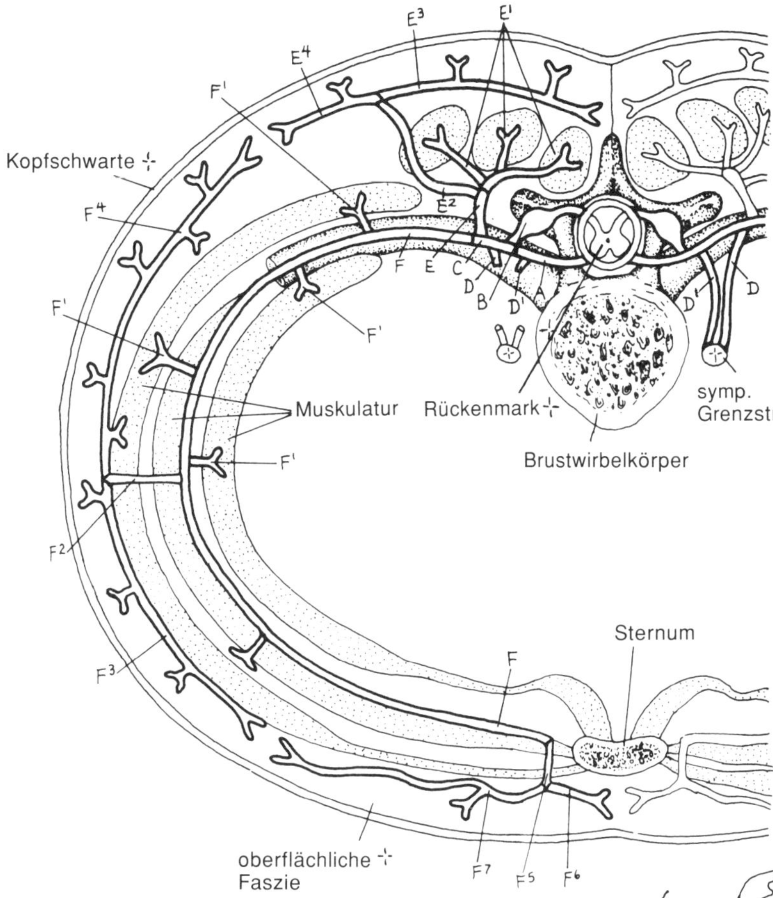


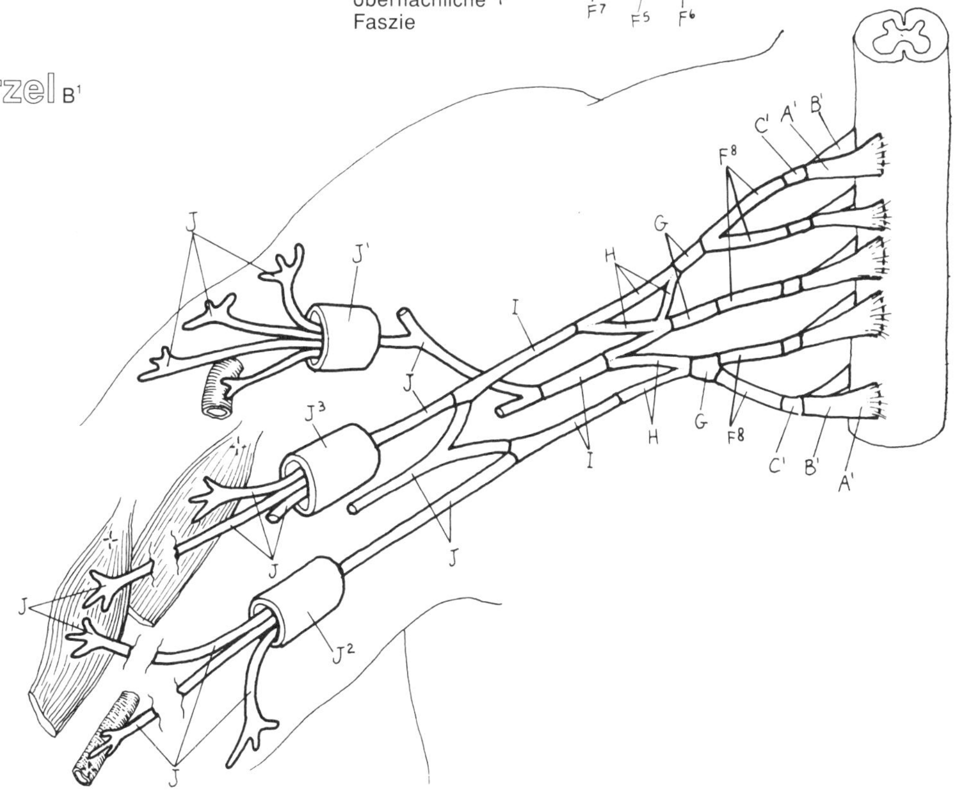

# 7–4
# SPINALNERVEN UND PLEXUS

Aus den Rami ventrales der zervikalen, lumbalen und sakralen Spinalnerven entstehen jeweils spezifische Plexus.

**Malen Sie den Oberbegriff ‚Rami ventrales' an sowie die Begriffe A–F und deren zugehörige Strukturen in der linken Hälfte der Abbildung.**

Der *Plexus cervicalis* (A) wird von den zervikalen Spinalnerven C1-C4 gebildet. Die einzelnen Äste des Plexus innervieren den *Musculus sternocleidomastoideus* (C2) und den *Musculus trapezius* (C3 und C4) (s. Tafel 6–25) sowie verschiedene oberflächliche und tiefe (prävertebrale) Halsmuskeln (nicht dargestellt). Der *Nervus phrenicus* ($A^1$) aus C3, C4 und C5 innerviert das Diaphragma (Zwerchfell), das ca. 75 % der muskulären Atemarbeit leistet. Fasern aus C1-C3 bilden die Ansa cervicalis (s. Tafel 6–26), deren Axone die infrahyoidalen und geniohyoidalen Muskeln innervieren. Kutane Äste des Plexus cervicalis versorgen die seitliche Kopfhaut und die Haut im Hals- und Schulterbereich (nicht dargestellt).
Der *Plexus brachialis* (B) wird von den Rami ventrales der Spinalnerven C5-Th1 gebildet und verteilt sich auf den unteren Halsbereich und die Axilla (Achselhöhle). Neben seinen Hauptästen gibt der Plexus mehrere Seitenäste zu benachbarten Muskeln und bestimmten Hautarealen des Rückens und Brustkorbs ab (nicht dargestellt). Die Hauptäste des Plexus brachialis verlaufen zur Schulter, zu Ober- und Unterarm und zur Hand. Der *Nervus musculocutaneus (C5-C7)* ($B^1$) innerviert die Beugemuskulatur des Oberarms und die seitliche Unterarmhaut. Der *Nervus medianus* (C6-Th1) ($B^2$) versorgt die ventrale Unterarmmuskulatur, die Daumenmuskulatur und die Haut des ventralen Unterarms und der lateralen zwei Drittel der Handfläche. Der *Nervus ulnaris (C8-Th1)* ($B^3$) innerviert die seitlichen Unterarm- und Handmuskeln und die Haut des vierten und fünften Fingers. Der *Nervus radialis (C5-C8)* ($B^4$) innerviert die Muskulatur im dorsalen Oberarmbereich und die großen Extensoren (Streckmuskeln) des dorsalen Unterarms. Seine sensorischen Hautäste versorgen den distalen seitlichen Ober- und dorsalen Unterarmbereich und die Haut zwischen Daumen und Zeigefinger (nicht dargestellt). Der *Nervus axillaris (C5-C6)* ($B^5$) verläuft um das Collum chirurgicum zur Rückseite des Humerus und innerviert einen Teil des Musculus deltoideus und die seitlichen Hautareale der Schulter und des Oberarms.
Der *Plexus lumbalis (L1-L4)* (D) liegt in der dorsalen Bauchwand und innerviert die Muskulatur dieser Region. Er entsendet Hautäste zur ventralen und lateralen Bauchwand unterhalb des Nabels einschließlich der Leistengegend (nicht dargestellt) und zur seitlichen Oberschenkelhaut. Die zwei Hauptäste des Plexus lumbalis sind der *Nervus femoralis* ($D^1$) und der *Nervus obturatorius* ($D^2$). Der Nervus femoralis versorgt die ventrale Oberschenkelmuskulatur und mit Hautästen den ventralen und medialen Oberschenkelbereich, die Knieregion und den medialen Unterschenkel. Der dünnere Nervus obturatorius innerviert die Adduktoren des Oberschenkels und die darüberliegende Haut. Ein Teil der L4- und alle L5-Fasern bilden den *Truncus lumbosacralis* ($D^3$), der seinerseits teilweise den *Nervus ischiadicus* ($E^1$) hervorbringt. Dies ist der dickste Nerv des Körpers und geht ansonsten aus dem *Plexus sacralis (L4-L5, S1-S3)* (E) in der dorsalen Beckenwand hervor. Der Plexus sacralis innerviert die Becken- und Gesäßmuskulatur, die dorsale Oberschenkelmuskulatur und alle Unterschenkel- und Fußmuskeln. Seine Hautäste versorgen den dorsalen Oberschenkel sowie die Haut des Unterschenkels und Fußes. Der *Nervus pudendus* ($E^2$) des Plexus sacralis innerviert das äußere Genitale, den analen Schließmuskel und die Haut der Afterregion. Der *Plexus coccygeus* (F) besteht aus kleinen Faserschlingen von S4, S5 und Co1 und innerviert die Haut der Steißbeinregion.

**Malen Sie den Oberbegriff ‚Rami dorsales' an sowie die Begriffe G–K und deren zugehörige Strukturen in der rechten Hälfte der Abbildung. Die gestrichelten Linien entsprechen motorischen Ästen, die durchgezogenen Linien Hautästen.**

Die *zervikalen* (G) Rami dorsales aus C1-C4 innervieren die tiefe Halsmuskulatur. Der *Nervus occipitalis major* ($G^1$) versorgt die Haut des Hinterkopfes. Andere zervikale Hautäste und die *thorakalen* (H) Rami dorsales aus Th1-Th6 innervieren die Haut bis zu einem Abstand von ca. 3 cm entlang der Hals- und Brustwirbelsäule. Lediglich die Spinalnerven C7 und C8 geben keine Hautäste ab. Die seitlicheren Hautareale werden von den unteren thorakalen und *lumbalen* (I) Rami dorsales versorgt. Die motorischen Äste dieser Rami innervieren die tiefe Rükkenmuskulatur (Musculi erector spinae). Die Rami dorsales von L4 und L5 sind rein motorischer Natur. Die *sakralen* (J) und *kokzygealen* (K) Rami dorsales versorgen die mediale Gesäßhaut und die Haut oberhalb des Steißbeins. Die oberen drei sakralen Faserbündel innervieren die tiefe Gesäßmuskulatur.

# SPINALNERVEN UND PLEXUS

Rami ventrales ★
Plexus cervicalis (C1-C4) A
Nervus phrenicus A'
Plexus brachialis (C5-Th1) B
N. musculocutaneus B'
Nervus medianus B²
Nervus ulnaris B³
Nervus radialis B⁴
Nervus axillaris B⁵
Nn. intercostales (Th1-Th12) C
Plexus lumbalis (L1-L4) D
N. femoralis D'
N. obturatorius D²
Truncus lumbosacralis D³
Plexus sacralis (S1-S3) E
N. ischiadicus E'
N. pudendus E²
Plexus coccygealis (S4-Co1) F
Rami dorsales ★
zervikaler Ast G
N. occipitalis major G'
thorakaler Ast H
lumbaler Ast I
sakraler Ast J
kokzygealer Ast K

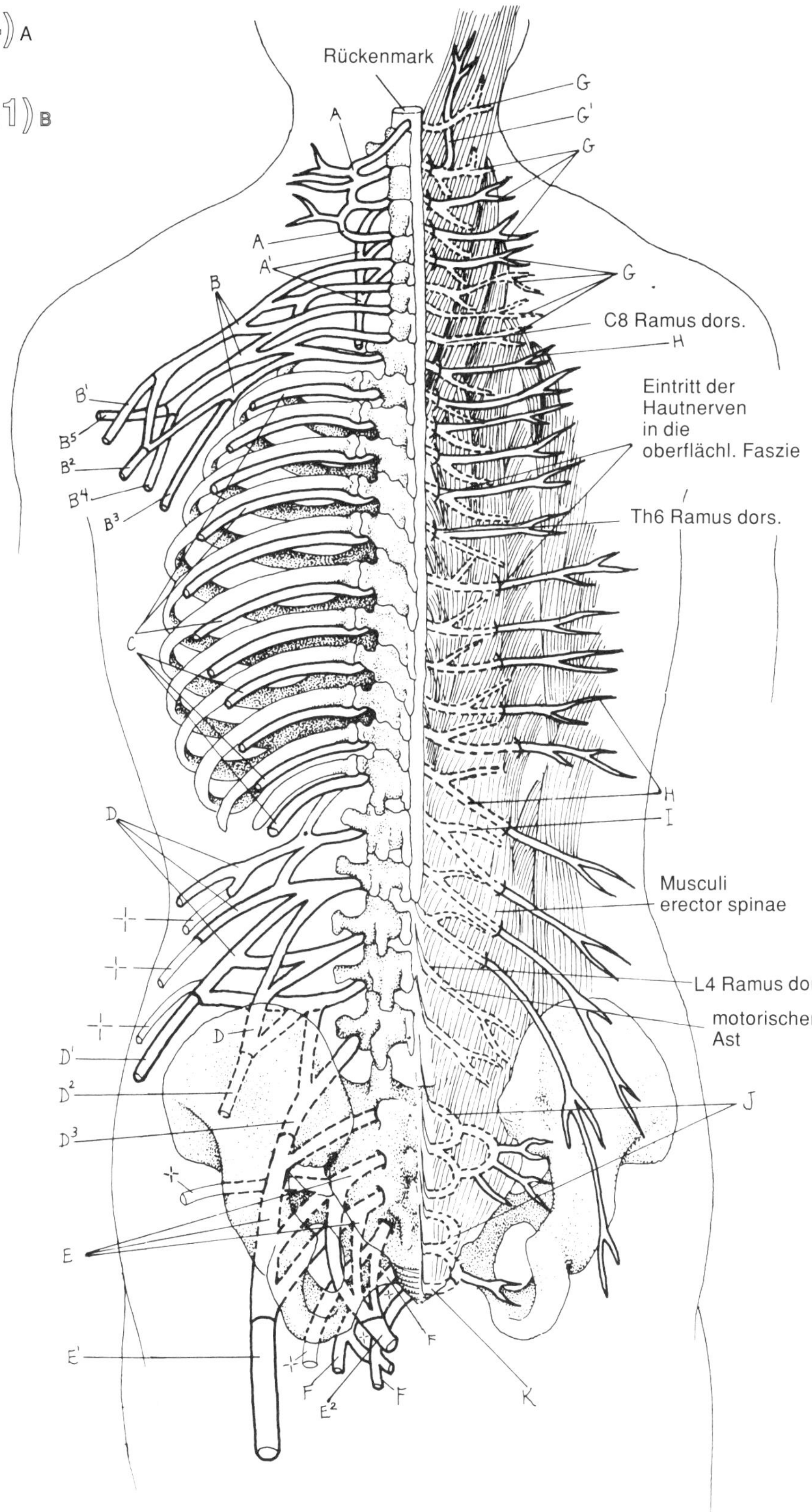

# 7–5
# NEURONALE DEGENERATION

Krankheit oder Verletzung können zu einer neuronalen Degeneration führen. Obwohl dies gleichbedeutend ist mit einer teilweisen Zerstörung des Neurons oder sogar mit dessen Zelltod, verfügt insbesondere das periphere Nervensystem über ein beträchtliches Regenerationsvermögen.

**Malen Sie den Oberbegriff ‚Normalzustand' an sowie die Begriffe A–F und deren zugehörige Strukturen in der linken Abbildung. Kolorieren Sie dann den Oberbegriff ‚Z.n. Verletzung', die Begriffe G–I und deren zugehörige Strukturen in der rechten Abbildung. Verwenden Sie für $A^1$, $B^1$, $C^1$ und $D^1$ hellere Schattierungen der Farben, die Sie für A, B, C und D benutzt haben.**

Drei Areale des Neurons sind von einer Läsion (z.B. einer Schnittverletzung) betroffen: der Zellkörper, das Axonsegment proximal der Läsion und dasjenige distal der Läsion. Jedes dieser Areale und ihrer zugehörigen Strukturen – *Zellkörper* (A), *Zellkern* (B), *endoplasmatisches Retikulum* (C), *Axon* (D), *Schwann-Zelle* (E) und *Myelinscheide* (F) – reagiert unterschiedlich auf die Verletzung. Die degenerativen Veränderungen im Zellkörper nennt man *Chromatolyse* (G). Sie setzt am ersten Tag nach der Verletzung ein und zieht nach ca. einer Woche deutlich sichtbare Veränderungen nach sich. Bei geringgradiger Schädigung sind die chromatolytischen Veränderungen binnen Wochen bis Monaten reversibel. Im Fall einer Schädigung der Zellmembran tritt extrazelluläre Flüssigkeit in die Zelle ein und verursacht ein Anschwellen des *Zellkörpers* ($A^1$). Der normalerweise zentral lokalisierte Zellkern wird in eine seitliche, *exzentrische Lage* ($B^1$) gedrängt. Das endoplasmatische Retikulum schwillt an und *löst sich* teilweise oder völlig *auf* ($C^1$). Alle Veränderungen der Zelle und ihrer Organellen sind Ausdruck der verletzungsbedingten signifikanten Veränderungen des Zellmetabolismus und können in schweren Fällen den irreversiblen Zelltod zur Folge haben.
Der degenerative Prozeß im proximalen Segment des verletzten Axons heißt *retrograde Degeneration* (H) und ist gekennzeichnet durch eine *axonale Fragmentation* ($D^1$) im Bereich der Ranvierschen Schnürringe in Richtung Zellkörper. Die Myelinscheide zerbricht in einzelne *Myelinschollen* ($F^1$), die von *proliferierenden Schwann-Zellen* ($E^1$) phagozytiert werden. Je näher am Zellkörper die Verletzung erfolgt, desto größer ist die Gefahr des Zelltodes. Innerhalb von ca. zwölf Stunden deckt die Zellmembran das verletzte Ende des Axons ab.
Die Degeneration des distalen Axonsegments heißt *anterograde Degeneration* (I). Diese setzt drei bis fünf Tage nach der Verletzung ein und erstreckt sich vom Ort der Verletzung nach distal in Richtung Effektor oder Rezeptor. Wie beim degenerierenden proximalen Segment schwillt das Axon durch eindringende Flüssigkeit an, seine Membran rupturiert und seine Bestandteile lösen sich auf (axonale Fragmentation). Die Schwann-Zellen vermehren sich bis auf das Zehnfache ihrer ursprünglichen Zahl. Sie dehnen sich in longitudinaler Richtung aus, überlappen einander entlang des distalen Axonsegments und imponieren dann unter dem Lichtmikroskop als longitudinale Banden (Büngner-Bänder; nicht dargestellt). Die neugebildete basale Membran der Schwann-Zellen hebt sich von der Zellmembran des Neurons ab, so daß ein schmaler Spalt zwischen Neuronmembran und basaler Schwann-Zellmembran entsteht (Schwann-Röhren; s. Tafel 7–6). Diese dienen als »Leitschienen« für neu wachsende, regenerierende Axone. Die auch bei der anterograden Degeneration entstehenden Myelinschollen werden nach und nach von den proliferierenden Schwann-Zellen phagozytiert.
Die Terminalen degenerierender motorischer oder sensorischer Axone werden mehr oder weniger zerstört. Sowohl Rezeptorzellen als auch Effektorzellen (Muskelzellen) atrophieren irreversibel, wenn sie nicht nach spätestens ein bis zwei Jahren neuerlich innerviert werden. Dies ist jedoch funktionell nur dann von Bedeutung, wenn mehrere motorische Einheiten (s. Tafel 2–12) denerviert werden. Die Atrophie vieler Rezeptorzellen in einem bestimmten Areal kann eine merkliche Sensibilitätsminderung nach sich ziehen. Eine Verletzung eines ganzen peripheren Nerven betrifft hunderte oder tausende Axone und hat dann einen signifikanten Sensibilitätsverlust, eine deutliche Muskelschwäche oder sogar -lähmung zur Folge, ehe regenerative Prozesse einsetzen.
Betrifft die Degeneration eines Neurons via Synapsen auch unmittelbar benachbarte Neurone, so kommt es zu einer transneuronalen Atrophie (nicht dargestellt) die mit einer Hypersensibilität betroffener Areale einhergeht. Diese entsteht durch eine Zunahme der Rezeptorbindungsstellen infolge des Verlustes der präsynaptischen Terminalen und deren Neurotransmitter.

# NEURONALE DEGENERATION

Normalzustand ★
Zellkörper A
Zellkern B
endoplasm. Retikulum C
Axon D
Schwann-Zelle E
Myelinscheide F

Z.n. Verletzung ★
Chromatolyse G
Zellschwellung A'
exzentr. Kern B'
aufgelöstes ER C'
Axonfragment D'
prolif. Schwann-Zelle E'
Myelinschollen F'

retrograde Degeneration H
anterograde Degeneration I

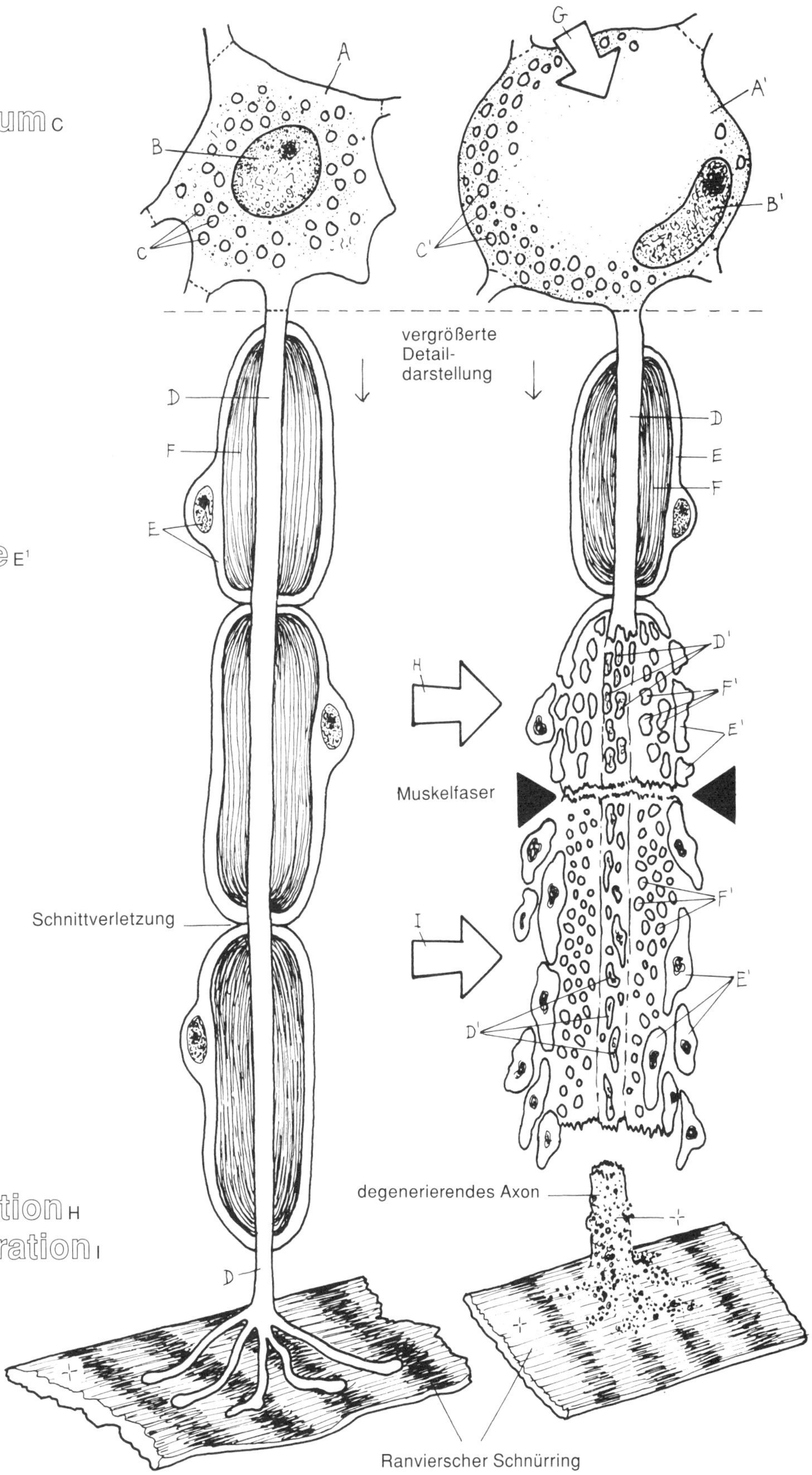

# 7–6
# AXONALE REGENERATION

Die Regeneration sowohl motorischer als auch sensorischer Axone nach einer Verletzung ist eher die Regel denn die Ausnahme. Dennoch gibt es zahlreiche Hindernisse, die die Wiederherstellung der Nervenfunktion beeinträchtigen können, z. B. ein großer Abstand zwischen dem Ort der Verletzung und Effektor bzw. Rezeptor, eine ausgeprägte Narbenbildung am Ort der Verletzung, eine unzureichende Durchblutung und Nährstoffzufuhr oder die Atrophie von Rezeptor oder Effektor, ehe die Reinnervation abgeschlossen ist.

**Malen Sie die Begriffe A–J$^1$ und deren zugehörige Strukturen an. Verwenden Sie für Strukturen, die mit jenen auf Tafel 7–5 identisch sind, dieselben Farben. D$^1$, D$^4$ und E$^2$ werden auf dieser Tafel nicht verwendet.**

Vorausgesetzt, eine Verletzung ist nicht zu schwerwiegend, beginnt, noch während die Degeneration neuronaler Fortsätze voranschreitet, die Regeneration des verletzten Axons. Eine gesteigerte RNS-Synthese im *Zellkern* (B) vermehrt den Proteingehalt im *Zellkörper* (A), insbesondere im *endoplasmatischen Retikulum* (C). Dieses neu synthetisierte Protein fließt im *Axon* (D) nach distal, und steht für den Einbau in neue *Axonsprossen* (D$^2$) und *regenerierende Axone* (D$^4$) zur Verfügung. Die Spitzen der Axonsprossen heißen *Wachstumskegel* (D$^3$). Ein einziges Axon kann bis zu 50 Wachstumskegel bilden.

Wie auf Tafel 7–5 erläutert, ist die *Proliferation* (E$^1$) von *Schwann-Zellen* (E) ein Charakteristikum der Axondegeneration. In Form der sog. Büngner-Bänder (s. Tafel 7–5) formieren sich die Schwann-Zellen entlang des degenerierenden Axons. Viele neu entstandenen Axonsprossen dehnen sich in longitudinaler Richtung in den Schwann-Röhren (s. Tafel 7–5) aus, den Lücken zwischen *Zellmembran* (E$^4$) des Neurons und *Basalmembran* (E$^5$) der Schwann-Zelle. Im Falle einer ungestörten Regeneration wachsen diese Axonsprossen mit einer Geschwindigkeit von 3-4 mm pro Tag. Nach ca. zehn Tagen haben sich um ein regenerierendes Axon die ersten neuen *Myelinlamellen* (F) gebildet. Liegt eine noch unbesetzte Schwann-Röhre in der Nähe eines unverletzten Axons des in Regeneration befindlichen Nerven, kann dieses eine *Kollaterale* (D$^5$) ausbilden, die, vielleicht unter Beteiligung eines Neurotransmitters, in die freie Schwann-Röhre eintritt und in ihr weiterwächst. Dieser Vorgang ist insbesondere dann zu beobachten, wenn eine exzessive Bildung von *endoneuronalem Bindegewebe* (J), also *Narbengewebe* (J$^1$), das Wachstum von Axonsprossen aus dem Mutterneuron behindert. Werden durch eine solche überschießende Narbenbildung die Schwann-Röhren eingeengt oder sogar okkludiert und dadurch das Längenwachstum regenerierender Axone blockiert, so entstehen rundliche, nicht funktionsfähige *Axonkonvolute (Neurome)* (D6).

Im zentralen Nervensystem, wo es keine Schwann-Zellen gibt, kommt es als Reaktion auf eine Axonverletzung zu einer Proliferation von Oligodendrozyten und Astrozyten, die jedoch keine »Leitschienen« für regenerierende Axone ausbilden, sondern das Wachstum neuer Axonsprossen eher behindern. Axone des ZNS können sich nur dann regenerieren, wenn sie die entstandene Glianarbe überwinden. Diese Tatsache und die Komplexität regenerierender funktioneller Synapsen erklären die eingeschränkte Regenerationsfähigkeit zentralnervöser Axone.

# AXONALE REGENERATION

Zellkörper A
 Zellkern B
 endoplasm. Retikulum C
Axon D
Axonsprosse $D^2$
 Wachstumskegel $D^3$
regen. Axon $D^4$/Kollaterale $D^5$
Neurom $D^6$
Schwann-Zelle E
 prolif. Schwann-Zelle $E^1$
Schwann-Röhre $E^3$
 Zellmembran $E^4$
 Basalmembran $E^5$
Myelin F
Endoneurium J
 Narbengewebe $J^1$

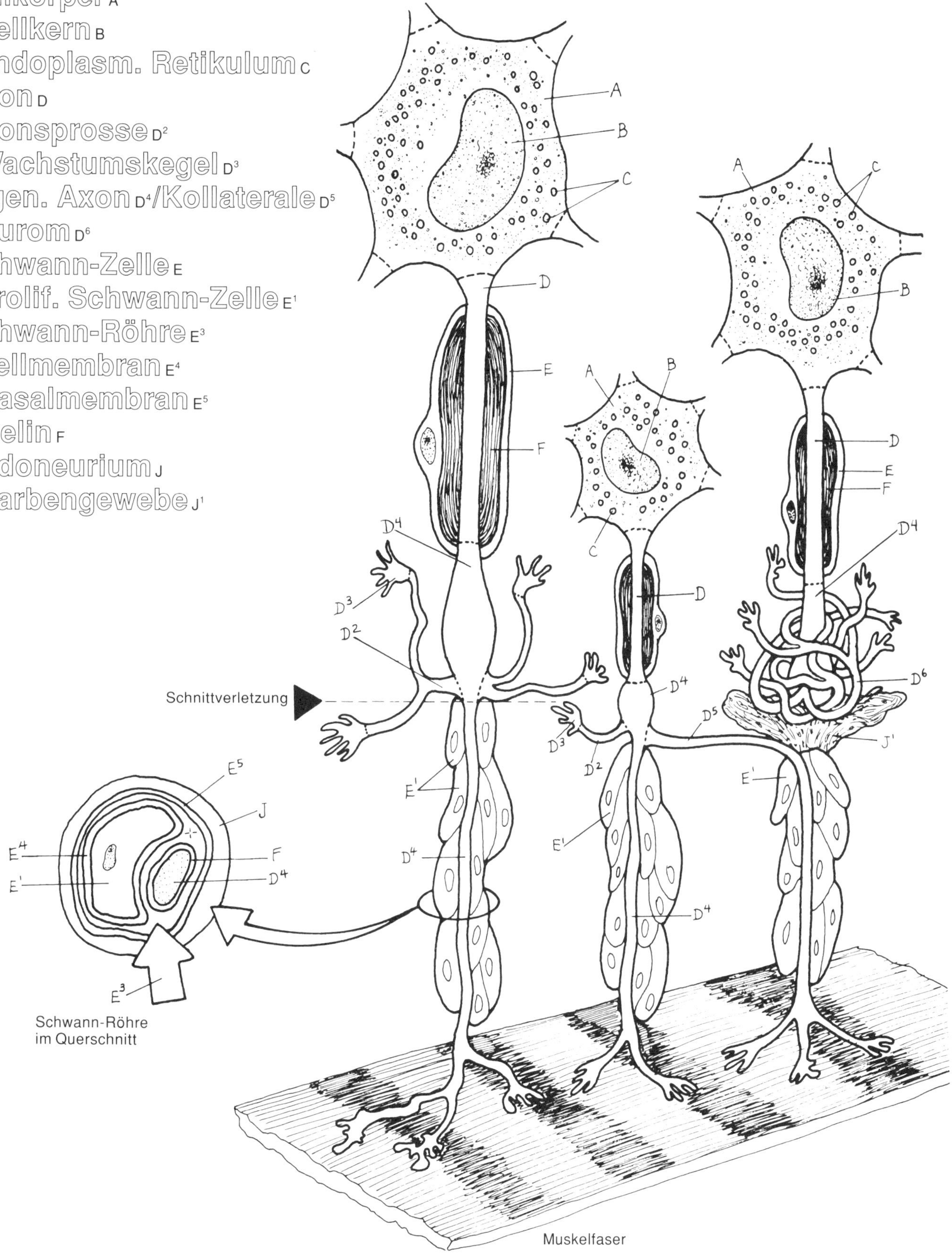

# Kapitel 8: Vegetatives Nervensystem

Tafel 8–1 bis 8–4

# 8–1
# EFFERENTE KOMPONENTE DES VEGETATIVEN NERVENSYSTEMS

Das vegetative (autonome) Nervensystem (VNS) besteht aus viszeroafferenten und viszeroefferenten Neuronen. Viszeroafferente Fasern leiten sensorische Informationen aus inneren Organen zum Rückenmark und zum Gehirn (s. Tafel 6–23). Viszeroefferente Neurone innervieren glatte Muskulatur, den Herzmuskel und Drüsen. Das VNS steuert die Aktivität innerer Organe und steht in kontinuierlicher Interaktion mit dem zentralen und peripheren Nervensystem. Die viszeroafferenten Axone, die den afferenten Bogen viszeraler Reflexe bilden und die meisten viszeroefferenten Axone verlaufen gemeinsam mit ihren somatischen Gegenstücken in den Hirn- und Spinalnerven.

Die efferente Komponente des vegetativen Nervensystems besteht aus einem sympathischen und einem parasympathischen Anteil, die beide an einem Organ jeweils entgegengesetzte Effekte bewirken, um ihr gemeinsames Ziel zu verwirklichen: den harmonischen Synergismus viszeraler Funktionen; Parasympathikus und Sympathikus sind keine Antagonisten!

Die efferente Bahn des vegetativen Nervensystems besteht aus der funktionellen Einheit zweier Neurone, die in einem motorischen Ganglion Synapsen bilden. Das erste Neuron und sein Axon bilden den präganglionären, das zweite Neuron und sein Axon den postganglionären Anteil.

**Malen Sie die Begriffe und Strukturen an, die den kranialen Anteil des Parasympathikus illustrieren. Malen Sie danach die Begriffe unten links und deren zugehörige Strukturen an, die den sakralen Anteil des Parasympathikus betreffen. Verwenden Sie für sympathische und parasympathische Strukturen jeweils Farbtöne zweier gut kontrastierender Farben.**

*Präganglionäre parasympathische Neurone* ($A^1$) finden sich im Hirnstamm und im sakralen Rückenmark (kraniosakraler Parasympathikusanteil). Im Bereich des Gehirns stehen die präganglionären Neurone mit den Hirnnerven III, VII, IX und X in Verbindung (s. Kapitel 6). Die vergleichsweise langen *präganglionären Axone* ($A^2$) projizieren in *kraniale Ganglien* ($A^3$) bzw. – im Fall des Nervus vagus und der Spinalnerven – *intramurale Ganglien* ($A^4$), die in unmittelbarer Nachbarschaft oder in der Wand der Organe liegen, die sie innervieren. Die *postganglionären Neurone* ($A^5$) weisen charakteristischerweise kurze *Axone* ($A^6$) auf. Prä- und postganglionäre parasympathische Axone setzen nach entsprechender Stimulation den *Neurotransmitter Azetylcholin (ACh)* (B) frei.

Die *Zellkörper präganglionärer Neurone* ($A^1$) im sakralen Parasympathikus liegen in den Seitenhörnern der sakralen Rückenmarksegmente S2, S3 und S4. Ihre relativ kurzen *Axone* ($A^2$) enden überwiegend in *intramuralen Ganglien* ($A^4$) in den Wänden ihrer Zielorgane. Die *Axone* ($A^6$) *postganglionärer Neurone* ($A^5$) sind ebenfalls kurz. Der *Neurotransmitter* beider Neuronentypen ist *Azetylcholin* (B).

**Malen Sie die Begriffe und Strukturen an, die den thorakolumbalen Sympathikus betreffen. Verwenden Sie für D eine Farbe, die gut mit jener kontrastiert, die Sie für B gewählt haben.**

Die *Zellkörper präganglionärer Neurone* ($C^1$) des thorakolumbalen Sympathikus liegen in den Seitenhörnern der 12 thorakalen und der oberen 2-3 lumbalen Rückenmarksegmente. Die relativ kurzen *präganglionären Axone* ($C^2$) enden in den *paravertebralen Ganglien* ($C^3$) des sympathischen Grenzstrangs. Die *postganglionären Axone* ($C^6$) der *Neurone* ($C^5$) dieser Ganglien sind deutlich länger. Präganglionäre Fasern, die in *prävertebralen Ganglien* ($C^4$) enden, sind ebenfalls relativ lang. Die postganglionären Axone, die diese Ganglien verlassen, sind unterschiedlich lang. Der *Neurotransmitter* präganglionärer Sympathikusfasern ist *Azetylcholin* (B), derjenige postganglionärer Fasern dieses Bereichs ist – mit Ausnahme der Schweißdrüsenfasern – *Noradrenalin* (D).

Azetylcholin, das von den postganglionären Parasympathikusfasern freigesetzt wird, stimuliert die sekretomotorische Aktivität des Gastrointestinaltrakts, reduziert die Herz- und Atemfrequenz und steigert die Durchblutung viszeraler Organe. Noradrenalin steigert die Durchblutung der Skelettmuskulatur sowie die Herz- und Atemfrequenz, den Blutdruck und Blutzuckerspiegel; Vorgänge, die als Reaktion auf eine Streßsituation von Bedeutung sind.

# EFFERENTE KOMPONENTE DES VEGETATIVEN NERVENSYSTEMS

parasymp. Anteil A()
kran. Parasymp ★
prägangl. Neuron $A^{1}$/
Axon $A^{2}$
Neurotransm.: ACh B
kran. Gangl. $A^{3}$
intramur. Gangl. $A^{4}$
postgangl. Neuron $A^{5}$/
Axon $A^{6}$
Neurotransm.: ACh B

symp. Anteil C()
thorakolumb. Symp. ★
prägangl. Neuron $C^{1}$/
Axon $C^{2}$
Neurotransm.: ACh B
paravertebr. Gangl. $C^{3}$
prävertebr. Gangl. $C^{4}$
postgangl. Neuron $C^{5}$/
Axon $C^{6}$
Neurotransm.: Noradr. D

parasymp. Anteil A()
sakr. Parasymp. ★
prägangl. Neuron $A^{1}$/Axon $A^{2}$
Neurotransm.: ACh B
intramur. Gangl. $A^{4}$
postgangl. Neuron $A^{5}$/Axon $A^{6}$
Neurotransm.: ACh B

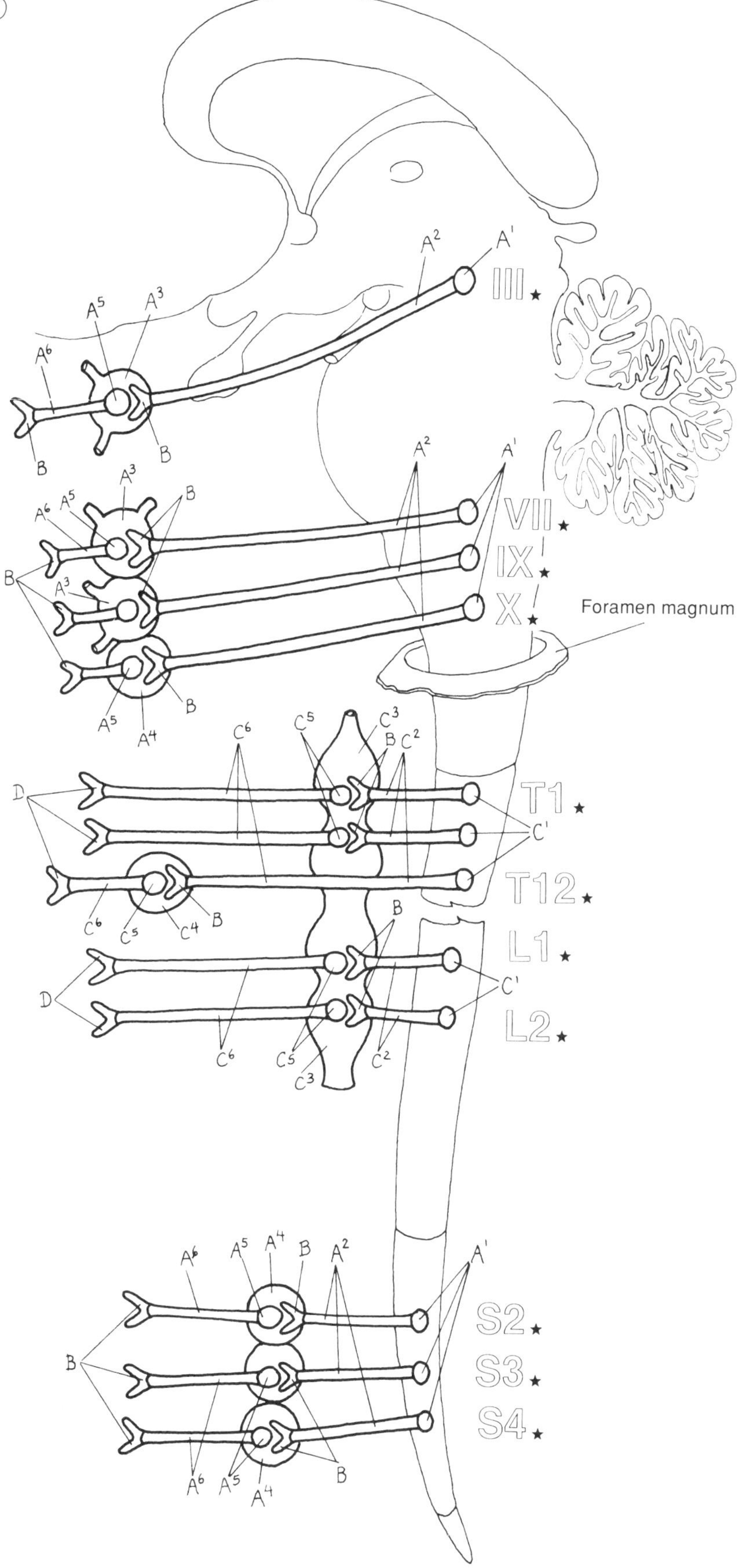

# 8–2

# VNS: PARASYMPATHISCHER ANTEIL

Der Parasympathikus reduziert die Herzfrequenz und damit auch den Energieverbrauch des Körpers und stimuliert die Kontraktion glatter Muskulatur und die Drüsensekretion. Dadurch fördert er die Verdauung und bewahrt die Feuchtigkeit muköser und seröser Schleimhäute, die die innere Oberfläche viszeraler Organe auskleiden und er stimuliert die Kontraktion der Harnblase.

**Malen Sie die Begriffe A–$G^5$ an sowie den Oberbegriff ‚kranialer Parasympathikus' und deren zugehörige Strukturen. Kolorieren Sie dann den Oberbegriff ‚sakraler Sympathikus', die Begriffe H–$H^5$ und deren zugehörige Strukturen. Verwenden Sie unterschiedliche Schattierungen derselben Farbe für Strukturen mit identischem Kennbuchstaben aber unterschiedlichen Kennziffern.**

Die Großhirnrinde beeinflußt die Parasympathikusaktivität über efferente Fasern, die aus der *Frontallappenrinde* (A) ins Rückenmark und in den Hirnstamm ziehen, insbesondere in die *Nuclei anterior* ($B^1$) und *periventricularis hypothalami* ($B^2$). Die Axone des periventrikulären Kerns projizieren über den *Fasciculus longitudinalis dorsalis* (C) und andere Bahnen (nicht dargestellt) in den Hirnstamm. Der Hypothalamus integriert aszendierende und deszendierende VNS-assoziierte Informationen und steuert über seine deszendierenden Fasern die Parasympathikusaktivität.

*Präganglionäre Fasern* ($D^1$) aus dem *Nucleus Edinger-Westphal* (D) verlaufen zum *Ganglion ciliare* ($D^2$) in der Orbita (s. Tafel 6–9). Die *Axone* ($D^4$) *postganglionärer Neurone* ($D^3$) in diesem Ganglion penetrieren den Augapfel und innervieren den Ziliarkörper und den Musculus constrictor pupillae. Eine Kontraktion der Ziliarfasern resultiert in einer Zunahme des Linsendurchmessers, was mit der Akkommodation auf Nahsehen gleichzusetzen ist. Eine Konstriktion der Pupille reduziert die Intensität einfallenden Lichts.

Der *Nucleus salivatorius superior* (E) entsendet *präganglionäre Fasern* ($E^1$) zum *Ganglion pterygopalatinum* ($E^2$) und zum *Ganglion submandibulare* ($E^3$) (s. Tafel 6–15). *Postganglionäre Fasern* ($E^5$) von *Neuronen* ($E^4$) des Ganglion pterygopalatinum stimulieren die Sekretion der Tränendrüsen und von Drüsen in der Mund- und Nasenschleimhaut. Die Fasern aus dem Ganglion submandibulare stimulieren die Sekretion der submandibulären und sublingualen Speicheldrüsen.

Die präganglionären Fasern aus dem *Nucleus salivatorius inferior* (F) ziehen zum *Ganglion oticum* ($F^2$) (s. Tafel 6–22). Die *postganglionären Fasern* ($F^4$) von *Neuronen* ($F^3$) dieses Ganglions stimulieren die Sekretion der Parotis.

*Präganglionäre Fasern* ($G^1$) aus dem *motorischen Nucleus dorsalis nervi vagi* (G) bilden als Teil des *Nervus vagus* ($G^2$) (s. Tafel 6–23 und 6–24) ein ausgedehntes Fasernetz, das in den *intramuralen Ganglien* ($G^3$) zahlreicher innerer Organe Synapsen bildet. Dazu zählen Bronchialbaum und Lunge, Herz, Ösophagus, Gastrointestinaltrakt (bis zum Colon descendens), Leber, Gallenblase, Pankreas und Nieren.

Die *postganglionären Fasern* ($G^5$) der *Neurone* ($G^4$) der intramuralen Ganglien projizieren zu den Herzmuskel- oder glatten Muskelfasern und den Drüsen der verschiedenen Organe. Eine vagale Stimulation reduziert die Herz- und Atemfrequenz, verursacht eine Bronchokonstriktion und eine Zunahme der Bronchialsekretion sowie der ösophagealen Peristaltik und die sekretomotorische Aktivität des gesamten Verdauungstrakts vom Ösophagus bis zum Enddarm.

Der sakrale Parasympathikusanteil beginnt in den *Neuronen der Seitenhörner* (H) der Rückenmarksegmente S1, S2 und S4. Die *präganglionären Fasern* ($H^1$) der Neurone bilden die *Nervi splanchnici* ($H^2$) und projizieren in den Beckenbereich und in perineale Organe einschließlich Colon sigmoideum, Rektum, Harnblase und Fortpflanzungsorgane. Aus den *postganglionären Neuronen* ($H^4$) der *intramuralen Ganglien* ($H^3$) dieser Organe ziehen *Axone* ($H^5$) zur glatten Muskulatur und zu Drüsen der betreffenden Organe und stimulieren u.a. die Kontraktion der Harnblase während der Miktion und die Gefäßerweiterung in Penis und Klitoris (und damit die Erektion dieser Organe) bei sexueller Erregung.

# VNS: PARASYMPATHISCHER ANTEIL

kortikale Efferenz A
Hypothalamus B()
Nucl. anterior $B^1$
Nucl. periventric. $B^2$
Fasc. longitud. dors. C

kran. Parasymp. ★
Nucl. Edinger-Westphal D
prägangl. Faser $D^1$
Gangl. ciliare $D^2$
postgangl. Neuron $D^3$/Faser $D^4$

Nucl. salivat. sup. E
prägangl. Faser $E^1$
Gangl. pterygopalat. $E^2$
Gangl. submandib. $E^3$
postgangl. Neuron $E^4$/Faser $E^5$

Nucl. salivat. inf. F
prägangl. Faser $F^1$
Gangl. otic. $F^2$
postgangl. Neuron $F^3$/Faser $F^4$

Nucl. dors. n. vagi G
prägangl. Faser $G^1$
N. vagus $G^2$
intramur. Gangl. $G^3$
postgangl. Neuron $G^4$/Faser $G^5$

sakraler Parasymp. ★
Seitenhornneuron H
prägangl. Faser $H^1$
Nervi splanchnici $H^2$

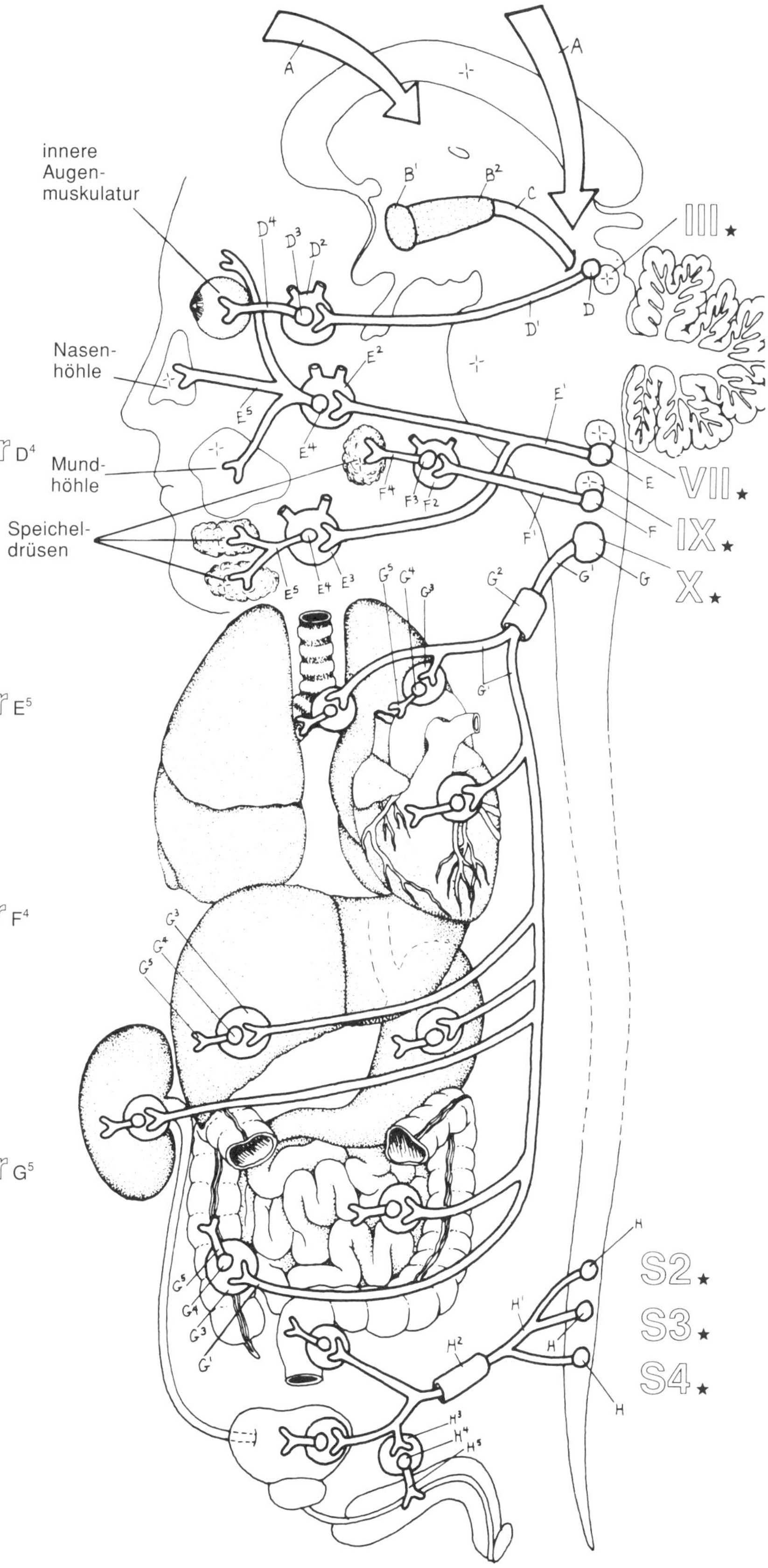

# 8–3

# VNS: SYMPATHISCHE GANGLIEN

Der Sympathikus beschleunigt die Herz- und Atemfrequenz und entzieht dem Gastrointestinaltrakt Blut zugunsten der Hirn- und Skelettmuskeldurchblutung. Derartige energieverbrauchende Vorgänge sind charakteristisch für Streßsituationen. Im »Normalfall« steht der Sympathikus in einem synergistischen Gleichgewicht mit der Parasympathikusaktivität, so daß ein metabolischer steady state (Homöostase) aufrechterhalten wird.

**Malen Sie die Begriffe A–B und deren zugehörige Strukturen in der oberen Abbildung an. Verwenden Sie für A⁴ eine helle Farbe.**

Postganglionäre Neurone sind in den paravertebralen und prävertebralen sympathischen Ganglien lokalisiert. Die paravertebralen Ganglien (sympathischer Grenzstrang; Truncus sympathicus) liegen perlschnurartig angeordnet zu beiden Seiten der Wirbelsäule vor den Processus transversi der Wirbelsäule und erstrecken sich von der Schädelbasis bis zum Steißbein. Mit Ausnahme der Halswirbelsäule gibt es ungefähr so viele Grenzstrangganglien wie jeweils Wirbelkörper: 11-12 thorakale, 3-4 lumbale und 4-5 sakrale Ganglien.

Im Bereich der Halswirbelsäule existieren drei Grenzstrangganglien. Das größte von ihnen, das *Ganglion cervicale superius* ($A^1$) liegt seitlich neben den Halswirbelkörpern C2 und C3. Das etwas kleinere *Ganglion cervicale medius* ($A^2$) liegt meist seitlich des 6. Halswirbelkörpers. Das *Ganglion cervicale inferius* ($A^3$) findet sich überwiegend auf Höhe von C7 und verschmilzt häufig mit dem ersten thorakalen Ganglion zum Ganglion stellatum. Kaudal des Ganglion stellatum bilden die thorakolumbosakralen Ganglien zu beiden Seiten der Wirbelsäule den *sympathischen Grenzstrang* ($A^4$). Auf Höhe des Steißbeins verschmelzen der rechte und der linke Grenzstrang zum *Ganglion impar* ($A^5$) (lat.: unpaarig).

Die *prävertebralen Ganglien* (B) bestehen aus unterschiedlich vielen postganglionären Neuronen und Axonen und lagern sich der ventralen Oberfläche der Aorta abdominalis und ihrer großen viszeralen Äste an, die alle ventral, also vor der Wirbelsäule verlaufen. Die größten Ganglien werden jeweils nach den Arterien benannt, denen sie anliegen: Ganglion coeliacum, Ganglion mesentericum superius und inferius.

**Malen Sie den Begriff B¹, den Oberbegriff ‚Bahn' und die Begriffe C–I an sowie deren zugehörige Strukturen einschließlich A⁴ und B in der unteren Abbildung.**

Die *Axone* ($C^1$) *sympathischer präganglionärer Neurone* (C) verlaufen durch die *Vorderwurzeln* (D) zu den *Spinalnerven* ($D^1$). Diese myelinisierten Fasern bilden den *Ramus communicans albus* (E) zum sympathischen Grenzstrang. Nach ihrem Eintritt in den Grenzstrang nehmen diese Fasern einen der vier folgenden Verläufe:

1. Sie können aszendieren und mit höher gelegenen postganglionären Neuronen des Grenzstrangs Synapsen bilden. Dies gilt insbesondere im Bereich der Halswirbelsäule, wo es keine Rami communicantes albi gibt.
2. Sie können deszendieren und mit tiefer gelegenen Grenzstrangneuronen Synapsen bilden, was besonders häufig bei Fasern vorkommt, die auf Höhe von C1-C3 in den Grenzstrang eintreten.
3. Sie können mit Neuronen auf Höhe ihres Eintrittsniveaus Synapsen bilden.
4. Sie können den Grenzstrang durchqueren und erst in weiter entfernt liegenden Ganglien Synapsen bilden.

Die meisten *Axone* ($F^1$) *paravertebraler postganglionärer Neurone* (F) verlassen den Grenzstrang über die *Rami communicantes grisei* (G) und treten in die Spinalnerven ein. Während die Rami communicantes albi auf den thorakalen und lumbalen Bereich beschränkt sind, finden sich die Rami communicantes grisei im Bereich des gesamten Grenzstrangs von C1 bis zum Ganglion impar. Die Axone, die in die Spinalnerven eintreten, innervieren die glatte Muskulatur peripherer Blutgefäße, die Schweißdrüsen des subkutanen Bindegewebes und die Musculi erectores pili der Haare. Viele postganglionäre Fasern, die das Ganglion cervicale superius verlassen, bilden Plexus um benachbarte Arterien, in deren Verlauf sie Kopf- und Halsgefäße, die Musculi dilatatores pupillae und Drüsen erreichen. Andere postganglionäre Fasern (nicht dargestellt) verlaufen als dünne Filamente zu den Thoraxorganen oder zu viszeralen Nervenplexus und beteiligen sich an der Innervation der entsprechenden Organe.

Präganglionäre Fasern, die den Grenzstrang ohne Synapsenbildung durchqueren, entstammen Neuronen auf Höhe von Th5-L2 des Rückenmarks. Nach Verlassen des Grenzstrangs bilden sie die *Nervi thoracici* oder *splanchnici* ($B^1$). Diese verlaufen zu beiden Seiten der Brustwirbelsäule nach kaudal und ventral, treten durch das Zwerchfell und enden zwischen den prävertebralen Ganglien auf der ventralen Oberfläche der Aorta abdominalis. Die *Axone* ($H^1$) dieser *prävertebralen postganglionären Neurone* (H) schließen sich sensorischen und motorischen Vagusfasern an und folgen dem Verlauf der entsprechenden Arterien zu ihren Zielorganen.

Die oben beschriebenen Bahnen sind möglicherweise zu stark vereinfacht dargestellt. Wahrscheinlich spielen *dopaminerge Interneurone* (I) zwischen prä- und postganglionären Grenzstrangneuronen eine noch nicht ausreichend geklärte Rolle.

# VNS: SYMPATHISCHE GANGLIEN

paravertebrale Ganglien A()
Gangl. cerv. sup. $A^1$
Gangl. cerv. med. $A^2$/inf. $A^3$
Grenzstrang $A^4$
Ganglion impar $A^5$
prävertebr. Ganglion B
Nn. thorac./splanchn. $B^1$

Bahn ★
prägangl. Neuron C/Axon $C^1$
Vorderwurzel D
Spinalnerv $D^1$
R. communic. albus E
paravertebr. postgangl. Neuron F/Axon $F^1$
R. communic. griseus G

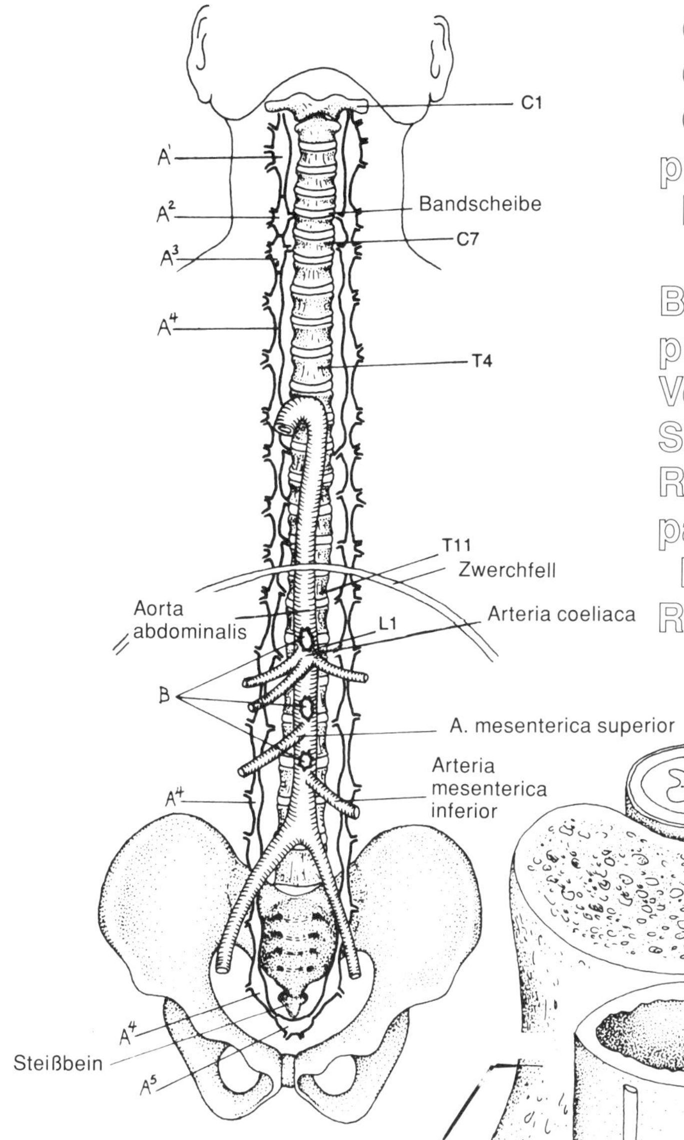


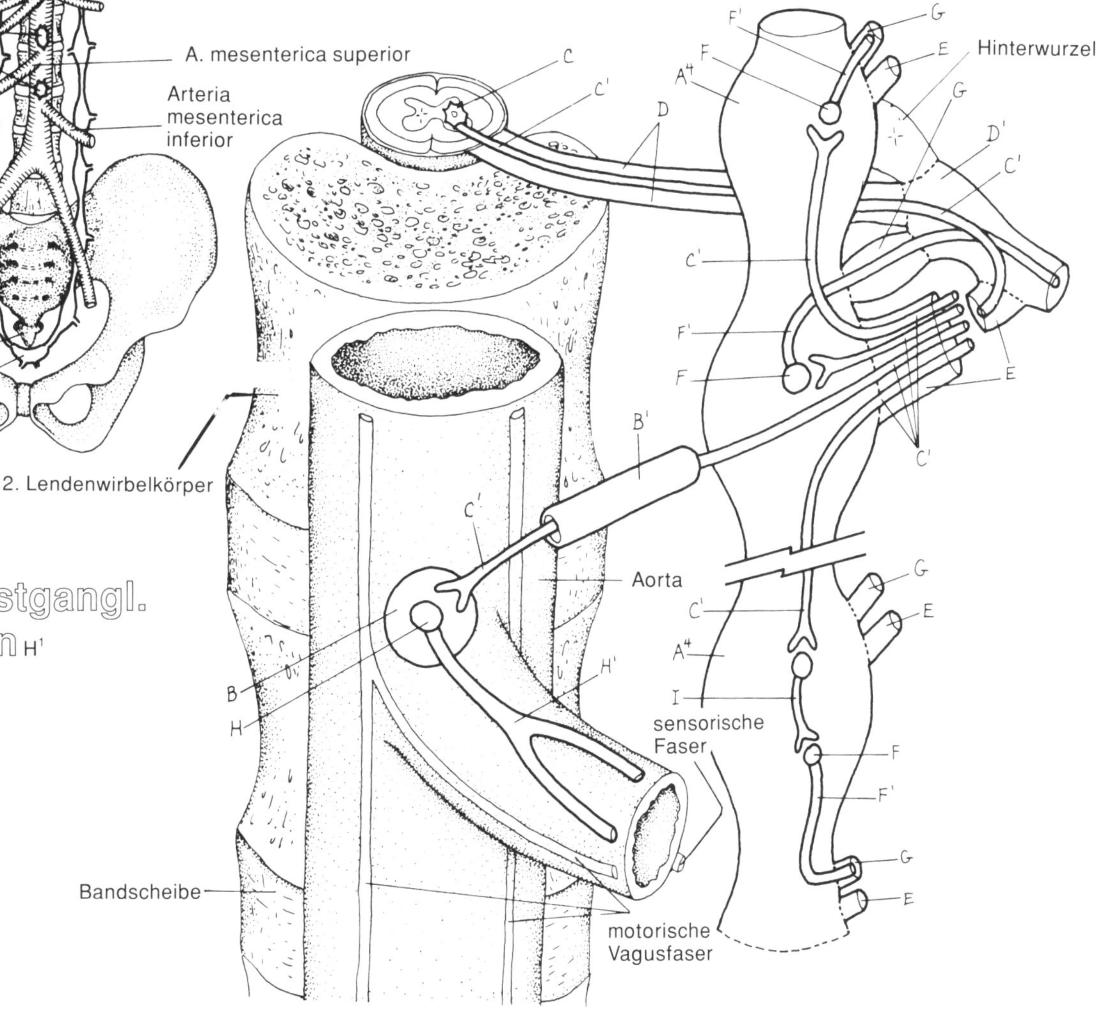


prävertebr. postgangl. Neuron H/Axon $H^1$

Interneuron I

# 8–4
# VNS: SYMPATHISCHER ANTEIL

Nachfolgend werden die Anordnung sympathischer postganglionärer Neurone, der Verlauf ihrer Axone und die Effekte auf ihre Zielorgane erläutert.

**Malen Sie die Begriffe A–A² und deren zugehörige Strukturen in der oberen Hälfte der Abbildung an. Beginnen Sie dabei mit A im Bereich Th1-Th5 des Rückenmarks.**

Viele *präganglionäre Fasern* (A), die auf Höhe von Th1-Th5 in die paravertebralen Ganglien eintreten, aszendieren in eines der zervikalen Ganglien, wo sie Synapsen mit *postganglionären Neuronen* (A¹) bilden. Zahlreiche postganglionäre Axone, die das *Ganglion cervicale superius* (B) verlassen, bilden ein feines Fasernetz um die Arteriae carotis interna und externa und ihre Äste und erreichen in deren Begleitung ihre Zielorgane: die Musculi dilatatores pupillae, die Tränen- und Speicheldrüsen und die kleinen Blutgefäße in der Mund- und Nasenhöhle. Die Blutgefäße, Haarbalgmuskeln und Schweißdrüsen des Gesichts und der Kopfhaut werden von sympathischen Fasern innerviert, die ihre Zielregionen ebenfalls in Begleitung der blutzuführenden Arterien erreichen. Postganglionäre Fasern aus dem Ganglion cervicale superius bilden den *Nervus cardiacus superior* (B¹), der einen Teil des Plexus cardiacus darstellt. Dieser ist ein Geflecht aus vagalen, sensorischen und sympathischen postganglionären Fasern und innerviert das Herz und die großen Blutgefäße. Andere postganglionäre Fasern aus dem oberen Zervikalganglion schließen sich den Hirnnerven IX, X, XI und XII an (nicht dargestellt) und bilden die Rami communicantes grisei der Spinalnerven C1-C4 (nicht dargestellt).
Das *Ganglion cervicale medius* (C) entsendet postganglionäre Axone zur Schilddrüse, über den *Nervus cardiacus medius* (C¹) zum Plexus cardiacus, zur Trachea und zum Ösophagus und zu den Rami communicantes grisei der Spinalnerven C5-C7 (nicht dargestellt). Aus dem *Ganglion cervicale inferius* (D) verlaufen Axone über den *Nervus cardiacus inferior* (D¹) zum Plexus cardiacus und zu den Rami communicantes grisei der Spinalnerven C7-Th1 zur Versorgung der oberen Extremität (nicht dargestellt). Postganglionäre Fasern aus dem Grenzstrang im Bereich von Th1-Th5 beteiligen sich an der Bildung des *Plexus pulmonalis* (A²), einem Netzwerk aus vagalen, sensorischen und sympathischen Fasern, das die Lungen und Bronchien innerviert. Die Sympathikusfasern induzieren eine Relaxation der glatten Bronchialmuskulatur und hemmen die Schleimsekretion der Bronchialdrüsen, erleichtern also die Atemarbeit.

**Malen Sie die Begriffe F-K⁴ und deren zugehörige Strukturen an. Beginnen Sie dabei mit F im Bereich von Th5-Th9.**

Axone aus präganglionären Neuronen im Bereich Th5-Th9 durchqueren den Grenzstrang und bilden den *Nervus splanchnicus major* (F¹), der zum *Ganglion coeliacum* (I) und zum *Ganglion mesentericum superius (J)* projiziert. Ein kleineres Axonbündel aus *präganglionären Neuronen* (G) auf Höhe von Th10 und Th11 bildet den *Nervus splanchnicus minor* (G¹), der zum Ganglion mesentericum superius verläuft. Sehr wenige Axone aus *präganglionären Neuronen* (H) auf Höhe von Th12 bilden den *kleinsten Splanchnicusast* (H¹), der zum Ganglion mesentericum inferius projiziert.
*Postganglionäre Fasern* (F³, G², H²), die den Gastrointestinaltrakt innervieren, hemmen dessen sekretomotorische Aktivität, aber stimulieren die Kontraktion der pylorischen und ileozökalen Sphinktermuskulatur und die Vasokonstriktion gastrointestinaler Blutgefäße. Präganglionäre Fasern enden zwischen sekretorischen Zellen des *Nebennierenmarks* (F²), die Adrenalin und Noradrenalin sezernieren. Letzteres ist der Neurotransmitter sympathischer postganglionärer Axone (s. Tafel 8–1). Axone einiger *präganglionärer Neurone* (K) auf Höhe von L1 und L2 durchqueren das *Ganglion mesentericum inferius* (L) als *Nervi splanchnici lumbales* (K¹). Die Axone von *postganglionären Neuronen* (H²) aus diesem Ganglion innervieren den Dickdarm und die Nieren. Andere *postganglionäre Fasern* (K²) deszendieren als *Plexus hypogastricus superior* (K³) ins Becken, wo sie sich dem *Plexus pelvicus* (K⁴) anschließen, einem Netzwerk von Splanchnicusfasern parasympathischen Ursprungs und afferenten Nervenfasern, das die Organe im Becken und der Perianalregion innerviert. Die Sympathikusfasern stimulieren die Muskelkontraktion und Drüsensekretion der männlichen Fortpflanzungsorgane und die Kontraktilität der Uterusmuskulatur.
Postganglionäre Fasern, die die Rami communicantes grisei der Spinalnerven L2-S3 bilden (nicht dargestellt), projizieren überwiegend zu Blutgefäßen, Schweißdrüsen und Haarbalgmuskeln der unteren Extremität.
Die Sympathikusfasern stimulieren die Schweißsekretion und die Erektion des Haarwurzelschafts sowie die Konstriktion peripherer Gefäße mit Ausnahme der Herzkranzgefäße.

# VNS: SYMPATHISCHER ANTEIL

prägangl. Neuron Th1-Th5 A
postgangl. Neuron $A^1$
Gangl. cervic. sup. B
N. cardiac. sup. $B^1$
Gangl. cervic. med. C
N. cardiac. med. $C^1$
Gangl. cervic. inf. D
N. cardiac. inf. $D^1$
symp. Grenzstrang E
postgangl. Neuron/
Pl. pulmonalis $A^2$

prägangl. Neuron Th5-Th9 F
N. splanchn. major $F^1$
prägangl. Neuron Th10, Th11 G
N. splanchn. minor $G^1$
prägangl. Neuron Th12 H
kleinst. Splanchn.ast $H^1$
Nebennierenmark $F^2$
Gangl. coeliacum I
postgangl. Neuron $F^3$
Gangl. mesent. sup. J
postgangl. Neuron $G^2$
prägangl. Neuron L1; L2 K
N. splanchn. lumb. $K^1$
Gangl. mesent. inf. L
postgangl. Neuron $H^2$, $K^2$
Pl. hypogastric. sup. $K^3$
Pl. pelvicus $K^4$

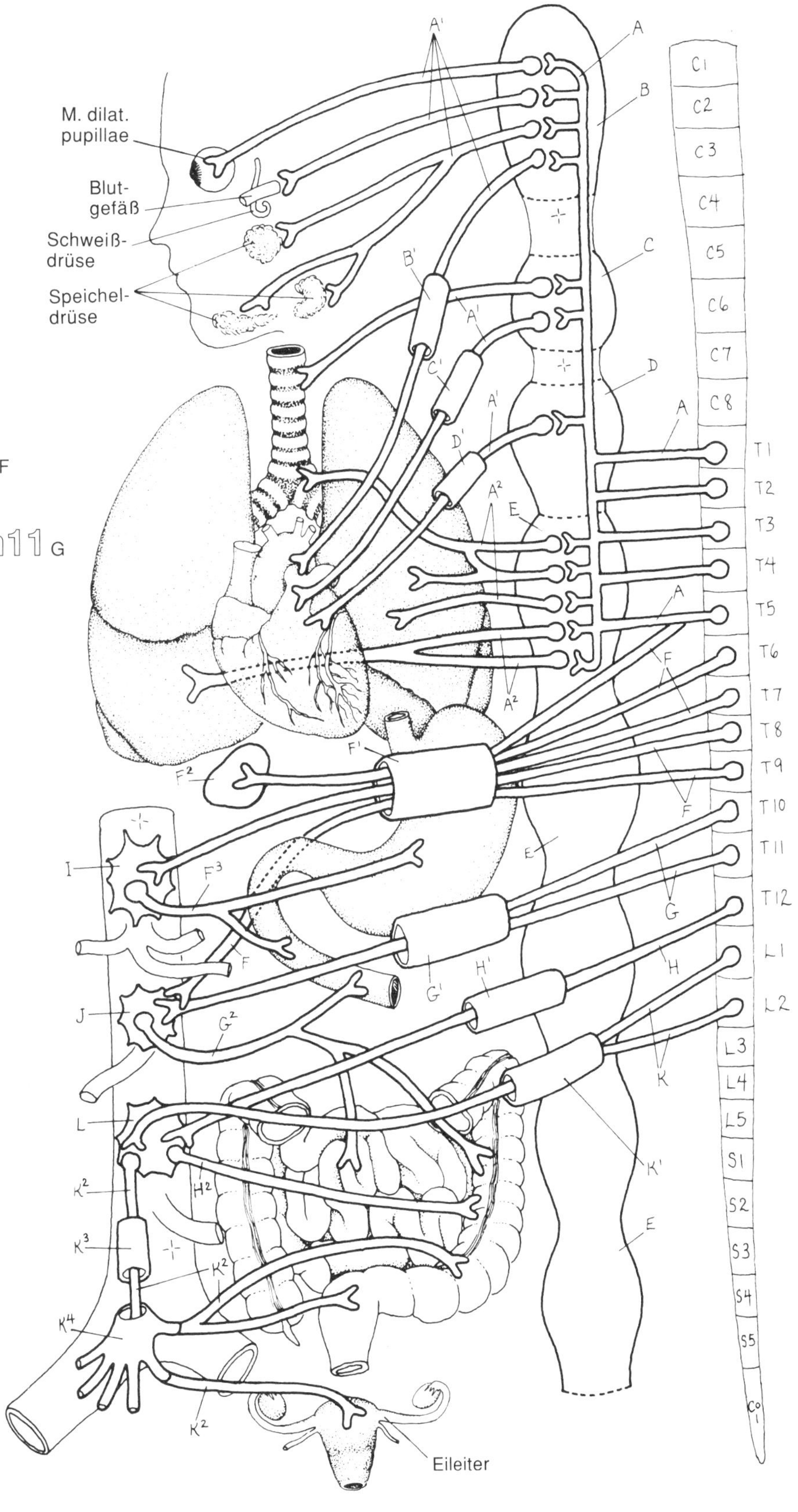

# Kapitel 9: Versorgungssysteme des Zentralnervensystems

Tafel 9–1 bis 9–13

# 9–1
# BLUTVERSORGUNG DES GEHIRNS: ARTERIA CAROTIS INTERNA

Zur Aufrechterhaltung seiner Organfunktion muß das Gehirn jede Minute von ungefähr 750 ml sauerstoffreichem Blut durchströmt werden. Das Gehirn allein verbraucht ca. 20 % der Sauerstoffmenge, die mit dem arteriellen Blutstrom im Körper zirkuliert. Schon eine Unterbrechung der Hirndurchblutung für die Dauer von 5-10 Sekunden genügt, um vorübergehend die neuronale Aktivität zu beeinträchtigen. Nach 5-10minütigem Sistieren der Blut- und damit Sauerstoffzufuhr ist das Gehirn irreversibel geschädigt.

**Malen Sie die Begriffe A–K an sowie deren zugehörige Strukturen in der großen Abbildung (Gefäßverlauf von ventral) und in den beiden kreisförmigen Vergrößerungen der Karotisbifurkation. Kolorieren Sie dann die Gefäße in der Abbildung eines Karotisangiogramms links unten sowie den Begriff L und dessen zugehörige Struktur.**

Die größte Arterie des Körpers, die *Aorta* (A) entspringt bogenförmig an der Herzbasis und versorgt den ganzen Körper mit oxygeniertem (sauerstoffreichem) Blut. Der Aortenbogen liegt ventral der Bifurkation der Trachea in die beiden Hauptbronchien, ungefähr auf Höhe des vierten Brustwirbels. Rechts neben der Mittellinie gibt der Aortenbogen den großlumigen *Truncus brachiocephalicus* (B) ab, der über eine kurze Distanz nach kranial und lateral verläuft, ehe er die mehr medial gelegene *Arteria carotis communis dextra* (C) (lat. dextra: rechts) und die mehr lateral gelegene Arteria subclavia abgibt (s. Tafel 9–2).

Auf der linken Seite gibt es keinen Truncus brachiocephalicus, so daß die *Arteria carotis communis sinistra* ($C^1$) (lat. sinistra: links) etwas seitlich der Mittellinie direkt aus der Aorta entspringt. Das gleiche gilt für die linke Arteria subclavia, die unmittelbar lateral der Arteria carotis communis aus der Aorta abgeht.

Die linke und die rechte Arteria carotis communis aszendieren jeweils in einer gemeinsamen bindegewebigen Gefäß-Nervenscheide mit der Vena jugularis interna und dem Nervus vagus (nicht dargestellt) seitlich neben der Trachea nach kranial. Auf Höhe des 5. Halswirbels bzw. der Prominentia laryngea (Adamsapfel beim Mann) des Schildknorpels (Cartilago thyreoidea) liegt die Karotisbifurkation, wo sich jede Arteria carotis communis in *Arteria carotis externa* (D) und *Arteria carotis interna* (E) aufteilt. Die Arteria carotis externa versorgt das Gesicht und den ventralen Halsbereich und wird an dieser Stelle nicht näher erläutert. Unmittelbar am Abgang der Arteria carotis interna liegt eine Verdickung der Gefäßwand vor, die *Sinus caroticus* (F) heißt und die Pressorezeptoren beherbergt. Diese Rezeptoren sind ein Teil des afferenten Schenkels des blutdruckregulierenden kardiovaskulären Reflexes.

Die häufigste Erkrankung des arteriellen Gefäßsystems ist die Arteriosklerose oder Atherosklerose (Gefäßverkalkung). Hierbei bilden sich an der inneren Gefäßwand lipidhaltige, granuläre Ablagerungen, sog. *atheromatöse Plaques* (G), die bei starker Ausprägung zu einer Gefäßverengung und damit Beeinträchtigung des Blutflusses oder sogar zu einem Gefäßverschluß mit Sistieren des Blutflusses führen können.

Die Arteria carotis interna tritt durch den *Canalis caroticus* (L) in den Schädel ein, zieht nach kranial und ventral durch die Pars petrosa des Schläfenbeins und verläuft S-förmig (Karotissiphon) durch den Sinus cavernosus (venosus) in die mittlere Schädelgrube. Hier gibt die Arteria carotis interna unmittelbar kaudal des Nervus opticus die *Arteria ophthalmica* (H) ab, die gemeinsam mit dem Nervus opticus in die Orbita eintritt und der Blutversorgung orbitaler und okulärer Strukturen dient. Weitere Äste der Arteria carotis interna sind die Arteria communicans posterior (s. Tafel 9–3), die Arteria choroidea anterior (nicht dargestellt), die *Arteria cerebri anterior* (I) und *media* (J) und die *Arteria communicans anterior* (K), die eine Verbindung zwischen den beiden Arteriae cerebri anteriores herstellt.

# BLUTVERSORGUNG DES GEHIRNS: ARTERIA CAROTIS INTERNA

Aorta A
Tr. brachiocephalicus B
A. car. comm. dextra C
A. car. comm. sinistra C'
re./li. A. car. ext. D
re./li. A. car. int. E
Sinus caroticus F
atheromat. Plaques G
A. ophthalmica H
A. cerebri ant. I
A. cerebri media J
A. communic. ant. K
Canalis caroticus L

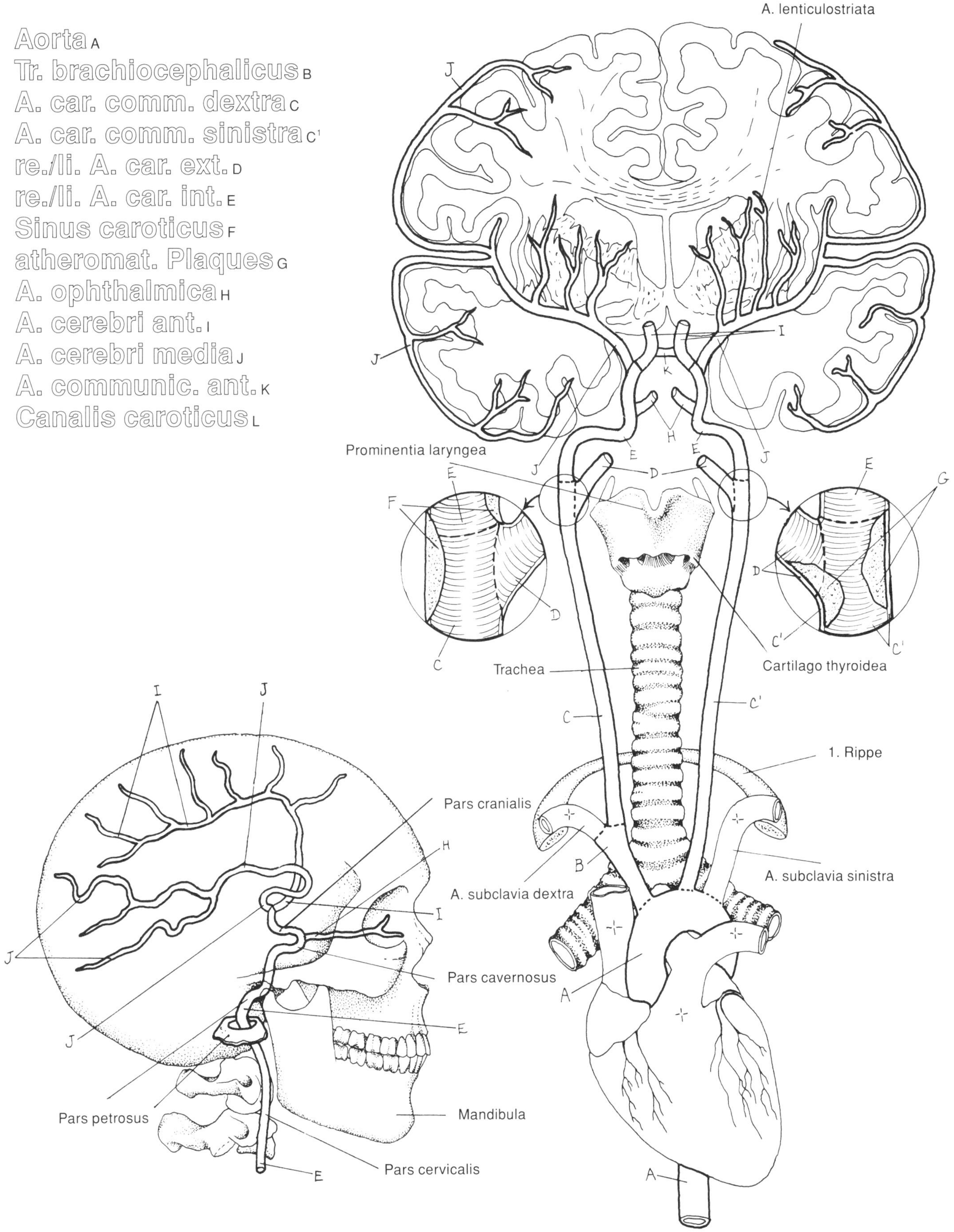

# 9–2

# BLUTVERSORGUNG DES GEHIRNS: ARTERIA VERTEBRALIS

Die Vertebralarterien repräsentieren einen weiteren wichtigen Bereich des zerebralen Gefäßsystems. Die obere Abbildung auf der Bildtafel zeigt eine Seitenansicht des vertebrobasilären arteriellen Gefäßsystems, die beiden unteren Abbildungen entsprechen angiographischen Gefäßdarstellungen.

**Malen Sie die Begriffe A–H sowie deren zugehörige Strukturen zunächst in der oberen Abbildung an und anschließend in den beiden unteren Abbildungen.**

Die *Arteria vertebralis* (D) entspringt aus dem ersten Drittel der Arteria subclavia. Die *Arteria subclavia dextra* (C) ist ein Ast des *Truncus brachiocephalicus* (B), der wiederum unmittelbar aus der *Aorta* (A) abgeht (s. Tafel 9–1). Die Arteria subclavia sinistra (nicht dargestellt) entspringt direkt aus dem Aortenbogen (s. Tafel 9–1).
Die Arteria vertebralis taucht in die Tiefe in Richtung der unteren Halswirbelkörper, medial und dorsal des Musculus scalenus anterior und lateral und dorsal der Arteria carotis communis. Sie aszendiert durch die Foramina transversaria (Processus transversi) der HWK 6–HWK 2. Nach der Passage durch den Atlas macht das Gefäß einen scharfen Bogen nach medial in Richtung des *Foramen magnum* (H), durch das es in den Schädel eintritt. Auf ihrem Weg durch die Foramina transversaria gibt die Arteria vertebralis einen oder zwei Rami spinales zum Rückenmark ab (nicht dargestellt).
Nach ihrem Eintritt in die hintere Schädelgrube verläuft die Arteria vertebralis am Oberrand der Medulla oblongata. Auf ihrem kranialwärts gerichteten Verlauf entlang des Hirnstamms gibt sie einige wichtige Äste ab (s. Tafel 9–3 und 9–6): die Arteria spinalis anterior und posterior, die Arteria medullaris und die Arteria cerebelli inferior posterior. Die beiden Vertebralarterien verschmelzen am ventralen Rand des kaudalen Pons zur unpaarigen *Arteria basilaris* (E), die in ihrem weiteren Verlauf ebenfalls mehrere Gefäße abgibt (s. Tafel 9–3, 9–6 und 9–7): die Arteria cerebelli inferior anterior, die Rami ad pontem und die Arteria cerebelli superior. Die Basilararterie endet im kaudalen Mittelhirn, indem sie sich in die *Arteriae cerebri posteriores* (F) aufzweigt. Über die *Arteriae communicantes posteriores* (G) stehen die Arteriae cerebri posteriores mit den Arteriae carotides in Verbindung.

# BLUTVERSORGUNG DES GEHIRNS: ARTERIA VERTEBRALIS

Aorta A
Tr. brachiocephalicus B
A. subclavia dextra C
A. vertebralis dextra D
A. basilaris E
A. cerebri posterior F
A. communic. post. G
Foramen magnum H

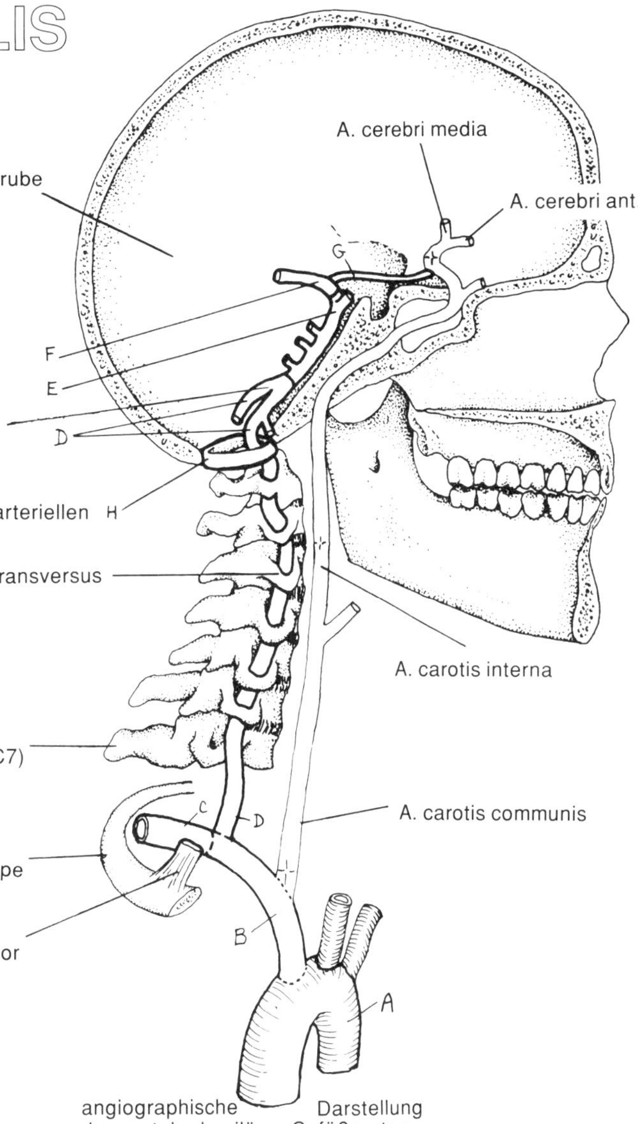


angiographische Darstellung
des vertebrobasilären Gefäßsystems
von lateral

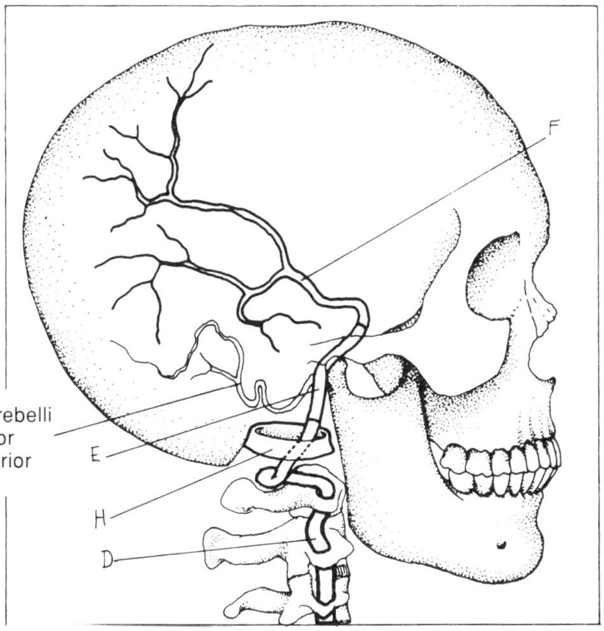


angiographische Darstellung
des vertebrobasilären Gefäßsystems
von anterior posterior

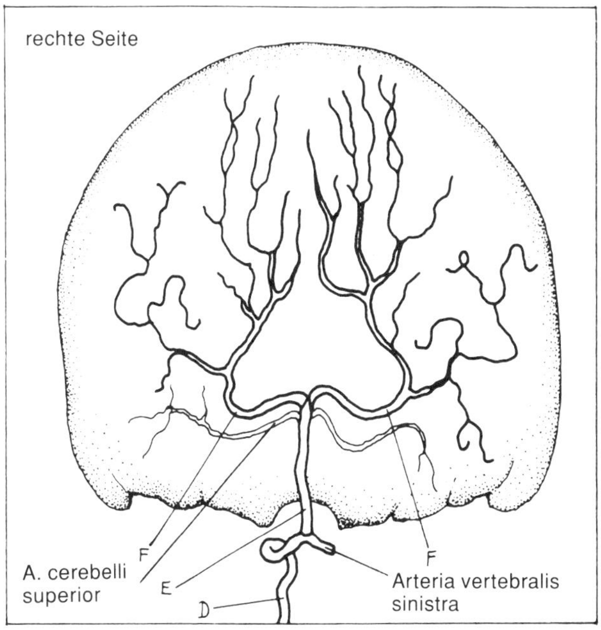

# 9–3

# BLUTVERSORGUNG DES GEHIRNS: CIRCULUS ARTERIOSUS CEREBRI

Der Circulus arteriosus cerebri (Willisii) ist ein ringförmig angelegtes arterielles Gefäßsystem an der Hirnbasis, das die vertebrobasilären Arterien mit den Arteriae carotides internae verbindet.
In der linken Hälfte der oberen Abbildung ist die intakte inferiore Oberfläche des Gehirns dargestellt, während in der rechten Hälfte das vordere Drittel des Temporallappens und das Kleinhirn entfernt wurden.

**Malen Sie den Oberbegriff ‚Circulus arteriosus' und die Begriffe A–E an sowie deren zugehörige Strukturen in der rechten Abbildung. Kolorieren Sie danach die Strukturen A–E in den beiden Hälften der oberen Abbildung.**

Der kraniale Anteil des Circulus arteriosus wird von den beiden *Arteriae cerebri anteriores* (A) gebildet, die aus dem terminalen Bereich der *Arteriae carotides internae* (B) hervorgehen. Unmittelbar vor dem Chiasma opticum stellt die *Arteria communicans anterior* (C) eine Verbindung zwischen den Arteriae cerebri anteriores her und vervollständigt dadurch den kranialen Anteil des Gefäßrings (zum weiteren Verlauf der Arteriae cerebri anteriores s. Tafel 9–4).
Die *Arteriae communicantes posteriores* (D) entspringen am Abgang der *Arteriae cerebri mediae* (G) aus den Arteriae carotides internae, verlaufen entlang des Hypothalamus und Hypophysenstiels nach inferior und posterior und anastomosieren mit den *Arteriae cerebri posteriores* (E), die ihrerseits aus der *Arteria basilaris* (K) hervorgehen. Der aus den verschiedenen Anastomosen resultierende Gefäßring umgibt die inferiore Oberfläche des Zwischenhirns einschließlich des Chiasma opticum, des Hypophysenstiels und der Corpora mamillaria.

**Malen Sie den Oberbegriff ‚arterielle Gefäßabgänge' und die Begriffe F–P an sowie deren zugehörige Strukturen in den beiden Abbildungen. Die mit gestrichelten Linien umgrenzten Gefäßabschnitte (P) bezeichnen diejenigen Bereiche, in denen häufig Aneurysmata (Gefäßausbuchtungen) entstehen. Sie sollten mit hellen Farben angemalt werden. Die Prozentangaben beziehen sich auf die Häufigkeit von Aneurysmata, bezogen auf die Gesamtzahl aller intrazerebralen Gefäßerweiterungen.**

Aus dem Circulus Willisii gehen mehrere Arterien ab, die der Blutversorgung unterschiedlicher Hirnareale dienen. Mehrere *Zentralarterien* (F) und die *Rami lenticulostriatae* (H) aus den Arteriae cerebri mediae versorgen das Zwischenhirn, das Striatum und die Capsula interna (nicht dargestellt; s. Tafel 9–5).
Die Arteria basilaris entsteht aus dem Zusammenschluß der rechten und linken *Arteria vertebralis* (I). Unterhalb des Circulus arteriosus auf der Ventralfläche des Pons gelegen, stellt die Arteria basilaris eine Verbindung zwischen Arteriae vertebrales und Arteriae carotides internae her. Sie endet am Übergang des Pons ins Mittelhirn, indem sie sich in die beiden Arteriae cerebri posteriores aufteilt. Die Arteria basilaris gibt in ihrem Verlauf mehrere Äste ab: Die *Arteria cerebelli inferior anterior* (L) versorgt den anterolateralen unteren Kleinhirnbereich und anastomosiert mit Ästen der *Arteria cerebelli inferior posterior* (J), die ihrerseits aus der Arteria vertebralis hervorgeht; die *Arteria labyrinthi* (M) zieht zum Innenohr, mehrere kleine *Rami ad pontem* (N) verlaufen zur Brükke und die *Arteria cerebelli superior* (O) versorgt den Pons, die Epiphyse und den oberen Kleinhirnbereich.
Eine sackförmige Ausbuchtung oder umschriebene Erweiterung einer Arterie heißt *Aneurysma* (P) (pl. Aneurysmata oder Aneurysmen). Es entsteht infolge angeborener oder erworbener Gefäßwandveränderungen und kann unterschiedliche Ausmaße erreichen. In bestimmten Abschnitten (s. umstrichelte Bereiche) bilden sich besonders häufig Aneurysmata aus. Sie können spontan oder im Gefolge von Blutdruckspitzen rupturieren und dann schwere neurologische Ausfallserscheinungen, bisweilen sogar mit Todesfolge, nach sich ziehen.

# BLUTVERSORGUNG DES GEHIRNS: CIRCULUS ARTERIOSUS CEREBRI

Circulus arteriosus ★
A. cerebri ant. A
A. carotis int. B
A. communic. ant. C
A. communic. post. D
A. cerebri post. E

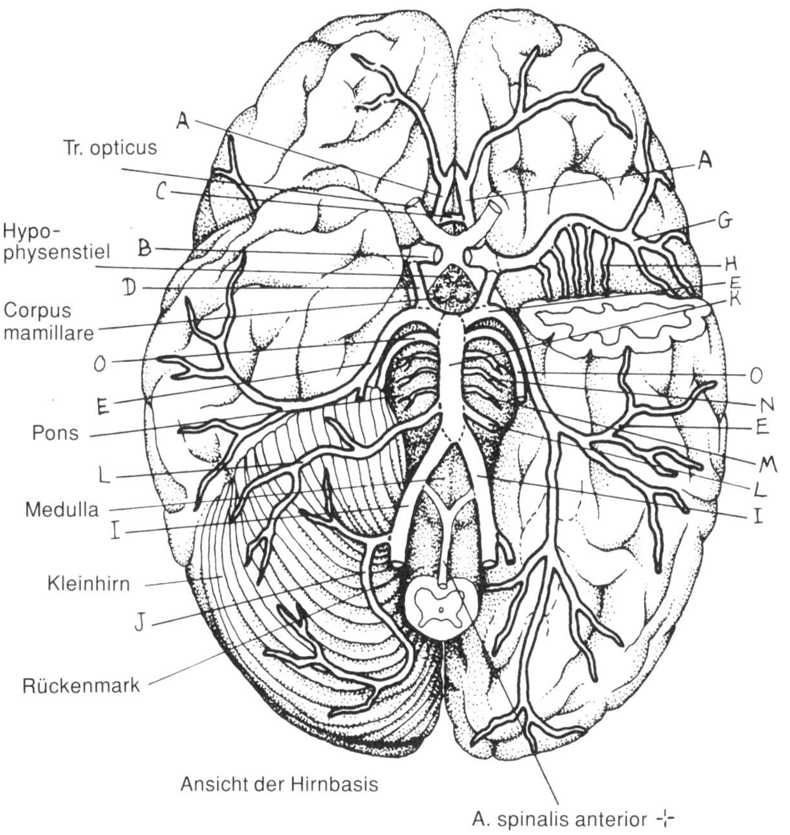


Ansicht der Hirnbasis

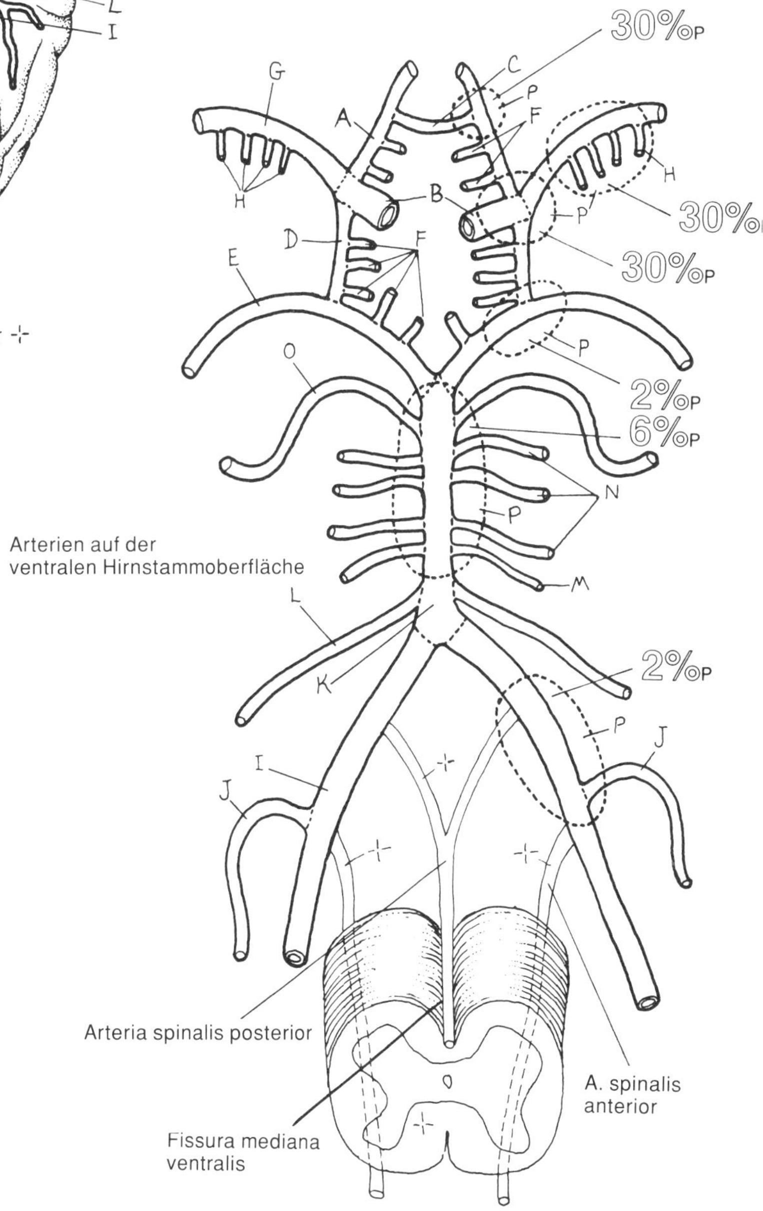


Arterien auf der ventralen Hirnstammoberfläche

art. Gefäßabgänge ★
Zentralarterie F
A. cerebri media G
A. lenticulostriata H

A. vertebralis I
A. cerebelli inf. post. J
A. basilaris K
A. cerebelli inf. ant. L
A. labyrinthi M
Rami ad pontem N
A. cerebelli sup. O

Aneurysmata:
Lokalisation/Häufigkeit P

# 9–4
# BLUTVERSORGUNG DER HEMISPHÄREN

Die Blutzufuhr zu den Hemisphären erfolgt über die Arteriae cerebri anterior, media und posterior.

**Malen Sie die Begriffe A–B² an sowie deren zugehörige Strukturen in den Abbildungen 1 bis 3. Das Versorgungsgebiet der Arteria cerebri anterior (B¹) ist in allen drei Abbildungen gepunktet dargestellt und sollte in einer sehr hellen Schattierung der Farbe angemalt werden, die Sie für B verwenden.**

Die *Arteria cerebri anterior* (B) ist einer der beiden Endäste der *Arteria carotis interna* (A). Sie verläuft in der Fissura longitudinalis cerebri (Abb. 1 und 3) nach anterior. Ihre *Äste* (B) versorgen die mediale Oberfläche und einen kleinen Bereich der seitlichen Konvexität des Frontallappens (Abb. 2). Die Arterie verläuft bogenförmig um das Genu corporis callosi (Abb. 1) aufwärts und versorgt die restliche mediale und einen Teil der lateralen Hemisphärenoberfläche bis zum Sulcus parietooccipitalis (Abb. 2). Die Arteria cerebri anterior und die *Arteria communicans anterior* (B²) (Abb. 3) geben die kleinen bis mittelgroßen Arteriae striatae ab, die Teile der Basalganglien, die Nuclei septales und die Capsula interna versorgen.

**Malen Sie die Begriffe D und D¹ und deren zugehörige Strukturen in den Abbildungen 1 bis 3 an.**

Die *Arteria cerebri media* (D) ist der andere Endast der Arteria carotis interna. Sie verläuft seitlich an der Hemisphärenbasis (Abb. 3) im Sulcus lateralis (Abb. 2), ehe sie sich in die Äste aufteilt, die die Insel und den größten Teil der seitlichen Oberfläche der Frontal-, Parietal-, Temporal- und Okzipitallappen versorgt sowie die anterolaterale Unterfläche des Frontallappens (Abb. 3).

**Malen Sie die verbliebenen Begriffe und deren zugehörige Strukturen in den Abbildungen 1 bis 3 an. Kolorieren Sie F¹ in einer sehr hellen Schattierung der Farbe, die Sie für F verwenden.**

Die *Arteria cerebri posterior* (F) ist der Endast der *Arteria basilaris* (E) (Abb. 3). Die *Arteria communicans posterior* (C) stellt eine Verbindung her zwischen der Arteria cerebri posterior und der Arteria carotis interna. Der proximale Anteil der Arteria cerebri posterior zieht über die laterale Oberfläche des Crus cerebri zur basalen Hemisphärenoberfläche. Ihre Äste versorgen den gesamten Okzipitallappen und die inferiore und mediale Oberfläche des Temporallappens. Der *Ramus calcarinus* (F²) versorgt die primäre Sehrinde, in die Tiefe verlaufende Äste der Arteria cerebri posterior versorgen das Tectum, die Corpora geniculata laterales und mediales und das Pulvinar, so daß letztlich alle Hirnareale, die an der visuellen Informationsverarbeitung teilhaben, ihre Blutversorgung über die Arteria cerebri posterior erhalten.

# BLUTVERSORGUNG DER HEMISPHÄREN

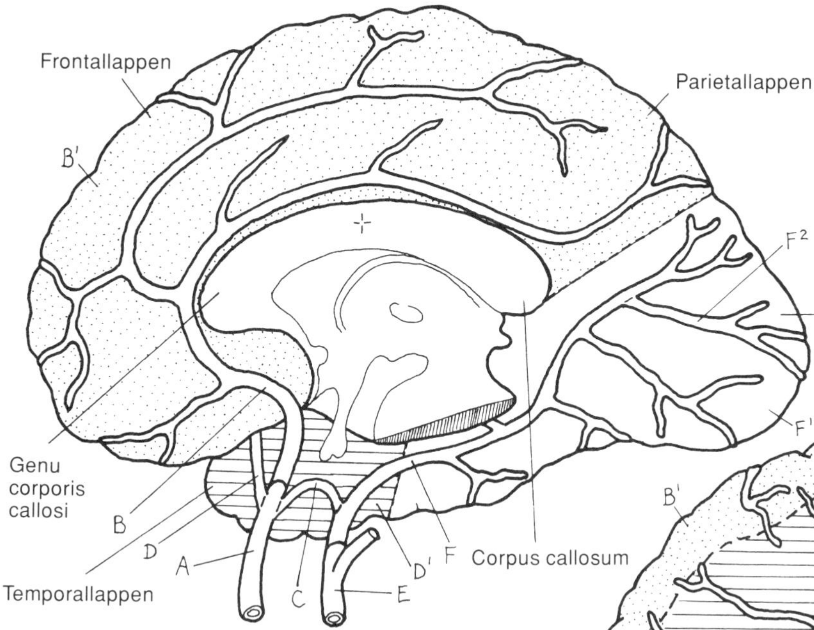


1
mediale
Hemisphärenoberfläche

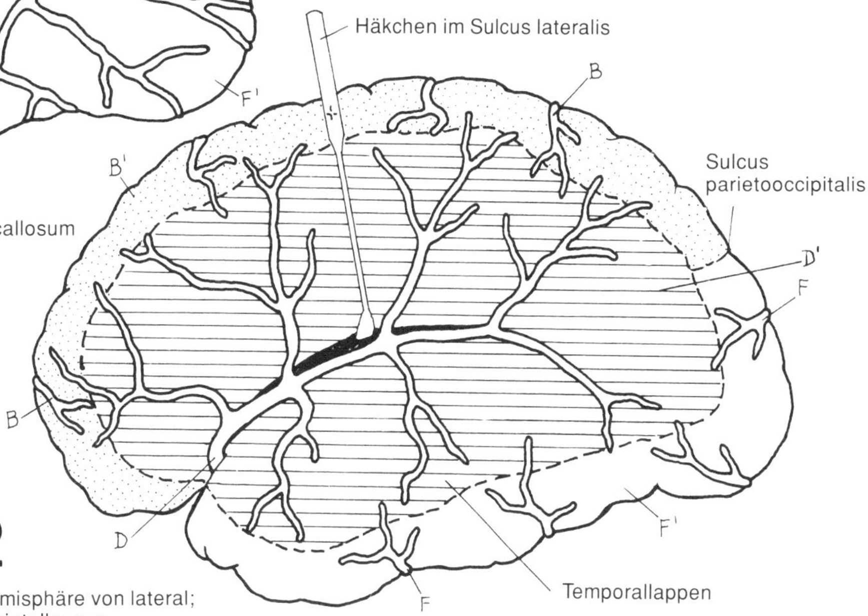


2
Hemisphäre von lateral;
Parietallappen
nach oben gezogen

A. carotis int. A
A. cerebri ant./Ast B
Versorgungsgebiet B'
A. communic. ant. B²

A. communic. post. C

A. cerebri media/Ast D
Versorgungsgebiet D'
A. basilaris/Ast E

A. cerebri post./Ast F
Versorgungsgebiet F'
A. calcarina F²

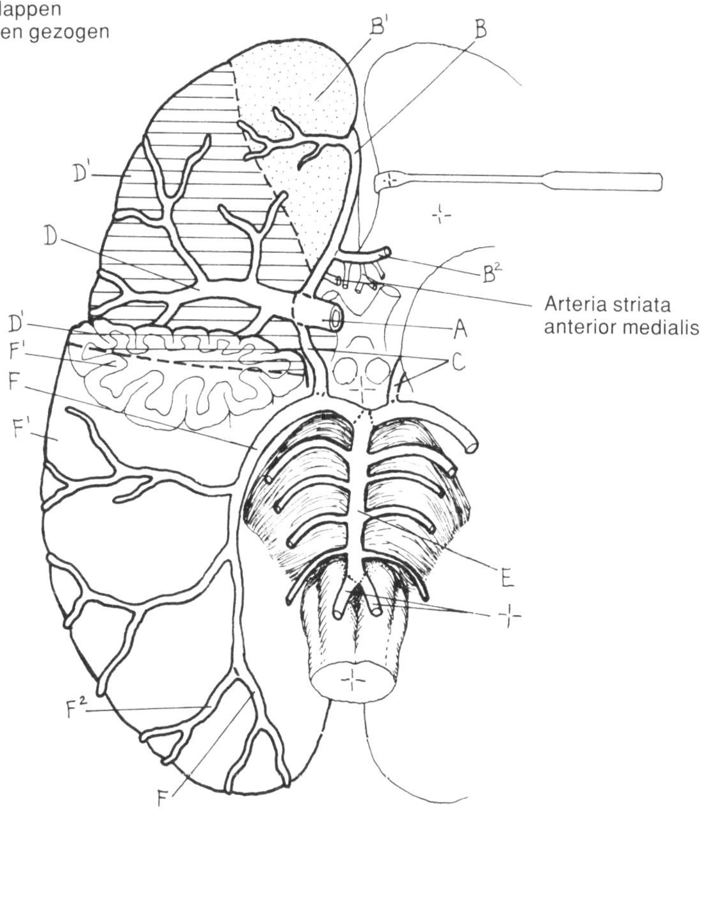


3
inferiore Oberfläche
von Hirnstamm und
rechter Hemisphäre;
Temporallappen
teilweise entfernt

# 9–5
# BLUTVERSORGUNG DER TIEFEN VORDERHIRNREGION

Die Gefäße zur Blutversorgung von Strukturen in der tiefen Vorderhirnregion sind von großer klinischer Bedeutung. Schon kleine Blutungen oder Blutgerinnsel können schwerwiegende, oft persistierende neurologische Ausfallserscheinungen oder sogar den Tod nach sich ziehen.

**Malen Sie die Begriffe A–H und deren zugehörige Strukturen in der Abbildung oben links an. Mit Ausnahme von H sollten die Strukturen A–H in der unteren Abbildung nicht angemalt werden. Kolorieren Sie dann die Begriffe I–M² und deren zugehörige Strukturen in der unteren Abbildung. K und K¹ können Sie auch in der Abbildung oben rechts anmalen. Verwenden Sie unterschiedliche Schattierungen derselben Farbe für Strukturen mit identischem Kennbuchstaben aber unterschiedlichen Kennziffern.**

Zu den empfindlichen und lebenswichtigen Strukturen, die von den tiefen Ästen der drei großen Hirnarterien versorgt werden, gehören die Basalganglien einschließlich des *Nucleus caudatus* (A), *Globus pallidus und Putamen* (B), die *Corpora amygdaloidea* (C), die *basale Vorderhirnregion* (D), die *Capsula interna* (E) und das Zwischenhirn, hier repräsentiert durch den *Thalamus* (F) und *Hypothalamus* (G).

Die *Arteria cerebri anterior* (J) ist ein Endast der *Arteria carotis interna* (I) und gibt ihrerseits *Rami striati* (J¹) zum vorderen Schenkel der Capsula interna und zum Kopf des Nucleus caudatus ab. Diese Gefäße erreichen ihre Zielgebiete über die *Substantia perforata anterior* (H) (s. Tafel 6–5). Aus der *Arteria communicans anterior* (J²) geht die rückläufige *Arteria centralis longa (Arteria recurrens; Heubnersche Arterie)* (J³) ab. Sie zieht ebenfalls durch die Substantia perforata anterior und versorgt die Nuclei praeoptici hypothalami (nicht dargestellt), den Kopf des Nucleus caudatus und den vorderen Schenkel der Capsula interna.

Die *Arteria cerebri media* (K) ist ebenfalls ein Endast der Arteria carotis interna. Sie verläuft in der Fissura lateralis und gibt sehr dünne Arterien zu den Basalganglien und zur Capsula interna ab, u.a. die *Arteriae lenticulostriatae* (K¹), die auf Grund ihrer dünnen Gefäßwand und ihres geringen Lumens Prädilektionsstellen für Gefäßrupturen oder Thrombosen sind.

Die *Arteria cerebri posterior* (M) ist ein Endast der *Arteria basilaris* (L) und steht über die *Arteria communicans posterior* (M¹) mit der Arteria carotis interna in Verbindung. Aus der Arteria cerebri posterior verlaufen *Rami thalamici* (M²) zum dorsalen Thalamusbereich, einschließlich Corpora geniculata und Pulvinar, sowie zum hinteren Schenkel der Capsula interna.

# BLUTVERSORGUNG DER TIEFEN VORDERHIRNREGION

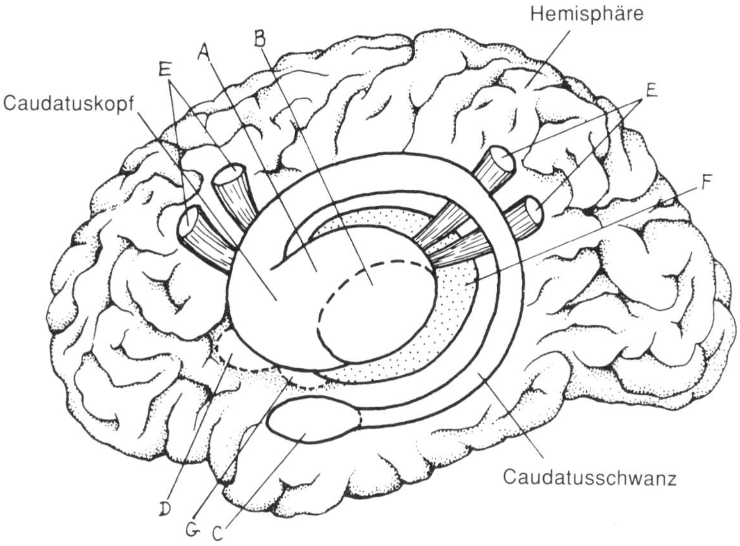


Seitenansicht der Basalganglien in Relation zur Hemisphäre

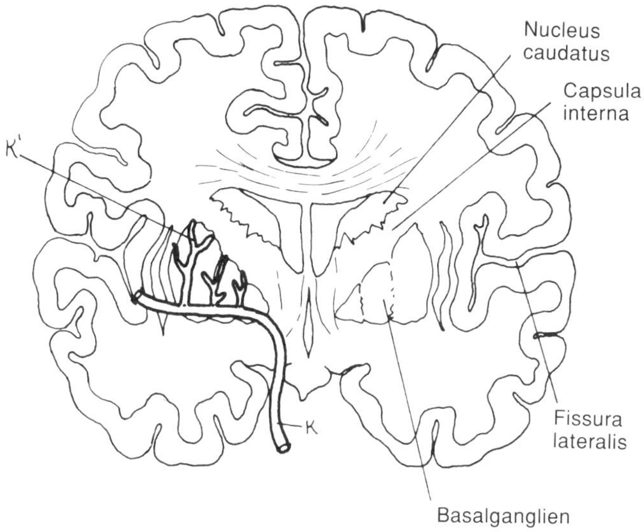


Basalganglien im Transversalschnitt

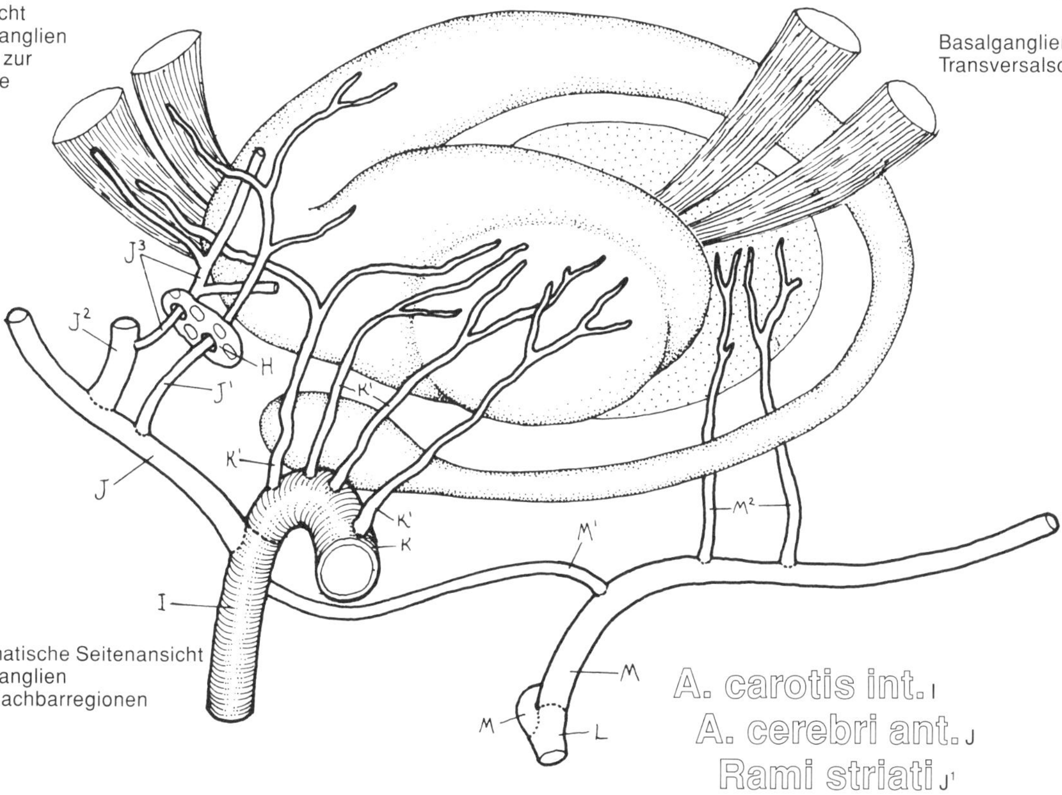


Halbschematische Seitenansicht der Basalganglien und ihrer Nachbarregionen

Nucleus caudatus A
Globus pallidus/Putamen B
Corpora amygdaloidea C
basales Vorderhirn D
Capsula interna E
Thalamus F
Hypothalamus G
Subst. perforata anterior H

A. carotis int. I
A. cerebri ant. J
Rami striati $J^1$
A. communic. ant. $J^2$
A. centralis longa $J^3$
A. cerebri media K
Aa. lenticulostriatae $K^1$
A. basilaris L
A. cerebri post. M
A. communic. post. $M^1$
Rami thalamici $M^2$

# 9–6
# BLUTVERSORGUNG VON MEDULLA OBLONGATA UND KLEINHIRN

Diese und die nachfolgende Tafel bilden eine thematische Einheit und sollten nacheinander angemalt werden.

**Malen Sie die Begriffe A–$E^2$ und deren zugehörige Strukturen in der Abbildung oben links an.**

Die Blutversorgung des Kleinhirns erfolgt über die *Arteriae cerebelli inferiores posteriores* (D), Ästen der paarigen *Vertebralarterien* (A) und über Äste der *Arteria basilaris* (E), nämlich über die *Arteriae cerebelli inferiores anteriores* ($E^1$) und die *Arteriae cerebelli superiores* ($E^2$). Die Arteria cerebelli inferior posterior verläuft auf der inferioren Oberfläche des Kleinhirns und gibt Äste ab zu den unteren Bereichen von Vermis, Tonsilla und deren Umgebung (s. Tafel 5–13). Die Arteria cerebelli inferior anterior verläuft im Kleinhirnbrückenwinkel ebenfalls zur Unterfläche des Kleinhirns und versorgt die in der Nähe verlaufenden Hirnnerven VII und VIII (nicht dargestellt). Die Arteria cerebelli superior zieht auf Höhe des Mittelhirns zum Kleinhirn. Ihre Äste versorgen den größten Teil der Kleinhirnhemisphären, die oberen und mittleren Kleinhirnstiele und die Kleinhirnkerne.
Die Medulla oblongata wird von folgenden Gefäßen versorgt: von *bulbären Ästen* ($A^1$) der Arteria vertebralis, von *medullären Ästen* ($B^1$) der *Arteria spinalis anterior* (B), von Ästen (nicht dargestellt) der *Arteria spinalis posterior* (C) und von Ästen der Arteria cerebelli inferior posterior. Die Arteria spinalis posterior entspringt häufig aus der Arteria cerebelli inferior posterior.

**Malen Sie den Oberbegriff ‚Hemiplegia alternans inferior' und die Begriffe F–$G^1$ an sowie die zugehörigen Gebiete in der Abbildung oben rechts und in den beiden Abbildungen unten rechts. Kolorieren Sie die Gefäße B und $B^1$ in der Abbildung oben rechts, nicht jedoch die Gefäßabschnitte hinter dem Thrombus. Verwenden Sie für H eine sehr helle Farbe.**

Im Querschnitt durch die mittlere Medulla oblongata ist ein Ast der Arteria spinalis anterior dargestellt, der den zentralen Bereich der kaudalen Medulla versorgt. Eine Thrombose (Gefäßverschluß durch ein Blutgerinnsel) oder eine Blutung dieses Gefäßes verursacht, je nach *Lokalisation der Läsion* (H), eine unterschiedlich stark ausgeprägte vaskuläre Insuffizienz. Eine solche Läsion kann z.B. den *Nervus hypoglossus und/oder dessen Kern* (F) und die *Pyramide* (G) in der Medulla oblongata betreffen. Eine Ischämie (ungenügende Durchblutung und damit Sauerstoffzufuhr) des XII. Hirnnerven verursacht eine Lähmung der ipsilateralen Zungenmuskulatur. Eine Ischämie im Bereich der Pyramide verursacht eine Muskelschwäche oder Lähmung der kontralateralen Körperseite, also eine *kontralaterale Hemiplegie* ($G^1$). Die betroffenen Muskeln weisen eine erhöhte Starre (Tonus) auf, und die Muskeleigenreflexe sind verstärkt (Hyperreflexie). Beim Gehen wird das Bein bogenförmig aus der Hüfte heraus bewegt (Zirkumduktion). Ein betroffener Arm wird meist körpernah in Flexion gehalten. Die Kombination der geschilderten neurologischen Ausfallserscheinungen wird als Hemiplegia alternans inferior zusammengefaßt.

**Malen Sie die Gefäße in der Abbildung unten links an, den Oberbegriff ‚PICA-Syndrom' sowie Begriff und Struktur I. Beachten Sie die Kerne und Bahnen, die häufig von den Folgen einer vaskulären Läsion betroffen werden.**

Das PICA-Syndrom entsteht durch einen Verschluß der Arteria cerebelli inferior posterior und kann je nach Lokalisation und Ausmaß der Läsion ein weites Spektrum an Symptomen umfassen. Sind die Vestibulariskerne bzw. der dorsale motorische Vaguskern betroffen, so kommt es zu plötzlich einsetzendem Schwindel und Erbrechen; bei Läsion des spinalen Trigeminusanteils entsteht ein Taubheitsgefühl im ipsilateralen Gesichtsbereich; bei Schädigung des Tractus spinothalamicus treten sensible Störungen in der kontralateralen Körperhälfte auf; ist der untere Kleinhirnstiel betroffen, treten Bewegungsstörungen der kontralateralen Extremitäten auf; Schluckstörungen (Dysphagie) und Sprachstörungen (Dysarthrie) reflektieren eine *Läsion* (I) des Nucleus ambiguus und des dorsalen motorischen Vaguskerns.

# BLUTVERSORGUNG VON MEDULLA OBLONGATA UND KLEINHIRN

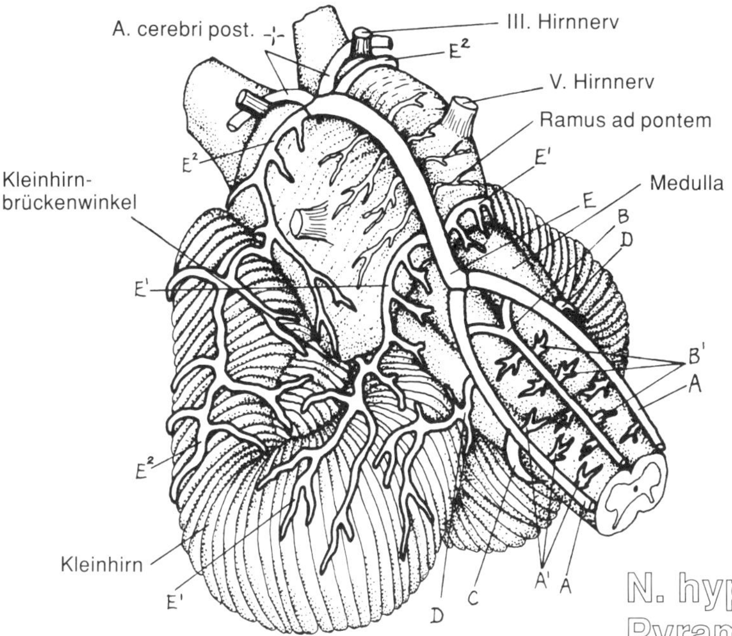


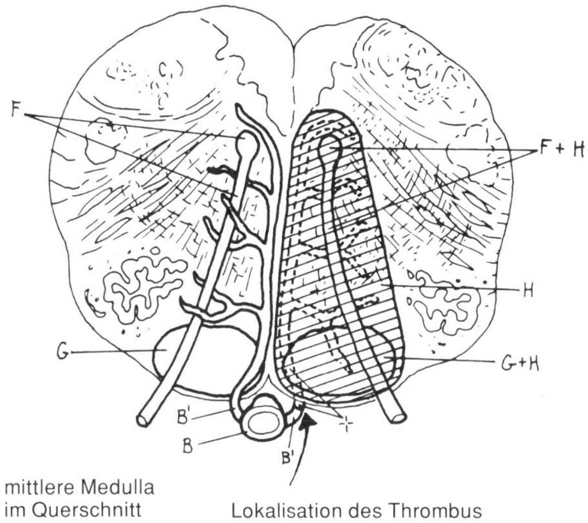


N. hypoglossus /Nucl. n. h. F
Pyramide G

A. vertebralis A
A. bulbaris A'
A. spinalis ant. B
A. medullaris B'
A. spinalis post. C
A. cerebelli inf. post. D

A. basilaris E
A. cerebelli inf. ant. E'
A. cerebelli sup. E²

Hemiplegia alternans inf. ★
geschädigte Region H
ipsilat. Deviation
d. Zunge F'
kontralat.
Hemiplegie G'

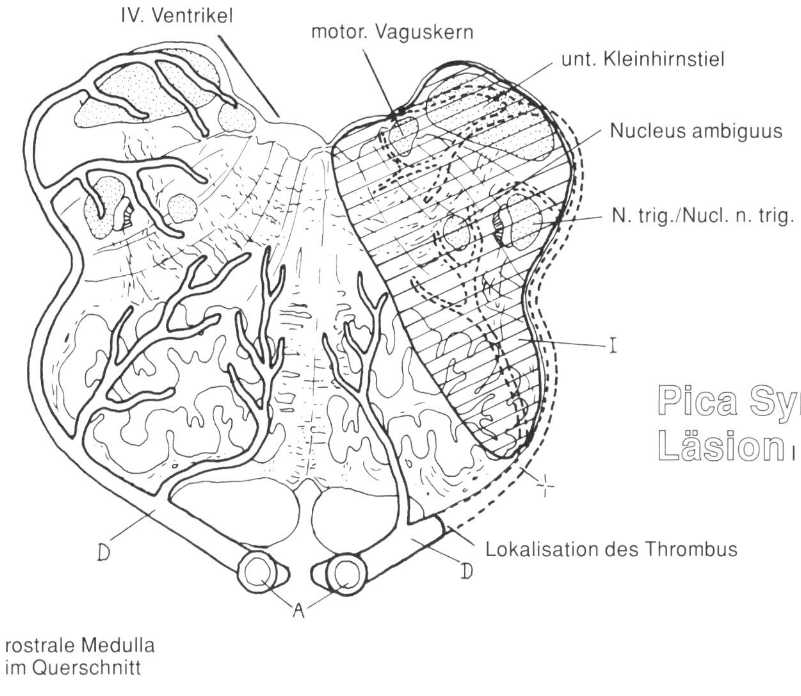


Pica Syndrom ★
Läsion I

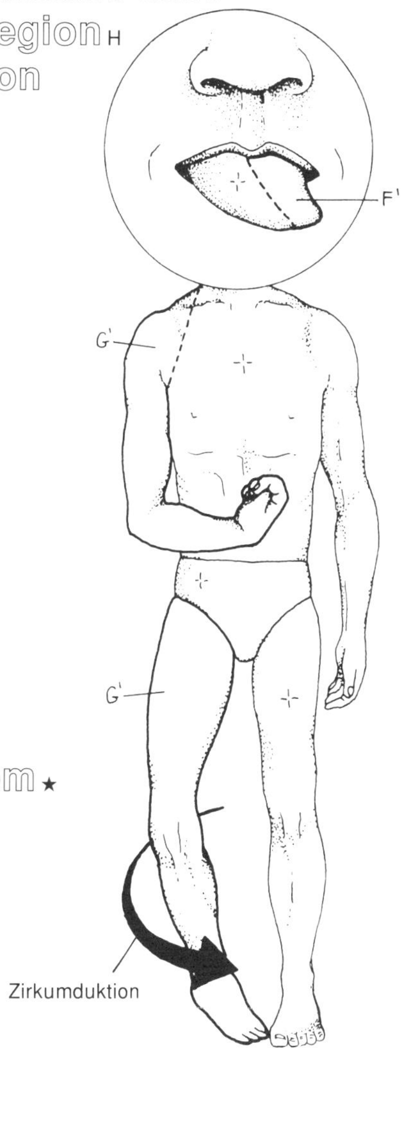

# 9–7
# BLUTVERSORGUNG VON PONS UND MITTELHIRN

Die *Arteriae vertebrales* (A) und die *Arteria basilaris* (B) geben Äste zur Versorgung des Hirnstamms und des Kleinhirns ab (s. Tafel 9–6). Da zwei der drei paarig angelegten Kleinhirngefäße auch Äste zum Pons und Mittelhirn abgeben, sind sie auf dieser Tafel nochmals dargestellt.

**Malen Sie die Begriffe A–F¹ und deren zugehörige Strukturen in der Abbildung oben links an. Verwenden Sie für A, B, C und E dieselben Farben wie auf Tafel 9–6. Gefäße, die andere Gebiete als Pons und Mittelhirn versorgen, sollten nicht angemalt werden.**

Der Pons wird von kleinen Ästen der *Arteria cerebelli inferior anterior* (C), den *Rami ad pontem* (D) der Basilararterie und Ästen der *Arteria cerebelli superior* (E) versorgt. Die Äste der Arteria cerebelli inferior anterior verlaufen zum kaudalen, diejenigen der Arteria cerebelli superior zum kranialen Ponsbereich. Der zentrale Ponsanteil wird von paramedianen und kurzen bzw. langen peripheren Ästen der Rami ad pontem versorgt (s. Abb. oben rechts).
Das Mittelhirn wird von paramedianen und peripheren Ästen der Arteria cerebelli superior und der *Arteria cerebri posterior* (F) und von Ästen der *Arteriae communicantes posteriores* (F¹) vaskularisiert.

**Malen Sie den Oberbegriff ‚Hemiplegia alternans media' an, die Begriffe G, H und G¹ und deren zugehörige Strukturen in der Abbildung oben rechts sowie den Pfeil, der auf die abnorme Adduktion des Auges hinweist. Wie auf Tafel 9–6 repräsentiert das schraffierte Gebiet (H) den thrombosebedingten ischämischen Gewebsschaden und sollte mit einer hellen Farbe angemalt werden. Der gestrichelte Gefäßverlauf hinter dem Thrombus wird nicht koloriert.**

Die Thrombose eines oder mehrerer paramedianer Äste der Rami ad pontem verursacht einen *ischämischen Schaden* (H) der sowohl den *Nervus abducens und dessen Kern* (G) als auch kortikospinale Faserbündel betreffen kann, die durch den Pons in die Pyramiden der Medulla oblongata deszendieren. Die Folge ist das klinische Krankheitsbild der Hemiplegia alternans media: Der Abduzensschaden verursacht eine Lähmung des Musculus rectus lateralis und damit eine *unwillkürliche Adduktion des ipsilateralen Auges* (G¹). Die Ischämie des pontinen Abschnitts des Tractus corticospinalis führt zu einer kontralateralen Hemiplegie (s. Tafel 9–6).

**Malen Sie den Oberbegriff ‚Hemiplegia alternans superior' und die Begriffe I–I³ an sowie deren zugehörige Strukturen und den Pfeil in den beiden unteren Abbildungen.**

Eine Thrombose von paramedianen Ästen der Arteria cerebri posterior verursacht eine Ischämie im *paramedianen Mittelhirnbereich* (J) und betrifft charakteristischerweise den *Nervus oculomotorius und dessen Kern* (I) und den im Crus cerebri deszendierenden Tractus corticospinalis. Das hieraus resultierende neurologische Krankheitsbild ist die Hemiplegia alternans superior. Durch den ischämischen Okulomotoriusschaden kommt es zur Schwäche bzw. Lähmung der Musculi recti superior, inferior und medialis und der Musculi obliquus inferior und levator palpebrae superioris sowie derjenigen Muskeln, die die Akkommodation und Pupillenweite des Auges steuern. Die klinischen Zeichen dieser Schäden sind eine *Ptosis* (I¹), also das Herabhängen des Augenlides durch die Lähmung des Levator palpebrae und eine *Mydriasis* (I²), also eine Pupillenerweiterung als Folge des Ausfalls des Constrictor pupillae. Infolge der Schwäche bzw. Lähmung der Musculi recti superior und inferior ist die vertikale Beweglichkeit des Auges deutlich eingeschränkt oder aufgehoben und es resultiert eine *abduzierte Stellung* (I³) des Augapfels. Eine gleichzeitig bestehende kontralaterale Hemiplegie ist das Resultat einer Ischämie des Hirnschenkels.
Eine Variante des geschilderten Krankheitsbildes ist das sogenannte Benedikt-Syndrom, bei dem primär der Nervus oculomotorius und der Nucleus ruber betroffen sind mit den Folgen einer ipsilateralen Okulomotoriusparese und einem Tremor des kontralateralen Arms.
Der Vollständigkeit halber sei erwähnt, daß die Symptomvariabilität bei partiellen oder kompletten Verschlüssen im Bereich des vertebrobasilären Gefäßsystems weit größer ist als hier dargestellt. Sie reicht von Schwindel als alleinigem Symptom über ein tiefes Koma bis hin zum Tod.

# BLUTVERSORGUNG VON PONS UND MITTELHIRN

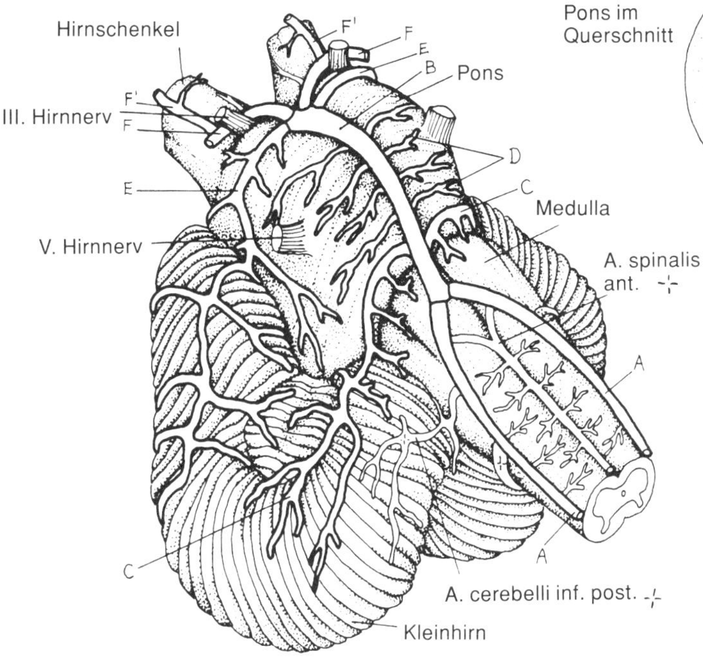


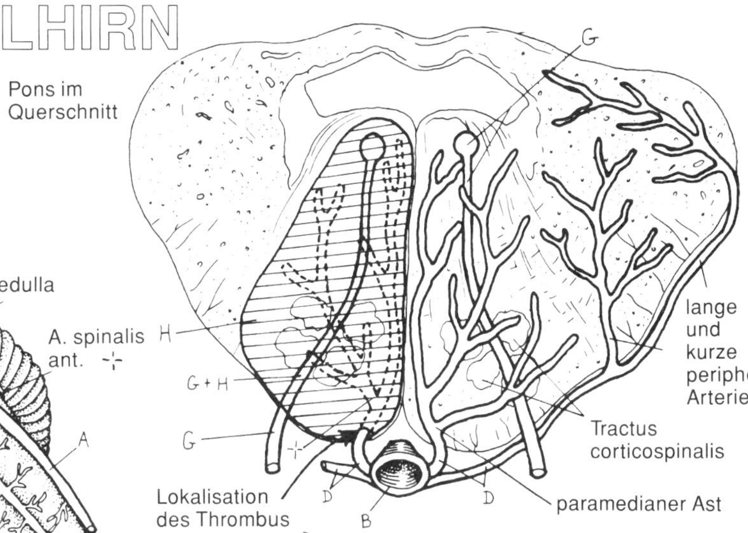


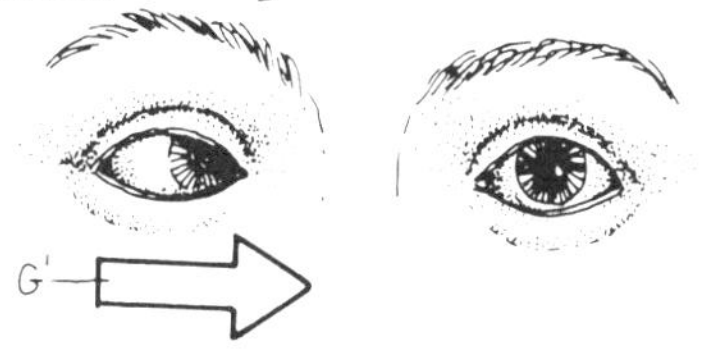


A. vertebralis A
A. basilaris B
A. cerebelli inf. ant. C
Rami ad pontem D
A. cerebelli sup. E
A. cerebri post. F
A. communic. post. F'

Hemiplegia alternans sup. ★
N. oculomot./Nucl. I
geschädigtes Gebiet J

Hemiplegia alternans media ★
N. abducens/Nucl. G
geschäd. Gebiet H
Adduktion des ipsilat. Auges G'
kontralat. Hemiplegie

ipsilat. Ptosis I'
ipsilat. Pupillendilatation I²
Abduktion d. ipsilat. Auges I³
kontralat. Hemiplegie

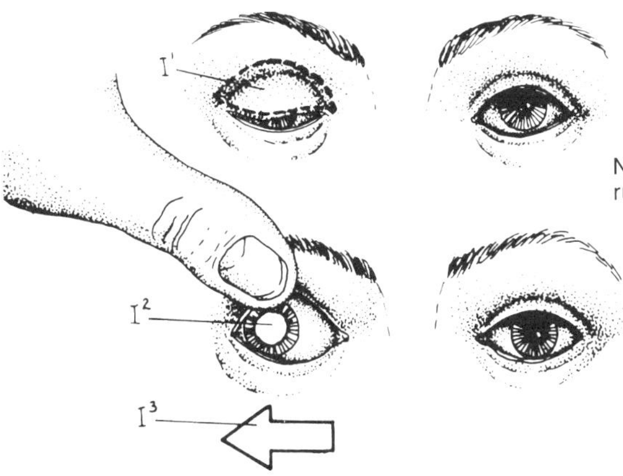


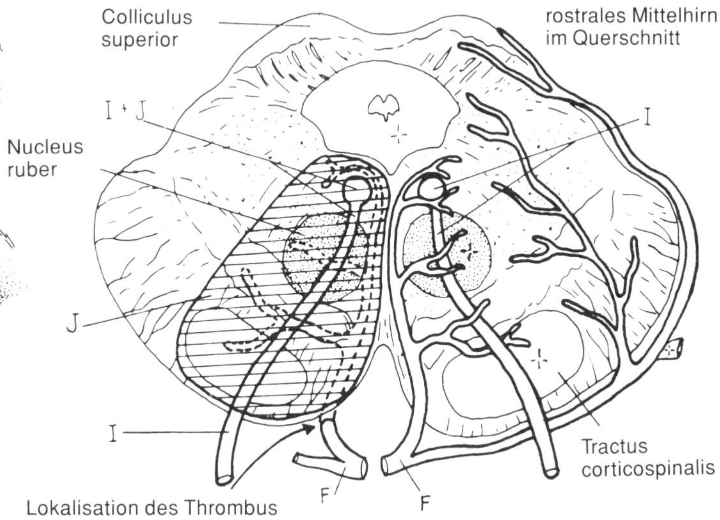

# 9–8

# VENÖSER ABFLUSS DER HEMISPHÄREN

Der Abfluß aus den Hirnvenen erfolgt zunächst in die Blutleiter der harten Hirnhaut (Dura mater; s. Tafel 9–10), die Sinus durae matris heißen (s. Tafel 9–9).

**Malen Sie den Oberbegriff ‚Venae cerebri superficiales' an, die Begriffe A–$A^4$ und deren zugehörige Strukturen in der oberen Abbildung. Kolorieren Sie den Oberbegriff ‚Sinus durae matris', die Begriffe B–$B^3$ und deren zugehörige Strukturen.**

Das Blut aus den Kapillaren der Hemisphären fließt zunächst in die Hirnvenen (Venae cerebri) ab, die in oberflächliche (Venae cerebri superficiales) und tiefe Venen (Venae cerebri profundae) unterteilt werden.

Bei den oberflächlichen Hirnvenen unterscheidet man die *Venae cerebri inferiores* (A) und die *Venae cerebri superiores* ($A^1$) und deren jeweilige Nebenäste. Die unteren oberflächlichen Venen drainieren die inferiore laterale Hemisphärenoberfläche. Ihr Blut fließt in den *Sinus transversus* (B) ab. Die oberen oberflächlichen Hirnvenen drainieren die superiore Hemisphärenoberfläche und münden in den *Sinus sagittalis superior* ($B^1$), der in der Dura mater zwischen den beiden Hemisphären verläuft. Die *Vena cerebri media superficialis* ($A^2$) verläuft im Sulcus lateralis und erhält Blut aus der seitlichen Hemisphärenoberfläche. Mit dem Sinus transversus steht die Vena cerebri media dorsal über die *Vena anastomotica inferior (Labbé)* ($A^4$), ventral über den *Sinus cavernosus* ($B^2$) in Verbindung. Über die *Vena anastomotica superior (Trolard)* ($A^3$) anastomosiert die Vena cerebri media mit dem Sinus sagittalis superior.

**Malen Sie den Oberbegriff ‚venöser Abfluß' an sowie die Begriffe C–$C^5$ und deren zugehörige Strukturen.**

Die *Vena jugularis interna* (C) ist das größte extrakranielle blutabführende Hirngefäß. Sie ist die kaudale Fortsetzung des *Sinus sigmoideus* ($B^3$) und deszendiert in einer gemeinsamen Bindegewebsscheide mit der Arteria carotis und dem Nervus vagus im anterolateralen Halsbereich. In ihrem weiteren Verlauf konfluiert die Vena jugularis interna mit der Vena subclavia zur gemeinsamen Vena brachiocephalica (nicht dargestellt). Die rechte und linke Vena brachiocephalica vereinen sich zur Vena cava superior (obere Hohlvene; nicht dargestellt) die in den rechten Herzvorhof mündet.

Unter den Sinus durae matris ist der paarige Sinus cavernosus besonders wichtig. Er liegt in der mittleren Schädelgrube zu beiden Seiten der Sella turcica (Sitz der Hypophyse) unmittelbar dorsal der Fissura orbitalis superior. Durch den Sinus cavernosus verlaufen die Hirnnerven III, IV und VI und der Nervus ophthalmicus als Ast des V. Hirnnerven (s. Tafel 9–9). Der Sinus cavernosus anastomosiert mit zahlreichen extrakraniellen Gefäßen, die im Bedarfsfall als Kollateralen für den venösen Blutabfluß aus dem Gehirn dienen. Im Falle einer Thrombose der Vena jugularis interna z.B. fließt das Blut zunächst retrograd in den Sinus cavernosus und hat dann mehrere Abflußmöglichkeiten:
1. durch die *Vena ophthalmica superior* ($C^1$) zu den tiefen Gesichtsvenen; 2. durch den venösen *Plexus pterygoideus* ($C^3$) in der Fossa infratemporalis zu den kleinen *Venae emissariae* ($C^2$), die durch das knöcherne Schädeldach ziehen; 3. durch den ipsilateralen Sinus cavernosus (nicht dargestellt) zum kontralateralen Sinus cavernosus; 4. über die Vena cerebri media superficialis zum Sinus sagittalis superior und zu kontralateralen Venen; 5. über den venösen *Plexus basilaris* ($C^4$) an der Schädelbasis zu den Venengeflechten des Wirbelkanals (nicht dargestellt); 6. über eine Vena emissaria zur *Vena occipitalis* ($C^5$) und weiter zu den tiefen Halsvenen.

**Malen Sie den Oberbegriff ‚Venae cerebri profundae' an sowie die Begriffe D–$D^5$ und deren zugehörige Strukturen in der Abbildung links unten.**

Die tiefen Hirnvenen liegen an der superioren Oberfläche der Nuclei caudati und des Thalamus direkt unterhalb des Corpus callosum. Die *Venae thalamostriata* (D), *septi pellucidi* ($D^1$) und *choroidea* ($D^2$) drainieren den oberen Thalamus, das Septum pellucidum und den Plexus choroideus und vereinen sich am ventralen Thalamuspol zur *Vena cerebri interna* ($D^3$). Rechte und linke Vena cerebri interna konfluieren unmittelbar hinter der Epiphyse mit den *Venae basales* ($D^4$) zur *Vena cerebri magna (Galeni)* ($D^5$). Aus der Fusion der Vena Galeni mit dem Sinus sagittalis inferior entsteht der Sinus rectus (nicht dargestellt; s. Tafel 9–9).

# VENÖSER ABFLUSS DER HEMISPHÄREN

Venae cerebri ★
superficiales •

V. cerebri inf. A
V. cerebri sup. A¹
V. cerebri media A²
V. anastom. sup. A³
V. anastom. inf. A⁴

Sinus ★
durae matris B
S. sagittalis sup. B¹
S. cavernosus B²
S. sigmoideus B³

venöser Abfluß ★
V. jugularis int. C
V. ophthalmica sup. C¹
V. emissaria C²
Plexus pterygoideus C³
Plexus basilaris C⁴
V. occipitalis C⁵

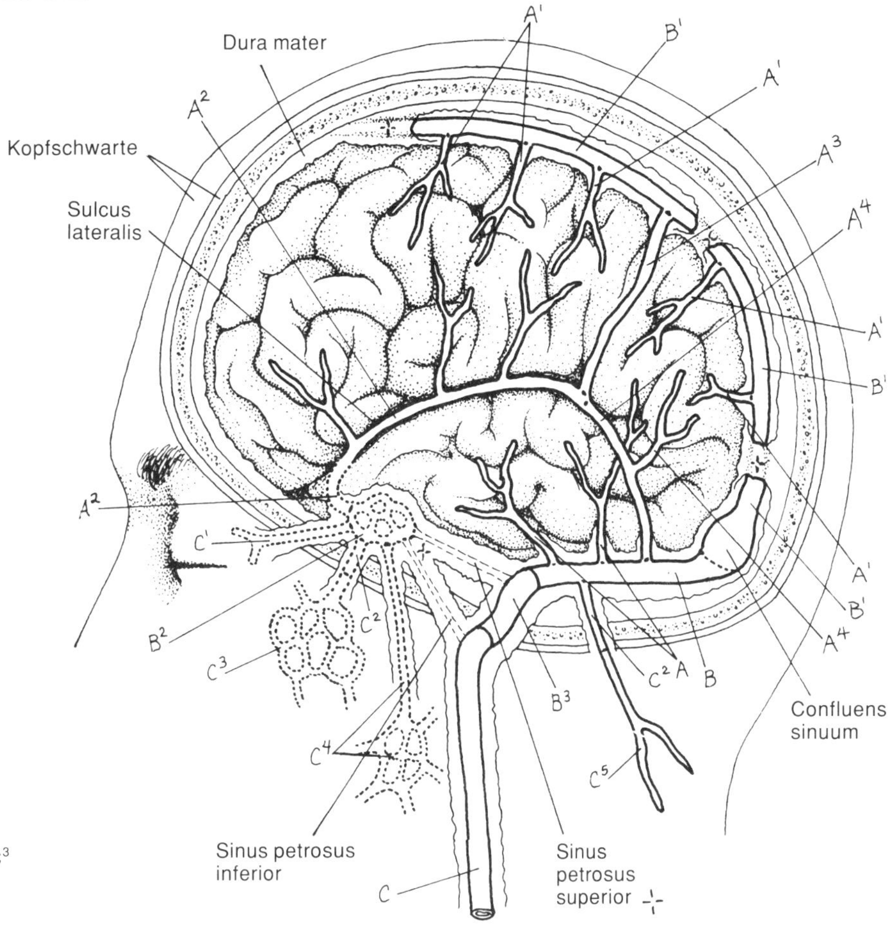


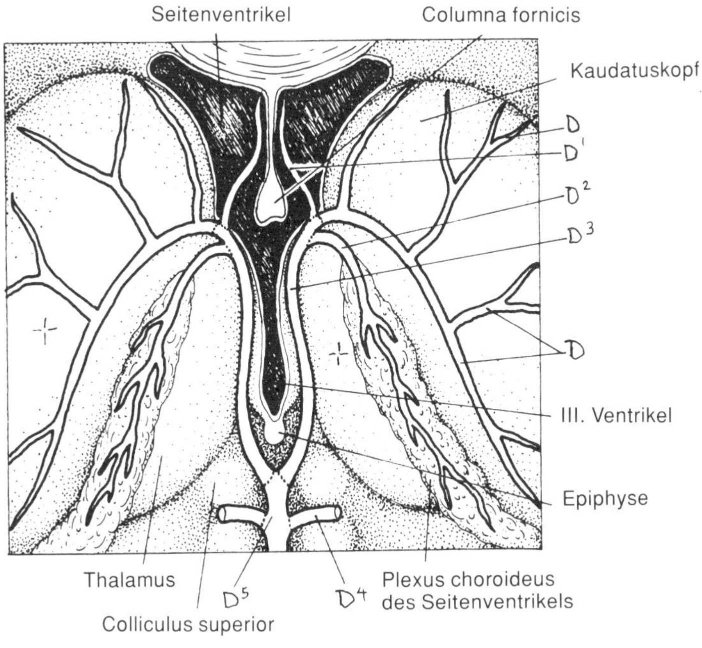


Dach des III. Ventrikels im Horizontalschnitt

Venae cerebri
profundae •

V. thalamostriata D
V. septi pell. D¹
V. choroidea D²
V. cerebri int. D³
basale Vene D⁴
V. cerebri magna D⁵
(Galeni)

# 9–9
# SINUS DURAE MATRIS

Die starren Kanäle, in die das Blut aus den oberflächlichen und tiefen Hirnvenen abfließt, bestehen aus einer Duplikatur der harten Hirnhaut (Dura mater) und heißen entsprechend Sinus durae matris. Wie alle anderen Blutgefäße sind sie von einer flachen Endothelschicht ausgekleidet. Aus den Sinus fließt das Blut weiter in die Vena jugularis interna und andere Halsvenen oder in die Venae emissariae, die den knöchernen Schädel durchziehen und mit den Venae diploicae in den Schädelknochen und mit den Venen der Kopfschwarte anastomosieren (zum venösen Abfluß s. auch Tafel 9–8; zur Dura mater s. Tafel 9–10).

**Malen Sie die Begriffe A–L und deren zugehörige Strukturen in der großen Abbildung an. Verwenden Sie für J eine helle Farbe. Kolorieren Sie die Strukturen J und K auch in der unteren Abbildung.**

Das venöse Blut aus den tiefen Hirnregionen fließt in die *Vena cerebri magna (Galeni)* (A) (s. Tafel 9–8), die in den *Sinus rectus* (B) mündet. Dieser Sinus verläuft entlang der Linie, wo sich die Falx cerebri in das Tentorium cerebelli aufspaltet. In den Sinus rectus mündet der *Sinus sagittalis superior* (C), der am freien unteren Rand der Falx cerebri verläuft und deren venösen Abfluß gewährleistet.
Der Sinus rectus verläuft nach posterior und inferior und geht auf Höhe der Protuberantia occipitalis interna in den *linken Sinus transversus* (F) über. Bisweilen kommuniziert der Sinus rectus auch direkt mit dem *Confluens sinuum* ($D^1$), dem erweiterten Ende des *Sinus sagittalis superior* (D). Der *Sinus occipitalis* (E) geht an dessen Unterseite aus dem Confluens hervor und verläuft in der Falx cerebelli zum Foramen magnum, wo er mit dem Plexus basilaris kommuniziert.
Der Sinus sagittalis superior entspringt im anterioren Ursprung der Falx cerebri, verläuft in der Falx bogenförmig nach posterior und mündet schließlich entweder in den Confluens sinuum oder verläuft als *rechter Sinus transversus* ($F^1$) weiter nach lateral. Der Sinus sagittalis superior dient als venöser Abfluß mehrerer oberflächlicher Hirnvenen und seenartiger venöser Gefäßpools (Lakunen). In diese Lakunen projizieren kleine, fingerförmige Ausstülpungen der Arachnoidea (s. Tafel 9–10), die Arachnoideazotten, die den Abfluß des Liquors in das venöse Gefäßsystem gewährleisten.
Die beiden Sinus transversi verlaufen in den äußeren Rändern des Tentorium cerebelli (Kleinhirnzelt). An der Nahtstelle zwischen Os occipitale und Pars petrosa des Schläfenbeins geht der Sinus transversus in den *Sinus sigmoideus* (G) über. In den Sinus transversus fließt das Blut aus den Venae communicantes inferiores und Venae cerebri superficiales superiores (nicht dargestellt). Über die Venae emissariae kommunizieren sie mit der Vena occipitalis. Unmittelbar vor dem Übergang in den Sinus sigmoideus mündet der *Sinus petrosus superior* (H) in den Sinus transversus.
Der Sinus sigmoideus verläuft nach anterior und inferior zum Foramen jugulare, wo er in den Bulbus der *Vena jugularis interna* (L) übergeht, in den auch der *Sinus petrosus inferior* (I) mündet.
Zu beiden Seiten der Hypophyse (s. untere Abbildung) liegen der rechte bzw. linke *Sinus cavernosus* (J). Diese sind relativ groß und weisen charakteristischerweise bindegewebige Trabekel auf, die in ihr Lumen hineinragen. Die beiden Sinus cavernosi sind durch den *Sinus intercavernosus* (K) miteinander verbunden.

**Malen Sie den Oberbegriff ‚Strukturen im Sinus cavernosus' an sowie die Begriffe M–Q und deren zugehörige Strukturen in der unteren Abbildung. Zur besseren Orientierung s. Tafel 5–37.**

Der Sinus cavernosus wird von folgenden Strukturen durchquert: *Nervus oculomotorius* (N) und *Nervus trochlearis* (O), *Nervus ophthalmicus* (P) und *Nervus maxillaris* ($P^1$), beides Äste des Nervus trigeminus, *Nervus abducens* (Q) und *Pars cavernosa der Arteria carotis interna* (M) (s. Tafel 9–1), die von einem Geflecht sympathischer postganglionärer Nervenfasern aus dem Ganglion cervicale superius umgeben ist.
Der Sinus cavernosus steht mit zahlreichen Nebenästen von Sinus und venösen Plexus in Verbindung (s. Tafel 9–8), von denen die Vena ophthalmica superior, der Sinus sphenoparietalis, der Plexus pterygoideus und der Plexus basilaris in der oberen Abbildung dargestellt sind.

# SINUS DURAE MATRIS

V. cerebri magna (Galeni) A

Sinus rectus B
S. sagittalis inferior C
S. sagittalis superior D
Confluens sinuum D'
S. occipitalis E

li. F/re. S. transversus F'
Sinus sigmoideus G
Sinus petrosus sup. H
Sinus petrosus inf. I
Sinus cavernosus J
Sinus intercavernosus K
V. jugularis interna L

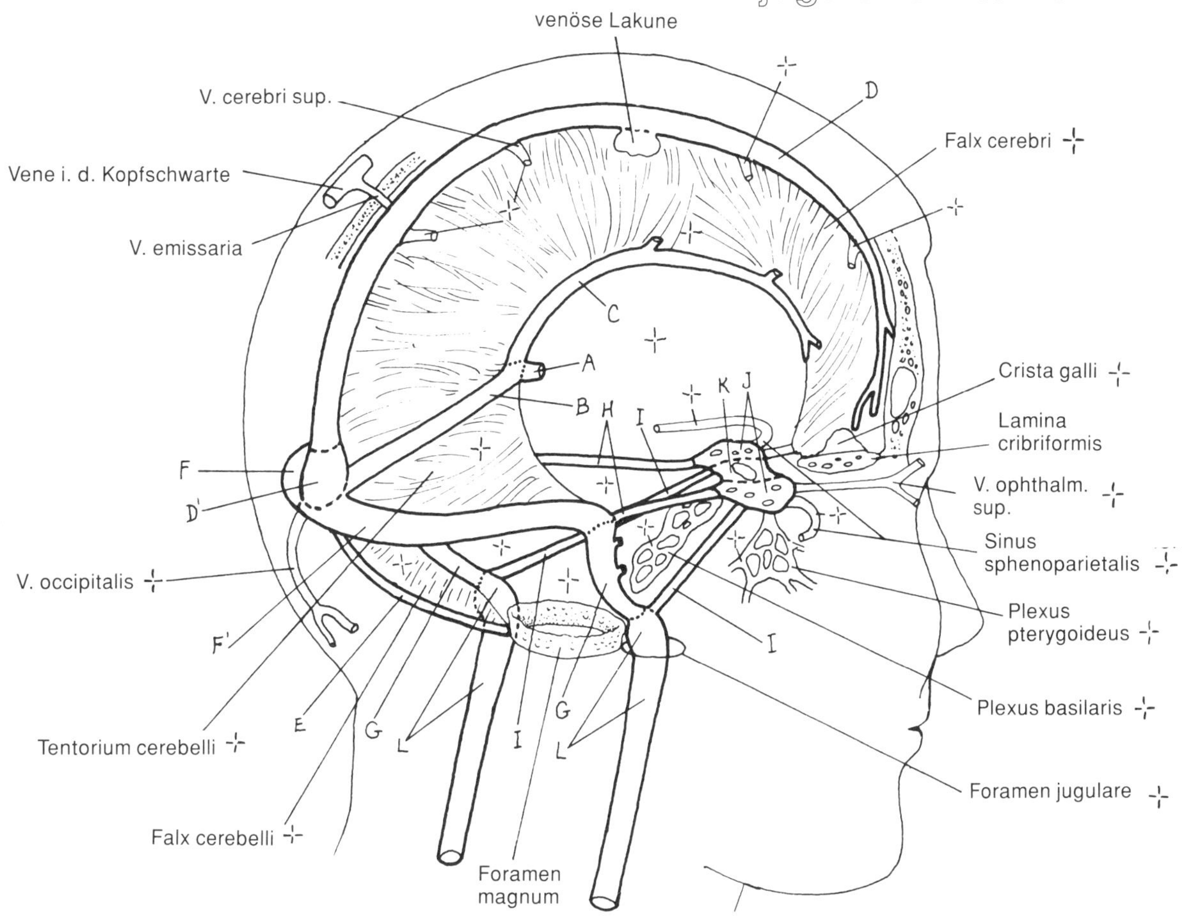


## Strukturen im Sinus cavernosus ★

A. carotis interna M
N. oculomotorius N
N. trochlearis O
N. ophthalmicus P
N. maxillaris P'
N. abducens Q

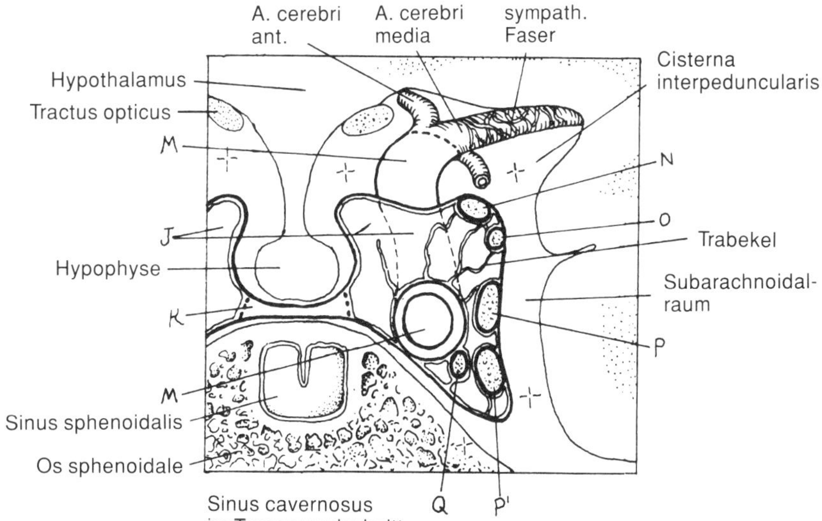


Sinus cavernosus im Transversalschnitt

# 9–10
# HIRNHÄUTE

Gehirn und Rückenmark sind von bindegewebigen Hüllen umgeben, den Meningen (griech. meninx: Haut), die einerseits eine Schutzfunktion ausüben und andererseits ein spaltförmiges Lumen für die Zirkulation der Zerebrospinalflüssigkeit (Liquor cerebrospinalis) bilden (Rückenmarkshäute s. Tafel 9–13).

**Malen Sie den Oberbegriff ‚Hirnhäute' an sowie die Begriffe A–C und deren zugehörige Strukturen. Verwenden Sie für A eine helle Farbe und malen Sie B$^2$ nicht an. Kolorieren Sie dann die Begriffe D und E und deren zugehörige Strukturen. Beginnen Sie in der Abbildung oben links.**

Die *harte Hirnhaut, Dura mater oder Pachymeninx* (A) ist die äußerste und dickste Hirnhaut. Ihr oberflächliches oder äußeres Blatt kleidet als Periost die Innenfläche des Schädels aus. Das innere Durablatt umhüllt das Gehirn. Zwischen die beiden Durablätter sind die venösen Blutleiter des Gehirns, die Sinus durae matris (s. Tafel 9–9), eingebettet. Außerdem ragen aus der Dura mater fibröse Septen weit in das Schädelinnere vor.
Das zwischen den beiden Hemisphären in der Fissura longitudinalis in die Tiefe verlaufende Septum heißt *Falx cerebri* (A$^1$) (lat. falx: Sichel). Den vorderen Ansatzpunkt der Falx bildet die Crista galli, die zwischen den Laminae cribriformes des Os ethmoidale (s. Tafel 6–2) aus dem Boden der vorderen Schädelgrube ragt. Die Falx verläuft entlang der Mittellinie des Schädels nach posterior bis zur Protuberantia occipitalis interna. In der Tiefe zwischen den Hemisphären zieht die Falx bogenförmig über das Corpus callosum. Im Bereich der vorderen Schädelgrube umhüllt die Falx den *Sinus sagittalis superior* (D), im Bereich der hinteren zwei Drittel ihres konkaven Verlaufs entlang des Corpus callosum den Sinus sagittalis inferior (nicht dargestellt).
Zwischen den Okzipitallappen und dem Kleinhirn spaltet sich die Falx cerebri in ein linkes und ein rechtes Blatt auf und bildet so das nach beiden Seiten ausgespannte *Kleinhirnzelt (Tentorium cerebelli)* (A$^2$). In der Sagittalebene verläuft entlang der Nahtstelle zwischen Falx und Tentorium der Sinus rectus. Die beiden Hälften des Kleinhirnzeltes stützen die Okzipitallappen und gehen posterolateral an der Nahtstelle zwischen den Okzipital- und Parietalknochen in die periostale Dura mater über.

In diesem Bereich der beiden Zeltblätter verläuft der Sinus transversus. Lateral verschmelzen die Zelthälften mit der Dura mater im Bereich der Pars petrosa des Schläfenbeins, hier tritt der Sinus sigmoideus aus dem Kleinhirnzelt aus. Nach anterior weist das Tentorium cerebelli einen freien Rand auf. Der Raum zwischen dem freien Rand posterior und dem Dorsum sellae (Hinterwand der Sella turcica) anterior heißt Incisura cerebelli oder Kleinhirnkerbe, in der das Mittelhirn verläuft.
Ein dünnes, vertikal verlaufendes Duraseptum, die Falx cerebelli (nicht dargestellt; s. Tafel 9–9), erstreckt sich von der Mitte des Kleinhirnzelts zwischen die beiden Kleinhirnhemisphären. Ein horizontal verlaufendes Duraseptum bedeckt als *Diaphragma sellae* (A$^3$) die Sella turcica.
Die Hauptblutzufuhr zur Dura mater erfolgt über die *Arteria meningea media* (E), einem Ast der Arteria maxillaris interna, die aus der Arteria carotis externa abgeht. Die Arteria meningea media verläuft entlang der äußeren Duraoberfläche auf dem Schläfenbein. Rupturiert das Gefäß im Rahmen eines Schädeltraumas, so entsteht eine Blutansammlung (epidurales Hämatom) zwischen Dura mater und Schädelknochen. Das Gehirn wird dadurch komprimiert, schwere neurologische Ausfallserscheinungen sind die Folge.
Die *Arachnoidea oder Spinngewebshaut* (B) ist eine zarte, transparente Membran, die der Innenfläche der Dura mater dicht anliegt und von der unter ihr liegenden *Pia mater* (C) durch den liquorhaltigen *Subarachnoidalraum (Spatium subarachnoidale)* (B$^2$) getrennt ist. Fibröse Trabekel im Subarachnoidalraum stellen eine Verbindung zwischen Arachnoidea und Pia mater her. An mehreren Stellen ist der Subarachnoidalraum zu Zisternen (s. Tafel 9–12) erweitert. Fingerförmige Ausstülpungen der Arachnoides, die die *Arachnoidealzotten* (B$^2$), erstrecken sich in mehrere Sinus durae matris und ermöglichen so den Abfluß des Liquor cerebrospinalis in das venöse Gefäßsystem.
Die Pia mater ist ein stark vaskularisiertes lockeres Bindegewebsnetz, das Gehirn und Rückenmark unmittelbar anliegt. Aus ihr ziehen kleine Gefäße in die Tiefe von Gehirn und Rückenmark. Die Pia mater bildet einen Teil des Daches des III. Ventrikels und ist an den Plexus choroideae der Seitenventrikel und des III. und IV. Ventrikels beteiligt. Pia mater und Arachnoidea bilden zusammen die Leptomeningen, also die weichen Hirnhäute.

# HIRNHÄUTE

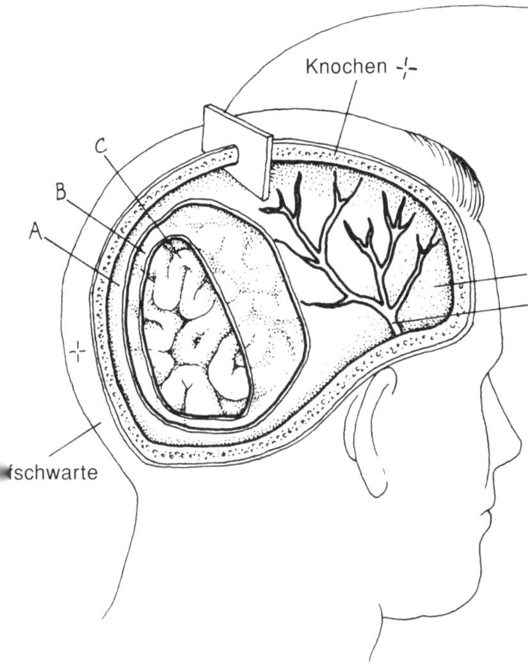


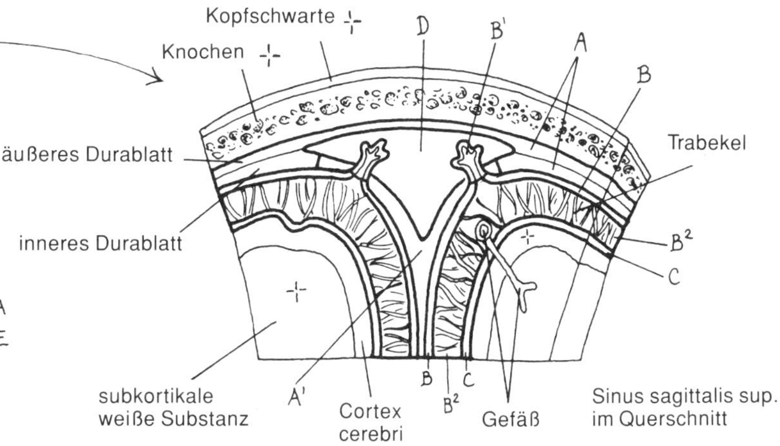


Sinus sagittalis superior D

Arteria meningea media E

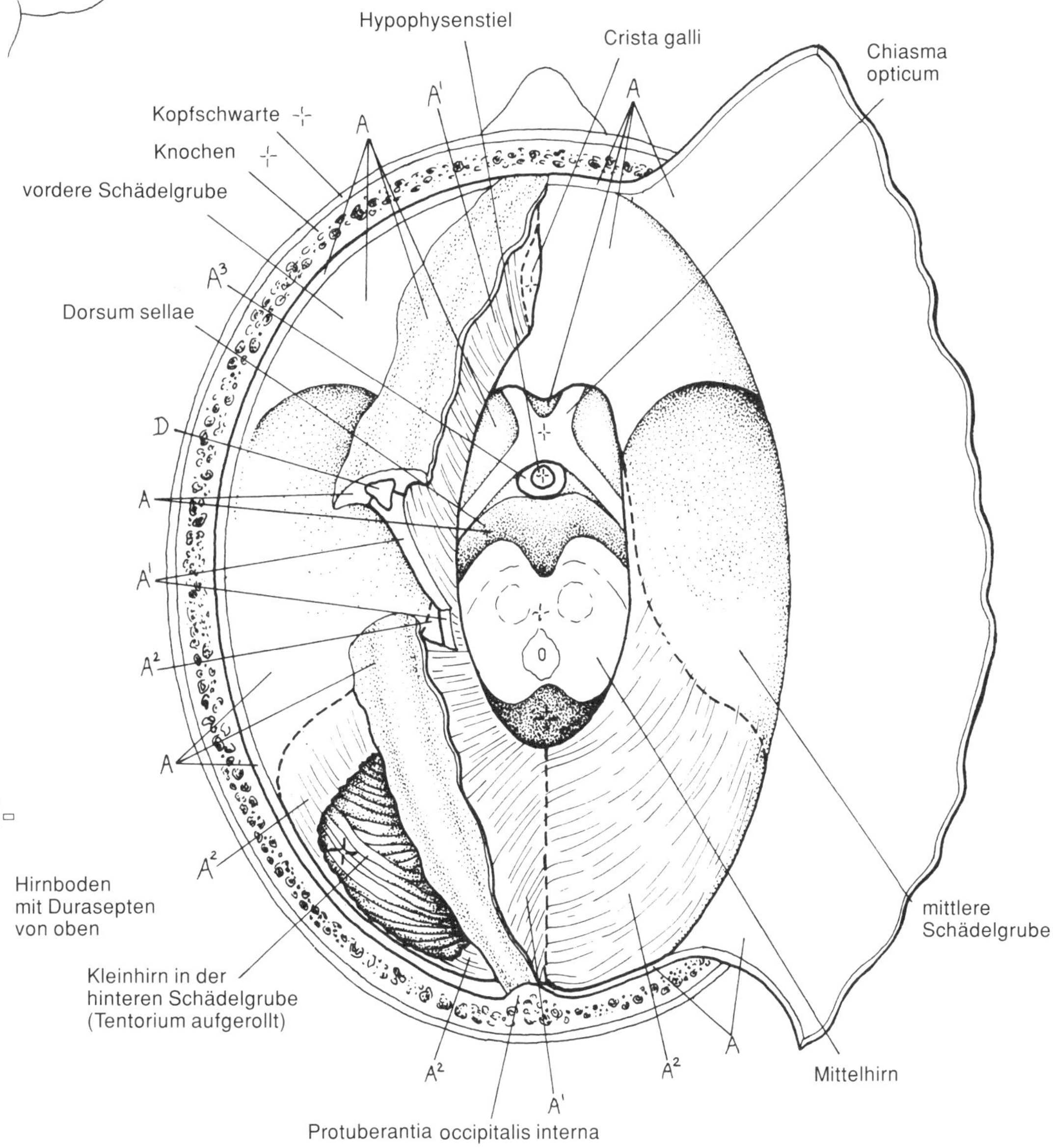


Dura mater A
Falx cerebri A'
Tentorium cerebelli $A_2$
Diaphragma sellae $A_3$

Arachnoidea B
Arachnoidealzotten $B_1$
Subarachnoidalraum $B_2$
Pia mater C

# 9–11
# VENTRIKELSYSTEM

Das Ventrikelsystem besteht aus mehreren miteinander kommunizierenden Hohlräumen, die sich aus dem Zentralkanal des embryonalen Neuralrohres entwickeln. Die Ventrikel sind von Ependymzellen ausgekleidet und enthalten den Liquor cerebrospinalis (Zerebrospinalflüssigkeit), der von den Plexus choroidei (s. Tafel 9–12) in den Ventrikeln gebildet wird.

**Malen Sie den Oberbegriff ‚Zentralkanal' und die Begriffe A–D an sowie deren zugehörige Strukturen in der Abbildung oben rechts. Kolorieren Sie danach die Begriffe $A^1$–$D^1$ und deren zugehörige Strukturen in den Abbildungen oben links und unten rechts.**

Aus dem embryonalen *Vorderhirn* (A) entstehen die *Seitenventrikel* ($A^1$–$A^6$), die *Foramina interventricularia* ($A^7$) und der *III. Ventrikel* ($A^8$ und $A^9$). Mit dem fortschreitenden Wachstum der Hemisphären im Laufe der embryonalen und fetalen Entwicklung dehnen sich die beiden Seitenventrikel in die einzelnen Hemisphärenlappen aus: Das *Vorderhorn (Cornu frontale)* ($A^2$) entsteht im Frontallappen, die *Pars centralis* ($A^3$) im Parietallappen, das *Unterhorn (Cornu temporale)* ($A^4$) liegt im Temporallappen und das *Hinterhorn (Cornu occipitale)* ($A^6$) im Okzipitallappen. Hinter- und Unterhörner münden im Bereich des *Atrium (Trigonum)* ($A^5$) in die Pars centralis des Seitenventrikels.
Die Vorderhornwände des Seitenventrikels werden median vom Septum pellucidum, lateral und inferior vom Caudatuskopf und rostral vom Corpus callosum gebildet. Den seitlichen Boden- und Wandbereich bildet ebenfalls der Nucleus caudatus, den medialen Bodenbereich der Thalamus, und das Dach das Corpus callosum (s. Tafel 5–38 und 5–44). An der Spitze des Unterhorns, das in den Temporallappen hineinragt, liegt das Corpus amygdaloideum (s. Tafel 5–41). Der konkave Boden- und mediale Wandanteil des halbmondförmigen Unterhorns wird von der Wölbung des Hippocampus gebildet (s. Tafel 5–38). Der Caudatusschwanz verläuft entlang des Unterhorndaches (s. Tafel 5–24). Das Hinterhorn (s. Tafel 5–47) erstreckt sich in den Okzipitallappen, an dessen medialer Oberfläche die Fissura calcarina einen Wulst an der medialen Wand des Unterhorns bildet, der Calcar avis (»Vogelsporn«) heißt. Das Dach des Hinterhorns wird vom Corpus callosum gebildet, entlang der Seitenwand des Hinterhorns verläuft die Radiatio optica.
Der Liquor cerebrospinalis wird von den Plexus choroidei in Pars centralis, Atrium und Unterhorn des Seitenventrikels gebildet. Von dort fließt der Liquor durch das beiderseits vor dem Thalamus und hinter der Columna fornicis (s. Tafel 5–39 und 5–44) liegende Foramen interventriculare (Monroi) in den III. Ventrikel.
Der kleinlumige III. Ventrikel liegt zwischen linkem und rechtem Thalamus und Hypothalamus (s. Tafel 5–38). Der Boden des III. Ventrikels wird vom Hypothalamus gebildet und ist charakterisiert durch den *Recessus infundibularis* ($A^9$), der vom Hypophysenstiel (s. Tafel 5–20 und 5–37) umgeben ist. Der Plexus choroideus liegt hier im Dach des III. Ventrikels. Nach posterosuperior erstreckt sich der III. Ventrikel als Recessus pinealis in den Epiphysenstiel, nach posteroinferior setzt er sich als Aquaeductus cerebri ins Mittelhirn fort.
Der *Aquaeductus cerebri* ($B^1$) entsteht aus dem Zentralkanal des embryonalen *Mittelhirns* (B), mißt ca. 2 cm in der Länge und ca. 2 mm im Durchmesser. Er trennt das Tectum vom mehr anteriorinferior gelegenen Tegmentum des Mittelhirns, enthält keinen Plexus choroideus und mündet posteroinferior in den IV. Ventrikel.
Der *IV. Ventrikel* ($C^1$) entwickelt sich aus dem embryonalen *Hinterhirn* (C). Sein Boden besteht aus dem Tegmentum von Pons und Medulla oblongata, sein Dach wird von den dünnen Vela medullares superior und inferior (s. Tafel 5–8 und 5–44) gebildet. Am unteren Medullasegel liegt auch der Plexus choroideus des IV. Ventrikels. Seitlich erstreckt sich der IV. Ventrikel mit seinen Recessus laterales in die Kleinhirnhemisphären. An den Spitzen dieser Recessus liegen die *Foramina Luschkae* ($C^3$), durch die der Liquor in den benachbarten Subarachnoidalraum (s. Tafel 9–12) fließt. Einen weiteren Abflußweg in den Subarachnoidalraum stellt das *Foramen Magendii* ($C^2$) dar, das medial kurz oberhalb des kaudalen Endes des IV. Ventrikels liegt. Schließlich verengt sich der IV. Ventrikel kaudalwärts zum *Zentralkanal des Rückenmarks* ($D^1$), der ein Rudiment des *embryonalen Rückenmarkkanals* (D) ist.

# VENTRIKELSYSTEM

**embryonaler Zentralkanal:** ★
- Vorderhirn A
- Mittelhirn B
- Hinterhirn C
- Rückenmark D

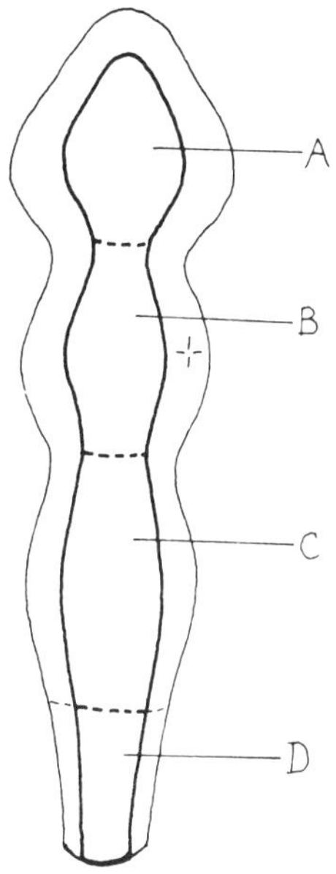


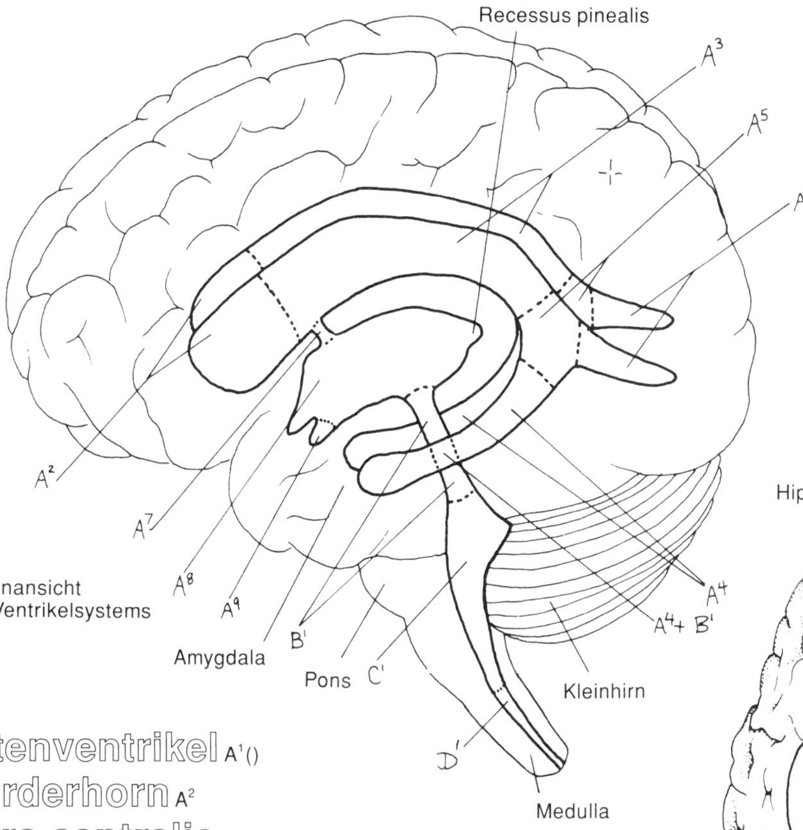


Seitenansicht des Ventrikelsystems

**Seitenventrikel** $A^1$()
- Vorderhorn $A^2$
- Pars centralis $A^3$
- Unterhorn $A^4$
- Atrium $A^5$
- Hinterhorn $A^6$

**Foramen interventr.** $A^7$

**III. Ventrikel** $A^8$
- Recess. infundibularis $A^9$

**Aquaeductus cerebri** $B^1$

**IV. Ventrikel** $C^1$
- Foramen Magendii $C^2$
- Foramen Luschkae $C^3$

**Zentralkanal des Rückenmarks** $D^1$

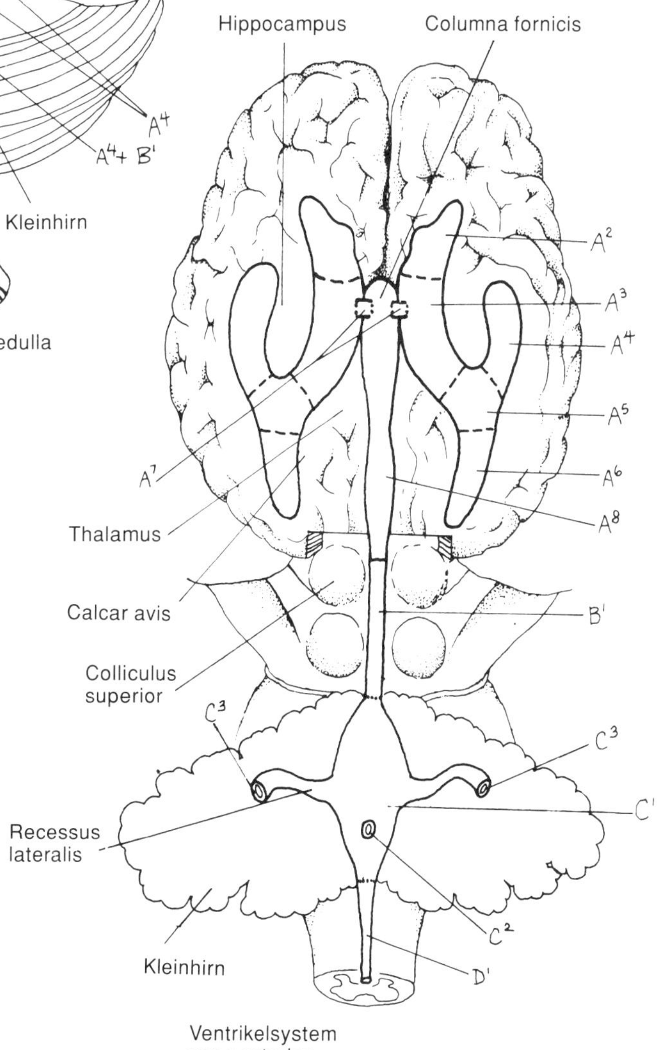


Ventrikelsystem von posterior

# 9–12
# LIQUOR CEREBROSPINALIS

Gehirn und Rückenmark sind allseitig von Liquor cerebrospinalis (Zerebrospinalflüssigkeit) umgeben. Diese klare, weitgehend zellfreie Flüssigkeit schützt das Zentralnervensystem vor Stoß und Druck von außen und spielt eine wichtige Rolle bei diversen Stoffwechselvorgängen.

**Malen Sie die Begriffe A–N an sowie deren zugehörige Strukturen in der großen Abbildung und den beiden zugehörigen Ausschnittsvergrößerungen.**

Der Liquor wird in den *Plexus choroidei* (A) der beiden Seitenventrikel und des III. und IV. Ventrikels gebildet. Diese Plexus bestehen aus einem schwammartigen Gewebe, das aus *Kapillaren* (B), *Pia mater* (C) und *Ependymzellen* (D) zusammengesetzt ist und pro Tag ca. 700 ml Liquor sezerniert. Die gleiche Liquormenge wird über Ausstülpungen der *Arachnoidea* (E), die *Arachnoidealzotten* ($E^1$) aus dem Subarachnoidalraum in den *Sinus sagittalis superior* (G) oder in die benachbarten venösen Lakunen resorbiert. Die Zotten erreichen den Sinus oder die venösen Lakunen, indem sie durch die *Dura mater* (F) treten. Auf diese Weise gelangt der Liquor in das venöse Gefäßsystem. Mit zunehmendem Lebensalter nehmen die Arachnoidealzotten an Zahl und Größe ab und verkalken zum Teil. Abflußhindernisse im Ventrikelsystem oder im Subarachnoidalraum und den Zisternen führen zu einer progredienten Erweiterung der Ventrikel (Hydrozephalus).
Der Liquor fließt aus den *Seitenventrikeln* (H) durch das *Foramen interventriculare (Monroi)* ($H^1$) in den III. Ventrikel und von dort durch den *Aquaeductus cerebri* (J) in den großen *IV. Ventrikel* (K). Durch den engen *Zentralkanal* (M) des Rückenmarks oder über das medial gelegene *Foramen Magendii* (L) und die beiden seitlichen Foramina Luschkae (nicht dargestellt; s. Tafel 9–11) des IV. Ventrikels fließt der Liquor weiter in den *Subarachnoidalraum* (N).

**Malen Sie den Oberbegriff ‚Zisternen' und die Begriffe O–P an sowie deren zugehörige Strukturen und den Duralsack in der großen Abbildung.**

Der Subarachnoidalraum ist durch bindegewebige Trabekel unvollständig unterteilt. An bestimmten Stellen ist das Lumen des Subarachnoidalraums deutlich erweitert und die Trabekel fehlen. Diese Erweiterungen heißen Cisternae subarachnoidales. Die *Cisterna superior (Zisterne der Vena cerebri magna)* (O) liegt zwischen Kleinhirn und Splenium corporis callosi und beherbergt die Epiphyse und die Vena cerebri magna (Galeni) (s. Tafel 9–8). Die *Cisterna cerebellomedullaris (Cisterna magna)* ($O^1$) ist zwischen kaudalem Kleinhirn und Medulla oblongata lokalisiert; die *Cisterna pontis* ($O^2$) erstreckt sich über die gesamte Längsausdehnung des Pons, die *Cisterna interpeduncularis* ($O^3$) zwischen den beiden Hirnschenkeln und die *Cisterna chiasmatis* ($O^4$) umgibt das Chiasma opticum.
Das Rückenmark läuft auf Höhe des ersten oder zweiten Lendenwirbels als Conus medullaris aus. Die fibröse Komponente der Pia mater setzt sich kaudal des Conus medullaris als Filum terminale fort. Die Dura mater und die Arachnoidea bilden kaudal des zweiten Sakralwirbelkörpers eine Erweiterung des Subarachnoidalraums, den sogenannten *Duralsack* (P). Das Filum terminale verläuft durch den Duralsack, vereint sich mit den fibrösen Anteilen von Dura und Arachnoidea auf Höhe des zweiten Sakralwirbels und setzt schließlich am Periost des ersten Kokzygealwirbels an.
Der distale Anteil des Duralsacks auf Höhe des vierten Lendenwirbels kann gefahrlos zu diagnostischen (Liquorentnahme) oder therapeutischen Zwecken (Medikamenteninstillation) punktiert werden.

**Malen Sie die Begriffe $B^1$ und Q und deren zugehörige Strukturen in der Abbildung unten links an.**

Die Blut-Hirn-Schranke stellt eine selektive Barriere für zahlreiche (schädigende) Substanzen dar, die so am Eindringen ins Gehirn gehindert werden. Ort der Blut-Hirn-Schranke ist das Kapillarendothel, dessen Zellen ohne Fensterung eng miteinander verzahnt sind. *Größere Blutgefäße* ($B^1$), die ins Gehirn eintreten, sind ebenfalls von einer Endothelschicht ausgekleidet, die zusätzlich von fibromuskulärem Gewebe verstärkt und von Ausläufern der Pia mater umhüllt werden. Die Kapillaren hingegen verfügen nicht mehr über die Wandverstärkung aus Piamantel und fibromuskulärem Gewebe. Statt dessen verlaufen Fortsätze der Neuroglia, insbesondere von *Astrozyten* (Q), zu den Kapillaren und haften dort mit sich verbreiternden Gefäßfüßchen (s. Tafel 2–6) auf der Kapillaroberfläche.

# LIQUOR CEREBROSPINALIS

Plexus choroideus A
Kapillare B
Pia mater C
Ependymzelle D

Arachnoidea E
Arachnoidealzotte E'
Dura mater F
Sinus sagittalis sup. G

Seitenventrikel H
Foramen interventriculare H'
III. Ventrikel I
Aquaeductus cerebri J
IV. Ventrikel K
Foramen Magendii L
Zentralkanal M
Subarachnoidalraum N

Zisternen ★
Cist. sup. O
Cist. cerebellomedullaris O'
Cist. pontis O²
Cist. interpeduncularis O³
Cist. chiasmatis O⁴

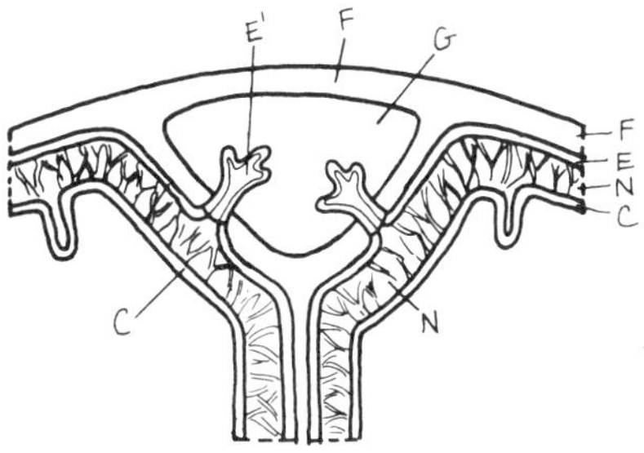


Querschnitt durch Subarachnoidalraum und Arachnoidealzotte

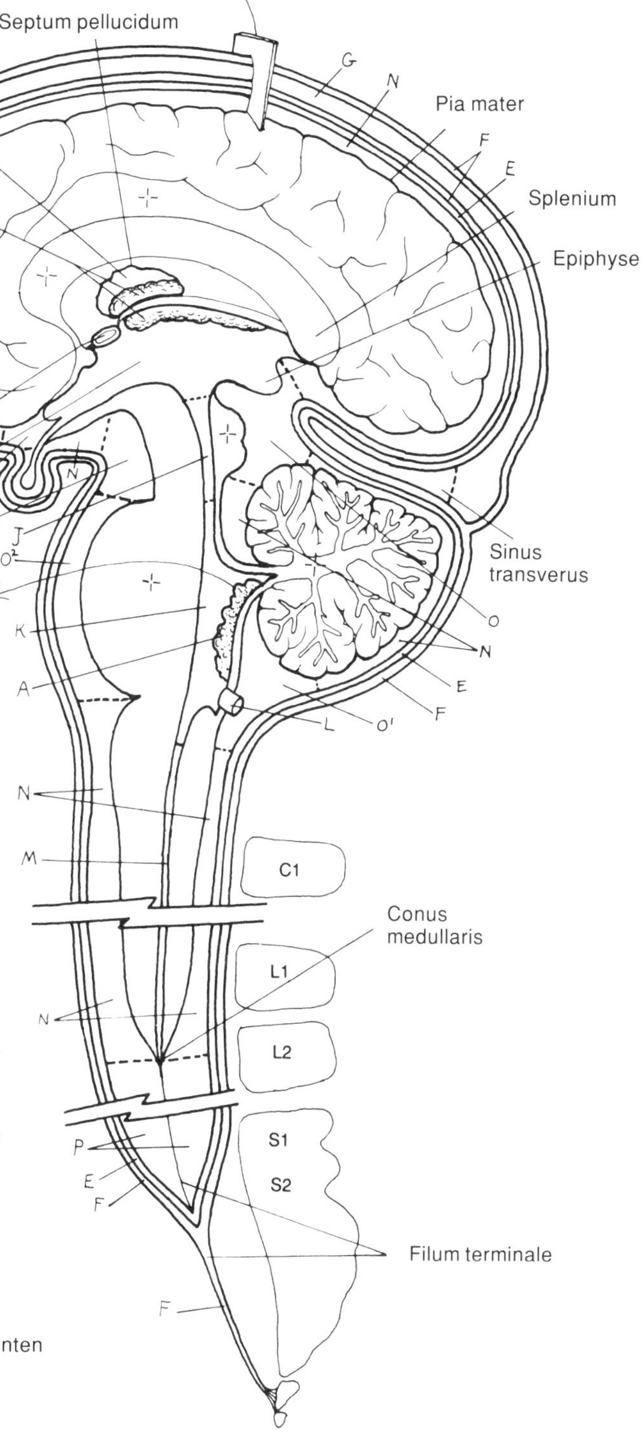


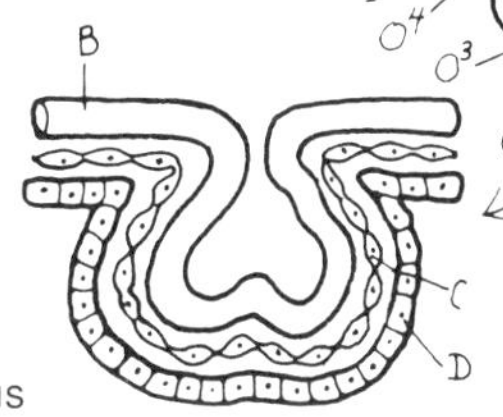


Feinstruktur des Plexus choroideus

Duralsack P

Blutgefäß B'
Astrozyt Q

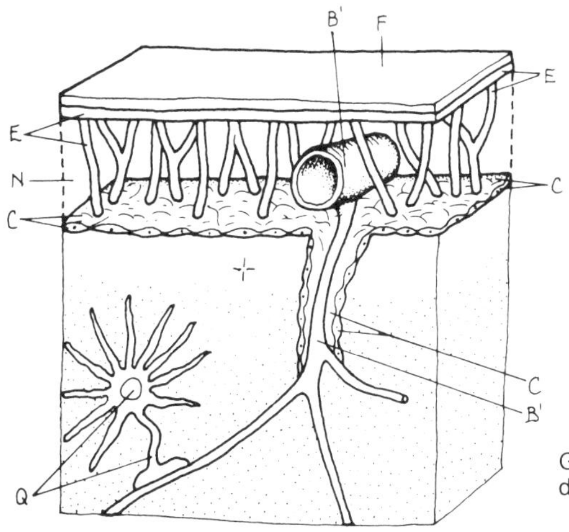


Gewebeblock mit Komponenten der Blut-Hirn-Schranke

# 9–13
# RÜCKENMARKSHÄUTE UND BLUTVERSORGUNG DES RÜCKENMARKS

Die Blutversorgung des Rückenmarks erfolgt über ein vielfach verzweigtes Netzwerk arterieller Gefäße. Der venöse Abfluß wird von einem ausgedehnten Venenplexus gewährleistet, der mit der Wirbelsäule in Verbindung steht.

**Malen Sie den Oberbegriff ‚Arterien' an sowie die Begriffe A–D und deren zugehörige Gefäße in der oberen Abbildung. Kolorieren Sie das Gefäß A auch in der Abbildung unten rechts.**

Die anteriore Oberfläche des Rückenmarks wird von der *Arteria spinalis anterior* (A) und ihren *Ästen* ($A^1$) versorgt. Die Kontinuität dieses sehr langen Gefäßes wird durch eine Reihe von Segmentarterien gewährleistet, die auf jeweils unterschiedlichem Niveau zur Arteria spinalis anterior ziehen. Deren rostraler Ursprung liegt in zwei Arterien, die aus dem intrakraniellen Anteil der Vertebralarterien (s. Tafel 9–3) entspringen. Diese paarigen Spinalarterien (nicht dargestellt) deszendieren und verschmelzen ungefähr auf Höhe von C3 zur unpaaren Arteria spinalis anterior. Diese deszendiert in der Fissura anterior media und wird auf ihrem Weg nach kaudal von einer Reihe von *Wurzelarterien* ($C^1$) der Segmentgefäße gespeist, z.B. von den Spinalästen der thyreozervikalen, kostozervikalen, interkostalen und lumbalen Arterien *(Segmentarterie)* (C). Die Wurzelarterien verlaufen entlang des Oberrandes der Spinalwurzeln zum Rückenmark. Über verschiedene Sulci treten Äste der Arteria spinalis anterior in die graue Substanz des Rückenmarks ein.

Die paarig angelegten *Arteriae spinalis posteriores* (B) entstammen ebenfalls den Vertebralarterien (s. Tafel 9–3); sie deszendieren nahe der Eintrittsstellen der Hinterwurzel und erhalten posterior Äste der o.g. Wurzelarterien. Das Rückenmark ist in ein engmaschiges Gefäßnetzwerk *(Vasocorona)* (D) eingebettet, aus dem Gefäße sowohl die graue als auch die weiße Substanz mit Blut versorgen.

**Malen Sie den Oberberiff ‚Rückenmarkshäute' an sowie die Begriffe E–$H^1$ und deren zugehörige Strukturen in den beiden unteren Abbildungen. Malen Sie die Struktur F gelb an.**

Die Dura mater, die das Gehirn umhüllt (nicht dargestellt; s. Tafel 9–11) setzt sich nach kaudal rund um das Rükkenmark fort. Das *äußere Durablatt* (E) liegt eng den Wänden des knöchernen Spinalkanals an und bildet dessen Periost. Das *innere Durablatt* ($E^1$) umhüllt das Rückenmark nach kaudal bis auf Höhe des zweiten Sakralwirbels und im weiteren Verlauf das Filum terminale (s. Tafel 9–12). *Seitliche Ausläufer* ($E^2$) der Dura mater begleiten die Spinalwurzeln und setzen sich schließlich als Epineurium der Spinalnerven fort. Der schmale Spalt zwischen den beiden spinalen Durablättern heißt *Epiduralraum* (F). Er enthält das epidurale Fettgewebe und den *epiduralen Venenplexus* (N).

Die weiteren Rückenmarkshäute sind die *Arachnoidea* (G) und die dem Rückenmark unmittelbar anliegende *Pia mater* (H). Im *Subarachnoidalraum* (I) verlaufen die meisten Gefäße zum Rückenmark. Zwischen den o.g. seitlichen Duraausläufern verdickt sich die Pia mater jeweils und durchquert den Subarachnoidalraum bis zum inneren Durablatt. Diese *Ligamenta denticulata* ($H^1$) bilden den seitlichen Aufhängeapparat des Rückenmarks und dienen damit dessen Stabilisierung im Wirbelkanal.

**Malen Sie den Oberbegriff ‚Venen' an sowie die Begriffe J–P und deren zugehörige Strukturen in der Abbildung unten links. Kolorieren Sie die Struktur N auch in der Abbildung unten rechts.**

Zu den Spinalvenen gehören – wie bei ihren arteriellen Gegenstücken – die unpaare *Vena spinalis anterior* (J) und die paarige *Vena spinalis posterior* (L), die über eine *venöse Vasocorona* (K) untereinander anastomosieren. Das venöse Blut fließt in die anterioren und posterioren *Wurzelvenen* (M) ab, die ihrerseits Äste des *epiduralen Venenplexus* (N) sind, in den die Gefäße aus dem Plexus basilaris an der Schädelbasis münden (s. Tafel 9–9). Zwischen jeweils zwei Wirbelkörpern verlaufen *intersegmentale Venen* (O), die in die *segmentalen Venen* (P), z. B. Lumbal- und Interkostalvenen, münden oder in die extravertebralen Venenplexus (nicht dargestellt). Im Halsbereich münden die Wurzelvenen in die Vertebralvenen.

# RÜCKENMARKSHÄUTE UND BLUTVERSORGUNG DES RÜCKENMARKS

**Arterien** ★
A. spinalis ant. A/Ast A'
A. spinalis post. B/Ast B'
Segmentarterie C
Wurzelart./Ast C'
art. Vasocorona/Ast D

**Meningen** ★
äuß. E/inn. Durablatt E'
Duraausläufer E²
Epiduralraum F
Arachnoidea G
Pia mater H
Lig. denticulatum H'

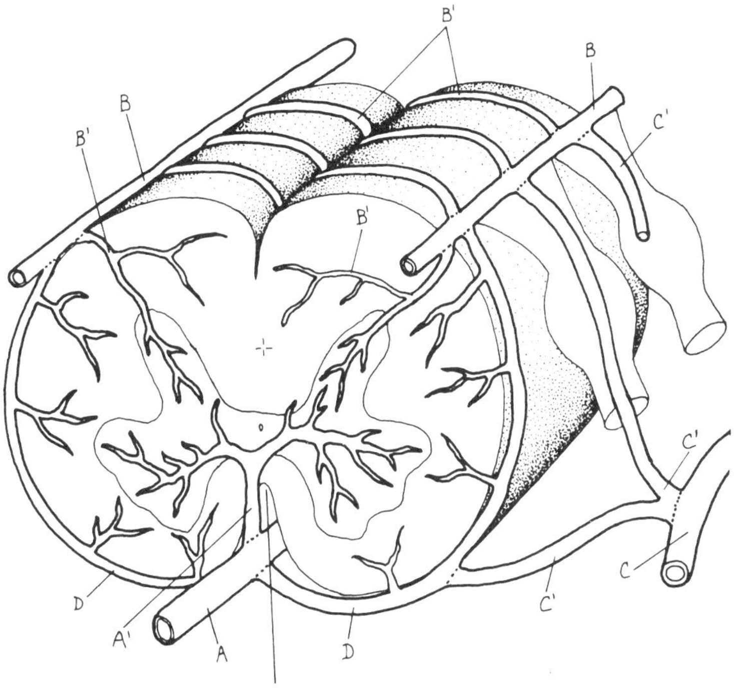


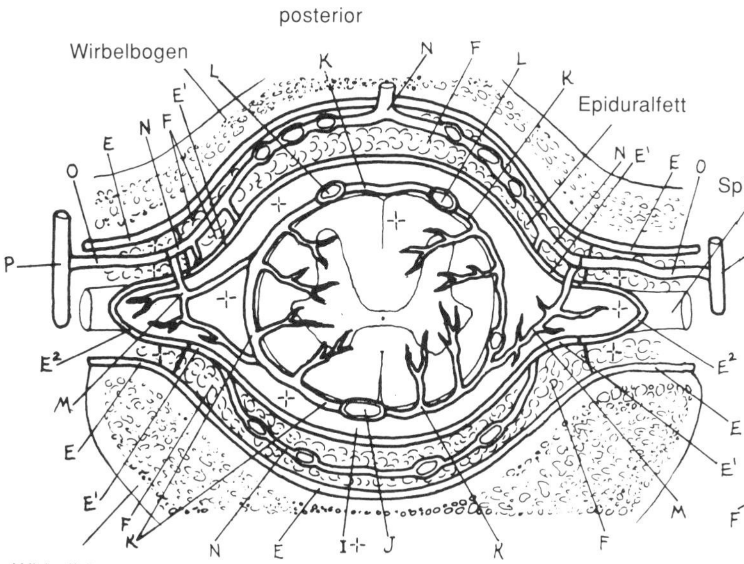


Querschnitt durch Rückenmark, Meningen und Wirbelkörper

**Subarachnoidalraum** I

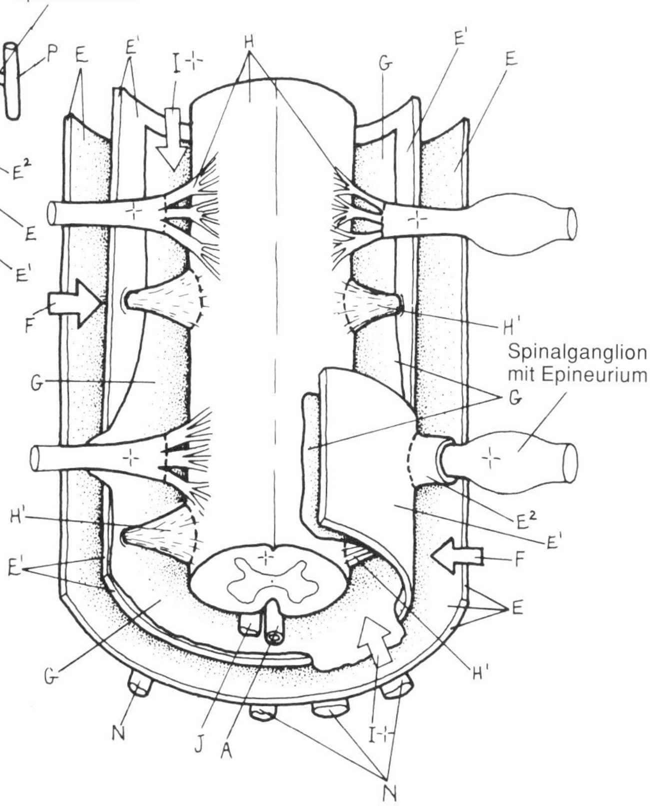


**Venen** ★
V. spinalis ant. J
ven. Vasocorona/Ast K
V. spinalis post. L
Wurzelvenen M
epiduraler Venenplexus N
Intervertebralvene O
Segmentvene P

# Stichwortverzeichnis

## A



## B



## C

# D



# E

# F



# G

# H



# I



# K



# L

# M



# N

# O

# P



# Q



# R

# S



# T